Firoz Kaderali
Werner Poguntke

Graphen
Algorithmen
Netze

Moderne Kommunikationstechnik

Herausgegeben von
Prof. Dr.-Ing. Firoz Kaderali, Hagen

Datenkommunikation
von Dieter Conrads

Digitale Kommunikationstechnik I
von Firoz Kaderali

Digitale Kommunikationstechnik II
von Firoz Kaderali

Graphen · Algorithmen · Netze
von Firoz Kaderali und Werner Poguntke

Firoz Kaderali
Werner Poguntke

Graphen Algorithmen Netze

Grundlagen und Anwendungen in der Nachrichtentechnik

Die Deutsche Bibliothek – CIP-Einheitsaufnahme

Kaderali, Firoz:
Graphen, Algorithmen, Netze: Grundlagen und Anwendungen in der Nachrichtentechnik / Firoz Kaderali; Werner Poguntke. – Braunschweig; Wiesbaden: Vieweg, 1995
(Moderne Kommunikationstechnik)

NE: Poguntke, Werner:

Der Verlag Vieweg ist ein Unternehmen der Bertelsmann Fachinformation GmbH.

Gedruckt auf säurefreiem Papier

ISBN-13:978-3-528-06662-8 e-ISBN-13:978-3-322-89870-8
DOI:10.1007/978-3-322-89870-8

Vorwort

Die Graphentheorie ist heute ein wichtiges Hilfsmittel beim Studium komplexer Probleme in verschiedenen Wissenschaften wie auch in direkten Anwendungsbereichen .

Der universelle Charakter der Graphentheorie hat seinen Ursprung in der Einfachheit der Struktur von Graphen: die Konzepte und Ergebnisse der Graphentheorie sind immer dann anwendbar, wenn ein System zu modellieren ist, in dem Paare von Objekten in einer Beziehung stehen können. Die strukturelle Einfachheit (und damit auch Anschaulichkeit) zusammen mit dem interdisziplinären Charakter geben der Graphentheorie viel von ihrem besonderen Reiz. Bei einer Modellierung durch Graphen bleiben natürlich stets (mitunter wichtige) Aspekte des zu untersuchenden Systems unberücksichtigt, weshalb die erzielten Ergebnisse mit Zurückhaltung interpretiert werden müssen. Dies dürfte besonders für sozialwissenschaftliche Anwendungen der Graphentheorie zutreffen.

Historisch hat die Graphentheorie viele Ursprünge, die oft auf Rätsel oder Spiele zurückzuführen sind. Viele Konzepte und Ergebnisse sind dabei mehrfach eingeführt bzw. erzielt worden. Einige markante Stationen sollen hier aufgeführt werden:

1737 Euler löst das Königsberger Brückenproblem.

1847 Kirchhoff verwendet graphentheoretische Überlegungen zur Analyse elektrischer Netzwerke.

1852 Guthrie wirft gegenüber deMorgen die Vierfarbenvermutung als Problem auf, das 1878/79 von Cayley noch einmal öffentlich gestellt wird.

1857 Cayley untersucht die Isomeren gesättigter Kohlenwasserstoffe und bestimmt die Anzahl der Gerüste vollständiger Graphen.

1859 Hamilton erfindet ein Spiel, bei dem entlang der Kanten eines regulären Dodekaeders eine geschlossene Linie zu finden ist, die jede Ecke genau einmal berührt.

1890 Heawood beweist, daß jeder planare Graph 5-färbbar ist.

1927 Menger beweist, daß in jedem zusammenhängenden Graphen die Mindestanzahl von Ecken, deren Wegnahme zwei nicht benachbarte Punkte unverbindbar macht, gleich der Maximalzahl eckendisjunkter Wege zwischen diesen Punkten ist.

1930 Kuratowski beweist, daß ein Graph genau dann planar ist, wenn er bis auf Homöomorphie K_5 oder $K_{3,3}$ nicht als Teilgraphen enthält.

1936 Das erste Buch über Graphentheorie erscheint in Leipzig: D. König, Theorie der endlichen und unendlichen Graphen.

Hier wollen wir die Aufzählung abbrechen. Die folgende Zeit ist gekennzeichnet durch das Eindringen der Graphentheorie in immer mehr Anwendungsbereiche, auf der anderen Seite durch eine intensive innermathematische Entwicklung der Graphentheorie selbst. Dabei bestimmt neben den Anstössen von außen zunehmend auch eine innermathematische Dynamik diese Entwicklung.
Besonders stürmisch wurde die Entwicklung der Graphentheorie in den letzten drei Jahrzehnten durch die Verfügbarkeit immer leistungsfähigerer Rechner. Wie allgemein für die Kombinatorische Optimierung gilt insbesondere für die Graphentheorie, daß viele Probleme praktisch lösbar wurden, nachdem sie vorher wegen der großen Anzahl durchzuführender Rechenoperationen nicht in vertretbarer Zeit bearbeitet werden konnten. Viele dieser Probleme kommen aus Operations Research oder Informatik.
Eine neuere Station in der Entwicklung der Graphentheorie muß allerdings noch herausgehoben werden: im Jahre 1976 bewiesen Appel und Haken die Richtigkeit der Vierfarbenvermutung, die mehr als hundert Jahre lang als einfachstes und zugleich faszinierendstes ungelöstes Problem der Mathematik gegolten hatte. Brisant an dem Beweis ist, daß zur Untersuchung einer großen Anzahl gleichartiger Fälle die Hilfe eines Computers in Anspruch genommen wurde und es für Menschen praktisch kaum möglich ist, diese Fälle einzeln (ohne Hilfe eines Rechners) nachzuprüfen.
Im vorliegenden Buch, welches sich an einen Kurs der FernUniversität Hagen anlehnt, ist die Auswahl des gebotenen Stoffes unter dem Aspekt der Anwendungen in der Elektrotechnik erfolgt. Dies konnte nur eine grobe Leitlinie sein, denn schon die Einordnung des Stoffes in das „Gebäude" der Graphentheorie verlangt auch ein Eingehen auf nicht unmittelbar praxisrelevante Bereiche. Methodisch wird der Stoff vorwiegend vom algorithmischen Standpunkt her entwickelt. Für ein solches Vorgehen ist ein kurzes Eingehen auf die Theorie der Algorithmen, wie sie in Logik und Theoretischer Informatik betrieben wird, nötig.
Der erste Teil des Buches hat neben der Vermittlung der grundlegenden Begriffe der Graphentheorie das Herstellen eines Grundverständnisses für die Theorie der Algorithmen zum Inhalt. Ferner werden einige der „klassischen" Graphenalgorithmen behandelt (z.B. zur Bestimmung kürzester Wege), die in verschiedensten Anwendungen eine Rolle spielen.
Der mit Kapitel 8 beginnende zweite Teil ist einigen speziellen Anwendungen der Graphentheorie in der Elektrotechnik gewidmet.

Es werden folgende Themen behandelt:
- Wegeauswahl in Netzen
- Zuverlässigkeit von Netzen
- Chip-Design

Die ersten beiden sind Themen, die der „modernen" Nachrichtentechnik mit großer Nähe zur Informatik zugerechnet werden. Das Zusammenwachsen von Kommunikations- und Informationstechnik spiegelt sich hier darin, daß die betrachteten „Netze" sowohl Fernsprech- wie Datennetze sein können.
Auch das dritte Thema liegt im Überschneidungsbereich von Diskreter Mathematik, Informatik und Elektrotechnik. Die Probleme des „VLSI-Layout" sind in den letzten Jahren zu einem wichtigen Anwendungsbereich der Graphentheorie geworden.

Weitere, eher „klassische" Anwendungen der Graphentheorie in der Elektrotechnik (z. B. bei der Netzwerkanalyse und -synthese) konnten wir nicht berücksichtigen.
Die behandelten mathematischen Sätze werden in der Regel vollständig bewiesen. Es gibt zwei Ausnahmen von dieser Regel: Handelt es sich um einen Satz mit einem technisch komplizierten Beweis, so daß der große Aufwand des Beweises zu der Bedeutung des Satzes für dieses Buch in einem Mißverhältnis steht, so wird nur die Beweisidee angedeutet. Geht es gar um einen Satz, der eigentlich nicht zu dem behandelten Stoff gehört, sondern mehr dem Ausblick auf angrenzende Bereiche der Graphentheorie dient, so ist der Beweis ganz weggelassen.
An Voraussetzungen für das Studium des Buches sind nötig die Vertrautheit mit der Mengensprache sowie Kenntnis der Grundlagen der Linearen Algebra (einschließlich des Umgangs mit Matrizen). Die wichtigsten Begriffe aus diesen Bereichen sind – sozusagen zur Erinnerung – in Anhängen kurz erläutert.
Das Literaturverzeichnis führt die bei der Erstellung des Textes verwendete Literatur sowie einige weitere Bücher auf, die anzusehen für einen Leser sicher lohnend ist. Es erhebt jedoch nicht den Anspruch, eine vollständige Bibliographie des Gebietes der Graphentheorie zu sein, eine solche wäre wesentlich umfangreicher.
Für die ersten Kapitel wurden auch die Unterlagen zu Vorlesungen verwendet, die – jeweils an der Technischen Hochschule Darmstadt – vom ersten Autor zusammen mit Prof. Dr. P. Burmeister im Jahre 1975 und vom zweiten Autor im Jahre 1982 gehalten wurden.

An der Fertigstellung des Textes und der Erstellung der Bilder waren verschiedene Mitarbeiterinnen und Mitarbeiter des Lehrgebiets Kommunikationssysteme der FernUniversität Hagen beteiligt. Besonders zu danken ist Ulrike Welzel und Dr. Helge Winterstein für die Unterstützung bei der Erstellung der Pascal-Programme sowie Jörg Heck für die endgültige Fertigstellung der druckreifen Fassung.

Inhalt

1. Grundbegriffe

1.1 Pseudographen, Multigraphen, Graphen

1.1.1

Ein *Pseudograph* ist ein Tripel $P = (E, K, v)$ bestehend aus einer Eckenmenge E, einer Kantenmenge K und einer (Inzidenz-) Abbildung

$$v : K \to \{\{x, y\} | x, y \in E\}.$$

Die Elemente von E heißen *Ecken*, die von K *Kanten*.
Ist $k \in K$ mit $v(k) = \{x, y\}$, so heißen x und y die *Endecken* von k. (Man sagt auch: x und y *inzidieren* mit k bzw. k inzidiert mit x und y.)
Es werden im folgenden nur *endliche Pseudographen* (d. h. E und K sind endliche Mengen) betrachtet. Einen endlichen Pseudographen kann man sich stets durch ein *Diagramm* veranschaulichen: die Ecken werden durch Punkte der Zeichenebene dargestellt, die Kanten als Linien, die die Endecken der Kante verbinden.

1.1.2

Beispiel

Der Pseudograph P mit $E = \{e_1, e_2, e_3\}$, $K = \{k_1, k_2, k_3, k_4\}$ und $v(k_1) = v(k_2) = \{e_1, e_3\}$, $v(k_3) = \{e_1, e_2\}, v(k_4) = \{e_2\}$ wird durch jedes der beiden folgenden Diagramme dargestellt:

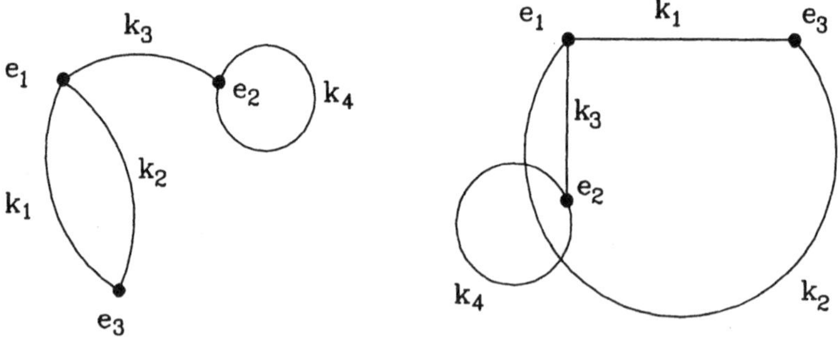

1.1.3

Zwei oder mehrere Kanten, die mit denselben Ecken inzidieren, heißen *Parallelkanten*. Eine Kante k mit zwei gleichen Endecken (d. h. es gilt $v(k) = \{x\}$) ist eine (Selbst-)*Schleife*.
Ein Pseudograph ohne Schleifen heißt *Multigraph*. Ein Multigraph ohne Parallelkanten heißt *Graph*.

1.1.4

Beispiele durch Diagramme

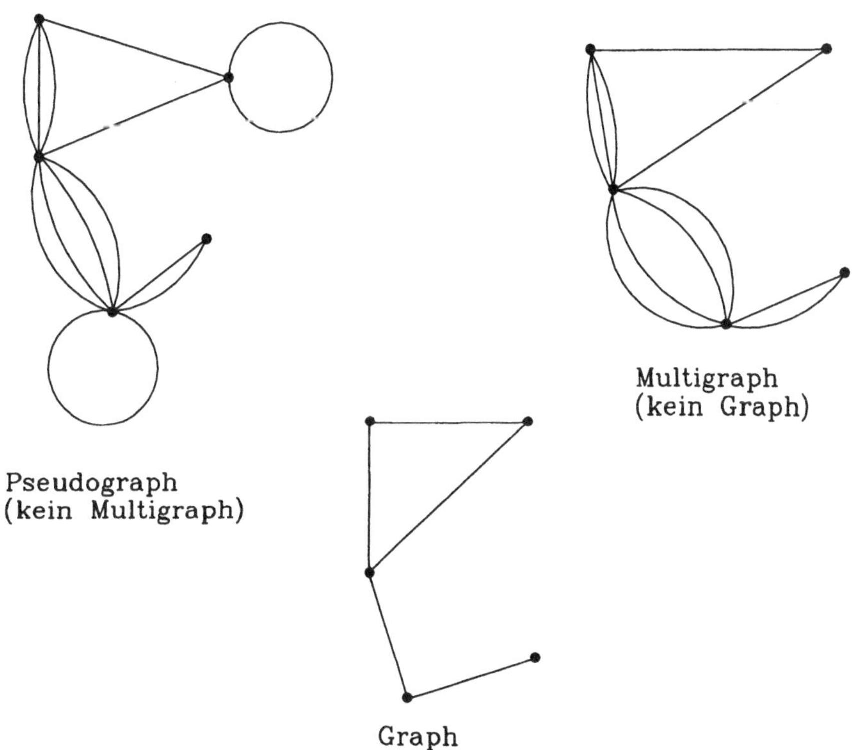

Da in einem Graphen jede Kante durch ihre zwei verschiedenen Endecken eindeutig bestimmt ist, kann ein Graph auch als ein Paar $G = (E, K)$ mit

$$K \subseteq \{\{x, y\} | x, y \in E, x \neq y\}$$

aufgefaßt werden. Diese Definition wird in der Literatur häufig verwendet. Einen Graphen im Sinne von 1.1.1 bekommt man dann, indem man $v(k) := k$ für jedes $k \in K$ setzt.

1.1.5

Ein Graph heißt *vollständig* oder auch ein *Simplex*, wenn je zwei verschiedene Ecken des Graphen durch eine Kante verbunden sind.

1.1.6

Beispiele

In den folgenden Diagrammen sind vollständige Graphen dargestellt.

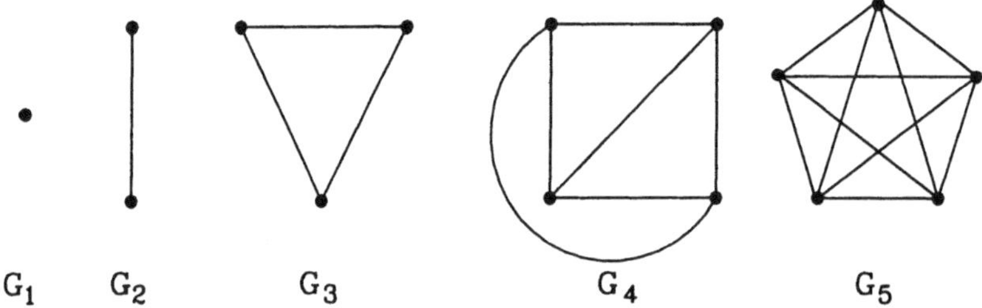

1.1.7

Zwei *Ecken* $a, b \in E$ in einem Pseudographen P heißen *benachbart*, wenn ein $k \in K$ mit $v(k) = \{a, b\}$ existiert. Zwei *Kanten* $k_1, k_2 \in K$ heißen *benachbart* in P, wenn $v(k_1) \cap v(k_2) \neq \emptyset$ gilt, d. h. wenn sie in mindestens einer Ecke gemeinsam inzident sind.

1.1.8

Beispiel

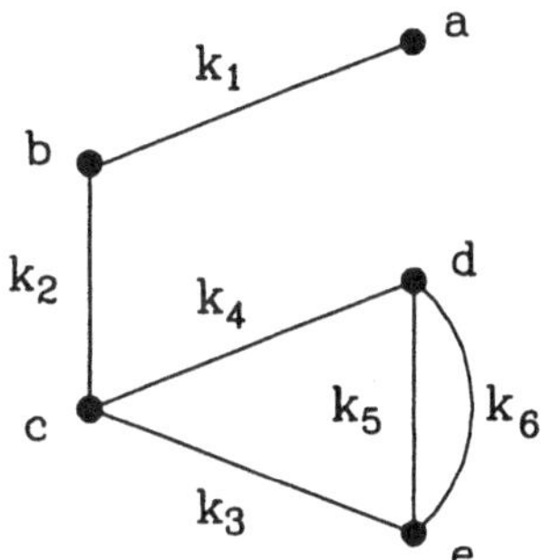

a und b sind benachbart,
a und d nicht,
k_4 und k_5 sind benachbart,
k_5 und k_6 sind benachbart,
k_1 und k_4 nicht.

1.1.9

P sei ein Pseudograph, $a \in E$. Dann heißt die Anzahl der an a inzidenten Kanten (wobei eine Kante, die zweifach an a inzident ist, auch doppelt gezählt wird) der Eckengrad (kurz: *Grad*) von a in P und wird mit $\gamma(a, P)$ bzw. nur $\gamma(a)$ bezeichnet.

Für einige Sonderfälle werden zusätzliche Begriffe benutzt:

- Ist $\gamma(a, P) = 0$, so heißt a eine *isolierte Ecke* von P.
- Haben alle Ecken von P den gleichen Grad n, so heißt P *n-regulär.*
- Der Pseudograph ohne Ecken und Kanten ($E = K = \emptyset$) heißt auch *leerer Graph* oder *Nullgraph.*

1.1.10

Beispiel

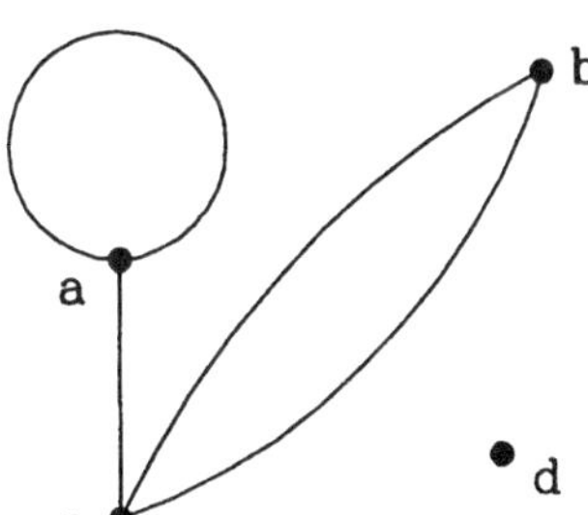

Es ist $\gamma(a) = \gamma(c) = 3$,
$\gamma(b) = 2, \gamma(d) = 0$;
d ist eine isolierte Ecke.

1.1.11

Als nächstes werden zwei Gesetzmäßigkeiten nachgewiesen, denen die Zahlen $\gamma(a,P)$in einem beliebigen Pseudographen unterliegen.

Satz

Für jeden Pseudographen P gilt

$$\sum_{a \in E} \gamma(a,P) = 2|K|.$$

(Man prüfe die Formel an Beispiel 1.1.10 nach.)

Beweis:

Da jede Kante bei der Bildung der Summe der Eckengrade genau zweimal gezählt wird (je einmal bei jeder der beiden Endecken), ergibt sich die Behauptung sofort.

1.1.12

Satz

In jedem Pseudographen P gibt es eine gerade Anzahl von Ecken mit ungeradem Eckengrad.

Beweis:

Aufgrund von Satz 1.1.11 ist die Summe aller Eckengrade eine gerade Zahl. Durch Subtrahieren aller geraden Eckengrade von dieser Zahl bleibt eine gerade Zahl übrig, die nun die Summe aller ungeraden Eckengrade ist. Dies kann aber nur dann der Fall sein, wenn die Summe aller ungeraden Eckengrade eine gerade Anzahl von Summanden hat.

1.1.13

Beispiel

Wir nehmen an, unter sechs Freunden A, B, C, D, E und F hätten an einem Tag eine Reihe von Telefongesprächen stattgefunden. Die Personen können als Ecken und die stattgefundenen Telefongespräche als Kanten eines Graphen aufgefaßt werden. So könnte sich z. B. folgender Graph ergeben:

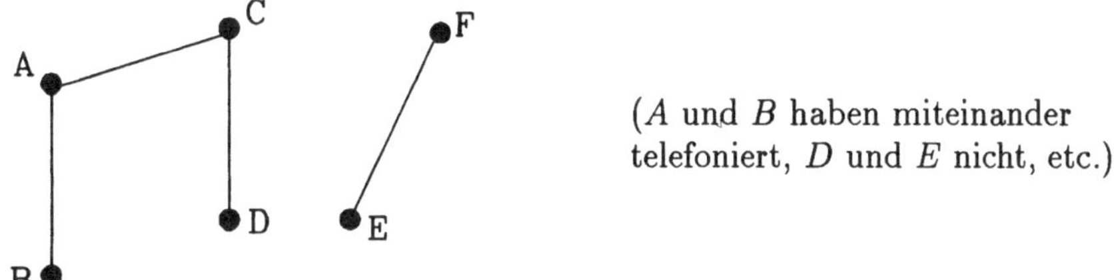

(A und B haben miteinander telefoniert, D und E nicht, etc.)

Die Sätze 1.1.11 und 1.1.12 ergeben nun allgemeingültige Aussagen über die Anzahlen der geführten Telefongespräche. So wäre es z. B. *nicht* möglich, daß A drei, B zwei, C ein, D vier, E zwei und F drei Telefongespräche geführt hat, denn $3 + 2 + 1 + 4 + 2 + 3$ ist 15 und somit ungerade.

1.1.14

Wir kommen nun zu dem zentralen Begriff der *Isomorphie* von Pseudographen. Wie auch bei anderen mathematischen Objekten üblich, ist hier die Grundidee, verschiedene Objekte in gewissen Zusammenhängen als *ein* Objekt ansehen zu dürfen, wenn sie sich streng mengentheoretisch unterscheiden, von der Struktur her aber identisch sind.

1.1.15

Beispiel

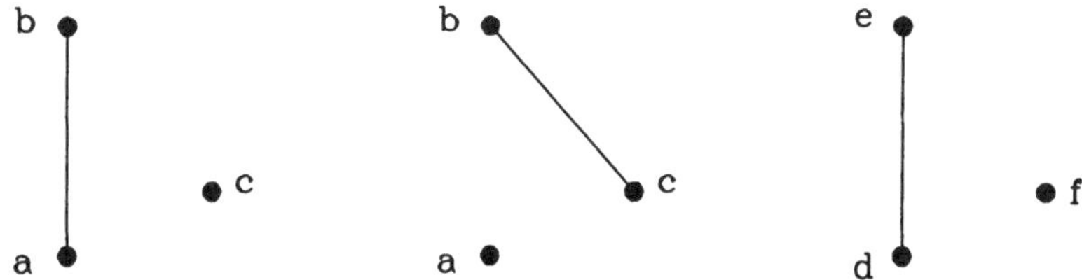

Die drei in den Diagrammen dargestellten Graphen sind zwar verschieden, jedoch von ihrer Struktur her gleich.

1.1.16

$P = (E, K, v)$ und $P' = (E', K', v')$ seien Pseudographen. Ein Paar von Abbildungen

$$\phi : E \to E', \psi : K \to K'$$

heißt ein *Isomorphismus* von P auf P', wenn ϕ und ψ bijektiv sind und wenn für alle $k \in K$ und $x, y \in E$ gilt:

$$v(k) = \{x, y\} \Leftrightarrow v'(\psi(k)) = \{\phi(x), \phi(y)\}.$$

Existiert ein Isomorphismus von P auf P', so heißen P und P' *isomorph* (in Zeichen: $P \simeq P'$).
Für Graphen läßt sich der Begriff Isomorphismus einfacher fassen, wenn man die zweite Definition (vgl. 1.1.4) zugrundelegt:

G und G' seien Graphen. Eine Abbildung

$$\phi : E \to E'$$

heißt Isomorphismus von G auf G', wenn ϕ bijektiv ist und für alle $\{x, y\} \in E$ gilt

$$\{x, y\} \in K \Leftrightarrow \{\phi(x), \phi(y)\} \in K'.$$

1.1.17

Beispiel

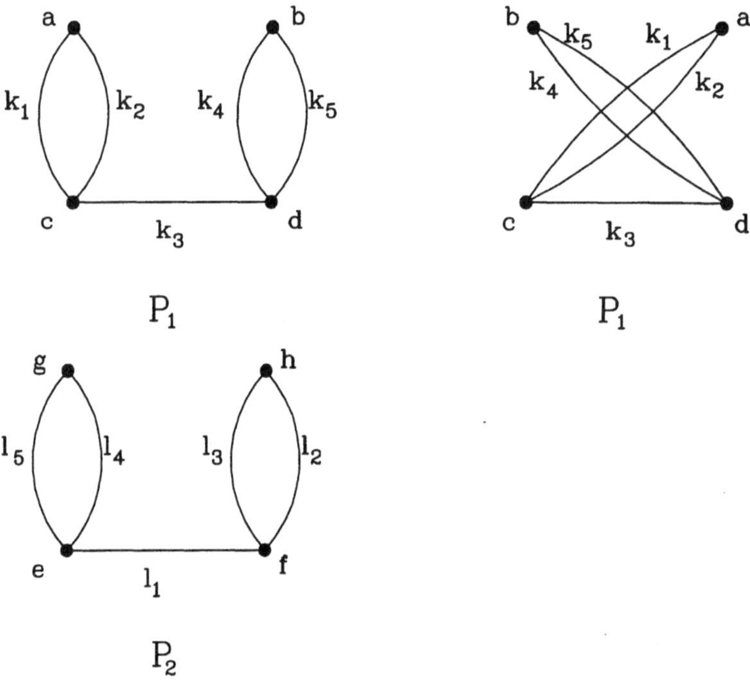

Man beachte, daß die beiden ersten Diagramme Darstellungen *desselben* Multigraphen P_1 sind. Ein Isomorphismus von P_1 auf P_2 ist z. B. gegeben durch

$$\phi(a) = g, \phi(b) = h, \phi(c) = e, \phi(d) = f, \psi(k_1) = l_5,$$

$$\psi(k_2) = l_4, \psi(k_3) = l_1, \psi(k_4) = l_3, \psi(k_5) = l_2.$$

1.1.18

Bei Beispiel 1.1.15 reicht es, da es sich um Graphen handelt, eine Abbildung zwischen den Eckenmengen anzugeben, um einen Isomorphismus zu beschreiben. So ist z. B. die Abbildung ϕ mit $\phi(b) = b, \phi(a) = c, \phi(c) = a$ ein Isomorphismus des im ersten Diagramm dargestellten Graphen auf den zweiten.
Es ist wichtig anzumerken, daß beim Umgang mit Pseudographen die Begriffe "Gleichheit" und "Isomorphie" oft nicht sauber getrennt werden, was jedoch in der Regel nicht zu falschen Schlußfolgerungen führt: hinsichtlich aller mathematischen Eigenschaften (und nur abgesehen von der "Natur" der Elemente) sind zwei isomorphe Pseudographen im Grunde "gleich".
Stillschweigend haben wir den Begriff der Isomorphie auch bereits bei den Beispielen 1.1.4 und 1.1.6 benutzt, wo Pseudographen durch ihre Diagramme *ohne Bezeichnungen* für Ecken und Kanten definiert wurden. Wenn man einen Pseudographen durch ein Diagramm einführt, das nicht für alle Ecken und Kanten Namen enthält, so ist damit strenggenommen gemeint, daß von irgendeinem der vielen zueinander isomorphen Pseudographen die Rede ist, die durch das Diagramm beschrieben werden; man kann auch die Auffassung haben, daß durch das Diagramm eine *Isomorphieklasse* von Pseudographen festgelegt wird. Es ist aber trotzdem üblich, in dieser Situation von *dem* in dem betreffenden Diagramm dargestellten Pseudographen zu sprechen.
Als nächstes werden einige grundlegende Operationen beschrieben, mit denen aus vorgegebenen Pseudographen weitere konstruiert werden können.
Ein Pseudograph $P' = (E', K', v')$ heißt ein *Teilgraph* von $P = (E, K, v)$ (in Zeichen $P' \subseteq P$), wenn $E' \subseteq E, K' \subseteq K$ und $v'(k) = v(k)$ für alle $k \in K'$. Ist $P' \neq P$, so heißt P' ein *echter Teilgraph* von P ($P' \subset P$). Gehört jede Kante von P, die zwei Ecken von P' verbindet, zu P', so heißt P' *der von E' induzierte* (oder: *aufgespannte*) *Untergraph* von P. (Der Kürze wegen wählt man hier nicht die Bezeichnungen "Teilpseudograph" oder "Unterpseudograph".)

1.1.19

Beispiel

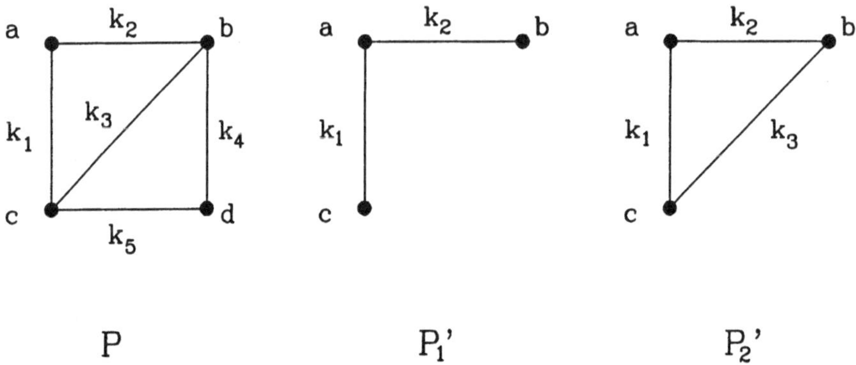

P_1' ist Teilgraph, jedoch kein Untergraph, weil die Kante k_3 nicht zu P_1' gehört, aber die zu P_1' gehörenden Ecken b und c verbindet. P_2' ist der von $\{a, b, c\}$ induzierte Untergraph.

1.1.20

Es ist leicht einzusehen, daß ein von E' induzierter Untergraph von P durch die Angabe von E' eindeutig festliegt.
Demgegenüber ist ein Teilgraph bis auf isolierte Ecken durch seine Kanten festgelegt: Ist $P' \subseteq P$, und enthält P' keine isolierten Ecken (d. h. für alle $a \in E'$ gilt $\gamma(a, P') \neq 0$), so kann man P' als den *von K' induzierten Teilgraphen* von P auffassen, welcher durch K' eindeutig bestimmt ist.
P_1' aus Beispiel 1.1.19 ist durch die Menge $K' = \{k_1, k_2\}$ induziert.

1.1.21

Sei $P = (E, K, v)$ ein Pseudograph. Unter dem *Löschen einer Kante von P* versteht man (für $k \in K$) die Bildung des Pseudographen $P \backslash k := (E, \tilde{K}, \tilde{v})$ mit $\tilde{K} = K \backslash \{k\}$ und $\tilde{v} = v / \tilde{K}$. Entsprechend ist das *Löschen eines Teilgraphen von P* (für $P' \subseteq P$) die Bildung des Pseudographen $P \backslash P' = (\tilde{E}, \tilde{K}, \tilde{v})$ mit $\tilde{E} = E \backslash E', \tilde{K} = \{k \in K | v(k) \cap E' = \emptyset\}$ und $\tilde{v} = v / \tilde{K}$.

1.1.22

Beispiele

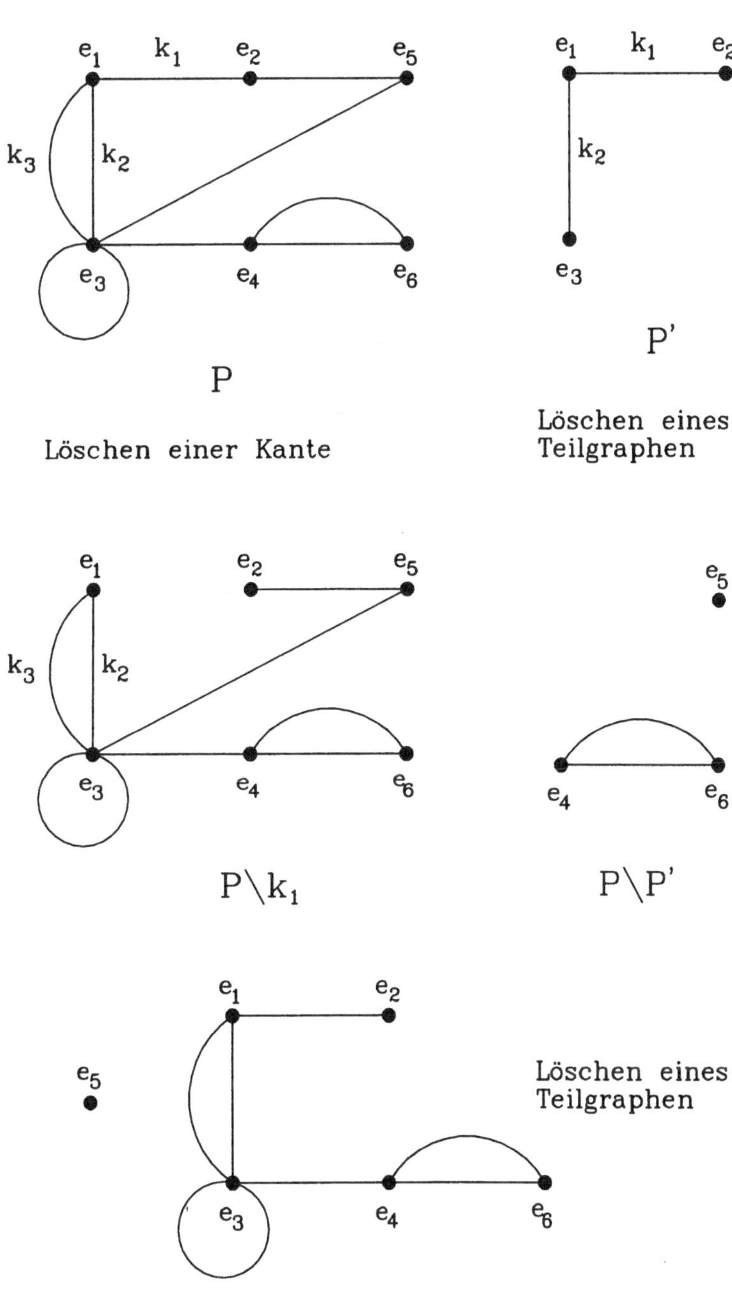

Besteht, wie im letzten Beispiel, der gelöschte Teilgraph nur aus einer Ecke e, so schreibt man für das Ergebnis auch kurz $P\backslash e$ (hier: $P\backslash e_5$ statt $P\backslash P''$).

Beispielaufgabe 1.1

Erläutern Sie den Unterschied zwischen den Begriffen Teilgraph und Untergraph, und illustrieren Sie dies anhand eines Beispiels.

Lösung

Bei einem Teilgraphen eines Pseudographen P ist nur verlangt, daß er mit jeder Kante von P auch die mit ihr in P inzidenten Ecken enthält. Ein Untergraph muß darberhinaus auch mit zwei zu ihm gehörenden Ecken von P alle Kanten zwischen diesen beiden Ecken enthalten. Im folgenden Beispiel ist von den Teilgraphen P_1, P_2, P_3 nur P_3 ein Untergraph von P: bei P_1 fehlt k_1, bei P_2 fehlt k_2.

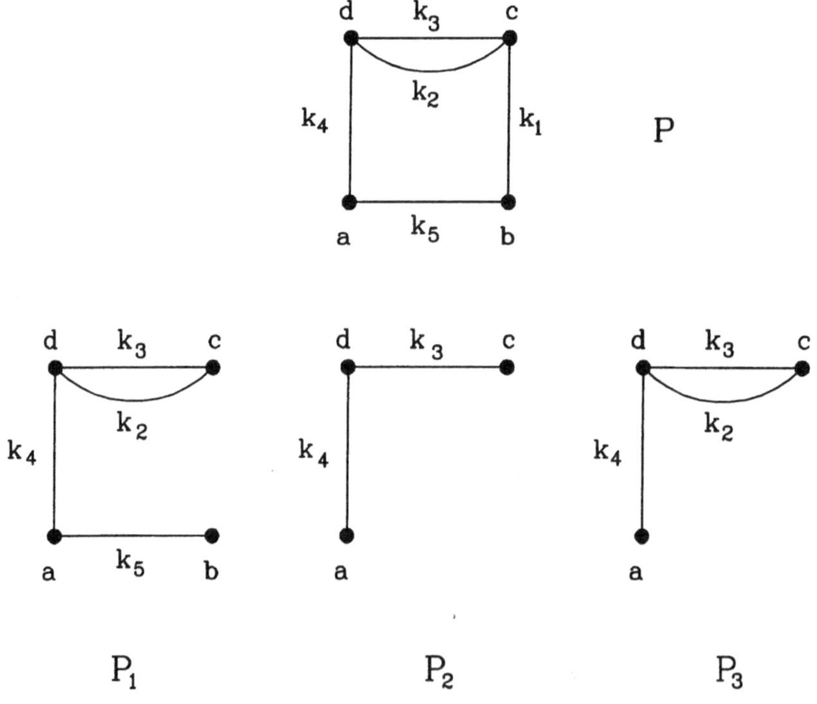

1.2 Wege, Kreise, Zusammenhang

1.2.1

$P = (E, K, v) =$ sei ein Pseudograph.

Eine Folge $(e_0, k_1, e_1, k_2, e_2, \ldots, e_{i-1}, k_i, e_i, \ldots, k_n, e_n)$ mit $e_i \in E$ und $k_j \in K$ heißt eine *Kantenfolge*, wenn für alle i $(1 \leq i \leq n)$ gilt $v(k_i) = \{e_{i-1}, e_i\}$. Die Ecke e_0 heißt die *Anfangsecke*, die Ecke e_n die *Endecke* der Folge.

1.2.2

Beispiel

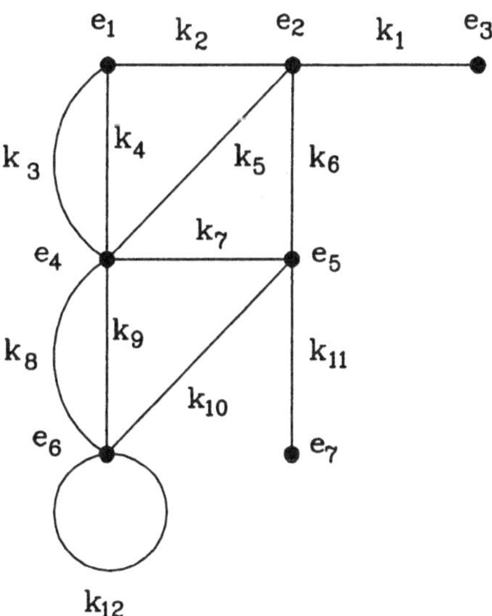

Kantenfolgen sind z. B.:

$F_1 = (e_3, k_1, e_2, k_6, e_5, k_7, e_4)$,

$F_2 = (e_4, k_8, e_6, k_{12}, e_6, k_{10}, e_5, k_7, e_4)$,

$F_3 = (e_1, k_3, e_4, k_9, e_6, k_9, e_4, k_5, e_2)$.

1.2.3

Eine Kantenfolge wird häufig nur durch die Folge ihrer Kanten (ohne explizite Nennung der Ecken) dargestellt. Für das obige Beispiel ergibt sich

$F_1' = (k_1, k_6, k_7)$, $F_2' = (k_8, k_{12}, k_{10}, k_7)$, $F_3' = (k_3, k_9, k_9, k_5)$; in allen diesen drei Fällen ist die ursprüngliche Kantenfolge aus der abgekürzten Folge rekonstruierbar. Die Kantenfolge $F_4 = (e_4, k_8, e_6, k_8, e_4)$ könnte aber z. B. nicht aus $F_4' = (k_8, k_8)$ zurückgewonnen werden.

1.2.4

Eine Kantenfolge ist *geschlossen*, falls ihre Anfangsecke gleich ihrer Endecke ist, andernfalls ist sie *offen.* Die Anzahl der Kanten in einer Kantenfolge F wird als ihre *Länge* $|F|$ bezeichnet. Ein *Kantenzug* ist eine Kantenfolge, die keine Kante zweimal enthält. Ein *Weg* ist ein Kantenzug, der auch keine Ecke zweimal enthält. Ein *Kreis* ist ein geschlossener Kantenzug, der (von Anfangs- und Endecke abgesehen) keine Ecke zweimal enthält.

1.2.5

Beispiele

F_1 (aus 1.2.2) ist ein Weg mit $|F_1| = 3$.

F_2 (mit $|F_2| = 4$) ist ein geschlossener Kantenzug, jedoch kein Kreis, da außer e_4 auch e_6 zweimal enthalten ist.

F_3 (mit $|F_3| = 4$) ist eine offene Kantenfolge, aber kein Kantenzug.

Ist in dem Pseudographen P ein Weg oder ein Kreis F gegeben, so bestimmt dieser eindeutig einen Teilgraphen von P, der genau die in F vorkommenden Ecken und Kanten enthält. Beim Übergang zu diesem Teilgraphen geht allerdings die "Richtung" verloren, im Falle eines Kreises auch die Festlegung der Anfangs- bzw. Endecke.

1.2.6

Beispiel

Es sei wieder der Pseudograph aus 1.2.2 zugrundegelegt.

$F_5 = (e_1, k_3, e_4, k_5, e_2, k_2, e_1)$ und

$F_6 = (e_2, k_5, e_4, k_3, e_1, k_2, e_2)$ bestimmen denselben Teilgraphen.

Im folgenden werden, trotz der angesprochenen Probleme, von Wegen bzw. Kreisen herkommende Teilgraphen auch als "Wege" bzw. "Kreise" bezeichnet. Mit dieser Vereinbarung kann dann auch von der Vereinigung oder dem Durchschnitt von Wegen bzw. Kreisen gesprochen werden.

1.2.7

In einem Graphen kann eine Kantenfolge auch durch die Folge der beteiligten Ecken angegeben werden, denn dadurch ist die Kantenfolge bereits eindeutig bestimmt.

1.2.8

Wir kommen nun zu dem grundlegenden Begriff des *Zusammenhangs* eines Pseudographen. Kurz gesagt ist ein Pseudograph zusammenhängend, wenn er "an einem Stück" ist; der in 1.1.13 vorkommende Graph ist z. B. nicht zusammenhängend.

Die präzise Begriffsdefinition lautet:

Zwei Ecken a, b eines Pseudographen P heißen *verbindbar* in P, wenn $a = b$ ist oder es einen Weg in P von a nach b gibt. Sind je zwei Ecken von P verbindbar, so heißt P *zusammenhängend.*

1.2.9

Beispiel

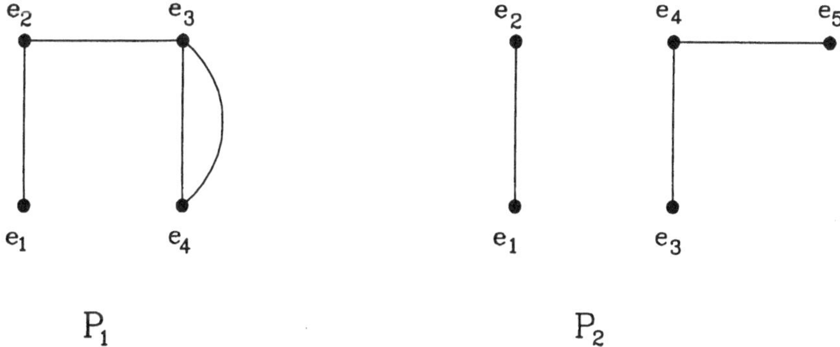

P_1 ist zusammenhängend, P_2 nicht.

1.2.10

Ein Pseudograph $P = (E, K, v)$ sei gegeben, die Verbindbarkeit von $a, b \in E$ werde durch $a \sim b$ gekennzeichnet.

Satz

Die Verbindbarkeit $\sim$ ist eine Äquivalenzrelation auf E.

Beweis:

Die Reflexivität ist aufgrund der Definition sofort klar.
Symmetrie: Ist $a \sim b$, so gibt es in P einen Weg von a nach b. Durchlaufen dieser Kantenfolge in umgekehrter Richtung ergibt einen Weg von b nach a, folglich ist $b \sim a$.
Transitivität: Ist $a \sim b$ und $b \sim c$, so hat man jeweils einen Weg von a nach b und von b nach c. Die Aneinanderreihung dieser beiden Wege ergibt eine Kantenfolge von a nach c. Als Teilfolge läßt sich dann ein Weg von a nach c finden, somit ist auch $a \sim c$.

1.2.11

Die $\sim$-Äquivalenzklassen bilden eine disjunkte Zerlegung der Eckenmenge E. Die von den Äquivalenzklassen aufgespannten Untergraphen von P heißen die *(Zusammenhangs-) Komponenten* von P.
Jede Zusammenhangskomponente von P ist ein maximaler zusammenhängender Untergraph von P. P ist die disjunkte Vereinigung aller Komponenten.
P selbst ist zusammenhängend, wenn nur eine Komponente existiert.

1.2.12

Beispiel

P_2 aus 1.2.9 besteht aus zwei Komponenten, die von den $\sim$-Äquivalenzklassen $\{e_1, e_2\}$ und $\{e_3, e_4, e_5\}$ aufgespannt werden.

1.2.13

Beispiel

Nimmt man alle Hauptanschlüsse im öffentlichen Telefonnetz der Deutschen Bundespost sowie die Vermittlungsstellen als Ecken und die dazwischen liegenden Leitungen als Kanten, so ergibt sich ein Multigraph. Die Aussage, daß dieser Multigraph zusammenhängend ist, bedeutet, daß von jedem Punkt zu jedem anderen telefoniert werden kann.

In vielen Anwendungen hat man es mit Pseudographen zu tun, von denen man von vornherein weiß, daß sie bestimmte spezielle Eigenschaften haben. Betrachtet man z. B. bei dem das Telefonnetz darstellenden Multigraphen nur eine Ortsvermittlungsstelle mit den daran angeschlossenen Teilnehmern, so enthält dieser Teilgraph keinen Kreis.
Besonders häufig tauchen Klassen von Pseudographen auf, die durch das Nicht-Enthalten bestimmter Teilgraphen charakterisiert sind. Im folgenden werden einige wichtige dieser Klassen eingeführt.

1.2.14

Ein Pseudograph heißt *kreislos* , wenn er keinen Kreis enthält. Ein kreisloser Pseudograph heißt auch *Wald.* Ein zusammenhängender Wald ist ein *Baum.* Ein Wald, der aus n Komponenten besteht, heißt auch ein *n-Baum.*

Man beachte: ein kreisloser Pseudograph ist stets ein Graph.

1.2.15

Beispiel

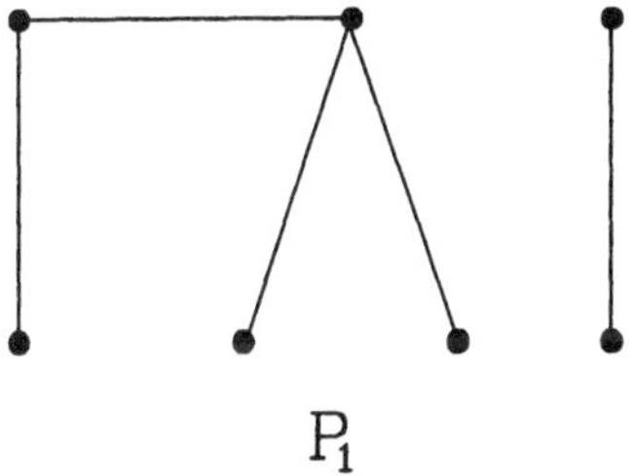

P_1

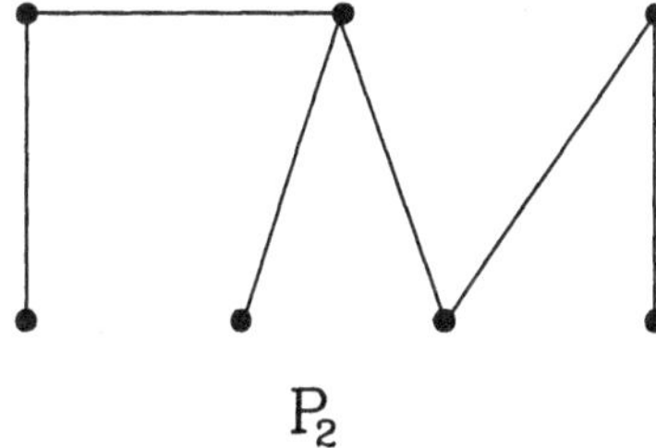

P_2

P_1 ist ein Wald bzw. ein 2-Baum, P_2 ist ein Baum. Der Pseudograph aus 1.2.2 enthält Kreise und ist somit kein Wald.

Auf einen Baum bzw. Wald trifft man oft dann, wenn man es mit einer Grundgesamtheit zu tun hat, die "baumartig" hierarchisch geordnet ist. Man denke etwa an die sogenannten Familienstammbäume.

1.2.16

Auch beim sogenannten *binären Suchen* ist eine Baumstruktur (binärer Suchbaum) im Spiel. Soll z. B. eine weitere Zahl in eine bereits geordnete Liste von Zahlen (etwa Meßwerten) an der richtigen Stelle eingeordnet werden, so empfiehlt es sich als Strategie, die neue Zahl zunächst mit der Zahl zu vergleichen, die genau in der Mitte der bisherigen Liste steht, um dann zu wissen, ob man "links" oder "rechts" davon weitersuchen muß; mit der übriggebliebenen Hälfte der Liste wird dann entsprechend verfahren usw.. Diese Vorgehensweise entspricht dem Durchlaufen eines Weges in einem Baum, dessen Ecken die Mittelpunkte der Intervalle repräsentieren.

1.2.17

Beispiel

Zu der geordneten Liste $(3, 5, 6, 8, 11, 12, 16, 19, 20, 22, 23, 27, 28, 30, 33)$ gehört der im folgenden Diagramm dargestellte Suchbaum:

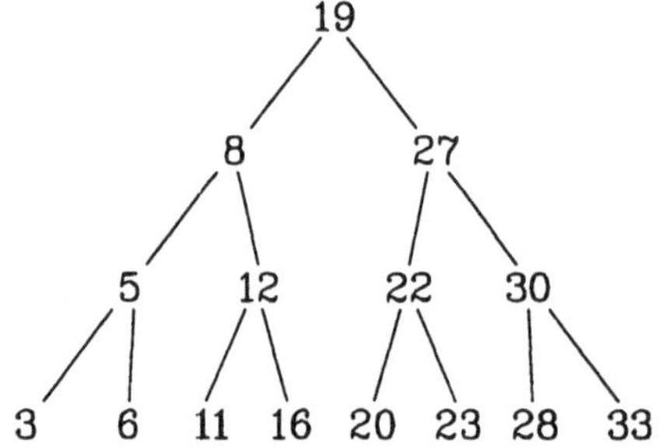

Die Zahl 19 ist die mittlere aller gegebenen Zahlen, 8 ist die Mitte des "links" von 19, 27 die Mitte des "rechts" von 19 liegenden Intervalls etc.. Eine neu einzuordnende Zahl muß nun nur mit 4 Zahlen verglichen werden, um an die richtige Stelle eingeordnet werden zu können; z. B. wird 24 mit $19, 27, 22$ und 23 verglichen.

1.2.18

Von Interesse ist auch das Problem, innerhalb eines nicht kreislosen Pseudographen einen möglichst großen Baum als Teilgraphen aufzuspüren.
P sei ein Pseudograph. Ein Baum B, der Teilgraph von P ist und jede Ecke von P enthält, heißt ein *Gerüst* (oder *spannender Baum*) von P.

1.2.19

Beispiel

Das Diagramm stellt den Pseudographen aus 1.2.2 sowie ein Gerüst dar.

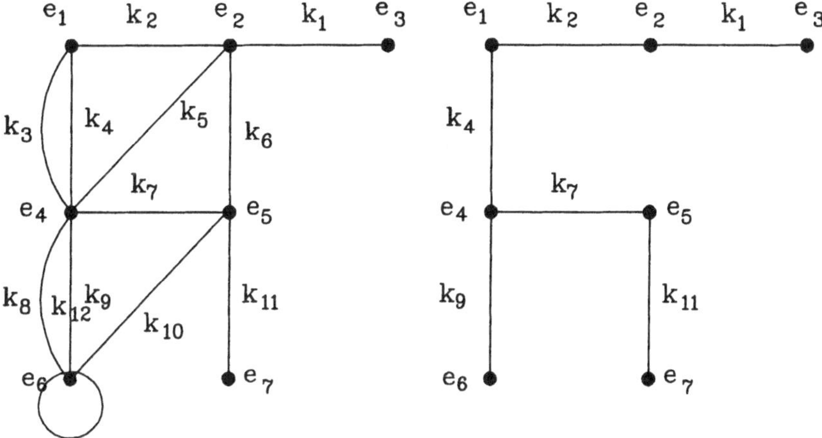

1.2.20

Beispiel

Ein Datennetz mit Netzknoten $A, B, \ldots, G$ habe die im folgendem Diagramm gezeigte Graphenstruktur:

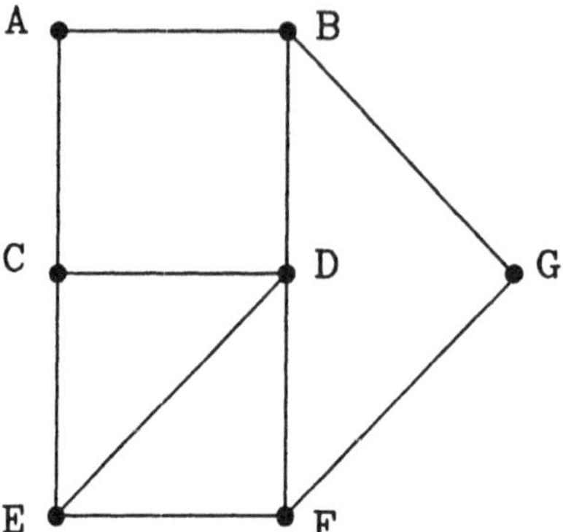

Soll nur sichergestellt werden, daß jeder Knoten mit jedem anderen kommunizieren kann (eventuell über Zwischenknoten), so müssen lediglich die Kanten eines Gerüsts genutzt werden. Das folgende Bild zeigt ein Gerüst:

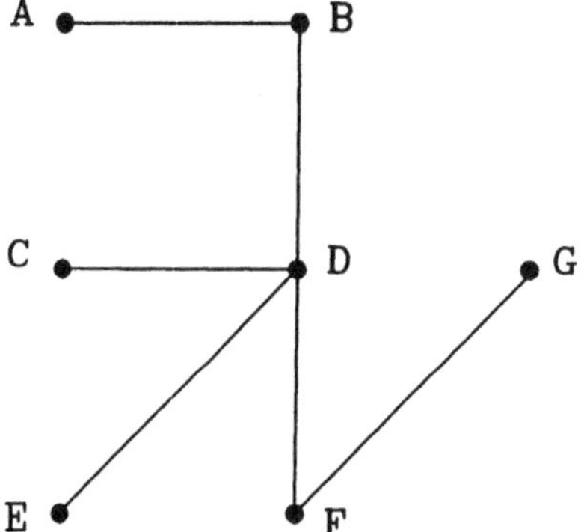

Dieses spezielle Gerüst würde sich z. B. dann zur Nutzung anbieten, wenn D im "Broadcasting"-Verfahren Meldungen an alle anderen Knoten schicken will.

1.2.21

Als nächstes werden zwei wichtige Eigenschaften von Bäumen bzw. Gerüsten nachgewiesen, die von der Anschauung her unmittelbar einleuchten: unter allen zusammenhängenden Graphen mit einer festen Eckenanzahl haben Bäume die wenigsten Kanten, und jeder zusammenhängende Pseudograph enthält ein Gerüst. Zunächst sind einige Vorüberlegungen nötig.

1.2.22

Hilfssatz

Sei F ein Kreis in dem zusammenhängenden Pseudographen P, k eine in F vorkommende Kante. Dann ist auch der Pseudograph $P' = P \backslash k$ zusammenhängend.

Beweis:

Es seien a, b zwei beliebige Ecken von P' bzw. P. Es ist zu zeigen, daß a und b in P' verbindbar sind. Da P zusammenhängend ist, gibt es in P einen Weg von a nach b. Benutzt dieser Weg die Kante k nicht, so ist dies auch in P' ein Weg von a nach b. Enthält dieser Weg in P von a nach b jedoch die Kante k, so kann statt der Kante k der ganz in P' enthaltene Rest des Kreises F (außer k) benutzt werden, um nun eine Kantenfolge in P' von a nach b zu erhalten, die einen Weg als Teilfolge enthalten muß.

1.2.23

Satz

Jeder zusammenhängende Pseudograph besitzt ein Gerüst.

Beweis:

Der Beweis wird durch vollständige Induktion über die Anzahl der Kanten $|K|$ von Pseudographen $P = (E, K, v)$ geführt. Im Falle $|K| = 1$ ist der Satz offenbar richtig.
Nun wird vorausgesetzt, daß für alle Pseudographen mit n $(n \geq 1)$ vielen Kanten die Behauptung bereits richtig sei, ferner sei ein zusammenhängender Pseudograph P mit $|K| = n + 1$ gegeben. Ist P ein Baum, so ist nichts zu zeigen, P ist "sein eigenes Gerüst".
Enthält P aber einen Kreis F, so gilt für eine beliebige Kante k aus diesem Kreis, daß $P' = P \backslash k$ ein zusammenhängender Pseudograph (nach 1.2.22) mit n vielen Kanten ist, der nach Induktionsvoraussetzung ein Gerüst besitzt. Dieses Gerüst ist auch ein Gerüst von P.

1.2.24

Eine Ecke a eines Pseudographen P mit $\gamma(a, P) = 1$ heißt eine *Endecke* von P. Eine Kante, die mit einer Endecke inzidiert, heißt *Endkante*.

Für je zwei Ecken b, c von P definiert man den *Abstand* $|b,c|_P$ zwischen b und c in P wie folgt:

$$|b,c|_P = \begin{cases} 0, & \text{wenn } b = c \text{ ist;} \\ \infty, & \text{wenn } b \text{ und } c \text{ in } P \text{ nicht verbindbar sind;} \\ l, & \text{wenn } l \text{ die kürzestmögliche Länge eines} \\ & \text{Weges in } P \text{ von } b \text{ nach } c \text{ ist.} \end{cases}$$

1.2.25

Hilfssatz

$P = (E, K, v)$ sei ein Baum. Dann gilt:

i. P enthält mindestens zwei Endecken.

ii. $|K| = |E| - 1$

Beweis:

i. $a, b \in E$ seien derart gewählt, daß $|a,b|_P$ für P maximal ist, d. h. es gibt keine zwei Ecken, die einen größeren Abstand voneinander haben. Wir zeigen, daß a (und aus Symmetriegründen auch b) eine Endecke ist. $(a, k_1, e_1, k_2, e_2, \ldots, k_l, b)$ sei ein kürzester Weg in P von a nach b. Hätte a außer e_1 eine weitere Nachbarecke f (s. das Diagramm), so müßte es wegen $|f,b|_P \leq |a,b|_P$

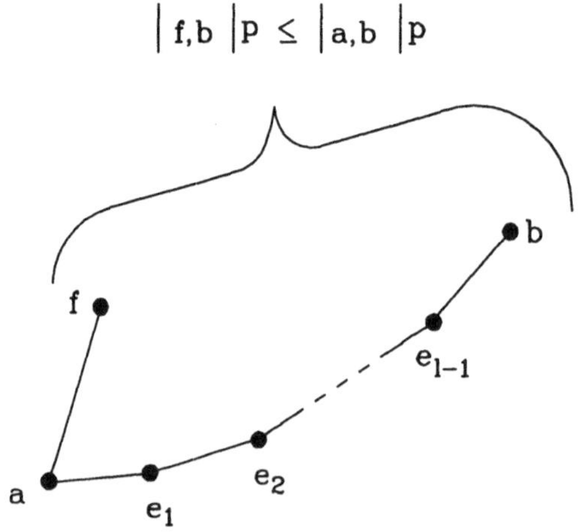

einen kürzesten Weg von f nach b geben, der nicht durch die Ecke a verläuft. Dann gäbe es jedoch einen Kreis in P, im Widerspruch zur Voraussetzung.

ii. Dies folgt nun leicht mit Induktion: Entfernen einer Endecke und der zugehörigen Kante führt zu einem Teilbaum $P' = (E', K', v')$ mit $|E'| = |E| - 1, |K'| = |K| - 1$ und $|K'| = |E'| - 1$ (nach Induktionsvoraussetzung).

1.2.26

Damit kann nun folgendes gezeigt werden.

Satz

$P = (E, K, v)$ sei ein zusammenhängender Pseudograph. Dann gilt $|K| \geq |E| - 1$, und es ist $|K| = |E| - 1$ genau dann, wenn P ein Baum ist.
Beweis:

Die allgemeine Ungleichung $|K| \geq |E| - 1$ folgt sofort aus 1.2.23 und 1.2.25 ii), ferner auch die Gleichung $|K| = |E| - 1$ für einen Baum. Sei nun umgekehrt $|K| = |E| - 1$.
Wir nehmen an, P sei kein Baum. Nach 1.2.22 kann aus P eine Kante k entfernt werden, so daß $P' = P \backslash k$ zusammenhängend ist. In dem zusammenhängenden Pseudographen P' mit Eckenmenge E und Kantenmenge $K' = K \backslash \{k\}$ gilt also $|K'| < |E| - 1$.
Dies ist nun ein Widerspruch, denn nach 1.2.23 müßte es in P' ein Gerüst geben, welches nach 1.2.25 $|E| - 1$ viele Kanten hat, die sämtlich in der Menge K' enthalten sind.

1.2.27

Folgerung

Alle Gerüste eines zusammenhängenden Pseudographen $P = (E, K, V)$ haben dieselbe Anzahl von Kanten (nämlich $|E| - 1$).

1.2.28

Beispiel

Im folgenden Diagramm ist ein weiteres Gerüst des Graphen aus 1.2.20 dargestellt. Beide Gerüste haben 6 Kanten.

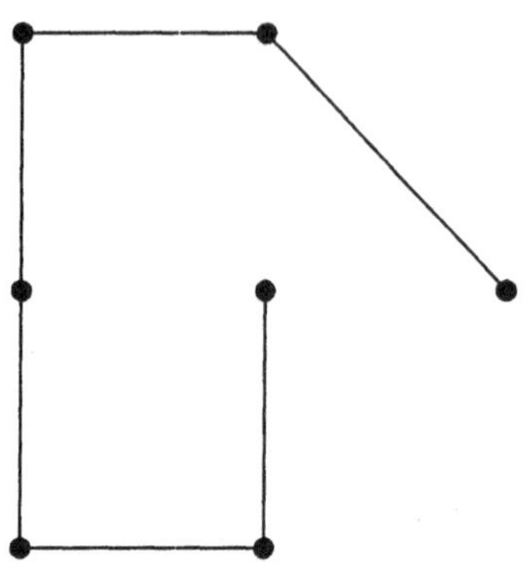

1.2.29

Als nächstes wird eine weitere interessante Klasse von Pseudographen betrachtet, die sich (allerdings erst auf den zweiten Blick) durch das Nicht-Enthalten gewisser Kreise charakterisieren lassen.
Ein Pseudograph $P = (E, K, v)$ heißt ***bipartit*** (oder *paar*), wenn die Eckenmenge E die disjunkte Vereinigung zweier nicht-leerer Teilmengen $E^{'}$ und $E^{''}$ ist derart, daß $E^{'}$ und $E^{''}$ kantenlose Untergraphen von P aufspannen, wenn also alle Kanten von P einen Endpunkt in $E^{'}$ und einen in $E^{''}$ haben.

1.2.30

Beispiel

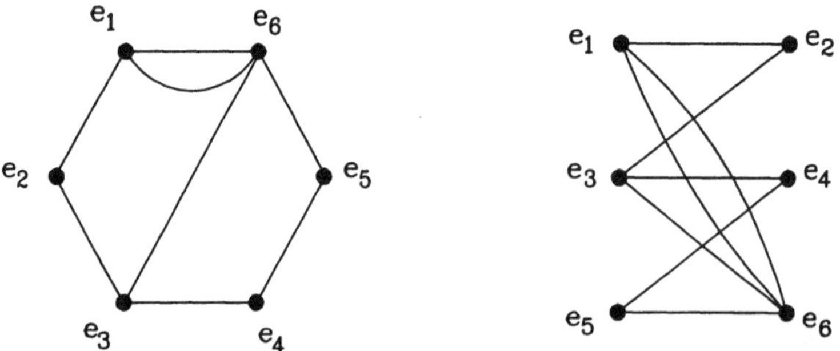

Beide Diagramme stellen denselben Pseudographen dar. Im bipartiten Fall ist es üblich, wie hier im rechten Diagramm, die Mengen $E^{'}$ und $E^{''}$ (hier $\{e_1, e_3, e_5\}$ und $\{e_2, e_4, e_6\}$) auch optisch voneinander zu trennen.

1.2.31

Satz

Ein Pseudograph $P = (E, K, v)$ ist genau dann bipartit, wenn P keinen Kreis ungerader Länge enthält.

Beweis:

Ist P bipartit, so kann P sicher nur Kreise gerader Länge enthalten (wie im obigen Beispiel), denn für einen Kreis mit einer ungeraden Anzahl von Ecken ist es nicht möglich, daß diese Ecken abwechselnd zu zwei disjunkten Mengen $E^{'}$ und $E^{''}$ gehören.
Umgekehrt enthalte P keinen Kreis ungerader Länge. Der Nachweis, daß P bipartit ist, wird durch Induktion über $|K|$ (Anzahl der Kanten) geführt, wobei für den Induktionsanfang $|K| = 0$ nichts zu zeigen bleibt. Als Induktionsvoraussetzung wird nun angenommen, daß die Behauptung für alle Pseudographen mit n vielen Kanten richtig ist. Es sei P ein Pseudograph mit $n + 1$ vielen Kanten, der keine ungeraden Kreise enthält, ferner sei $k \in K$ eine beliebige Kante und $\tilde{P} := P \backslash k$. $\tilde{P}$ enthält keinen ungeraden Kreis, denn durch Löschen einer Kante werden keine neuen Kreise erzeugt. Da $\tilde{P}$ n viele Kanten hat, ist $\tilde{P}$ nach Induktionsvoraussetzung bipartit, d. h. man hat eine Einteilung der Eckenmenge E von $\tilde{P}$ (die auch die Eckenmenge von P ist) in $E^{'}$ und $E^{''}$, so daß jede Kante von $K - \{k\}$ eine Ecke von $E^{'}$ mit einer aus $E^{''}$ verbindet. Gelingt es nun zu zeigen, daß von den Endpunkten a und b von k einer zu $E^{'}$ und der andere zu $E^{''}$ gehört, so ist auch P als bipartit nachgewiesen.

Es sind zwei Fälle zu betrachten.

Sind a und b in $\tilde{P}$ nicht verbindbar (d. h. sie gehören zu verschiedenen Komponenten von $\tilde{P}$), so kann über die Zerlegung $E^{'}$ und $E^{''}$ o.B.d.A. vorausgesetzt werden $a \in E^{'}$ und $b \in E^{''}$. Sind a und b in $\tilde{P}$ verbindbar, so muß jeder Weg von a nach b in $\tilde{P}$ eine ungerade Anzahl von Kanten enthalten, denn sonst hätte man (durch Hinzunahme von k) einen ungeraden Kreis in P. Anfangs- und Endknoten eines ungeraden Weges in $\tilde{P}$ gehören offenbar zu verschiedenen unter den Mengen $E^{'}$ und $E^{''}$. Damit ist gezeigt, daß P bipartit ist.

1.2.32

Zum Schluß dieses Abschnitts soll ein weiterer Begriff eingeführt werden, der anschaulich leicht zu fassen ist.

Eine Kante k des Pseudographen P heißt *Brücke* (oder *Isthmus*) von P, wenn k keine Endkante von P ist und wenn die k enthaltende Komponente von P nach Wegnahme von k (d. h. in $P \backslash k$) in zwei Komponenten zerfällt. Diese beiden Komponenten von $P \backslash k$ heißen die *Blätter* zur Brücke k.

1.2.33

Beispiel

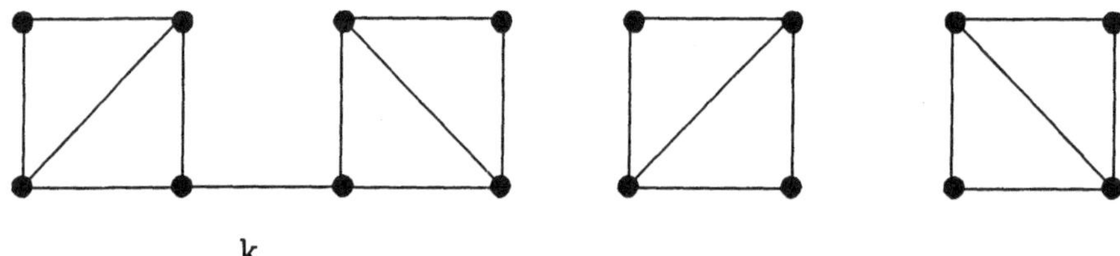

Graph mit Brücke k Blätter zur Brücke k

Ohne Beweis merken wir an, daß k stets genau dann eine Brücke von P ist, wenn P keinen Kreis durch k enthält und k keine Endkante von P ist. Auch der Beweis der folgenden Charakterisierung von Bäumen sei dem Leser überlassen.

1.2.34

Satz

Für einen Multigraphen P sind folgende Aussagen äquivalent:

i. P ist ein Baum.

ii. P ist zusammenhängend, und jede Kante von P ist Endkante oder Brücke.

iii. Je zwei Ecken a und b sind durch genau einen Weg in P miteinander verbunden.

Beispielaufgabe 1.2

i. Erläutern Sie die Begriffe Kreis und Baum.

ii. Bestimmen Sie die Anzahl der verschiedenen Gerüste des vollständigen Graphen K_4 mit 4 Ecken.

Lösung

i. Ein Kreis ist definiert als geschlossener Kantenzug, der (von Anfangs- und Endecke abgesehen) keine Ecke zweimal enthält. Sind Durchlaufrichtung und Festlegung von Anfangs- bzw. Endecke nicht von Interesse, so kann ein Kreis in einem Pseudographen auch als Teilgraph mit bestimmten Eigenschaften aufgefaßt werden; z. B. kann man einen Kreis dadurch charakterisieren, daß er ein zusammenhängender Teilgraph ist, in dem jede Ecke den Grad 2 hat.

Ein Baum ist ein zusammenhängender Graph, der keinen Kreis enthält.

ii. Jedes Gerüst von K_4 hat drei Kanten (und enthält alle vier Ecken). Es gibt 20 Möglichkeiten, von den sechs Kanten von K_4 drei auszuwählen. Nur vier dieser Möglichkeiten führen zu Teilgraphen, die nicht zusammenhängend sind - eine ist unten im zweiten Diagramm dargestellt. Keine der anderen Möglichkeiten enthält einen Kreis. Also hat K_4 16 Gerüste.

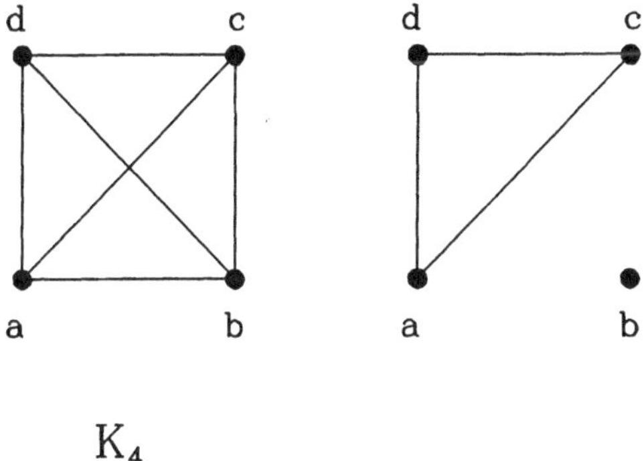

K_4

1.3 Kreise und Schnitte

1.3.1

Ein Multigraph $M = (E, K, v)$ sei gegeben mit n Ecken und m Kanten, also $n = |E|$ und $m = |K|$. M bestehe aus k Komponenten. Sind $M_1, \ldots, M_k$ die Komponenten von M und $B_1, \ldots, B_k$ Gerüste, also B_i jeweils ein Gerüst in M_i, so ist die Vereinigung $B = B_1 \cup \ldots \cup B_k$ ein k-Baum bzw. Wald. Da B ganz M aufspannt, wird B auch als *spannender Wald* bezeichnet. Mithilfe von 1.2.27 ist leicht einzusehen, daß B $n - k$ viele Kanten hat. Die Zahl

$$\rho(M) = n - k$$

heißt der *Rang* von M.

1.3.2

Beispiel

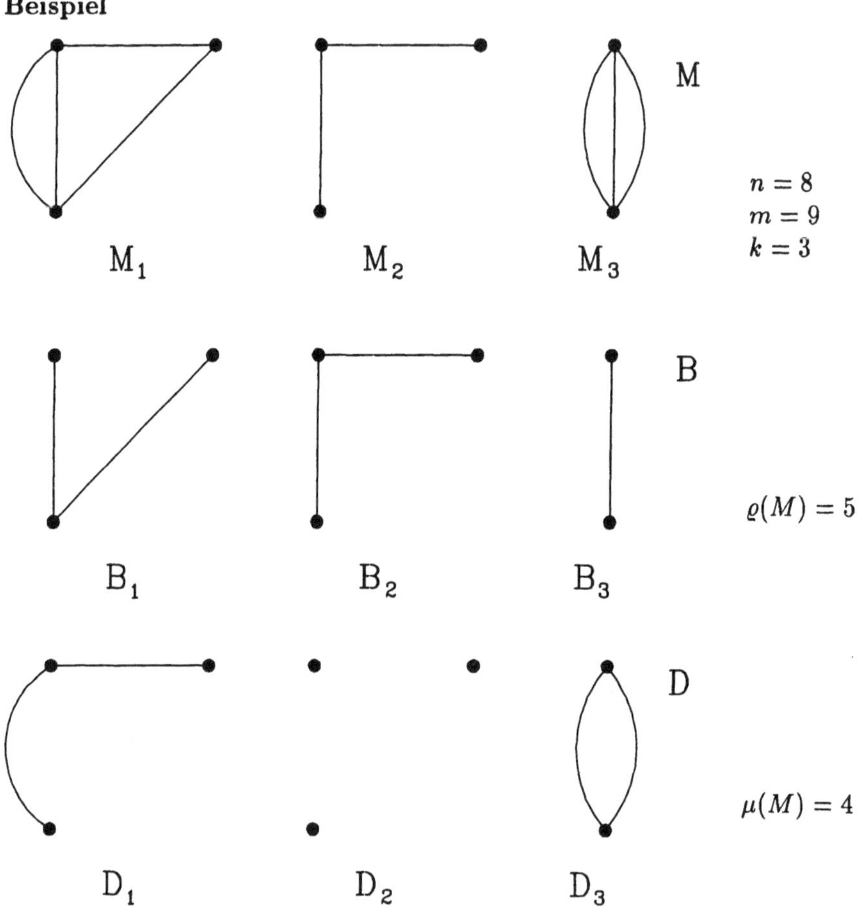

1.3.3

In obigem Beispiel ist im dritten Diagramm der Teilgraph D von M dargestellt, der genau die nicht zu dem spannenden Wald B gehörenden Kanten enthält, dies müssen natürlich $m - n + k$ viele sein. D ist ein *spannender Ko-Wald.* (Das Wort "spannend" bezieht sich hier auf den Wald B.) Die Zahl

$$\mu(M) = m - n + k$$

heißt die *Nullität* (auch: Rangabfall) von M.
Die Begriffe "spannender Wald" und "spannender Ko-Wald" sind zueinander dual. Es ist nicht so leicht einzusehen, wird sich aber bald zeigen, daß der nun einzuführende Begriff eines Schnittes in gewissem Sinne dual zu dem eines Kreises ist:

1.3.4

Ist die Eckenmenge E von M die disjunkte Vereinigung zweier nicht-leerer Teilmengen E' und E'', so heißt die Menge $S \subseteq K$ aller Kanten, von denen ein Endpunkt in E' und einer in E'' liegt, ein *Schnitt* von M.

1.3.5

Beispiele

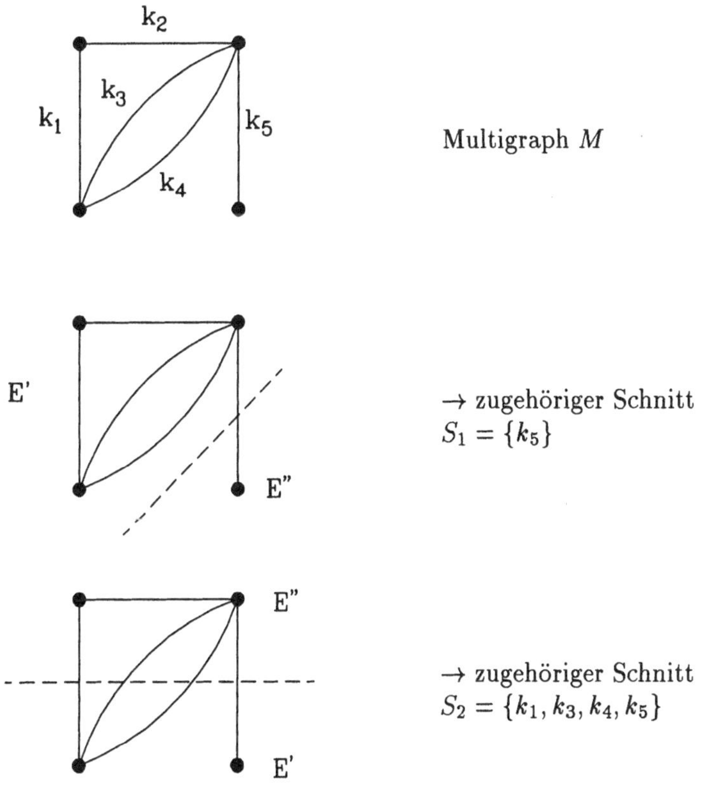

1.3.6

Zusätzlich zu dem Multigraphen M sei nun ein spannender Wald $B = B_1 \cup \ldots \cup B_k$ von M vorgegeben. Eine Kante von M gehört entweder zu B und heißt dann ein *Zweig* von M bezüglich B, oder die Kante gehört nicht zu B und ist eine *Sehne* von M bezüglich B.
Offenbar hat man auf diese Weise $\varrho(M)$ viele Zweige und $\mu(M)$ viele Sehnen.

1.3.7

Beispiel

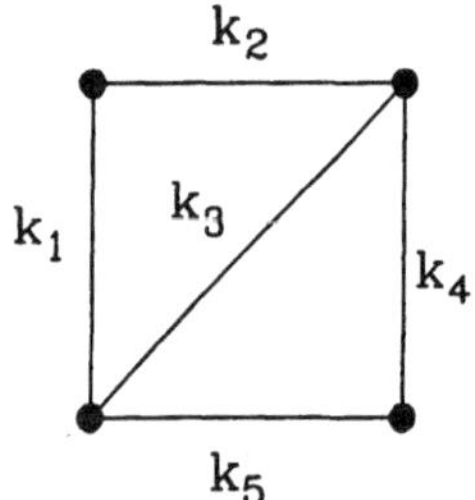

Graph G mit $n = 4$, $m = 5$, $k = 1$;
$\varrho(G) = 3$, $\mu(G) = 2$.

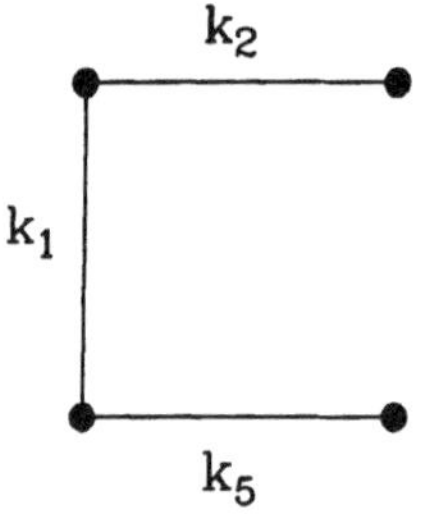

Gerüst bzw. spannender Wald B;
k_1, k_2, k_5 sind Zweige,
k_3 und k_4 Sehnen.

Man beachte, daß eine andere Auswahl eines spannenden Baumes zu einer anderen Einteilung in Zweige und Sehnen führt, deren Anzahlen sind jedoch von dieser Auswahl unabhängig.

1.3.8

Wir gehen wieder von M und B wie in 1.3.6 aus. Fügen wir eine Sehne s zu B hinzu, so erhalten wir in dem neuen Teilgraphen genau einen Kreis, denn in B gibt es zwischen den Ecken einer Sehne genau einen Weg, der mit der Sehne zusammen genau einen Kreis bildet. Dieser Kreis heißt *fundamentaler Kreis* der Sehne s. Die $\mu(M)$ vielen fundamentalen Kreise, die auf diese Weise entstehen, bilden eine *fundamentale Menge von Kreisen.*

1.3.9

Dual führt jeder Zweig z (von M bezüglich B) eindeutig zu einem *fundamentalen Schnitt* des Zweiges z: die z enthaltende Komponente B_i von B zerfällt bei Wegnahme der Brücke z in Blätter E' und E''. (Die Ecken der anderen

Komponenten können o.B.d.A. E' zugeschlagen werden.) Die $\varrho(M)$ vielen fundamentalen Schnitte, die so entstehen, bilden eine *fundamentale Menge von Schnitten.*

1.3.10

Beispiele

Es wird wieder der Graph G aus 1.3.7 betrachtet, zunächst mit dem dort angegebenen Gerüst B:

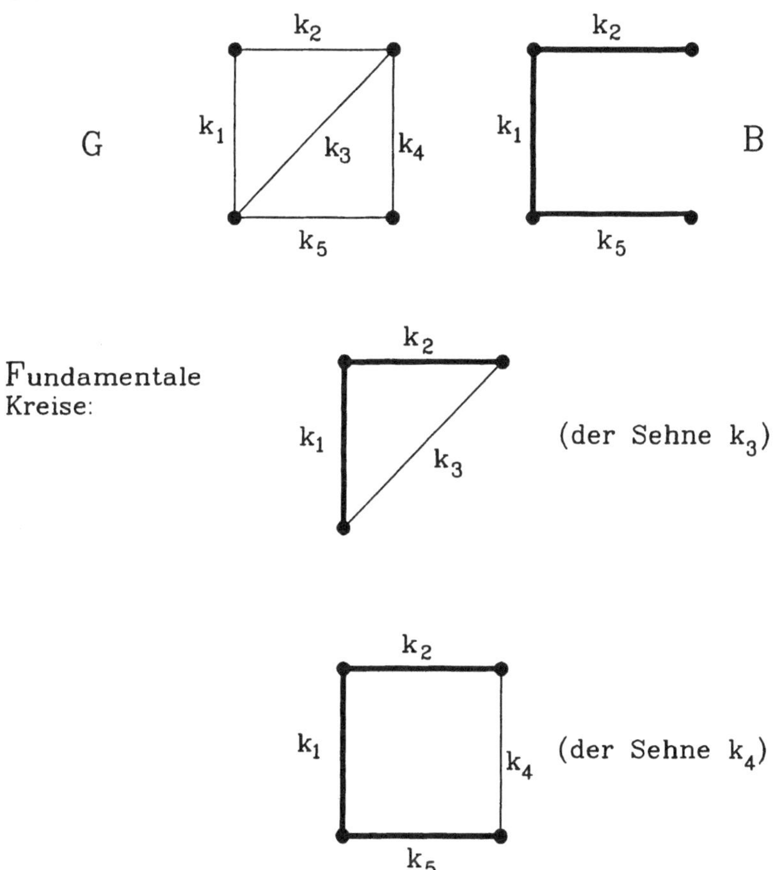

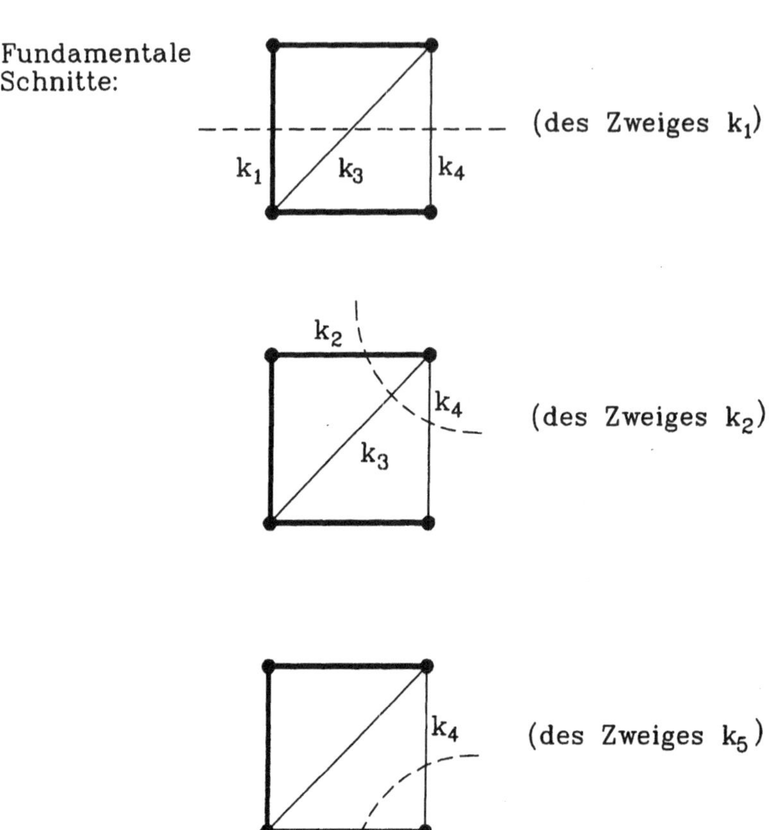

Ein anderes Gerüst ist z. B. folgendes C:

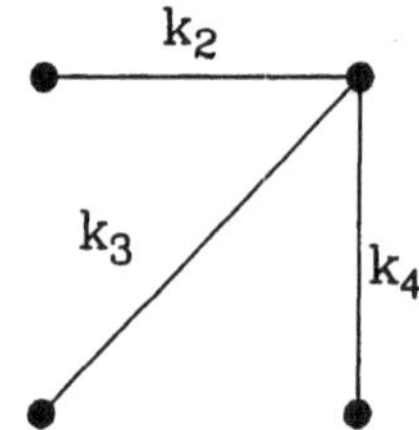

Dazu gehören diese beiden fundamentalen Kreise:

Entsprechend ergibt sich auch eine andere fundamentale Menge von Schnitten:

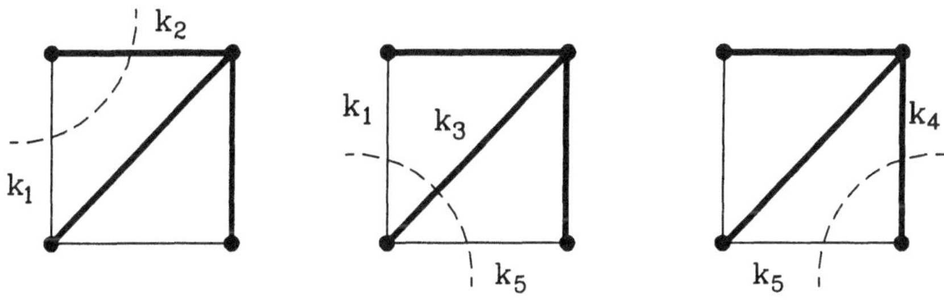

1.3.11

Eine -wie sich bald zeigen wird- wichtige Beobachtung über Kreise und Schnitte ist schließlich der folgende

Satz

In einem Multigraphen hat jeder Schnitt mit jedem Kreis eine gerade Anzahl von Kanten gemeinsam.

Beweis:

Ein Kreis C und ein Schnitt S mit zugehöriger Einteilung in disjunkte Eckenmengen E' und E'' seien gegeben. Gehört der Kreis C ganz zu einem der von E' bzw. von E'' aufgespannten Untergraphen, so hat C mit S offenbar keine Kanten gemeinsam, und die Behauptung stimmt.
Wir setzen nun also voraus, C durchlaufe Ecken von E' und von E''; $e \in E'$ sei eine zu C gehörende Ecke. Durchläuft man nun, von e ausgehend, einmal den Kreis C, wobei man wieder bei $e \in E'$ endet, so muß man für jeden Übergang

von einer Ecke aus E' zu einer Ecke aus E'' (d. h. die benutzte Kante liegt in S) auch einen solchen Übergang in umgekehrter Richtung haben, andernfalls könnte man nicht bei $e \in E'$ enden. Dies zeigt aber genau die Behauptung.

In den folgenden Abschnitten wird sich zeigen, daß sich die Struktur eines Multigraphen in hohem Maße mit den Mitteln der Linearen Algebra beschreiben läßt. Dies ist besonders auch für die Anwendungen der Graphentheorie von Bedeutung, denn die Lineare Algebra ist ein gut untersuchtes mathematisches Gebiet und bietet für viele Probleme bewährte Rechenverfahren.

Der ganze weitere Verlauf des Kurses wird durch die Sprache und die Denkweisen der Linearen Algebra stark geprägt sein. Um die Eigenschaften von Kreisen besser darstellen zu können, wird es dabei günstig sein, einen Kreis in einem Pseudographen einerseits als Teilgraphen aufzufassen, ihn aber andererseits einfach mit der Menge seiner Kanten zu identifizieren.

Faßt man die *Potenzmenge* $\mathbf{P}(K)$ *der Kantenmenge* K als Vektorraum über dem Körper $\mathbb{F}_2$ auf, so ist die Summe zweier Kreise, die genau eine Kante gemeinsam haben, wieder ein Kreis.

1.3.12

Beispiel

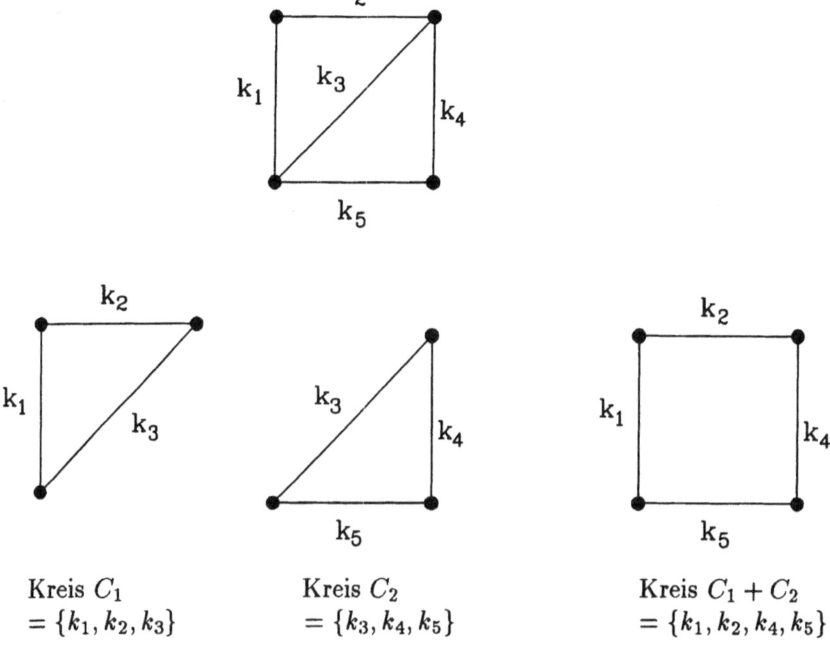

Kreis C_1 $= \{k_1, k_2, k_3\}$ Kreis C_2 $= \{k_3, k_4, k_5\}$ Kreis $C_1 + C_2$ $= \{k_1, k_2, k_4, k_5\}$

1.3.13

Die soeben gewonnene Erkenntnis soll nun verallgemeinert werden. Wir setzen (zu gegebenem Multigraphen M)

$$\mathbf{C} := \{C \subseteq K \mid C \textit{ ist eine Vereinigung kantendisjunkter Kreise}\}$$

und $\mathbf{C}^* := \mathbf{C} \cup \{\emptyset\}$.
Man beachte, daß kantendisjunkte Kreise nicht notwendig auch knotendisjunkt sein müssen.

1.3.14

Es soll nun gezeigt werden, daß $\mathbf{C}^*$ ein Untervektorraum von $\mathbf{P}(K)$ ist. Das Entscheidende dazu steckt in dem folgenden

Hilfssatz

C^* besteht aus allen Teilgraphen von M, in denen jede Ecke einen geraden Grad von mindestens zwei hat.

Beweis:

Zunächst folgt aus der Definition unmittelbar, daß jede Ecke eines $C \in \mathbf{C}^*$ einen geraden Grad hat. Umgekehrt sei nun ein Teilgraph $T \neq \emptyset$ mit dieser Eigenschaft gegeben; es ist $T \in \mathbf{C}$ zu zeigen. Dies folgt leicht mit Induktion: da T kein Baum ist (dann müßte es eine Endecke geben), gibt es in T einen Kreis. Nun sind mit jeder Ecke eines Kreises genau zwei seiner Kanten inzident. Entfernen der Kanten dieses Kreises aus T führt zu einem Teilgraphen T' von T und damit auch von M, in dem wieder jede Ecke einen geraden Grad hat. Dabei werden isolierte Ecken (vom Grad Null) weggelassen, d. h. wenn T' nicht der leere Graph ist, so hat jede Ecke von T' wieder einen geraden Grad von mindestens zwei. Die analoge Argumentation für T' führt zu T'' etc. Auf diese Weise kommt man durch dauerndes Entfernen von Kreisen und isolierten Ecken zum leeren Graphen, womit die Behauptung folgt.

1.3.15

Satz

$\mathbf{C}^*$ ist ein Untervektorraum der Potenzmenge $\mathbf{P}(K)$.

Der Beweis dieses Satzes ergibt sich jetzt mit 1.3.14 aus der Beobachtung, daß die Vektorraumsumme zweier Kantenmengen, in deren zugehörigen Teilgraphen jede Ecke einen geraden Grad besitzt, auch wieder diese Eigenschaft hat.

1.3.16

In dem Multigraphen M sei nun wieder ein spannender Wald B gegeben. Es gilt der

Satz

Die $\mu(M)$ vielen fundamentalen Kreise von M (bezüglich B) bilden eine Basis des Vektorraums $\mathbf{C}^*$.

Beweis:

$s_1, \ldots, s_{m-n+k}$ seien die Sehnen und $C_1, \ldots, C_{m-n+k}$ die zugehörigen fundamentalen Kreise. Die lineare Unabhängigkeit folgt nun daraus, daß die Sehne s_i nur in C_i und keinem der anderen C_j enthalten ist, folglich kann C_i nicht als Summe anderer fundamentaler Kreise dargestellt werden.
Es bleibt zu zeigen, daß jedes Element von $\mathbf{C}^*$ Summe von fundamentalen Kreisen ist. Sei $C \in \mathbf{C}^*$, $C \neq \emptyset$. Es seien $s_{i1}, \ldots, s_{i_r}$ die in C enthaltenen Sehnen. Wir behaupten, daß $C = C_{i1} + \ldots + C_{i_r}$ ist. Da C und $C_{i1} + \ldots + C_{i_r}$ genau die gleichen Sehnen enthalten (nämlich $s_{i1}, \ldots, s_{i_r}$), enthält $C' = C + (C_{i1} + \ldots + C_{i_r})$ überhaupt keine Sehnen. Andererseits ist aber $C' \in \mathbf{C}^*$, womit $C' = \emptyset$ und die Behauptung folgt.

1.3.17

Folgerung

Für jeden Multigraphen M gilt

$$|\mathbf{C}| = 2^{\mu(M)} - 1.$$

1.3.18

Wir wenden uns nun wieder den Schnitten zu und setzen (zu gegebenem Multigraphen M)

$$\mathbf{S} := \{S \subseteq K \mid S \textit{ ist ein Schnitt}\}$$

und

$$\mathbf{S}^* := \mathbf{S} \cup \{\emptyset\}.$$

Auch $\mathbf{S}^*$ ist gegenüber der Summenbildung abgeschlossen.

1.3.19

Beispiel

Für die Schnitte S_1 und S_2 aus 1.3.5 ist auch $S_3 = S_1 + S_2 = \{k_1, k_3, k_4\}$ ein Schnitt, wie folgendes Bild zeigt:

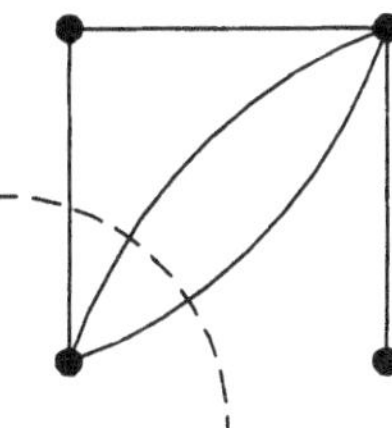

Es werden nun ohne Beweise einige Sätze und Folgerungen über die Menge $\mathbf{S}^*$ aufgezählt, wobei die Ähnlichkeit der Aussagen zu denen über $\mathbf{C}^*$ auffällt:

1.3.20

1. $\mathbf{S}^*$ ist ein Untervektorraum von $\mathbf{P}(K)$.
2. Ist irgendein spannender Wald B in M gegeben, so bilden die $\rho(M)$ vielen fundamentalen Schnitte eine Basis von $\mathbf{S}^*$.
3. $|\mathbf{S}| = 2^{\rho(M)} - 1$.

Es soll noch einmal darauf hingewiesen werden, daß die Aussagen über die Vektorräume $\mathbf{C}^*$ und $\mathbf{S}^*$ und deren Elementeanzahlen nur von M abhängen; die Basis der fundamentalen Kreise bzw. Schnitte hängt allerdings von der Wahl eines spannenden Waldes B ab.

1.3.21

Eine interessante Beobachtung, die an späterer Stelle Verwendung finden wird, ist es nun, daß die Untervektorräume $\mathbf{C}^*$ und $\mathbf{S}^*$ von $\mathbf{P}(K)$ orthogonal sind:

Satz

$$\mathbf{C}^* \perp \mathbf{S}^*$$

Beweis:

Mit Hilfe von 1.3.11 folgt, daß ein beliebiges Element $D \in \mathbf{C}^*$ mit einem beliebigen $T \in \mathbf{S}^*$ eine gerade Anzahl von Kanten gemeinsam hat. Dies hat $D \cdot T = 0$ zur Folge.

Die bisher beschriebene Dualität zwischen Kreisen und Schnitten spiegelt sich auch in deren Verhältnis zu spannenden Bäumen bzw. Ko-Bäumen. (Der Einfachheit halber sei M als zusammenhängend vorausgesetzt.)
Ohne Beweis merken wir an:

1.3.22

1. Eine Kantenmenge $S \subseteq K$ ist genau dann ein Schnitt, wenn S eine minimale Teilmenge von K ist mit der Eigenschaft, von jedem spannenden Baum mindestens einen Zweig zu enthalten.
2. Eine Kantenmenge $C \subseteq K$ ist genau dann ein Kreis, wenn C eine minimale Teilmenge von K ist mit der Eigenschaft, von jedem spannenden Ko-Baum mindestens eine Sehne zu enthalten.

Zum Schluß dieses Abschnittes soll Hilfssatz 1.3.14 zum Anlaß für einige kurze Bemerkungen zu Eulerschen und Hamiltonschen Graphen und den Ursprüngen der Graphentheorie genommen werden.
Das berühmte *Königsberger Brückenproblem* lautet folgendermaßen. In dem durch Königsberg fließenden Pregel gab es zwei Inseln, die durch sieben Brücken miteinander und mit den Ufern (wie im untenstehendem Bild angedeutet) verbunden waren. Es stellte sich die Frage, ob es möglich sei, an irgendeinem Punkt in einem der Gebiete A, B, C, D loszugehen, jede Brücke genau einmal zu passieren und zum Ausgangspunkt zurückzukehren.

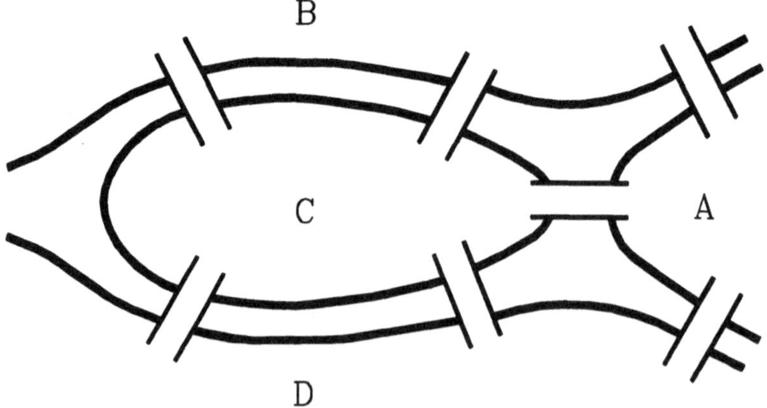

Der Mathematiker Euler fand im Jahre 1736 heraus, daß das nicht möglich ist. Dies wird allgemein als Ursprung der Graphentheorie angesehen, denn

Eulers Begründung war, daß der im folgendem Diagramm dargestellte Multigraph keinen geschlossenen Kantenzug enthält, der jede Kante genau einmal benutzt.

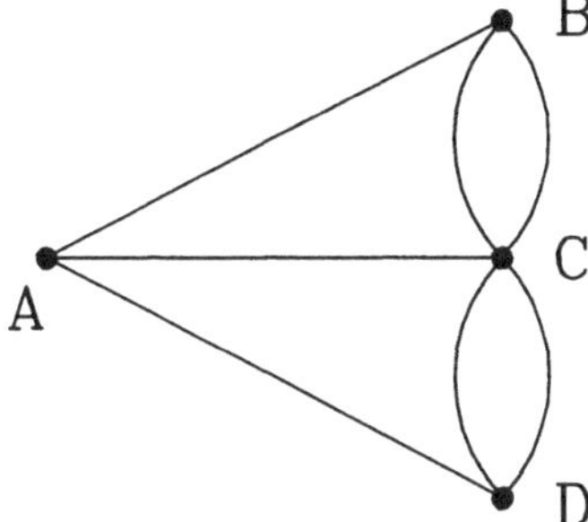

Aus diesen Gründen nennt man einen geschlossenen Kantenzug in einem Pseudographen, der jede Kante enthält, einen *Eulerschen Kantenzug* ; ein *Eulerscher Pseudograph* ist ein solcher, der einen Eulerschen Kantenzug besitzt, der also aus einem geschlossenem Kantenzug besteht.

1.3.23

Es gilt nun folgender

Satz

Für einen zusammenhängenden Pseudographen $P = (E, K, v)$ sind die folgenden Aussagen äquivalent:

i. P ist Eulersch.
ii. P (bzw. K) ist eine Vereinigung kantendisjunkter Kreise
iii. Jede Ecke von P hat einen geraden Grad.

Beweis:

Am leichtesten ist es, die Implikationen i) $\to$ iii), iii) $\to$ ii) und ii) $\to$ i) nachzuweisen.

i) $\to$ iii): Es sei C ein Eulerscher Kantenzug von P. Bei einem Durchlaufen des Kantenzugs C trägt jedes Vorkommen einer Ecke e den Summanden 2 zum Grad von e bei. Da jede Kante von P genau einmal durchlaufen wird, muß jede Ecke e geraden Grad haben.

iii) $\to$ ii): Dies ist eine direkte Folgerung aus 1.3.14.

ii) $\to$ i): Es sei C ein Kreis in einer Zerlegung der Kantenmenge K in kantendisjunkte Kreise. Ist C ein Eulerscher Kantenzug, so ist nichts zu beweisen.

Andernfalls gibt es, da P zusammenhängend ist, einen weiteren Kreis C', der mit C eine Ecke e gemeinsam hat. Wir können nun o.B.d.A. e als Anfangs- und Endpunkt beider Kreise wählen und so, von e ausgehend, zuerst C und anschließend C' durchlaufen. Indem die Argumentation ähnlich fortgeführt wird, erhalten wir schließlich einen Eulerschen Kantenzug.
Der Vollständigkeit halber soll noch angemerkt werden, daß ein Pseudograph, in dem es einen alle Ecken enthaltenden Kreis gibt, *Hamiltonsch* genannt wird. Eine einfache Charakterisierung *Hamiltonscher Pseudographen* (etwa ähnlich 1.3.20 für Eulersche Pseudographen) wurde bisher nicht gefunden.

Beispielaufgabe 1.3

Man überlege sich, daß $\mu(M) = 0$ für jeden Wald M (und keine anderen Multigraphen) gilt.

Lösung

Besteht der Multigraph M aus k vielen Komponenten, so hat jeder spannende Wald $\rho(M) = n - k$ viele Kanten. Die Bedingungen $\mu(M) = m - n + k = 0$ ist gleichbedeutend mit $n - k = m$ und folglich genau dann erfüllt, wenn M selbst ein Wald ist.

Aufgabe 1.1

Beweisen Sie Satz 1.2.34.

Aufgabe 1.2

Ein Graph G mit n Ecken und m Kanten sei gegeben.

Zeigen Sie: sind irgendwelche zwei der drei folgenden Eigenschaften erfüllt, so ist G ein Baum, und es ist auch die dritte Eigenschaft erfüllt.

i. $n - 1 = m$.
ii. G enthält keinen Kreis.
iii. G ist zusammenhängend.

Aufgabe 1.3

Es sei G ein Graph mit n Ecken, für jede Ecke e gelte $\gamma(e) \geq \frac{n-1}{2}$. Zeigen Sie: G ist zusammenhängend.

2. Darstellung von Graphen

2.1 Diagramme und Planarität

Schon im ersten Abschnitt war von Diagrammen - also zeichnerischen Darstellungen von Pseudographen - die Rede. Besonders übersichtlich ist ein solches Diagramm, wenn sich die gezeichneten Linien nicht schneiden. Für Graphen, die durch ein solches Diagramm in der Zeichenebene darstellbar sind, wurde folgender Begriff geprägt:

2.1.1

Ein Graph $G = (E, K, v)$ heißt *planar* , wenn er so durch Punkte und Linien der Zeichenebene dargestellt werden kann, daß sich die Linien nicht überschneiden; ein solches Diagramm nennt man eine *planare Darstellung* von G.

2.1.2

Beispiel

Die folgenden Diagramme zeigen den vollständigen Graphen K_4 mit 4 Ecken; das zweite und dritte bieten planare Darstellungen und zeigen, daß K_4 planar ist.

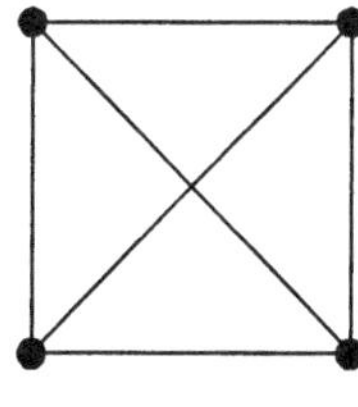
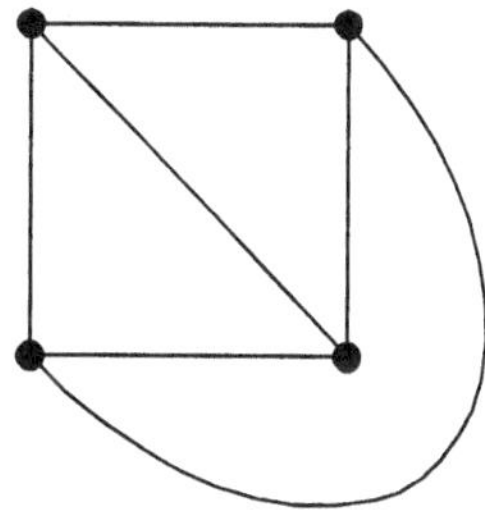

Man beachte: nicht jedes Diagramm eines planaren Graphen ist eine planare Darstellung.

2.1.3

Beispiel

Der Graph K_5 ist nicht planar. Dies zu beweisen, ist allerdings nicht ganz einfach.

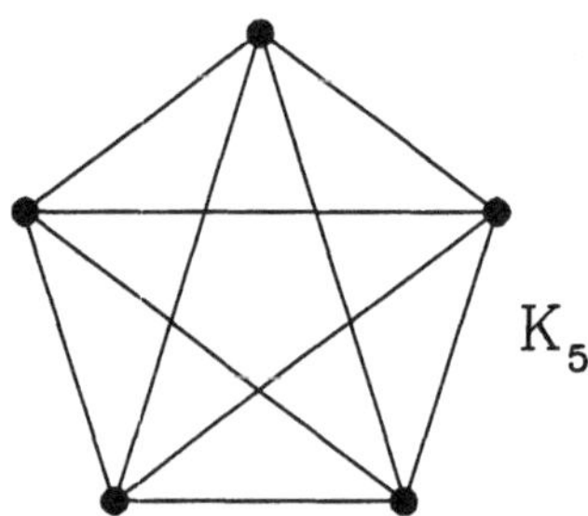

Das dritte Diagramm des Beispiels 2.1.2 ist eine planare Darstellung, in der jede Kante als gerade Strecke gezeichnet ist. Man kann beweisen (doch dies würde hier zu weit führen), daß es ein solches Diagramm für einen planaren Graphen immer gibt.
Es leuchtet ein, daß es für einen gegebenen Graphen durchaus schwierig festzustellen sein kann, ob er planar ist oder nicht - die Frage ist, ob es unter den im Prinzip unendlich vielen möglichen Diagrammen eine planare Darstellung gibt. Nun kann man sich zwar überlegen, daß es nur endlich viele "wesentlich verschiedene" Diagramme gibt, jedoch bleibt nach wie vor das Problem, wie man die Frage nach der Planarität am schnellsten beantworten kann. Wir werden auf dieses Problem an späterer Stelle zurückkommen, wenn von der Bewertung von Algorithmen die Rede ist.

2.1.4

Beispiel

Der Leser versuche zunächst selbst, eine planare Darstellung des Graphen aus dem ersten Diagramm unten zu finden. Anschließend überzeuge er sich, daß es sich im zweiten und dritten Bild um solche Darstellungen handelt.

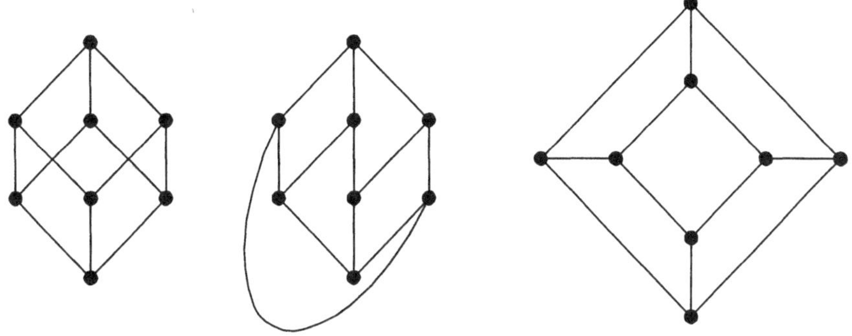

2.1.5

Eine planare Darstellung teilt die Zeichenebene in *Gebiete* ein, wenn die gezeichneten Kanten als Grenzlinien aufgefaßt werden.

2.1.6

Beispiel

In der folgenden planaren Darstellung des K_4 sind die Gebiete mit A, B, C, D bezeichnet. Zu beachten ist, daß auch der außerhalb des Graphen liegende "Rest der Zeichenebene" als Gebiet gezählt wird.

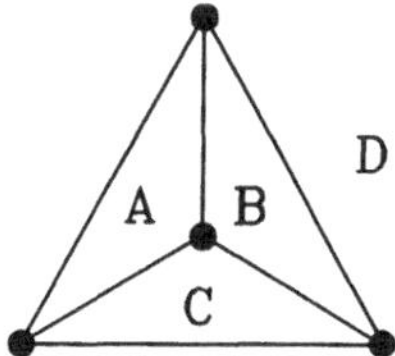

2.1.7

Für die Anzahl der Gebiete in einer planaren Darstellung gilt der folgende Zusammenhang, die sogenannte *Eulersche Polyederformel*.

Satz

Für eine planare Darstellung eines zusammenhängenden Graphen mit n Ecken, m Kanten und r Gebieten gilt stets

$$n - m + r = 2.$$

Beweis:

Die $r-1$ vielen Kreise, die die inneren Gebiete in dem Diagramm umschliessen, werden die Maschen der Darstellung genannt. Es wird nun gezeigt, daß die Maschen eine Basis von $\mathbf{C}^*$ bilden. Mit 1.3.16 folgt dann $r - 1 = m - n + 1$ und damit die Behauptung.
Es seien $C_1, \ldots, C_{r-1}$ die Maschen, $G_1, \ldots, G_{r-1}$ die einzelnen von diesen Maschen eingeschlossenen Gebiete. Eine (im Vektorraum $\mathbf{C}^*$ gebildete) Summe irgendwelcher dieser Maschen umschließt stets genau die zu den Summanden gehörenden Gebiete, z. B. umschließt $C_1 + C_2 + C_3$ die Gebiete G_1, G_2 und G_3. Dies bedeutet auch, daß keine Masche als Linearkombination anderer Maschen darstellbar ist, $C_1, \ldots, C_{r-1}$ sind folglich linear unabhängig. Nun sei C ein beliebiges Element von C^*. Die von C umschlossenen Gebiete seien $G_{i_1}, \ldots, G_{i_s}$. Es ist dann $C = C_{i_1} + \ldots, +C_{i_s}$. Damit ist $\{C_1, \ldots, C_{r-1}\}$ als Basis von C^* nachgewiesen, und der Beweis ist erbracht.

Der hier angegebene algebraische Beweis der Eulerschen Polyederformel entspricht natürlich nicht der zuerst gefundenen Argumentation. Vielmehr verknüpft die Formel ursprünglich die Zahlen der Ecken, Kanten und Seitenflächen eines konvexen Polyeders im Raum und kann auch zur Bestimmung der 5 regulären Polyeder genutzt werden.

2.1.8

Die Eulersche Polyederformel kann ausgenutzt werden, um die folgende notwendige Bedingung für die Planarität eines Graphen abzuleiten:

Satz

Ein zusammenhängender planarer Graph G mit n Ecken ($n \geq 3$) hat höchstens $3n - 6$ viele Kanten.

Beweis:

Der Beweis wird über Induktion durch die Anzahl der in G enthaltenen Brücken geführt. Zunächst enthalte G keine Brücke. $G_1, \ldots, G_r$ seien die Gebiete einer gegebenen planaren Darstellung, für $1 \leq i \leq r$ sei k_{G_i} die Anzahl der das Gebiet G_i begrenzenden Kanten. Da jede Kante von G zu genau zwei Gebieten gehört, gilt für die Anzahl m der Kanten

$$2m = k_{G_1} + \ldots + k_{G_r} \geq 3r,$$

denn es ist stets $k_{G_i} \geq 3$. Mit der Eulerschen Polyederformel folgt daraus

$$\begin{array}{lrcl} & 3(m-n+2) & \leq & 2m \\ \text{oder} & m & \leq & 3n-6, \end{array}$$

was zu beweisen war.

Nun enthalte G $s+1$ viele Brücken, und die Richtigkeit des Satzes werde für alle Graphen mit höchstens s vielen Brücken angenommen. Wir wählen eine Brücke k_0 in G. Durch Entfernen von k_0 zerfällt G in zwei planare Teile G_1 und G_2 mit n_1 bzw. n_2 vielen Ecken und m_1 bzw. m_2 vielen Kanten.

$$\begin{array}{lll} \text{Es ist} & n & = n_1 + n_2 \\ \text{und} & m & = m_1 + m_2 + 1. \end{array}$$

Da G_1 und G_2 höchstens s viele Brücken enthalten, gilt nach

$$\begin{array}{lll} \text{Induktionsannahme} & m_1 & \leq 3n_1 - 6 \\ \text{und} & m_2 & \leq 3n_2 - 6. \end{array}$$

Mit den oberen Gleichungen folgt daraus $m \leq 3n - 11$ und somit erst recht $m \leq 3n - 6$. Damit ist der Satz insgesamt bewiesen.

Mit 2.1.8 ist sofort klar, daß K_5 nicht planar ist, denn der Graph hat 10 Kanten, dürfte aber höchstens $3 \cdot 5 - 6 = 9$ Kanten haben.

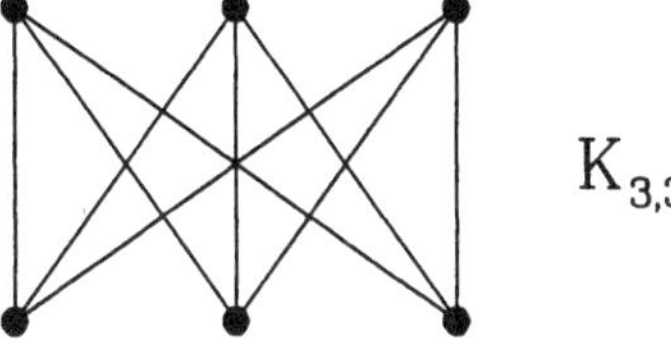

Für den hier dargestellten Graphen $K_{3,3}$, der ebenfalls nicht planar ist, greift

2.1.8 allerdings nicht. Hier müßten kompliziertere Sätze herangezogen werden, auf die nicht eingegangen werden soll.

Ohne Beweis soll nun der *Satz von Kuratowski* (aus dem Jahre 1930) angegeben werden, welcher besagt, daß es im wesentlichen immer an einem der Graphen K_5 oder $K_{3,3}$ "liegt", wenn irgendein Graph nicht planar ist. Ein Beweis kann z. B. in dem zitierten Buch von R. Gould nachgelesen werden. Zur genauen Formulierung des Satzes muß allerdings der Begriff der Homöomorphie eingeführt werden.

2.1.9

Eine *Unterteilung* eines Graphen G ist ein Graph H, der durch ein- oder mehrfache Anwendung der folgenden Operation aus G erhalten werden kann: eine Kante $k = \{a, b\}$ wird durch einen Weg $(a, c_1, \ldots c_n, b)$ ersetzt, wobei alle c_i neue Ecken sind. Zwei Graphen H' und H'' heißen *homöomorph*, wenn sie Unterteilungen desselben Graphen G sind.

2.1.10

Beispiel

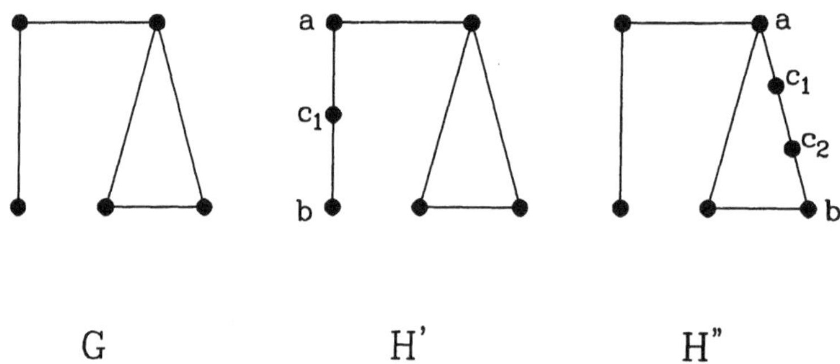

G H' H"

H' und H'' sind Unterteilungen von G und somit homöomorph.

2.1.11

Satz von Kuratowski

Ein Graph G ist genau dann planar, wenn er keinen zu K_5 oder $K_{3,3}$ homöomorphen Teilgraphen enthält.

Der Satz von Kuratowski liefert ein praktisches Verfahren für einen Planaritätstest von Graphen: man muß alle Teilgraphen betrachten und auf Homöomorphie zu K_5 oder $K_{3,3}$ hin überprüfen. Dieses Verfahren ist jedoch sehr aufwendig. Auf das Problem wird an späterer Stelle noch einmal eingegangen.

Der Abschnitt über Planarität soll nicht abgeschlossen werden ohne einen Hinweis darauf, daß beim VLSI-Layout Problemstellungen auftreten, bei denen z.T. die Kenntnisse über planare Graphen Anwendung finden. Wir werden im zweiten Teil des Buches auf diesen Bereich zurückkommen.

Beispielaufgabe 2.1

Erläutern Sie den Unterschied zwischen den Begriffen "planarer Graph" und "planare Darstellung eines Graphen".

Lösung

Eine planare Darstellung eines Graphen ist eine Einbettung des Graphen in die Zeichenebene derart, daß sich keine der Linien, die die Kanten darstellen, überkreuzen. Ein Graph heißt planar, wenn für ihn eine solche planare Darstellung existiert. Dies bedeutet jedoch nicht, daß ein Diagramm eines planaren Graphen stets eine planare Darstellung sein muß.

2.2 Matrizen

Die Darstellung von Pseudographen durch Matrizen hat zwei große Vorteile:

- sie ist "rechnerfreundlich", d. h. bietet sich an, wenn ein Algorithmus konkret für einen Graphen auf einem Rechner durchlaufen werden soll;

- sie bietet die Möglichkeit, mathematische Eigenschaften von Matrizen für die Graphentheorie zu nutzen.

Ein Nachteil gegenüber der Darstellung durch ein Diagramm liegt allerdings auf der Hand: beim Nachdenken über Graphen sind Diagramme sehr anregend für die menschliche Intuition, was sich von Matrizen nicht sagen läßt.

2.2.1

Eine Vorform der Matrizendarstellung besteht darin, die Ecken und Kanten eines Pseudographen einfach aufzuzählen. Man spricht dann von einer *Darstellung durch Listen*, die hier nur für Graphen erklärt werden soll. Der Einfachheit halber werden die Ecken des Graphen im folgenden Beispiel mit natürlichen Zahlen $1, 2, \ldots, n$ bezeichnet.

2.2.2

Beispiel

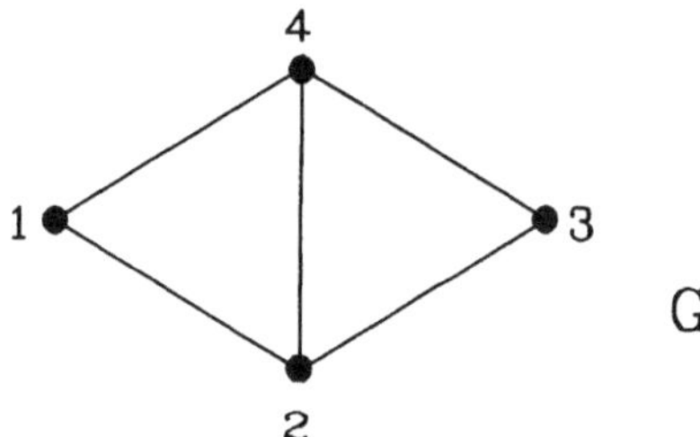

2.2.3

Die *Kantenliste* eines Graphen G wird spezifiziert durch

- die Angabe von n;
- die Angabe der Liste der Kanten, etwa als Folge von Eckenpaaren.

Der Graph G aus 2.2.2 ist demnach beschrieben durch $n = 4$ und die Liste $(1,2), (1,4), (2,3), (2,4), (3,4)$.

2.2.4

Eine andere Möglichkeit ist die Darstellung durch eine *Inzidenzliste*, zu der außer der Angabe von n noch die Aufzählung von n Listen $A_1, \ldots, A_n$ gehört, wobei A_i aus den Nachbarn des Punktes i besteht.
Der Graph G aus 2.2.2 wird wie folgt durch eine Inzidenzliste dargestellt: $n = 4$; $A_1 : 2, 4$; $A_2 : 1, 3, 4$; $A_3 : 2, 4$; $A_4 : 1, 2, 3$.

Welche Art von Liste (oder Matrix) die günstigste ist, hängt natürlich von der konkreten Anwendung ab. Z. B. benötigen Kantenlisten zwar wenig Speicherplatz, sind aber sehr unhandlich, wenn man etwa die Nachbarn einer Ecke heraussuchen will.

2.2.5

Als nächstes wird die Adjazenzmatrix eingeführt, die nur für einen Graphen (und nicht allgemein für einen Pseudographen) gebildet werden soll.
Ein Graph $G = (E, K)$ sei gegeben mit $E = \{e_1, \ldots, e_n\}$ und $k = \{e_i, e_j\}$ (mit geeigneten i, j) für $k \in K$. Die *Adjazenzmatrix* $A(G) = (a_{ij})$ von G ist die $n \times n$-Matrix mit folgenden Einträgen:

$$a_{ij} = \begin{cases} 1, & \text{falls } \{e_i, e_j\} \in K \\ 0, & \text{sonst.} \end{cases}$$

Statt $A(G)$ wird im folgenden oft nur A geschrieben.

Für den Graphen G aus 2.2.2 ergibt sich die Adjazenzmatrix

$$A = \begin{pmatrix} 0 & 1 & 0 & 1 \\ 1 & 0 & 1 & 1 \\ 0 & 1 & 0 & 1 \\ 1 & 1 & 1 & 0 \end{pmatrix}.$$

Wie man sofort sieht, ist die Adjazenzmatrix eines Graphen stets symmetrisch und enthält insofern eine gewisse Redundanz, die man sich bei der Eingabe eines Graphen in einen Rechner durch eine Adjazenzmatrix zunutze machen kann.

2.2.6

Der folgende Satz liefert eine interessante Eigenschaft der Adjazenzmatrix.

Satz

Ist A die Adjazenzmatrix eines Graphen G, so liefert der (i, j)-Eintrag $a_{ij}^{(r)}$ der r-ten Potenz A^r die Anzahl der Kantenfolgen von Länge r, die in G die Ecken e_i und e_j verbinden.

Beweis:

Der Beweis wird durch Induktion über r geführt. Für $r = 1$ ist die Aussage des Satzes offenbar richtig.
Nun sei die Behauptung als Induktionsannahme für $r-1$ (mit $r \geq 2$) richtig. Es gilt dann

$$a_{ij}^{(r)} = \sum_{k=1}^{n} a_{ik}^{(r-1)} \cdot a_{kj} ,$$

wobei $a_{ik}^{(r-1)}$ die Anzahl der Kantenfolgen von Länge $r-1$ zwischen e_i und e_k ist. Demnach ist für jedes k das Produkt $a_{ik}^{(r-1)} \cdot a_{kj}$ die Anzahl der Kantenfolgen von Länge r von e_i nach e_j, deren letzte Kante $\{e_k, e_j\}$ ist. Da mit obiger Summe alle Alternativen für e_k durchlaufen werden, folgt die Behauptung auch für r, d. h. der Satz ist insgesamt bewiesen.

2.2.7

Beispiel

Für die Adjazenzmatrix A des Graphen aus 2.2.2 gilt

$$A^2 = \begin{pmatrix} 2 & 1 & 2 & 1 \\ 1 & 3 & 1 & 2 \\ 2 & 1 & 2 & 1 \\ 1 & 2 & 1 & 3 \end{pmatrix}$$

Es ist z. B. $a_{11}^{(2)} = 2 : (1,4,1)$ und $(1,2,1)$ beschreiben die beiden möglichen Kantenfolgen von Länge 2, die die Ecke 1 mit sich selbst verbinden.

2.2.8

Als nächstes wird die Inzidenzmatrix eingeführt.
Es sei ein Multigraph $M = (E, K, v)$ gegeben. Die Mengen E und K seien duchnumeriert, $E = \{e_1, \ldots, e_n\}$ und $K = \{k_1, \ldots, k_m\}$. Die *Inzidenzmatrix* $I(M)$ (oder einfach I) des Multigraphen M ist die $n \times m$-Matrix (i_{rs}) mit

$$i_{rs} = \begin{cases} 1 , & \text{falls } e_r \text{ mit } k_s \text{ inzidiert} \\ 0 , & \text{sonst.} \end{cases}$$

2.2.9

Beispiel

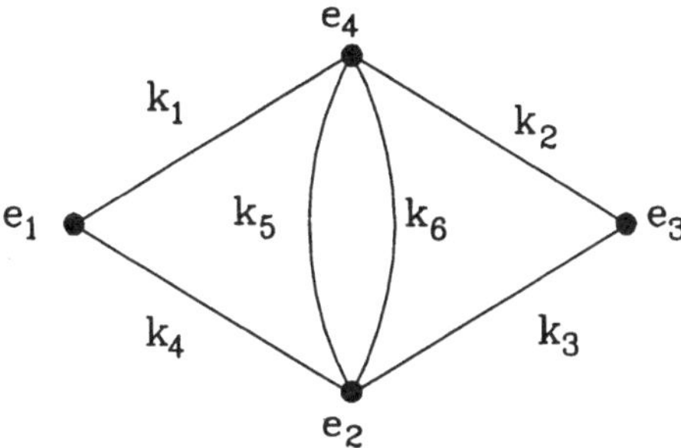

$$I(M) = \begin{pmatrix} 1 & 0 & 0 & 1 & 0 & 0 \\ 0 & 0 & 1 & 1 & 1 & 1 \\ 0 & 1 & 1 & 0 & 0 & 0 \\ 1 & 1 & 0 & 0 & 1 & 1 \end{pmatrix}$$

2.2.10

Es gilt folgende Vereinbarung: Besteht M aus k vielen Komponenten ($k > 1$), so nimmt man die Ecken und Kanten als in einer Weise durchnumeriert an, daß die einzelnen Komponenten nacheinander jeweils vollständig durchlaufen werden. Sind $M_1, \ldots, M_k$ die Komponenten, so hat $I(M)$ dann die Gestalt

$$I(M) = \begin{pmatrix} I(M_1) & 0 & \ldots & 0 \\ 0 & I(M_2) & & \vdots \\ \vdots & & \ddots & 0 \\ 0 & \ldots & 0 & I(M_k) \end{pmatrix}.$$

2.2.11

Wegen der Konstruktionsvorschrift 2.2.8 gelten die folgenden Aussagen für jede Inzidenzmatrix $I(M)$ eines Multigraphen M:

i. Jede Spalte von $I(M)$ enthält genau zwei Einsen.

ii. Die Anzahl der Einsen in der i-ten Zeile ist gleich dem Eckgrad $\gamma(e_i)$.

iii. Umnumerierung der Ecken- bzw. Kantenmenge führt zu Vertauschungen von Zeilen bzw. Spalten in der Inzidenzmatrix.

Dabei kann Aussage iii) noch verstärkt werden: Zwei Multigraphen sind genau dann isomorph, wenn deren Inzidenzmatrizen sich nur durch eine Permutation von Zeilen und Spalten unterscheiden. Man kann also sagen, daß die Struktur eines Multigraphen durch seine Inzidenzmatrix vollständig beschrieben ist.

Es wird sich nun herausstellen, daß auch die Begriffe Rang und Determinante (siehe Anhang C) einer Inzidenzmatrix bzw. ihrer Untermatrizen zur Beschreibung der Struktur eines Multigraphen genutzt werden können.
Für das folgende sei ein zusammenhängender Multigraph mit $(n \times m)$-Inzidenzmatrix I gegeben.

2.2.12

Hilfssatz

Es ist $rg_2(I) \leq n-1$.

Beweis:

Da jede Spalte von I zwei Einsen enthält, ergibt die Summe aller Zeilen (modulo 2) den Nullvektor. Folglich sind die Zeilen über $\mathbb{F}_2$ linear abhängig, somit $rg_2(I) \leq n-1$.

2.2.13

Hilfssatz

Die Spalten von I, die zu den Kanten eines Kreises gehören, sind linear abhängig (über $\mathbb{F}_2$).

Beweis:

Die Summe dieser Spalten ergibt den Nullvektor. Da nämlich eine Eins in einer Spalte eine mit der betreffenden Kante inzidente Ecke bezeichnet, gibt es zu jeder solchen Eins genau eine zweite Spalte mit einer Eins an derselben Stelle.

2.2.14

Für die nächsten Aussagen erweist es sich als nützlich, eine *reduzierte Inzidenzmatrix* I_r zu betrachten, die sich ergibt, wenn die r-te Zeile von I weggelassen wird. Die zu dieser Zeile gehörende Ecke e_r wird auch als *Bezugsecke* der reduzierten Inzidenzmatrix I_r bezeichnet.
Es muß hier darauf hingewiesen werden, daß in der Literatur häufig die Bezeichnung "Inzidenzmatrix" für das hier verwendete "reduzierte Inzidenzmatrix" genommen wird.

2.2.15

Ist M ein Baum, so gilt $m = n - 1$, eine reduzierte Inzidenzmatrix ist folglich quadratisch.

Satz

Ist M ein Baum und I_r eine reduzierte Inzidenzmatrix von M, so gilt für die reelle Determinante $det(I_r) = \pm 1$.

Beweis:

Die Argumentation verläuft wieder induktiv.
Hat M nur eine Kante und zwei Ecken, so ist I_r die (1×1)-Matrix mit Eintrag 1, mithin gilt $det(I_r) = 1$.
Als Induktionsannahme sei nun der Satz richtig für jeden Baum mit k Ecken $(k \geq 2)$; ein Baum mit $k+1$ Ecken sei gegeben, I_r sei eine reduzierte Inzidenzmatrix von M. Schließlich sei e_s eine Endecke von M, die nicht die Bezugsecke ist. (Da nach 1.2.25 M mindestens zwei Endecken hat, gibt es ein solches e_s.) Entwicklung von $det(I_r)$ nach Zeile s führt zu

$$det(I_r) = (-1)^{s+t} det(I'),$$

wenn k_t die eindeutige mit e_s inzidente Kante ist; I' ist dabei die Matrix, welche aus I_r durch Streichen von Zeile s und Spalte t entsteht. Nun ist aber andererseits I' eine reduzierte Inzidenzmatrix des Baumes, den man erhält, wenn aus M die Ecke e_s und die Kante k_t entfernt werden. Da nach Induktionsannahme $det(I') = \pm 1$ gilt, folgt dies auch für $det(I_r)$, womit der Satz bewiesen ist.

2.2.16

Beispiel

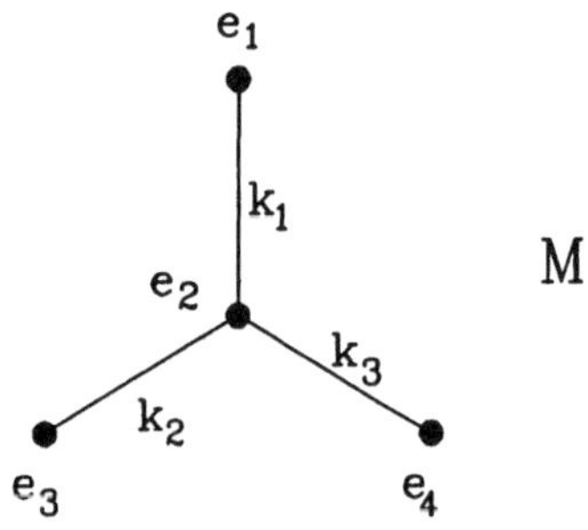

$$I = \begin{pmatrix} 1 & 0 & 0 \\ 1 & 1 & 1 \\ 0 & 1 & 0 \\ 0 & 0 & 1 \end{pmatrix}$$

Streichen der 4. Zeile (Bezugsecke e_4) führt zu

$$I_4 = \begin{pmatrix} 1 & 0 & 0 \\ 1 & 1 & 1 \\ 0 & 1 & 0 \end{pmatrix} \quad \text{mit } det(I_4) = -1.$$

2.2.17

Aus dem Satz und den vorangegangenen Hilfssätzen lassen sich nun zwei Folgerungen ableiten. Wieder sei ein zusammenhängender Multigraph M mit $(n \times m)$-Inzidenzmatrix I gegeben. Es ist noch zu beachten, daß 2.2.15 bei Rechnung in $\mathbb{F}_2$ ebenfalls die Aussage $det(I_r) = 1$ liefert.

2.2.18

Folgerung

Es ist $rg_2(I) = n - 1$.

Beweis:

Die zu den Kanten eines Gerüsts von M gehörenden Spalten einer reduzierten Inzidenzmatrix I_r bilden nach 2.2.15 über $\mathbb{F}_2$ eine reguläre $((n-1)\times(n-1))$-Matrix, also muß auch I den Rang $n-1$ haben.

2.2.19

Folgerung

Eine quadratische $((n-1)\times(n-1))$-Untermatrix einer reduzierten Inzidenzmatrix I_r ist genau dann regulär über $\mathbb{F}_2$, wenn die ausgewählten Spalten zu einem Gerüst von M gehören.

Der Beweis folgt sofort mit 2.2.13 und 2.2.18.

2.2.20

Abschließend sei darauf hingewiesen, daß 2.2.18 leicht verallgemeinert werden kann: besteht der Multigraph M aus k Komponenten, so gilt für eine Inzidenzmatrix I

$$rg_2(I) = n - k = \rho(M).$$

Beispielaufgabe 2.2

Berechnen Sie für den Baum M aus Beispiel 2.2.16 $det(I_1)$.

Lösung

Streichen der ersten Zeile in I (s. 2.2.16) führt zu

$$I_r = \begin{pmatrix} 1 & 1 & 1 \\ 0 & 1 & 0 \\ 0 & 0 & 1 \end{pmatrix}$$

mit $det\,(I_r) = 1$.

2.3 Weitere Matrizen und deren Eigenschaften

In diesem Abschnitt werden beliebigen Multigraphen zwei weitere Matrizen zugeordnet. In ihnen spiegelt sich die Zugehörigkeit von Kanten zu Kreisen bzw. Schnitten. Die Relevanz dieser beiden Arten von Matrizen liegt allerdings weniger in der Darstellung von Graphen als vielmehr in Anwendungsbereichen. Auf solche Anwendungen wird an späterer Stelle eingegangen, hier sollen zunächst nur einige grundlegende Eigenschaften dieser Matrizen dargestellt werden.

Für den ganzen Abschnitt sei ein beliebiger Multigraph M vorgegeben, ebenso eine (von der Numerierung der Ecken und Kanten abhängige) Inzidenzmatrix I. Ferner seien die Elemente von $\mathbf{C}$ (Vereinigungen kantendisjunkter Kreise) durchnumeriert (C_i , $1 \leq i \leq 2^\mu - 1$) sowie die Elemente von $\mathbf{S}$ (Schnitte S_j , $1 \leq j \leq 2^\rho - 1$).

2.3.1

Die *Kreis-Kanten-Matrix* $C(M) = (c_{ij})$ ist die in folgender Weise definierte $((2^\mu - 1) \times m)$-Matrix:

$$c_{ij} = \begin{cases} 1\,, \text{ falls } C_i \;\; k_j \text{ enthält} \\ 0\,, \text{ sonst.} \end{cases}$$

2.3.2

Beispiel

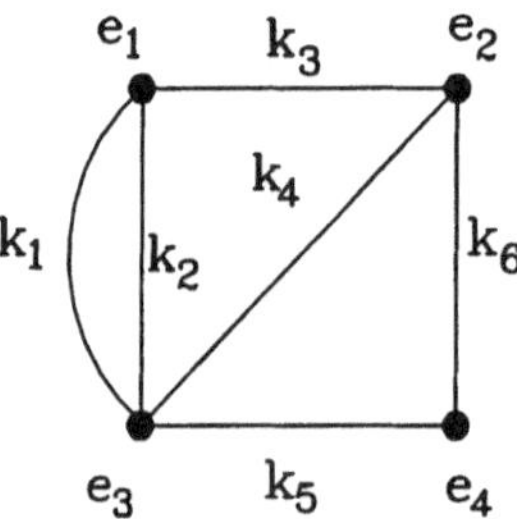

Der Baum B mit den Kanten k_2, k_4, k_5 führt zu den im folgendem Bild angedeuteten fundamentalen Kreisen C_1, C_2, C_3:

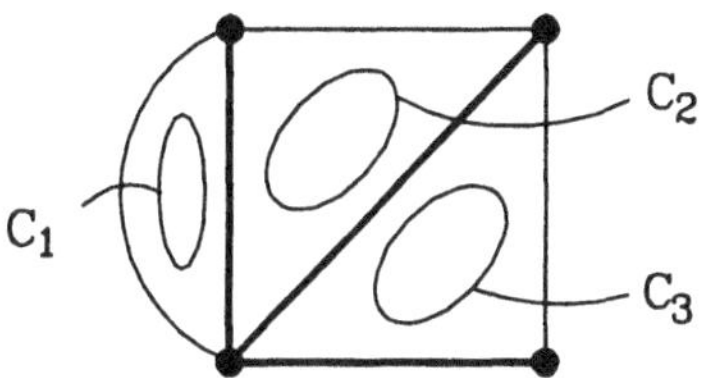

Die weiteren Elemente von $\mathbf{C}$ sind $C_4 = C_1 + C_2$, $C_5 = C_1 + C_3$, $C_6 = C_2 + C_3$ und $C_7 = C_1 + C_2 + C_3$. Es ergibt sich die Matrix

$$C(M) = \begin{pmatrix} 1 & 1 & 0 & 0 & 0 & 0 \\ 0 & 1 & 1 & 1 & 0 & 0 \\ 0 & 0 & 0 & 1 & 1 & 1 \\ 1 & 0 & 1 & 1 & 0 & 0 \\ 1 & 1 & 0 & 1 & 1 & 1 \\ 0 & 1 & 1 & 0 & 1 & 1 \\ 1 & 0 & 1 & 0 & 1 & 1 \end{pmatrix}$$

2.3.3

Mit Hilfe von 2.2.12 kann nun gezeigt werden:

Folgerung

Für die Inzidenzmatrix I und die Kreis-Kanten-Matrix C gilt (über $\mathbb{F}_2$) die Beziehung

$$I \cdot C^t = 0.$$

Beweis:

Die i-te Spalte von $I \cdot C^t$ erhält man, indem man die Spalten von I aufsummiert, die zu den Kanten gehören, die in dem Element $C_i \in C$ enthalten sind. Nach 2.2.12 muß dies den Nullvektor ergeben.

2.3.4

Faßt man wieder - wie in Abschnitt 1.3 - $\mathbf{C}$ als Untervektorraum der Potenzmenge $\mathbf{P}(K)$ auf, so besteht die Kreis-Kanten-Matrix aus einer zeilenweisen Auflistung der Elemente von $\mathbf{C}$, wobei - wie üblich - ein Element L von $\mathbf{P}(K)$, also eine Menge von Kanten, durch das $m - tupel$ $(l_1, \ldots, l_m)$ mit

$$l_j = \begin{cases} 1\,, \text{ falls } k_j \in L \\ 0\,, \text{ sonst} \end{cases}$$

beschrieben wird.

In diesem Lichte folgt unmittelbar aus 1.3.14 der folgende

Satz

Es ist $rg_2(C) = \mu(M)$.

2.3.5

Analog zur Kreis-Kanten-Matrix ist die Schnitt-Kanten-Matrix definiert. Die *Schnitt-Kanten-Matrix* $S(M) = (s_{ij})$ ist die in folgender Weise definierte $((2^p - 1) \times m)$-Matrix:

$$s_{ij} = \begin{cases} 1\,, \text{ falls } S_i \;\; k_j \text{ enthält} \\ 0\,, \text{ sonst.} \end{cases}$$

2.3.6

Beispiel

Wir nehmen wieder den Multigraphen M aus 2.3.2, ebenso denselben Baum B. Es ergeben sich zunächst die in den folgenden Bildern angedeuteten fundamentalen Schnitte S_1, S_2, S_3:

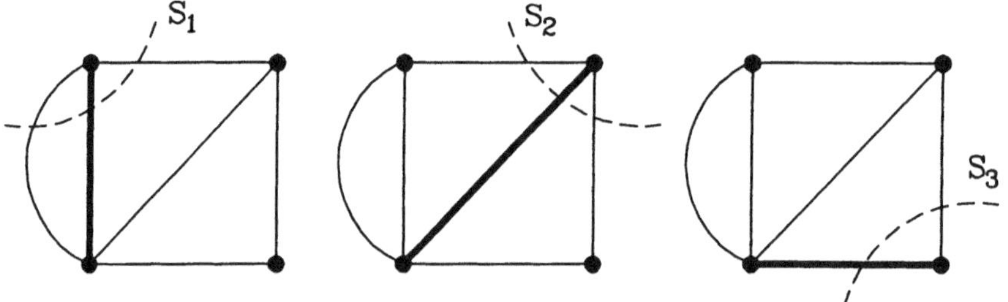

Die weiteren Elemente von **S** sind $S_4 = S_1 + S_2$, $S_5 = S_1 + S_3$, $S_6 = S_2 + S_3$ und $S_7 = S_1 + S_2 + S_3$.

Es ergibt sich die Matrix

$$S(M) = \begin{pmatrix} 1 & 1 & 1 & 0 & 0 & 0 \\ 0 & 0 & 1 & 1 & 0 & 1 \\ 0 & 0 & 0 & 0 & 1 & 1 \\ 1 & 1 & 0 & 1 & 0 & 1 \\ 1 & 1 & 1 & 0 & 1 & 1 \\ 0 & 0 & 1 & 1 & 1 & 0 \\ 1 & 1 & 0 & 1 & 1 & 0 \end{pmatrix}$$

2.3.7

Man beachte: da die mit einer festen Ecke inzidenten Kanten immer einen Schnitt bilden, ist die Matrix I stets in der Matrix S enthalten, genauer: einige Zeilen von S bilden I. So gesehen ist der folgende Satz eine Verstärkung von 2.3.3:

Satz

Es gilt (über $\mathbb{F}_2$) die Beziehung

$$S \cdot C^t = 0.$$

Zum Beweis:

Dies ist eine Konsequenz des Satzes 1.3.11, daß jeder Schnitt mit jedem Kreis eine gerade Anzahl von Kanten gemeinsam hat.

2.3.8

Analog zu 2.3.4 läßt sich nun auch leicht die folgende Aussage über den Rang von $S(M)$ beweisen:

Satz

Es ist $rg_2(S) = \rho(M)$.

Beispielaufgabe 2.3

Stellen Sie für den folgenden Multigraphen M eine Kreis-Kanten-Matrix auf:

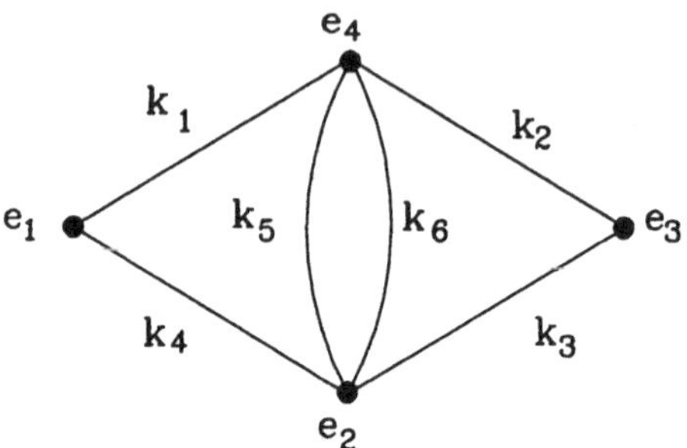

Lösung

Wählt man als Gerüst den Baum mit den Kanten k_1, k_3, k_4, so ergeben sich die fundamentalen Kreise $C_1 = \{k_1, k_2, k_3, k_4\}$, $C_2 = \{k_1, k_4, k_5\}$, $C_3 = \{k_1, k_4, k_6\}$. Weitere Elemente von K sind $C_4 = C_1 + C_2, C_5 = C_1 + C_3, C_6 = C_2 + C_3$ und $C_7 = C_1 + C_2 + C_3$. Im Ergebnis hat man die Matrix

$$C(M) = \begin{pmatrix} 1 & 1 & 1 & 1 & 0 & 0 \\ 1 & 0 & 0 & 1 & 1 & 0 \\ 1 & 0 & 0 & 1 & 0 & 1 \\ 0 & 1 & 1 & 0 & 1 & 0 \\ 0 & 1 & 1 & 0 & 0 & 1 \\ 0 & 0 & 0 & 0 & 1 & 1 \\ 1 & 1 & 1 & 1 & 1 & 1 \end{pmatrix}$$

Aufgabe 2.1

Man zeige: Ist M ein Multigraph und B ein spannender Wald in M, so bilden die $\rho(M)$ vielen fundamentalen Schnitte eine Basis von $\mathbf{S}^*$ (s. 1.3.20).

Aufgabe 2.2

Weisen Sie nach, daß der im folgenden Diagramm dargestellte Graph, der sogenannte Petersen-Graph, nicht planar ist.

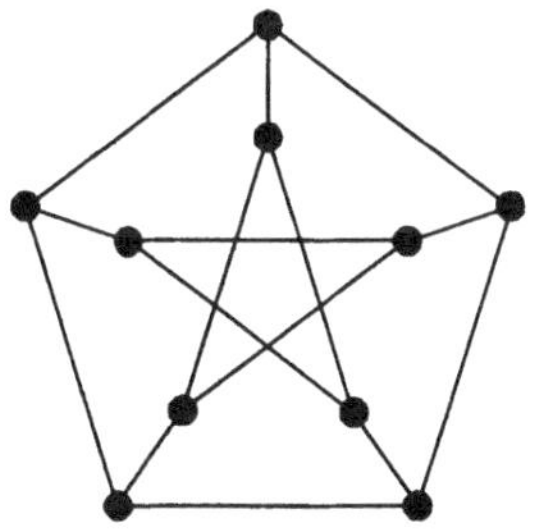

Aufgabe 2.3

Beweisen Sie die in 2.2.20 aufgestellte Behauptung, daß für die Inzidenzmatrix I eines Multigraphen M stets gilt $rg_2(I) = \rho(M)$.

3. Algorithmen

3.1 Das Erkennen und Suchen von Bäumen

Einen Baum erkennt man daran, daß er ein Graph ohne Kreise ist. Ist ein Diagramm eines Graphen vorgelegt, so wird man dies in der Regel durch wenige Blicke nachprüfen können. Es stellt sich nun aber die Frage, wie man einen Graphen am schnellsten auf seine Kreisfreiheit untersucht, der in einem Rechner (z. B. durch eine Inzidenzmatrix) abgespeichert ist. Es wäre sicher keine gute Methode, den Rechner ein Diagramm zeichnen zu lassen und dieses dann optisch zu inspizieren. Es geht also darum, ein günstiges Rechenverfahren, einen sogenannten *Algorithmus*, zur Lösung dieses Problems zu finden.

Nach 1.2.23 ist ein Graph $G = (E, K)$ genau dann ein Baum, wenn G zusammenhängend ist und $|K| = |E| - 1$ gilt. Ein Algorithmus, der testet, ob G ein Baum ist, kann also aus der Abfrage "Ist $|K| = |E| - 1$?" und einem Zusammenhangstest bestehen. In dem folgenden *Flußdiagramm* ist ein solcher Algorithmus beschrieben:

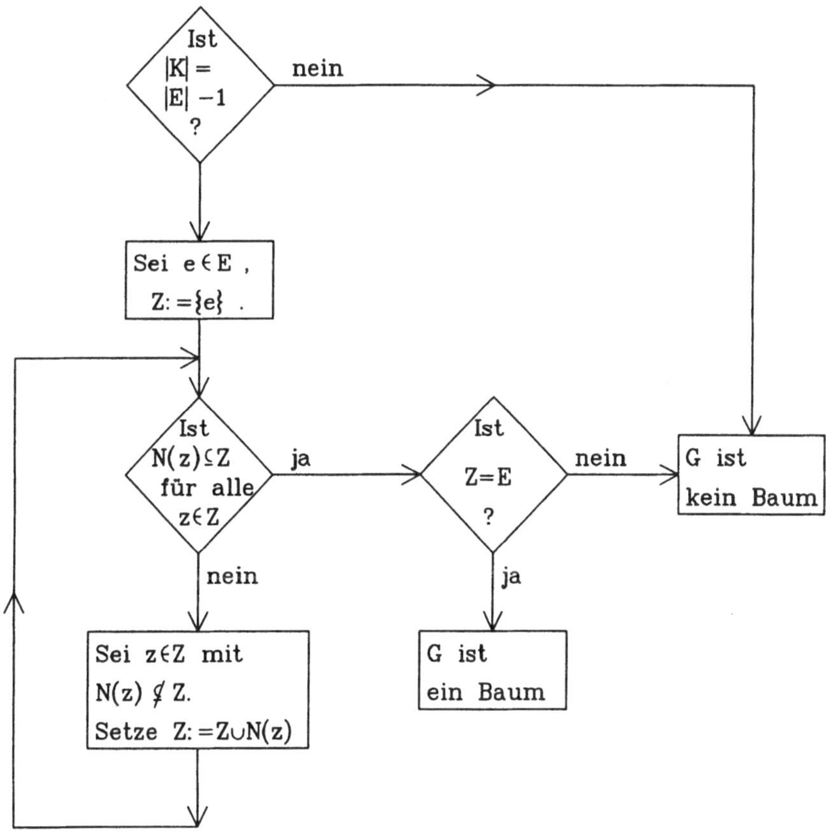

3.1.1

Gegeben sei ein Graph $G = (E, K)$, für jedes $e \in E$ sei $N(e)$ die Menge der Nachbarecken von e.
Die Grundidee des in dem Diagramm beschriebenen Tests auf Zusammenhang ist es, daß von einer beliebig gewählten Ecke e ausgehend die e enthaltende Zusammenhangskomponente Z bestimmt wird und am Schluß noch die Abfrage "$Z = E$?" steht. Z wird iterativ dadurch aufgebaut, daß für ein $z \in Z$, welches noch Nachbarn außerhalb Z hat, diese Nachbarn zu Z hinzugenommen werden. Der Algorithmus stoppt, wenn eine der beiden Boxen "G ist ein Baum" bzw. "G ist kein Baum" erreicht wird.

Flußdiagramme bieten eine von mehreren Möglichkeiten, die Funktionsweise von Algorithmen zu beschreiben. Eine andere Möglichkeit, die in der Literatur sehr gebräuchlich ist und die im folgenden auch hier verwendet werden soll, ist die Beschreibung mit Hilfe einiger weniger Sprachelemente, die in dieser oder ähnlicher Form Teil aller Computer-Hochsprachen sind. Es handelt sich m.a.W. um eine Schreibweise, die zwischen einem Flußdiagramm und Hochsprachen wie PASCAL oder ALGOL angesiedelt ist. Dabei ist es dann kein großer Aufwand mehr, von dort ausgehend zu einem *Programm* in einer der Hochsprachen zu kommen. Ein solches Programm ist also die konkrete Formulierung eines Algorithmus, wie sie zur Durchführung auf einem Computer benötigt wird, man spricht von einer *Implementierung* des Algorithmus. Wir wollen den oben betrachteten Algorithmus in der hier verwendeten *Quasi-Hochsprache* beschreiben:

3.1.2

Algorithmus "Baumtest"

Gegeben sei ein Graph $G = (E, K)$, $N(e) \subseteq E$ sei zu $e \in E$ die Menge der Nachbarecken. Es wird überprüft, ob G ein Baum ist.

begin
  if $|K| \neq |E| - 1$
  then G ist kein Baum, *goto* ende
  else
  begin
    sei $e \in E$, $Z := \{e\}$;
    while $N(z) \not\subseteq Z$ für ein $z \in Z$ *do*
      wähle $z \in Z$ mit $N(z) \not\subseteq Z$,
      setze $Z := Z \cup N(z)$;
    if $Z = E$
      then G ist ein Baum
      else G ist kein Baum;
  end
ende: *end*

Diese Beschreibung des Algorithmus dürfte selbst für solche Leser verständlich sein, die bisher mit Programmiersprachen nichts oder nur wenig zu tun hatten. Bevor im nächsten Abschnitt noch einmal detailliert auf die hier verwendeten Sprachelemente eingegangen wird, soll ein weiteres Beispiel zur Illustration vorgestellt werden.

3.1.3

In Satz 1.2.23 wurde gezeigt, daß jeder zusammenhängende Graph ein Gerüst enthält. Es wird nun ein Algorithmus zur Konstruktion eines Gerüsts angegeben. Dieser Algorithmus ist natürlich "besser" als die ebenfalls denkbare Vorgehensweise, einfach alle Teilgraphen des vorgegebenen Graphen

einzeln darauf zu untersuchen, ob es sich um einen Baum handelt, der alle Ecken enthält.
Die Funktionsweise des Algorithmus beruht auf der folgenden Tatsache, deren Beweis sich erübrigt.

Hilfssatz

Sei $G = (E, K)$ ein Graph, der Teilgraph $T' = (E', K')$ sei ein Baum. Ist $e \in E'$ und $f \in E \backslash E'$ und $\{e, f\} \in K$, so ist auch der Teilgraph $(E' \cup \{f\},\ K' \cup \{\{e, f\}\})$ ein Baum in G.

3.1.4

Algorithmus "Konstruktion eines Gerüsts"

Gegeben sei ein zusammenhängender Graph $G = (E, K)$, $N(e) \subseteq E$ sei zu $e \in E$ die Menge der Nachbarecken. Es wird ein Gerüst $T = (E, L)$ konstruiert.

```
begin
   sei e ∈ E,  F := {e},  L := ∅;
   while N(e) ⊄ F für ein e ∈ F do
   begin
      sei e ∈ F mit N(e) ⊄ F,
      sei f ∈ N(e)\F,
       F := F ∪ {f},  L := L ∪ {{e, f}};
   end
end
```

Der Algorithmus geht vor, wie im Hilfssatz vorgezeichnet ist, d. h. es wird in jedem Schritt eine Ecke des bereits konstruierten Baumes mit einer Nachbarecke, die noch nicht zu dem Baum gehörte, verbunden und so ein größerer Baum erhalten. Im folgenden Beispiel ist die Funktionsweise des Algorithmus illustriert.

3.1.5

Beispiel

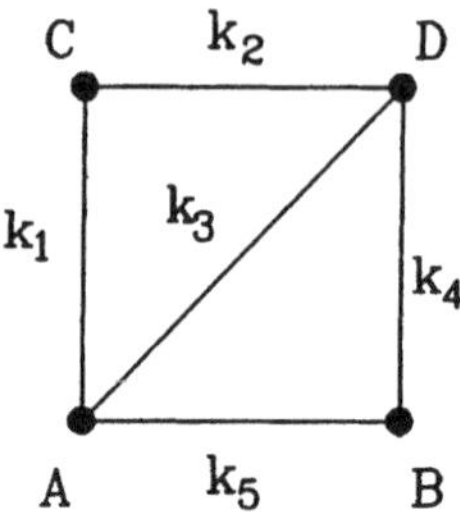

Zu Anfang sei $e = A$, also $F = \{A\}, L = \emptyset$.

$$\begin{aligned}
1.\mathit{Schritt}: \quad & N(A) \not\subseteq F,\ C \in N(A) \setminus F, \\
& F = \{A, C\},\ L = \{k_1\}; \\
2.\mathit{Schritt}: \quad & N(A) \not\subseteq F,\ D \in N(A) \setminus F, \\
& F = \{A, C, D\},\ L = \{k_1, k_3\}; \\
3.\mathit{Schritt}: \quad & N(D) \not\subseteq F,\ B \in N(D) \setminus F, \\
& F = \{A, B, C, D\},\ L = \{k_1, k_3, k_4\}.
\end{aligned}$$

Das ermittelte Gerüst ist $T = (E, \{k_1, k_3, k_4\})$.

3.2 Algorithmen und deren Komplexität

Zunächst soll der Begriff des Algorithmus etwas ausführlicher erläutert werden.

Ein *Algorithmus* ist ein Verfahren zur Lösung eines Problems. Dabei muß unter einem *Problem* eine (im Prinzip unendlich große) Ansammlung gleichartiger einzelner Problemstellungen angesehen werden. Z. B. löst der in 3.1.4 beschriebene Algorithmus allgemein das Problem der Konstruktion eines Gerüsts, wobei aber für eine Anwendung ein konkreter zusammenhängender Graph vorgegeben werden muß; für jeden dieser *Einzelfälle* arbeitet der Algorithmus erfolgreich.

Eine selbstverständliche Forderung an einen Algorithmus ist natürlich die *Korrektheit*, d. h. er sollte das Problem für jeden Einzelfall korrekt lösen. Der Nachweis, daß ein für ein Problem vorgeschlagener Algorithmus auch korrekt ist, kann sehr schwierig zu führen sein. Oft hilft (wie bei 3.1.4) ein mathematischer Satz, den der Algorithmus per Iteration ausnutzt. In anderen Fällen hat die Lösung nach dem Durchlaufen des Algorithmus stets gewisse Eigenschaften, die sich in einem allgemeinen mathematischen Satz zusammenfassen

lassen, wobei die Korrektheit des Algorithmus als Konsequenz ebenfalls mit herauskommt - so verhält es sich beim "max-flow - min cut" - Theorem, das an späterer Stelle behandelt wird.
Die Korrektheitsbegriffe für Algorithmus und Programm sind (entsprechend den Begriffsbestimmungen des vorigen Abschnitts) im wesentlichen identisch - vorausgesetzt, daß bei der Umsetzung des Algorithmus in ein Programm für einen konkreten Rechner keine Fehler gemacht werden. Es gibt auch Ansätze, die Korrektheit von Programmen mit formalen Methoden zu untersuchen, man spricht hier von der *Verifikation* von Programmen.
Als weitere notwendige Eigenschaften eines Algorithmus werden angesehen:

- Endliche Beschreibbarkeit: Das Verfahren kann mit einem endlichen Text (Sprache, Formeln) beschrieben werden.
- Effektivität: Jeder einzelne Schritt des Verfahrens muß "mechanisch" durchführbar sein (z. B. durch einen Computer).
- Determinismus: Die Reihenfolge aller Rechenschritte muß durch das Verfahren für jeden Einzelfall eindeutig festgelegt sein.
- Endlichkeit: Das Verfahren muß für jeden Einzelfall nach endlich vielen Schritten abbrechen.

Im vorigen Abschnitt wurde anhand von Beispielen bereits die "Sprache" festgelegt, in der im weiteren Verlauf des Buches Algorithmen beschrieben werden sollen - wir haben dort den Begriff einer Quasi-Hochsprache eingeführt. Die Elemente dieser Sprache werden im folgenden kurz erläutert.

3.2.1

Verzweigung:

if A *then* $B_1, B_2, \ldots, B_k$ *else* $C_1, C_2, \ldots, C_l$;

steht für:

Wenn Bedingung A erfüllt ist, werden die Operationen $B_1, B_2, \ldots, B_k$ ausgeführt, andernfalls $C_1, C_2, \ldots, C_l$. Die mit "else" eingeleitete Alternative kann dabei auch fehlen.

Schleife:

while A *do* $B_1, \ldots, B_k$;

steht für:

Wenn Bedingung A erfüllt ist, werden $B_1, \ldots, B_k$ ausgeführt; dies wird solange wiederholt, wie A erfüllt ist.

Iterationen:

for L *do* $B_1, \ldots, B_k$;

steht für:

Für jedes Element der Liste L werden die Operationen $B_1, \ldots, B_k$ je einmal ausgeführt. Dabei kann die Liste L geordnet sein (z. B. *for* $i = 1, \ldots, 6$ *do* B_1, B_2;) oder ungeordnet (z. B. *for* $s \in S$ *do* B_1, B_2;). Im zweiten Fall ist die Reihenfolge nicht spezifiziert.

repeat $A_1, \ldots, A_k$ *until* B;

steht für:

Die Operationen $A_1, \ldots, A_k$ werden durchgeführt. Ist danach die Bedingung B nicht erfüllt, wird dies solange wiederholt, bis B erfüllt ist.

Zur Erhöhung der Übersichtlichkeit werden zusammenhängende Blöcke oft durch ein *begin-end-Paar* eingeschlossen, unter anderem auch der ganze Algorithmus (s. z. B. 3.1.4). Außerdem wird die Struktur des Algorithmus durch Einrücken von Blöcken (beim Aufschreiben des Quasi-Programms) zusätzlich optisch verdeutlicht.

Ein weiteres Element der Sprache ist der

Sprungbefehl:

goto Name

bedeutet, daß als nächstes das auszuführen ist, was in der Zeile steht, die mit "Name:" gekennzeichnet ist (s. z. B. in 3.1.2).

Zuweisungen werden mit := vorgenommen, z. B. steht "$Z := Z \cup \{e\}$" für: der Mengenvariablen wird als Wert die Menge zugewiesen, die aus der "bisherigen Menge Z" plus dem Element e besteht.

3.2.2

Unsere kurze Erläuterung der verwendeten Sprache schließen wir mit drei Bemerkungen ab:

1. Bezüglich der *Datenstrukturen*, die verwendet werden dürfen, werden im folgenden keine Einschränkungen gemacht. Es sind einfache und in-

dizierte Variablen sowie Variablen für Mengen erlaubt. Die durch die Variablen repräsentierten Größen können beliebiger Art sein (z. B. auch Ecken eines Graphen).

2. Als Bedingungen A oder Operationen B_i (wie z. B. in *while* A *do* $B_1, \ldots, B_k$) lassen wir alle sinnvollen und unzweideutigen mathematischen Aussagen zu, z. B.:
   while $S \neq \emptyset$ *do* wähle $s \in S$, suche einen Kreis C durch s, setze $K := K \cup \{C\}$, $S := S \backslash \{s\}$;
   Dabei müssen die aufgeführten Operationen stets endlich ausführbar sein.
3. Die unter 1. und auch schon bei der Erklärung einer Iteration gewährte Freizügigkeit, die z. B. dazu führt, daß beim Durchlaufen einer Menge die Reihenfolge der Elemente nicht festgelegt wird, bedeutet strenggenommen ein Abrücken von der Forderung des Determinismus. Dieser ist jedoch dadurch gegeben, daß eine konkret gewählte Hochsprache entweder selbst sich in solchen Punkten festlegen muß oder aber - spätestens- ihr "Compiler".

Für den Rest dieses Abschnitts beschäftigen wir uns mit einer Eigenschaft, die nicht notwendig zu jedem Algorithmus gehört, jedoch wünschenswert ist und die eigentliche Herausforderung beim Suchen nach einem Algorithmus bildet: seine möglichst hohe *Effizienz*. Damit ist gemeint, daß ein Algorithmus möglichst schnell und ökonomisch arbeiten soll.

3.2.3

Zur Illustration dieses Punktes wird zunächst ein Beispiel vorangestellt. Wir gehen von n reellen Zahlen aus, die der Größe nach sortiert sind: $a_1 < a_2 < \ldots < a_n$. Eine weitere Zahl a soll in diese Liste an der richtigen Stelle eingefügt werden (vgl. 1.2.15). Als Ausgabe des Algorithmus wird der Index i mit $a_i < a < a_{i+1}$ erwartet, wobei in den Grenzfällen $a < a_1$ bzw. $a_n < a$ jeweils eine der Zahlen keine Bedeutung hat. Ein möglicher Algorithmus ist der folgende:

A1

```
begin
  for k = 1,...,n do
    if a < a_k then i := k - 1, goto ende;
  i := n;
ende: end
```

Für die Formulierung des zweiten Algorithmus setzen wir voraus, daß n eine Zahl der Form $n = 2^m - 1$ ist (also z. B. $1, 3, 7, 15, 31, \ldots$). Dadurch ist es gewährleistet, daß die auftretenden Brüche immer zu ganzen Zahlen führen

- sonst müßte das Verfahren etwas komplizierter beschrieben werden. Das Vorgehen entspricht genau dem Intervallhalbierungsverfahren beim binären Suchen (vgl. 1.2.15).

A2

```
begin
   k := (n + 1)/2;
   while n ≥ 3 do
   begin
     if a < a_k
       then k := k − (n + 1)/4
       else k := k + (n + 1)/4;
     n := (n − 1)/2;
   end
   if a < a_k
     then i := k − 1
     else i := k;
end
```

Die Arbeitsweise dieser beiden Algorithmen soll nun an einem konkreten Fall verdeutlicht werden.

Es sei $n = 7$ mit der gegebenen aufsteigenden Folge

$$\begin{array}{ccccccc} 2 < & 6 < & 7 < & 7,2 < & 9,1 < & 11 < & 20 \\ a_1 & a_2 & a_3 & a_4 & a_5 & a_6 & a_7, \end{array}$$

$a = 10$ soll eingefügt werden.

Ablauf von A1

$$\begin{array}{lllll} k = 1 & \rightarrow & Vergleich\ a < a_1 & \rightarrow & Ergebnis : nein; \\ k = 2 & \rightarrow & Vergleich\ a < a_2 & \rightarrow & Ergebnis : nein; \\ k = 3 & \rightarrow & Vergleich\ a < a_3 & \rightarrow & Ergebnis : nein; \\ k = 4 & \rightarrow & Vergleich\ a < a_4 & \rightarrow & Ergebnis : nein; \\ k = 5 & \rightarrow & Vergleich\ a < a_5 & \rightarrow & Ergebnis : nein; \\ k = 6 & \rightarrow & Vergleich\ a < a_6 & \rightarrow & Ergebnis : ja, \end{array}$$

also $i = 5$, Sprung nach "ende".

Ablauf von A2

k=(7+1)/2=4

$$\begin{aligned}
\rightarrow \quad Vergleich\ a < a_4 \quad \rightarrow \quad & Ergebnis: nein, \\
& also\ k = 4+2 = 6, n = (7-1)/2 = 3; \\
\rightarrow \quad Vergleich\ a < a_6 \quad \rightarrow \quad & Ergebnis: ja, \\
& also\ k = 6-1 = 5, n = (3-1)/2 = 1; \\
& Ausstieg\ aus\ der\ while-Schleife; \\
\rightarrow \quad Vergleich\ a < a_5 \quad \rightarrow \quad & Ergebnis: nein, \\
& also\ i = 5, ''end''.
\end{aligned}$$

Im Ergebnis waren bei A1 sechs, bei A2 nur drei Vergleiche nötig.
Eine wichtige Einsicht ist es nun, daß der Algorithmus A2 besser (weil effizienter) ist als A1: beim zweiten Algorithmus wird die Zahl a mit $log_2(n+1)$-vielen der a_i verglichen, bis seine richtige Position gefunden ist (für $n = 2^m - 1$ bedeutet dies m Vergleiche), bei A1 muß a im schlechtesten Fall mit allen a_i verglichen werden (falls nämlich $a > a_n$ ist). Im Mittel braucht A1 $n/2$ viele Vergleiche, was immer noch schlechter ist als $log_2(n+1)$ - umso mehr für große n.

3.2.4

Allgemein geht man davon aus, daß einem Problem stets eine natürliche Zahl n als *Problemgröße* zugeordnet werden kann, relativ zu welcher die Güte eines Algorithmus zu beurteilen ist. Ist nun A ein Algorithmus, der das gegebene Problem löst, so ist die *Komplexität* $T_A(n)$ die Anzahl der im schlechtesten Fall auszuführenden elementaren Rechenoperationen bei einer Anwendung von A auf einen Einzelfall von Größe n.
Als Maßstab wird das "Verhalten im schlechtesten Fall" genommen, weil zur Bestimmung des "Verhaltens im Mittel" bereits bei einfachen Algorithmen sehr komplizierte wahrscheinlichkeitstheoretische Untersuchungen nötig wären und man sich schon bald mit empirischen Verfahren behelfen müßte.
Man muß sich nun festlegen, was zu den "elementaren Rechenoperationen" gezählt werden soll.
Wir stellen uns einen Rechner mit unbegrenztem Speicher vor, in dem zu Beginn der Rechnung die Eingabedaten und am Ende die Ausgabedaten stehen. Der technische Aufwand der Ein- und Ausgabe sowie der Speicherung wird also außer acht gelassen. Der Rechner kann arithmetische Operationen $(+, -, *, /, exp)$, Vergleichsoperationen $(=, \neq, <, \leq, >, \geq)$, Speicheroperationen, Sprungbefehle $(GOTO, IF \ldots THEN)$ usw. ausführen.

Bei der Bestimmung von $T_A(n)$ wollen wir nur die arithmetischen und die Vergleichsoperationen zählen und Sprungbefehle, Zugriffe zu Feldern usw. außer acht lassen. Dies macht im Grunde nichts aus, da man im allgemeinen $T_A(n)$ ohnehin nicht präzise bestimmen kann und nur nach der *Größenordnung* bzw. *Wachstumsrate* dieser Funktion fragt. Dazu wird die folgende Notation verwendet:

3.2.5

$f(n)$ und $g(n)$ seien Funktionen mit natürlichen Zahlen als Argumenten und Werten in $\mathbb{R}^+$, der Menge der positiven reellen Zahlen.

Man schreibt

$$f(n) = O(g(n))$$

und sagt, f habe höchstens Wachstumsrate g, wenn es eine Konstante $c > 0$ gibt mit $f(n) \leq c \cdot g(n)$ für alle n ab einem gewissen n_0;

$$f(n) = \Omega(g(n))$$

(f hat mindestens Wachstumsrate g), wenn es eine Konstante $c > 0$ gibt mit $f(n) \geq c \cdot g(n)$ für alle n ab einem gewissen n_1;

$$f(n) = \Theta(g(n))$$

(f hat Wachstumsrate g), wenn $f(n) = O(g(n))$ und $f(n) = \Omega(g(n))$ gelten.

Gilt für einen Algorithmus A

$$T_A(n) = O(g(n)),$$

so sagen wir, A habe die Komplexität $O(g(n))$.

Nach dieser Definition hat $A1$ (in 3.2.3) die Komplexität $O(n)$ und $A2$ die Komplexität $O(logn)$.

3.2.6

Beispiel

Ist $f(n)$ ein Polynom vom Grad k, d. h. gilt

$$f(n) = a_k n^k + a_{k-1} n^{k-1} + \ldots + a_1 n + a_0,$$

so ist $f(n) = O(n^k)$, denn mit $c = 2|a_k|$ ist für genügend großes n auf jeden Fall $f(n) \leq cn^k$.

3.2.7

Man sucht stets nach *polynomialen Algorithmen*, also Algorithmen der Komplexität $O(n^k)$ für ein geeignetes k. Aus gutem Grund nennt man diese Algorithmen auch *effizient* : Polynome wachsen wesentlich langsamer als etwa Exponentialfunktionen. In einer Formel kann dies so ausgedrückt werden: ist $p(n)$ irgendein Polynom und $a > 1$ eine reelle Zahl, so gilt

$$\lim_{n\to\infty} \frac{p(n)}{a^n} = 0.$$

("Schlimmer" als die Funktion a^n ist noch die Funktion $n!$.)

3.2.8

Die folgende überschlagsweise Rechnung dient der Verdeutlichung des Unterschieds zwischen polynomialer und exponentieller Wachstumsrate: Angenommen, es stehe ein Rechner zur Verfügung, der pro Sekunde 1 Milliarde Schritte ausführen kann. Für ein Problem P habe man einen Algorithmus $A1$ von Komplexität $O(2^n)$ und einen Algorithmus $A2$ von Komplexität $O(n^3)$. In einem Einzelfall mit $n = 60$ dauert die Rechnung dann, wenn wir direkt $T_{A1}(n) = 2^n$ und $T_{A2}(n) = n^3$ annehmen, bei $A1$ ca. 37 Jahre, bei $A2$ $\frac{1}{4630}$ Sekunden.

3.2.9

Hier sind einige weitere Begriffe:

Probleme, die einen polynomialen Algorithmus zulassen, heißen *leicht*.

Probleme, für die es keinen polynomialen Algorithmus geben kann, werden *unzugänglich* oder *hart* genannt. Über eines muß man sich im klaren sein: es kann sehr schwierig sein herauszufinden, ob ein Problem leicht ist!

3.2.10

Beispiel

Wir betrachten das folgende Problem. Den 2^m vielen Teilmengen einer m-elementigen Menge X seien beliebige reelle Zahlen (Bewertungen) zugeordnet, man hat m.a.W. eine Abbildung

$$f : \mathbf{P}(X) \to \mathbb{R}.$$

Die Abbildung sei auf irgendeine Weise in einem Rechner abgespeichert, und es sei nun das Ziel, eine Menge $Y \in \mathbf{P}(X)$ mit möglichst kleiner Bewertung $f(Y)$ zu finden. Dieses Problem ist, wenn die Zahl m als Problemgröße angenommen wird, unzugänglich, denn jeder Algorithmus muß die Bewertung jeder diese Mengen mindestens einmal mit irgendeiner anderen vergleichen, was zu mindestens 2^m vielen Rechenoperationen führt. Sieht man allerdings die Anzahl der Teilmengen 2^m als Problemgröße n an, so ist das Problem leicht.

Es sei an dieser Stelle auch auf die für die Theorie der Algorithmen wichtigen *NP-vollständigen* Probleme hingewiesen. Es handelt sich um eine (durch neue Erkenntnisse immer weiter wachsende) Klasse von Problemen mit der Eigenschaft, daß

1. von keinem der Probleme bekannt ist, ob es leicht oder hart ist und
2. *alle* diese Probleme als leicht nachgewiesen sind, wenn man dies nur für *eines* von ihnen herausfindet.

Auf eine präzise mathematische Definition der NP- Vollständigkeit können wir hier nicht eingehen. Man müßte hierzu zunächst die Definition eines Algorithmus noch stärker formalisieren. Üblicherweise wird dann der Begriff der *Turing-Maschine* benutzt. Wer in dieses Gebiet im Bereich Mathematische Logik / Theoretische Informatik tiefer einsteigen möchte, sei auf das Buch von Garey und Johnson (s. Literaturverzeichnis) verwiesen.

3.2.11

Den Schluß dieses Abschnitts bilden folgende kurze Anmerkungen:

1. Bei den graphentheoretischen Problemen, die im weiteren Verlauf des Kurses betrachtet werden, wird in der Regel die Eckenanzahl n als Problemgröße angenommen. Stützt sich ein Algorithmus auf ein Absuchen der Kanten, so wird man zu einer Bewertung des Algorithmus eher die Kantenanzahl m als Problemgröße nehmen. Handelt es sich um einen Graphen (weder Pseudo- noch Multi-), so gilt $m = O(n^2)$; insofern können sich in diesem Fall bei der Wahl von n oder m keine qualitativen Unterschiede (z. B. bei der Frage, ob der Algorithmus polynomial ist) ergeben.
2. Man müßte eigentlich die Problemgröße sorgfältiger definieren, wenn in einem Problem große numerische Zahlenwerte auftreten. In 3.2.3 ist z. B. nicht nur die Anzahl n der betrachteten Zahlen von Bedeutung, sondern auch die *Größe* der a_i hat bei einem realen Computer Einfluß auf die Laufzeit. Ebenso verhält es sich in der Graphentheorie, wenn man Ecken- und Kantenbewertungen zuläßt (s. nächstes Kapitel). Wir werden diesen Einfluß der Zahlengrößen jedoch im weiteren vernachlässigen.

Beispielaufgabe 3.1

Erläutern Sie den Begriff der Komplexität eines Algorithmus.

Lösung

Die Komplexität $T_A(n)$ eines Algorithmus A ist die Anzahl der im schlechtesten Fall auszuführenden elementaren Rechenoperationen bei einer Anwendung von A auf einen Einzelfall von Größe n.

3.3 Weitere Algorithmen und Begriffe

Zur Illustration der bisherigen Aussagen über Algorithmen werden in diesem Abschnitt weitere Algorithmen zur Lösung graphentheoretischer Probleme vorgestellt. Unter anderem beschäftigen wir uns mit einem NP-vollständigen Problem. Ferner werden die Begriffe Heuristik und approximativer Algorithmus eingeführt.

Ein Graph $G = (E, K)$ ist nach 1.2.29 bipartit, wenn seine Eckenmenge so in Teilmengen E' und E'' unterteilt werden kann, daß jede Kante eine Ecke aus E' mit einer aus E'' verbindet. Nach Satz 1.2.31 ist dies gleichbedeutend damit, daß G keinen Kreis ungerader Länge enthält. Der folgende Algorithmus prüft dies nach.

3.3.1

Algorithmus "Bipartit"

Gegeben seien ein zusammenhängender Graph $G = (E, K)$ und für jedes $e \in E$ die Menge $N(e)$ der Nachbarn von e. Es wird überprüft, ob G bipartit ist.

```
begin
   sei e ∈ E, f(e) := 0;
   while es gibt noch unmarkierte Ecken do
     begin
       for x ∈ E do
         if x ist bereits markiert
         then
           if es gibt ein markiertes y ∈ N(x) mit f(y) = f(x)
           then G ist nicht bipartit
           else markiere jedes nicht-
           markierte y ∈ N(x) mit d(y) := d(x) + 1 (in F_2);
     end
end
```

Der Algorithmus hat die Komplexität $O(n^3)$ $(n = |E|)$. Dies sieht man am leichtesten so ein: Die while-Schleife wird höchstens $(n-1)$-mal durchlaufen.

Innerhalb der Schleife werden für jede bereits markierte Ecke deren noch nicht markierte Nachbarn markiert (oder ein ungerader Kreis entdeckt).
Sind nach dem Durchlauf des Algorithmus alle Ecken markiert worden, so bilden $E' := f^{-1}(0)$ und $E'' := f^{-1}(1)$ eine disjunkte Aufteilung der Eckenmenge derart, daß Kanten nur zwischen Elementen von E' und E'' verlaufen.

3.3.2

Auch die Frage, wie man Graphen effektiv auf Planarität testen kann, wollen wir hier noch einmal zur Sprache bringen. Es sind mehrere polynomiale Algorithmen bekannt, jedoch sind bei jedem dieser Algorithmen für das genaue Verständnis weitere Begriffsbildungen nötig, auf die hier nicht eingegangen werden soll. Wir wollen nur kurz die Grundidee des Algorithmus nach G. Demoucron, Y. Malgrange und R. Pertuiset skizzieren - genauer kann dies z. B. in dem zitierten Buch von R. Gould nachgelesen werden.
In dem gegebenen Graphen G sucht man zunächst einen Kreis C, den man in die Zeichenebene einbettet. Der Rest des Graphen (also G ohne C) zerfällt in sog. "Segmente". Diese werden nun schrittweise zu einer planaren Einbettung eines immer größeren Teils von G hinzugenommen, wobei nach jeder Teileinbettung die übriggebliebenenen Segmente neu bestimmt werden müssen. Das Hauptproblem beim Korrektheitsbeweis dieses Algorithmus steckt -wie zu erwarten- in dem Nachweis, daß der Graph nicht planar sein kann, wenn der Algorithmus bei der Einbettung eines Teilgraphen stockt, d. h. diese nicht erweitert werden kann.

3.3.3

Zum Abschluß dieses Kapitels wollen wir das Problem der *minimalen Knotenüberdeckung* betrachten. Es geht darum, in einem gegebenen Graphen $G = (E, K)$ eine Menge $U \subseteq E$ mit möglichst wenigen Knoten zu finden derart, daß von jeder Kante mindestens eine der beiden Ecken zu U gehört, formal: ist $k = \{e, f\}$, so gilt $e \in U$ oder $f \in U$.

3.3.4

Beispiel

Der im folgenden Diagramm gezeigte Graph wurde bereits in 1.2.20 verwendet - er soll ein Datennetz mit Netzknoten $A, B, \ldots, G$ darstellen:

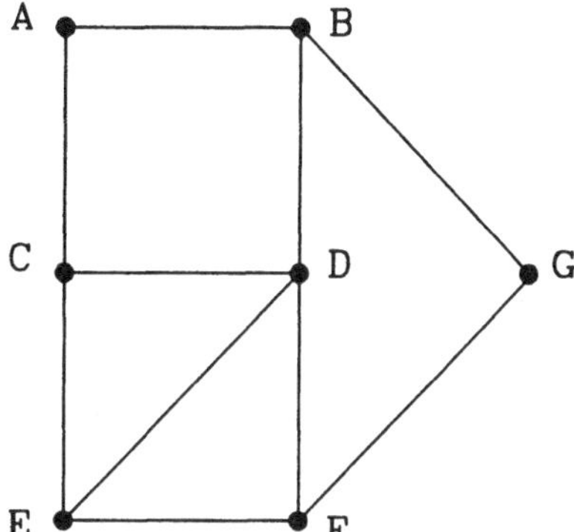

Sollen nun die einzelnen Leitungen überwacht werden (z. B., um Verkehrsmessungen zu machen), so genügt es, in den Knoten einer Knotenüberdeckung Beobachtungsstationen einzurichten. Es sind $\{A, D, E, G\}$ und $\{B, C, D, F\}$ minimale Knotenüberdeckungen.

3.3.5

Fragt man nach einem gutem Algorithmus zur Suche einer minimalen Knotenüberdeckung, so bietet sich, da man möglichst wenige Knoten auswählen will, folgende Strategie an: man wählt zunächst einen Knoten mit möglichst vielen Nachbarn aus und erklärt ihn zum Element der gesuchten Menge, entfernt ihn (mit allen mit ihm inzidenten Kanten) aus dem Graphen, verfährt mit dem Rest genauso, usw. ...

Dies führt zu dem folgenden Algorithmus:

Algorithmus "Knotenüberdeckung" Nr. 1

Gegeben sei ein Graph $G = (E, K)$.
Es wird eine Knotenüberdeckung $\ddot{U}$ konstruiert.

begin
  $\ddot{U} := \emptyset$;
  while $K \neq \emptyset$ *do*
    wähle eine Ecke $e \in E$ mit größtem
    Grad,
    entferne sie aus E und die e
    enthaltenden Kanten aus K,
    setze $\ddot{U} := \ddot{U} \cup \{e\}$;
end

Wendet man diesen Algorithmus auf den Graphen aus 3.3.4 an, so ergeben sich u. a. die beiden dort aufgeführten Überdeckungen - jedoch nur dann, wenn nach der Wahl von D in dem dann übrigbleibenden Kreis "zufällig" auf günstige Weise weitere Ecken ausgewählt werden. Wird nämlich nach der Wahl von D etwa A und dann F gewählt, so ergibt sich am Ende eine Überdeckung mit fünf Knoten. Dies zeigt, daß obiger Algorithmus das gestellte Problem nicht löst.

3.3.6

Beispiel

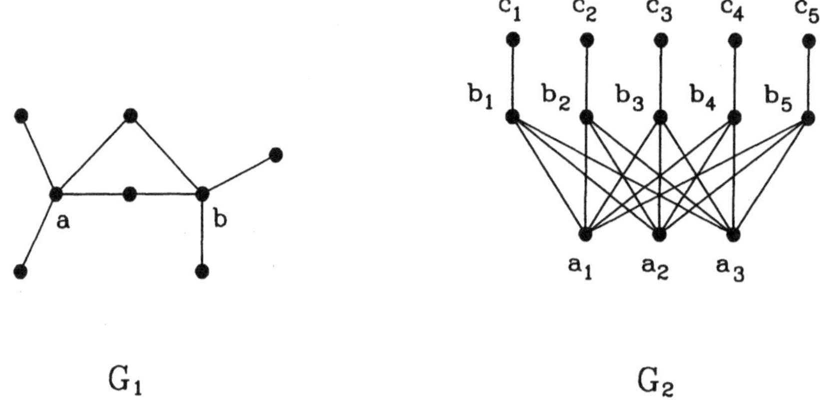

Bei G_1 führt die Anwendung von Algorithmus Nr. 1 zu der minimalen Knotenüberdeckung $\{a, b\}$. Bei Anwendung auf G_2 werden auf jeden Fall zunächst a_1, a_2, a_3 und dann fünf weitere Knoten ausgewählt, was stets zu einer Menge mit acht Knoten führt. Die (in diesem Fall eindeutige) minimale Knotenüberdeckung $\{b_1, b_2, b_3, b_4, b_5\}$ wird nicht gefunden.

3.3.7

Einen Algorithmus wie den obigen, der auf einer plausiblen Strategie beruht, aber nicht unbedingt immer zum Ziel führt, nennt man ein *heuristisches Verfahren* (oder einfach *Heuristik*). Von einer guten Heuristik erwartet man, daß sie -wenn sie schon nicht das eigentliche Problem löst- zumindest akzeptable *Nährungslösungen* zum Ergebnis hat. Man spricht dann von einem *approximativen Algorithmus* .

Daß wir in 3.3.5 trotzdem von einem "Algorithmus" gesprochen haben, bedeutet strenggenommen eine Abkehr von der im vorigen Abschnitt aufgestellten Forderung, daß ein Algorithmus das vorgelegte Problem korrekt lösen soll.

Wir werden auch im folgenden so verfahren und den etwas gelockerten Begriff des Algorithmus verwenden.

Das Problem der minimalen Knotenüberdeckung ist NP-vollständig, d. h. es ist kein guter Algorithmus zur Lösung bekannt, und es ist sogar unwahrscheinlich, daß überhaupt ein polynomialer Algorithmus existiert. In einem solchen Fall ist man auf approximative Algorithmen angewiesen. Leider ist es hier so, daß der obige Algorithmus Nr. 1 reichlich schlechtes Verhalten zeigt: man kann das Beispiel G_2 aus 3.3.6 zu einer Serie von Beispielen ausbauen, mit der sich dann demonstrieren läßt, daß die von dem Algorithmus produzierte Lösung prozentual beliebig weit vom Optimum abweichen kann.

3.3.8

Besser verhält sich eine andere Heuristik, die auf folgender Idee beruht: Man betrachte irgendeine Kante und entferne die beiden Endpunkte sowie alle mit diesen inzidenten Kanten aus dem Graphen. Dies führt zu:

Algorithmus "Knotenüberdeckung" Nr. 2

Gegeben sei ein Graph $G = (E, K)$.
Es wird eine Knotenüberdeckung $\ddot{U}$ konstruiert.

> *begin*
> $\ddot{U} := \emptyset$;
> *while* $K \neq \emptyset$ *do*
> wähle ein $k = \{e, f\} \in K$,
> entferne e und f aus E,
> entferne die e oder f enthaltenden
> Kanten aus K,
> setze $\ddot{U} := \ddot{U} \cup \{e, f\}$;
> *end*

Wendet man Algorithmus Nr.2 auf die Graphen aus 3.3.6 an, so erhält man (unabhängig von den getroffenen Wahlentscheidungen) bei G_1 eine vierelementige, bei G_2 eine zehnelementige Knotenüberdeckung. Dies ist in beiden Fällen eine Abweichung von 100% vom Optimum. Im Gegensatz zu der Situation bei Algorithmus Nr. 1 kann man jedoch beweisen, daß es schlimmer nicht kommen kann:

3.3.9

Satz

Eine von dem Algorithmus "Knotenüberdeckung" Nr.2 gefundene Lösung enthält höchstens doppelt so viele Knoten wie eine minimale Knotenüberdeckung.

Beweis:

Die in einem Durchlauf des Algorithmus ausgewählten Kanten haben keine Knoten gemeinsam. Jede Knotenüberdeckung (auch eine minimale) muß also von jeder *dieser* Kanten mindestens einen Knoten enthalten, muß also insgesamt mindestens halb so viele Knoten enthalten wie die vom Algorithmus gelieferte Knotenmenge.

3.3.10

Wir wollen das Kapitel mit folgendem Hinweis abschließen: auch bei unzugänglichen Problemen hat man gewisse Techniken entwickelt, nicht-polynomiale Algorithmen so weit zu verbessern (z. B. hinsichtlich der Absuchreihenfolge der zu betrachtenden Möglichkeiten), daß sie in einer Vielzahl von Fällen akzeptables Verhalten zeigen. Eine dieser Techniken ist die *branch-and-bound-Methode* (manchmal auch "Verzweigungsmethode" genannt).

Ihr liegt die folgende Idee zugrunde.

Gegeben sei ein Minimierungsproblem, wo für ein Problem P eine optimale Lösung (hier also ein Minimum) gesucht werden soll. Man versucht nun, P in Teilprobleme $P_1, \ldots, P_n$ zu zerlegen, deren Lösungen insgesamt zu einer Lösung von P führen ("branch"). Erkennt man dabei, daß die Lösung eines P_i eine obere Schranke für die Lösung von P_j ($j \neq i$) darstellt, dann braucht P_i nicht mehr weiter betrachtet zu werden ("bound"). Nach diesem Prinzip können auch die einzelnen Teilprobleme behandelt werden, man kommt also zu einem Baum von Teilproblemen:

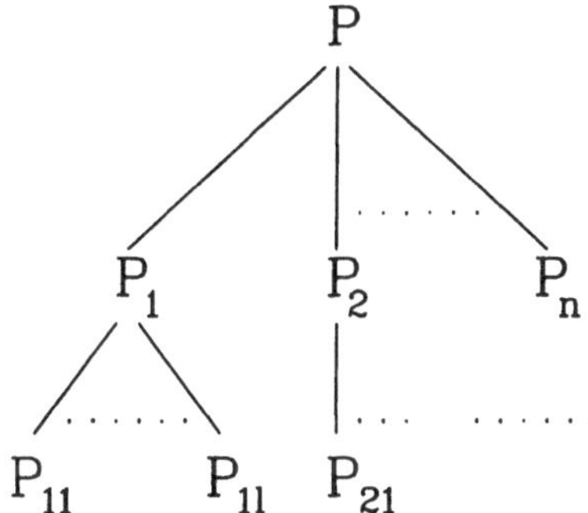

Wir wollen die Methode an einem Beispiel illustrieren. An weiteren Beispielen Interessierte seien auf die Literatur verwiesen, z. B. das Buch von Papadimitriou und Steiglitz (s. Literaturverzeichnis).

3.3.11

Beispiel

Die Entfernungen zwischen den Städten A, B, C und D seien (in km) in der folgenden Matrix (d_{ij}) festgehalten:

	A	B	C	D
A	∞	4	2	1
B	4	∞	1	2
C	2	1	∞	3
D	1	2	3	∞

(Für dieses Problem ist in der Diagonalen der Eintrag "∞" statt "0" sinnvoll.) Es ist eine Tour durch alle Städte und zurück zum Ausgangsort gesucht, so daß insgesamt möglichst wenige km zurückzulegen sind. Es handelt sich hier um einen Spezialfall des bekannten "Problems des Handlungsreisenden". Eine untere Schranke für die Länge des gesuchten Weges ist offenbar

$$s = \sum_{i=1}^{4} \min_j \{d_{ij}\},$$

hier also $s = 4$.

Wir verzweigen nun in

P_1: Annahme, die Strecke $A - D$ wird genutzt, und
P_2: Annahme, die Strecke $A - D$ wird nicht genutzt.

Zu den "Zweigen" P_1 und P_2 gehören die Matrizen:

P_1:

	A	B	C	D
A	∞	4	2	1
B	4	∞	1	2
C	2	1	∞	3
D	1	2	3	∞

$(s = 4)$

P_2:

	A	B	C	D
A	∞	4	2	∞
B	4	∞	1	2
C	2	1	∞	3
D	∞	2	3	∞

$(s = 6)$

Der Zweig P_2 braucht wegen $s = 6$ nicht weiter untersucht zu werden. P_1 läßt sich nun weiter aufspalten mit der Annahme, daß $D - B$ benutzt wird (P_{11}) bzw. nicht benutzt wird (P_{12}). Man erhält für P_{11} (die Tour $A-D-B-C-A$) die Länge 6 und für P_{12} (Tour $A-D-C-B-A$) Länge 9, $A-D-B-C-A$ ist folglich optimal.

Beispielaufgabe 3.2

Begründen Sie, weshalb man sich bei der Lösung gewisser Probleme mit approximativen Algorithmen zufrieden gibt.

Lösung

Für die Lösung gewisser Probleme hat man keine polynomialen Algorithmen - sei es, daß solche mit Sicherheit nicht existieren, sei es, daß man bisher keine solchen finden konnte. In solchen Fällen setzt man sich häufig das Ziel, einen approximativen Algorithmus zu entwerfen, der keine hohe Komplexität hat und gute Näherungslösungen liefert.

Aufgabe 3.1

a) Stellen Sie die Kreis-Kanten-Matrix $C(G)$ des im folgenden Diagramm dargestellten Graphen G auf.

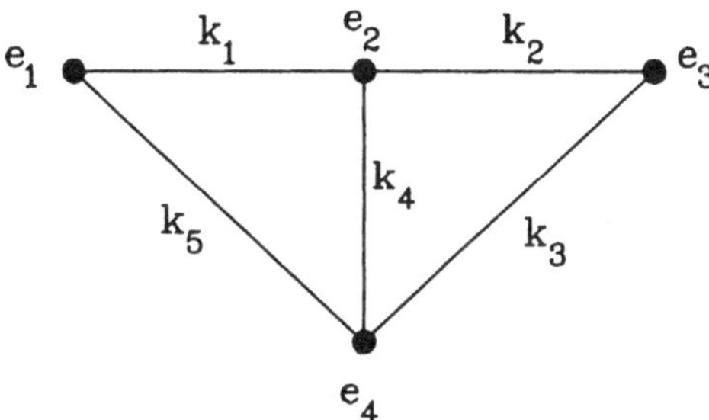

b) Stellen Sie auch die Inzidenzmatrix $I(G)$ auf, und rechnen Sie die Beziehung $I \cdot C^t = 0$ (über $\mathbb{F}_2$) nach.

Aufgabe 3.2

Entwerfen Sie einen Algorithmus von Komplexität $O(n)$, der aus n gegebenen reellen Zahlen $a_1, \ldots, a_n$ die kleinste heraussucht. (Begründen Sie die Aussage über die Komplexität.)

Aufgabe 3.3

Für einen Graphen $G = (E, K)$ bezeichnet man als Komplementgraphen $\overline{G} = (E, \overline{K})$ den Graphen mit derselben Eckenmenge, in dem genau die in G nicht verbundenen Ecken benachbart sind, d. h. für $e, f \in E$ gilt $\{e, f\} \in \overline{K}$ genau dann, wenn $\{e, f\} \notin K$ ist.

Zeigen Sie: Eine Teilmenge $X \subseteq E$ ist genau dann eine Knotenüberdeckung in G, wenn $E \backslash X$ in $\overline{G}$ einen vollständigen Untergraphen bildet.

4. Pseudodigraphen

4.1 Grundbegriffe

4.1.1

Ein *Pseudodigraph* (gerichteter Pseudograph) ist ein Tripel $\vec{P} = (E, B, v)$ bestehend aus einer Eckenmenge E, einer Bogenmenge B und einer (Inzidenz-) Abbildung

$$v : B \to E \times E.$$

Die Elemente von E heißen *Ecken*, die von B *Bögen* (oder gerichtete Kanten).

4.1.2

Im Unterschied zu einem Pseudographen sind die Kanten eines Pseudodigraphen gerichtet: $v(b) = (x, y)$ wird so gelesen, daß der Bogen b "von x nach y" gerichtet ist; im Diagramm wird dies durch einen Pfeil angedeutet. Ein Pseudodigraph trägt als Teil seiner Bezeichnung stets einen Pfeil (z. B. $\vec{P}$).

4.1.3

Beispiel

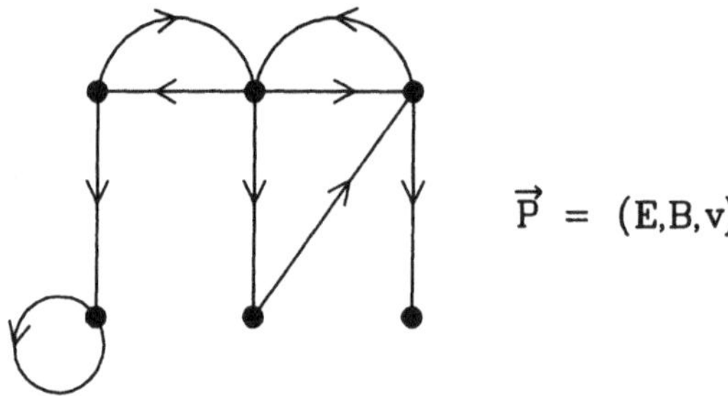

$\vec{P} = (E,B,v)$

4.1.4

Zu jedem Pseudodigraphen $\vec{P}$ gehört ein Pseudograph P, der dadurch entsteht, daß statt des geordneten Paares (x, y) das ungeordnete Paar $\{x, y\}$ betrachtet wird, anders gesagt: die Richtung der Kanten wird "vergessen". So entsteht z. B. aus dem in 4.1.3 dargestellten Pseudodigraphen $\vec{P}$ der folgende Pseudograph P:

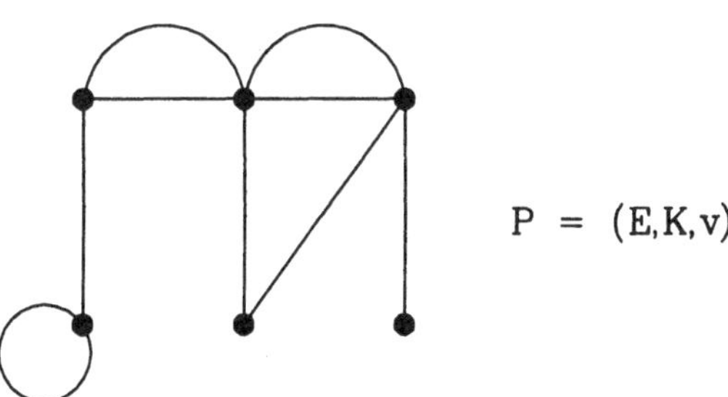

P = (E,K,v)

4.1.5

Es liegt auf der Hand, daß sich immer dann ein Pseudodigraph als mathematisches Modell anbietet, wenn zweistellige Beziehungen mit einer Richtung zwischen irgendwelchen Objekten untersucht werden sollen. Wir betrachten etwa den folgenden gerichteten Graphen:

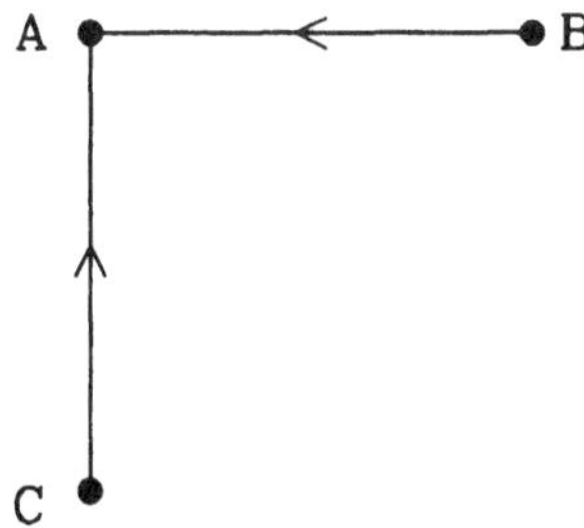

Folgende reale Hintergründe wären z. B. denkbar:

1. A, B und C sind Telefonteilnehmer, und B und C haben beide A angerufen.

2. A, B und C sind Straßenkreuzungen, und nach A führen von B und C aus Einbahnstraßen.

3. A, B und C sind Menschen, und B und C haben A als Vorfahr.

4.1.6

Als nächstes sollen nun einige Begriffe für Pseudodigraphen aufgeführt werden, die sich teilweise wegen der Analogie zum ungerichteten Fall von selbst verstehen. Deshalb werden wir nicht auf jeden dieser Begriffe näher eingehen.
Ein Pseudodigraph $\vec{P} = (E, B, v)$ sei gegeben. Ist $b \in B$ mit $v(b) = (x, y)$, so heißt x die *Anfangs-* und y die *Endecke* des Bogens b. Man sagt auch: y ist ein *Nachfolger* (oder eine Nachfolgerecke) von x, x ein *Vorgänger* von y.
Weitere Sprechweisen sind: x und y inzidieren mit b, b inzidiert mit x und y, b ist ein Bogen von x nach y.
Ein Pseudodigraph ohne Schleifen heißt *Multidigraph*. Ein Multidigraph ohne Parallelbögen heißt ein *Digraph* (oder gerichteter Graph).

4.1.7

Beispiele

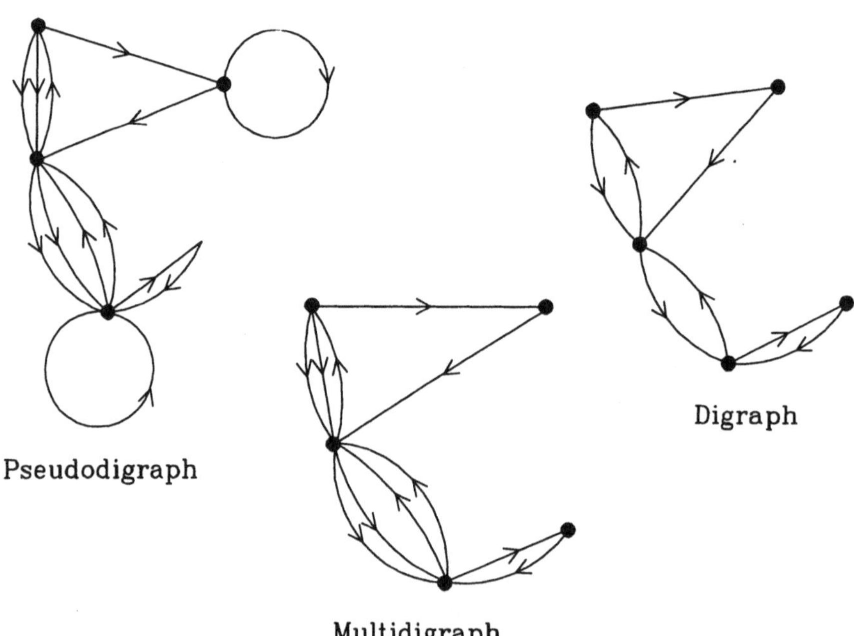

4.1.8

$\vec{P} = (E, B, v)$ sei ein Pseudodigraph und $x \in E$ eine Ecke von $\vec{P}$. Dann ist der

- *Innengrad* von x in $\vec{P}$, in Zeichen $\gamma^+(x, \vec{P})$, die Anzahl der Bögen von $\vec{P}$ mit x als Endecke;
- *Außengrad* von x in $\vec{P}$, in Zeichen $\gamma^-(x, \vec{P})$, die Anzahl der Bögen von $\vec{P}$ mit x als Anfangsecke;
- *Grad* von x in $\vec{P}$, in Zeichen $\gamma(x, \vec{P}) := \gamma^-(x, \vec{P}) + \gamma^+(x, \vec{P})$, die Anzahl der mit x inzidenten Bögen. (Schleifen werden dabei doppelt gezählt.)

Es werden oft die Abkürzungen $\gamma^-(x)$ für $\gamma^-(x, \vec{P})$ und $\gamma^+(x)$ für $\gamma^+(x, \vec{P})$ verwendet. Zum ungerichteten Fall hat man den Zusammenhang $\gamma(x, \vec{P}) = \gamma(x, P) = \gamma(x)$.

4.1.9

Beispiel

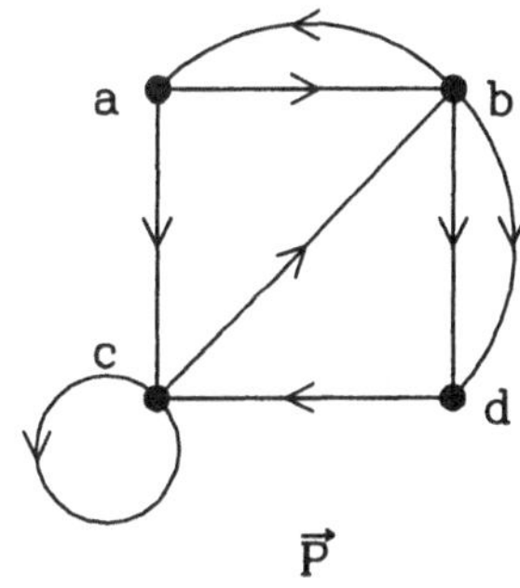

$\gamma^+(a) = 1, \quad \gamma^-(a) = 2, \quad \gamma(a) = 3$

$\gamma^+(b) = 2, \quad \gamma^-(b) = 3, \quad \gamma(b) = 5$

$\gamma^+(c) = 3, \quad \gamma^-(c) = 2, \quad \gamma(c) = 5$

$\gamma^+(d) = 2, \quad \gamma^-(d) = 1, \quad \gamma(d) = 3$

4.1.10

Die Begriffe Teilgraph und Untergraph werden in demselben Sinne wie im ungerichteten Fall verwendet. Als nächstes werden für Pseudodigraphen die den Kantenfolgen, Wegen, Kreisen usw. entsprechenden Begriffe eingeführt. Zur besseren Unterscheidung werden hier andere Wörter verwendet, so daß sich die obengenannten Begriffe nur auf den ungerichteten Fall beziehen.
Eine Folge $(e_1, b_1, e_2, b_2, \ldots, b_n, e_{n+1})$ mit $e_i \in E$ und $b_j \in B$ heißt *Bogenfolge* (gerichtete Kantenfolge), wenn für alle i $(1 \leq i \leq n)$ e_i die Anfangsecke des Bogens b_i und e_{i+1} dessen Endecke ist.

4.1.11

Beispiel

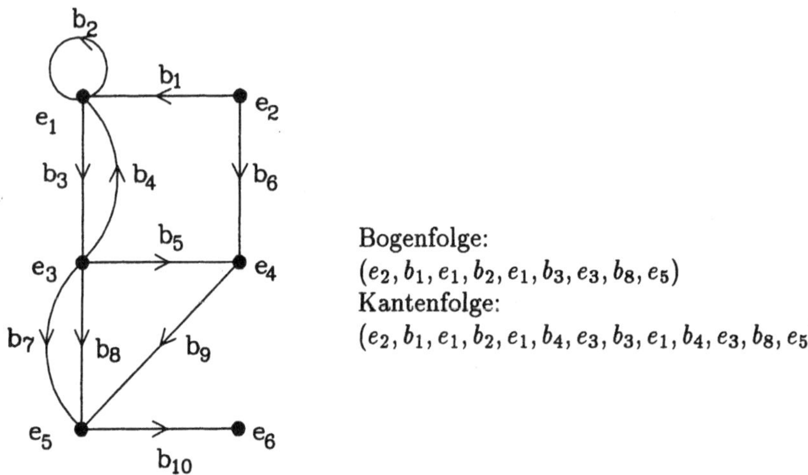

Man beachte: In der angegebenen Kantenfolge wird für die Bögen b_i, die hier als ungerichtete Kanten aufgefaßt werden, die gleiche Bezeichnung verwendet.

4.1.12

Eine Bogenfolge ist *geschlossen* , falls ihre Anfangsecke gleich ihrer Endecke ist, andernfalls ist sie *offen*. Die Anzahl der Bögen in einer Bogenfolge wird als *Länge* der Bogenfolge bezeichnet. Ein *Bogenzug* ist eine Bogenfolge, die keinen Bogen zweimal enthält. (Ein Bogenzug wird auch als gerichteter Kantenzug bezeichnet.) Eine *Bahn* (oder gerichteter Weg) ist ein Bogenzug, der keine Ecke zweimal enthält.
Schließlich ist ein *Zyklus* (oder gerichteter Kreis) ein Bogenzug, in dem all Ecken verschieden sind, bis auf die Anfangs- und die damit identische Endecke.

4.1.13

Beispiele

Wir betrachten wieder den Pseudodigraphen aus 4.1.11.

$(e_2, b_1, e_1, b_2, e_1, b_3, e_3, b_8, e_5)$ ist ein Bogenzug, und
$(e_2, b_1, e_1, b_2, e_1, b_4, e_3, b_8, e_5)$ ein Kantenzug. Eine Bahn ist

$(e_2, b_1, e_1, b_3, e_3, b_5, e_4, b_9, e_5, b_{10}, e_6)$; ersetzt man in dieser Bahn b_3 durch b_4, so ist das Ergebnis ein Weg. Ein Zyklus ist $(e_1, b_3, e_3, b_4, e_1)$, ein Kreis ist z. B. $(e_3, b_8, e_5, b_9, e_4, b_5, e_3)$. Auch der Pseudodigraph aus 4.1.9 enthält Zyklen, z. B. (a, c, b, a).

4.1.14

Wie im ungerichteten Falle üblich, so können auch bei den Pseudodigraphen Bogenzüge, Bahnen und Zyklen nur durch die Folgen der beteiligten Ecken oder Bögen beschrieben werden, sofern dies nicht zu Mißverständnissen führen kann. Die von diesen Bogenzügen herkommenden Teildigraphen werden in der Regel mit denselben Begriffen bezeichnet.

4.1.15

Zwei Ecken a und b eines Pseudodigraphen $\vec{P}$ heißen *verbindbar* in $\vec{P}$, wenn es einen Weg in P von a nach b gibt oder wenn $a = b$ gilt. Die Ecke a heißt *einseitig verbindbar* mit der Ecke b, wenn eine Bahn von a nach b in $\vec{P}$ existiert oder $a = b$ gilt. Schließlich heißen a und b *stark verbindbar* , wenn je eine Bahn von a nach b und von b nach a existiert oder $a = b$ gilt.

4.1.16

Beispiel

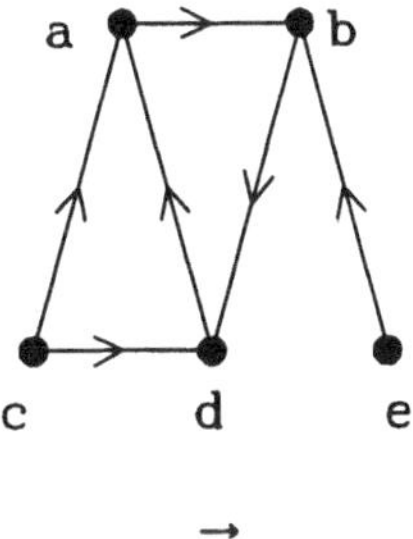

c und e sind verbindbar in P.
c ist in $\vec{P}$ einseitig verbindbar mit b, jedoch b nicht mit c.
a und b sind in $\vec{P}$ stark verbindbar

4.1.17

Der Begriff der starken Verbindbarkeit für Pseudodigraphen führt nun auch zu einem eigenen Zusammenhangsbegriff: ein Pseudodigraph $\vec{P}$ heißt *stark zusammenhängend*, wenn je zwei Ecken in $\vec{P}$ stark verbindbar sind.

Wie bei ungerichteten Pseudographen ist bei Pseudodigraphen die Verbindbarkeit bzw. die starke Verbindbarkeit eine Äquivalenzrelation. Die von den Äquivalenzklassen aufgespannten Untergraphen werden die *Komponenten* bzw. die *starken Komponenten* des Pseudodigraphen genannt.

4.1.18

Die Äquivalenzklassen sind bei der Verbindbarkeitsrelation die Äquivalenzklassen des zugrundeliegenden Pseudographen, und zwischen den Ecken aus zwei verschiedenen Komponenten existieren keine Bögen. Anders verhält es sich bei den starken Komponenten: hier kann es Bögen geben, jedoch haben dann alle Bögen zwischen zwei Komponenten jeweils die gleiche Richtung.

4.1.19

Beispiel

$\vec{P}$ aus 4.1.16 hat nur eine Komponente, jedoch drei starke Komnponenten:

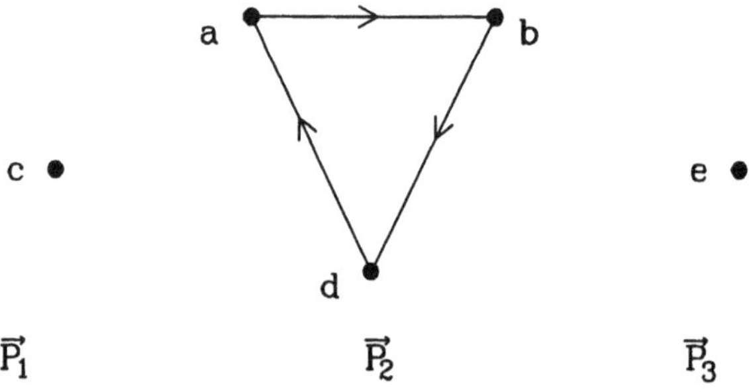

4.1.20

Wie bei Pseudographen sind auch Pseudodigraphen diejenigen von speziellem Interesse, die kreisfrei (im gerichteten Sinne) sind: $\vec{P}$ heißt *azyklisch*, wenn $\vec{P}$ keinen Zyklus enthält. Ein azyklischer Pseudodigraph $\vec{P}$ kann keine Schleifen enthalten und ist somit stets ein Multigraph.

4.1.21

Beispiel

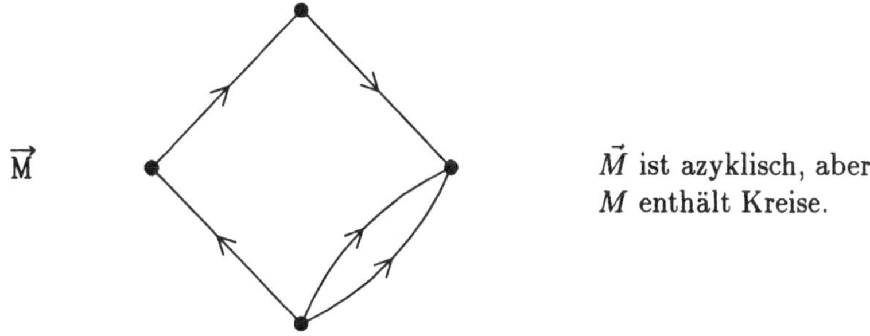

4.1.22

Beispiel

Wir stellen uns vor, jemand will ein wissenschaftliches Buch mit sechs Kapiteln $A, B, \ldots, F$ schreiben, wobei manche Kapitel inhaltlich auf anderen aufbauen. Die Abhängigkeiten mögen in dem folgenden Digraphen dargestellt sein:

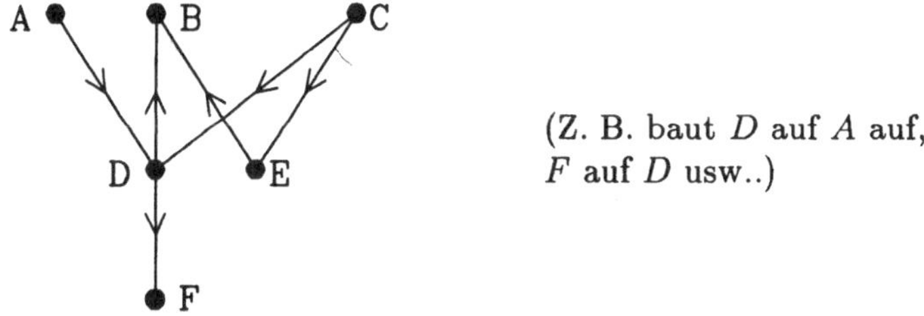

Um das Buch zu erstellen, müssen die sechs Kapitel in eine sinnvolle Reihenfolge gebracht werden: baut Y auf X auf, so muß im Buch X vor Y stehen. Eine sinnvolle Numerierung der Kapitel ist in folgendem Diagramm eingetragen:

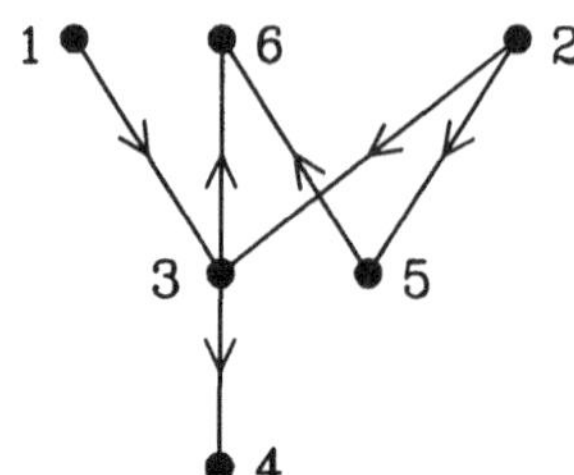

Eine solche Numerierung wäre natürlich nicht möglich, wenn der Digraph einen Zyklus enthielte. (Das Buch könnte in diesem Fall nicht geschrieben werden.)

4.1.23

Das letzte Beispiel motiviert die folgende Definition. Ein Multidigraph $\vec{M} = (E, B, v)$ sei gegeben mit n Ecken, also $|E| = n$. Eine Numerierung der Ecken, also eine bijektive Abbildung

$$\lambda : E \to \{1, 2, \ldots, n\},$$

heißt eine *topologische Anordnung*, wenn für jeden Bogen $(e, f) \in B$ gilt $\lambda(e) < \lambda(f)$, d. h. die Anfangsecke hat stets eine kleinere Nummer als die Endecke. Ohne Beweis ist klar, daß es für $\vec{M}$ nur dann eine topologische Anordnung geben kann, wenn $\vec{M}$ keinen Zyklus enthält. Interessanterweise ist diese notwendige Bedingung auch hinreichend:

4.1.24

Satz

Für einen Multidigraphen $\vec{M}$ sind folgende Aussagen äquivalent:

i. $\vec{M}$ ist azyklisch.
ii. Jeder nichtleere Untergraph $\vec{U}$ von$\vec{M}$ enthält eine Ecke x mit $\gamma^-(x, \vec{U}) = 0$.
iii. $\vec{M}$ besitzt eine topologische Anordnung.

Beweis:

i) $\to$ ii): $\vec{U}$ sei ein nichtleerer Untergraph, $u_1, u_2, \ldots, u_p$ seien die Ecken einer maximalen Bahn in $\vec{U}$ (d. h. es gibt in $\vec{U}$ keine Bahn mit mehr als p vielen Ecken). Wir machen nun die Annahme $\gamma^-(u_p, \vec{U}) > 0$ und leiten daraus einen

Widerspruch her. Es muß nämlich nun eine Ecke u in $\vec{U}$ mit einem Bogen (u_p, u) geben. Jetzt sind zwei Fälle möglich:

Fall 1: $u = u_i$ für ein i mit $1 \le i \le p$. In diesem Fall folgt, daß $u_i, u_{i+1}, \ldots, u_p$ die Ecken eines Zyklus in $\vec{U}$ und damit auch in $\vec{M}$ sind, man hat einen Widerspruch.

Fall 2: u stimmt mit keinem der u_i überein. Dann ist $u_1, u_2, \ldots, u_p, u$ eine Bahn in $\vec{U}$ von Länge p (mit $p+1$ Ecken), womit sich ebenfalls ein Widerspruch ergibt.

Damit ist in jedem Fall ein Widerspruch hergeleitet.

ii) $\rightarrow$ iii): Eine topologische Anordnung $\gamma : E \rightarrow \{1, 2, \ldots, n\}$ wird induktiv auf folgende Weise konstruiert. Es sei x eine Ecke von $\vec{M}$ mit $\gamma^-(x, \vec{M}) = 0$. x wird mit n numeriert, d. h. wir setzen $\lambda(x) = n$. Hat man die Nummern $i+1, i+2, \ldots, n$ bereits vergeben (für ein i mit $1 \le i < n$), so sei $\vec{U}_i$ der von den noch nicht numerierten Ecken aufgespannte Untergraph. Man wählt eine Ecke y von $\vec{U}_i$ mit $\gamma^-(y, \vec{U}_i) = 0$ und setzt $\lambda(y) = i$.
Es muß nun gezeigt werden, daß das so konstruierte λ eine topologische Anordnung ist. Es sei (e, f) ein Bogen von $\vec{M}$. Offenbar muß bei der Konstruktion von λ die Ecke f früher als die Ecke e numeriert worden sein (und somit $\lambda(f) > \lambda(e)$ gelten), denn bei der Numerierung von e hat e im "Restgraphen" den Außengrad 0, d. h. f kann nicht zu den noch nicht numerierten Ecken gehören.

iii) $\rightarrow$ i): Diese Implikation ist offensichtlich.

4.1.25

Der Beweis der Impliaktion ii) $\rightarrow$ iii) in obigem Satz liefert auch einen Algorithmus, der einen vorgegebenen Multidigraphen auf dessen Freiheit von Zyklen testet, indem er eine topologische Anordnung für den Multidigraphen zu konstruieren versucht. Gelingt diese Konstruktion nicht, so folgt aus dem Satz auch, daß $\vec{M}$ nicht azyklisch ist.

Algorithmus "Azyklisch"

Gegeben sei ein Multidigraph $\vec{M} = (E, B, v)$ mit $|E| = n$. Es wird eine topologische Anordnung für $\vec{M}$ konstruiert oder die Information geliefert, daß $\vec{M}$ nicht azyklisch ist.

begin
  setze $i := n$;
  while $i > 0$ *do*
  begin
    if es gibt kein $x \in E$ in $\vec{M}$ mit $\gamma^-(x, \vec{M}) = 0$
      then $\vec{M}$ ist nicht azyklisch, goto ende;
      else wähle x in $\vec{M}$ mit $\gamma^-(x, \vec{M}) = 0$,
        setze $\lambda(x) := i, \vec{M} := \vec{M} \setminus \{x\}$,
        $i := i - 1$;

  end
ende:*end*

4.1.26

Im ungerichteten Fall ist ein zusammenhängender Pseudograph ohne Kreis stets ein spezieller Graph von sehr einfacher Struktur, nämlich ein Baum. Bei Pseudodigraphen ist die Situation komplexer. Ein azyklischer Pseudodigraph ist stets ein Multidigraph, kann jedoch (ungerichtete) Kreise und auch Parallelkanten enthalten - in dem Beispiel 4.1.21 ist beides der Fall. Enthält ein Multidigraph auch keinen ungerichteten Kreis, so handelt es sich um einen Digraphen $\vec{G}$, dessen zugrundeliegender (ungerichteter) Graph ein Baum ist. Einen solchen Digraphen $\vec{G}$ nennt man einen *gerichteten Baum*, wenn er eine Ecke w enthält, die mit jeder anderen Ecke einseitig verbindbar ist. Eine solche Ecke heißt *Wurzel*.

4.1.27

Beispiele

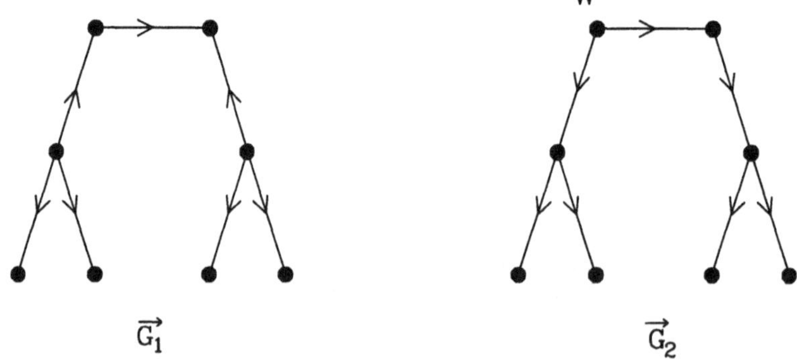

$\vec{G}_2$ ist ein gerichteter Baum, $\vec{G}_1$ nicht, obwohl G_1 ein Baum ist.

4.1.28

Auch in vielen Anwendungen gerichteter Graphen stehen die Begriffe im Mittelpunkt, die sich auf die zugrundeliegenden ungerichteten Graphen beziehen. So werden z. B. oft Kreise (statt Zyklen) betrachtet. Den Kreisen und Schnitten wird jedoch zusätzlich eine Orientierung zugeordnet - darauf wird im nächsten Abschnitt eingegangen. Die im Abschnitt 1.3 eingeführten Begriffe wie spannender Wald, Rang, Nullität usw. behalten selbstverständlich für Multidigraphen ihre Gültigkeit, wenn sie jeweils auf den zugrundeliegenden Multigraphen bezogen werden. Gleiches gilt für die dort bewiesenen Sätze, insbesondere die über die Vektorräume $\mathbf{C}^*$ und $\mathbf{S}^*$.

Beispielaufgabe 4.1

Erläutern Sie die Begriffe "kreisfrei" und "azyklisch" für Pseudodigraphen, und illustrieren Sie den Unterschied anhand eines Beispiels.

Lösung

Ein Pseudodigraph ist azyklisch, wenn er keinen Zyklus (gerichteten Kreis) enthält, und kreisfrei, wenn der zugrundeliegende (ungerichtete) Pseudograph keinen Kreis enthält. Der folgende Multidigraph ist azyklisch, enthält jedoch Kreise, z. B. bilden die Kanten b_4 und b_5 einen Kreis:

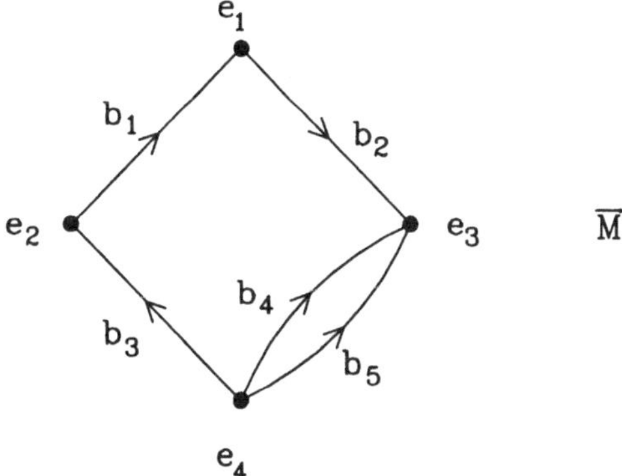

4.2 Multidigraphen und Matrizen

4.2.1

Analog zum ungerichteten Fall wird die *Adjazenzmatrix* nur für Digraphen (ohne Parallelbögen) erklärt. Ein Digraph $\vec{G} = (E, B)$ sei gegeben mit $E = \{e_1, \ldots, e_n\}$ und $b = (e_i, e_j)$ (mit geeigneten i, j) für $b \in B$. Die Adjazenzmatrix $A(\vec{G}) = (a_{ij})$ von $\vec{G}$ ist die $n \times n$- Matrix mit folgenden Einträgen:

$$a_{ij} = \begin{cases} 1, & \text{falls } (e_i, e_j) \in B \\ 0, & \text{sonst.} \end{cases}$$

Statt $A(\vec{G})$ wird auch hier oft nur A geschrieben.

4.2.2

Beispiel

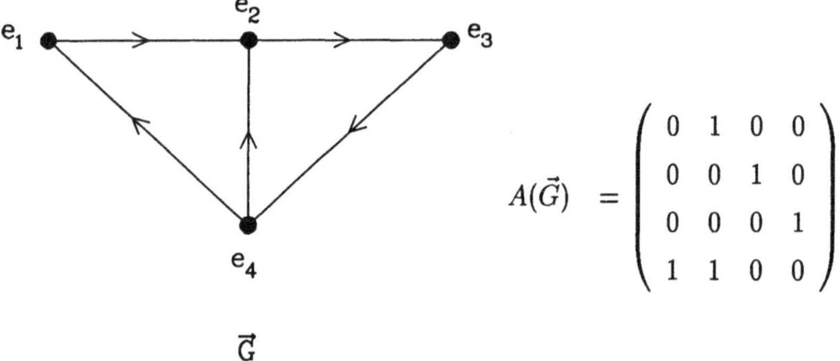

$$A(\vec{G}) = \begin{pmatrix} 0 & 1 & 0 & 0 \\ 0 & 0 & 1 & 0 \\ 0 & 0 & 0 & 1 \\ 1 & 1 & 0 & 0 \end{pmatrix}$$

4.2.3

Die Adjazenzmatrix eines Digraphen ist i.a. nicht symmetrisch - sie ist es genau dann, wenn $\vec{G}$ mit jedem Bogen (e_i, e_j) auch den umgekehrt gerichteten Bogen (e_j, e_i) enthält. Interpretiert man einen ungerichteten Graphen H als den Digraphen $\vec{H}$, der für jede Kante von H zwei entgegengesetzt gerichtete Bögen enthält, so berühren sich die beiden Definitionen der Adjazenzmatrix wieder.

4.2.4

Beispiel

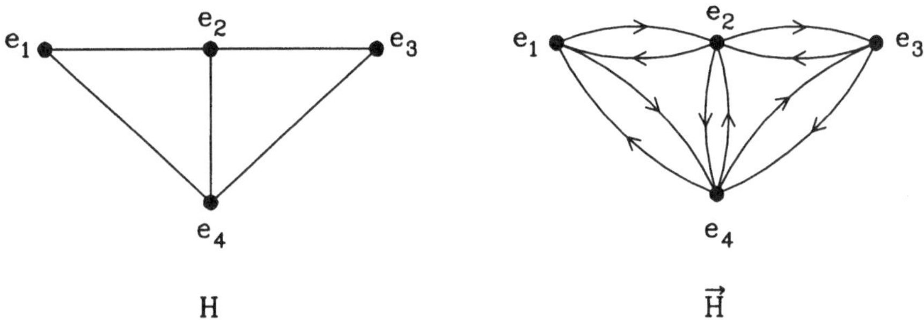

H und $\vec{H}$ haben die gleiche Adjazenzmatrix:

$$\begin{pmatrix} 0 & 1 & 0 & 1 \\ 1 & 0 & 1 & 1 \\ 0 & 1 & 0 & 1 \\ 1 & 1 & 1 & 0 \end{pmatrix}$$

4.2.5

Es gilt nun auch der folgende

Satz

Ist A die Adjazenzmatrix eines Digraphen $\vec{G}$, so liefert der (i,j)-Eintrag $a_{ij}^{(r)}$ der r-ten Potenz A^r die Anzahl der Bogenfolgen von Länge r, die in $\vec{G}$ von e_i nach e_j verlaufen.

Der Beweis verläuft völlig analog zu dem der ungerichteten Variante (vgl. 2.2.6) und wird hier nicht wiederholt.

4.2.6

Wir kommen nun zum Begriff der *Inzidenzmatrix.*

Es sei ein Multidigraph $\vec{M} = (E, B, v)$ gegeben. Die Mengen E und B seien durchnumeriert, $E = \{e_1, \ldots, e_n\}$ und $B = \{b_1, \ldots, b_m\}$. Die Inzidenzmatrix $I(\vec{M})$ (oder einfach I) des Multigraphen $\vec{M}$ ist die $n \times m$-Matrix (i_{rs}) mit

$$i_{rs} = \begin{cases} 1, & \text{falls die Ecke } e_r \text{ die Endecke des Bogens } b_s \text{ ist} \\ -1, & \text{falls die Ecke } e_r \text{ die Anfangsecke des Bogens } b_s \text{ ist} \\ 0, & \text{sonst.} \end{cases}$$

4.2.7

Beispiel

Wir betrachten den Digraphen aus 4.2.2 mit den folgenden Numerierungen:

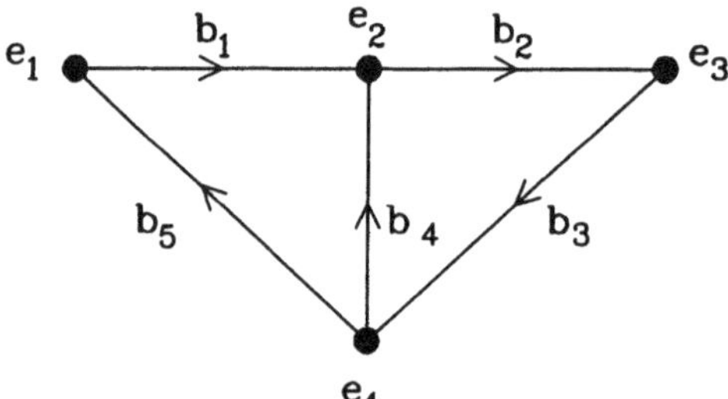

Als Inzidenzmatrix ergibt sich:

$$I(\vec{M}) = \begin{pmatrix} -1 & 0 & 0 & 0 & 1 \\ 1 & -1 & 0 & 1 & 0 \\ 0 & 1 & -1 & 0 & 0 \\ 0 & 0 & 1 & -1 & -1 \end{pmatrix}$$

4.2.8

Für jede Inzidenzmatrix $I(\vec{M})$ eines Multidigraphen $\vec{M}$ gelten folgende Aussagen, wie sich unmittelbar aus der Definition ergibt:

- Ersetzt man jede -1 durch +1, so ergibt sich die Inzidenzmatrix $I(M)$ des Multigraphen M.

- Jede Spalte von $I(\vec{M})$ enthält einmal den Eintrag +1 und einmal -1.

- In der zur Ecke e_r gehörenden Zeile von $I(\vec{M})$ stehen $\gamma^+(e_r, \vec{M})$ viele Einträge +1, die -1 kommt $\gamma^-(e_r, \vec{M})$ mal vor.

- Umnumerierung der Ecken- bzw. Bogenmenge führt zu Vertauschungen von Zeilen bzw. Spalten in $I(\vec{M})$. Zwei Multigraphen, deren Inzidenzmatrizen bis auf solche Vertauschungen identisch sind, sind isomorph.

Wie sich nun zeigen wird, können auch bei Inzidenzmatrizen von Multidigraphen die Begriffe Rang und Determinante zur Untersuchung der Graphenstruktur genutzt werden. Für das folgende sei ein zusammenhängender Mulidigraph $\vec{M}$ mit $(n \times m)$-Inzidenzmatrix I gegeben. Rang und Determinante werden immer im Körper $\mathbb{R}$ der reellen Zahlen gebildet.

4.2.9

Hilfssatz

Die Summe irgendwelcher t Zeilen von I (mit $t < n$) enthält mindestens ein von Null verschiedenes Element.

Beweis:

Es sei E_t die Menge der Ecken, die den t ausgewählten Zeilen entsprechen. Da $\vec{M}$ zusammenhängend ist, können wir einen Bogen b in $\vec{M}$ wählen, der eine Ecke von E_t mit einer nicht zu E_t gehörenden Ecke verbindet. Da die b entsprechende Spalte von $I(\vec{M})$ einmal die 1 und einmal die -1 enthält und nur genau eine der beiden dadurch angesprochenen Zeilen zu den t aufsummierten Zeilen gehört, bleibt in der Summe in der betreffenden Komponente entweder 1 oder -1 stehen.

4.2.10

Hilfssatz

Es ist $rg(I) \leq n - 1$.

Beweis:

Da die Summe aller Zeilen von I den Nullvektor ergibt, sind die Zeilen linear abhängig, der Rang kann folglich höchstens $n-1$ sein.

4.2.11

Hilfssatz

Die Spalten von I, die zu den Bögen eines Kreises gehören, sind linear abhängig.

Beweis:

Wir setzen zunächst voraus, daß es sich bei dem Kreis um einen Zyklus handelt. Dann ergibt die Summe dieser Spalten den Nullvektor. Da nämlich eine Eins in einer Spalte eine Anfangsecke des betreffenden Bogens bezeichnet, gibt es zu jeder solchen Eins innerhalb der betrachtenden Spaltenmenge genau eine zweite Spalte mit -1 an dieser Stelle. Nun handele es sich bei dem betrachteten Kreis nicht um einen Zyklus. Wählt man nun eine "Durchlaufrichtung" für diesen Kreis, so werden einige Kanten in diese Richtung, andere entgegen dieser Richtung orientiert sein. Da das Umdrehen der Kanten, die entgegen dieser Richtung orientiert sind, zu einem Zyklus führen würde, folgt: die Summe der zu dem Kreis gehörenden Spalten ergibt den Nullvektor, wenn die zu den umgedrehten Kanten gehörenden Spalten mit -1 multipliziert werden.

4.2.12

Beispiel

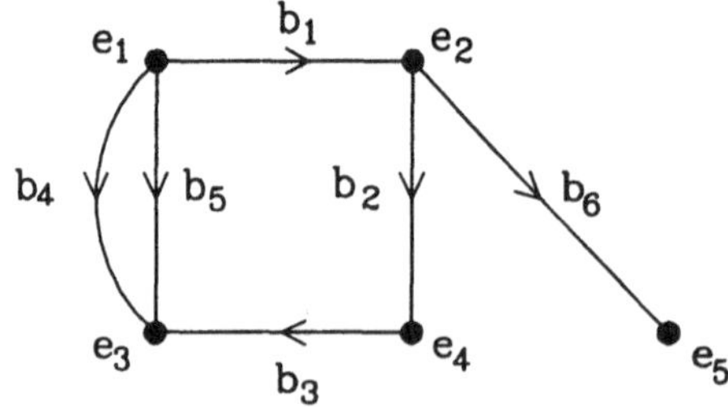

$$I = \begin{pmatrix} -1 & 0 & 0 & -1 & -1 & 0 \\ 1 & -1 & 0 & 0 & 0 & -1 \\ 0 & 0 & 1 & 1 & 1 & 0 \\ 0 & 1 & -1 & 0 & 0 & 0 \\ 0 & 0 & 0 & 0 & 0 & 1 \end{pmatrix}$$

Der Kreis (b_1, b_2, b_3, b_5) ist kein Zyklus:

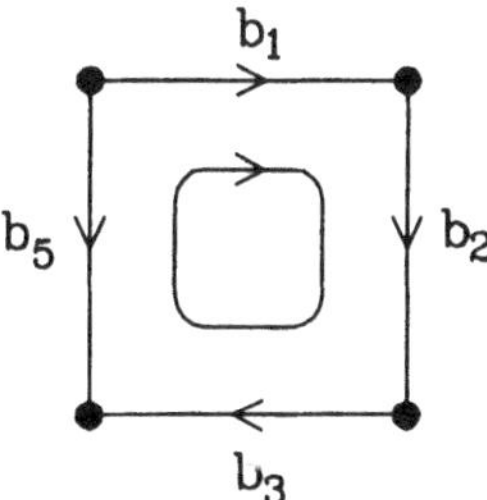

Bei Wahl der im Diagramm angedeuteten Orientierung im Uhrzeigersinn ist b_5 entgegengesetzt orientiert. Somit ergibt die Summe der Spalten 1 bis 3 und des Negativen der Spalte 5 den Nullvektor.

4.2.13

Auch bei Multidigraphen erweist es sich als nützlich, eine *reduzierte Inzidenzmatrix* I_r zu betrachten, die sich ergibt, wenn die r-te Zeile von I weggelassen wird. Die zu dieser Zeile gehörende Ecke e_r wird auch als *Bezugsecke* der reduzierten Inzidenzmatrix I_r bezeichnet.

4.2.14

Der folgende Satz bezieht sich auf den Fall, daß der Multigraph M, der dem betrachteten Multidigraphen $\vec{M}$ zugrundeliegt, ein Baum ist.

Satz

Ist M ein Baum und I_r eine reduzierte Inzidenzmatrix von $\vec{M}$, so gilt für die reelle Determinante $det(I_r) = \pm 1$.

Beweis:

Der Beweis verläuft bis auf den Induktionsanfang völlig analog dem zu Satz 2.2.15: hat $\vec{M}$ nur einen Bogen und zwei Ecken, so kann hier auch $det(I_r) = -1$ sein.

4.2.15

Beispiel

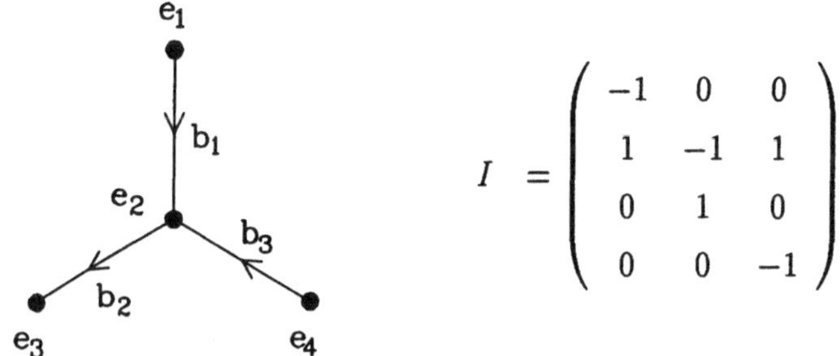

$$I = \begin{pmatrix} -1 & 0 & 0 \\ 1 & -1 & 1 \\ 0 & 1 & 0 \\ 0 & 0 & -1 \end{pmatrix}$$

Streichen der zweiten Zeile (Bezugsecke e_2) führt zu

$$I_2 = \begin{pmatrix} -1 & 0 & 0 \\ 0 & 1 & 0 \\ 0 & 0 & -1 \end{pmatrix} \quad \text{mit } det(I_2) = +1.$$

4.2.16

Wir kommen nun zu zwei interessanten Folgerungen. Nach wie vor sei ein zusammenhängender Multidigraph $\vec{M}$ mit $(n \times m)$-Inzidenzmatrix I gegeben. Die Nachweise dieser Folgerungen ergeben sich - völlig analog den entsprechenden Folgerungen 2.2.18 und 2.2.19 - aus 4.2.10, 4.2.11 und 4.2.14.

Folgerung

Es ist $rg(I) = n - 1$.

4.2.17

Folgerung

Eine quadratische $(n-1) \times (n-1)$-Untermatrix einer reduzierten Inzidenzmatrix I_r ist genau dann regulär, wenn die ausgewählten Spalten zu einem Gerüst von $\vec{M}$ (bzw. M) gehören.

4.2.18

Abschließend sei auf die folgende Verallgemeinerung von 4.2.16 hingewiesen: besteht M aus p vielen Komponenten, so gilt für eine Inzidenzmatrix I

$$rg(I) = n - p = \rho(M).$$

4.2.19

Um - analog zum ungerichteten Fall - eine Kreis-Bogen-Matrix und eine Schnitt-Bogen-Matrix einführen zu können, ordnen wir zunächst jedem Kreis und jedem Schnitt eine Orientierung zu. Dies ist, ohne es ausdrücklich zu sagen, im Beweis von 4.2.11 bereits verwendet worden.
Es sei C ein Kreis in dem Multidigraphen $\vec{M}$. (C muß kein Zyklus sein.) Unter einer *Orientierung* von C versteht man die Festlegung einer "Durchlaufrichtung" des Kreises, ohne allerdings Anfangs- und Endecke festzulegen. Es gibt also stets zwei mögliche Orientierungen, man spricht von einem *orientierten Kreis* . Im Grunde bedeutet der Übergang zum orientierten Kreis ein Zurückgreifen auf die ursprüngliche Definition eines Kreises als Kantenzug, der als Folge von Kanten definiert war und ebenfalls eine Reihenfolge beinhaltete.
Im Diagramm wird die Orientierung eines Kreises häufig durch eine zusätzliche geschlossene Linie angedeutet, die man mit einem Pfeil versieht.

4.2.20

Beispiel

Der Multidigraph $\vec{M}$ aus 4.2.12 enthält z. B. folgenden Kreis:

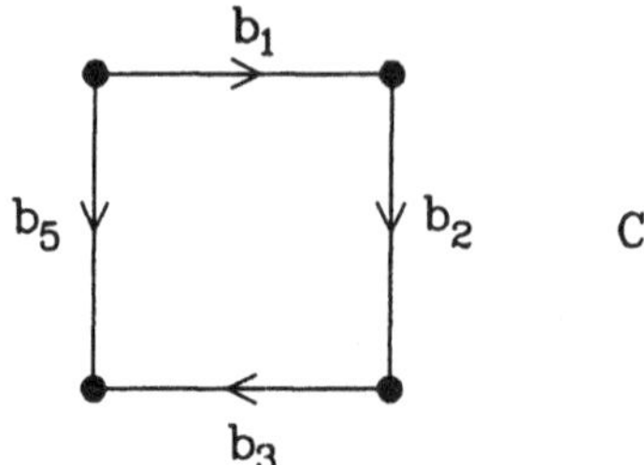

C kann auf zwei Weisen zu einem orientierten Kreis gemacht werden:

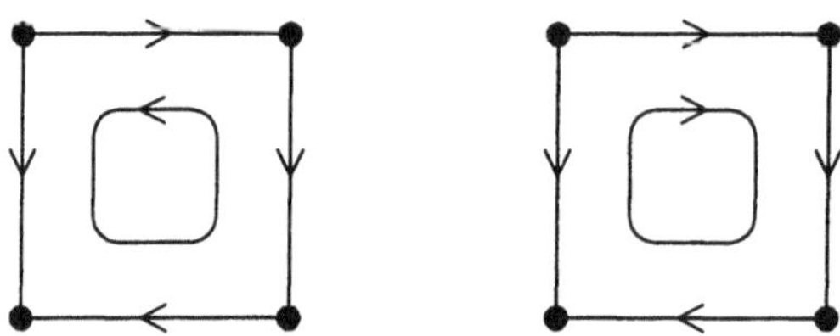

4.2.21

Auch einem Schnitt S eines Multidigraphen $\vec{M}$ können zwei mögliche Orientierungen zugeordnet werden, das Resultat ist jeweils ein *orientierter Schnitt.* Im Diagramm wird die Orientierung eines Schnitts häufig durch einen zusätzlichen Pfeil angegeben.

4.2.22

Beispiel

Es wird wieder der Multidigraph aus 4.2.12 zugrundegelegt, und zwar mit folgendem Schnitt:

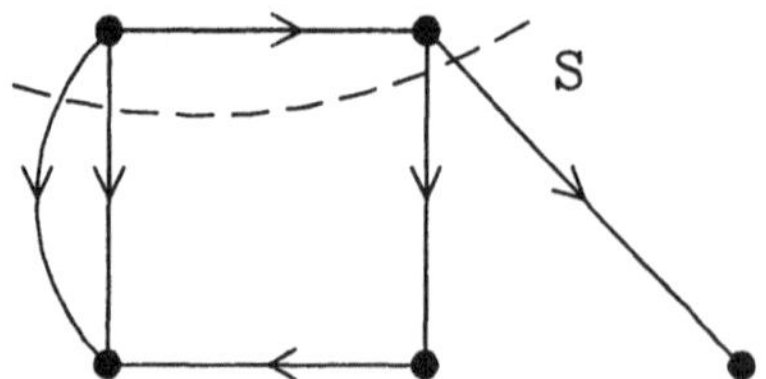

S kann auf zwei Weisen zu einem orientierten Schnitt gemacht werden:

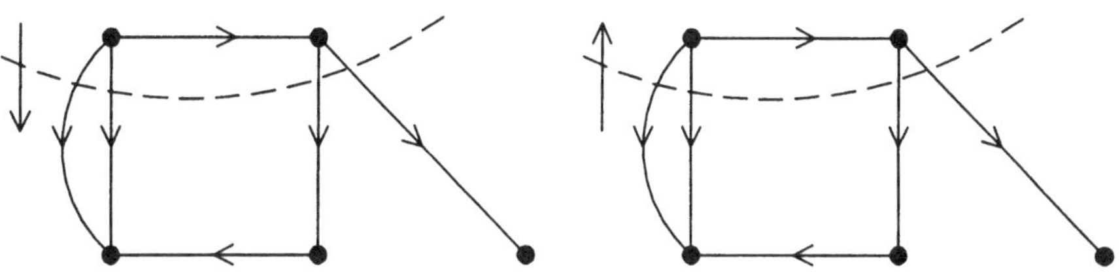

4.2.23

Im folgenden wird von orientierten Kreisen bzw. Schnitten die Rede sein, wobei jedoch die Bezeichnungen (z. B. C oder S) beibehalten werden.
Es sei nun wieder ein Multidigraph $\vec{M} = (E, B, v)$ gegeben, wobei die Mengen E und B durchnumeriert seien, $E = \{e_1, \ldots, e_n\}$ und $B = \{b_1, \ldots, b_m\}$. Weiter seien die - auf den Multigraphen M bezogenen - Mengen **C** und **S** ebenfalls durchnumeriert: $C = \{C_i | 1 \leq i \leq 2^\mu - 1\}$, $S = \{S_j | 1 \leq j \leq 2^\rho - 1\}$. Außerdem sei jedem Kreis und jedem Schnitt eine beliebige feste Orientierung zugeordnet.
Die *Kreis-Bogen-Matrix* $C(\vec{M}) = c_{ij}$ ist die in folgender Weise definierte $((2^\mu - 1) \times m)$-Matrix:

$$c_{ij} = \begin{cases} 1, & \text{falls } C_i\ b_j \text{ enthält und die Orientierung des } b_j \\ & \text{enthaltenden Kreises von } C_i \text{ mit der Richtung} \\ & \text{von } b_j \text{ übereinstimmt} \\ -1, & \text{falls } C_i\ b_j \text{ enthält und Orientierung und Richtung} \\ & \text{(s.o.) nicht übereinstimmen} \\ 0, & \text{sonst.} \end{cases}$$

Die *Schnitt-Bogen-Matrix* $S(\vec{M}) = (s_{ij})$ ist die folgendermaßen erklärte $((2^\rho - 1) \times m)$-Matrix:

$$s_{ij} = \begin{cases} 1, & \text{falls } S_i\ b_j \text{ enthält und die Orientierung von } S_i \\ & \text{mit der Richtung von } b_j \text{ übereinstimmt} \\ -1, & \text{falls } S_i\ b_j \text{ enthält und Orientierung und Richtung} \\ & \text{(s.o.) nicht übereinstimmen} \\ 0, & \text{sonst.} \end{cases}$$

4.2.24

Beispiel

Wir betrachten die folgende gerichtete Variante des in 2.3.2 analysierten Multigraphen:

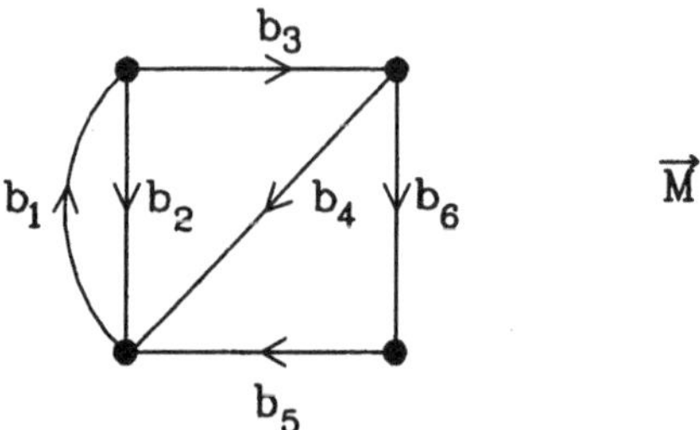

Die Elemente von C stellen sich im Diagramm so dar:

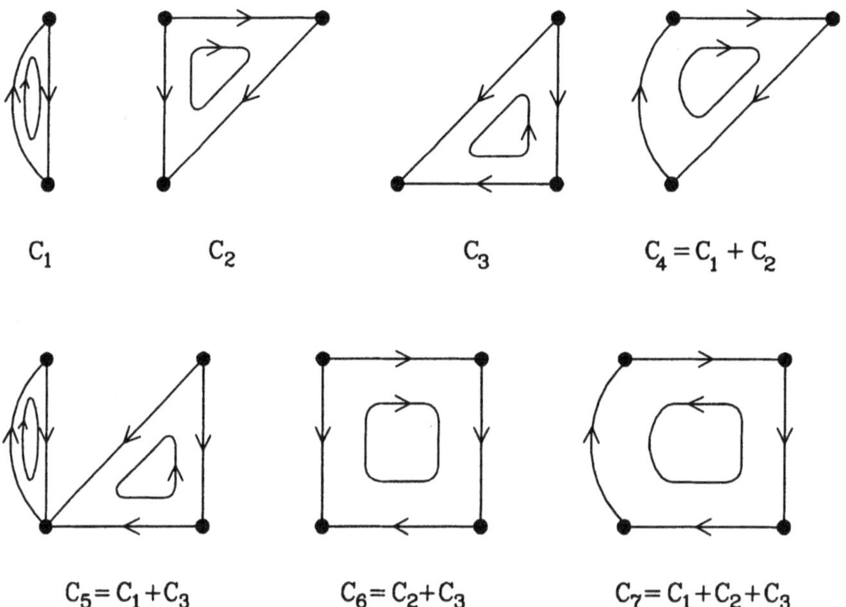

Außer C_5 sind alle C_i Kreise, ihre Orientierungen werden willkürlich und unabhängig voneinander ausgewählt. Da C_5 aus C_1 und C_3 disjunkt zusammengesetzt ist, ist hier keine Orientierung neu festzulegen. Es ergibt sich nun die folgende Kreis-Bogen-Matrix:

$$C(\vec{M}) = \begin{pmatrix} 1 & 1 & 0 & 0 & 0 & 0 \\ 0 & -1 & 1 & 1 & 0 & 0 \\ 0 & 0 & 0 & 1 & -1 & -1 \\ 1 & 0 & 1 & 1 & 0 & 0 \\ 1 & 1 & 0 & 1 & -1 & -1 \\ 0 & -1 & 1 & 0 & 1 & 1 \\ -1 & 0 & -1 & 0 & -1 & -1 \end{pmatrix}$$

Als nächstes führen wir Darstellungen der mit Orientierungen versehenen Schnitte $S_1, \ldots, S_7$ auf:

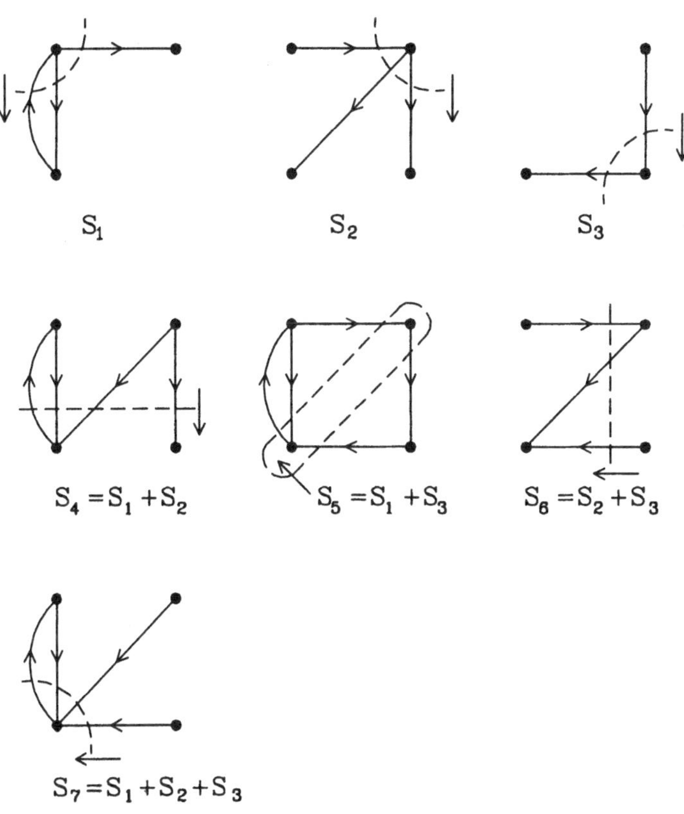

Als Schnitt-Bogen-Matrix ergibt sich:

$$S(\vec{M}) = \begin{pmatrix} -1 & 1 & 1 & 0 & 0 & 0 \\ 0 & 0 & -1 & 1 & 0 & 1 \\ 0 & 0 & 0 & 0 & -1 & 1 \\ -1 & 1 & 0 & 1 & 0 & 1 \\ -1 & 1 & 1 & 0 & 1 & -1 \\ 0 & 0 & -1 & 1 & 1 & 0 \\ -1 & 1 & 0 & 1 & 1 & 0 \end{pmatrix}$$

4.2.25

Abschließend werden nun einige algebraische Eigenschaften und Zusammenhänge der Matrizen $I(\vec{M}), C(\vec{M})$ und $S(\vec{M})$ (kurz: I, C und S) aufgezeigt. Wieder sei ein Multidigraph $\vec{M}$ vorgegeben. Aus dem Beweis von 4.2.11 ergibt sich sofort, ähnlich wie im ungerichteten Fall (vgl. 2.3.3):

Folgerung

Für die Inzidenzmatrix I und die Kreis-Bogen-Matrix C gilt die Beziehung

$$I \cdot C^t = 0.$$

4.2.26

Es sei noch einmal daran erinnert, daß die Matrizenrechnung in diesem Kapitel über dem Körper $\mathbb{R}$ der reellen Zahlen auszuführen ist. Der folgende Satz ist die Entsprechung zu 2.3.4:

Satz

Es ist $rg(C) = \mu(\vec{M})$.

Da die mit einer festen Ecke inzidenten Bögen immer einen Schnitt bilden, ist es auch hier so, daß eine Auswahl bestimmter Zeilen von S zusammen I ergibt. (Dabei können, wegen verschiedener möglicher Orientierungen, einzelne Zeilen mit -1 multipliziert sein.) Insofern hat man hier die folgende Verstärkung von 4.2.25 (vgl. 2.3.7):

4.2.27

Satz

Es gilt die Beziehung $S \cdot C^t = 0$.

Beweis:

Es seien S_i und C_j ein orientierter Schnitt bzw. Kreis von $\vec{M}$. Wir wissen schon, daß S_i und C_j eine gerade Anzahl von Kanten gemeinsam sind. Durchläuft man, ähnlich wie im Beweis von 1.3.11, den Kreis C_j in Richtung der gegebenen Orientierung, so ist ersichtlich, daß die dabei vorkommenden zu S_i und C_j gehörenden Kanten gleich oft parallel zur Orientierung des Schnitts wie gegenläufig dazu auftreten. Dies bedeutet also, daß beim Produkt der i-ten Zeile von S mit der j-ten Zeile von C ebenso oft zwei gleiche Einträge (1 oder -1) aufeinander treffen wie zwei ungleiche, das Produkt (als Summe dieser Einzelprodukte) ist folglich 0.

4.2.28

Zum Schluß soll - ohne Beweis - auf die folgende Aussage über den Rang von $S(\vec{M})$ hingewiesen werden:

Satz

Es ist $rg(S) = \rho(\vec{M})$.

Beispielaufgabe 4.2

Gegeben sei der im folgenden Bild dargestellte Multidigraph $\vec{M}$:

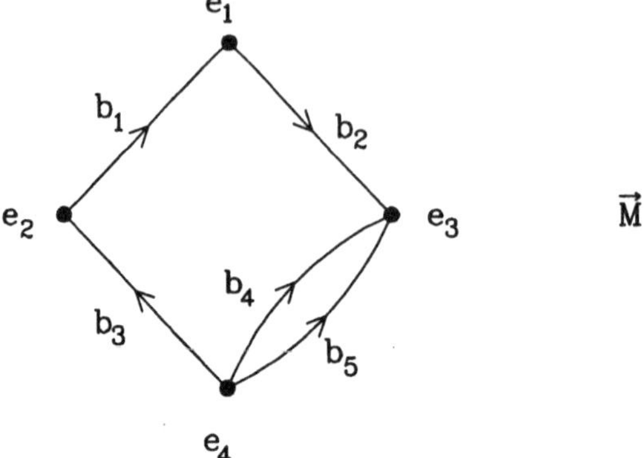

Stellen Sie die Inzidenzmatrix I und eine Kreis-Bogen-Matrix C auf, und rechnen Sie die Beziehung $I \cdot C^t = 0$ nach.

Lösung

Da Ecken und Bögen numeriert sind, kann die Inzidenzmatrix unmittelbar hingeschrieben werden:

$$I = \begin{pmatrix} 1 & -1 & 0 & 0 & 0 \\ -1 & 0 & 1 & 0 & 0 \\ 0 & 1 & 0 & 1 & 1 \\ 0 & 0 & -1 & -1 & -1 \end{pmatrix}$$

Das folgende Bild zeigt die drei Elemente von C, die sämtlich Kreise sind, jeweils mit einer Orientierung:

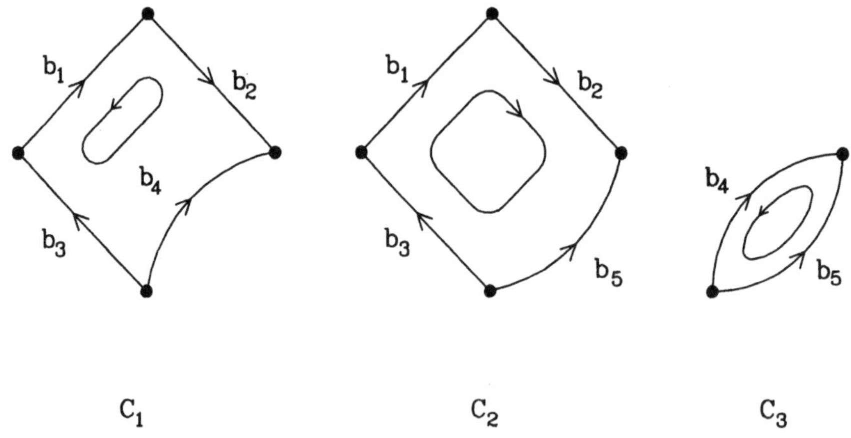

Damit erhält man die Kreis-Bogen-Matrix

$$C = \begin{pmatrix} -1 & -1 & -1 & 1 & 0 \\ 1 & 1 & 1 & 0 & -1 \\ 0 & 0 & 0 & -1 & 1 \end{pmatrix}$$

Schließlich rechnet man aus:

$$I \cdot C^t = \begin{pmatrix} 1 & -1 & 0 & 0 & 0 \\ -1 & 0 & 1 & 0 & 0 \\ 0 & 1 & 0 & 1 & 1 \\ 0 & 0 & -1 & -1 & -1 \end{pmatrix} \begin{pmatrix} -1 & 1 & 0 \\ -1 & 1 & 0 \\ -1 & 1 & 0 \\ 1 & 0 & -1 \\ 0 & -1 & 1 \end{pmatrix}$$

$$= \begin{pmatrix} 0 & 0 & 0 \\ 0 & 0 & 0 \\ 0 & 0 & 0 \\ 0 & 0 & 0 \end{pmatrix}$$

Aufgabe 4.1

Bestimmen Sie für den im folgenden Diagramm dargestellten Digraphen die starken Zusammenhangskomponenten:

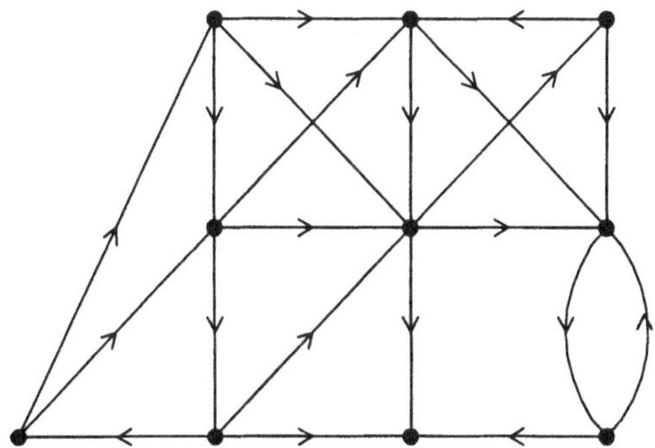

Aufgabe 4.2

Stellen Sie für den Multidigraphen $\vec{M}$ (vgl. Beispielaufgaben) eine Schnitt-Bogen-Matrix auf, und geben Sie eine Basis des Vektorraums $\mathbf{S}(\mathbb{R})$ an.

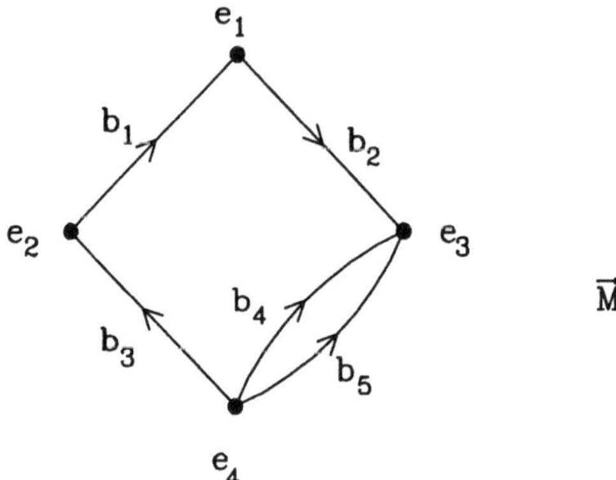

5. Bewertungen

5.1 Ecken-, Kanten- und Bogenbewertungen

Die Struktur von Pseudographen bzw. Pseudodigraphen wird reichhaltiger, wenn den Ecken, Kanten oder Bögen zusätzlich noch irgendwelche Zahlen zugeordnet werden, man spricht dann von *Bewertungen* . In den meisten Anwendungen von Pseudo(di)graphen hat man es mit bewerteten Strukturen zu tun, wobei die zugeordneten Zahlenwerte z. B. Verarbeitungszeiten von Teilaufgaben, Benutzungskosten von Leitungen oder deren Ausfallwahrscheinlichkeiten sein können usw.
Einer formalen Definition von Bewertungen sollen einige Beispiele vorangestellt werden.

5.1.1

Beispiel

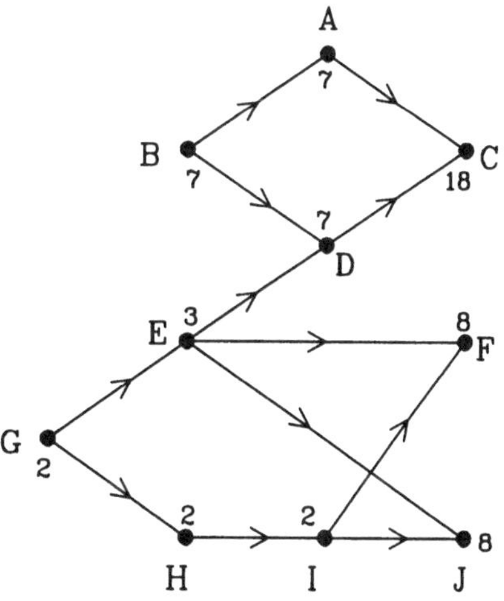

In dem hier dargestellten Digraphen mögen die Ecken Teilaufgaben einer von einem Rechner zu bearbeitenden Gesamtaufgabe darstellen, die Eckenbewertungen die Bearbeitungszeiten der Teilaufgaben. Ein Bogen von X nach Y soll bedeuten, daß X fertig bearbeitet sein muß, bevor Y begonnen werden kann. Besitzt der Rechner zwei Prozessoren, die parallel arbeiten können, wobei jedoch eine begonnene Aufgabe stets ohne Unterbrechung zuende geführt werden muß, so ist der im folgenden Balkendiagramm dargestellte Ablaufplan hinsichtlich der Gesamtablaufzeit optimal:

Prozessor 1	B			A	C			//
Prozessor 2	G	E	H	D	I	F	J	//
	2	3	2	7	2	8	8	

5.1.2

Beispiel

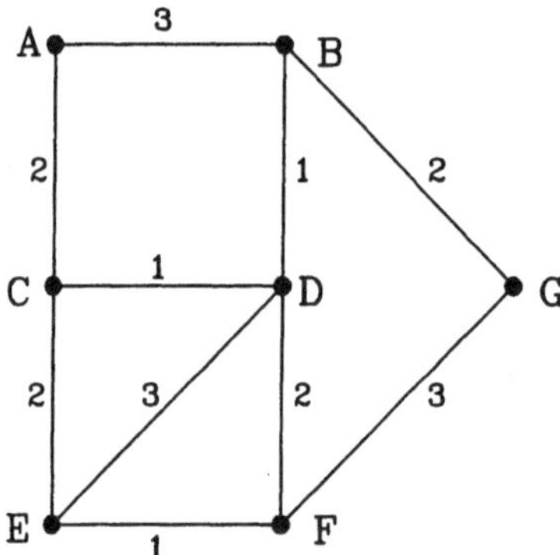

Das Diagramm zeigt den mehrfach - zuletzt in 3.3.4 - vorgekommenen Graphen, der hier die möglichen Leitungen in einem zu errichtenden Datennetzwerk darstellen soll. Die zusätzlich eingetragenen Kantenbewertungen mögen die Erstellungskosten der einzelnen Leitungen sein. Soll das Netz nun möglichst wirtschaftlich errichtet werden, so sucht man nach einem Gerüst mit der Eigenschaft, daß die Summe der Bewertungen der Gerüstkanten möglichst klein ist; es ist z. B. das folgende Gerüst optimal:

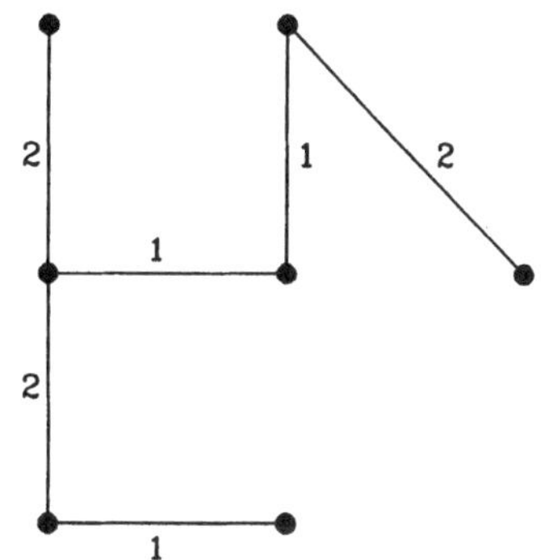

5.1.3

Beispiel

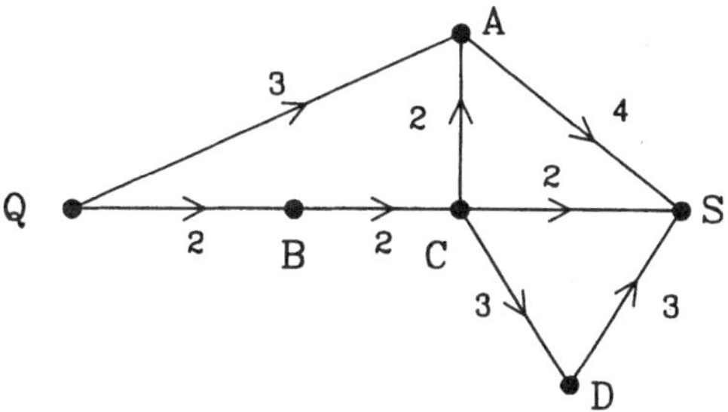

Der hier dargestellte Digraph trägt eine Kantenbewertung. Wir stellen uns vor, es handele sich um ein Transportnetz, wo (entlang der Bögen) Güter von der "Quelle" Q zur "Senke" S transportiert werden sollen. Die Bewertung stellt eine obere Kapazitätsbeschränkung dar; z. B. bedeutet die Zahl "3" auf dem Bogen von Q nach A, daß höchstens 3 Gütereinhciten entlang des Bogens transportiert werden können. Im folgenden Diagramm ist ein maximaler "Fluß" von 5 Einheiten dargestellt, der die gegebene Beschränkung respektiert:

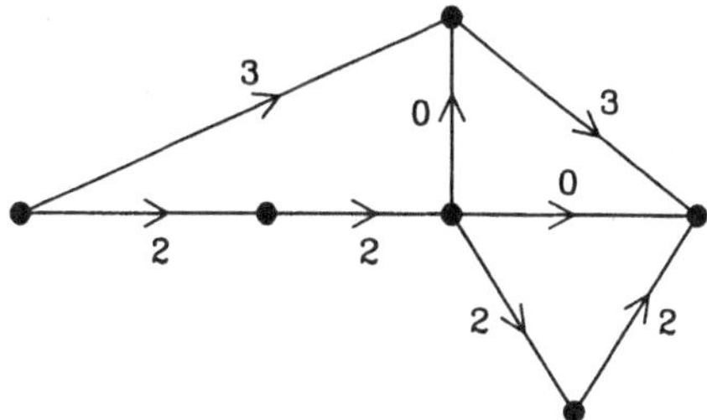

5.1.4

Um größeren Spielraum zu haben, läßt man bei der allgemeinen Definition von Bewertungen nicht nur die reellen Zahlen zu.
Es sei W ein beliebiger Körper. (Meist wird es sich um $\mathbb{F}_2$ oder $\mathbb{R}$ handeln). $P = (E, K, v)$ sei ein Pseudograph. Eine *Eckenbewertung* von P ist eine Abbildung ω von E nach W,

$$\omega : E \to W.$$

Entsprechend ist eine *Kantenbewertung* als Abbildung von K nach W definiert. Handelt es sich um einen Pseudodigraphen $P = (E, B, v)$, so ist eine *Bogenbewertung* eine Abbildung von B nach W.

5.2 Die algebraische Struktur von Bewertungen

Die sehr allgemeine Definition einer Bewertung erlaubt eine große Breite von Anwendungen von bewerteten Pseudo(di)graphen. Oft sind jedoch spezielle Bewertungen von Interesse, die zu algebraischen Strukturen führen, welche zu den an früherer Stelle betrachteten Strukturen (z. B. **C** und **S**) in enger Beziehung stehen. Von diesen Bewertungen und algebraischen Strukturen handelt der vorliegende Abschnitt. Der Einfachheit halber wird hier stets von einem Digraphen $\vec{G} = (E, B, v)$ ausgegangen, die Ergebnisse können leicht auf die anderen Fälle übertragen werden.

5.2.1

$\vec{G} = (E, B, v)$ sei gegeben mit $|E| = n$ und $|B| = m$, ebenso ein Körper W. Die Eckenbewertungen $\omega : E \to W$ bilden in der üblichen Weise einen Vektorraum über dem Körper W, der zu W^n isomorph ist. Dabei ergibt sich z. B. die Summe $\omega_1 + \omega_2$ von Bewertungen als diejenige Bewertung, welche jeder Ecke die Summe der einzelnen Bewertungen zuordnet, formal:

$$(\omega_1 + \omega_2)(e) := \omega_1(e) + \omega_2(e)$$

für $e \in E$. Den *Vektorraum der Eckenbewertungen* bezeichnen wir mit V_e. Analog hat man den (zu W^m isomorphen) *Vektorraum* V_b der *Bogenbewertungen* .

5.2.2

Beispiele

Summe von Eckenbewertungen:

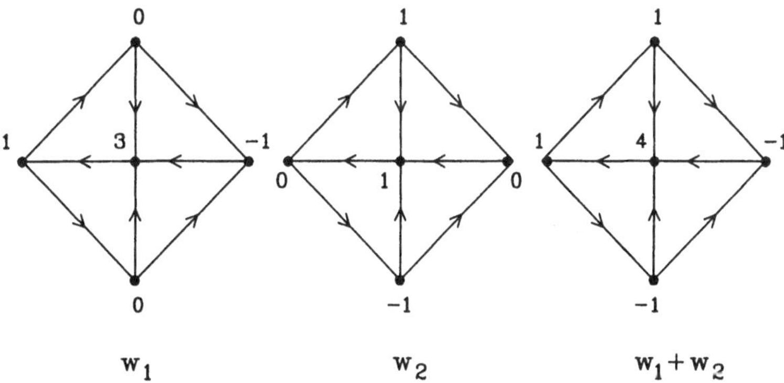

Multiplikation einer Bogenbewertung mit einem Skalar:

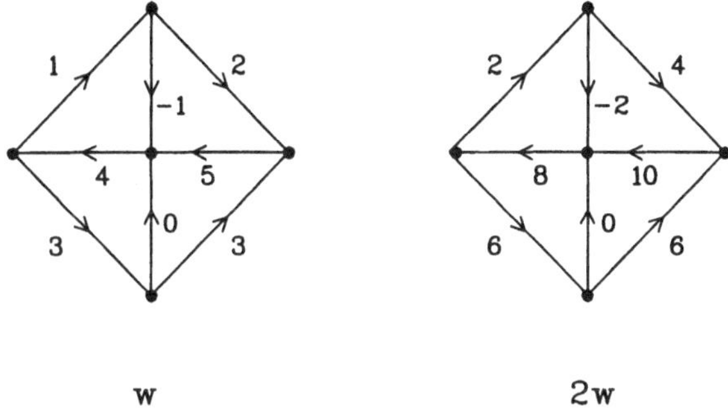

5.2.3

Die als nächstes eingeführten beiden Begriffe sind physikalisch motiviert. Es wird sich herausstellen, daß sie besonders gut algebraisch erfaßt werden können. Es wird die folgende Notation verwendet: für einen Bogen b bezeichnet b^- die Anfangs- und b^+ die Endecke, d. h. es gilt $b = (b^-, b^+)$.
Eine Bogenbewertung $f : B \to W$ heißt *Zirkulation*, wenn für jede Ecke $e \in E$ gilt

$$\sum_{b^+=e} f(b) = \sum_{b^-=e} f(b).$$

Stellt man sich $f(b)$ als den Umfang irgendwelcher entlang des Bogens b transportierter oder fliessender Güter vor, so bedeutet obige Gleichung: alles, was in eine Ecke hineinfließt, kommt auch wieder heraus.

5.2.4

Beispiele

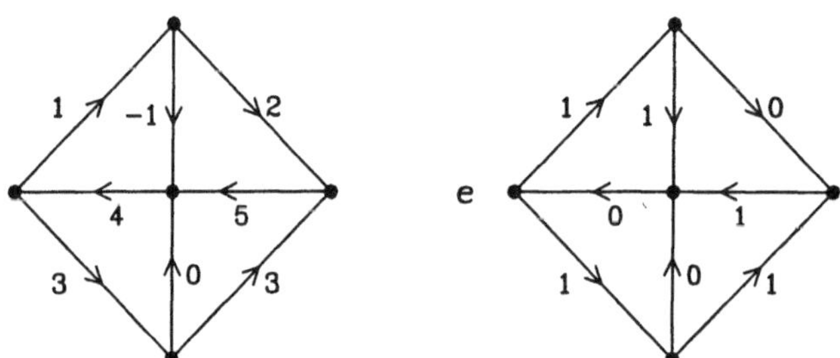

Im ersten Diagramm handelt es sich um eine Zirkulation, wobei die Bewertungen aus dem Körper $\mathbb{R}$ der reellen Zahlen genommen sind. Faßt man auch im zweiten Bild die Bewertungen als Elemente von $\mathbb{R}$ auf, so hat man keine Zirkulation, weil z. B. in Ecke e nichts hineinfließt, aber zwei Einheiten hinaus; nimmt man jedoch die Zahlen 0 und 1 als Elemente von $\mathbb{F}_2$ (als W), so handelt es sich hier um eine Zirkulation.

5.2.5

Die Zirkulationen bilden einen Untervektorraum von V_b. Um dies nachzuweisen, und auch um eine weitere Kategorie spezieller Bogenbewertungen einzuführen, werden als nächstes zwei lineare Abbildungen zwischen den Vektorräumen V_e und V_b untersucht.
Die Abbildung $\partial : V_b \to V_e$ ordnet jeder Bogenbewertung f eine Eckenbewertung ∂f zu, die definiert ist durch

$$(\partial f)(e) := \sum_{b \in B, b^+ = e} f(b) - \sum_{b \in B, b^- = e} f(b).$$

Sind die Mengen $E = \{e_1, \ldots, e_n\}$ und $B = \{b_1, \ldots, b_m\}$ durchnumeriert, und ist I die zugehörige Ecken-Bogen-Inzidenzmatrix, so kann man auch schreiben

$$(\partial f)(e_r) = \sum_{s=1}^{m} i_{rs} \cdot f(b_s).$$

Faßt man schließlich f als Element von W^m auf und entsprechend die Elemente von V_e als solche von W^n, so läßt sich die Definition von ∂ auch kurz schreiben als

$$\partial f = I \cdot f.$$

Aus dieser Beziehung wird klar, daß ∂ eine lineare Abbildung ist. Anschaulich bedeutet die Definition von ∂: einer Bogenbewertung wird als Eckenbewertung jeweils "zufliessende minus abfliessende Menge" zugeordnet.

5.2.6

Beispiel

Die Ecken und Bögen des betrachteten Digraphen seien wie im ersten Diagramm bezeichnet:

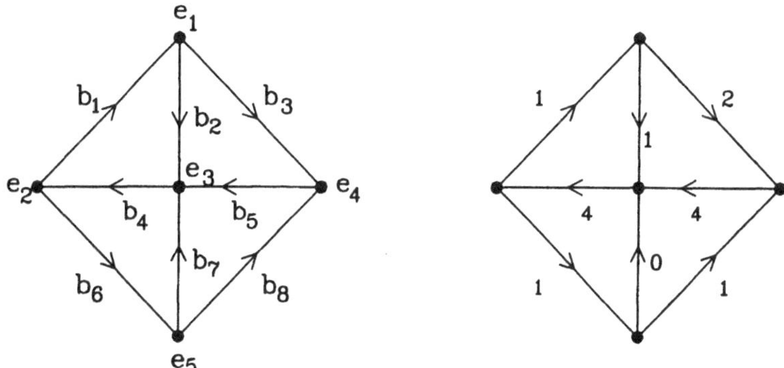

Im zweiten Bild ist eine Bogenbewertung f dargestellt. Die Eckenbewertung ∂f (zufliessende minus abfliessende Menge) ist dann die folgende:

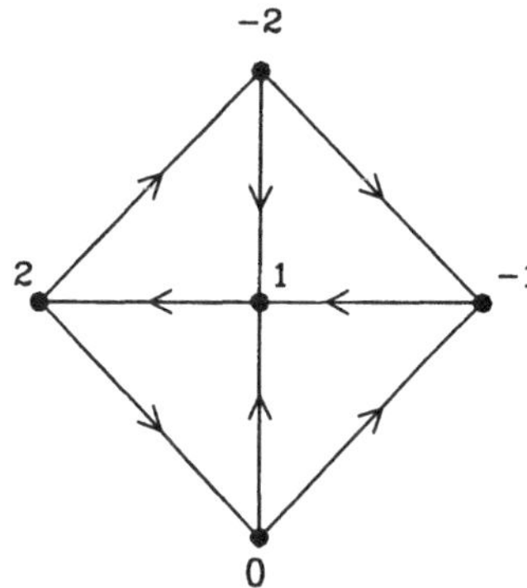

Dies läßt sich mit der Inzidenzmatrix nachrechnen. Es ist

$$I = \begin{pmatrix} 1 & -1 & -1 & 0 & 0 & 0 & 0 & 0 \\ -1 & 0 & 0 & 1 & 0 & -1 & 0 & 0 \\ 0 & 1 & 0 & -1 & 1 & 0 & 1 & 0 \\ 0 & 0 & 1 & 0 & -1 & 0 & 0 & 1 \\ 0 & 0 & 0 & 0 & 0 & 1 & -1 & -1 \end{pmatrix}$$

und $f = (1,1,2,4,4,1,0,1)$, und damit ergibt sich $\partial f = If = (-2,2,1,-1,0)$.

5.2.7

Offenbar gilt der

Hilfssatz

$f \in V_b$ ist genau dann eine Zirkulation, wenn $\partial f = 0$ gilt.

5.2.8

Die Menge aller Zirkulationen wird mit $\mathbf{C}(W)$ bezeichnet. Nach 5.2.7 ist $C(W)$ genau der Kern der linearen Abbildung ∂. Damit ergibt sich:

Satz

$\mathbf{C}(W)$ ist ein Untervektorraum von V_b.

5.2.9

Die Abbildung $\delta : V_e \to V_b$ ordnet jeder Eckenbewertung g eine Bogenbewertung δg zu, die definiert ist durch

$$(\delta g)(b) := g(b^+) - g(b^-).$$

Mithilfe der Inzidenzmatrix I und der Isomorphien von V_e und W^n bzw. V_b und W^m kann man auch schreiben

$$\begin{aligned} (\delta g)(b_s) &= g(b_s^+) - g(b_s^-) \\ &= \sum_{r=1}^{n} i_{rs} \cdot g(e_r) \end{aligned}$$

oder kurz

$$\delta g = I^t \cdot g.$$

Auch δ ist eine lineare Abbildung.

Eine anschauliche Vorstellung von δ kann man sich so machen: sieht man die gegebene Eckenbewertung als Potential an, so ergibt δg für jeden Bogen die Potentialdifferenz der beiden Eckpunkte. Wegen dieser Interpretation nennt man eine Bogenbewertung f, für die es ein $g \in V_e$ mit $\delta g = f$ gibt, eine *Potentialdifferenz.*

5.2.10

Beispiel

Die beiden Diagramme zeigen eine Eckenbewertung g und die zugehörige Bogenbewertung δg:

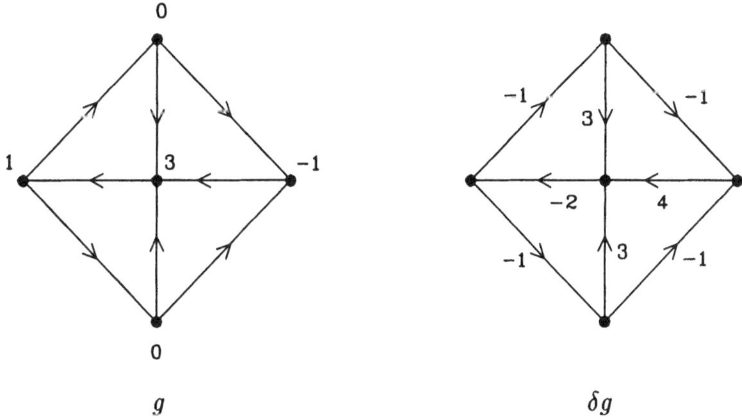

g δg

Man rechnet auch leicht nach, daß sich mit $g = (0, 1, 3, -1, 0)$ ergibt

$$\delta g = I^t g = (-1, 3, -1, -2, 4, -1, 3, -1).$$

5.2.11

Die Menge aller Potentialdifferenzen wird mit $\mathbf{S}(W)$ bezeichnet. $\mathbf{S}(W)$ ist der Bildraum der linearen Abbildung δ und folglich ebenfalls ein Untervektorraum von V_b.

5.2.12

Für die Elemente von $\mathbf{S}(W)$ fehlt noch eine direkte Charakterisierung. Dazu gehen wir, wie bei der Definition der Kreis-Bogen-Matrix, von einer gegebenen Orientierung für jeden Kreis von $\vec{G}$ aus.

Satz

$f \in V_b$ ist genau dann Element von $\mathbf{S}(W)$, wenn für jeden Kreis C von $\vec{G}$ gilt

$$\sum_{b \in C} f(b) = 0.$$

(Dabei werden in der Summe die Bögen, die entgegen der Orientierung gerichtet sind, negativ gezählt.)

Beweis:

Es sei $f \in \mathbf{S}(W)$ und $g \in V_e$ mit $\delta g = f$, ferner sei C ein Kreis mit den Ecken $x_1, \ldots, x_t$ und Bögen $y_1, \ldots, y_t$, wobei y_1 x_1 mit x_2, y_2 x_2 mit x_3 verbindet usw. und schließlich y_t x_t mit x_1 verbindet. Die Numerierung stimme mit der Orientierung überein. Es gilt dann

$$\begin{aligned}\sum_{b \in C} f(b) &= f(y_1) + \ldots + f(y_t)\\ &= (g(x_2) - g(x_1)) + (g(x_3) - g(x_2)) + \ldots + (g(x_t) - g(x_{t-1}))\\ &\quad +(g(x_1) - g(x_t))\\ &= 0.\end{aligned}$$

Umgekehrt sei für ein $f \in V_b$ die Beziehung $\sum_{b \in C} f(b) = 0$ für jeden Kreis C erfüllt. Es muß ein $g \in V_e$ mit $\delta g = f$ konstruiert werden. Dazu wird zunächst einer beliebigen Ecke $e_0 \in E$ als $g(e_0)$ ein beliebiger Wert $w_0 \in W$ zugeordnet. (Ist $\vec{G}$ nicht zusammenhängend, so müssen in jeder Komponente solche Wahlen getroffen werden.) Nun hat man, da ein g mit $\delta g = f$ herauskommen soll, nur eine Wahl, $g(b^-)$ zu erklären, wenn $f(b)$ und $g(b^+)$ gegeben sind, nämlich

$$g(b^-) := g(b^+) - f(b).$$

Entsprechend muß, wenn $g(b^-)$ schon definiert ist,

$$g(b^+) := g(b^-) + f(b)$$

gesetzt werden. Auf diese Weise kann induktiv für ganz E die Eckenbewertung g konstruiert werden, wobei die gegebene Voraussetzung für f hinsichtlich Kreisen dafür sorgt, daß für Ecken, denen man sich aus verschiedenen Richtungen nähert, der gleiche Wert herauskommt.

5.2.13

Wir haben nun die Untervektorräume $\mathbf{C}(W)$ (Zirkulationen) und $\mathbf{S}(W)$ (Potentialdifferenzen) des Vektorraums V_b der Bogenbewertungen durch Bedingungen beschrieben, die den *Kirchhoffschen Gesetzen* der Theorie elektrischer

Netzwerke entsprechen. Danach sind Zirkulationen Bogenbewertungen, die dem 1. Kirchhoffschen Gesetz (für elektrische Ströme) folgen, und Potentialdifferenzen solche Bogenbewertungen, auf die das 2. Kirchhoffsche Gesetz (für elektrische Spannungen) zutrifft. Diese Zusammenhänge werden bei der Analyse elektrischer Netzwerke angewandt.

5.2.14

$\mathbf{S}(W)$ ist der von den Zeilenvektoren von I aufgespannte Untervektorraum von V_b (bzw. W^m), während $\mathbf{C}(W)$ aus den Elementen von W^m besteht, die zu jeder Zeile von I (und damit zu jedem Element von $\mathbf{S}(W)$) orthogonal sind. Damit kann man insgesamt den folgenden Satz zeigen.

Satz

$f \in V_b$ ist genau dann eine Zirkulation (Potentialdifferenz), wenn f zu allen Potentialdifferenzen (Zirkulationen) orthogonal ist.

5.2.15

Es wurde bereits angekündigt, daß die Vektorräume $\mathbf{C}(W)$ und $\mathbf{S}(W)$ zu den in behandelten $\mathbf{C}^*$ und $\mathbf{S}^*$ in enger Beziehung stehen. Um dies näher zu beleuchten, setzen wir zunächst einmal $W = \mathbb{F}_2$ voraus.
Im Abschnitt 1.3 wurde $\mathbf{C}^*$ (für einen Multigraphen M) als $\mathbb{F}_2$-Vektorraum der Kantenmengen eingeführt, die sich als Vereinigung kantendisjunkter Kreise darstellen lassen. In 1.3.14 wurde die alternative Charakterisierung als Menge derjenigen Teilgraphen gegeben, in denen jede Ecke einen geraden Grad (von mindestens zwei) besitzt.

5.2.16

Wir gehen nun wieder von dem Digraphen $\vec{G} = (E, B, v)$ aus, $\mathbf{C}^*$ sei der zu dem ungerichteten Graphen G gehörige $\mathbb{F}_2$-Vektorraum. Andererseits sei $f : B \to \mathbb{F}_2$ eine Bogenbewertung, $f^{-1}(1)$ die Menge der mit "1" bewerteten Kanten. Wir zeigen nun:

Hilfssatz

Es ist genau dann $f \in \mathbf{C}(\mathbb{F}_2)$, wenn $f^{-1}(1) \in \mathbf{C}^*$ gilt.

Beweis:

Es sei $f \in \mathbf{C}(\mathbb{F}_2)$. Um $f^{-1}(1) \in \mathbf{C}^*$ nachzuweisen, überlegt man sich, daß in dem durch die Kantenmenge $f^{-1}(1)$ bestimmten Teilgraphen von G jede Ecke einen geraden Grad hat. Dies folgt jedoch sofort daraus, daß aufgrund der Bedingung an eine $\mathbb{F}_2$-Zirkulation auf $\vec{G}$ bei jeder Ecke Innengrad und Außengrad (bezogen auf den Teilgraphen) entweder beide ungerade oder beide gerade sind.
Umgekehrt, wenn $f^{-1}(1) \in \mathbf{C}^*$ vorausgesetzt wird, kann so geschlossen werden: in dem Teilgraphen $f^{-1}(1)$ hat jede Ecke einen geraden Grad, also müssen Innen- und Außengrad gleichzeitig gerade bzw. ungerade sein: letzteres bedeutet genau, daß die in $\mathbb{F}_2$ summierten "zufliessenden bzw. abfliessenden Ströme" gleichzeitig 0 bzw. 1 sind. Folglich muß f eine Zirkulation sein.

5.2.17

Es ergibt sich nun der folgende

Satz

$\mathbf{C}(\mathbb{F}_2)$ ist isomorph zu $\mathbf{C}^*$.

Den Beweis dieses Satzes wollen wir nicht in jeder Einzelheit formal nachvollziehen. Inhaltlich ist der Satz aufgrund von 5.2.13 klar: die $\mathbb{F}_2$-Zirkulation entsprechen eineindeutig den Kantenmengen, die Vereinigung disjunkter Kreise sind; die Isomorphie ergibt sich dann weiter daraus, daß die Vektorraumaddition in $\mathbf{C}(\mathbb{F}_2)$ und $\mathbf{C}^*$ völlig analog ausgeführt wird.

5.2.18

Der entsprechende Satz für Schnitte lautet:

Satz

$\mathbf{S}(\mathbb{F}_2)$ ist isomorph zu $\mathbf{S}^*$.

5.2.19

Der Schlüssel zum Beweis diese Satzes, den wir auch hier nicht formal führen wollen, ist der folgende

Hilfssatz

Für eine Bogenbewertung $f : B \to \mathbb{F}_2$ gilt genau dann $f \in \mathbf{S}(\mathbb{F}_2)$, wenn $f^{-1}(1) \in \mathbf{S}^*$ ist.

Beweis:

Es sei $f \in \mathbf{S}(\mathbb{F}_2)$ und g eine Eckenbewertung $E \to \mathbb{F}_2$ mit $\delta g = f$. Wir setzen $E' = g^{-1}(0)$ und $E'' = g^{-1}(1)$, die Kantenmenge S sei der zur disjunkten Einteilung von E in E' und E'' gehörende Schnitt. Offenbar bewertet die aus g abgeleitete Potentialdifferenz f genau die Kanten (bzw. Bögen) aus S mit 1, d. h. $f^{-1}(1) = S \in \mathbf{S}^*$.
Umgekehrt sei nun $f^{-1}(1) \in \mathbf{S}^*$, d. h. die mit 1 bewerteten Bögen bilden einen Schnitt. Es folgt, daß in jedem Kreis von $\vec{G}$ (bzw. G) eine gerade Anzahl von Bögen die Bewertung 1 trägt, mit 5.2.9 folgt somit $f \in \mathbf{S}(\mathbb{F}_2)$.

5.2.20

Aufgrund der soeben abgeleiteten Isomorphien hat man mit den an früherer Stelle dargestellten Ergebnissen über die Vektorräume C^* und S^* nun auch Aussagen über Dimensionen und Basen von $\mathbf{C}(\mathbb{F}_2)$ und $\mathbf{S}(\mathbb{F}_2)$. Diese Aussagen gelten auch für $\mathbf{C}(W)$ und $\mathbf{S}(W)$; jedoch läßt sich im allgemeinen Fall natürlich nicht mehr die Verbindung zu $\mathbf{C}^*$ und $\mathbf{S}^*$ ziehen, und die Aussagen bedürfen erneuter Beweise. Wir wollen diese Beweise hier nicht führen. Die Aussagen sollen im folgenden aufgeführt werden.

5.2.21

Zur Vorbereitung müssen einige Bezeichnungen eingeführt werden. Es sei A ein spannender Wald im gegebenen Digraphen $\vec{G}$, W sei irgendein Körper. Die $\mu(G)$ vielen fundamentalen Kreise von $\vec{G}$ seien mit einer Orientierung versehen, ebenso die $\rho(G)$ vielen fundamentalen Schnitte. Für einen fundamentalen Kreis C sei f_c die Bogenbewertung mit

$$f_c(b) = \begin{cases} 1, & \text{falls } b \text{ zu } C \text{ gehört und die Richtung von } b \text{ mit} \\ & \text{der Orientierung von } C \text{ übereinstimmt} \\ -1, & \text{falls } b \text{ zu } C \text{ gehört und Richtung und Orientierung} \\ & \text{nicht übereinstimmen} \\ 0, & \text{sonst.} \end{cases}$$

Für einen fundamentalen Schnitt S sei f_S die in ähnlichem Sinne auf den Schnitt S bezogene Bogenbewertung.

Satz

Mit den obigen Bezeichnungen gilt:

1. Die $\mu(G)$ vielen Bogenbewertungen der Form f_C bilden eine Basis des W-Vektorraums $\mathbf{C}(W)$ aller Zirkulationen.
2. Die ρ vielen Bogenbewertungen der Form f_S bilden eine Basis des W-Vektorraums $\mathbf{S}(W)$ aller Potentialdifferenzen.

5.2.22

Beispiel

Der folgende Digraph $\vec{G}$ ist eine gerichtete Version des in 1.3.10 analysierten Graphen:

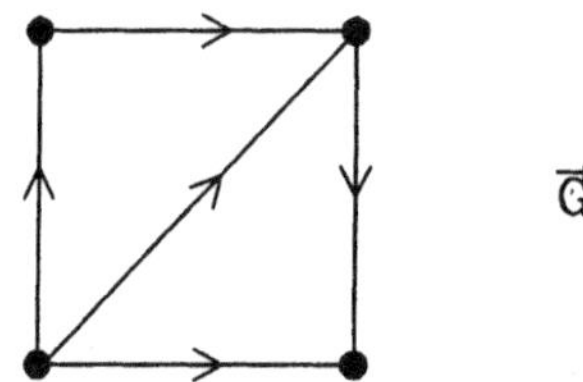

Es ist $\mu(G) = 2$ und $\rho(G) = 3$.
Wir wählen auch wieder das folgende Gerüst:

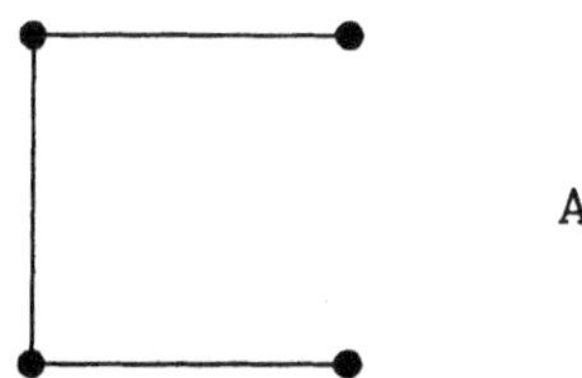

Dies führt zu den fundamentalen Kreisen C, D und den fundamentalen Schnitten S, T, U, die jeweils mit einer Orientierung versehen werden:

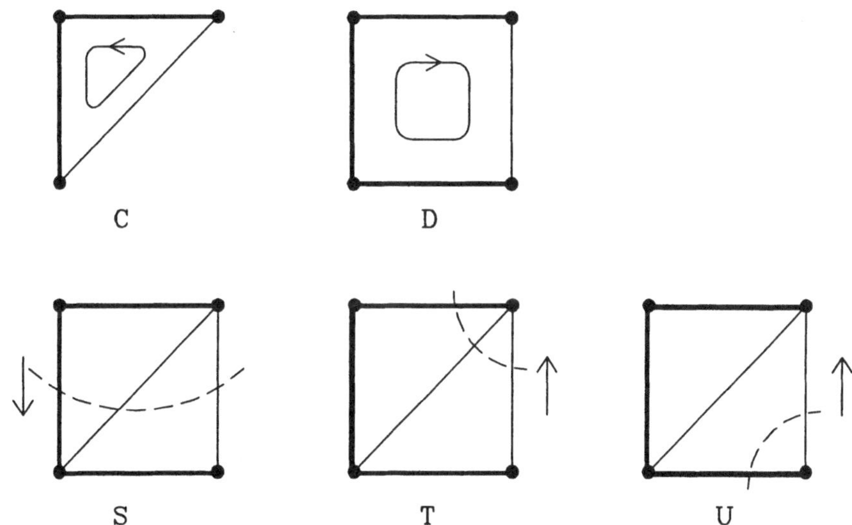

Im Falle $W = \mathbb{R}$ bilden die im nächsten Bild dargestellten Bogenbewertungen Basen von $\mathsf{C}(\mathbb{R})$ bzw. $\mathsf{S}(\mathbb{R})$:

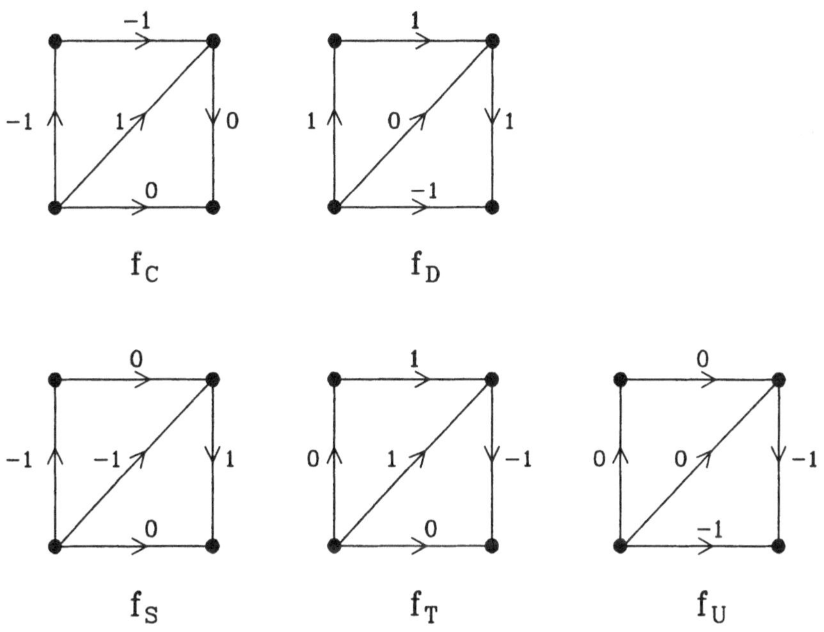

Jede Zirkulation ist nun als Linearkombination von f_C und f_D erhältlich. Das folgende Diagramm z. B. stellt eine Zirkulation f dar:

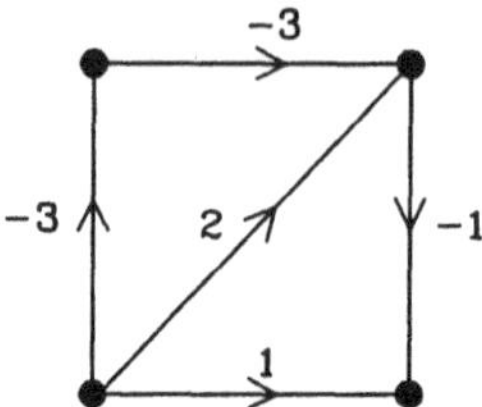

Es ist $f = 2f_C - f_D$.

Beispielaufgabe 5.2

Es sei der Multidigraph $\vec{M}$ aus Beispielaufgabe 4.2 gegeben. Geben Sie eine Basis des Vektorraums $\mathbf{C}(\mathbb{R})$ der reellen Zirkulationen an.

Lösung

Wir wählen das hier dargestellte Gerüst:

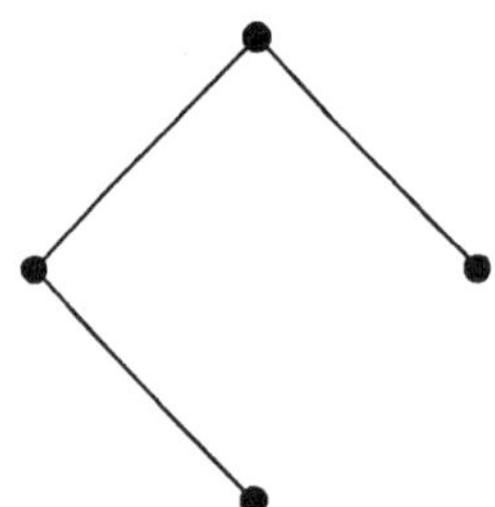

Dies führt zu den fundamentalen Kreisen C und D (mit einer beliebig gewählten Orientierung):

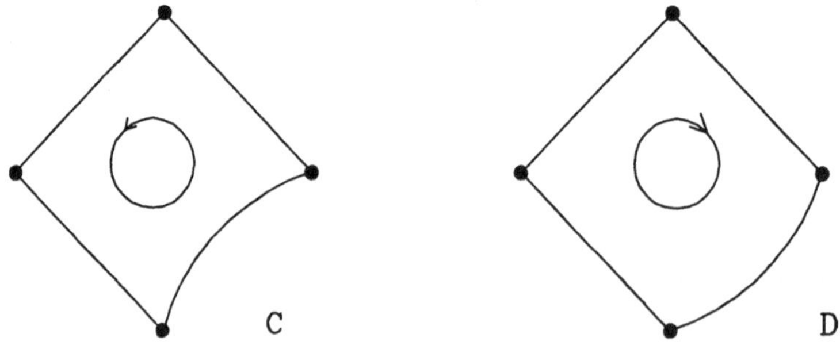

Somit bilden die Zirkulationen f_C und f_D eine Basis von $\mathbf{C}(\mathbb{R})$.

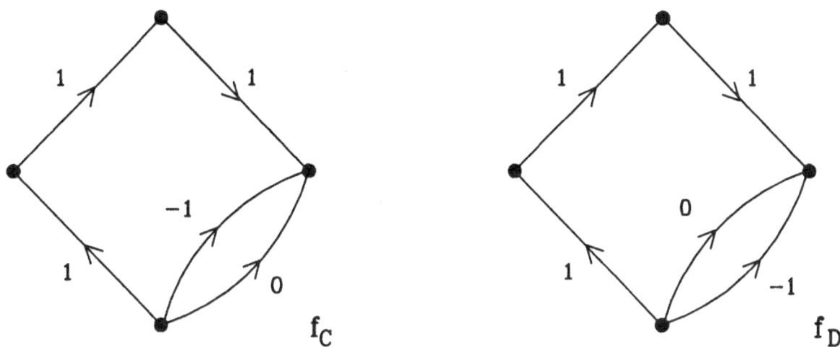

Aufgabe 5.1

Der Digraph $\vec{G} = (E, B, v)$ sei ein Baum, W sei ein beliebiger Körper. Zeigen Sie: Die Nullabbildung $f : B \to W$ (d. h. $f(b) = 0$ für alle $b \in B$) ist die einzige Zirkulation auf $\vec{G}$.

6. Kürzeste Wege und minimale Gerüste

6.1 Kürzeste Wege

In vielen Anwendungen von Graphen fragt man nach besonders günstigen Wegen, oft handelt es sich dabei um möglichst kurze Wege. Die alltäglichsten Beispiele sind Straßennetze oder die Bus- und Bahnlinien eines Verkehrsverbundes, wo nach der kürzesten Möglichkeit gesucht wird, von einem Punkt zu einem anderen zu gelangen. Stehen auf einigen Teilstrecken verschiedene Verkehrsmittel zur Verfügung, so mag man auch nach der insgesamt billigsten Variante fragen. In einem Fernmeldenetz, wo die einzelnen Leitungen verschiedene Ausfallwahrscheinlichkeiten haben, ist die verlässlichste Route zwischen zwei Punkten von Interesse.

6.1.1

Zur Vereinfachung der Sprechweise führen wir den Begriff eines Netzes ein.

Gegeben sei ein Graph oder Digraph $G = (E, K)$ [1)], mit einer Bewertung $w : K \to \mathbb{R}$. Das Paar (G, w) nennen wir ein *Netz*, die Zahl $w(k)$ heißt die *Länge der Kante k*. Unter der *Länge der Kantenfolge* $k_1, k_2, \ldots k_r$ wird die Zahl $w(k_1) + w(k_2) + \ldots + w(k_r)$ verstanden. Ist G ein Digraph, so ist dabei selbstverständlich vorausgesetzt, daß es sich um eine gerichtete Kantenfolge handelt. Eine Kantenfolge möglichst kurzer Länge von einer Ecke a zu einer Ecke b ist, sofern eine solche existiert, immer ein Weg, man nennt ihn einen *kürzesten Weg* von a nach b.

---

1 Ab diesem Kapitel werden der Einfachheit halber Graphen und Digraphen nicht mehr unterschiedlich bezeichnet, in $G = (E, K)$ können also die Elemente von K ungerichtete Kanten wie auch gerichtete Kanten (Bögen) sein.

6.1.2

Beispiele

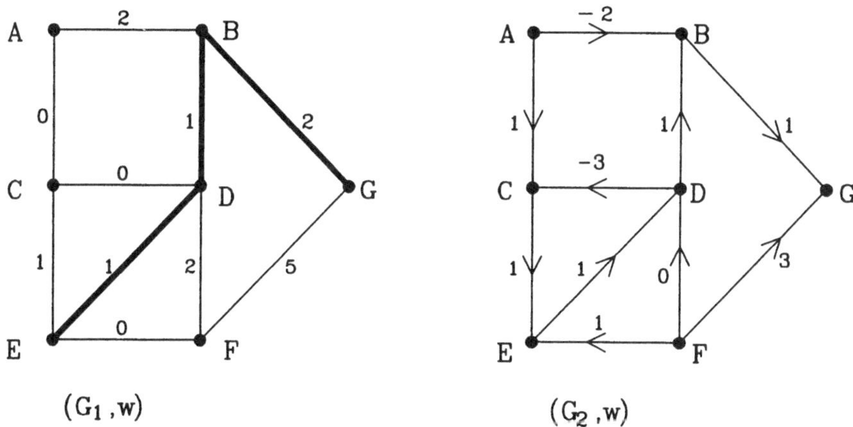

In (G_1, w) bilden die herausgehobenen Kanten einen kürzesten Weg (der Länge 4) von E nach G; Nutzung der Kanten von E nach C und von dort nach D ergäbe ebenfalls einen kürzesten Weg.
In (G_2, w) gibt es beliebig kurze Kantenfolgen von E nach G, die man erhält, indem man den negativen Kreis $E \to D \to C \to E$ immer wieder durchläuft. Von E nach F z. B. gibt es überhaupt keine Kantenfolge (somit auch keine kürzeste). Von B nach G kommt man nur über die direkte Kante, diese bildet folglich einen kürzesten Weg.

6.1.3

Wie oben an dem zweiten Beispiel zu sehen ist, gibt es bei der Frage der Existenz kürzester Kantenfolgen zwei mögliche Schwierigkeiten: es kann

- keine Kantenfolge von a nach b geben,
- beliebig kurze Kantenfolgen von a nach b geben.

Das zweite Problem hat seinen Ursprung in der Existenz von Kreisen negativer Länge. Diese Verkomplizierung ließe sich umgehen, wenn man nur positive Kantenbewertungen zuließe, jedoch wäre dies für die spätere allgemeine mathematische Behandlung von Netzen nicht sinnvoll und auch eine für mögliche Anwendungen zu starke Einschränkung: man mag z. B. an ein Transportnetz denken, wo positive Kantenbewertungen Profit und negative entstehende Kosten bedeuten.

6.1.4

In enger Beziehung zu kürzesten Kantenfolgen bzw. Wegen steht der Begriff des Abstands, den wir für den Fall nicht-bewerteter Pseudographen schon in Kapitel 1 kennengelernt haben (s. 1.2.24). Für Ecken a, b eines Netzes (G, w) ist der *Abstand* $\mid a, b \mid$ das Minimum der Längen aller Kantenzüge von a nach b. Existiert kein solcher Kantenzug, so wird $\mid a, b \mid = \infty$ gesetzt. Gibt es negative Kreise in (G, w), so ist $\mid a, b \mid$ nicht immer definiert, es sei denn, man beschränkt sich auf Wege von a nach b.

6.1.5

Ist G als unbewerteter Graph oder Digraph gegeben, so kann man ein Netz bilden, indem $w(k) = 1$ für jede Kante k gesetzt wird. Damit wird obige Definition des Abstandes eine Erweiterung der in Kapitel 1 gegebenen. Auch alle weiteren Begriffe und Resultate sind auf unbewertete Graphen übertragbar, wenn diese als Netze mit konstanter Kantenbewertung aufgefaßt werden.

6.1.6

Im weiteren Verlauf dieses Abschnitts geht es vorwiegend darum, Algorithmen zur Bestimmung von Abständen und kürzesten Wegen in Netzen kennenzulernen.
Folgende Überlegung zeigt, daß es notwendig ist, nach günstigen Algorithmen Ausschau zu halten: In dem vollständigen Graphen K_n mit n Ecken gibt es zwischen zwei Ecken allein schon $(n-2)!$ viele Wege, die durch alle anderen Ecken laufen. Der "Algorithmus", einfach *alle* Wege zu bestimmen und deren Längen zu vergleichen, hat also eine exponentielle Komplexität.

6.1.7

Wegen seiner grundsätzlichen Bedeutung wollen wir zunächst einen Algorithmus behandeln, der auf unbewertete Graphen anzuwenden ist:

Algorithmus "Breadth first search"

Gegeben sei ein zusammenhängender Graph $G = (E, K)$, $N(e) \subseteq E$ sei zu $e \in E$ die Menge der Nachbar- bzw. Nachfolgerecken, $s \in E$ fest gewählt. Es wird jeder Ecke eine Markierung (Bewertung) $d(e)$ zugeordnet.

Der Algorithmus verwendet als Datenstruktur eine Liste L, von der vorn Elemente entfernt und hinten Elemente angefügt werden.

```
begin
   Setze L := {s}, d(s) := 0;
   while L ≠ ∅ do
   begin
      entferne den ersten Punkt v von L aus L;
      for w ∈ N(v) do
      begin
         if d(w) ist noch undefiniert
            then setze d(w) := d(v) + 1,
            füge w ans Ende von L an;
      end
   end
end
```

6.1.8

Wir werden gleich beweisen, daß nach dem Durchlauf des Algorithmus "breadth first search" $d(e)$ für jede Ecke e den Abstand $\mid s, e \mid$ zum Punkt s angibt. Jedoch ist an diesem Algorithmus noch folgendes interessant: die Ecken des Graphen werden - von s ausgehend - in der Reihenfolge betrachtet und mit einem d-Wert markiert, in der sie als Nachbarn bereits markierter Ecken aufgetreten sind; dafür sorgt die nach dem "first in - first out" funktionierende Liste. Der Graph wird sozusagen "in die Breite" untersucht, d. h. es werden zunächst alle Nachbarn von s markiert, bevor deren Nachbarn betrachtet werden usw.. Diese Vorgehensweise ist als allgemeines Suchprinzip in Graphen auch in anderen Algorithmen enthalten. Das Gegenstück dazu, "Depth first search", wird im nächsten Abschnitt behandelt.

6.1.9

Satz

Nach dem Durchlaufen des Algorithmus "Breadth first search" gilt $d(e) = |s, e|$ für jede Ecke e. Der Algorithmus hat die Komplexität $O(|K|)$.

Beweis:

Für eine beliebige Ecke e gilt offenbar $|s, e| \leq d(e)$, da e im Verlauf des Algorithmus bis zu seiner Markierung auf einem Weg der Länge $d(e)$ von s aus erreicht wurde. Mit Induktion über $|s, e|$ wird nun gezeigt, daß sogar die Gleichheit $|s, e| = d(e)$ für alle e gilt. Für $|s, e| = 0$ ist das klar, da in diesem Fall $s = e$ sein muß. Es sei $|s, e| = n + 1$, und $s, v_1, \ldots, v_n, e$ sei ein kürzester Weg von s nach e. Es ist dann $s, v_1, \ldots, v_n$ ein kürzester Weg von s nach

v_n, und nach Induktionsannahme gilt folglich $|s, v_n| = n = d(v_n)$. Wegen $d(v_n) < n + 1 = |s, e| \leq d(e)$ ist $d(v_n) < d(e)$, d. h. im Algorithmus wurde v_n vor e erreicht und in der while-Schleife betrachtet. Da G die Kante von v_n nach e enthält, wird andererseits e spätestens bei der Untersuchung der Nachbarn von v_n erreicht, weshalb $d(e) \leq n + 1$ und somit $d(e) = n + 1$ folgt. Die Aussage über die Komplexität ergibt sich daraus, daß jede Kante zweimal (im gerichteten Fall sogar nur einmal) betrachtet wird und die ausgeführten Operationen nur aus dem Markieren und dem Pflegen der Liste L bestehen.

6.1.10

Beispiel

In dem Graphen G sei C als die feste Ecke s gewählt:

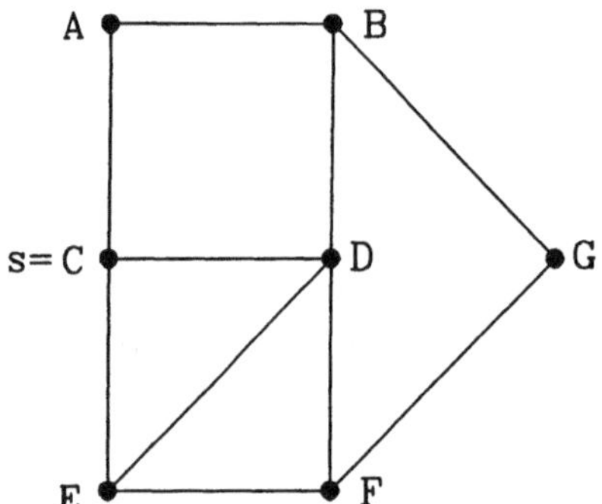

Beim Durchlauf des Algorithmus "Breath first search" ist zunächst $L = \{C\}$ und C mit 0 markiert. In der folgenden Darstellung sind die Durchläufe der while-Schleife durchnumeriert:

1. C wird aus L entfernt,
   A wird mit 1 markiert, $L = \{A\}$,
   D wird mit 1 markiert, $L = \{A, D\}$,
   E wird mit 1 markiert, $L = \{A, D, E\}$;
   Zwischenresultat:

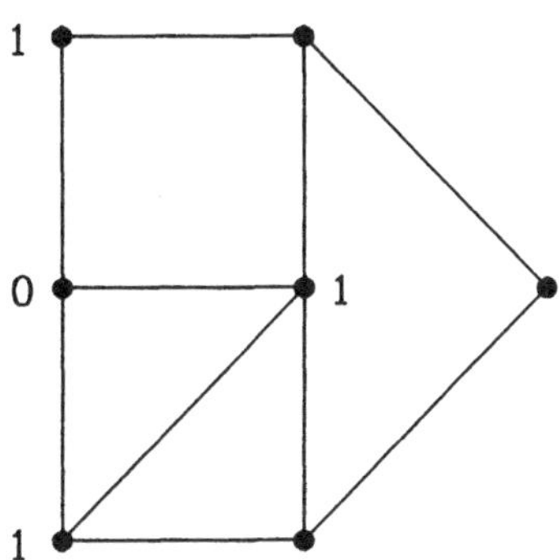

2. A wird aus L entfernt,
   B wird mit 1 markiert, $L = \{D, E, B\}$,
   C ist bereits markiert;
   Zwischenresultat:

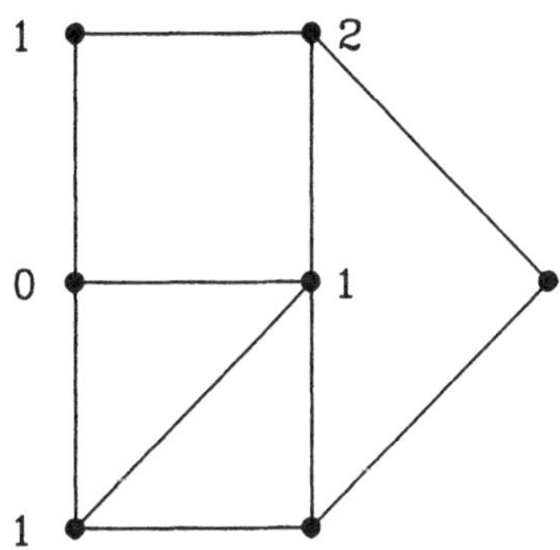

3. D wird aus L entfernt,
   B, C, E sind bereits markiert,
   F wird mit 2 markiert, $L = \{E, B, F\}$;
   Zwischenresultat:

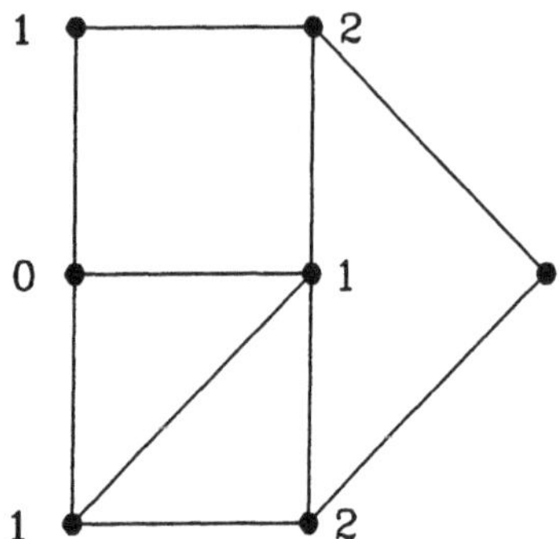

4. E wird aus L entfernt,
   keine neue Ecke wird markiert;

5. B wird aus L entfernt,
   nur G wird neu mit 3 markiert, $L = \{F, G\}$;
   Zwischenresultat:

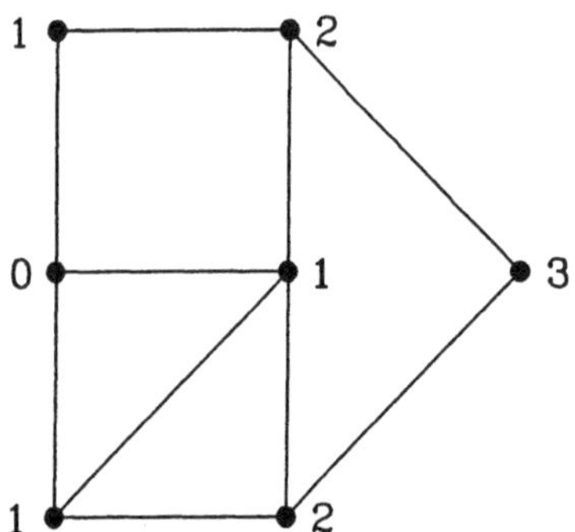

6. und 7. dienen nur noch dem Abbau der Liste L, das letzte Zwischenresultat ist auch das Endergebnis.

6.1.11

Wir betrachten nun das Problem der Bestimmung kürzester Wege in einem allgemeinen Netz (G, w). Es wird vorausgesetzt, daß G keine Kreise negativer Länge enthält, ferner wird G als gerichtet angenommen.
Zur leichteren Formulierung der nun folgenden Aussage sei die Eckenmenge von G die Menge $\{1, 2, \ldots n\}$. Mit Hilfe der gegebenen Bewertung w definieren

wir eine Matrix (w_{ij}) durch

$$w_{ij} := \begin{cases} w(ij) & \text{, falls } G \text{ die Kante } ij \text{ enthält} \\ \infty & \text{, sonst.} \end{cases}$$

Für jede Ecke i bezeichne u_i den Abstand $|1, i|$. Um unnötige Verkomplizierungen zu vermeiden, sei $u_i < \infty$ vorausgesetzt, d. h. jede Ecke i sei von 1 aus erreichbar.

6.1.12

Satz

Unter den obenstehenden Voraussetzungen gelten die *Bellmanschen Gleichungen*

$$u_1 = 0\ ,$$
$$u_i = min\ \{u_k + w_{ki} | k \in \{1, \ldots, n\}, k \neq i\} \quad (i = 2, \ldots, n).$$

Beweis:

Jeder kürzeste Weg von 1 nach i muß eine letzte Kante ki enthalten, und durch Weglassen der Kante ki muß sich ein kürzester Weg von 1 nach k ergeben. Daraus folgen die Gleichungen unmittelbar.

6.1.13

Die Bellmanschen Gleichungen können als notwendige Eigenschaften angesehen werden, die den Zahlen $u_i = |1, i|$ eigen sind. Es zeigt sich, daß diese Eigenschaften sogar charakteristisch für die Abstände $|1, i|$ sind:

Satz

Enthält G nur Kreise positiver Länge, so haben die Gleichungen

$$x_1 = 0\ ,$$
$$x_i = min\ \{x_k + w_{ki} | k \in \{1, \ldots, n\}, k \neq i\} \quad (i = 2, \ldots, n)$$

als eindeutige Lösung $x_i = u_i$ für $i = 1, \ldots, n$.

6.1.14

Zur Erleichterung des Beweises dieses Satzes stellen wir die folgende Konstruktion voran.

Es seien (unter den Voraussetzungen des Satzes) $v_1, \ldots, v_n$ irgendeine Lösung der Gleichungen, j sei eine beliebige Ecke von G. Da $v_j = min\{v_k + w_{kj} | k \neq j\}$ gilt, können wir ein i wählen, für das dieses Minimum angenommen wird, für das also $v_j = v_i + w_{ij}$ ist. Von i ausgehend kommen wir zu einem h mit $v_i = v_h + w_{hi}$ usw., bis der Punkt 1 erreicht wird. Die Ecke 1 muß erreicht werden, da man andernfalls einen Kreis der Länge Null konstruieren würde. Auf diese Weise kommt man somit zu einem Weg von 1 nach j, so daß der Teil von 1 zu einem Punkt g auf diesem Weg stets die Länge v_g hat. Entsprechend wird nun für alle noch nicht vorkommenden Ecken fortgefahren, wobei ein Weg nur solange rückwärts konstruiert wird, bis man eine auf einem bereits konstruierten Weg liegende Ecke erreicht. Resultat ist dann ein gerichteter (spannender) Baum mit Wurzel 1.
Ein weiteres Ergebnis dieser Konstruktion ist, daß für jede Ecke j $v_j \geq u_j$ gelten muß.
Wendet man die Konstruktion auf die Lösung $u_1, \ldots, u_n$ der Bellmanschen Gleichungen an, so nennt man das Ergebnis auch einen *Baum kürzester Wege* (shortest path tree). Sobald 6.1.13 bewiesen ist, wissen wir natürlich, daß oben (ausgehend von $v_1, \ldots, v_n$) ein Baum kürzester Wege konstruiert wurde.

6.1.15

Beweis von 6.1.13:

$v_1, \ldots, v_n$ seien eine Lösung, und B sei ein - wie in 6.1.14 beschrieben - konstruierter Baum kürzester Wege (gerichteter spannender Baum mit Wurzel 1). In diesem Baum gibt es von der Ecke 1 zu jeder anderen Ecke jeweils genau einen Weg. Wir zeigen nun, daß für jede Ecke j gilt $v_j = u_j$, wobei Induktion über die Anzahl der Kanten in dem eindeutigen Weg in B von 1 nach j verwendet wird.
Für $j = 1$ ist nichts zu zeigen. Nun sei $j \neq 1$ gegeben, wobei nach Induktionsvoraussetzung für jede Ecke k, die von 1 aus in B mit weniger Kanten als j erreichbar ist, $v_k = u_k$ gelte. Wir führen nun die Annahme $v_j > u_j$ zum Widerspruch. Es sei ij die Kante mit Endpunkt j in B. Wir wissen, daß $v_i = u_i$ gilt. Man hat nun $v_j > u_j = u_i + w_{ij} = v_i + w_{ij}$, und die erhaltene Beziehung $v_j > v_i + w_{ij}$ steht zu der Gleichung $v_j = min\{v_k + w_{kj} | k \neq j\}$ im Widerspruch.

Es muß also gelten $v_j = u_j$.

6.1.16

Das eigentliche Ziel ist es selbstverständlich, die kürzesten Abstände bzw. Wege in einem Graphen effektiv zu bestimmen. Dazu sind die Bellmanschen Gleichungen keine unmittelbare Hilfe bis auf den folgenden Fall:

Es sei (G, w) ein Netz mit azyklischem G. Im vorigen Kapitel (4.1.25) wurde gezeigt, daß in $O(|K|)$ vielen Schritten eine topologische Anordnung hergestellt werden kann, also eine Numerierung der Ecken mit den Zahlen $1, \ldots, n$ derart, daß aus der Existenz einer Kante ij stets $i < j$ folgt. Mit dieser Numerierung reduzieren sich die Bellmanschen Gleichungen zu

$$u_1 = 0 \; ,$$
$$u_i = \; min\{u_k + w_{ki} | k = 1, \ldots, i-1\} \;\; (i = 2, \ldots, n) \; ,$$

und diese Gleichungen können in $O(|K|)$ Schritten rekursiv gelöst werden.

6.1.17

Als nächstes werden nun Netze (G, w) betrachtet, in denen alle Kantenlängen nicht-negativ sind. (G wird nicht als azyklisch vorausgesetzt.) Die Bellman-Gleichungen können hier mit dem Algorithmus von Dijkstra gelöst werden, der das bekannteste Verfahren zur Bestimmung kürzester Wege liefert:

Algorithmus von Dijkstra

Gegeben sei ein Netz (G, w), für das $w(k) \geq 0$ für jede (gerichtete) Kante k gilt, ferner sei s eine Ecke in G. Es werden die Abstände von s zu allen anderen Ecken bestimmt. (Dabei muß nicht jede Ecke von s aus erreichbar sein.)

```
begin
   Setze d(s) := 0, T := E;
   for e ∈ E\{s} do setze d(e) := ∞;
   while T ≠ ∅ do
   begin
      finde ein f ∈ T, für das d(f) minimal ist;
      setze T := T\{f};
      for e ∈ T do
         setze d(e) :=  min{d(e), d(f) + w_fe};
   end
end
```

Die Vorgehensweise des Algorithmus von Dijkstra läßt sich in Worten so beschreiben: Zu Anfang besteht die Menge T aus allen Ecken, wobei der Ecke s als vorläufiger Abstand 0 und allen anderen ∞ zugeordnet wird. Im weiteren wird dann die Menge T sukzessiv abgebaut: es wird jeweils die Ecke e mit dem kürzesten vorläufigen Abstand aus T entfernt (im ersten Schritt also $e = s$), und dieser Abstand ist auch ihr gesuchter kürzester Abstand; die vorläufigen Abstände der in T verbliebenen Ecken werden aktualisiert, indem geprüft wird, ob das Laufen über die soeben aus T entfernte Ecke e zu einem kürzeren Weg zu der betreffenden Ecke führt.

6.1.18

Beispiel

Der Algorithmus von Dijkstra wird auf das folgende Netzwerk angewendet:

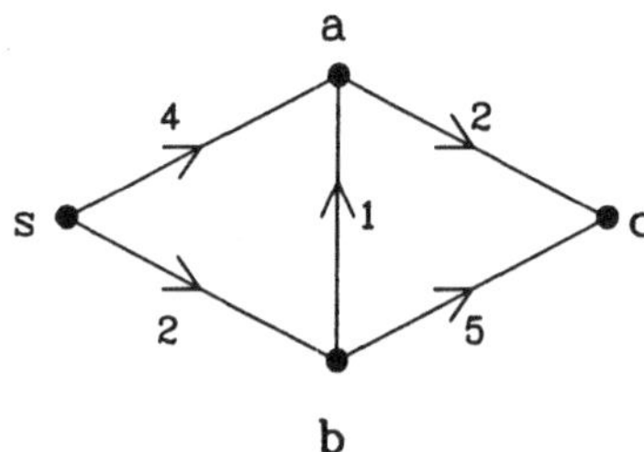

Zunächst ist $T = \{s, a, b, c\}$, $d(s) = 0$, $d(a) = d(b) = d(c) = \infty$.

1. Schritt: Für $s \in T$ ist d minimal, also $T = \{a, b, c\}$,
$d(s) = 0$; $d(a) = 4$, $d(b) = 2$, $d(c) = \infty$.

2. Schritt: Für $b \in T$ ist d minimal, also $T = \{a, c\}$
, $d(s) = 0$, $d(b) = 2$; $d(a) = 3$, $d(c) = 7$.

3. Schritt: Für $a \in T$ ist d minimal, also $T = \{c\}$,
$d(s) = 0$, $d(b) = 2$, $d(a) = 3$; $d(c) = 5$.

4. Schritt: Für c wird $d(c) = 5$ endgültig festgestellt.

6.1.19

Es muß nun die Korrektheit des Algorithmus von Dijkstra gezeigt werden.

Satz

Der Algorithmus von Dijkstra berechnet die Abstände von s zu allen anderen Ecken in (G, w): am Ende des Algorithmus gilt $d(e) = |s, e|$ für jede Ecke $e \in E$. Der Algorithmus hat die Komplexität $O(|E|^2)$.

Beweis:

Zunächst überlegt man sich, daß nach dem Ablauf des Algorithmus nur dann $d(e) = \infty$ ist, wenn e von s aus nicht erreicht werden kann. Für diesen Fall ist $d(e) = |s, e|$ richtig.
Für e mit $d(e) \neq \infty$ gilt $|s, e| \leq d(e)$, da es aufgrund der Definition von $d(e)$ im Algorithmus einen gerichteten Weg der Länge $d(e)$ von s nach e gibt. Die umgekehrte Ungleichung $d(e) \leq |s, e|$ wird nun bewiesen durch Induktion über die Anzahl der Elemente, die bereits aus der Menge T entfernt wurden.
Der Induktionsanfang ist leicht zu machen, denn als erster Punkt wird s aus T entfernt, und es gilt $d(s) = 0 = |s, s|$.
Nun gelte $d(e) \leq |s, e|$ bereits für alle Ecken, die vor der Ecke f aus T entfernt wurden. Wir können $d(f) < \infty$ annehmen, denn sonst gilt für f und alle noch in T verbliebenen Ecken das obige Argument.
Es sei nun $s = e_1, e_2, \ldots, e_n = f$ ein kürzester Weg in (G, w) von s nach f. Es gilt also $|s, e| = w(e_1 e_2) + \ldots + w(e_{n-1} e_n)$.
Über die $e_i (2 \leq i \leq n-1)$ wissen wir zunächst nicht, ob sie noch in T sind oder nicht. Es sei j der maximale Index der e_i, für den e_i vor f aus T entfernt wurde. Da $s = e_1, e_2, \ldots, e_j$ ein kürzester Weg von s nach e_j ist, hat man aufgrund der Induktionsvoraussetzung $d(e_j) = |s, e_j| = w(e_1 e_2) + \ldots + w(e_{j-1} e_j)$. Es gilt auf jeden Fall $d(e_{j+1}) \leq d(e_j) + w(e_j e_{j+1})$ nach dem Durchlaufen der while-Schleife, wo die Ecke e_j aus T entfernt wurde. Da $d(e_{j+1})$ auch im weiteren höchstens verkleinert wird, gilt diese Ungleichung auch an dem Punkt noch, wo f aus T herausgenommen wird.

Man hat dann

$$\begin{aligned} d(e_{j+1}) \leq d(e_j) + w(e_j e_{j+1}) &= |s, e_j| + w(e_j e_{j+1}) \\ &= |s, e_{j+1}| \\ &\leq |s, f| \,. \end{aligned}$$

Es kann nun $e_{j+1} = f$ bzw. $j + 1 = n$ sein oder $j + 1 < n$. Im ersten Fall kann man $d(f) \leq |s, f|$ sofort ablesen. Im zweiten Fall führt die Annahme $|s, f| < d(f)$ zu der Beziehung $d(e_{j+1}) < d(f)$, und e_{j+1} wäre im Algorithmus vor f aus T entfernt worden im Widerspruch zur Festsetzung des Index j. Also ist $d(f) \leq |s, f|$ gezeigt.
Zu der Aussage über die Komplexität beachte man, daß in der while-Schleife zur Bestimmung des minimalen $d(e)$ $|T| - 1$ viele Vergleiche nötig sind, was insgesamt zu $O(|E|^2)$ führt. Gleiches gilt für die Aktualisierung der d-Werte in derselben Schleife, weshalb es insgesamt zu der angegebenen Komplexität kommt.

6.1.20

Beispiel

In einem Datennetz seien den verschiedenen Leitungen (Kanten des Graphen) Wahrscheinlichkeiten für ihr Versagen zugeordnet. Man möchte zwischen den Punkten die Wege nutzen, die mit der größten Wahrscheinlichkeit nicht zusammenbrechen. Auf folgende Weise kann man dieses Problem auf die Bestimmung kürzester Wege zurückführen:
Die Ecken seien $1, \ldots, n$ durchnumeriert, und für eine Kante ij sei $p(ij)$ die Wahrscheinlichkeit dafür, daß sie nicht versagt. Unter der Annahme, daß Störungen von Leitungen unabhängig voneinander auftreten (dies ist nicht ganz realistisch), ist $p(k_1) \cdot \ldots \cdot p(k_n)$ die Wahrscheinlichkeit dafür, daß der Kantenzug $k_1, \ldots, k_n$ ohne Störung genutzt werden kann. Gesucht ist zwischen den Punkten natürlich ein Kantenzug, für den diese Wahrscheinlichkeit maximal ist. Ersetzt man jeweils $p(k)$ durch $log\ p(k)$, so kann stattdessen $log\ (p(k_1) \cdot \ldots \cdot p(k_n)) = log\ p(k_1) + \ldots + log\ p(k_n)$ maximiert werden. Geht man schießlich zu der Kantenbewertung $w(k) := -log\ p(k)$ über, so gilt wegen $0 \leq p(k) \leq 1$ stets $w(k) \geq 0$, und man hat als Ziel die Minimierung von $w(k_1) + \ldots + w(k_n)$. Mit anderen Worten ist das Problem der Bestimmung von Wegen größter Zuverlässigkeit auf das kürzester Wege zurückgeführt. Dies kann, wenn man alle Ecken als Anfangs- und Endpunkte betrachten will, z. B. durch mehrfache Anwendung des Algorithmus von Dijkstra angegangen werden. Im folgenden werden für dieses Problem noch alternative Vorgehensweisen behandelt.

6.1.21

Wir wenden uns nun dem Algorithmus von Floyd-Warshall zu. Dabei sind auch negative Kantenlängen zugelassen, aber natürlich keine negativen Kreise. Der Algorithmus bestimmt die kürzesten Abstände zwischen je zwei Ecken eines gegebenen Netzwerkes. Im Falle nicht-negativer Kantenlängen könnte man diese auch durch die mehrfache Anwendung des Dijkstra-Algorithmus bestimmen (indem man jede Ecke einmal als s wählt).

6.1.22

Algorithmus von Floyd-Warshall

Gegeben sei ein Netz (G, w) ohne negative Kreise, die Eckenmenge sei $\{1, \ldots, n\}$. Es werden die Abstände zwischen je zwei Ecken bestimmt.

```
begin
  for i = 1 to n do
    for j = 1 to n do
      if i ≠ j then setze d⁰(i,j) := w_ij
               else setze d⁰(i,j) := 0;
      for k = 1 to n do
        for i = 1 to n do
          for j = 1 to n do
            setze
            d^k(i,j) := min{d^{k-1}(i,j), d^{k-1}(i,k) + d^{k-1}(k,j)};
end
```

Man beachte, daß in dem Algorithmus zunächst vorläufige Abstände $d^0(i,j)$ mithilfe der Matrix (w_{ij}) (s. 6.1.11) initialisiert werden, allerdings mit dem Unterschied, daß "auf der Diagonalen" $d^0(i,i) = 0$ gesetzt wird - dies geschieht, damit der folgende Satz so allgemein richtig ist.

6.1.23

Satz

Nach dem Durchlaufen des Algorithmus von Floyd-Warshall ist $d^n(i,j) = |i,j|$ für alle Ecken i,j. Die Komplexität ist $O(|E|^3)$.

Beweis:

Die mit den ersten beiden for-Iterationen durchgeführte Initialisierung führt zu einer Matrix $D_0 = (d_{ij}^0)$. In den darauffolgenden Iterationen wird für jeden Wert von k eine Matrix $D_k = (d_{ij}^k)$ erzeugt. Mit Induktion kann nun leicht gezeigt werden, daß d_{ij}^k die kürzeste Länge eines (gerichteten) Weges von i nach j ist, der nur Ecken aus $\{1,\ldots,k\}$ verwendet (von i und j abgesehen). Mit $k = n$ ist dann die Behauptung gezeigt. Die Komplexitätsaussage ergibt sich sofort aus der Ineinanderschachtelung der drei for-Iterationen.
Die obere Indizierung k bei $d^k(i,j)$ im Algorithmus von Floyd-Warshall hilft zum Verständnis des logischen Ablaufs. Eine kurze Überlegung zeigt jedoch, daß es auch ausreichen würde, im ganzen Algorithmus nur *eine* doppelt indizierte Variable $d(i,j)$ zu verwenden.

6.1.24

Beispiel

Wir betrachten dasselbe Netz wie in 6.1.18.

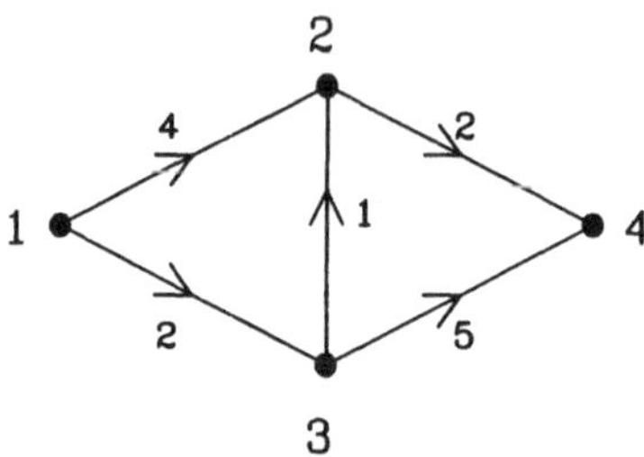

Mit dem Algorithmus von Floyd-Warshall ergeben sich die folgenden Matrizen:

$$D_0 = \begin{pmatrix} 0 & 4 & 2 & \infty \\ \infty & 0 & \infty & 2 \\ \infty & 1 & 0 & 5 \\ \infty & \infty & \infty & 0 \end{pmatrix} \qquad D_1 = \begin{pmatrix} 0 & 4 & 2 & \infty \\ \infty & 0 & \infty & 2 \\ \infty & 1 & 0 & 5 \\ \infty & \infty & \infty & 0 \end{pmatrix}$$

$$D_2 = \begin{pmatrix} 0 & 4 & 2 & 6 \\ \infty & 0 & \infty & 2 \\ \infty & 1 & 0 & 3 \\ \infty & \infty & \infty & 0 \end{pmatrix} \qquad D_3 = \begin{pmatrix} 0 & 3 & 2 & 5 \\ \infty & 0 & \infty & 2 \\ \infty & 1 & 0 & 3 \\ \infty & \infty & \infty & 0 \end{pmatrix}$$

$$D_4 = D_3$$

6.1.25

Die nach einer Anwendung des Algorithmus von Floyd-Warshall zuletzt erhaltene Matrix D_n kann auch dazu genutzt werden, eine Ecke des gegebenen Graphen zu bestimmen, die möglichst *zentral* in dem Netzwerk liegt: der weiteste Abstand zu irgendeiner der anderen Ecken soll möglichst klein sein. Dies bedeutet, daß zuerst in D_n das Maximum in jeder Zeile zu bestimmen ist und der kleinste dieser Werte herausgesucht werden muß. Diese Anwendung ist natürlich am interessantesten für Netze, bei denen es zwischen je zwei Ecken einen Weg gibt.

6.1.26

Beispiel

Wir wenden den Algorithmus von Floyd-Warshall auf den folgenden Graphen an, der - wie schon oft an früherer Stelle - ein Datennetz darstellen möge. Jede Kante sei mit 1 bewertet.

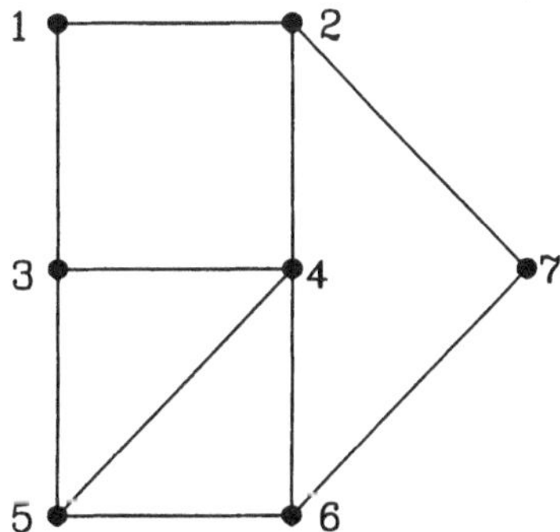

Als erste und letzte Matrix ergeben sich:

$$D_0 = \begin{pmatrix} 0 & 1 & 1 & \infty & \infty & \infty & \infty \\ 1 & 0 & \infty & 1 & \infty & \infty & 1 \\ 1 & \infty & 0 & 1 & 1 & \infty & \infty \\ \infty & 1 & 1 & 0 & 1 & 1 & \infty \\ \infty & \infty & 1 & 1 & 0 & 1 & \infty \\ \infty & \infty & \infty & 1 & 1 & 0 & 1 \\ \infty & 1 & \infty & \infty & \infty & 1 & 0 \end{pmatrix}$$

$$D_7 = \begin{pmatrix} 0 & 1 & 1 & 2 & 2 & 3 & 2 \\ 1 & 0 & 2 & 1 & 2 & 2 & 1 \\ 1 & 2 & 0 & 1 & 1 & 2 & 3 \\ 2 & 1 & 1 & 0 & 1 & 1 & 2 \\ 2 & 2 & 1 & 1 & 0 & 1 & 2 \\ 3 & 2 & 2 & 1 & 1 & 0 & 1 \\ 2 & 1 & 3 & 2 & 2 & 1 & 0 \end{pmatrix} \qquad \begin{matrix} 3 \\ 2 \\ 3 \\ 2 \\ 2 \\ 3 \\ 3 \end{matrix}$$

Neben D_7 sind die Maxima der jeweiligen Zeilen notiert. Wie man sieht, sind die Ecken 2, 4 und 5 zentral.

6.1.27

Man kann den Algorithmus von Floyd-Warshall natürlich auch ablaufen lassen für ein Netz, welches einen negativen Kreis enthält. Allerdings stimmt dann die Aussage des Satzes 6.1.23 nicht mehr - es ist ja nicht einmal der Abstand $|i,j|$ für alle Eckenpaare definiert. Offenbar gibt es in (G,w) genau dann einen negativen Kreis durch die Ecke i, wenn im Algorithmus $d^k(i,i) < 0$ wird.
Mit der folgenden Abwandlung des Algorithmus von Floyd-Warshall kann also für ein beliebiges Netz

- entweder $|i,j|$ für alle Ecken i,j berechnet werden
- oder festgestellt werden, daß ein negativer (gerichteter) Kreis existiert. (In diesem Fall bricht der Algorithmus vorzeitig ab, oder es wird bei $k = n$ ein $d^n(i,i) < 0$.)

```
begin
   for i = 1 to n do
      for j = 1 to n do
         if i ≠ j then setze d^0(i,j) := w_ij
                  else setze d^0(i,j) := 0;
   setze k := 0;
   while d^k(i,i) ≥ 0 für alle i und k < n do
   begin
      setze k := k + 1;
      for i = 1 to n do
         for j = 1 to n do
            setze d^k(i,j) := min{d^(k-1)(i,j), d^(k-1)(i,k) + d^(k-1)(k,j)};
   end
end
```

6.1.28

Bei den Algorithmen dieses Abschnitts haben wir uns bisher mit der Berechnung kürzester Abstände begnügt. Dazugehörige kürzeste Wege können in verschiedener Weise bestimmt werden - z. B. steckt eine Idee dazu in 6.1.14. Es ist jedoch auch einfach, die kürzesten Wege in den Algorithmen gleich mitzunotieren. Exemplarisch zeigen wir dies anhand der soeben behandelten Variante des Algorithmus von Floyd-Warshall. Es wird entweder ein negativer Kreis angegeben, oder nach dem Ablauf des Algorithmus ist für alle Eckenpaare i,j v_{ij} eine Vorgängerecke von j in einem kürzesten Weg von i nach j; die kürzesten Wege können daraus sofort rekonstruiert werden. (Es ist $v_{ij} = \infty$, falls kein Weg von i nach j existiert, und $v_{ij} = 0$ für $i = j$.)

begin
  for $i = 1$ *to* n *do*
    for $j = 1$ *to* n *do*
    if $i \neq j$ *then* setze $d^0(i,j) := w_{ij}$
        else setze $d^0(i,j) := 0$;
    if $i \neq j$ *then*
      if $w_{ij} < \infty$ *then* setze $v_{ij} := i$
          else setze $v_{ij} := \infty$
      else setze $v_{ij} := 0$;
  setze $k := 0$;
  while $d^k(i,i) \geq 0$ für alle i und $k < n$ *do*
  begin
    setze $k := k + 1$;
    for $i = 1$ *to* n *do*
      for $j = 1$ *to* n *do*
        if $d^{k-1}(i,k) + d^{k-1}(k,j) < d^{k-1}(i,j)$
          then setze $v_{ij} := v_{kj}$
          und $d^k(i,j) := d^{k-1}(i,k) + d^{k-1}(k,j)$
          else setze $d^k(i,j) := d^{k-1}(i,j)$;
  end
end

6.1.29

Beispiel

Wir behandeln nochmals das Beispiel 6.1.24. Im folgenden ist eine Übersicht gegeben, wie sich nach der Initialisierung $v_{ij} = i$ die v_{ij}-Werte mit der Iteration über k ändern:

$$k = 1: \quad (v_{ij}) \quad = \begin{pmatrix} 0 & 1 & 1 & \infty \\ \infty & 0 & \infty & 2 \\ \infty & 3 & 0 & 3 \\ \infty & \infty & \infty & 0 \end{pmatrix}$$

$$k = 2: \quad (v_{ij}) \quad = \begin{pmatrix} 0 & 1 & 1 & 2 \\ \infty & 0 & \infty & 2 \\ \infty & 3 & 0 & 2 \\ \infty & \infty & \infty & 0 \end{pmatrix}$$

$$k=3: \quad (v_{ij}) \quad = \quad \begin{pmatrix} 0 & 3 & 1 & 2 \\ \infty & 0 & \infty & 2 \\ \infty & 3 & 0 & 2 \\ \infty & \infty & \infty & 0 \end{pmatrix}$$

$$k=4: \quad (v_{ij}) \quad = \quad \begin{pmatrix} 0 & 3 & 1 & 2 \\ \infty & 0 & \infty & 2 \\ \infty & 3 & 0 & 2 \\ \infty & \infty & \infty & 0 \end{pmatrix}$$

Aus der ersten Zeile der letzten Matrix läßt sich z. B. rekonstruieren, daß ein kürzester Weg von 1 nach 4 den Verlauf $1 \to 3 \to 2 \to 4$ hat. Der Eintrag $v_{14} = 2$ besagt zunächst, daß 2 der Vorgänger von 4 auf dem gesuchten kürzesten Weg ist; $v_{12} = 3$ und $v_{13} = 1$ führen dann zu dem Weg $1 \to 3 \to 2 \to 4$.

6.1.30

Es wurde oben schon einmal darauf hingewiesen, daß es auch bei der Existenz negativer Kreise stets kürzeste *Wege* gibt - wenn auch für einige Eckenpaare keine kürzesten Kantenfolgen. Einen guten Algorithmus zur Bestimmung kürzester Wege in diesen Fällen hat man allerdings bisher nicht gefunden.

6.1.31

Es gibt Anwendungen, bei denen man für ein Netzwerk nicht nur an einem kürzesten Weg zwischen zwei Ecken, sondern beispielsweise an den zwei kürzesten Wegen interessiert ist. Ein solches Problem stellt sich etwa, wenn in einem Kommunikationsnetz eine Station zum Verschicken von Nachrichten an eine andere Station - wegen möglicher Ausfälle von Leitungen oder Zwischenpunkten - zwei Wege zu diesem Ziel zur Verfügung haben soll.
Mithilfe der bisher behandelten Algorithmen ist es leicht, für jedes Eckenpaar die beiden kürzesten Wege zu bestimmen. Jedoch kann es - je nach dem betrachteten Kommunikationsprotokoll - nun zu weiteren Komplikationen kommen, etwa dem Kreisen von Nachrichten im Netz. Mit solchen *Routing-Problemen* werden wir uns an späterer Stelle beschäftigen.

6.1.32

Beispiel

Für das in dem Diagramm dargestellte Kommunikationsnetz sei ein Kommunikationsprotokoll vereinbart, bei dem jede Ecke (in der Praxis ein Vermittlungsrechner) eine nicht für ihn bestimmte Nachricht entsprechend der von ihr getragenen Zieladresse zu einem seiner Nachbarn sendet. Diesen Nachbarn bestimmt er nach einer von ihm gespeicherten Routing-Tafel, die nach dem Prinzip der zwei kürzesten Wege erstellt wurde.

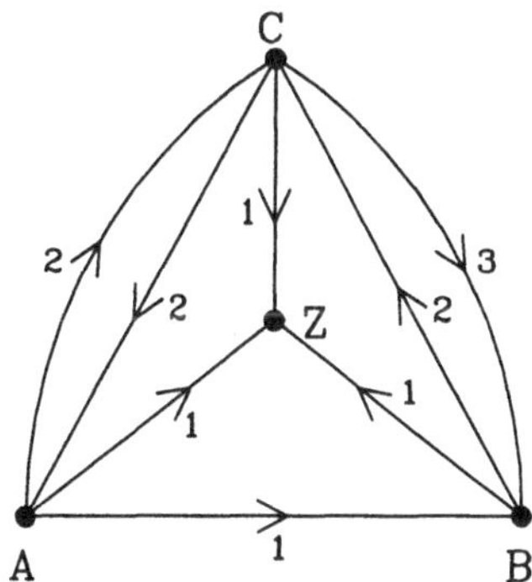

Für das Ziel Z haben die Punkte A, B, C die folgenden Tafeln:

A: Z, B B: Z, C C: Z, A

(Dies bedeutet: A schickt eine für Z bestimmte Nachricht nach B, falls die direkte Leitung nach Z ausgefallen ist, usw..)
Fallen nun alle an Z angeschlossenen Leitungen aus, und initiiert A eine Nachricht mit Ziel Z, so kreist diese Nachricht im Netz ($A \to B \to C \to A \to \ldots$), sofern das Protokoll keine Vorkehrungen enthält, die dies "bemerken" und die Nachricht eliminieren.

6.1.33

In einem Netz (G, w) versteht man unter einem *längsten Weg* von Ecke a nach Ecke b einen Weg mit der Eigenschaft, daß kein Weg von a nach b eine größere Länge hat. Im Prinzip kann das Problem der Bestimmung längster Wege durch Übergang zu der Bewertung $-w$ mit den im vorigen Abschnitt behandelten Methoden angegangen werden, denn ein längster Weg in (G, w) entspricht einem kürzesten Weg in $(G, -w)$. Es ist allerdings zu beachten, daß beim Übergang von w zu $-w$ negative Kreise entstehen können. Die von negativen Kreisen herrührenden Komplikationen bei kürzesten Wegen entsprechen natürlich den von positiven Kreisen kommenden bei längsten Wegen.

6.1.34

Beispiel

Wir gehen noch einmal zu Beispiel 6.1.20, wo in einem Datennetz mit Wahrscheinlichkeiten $p(k)$ für das Nicht-Versagen der Kanten k nach den verlässlichsten Wegen zwischen den Punkten gefragt wurde. Durch Übergang zu der Bewertung $log\ p(k)$ gelangte man zu der Frage nach längsten Wegen. (Die Bewertung $-log\ p(k)$ führte schließlich zu kürzesten Wegen.)

6.1.35

Die Bestimmung längster Wege in kreisfreien Digraphen ist auch in der Projektplanung (als Teilgebiet von Operations Research) von Interesse.
Wir betrachten die folgende spezielle Problemstellung: Ein Projekt bestehe aus Teilaufgaben, deren Bearbeitung jeweils eine gewisse Zeit benötigt. Gewisse Teilaufgaben können nicht vor der Beendigung anderer Aufgaben begonnen werden. Gefragt wird nach der kürzestmöglichen Gesamtdauer des Projekts.
Man ordnet jeder der n vielen Teilaufgaben eine Ecke i $(1 \leq i \leq n)$ eines Digraphen G zu, wobei eine gerichtete Kante ij existiert, wenn i vor Beginn von j beendet sein muß. Eine zusätzliche Ecke s wird mit allen i verbunden, die keinen Vorgänger haben, eine andere zusätzliche Ecke z ist Endpunkt von Kanten iz für alle i, die sonst keinen Nachfolger haben.
Schließlich werden die Kanten ij mit der Bearbeitungsdauer von i bewertet (dabei ist $j = z$ eingeschlossen), die Kanten si mit 0.
Es ist nun offensichtlich, daß die Längen aller Wege (damit auch die eines längsten Weges) von s nach z untere Schranken für die Gesamtdauer des Projekts sind. Deshalb nennt man die längsten Wege in diesem Zusammenhang auch *kritische Wege*.
In Operations Research gibt es verschiedene Vorgehensweisen zur Bestimmung kritischer Wege bei solchen und ähnlichen Fragestellungen, wo die Probleme oft noch durch Fragen wie "Wann kann Teilaufgabe i frühestens begonnen werden?" angereichert sind. Man spricht hier allgemein von der Methode der kritischen Wege ("critical path method").

6.1.36

Beispiel

In der Montageabteilung einer Fahrradfabrik wird der Zusammenbau eines Fahrrads in die folgenden Tätigkeiten aufgespalten:

KF - Kettenführung an Rahmen montieren (2 min.)
ZR - Zahnrad an Kurbel montieren (2 min.)
KR - Zahnrad/Kurbel am Rahmen montieren (2 min.)
LP - Linke Pedale anbringen (8 min.)
RP - Rechte Pedale anbringen (8 min.)
GS - Gangschaltung an Hinterrad montieren (3 min.)
HR - Hinterrad montieren (7 min.)
VR - Vorderrad montieren (7 min.)
RV - Rahmen vorbereiten (Gabel, Schutzblech etc.) (7 min.)
EM - Endmontage (Sattel, Bremsen etc.) (18 min.)

Es ist jeweils angegeben, welche Zeit ein Monteur für die Tätigkeit benötigt. Durch Berücksichtigung der Einschränkungen in der Reihenfolge kommt man zu folgendem Digraphen mit Kantenbewertung:

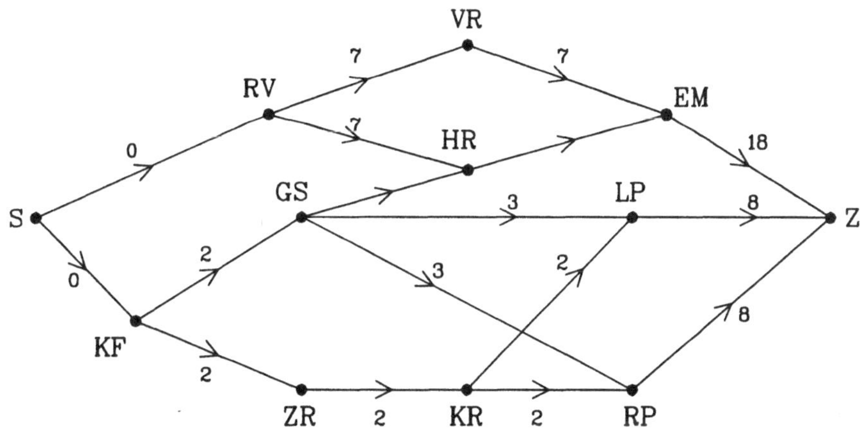

$s \to RV \to VR \to EM \to z$ ist ein längster (und damit kritischer) Weg von s nach z, seine Länge ist 32. Dies bedeutet: die Montage eines Fahrrads dauert mindestens 32 Minuten, auch wenn einzelne Tätigkeiten - sofern dies möglich ist - von mehreren Monteuren parallel verrichtet werden.

Beispielaufgabe 6.1

Erläutern Sie die Problematik der Existenz kürzester Wege bzw. Kantenfolgen in einem Netz mit einem negativen Kreis.

Lösung

Enthält ein Netz einen Kreis negativer Länge (im gerichteten Fall einen gerichteten Kreis bzw. Zyklus), und sind a und b auf diesem Kreis liegende Ecken, so gibt es von a nach b beliebig kurze Kantenfolgen, denn durch wiederholtes Durchlaufen des Kreises erhält man immer kürzere Kantenfolgen, ohne an eine untere Schranke zu geraten. Betrachtet man jedoch nur *Wege* von a nach b, d. h. keine Ecke oder Kante darf mehrfach verwendet werden, so gibt es stets einen kürzesten Weg von a nach b. Allerdings hat man bisher für diese Situation keinen guten Algorithmus zur Bestimmung der kürzesten Wege gefunden.Wenn das gegebene Netz keinen Kreis negativer Länge enthält, so gibt es stets kürzeste Kantenfolgen, und eine kürzeste Kantenfolge ist auch immer ein Weg (und folglich ein kürzester Weg).

6.2 Minimale Gerüste

In 5.1.2 haben wir ein Beispiel kennengelernt, wo man für einen bewerteten Graphen an einem Gerüst interessiert ist, für das die Summe der Bewertungen der zu dem Gerüst gehörenden Kanten möglichst klein ist. Ein solches Gerüst heißt *mimimales Gerüst*. Hauptthema dieses Abschnitts sind Algorithmen, minimale Gerüste zu bestimmen. Alle Graphen werden als ungerichtet vorausgesetzt.

6.2.1

Wir wollen uns auch hier klarmachen, daß es unbedingt lohnend ist, nach guten Algorithmen zur Bestimmung minimaler Gerüste zu suchen. Wir zeigen, daß die Anzahl der Gerüste der vollständigen Graphen K_n eine exponentielle Funktion der Eckenzahl n ist:

Satz von Cayley

Für beliebiges n hat der vollständige Graph K_n genau n^{n-2} viele Gerüste.

Beweis:

Im Beweisgang folgen wir Ideen von Prüfer, die in einer Arbeit von 1918 enthalten sind. (Der Originalbeweis von Cayley stammt aus dem Jahre 1889.) Es wird gezeigt, daß es auf der Eckenmenge $\{1, 2, \ldots, n\}$ n^{n-2} viele verschiedene Bäume gibt - dies ist offenbar äquivalent zu der Behauptung des Satzes. Es sei $\mathbb{B}_n$ die Menge dieser Bäume. Wie üblich, bezeichnet $\{1, \ldots, n\}^{n-2}$ die Menge aller $(n-2)$-tupel von Zahlen zwischen 1 und n, wovon es natürlich n^{n-2} viele gibt. Wir konstruieren nun eine bijektive Abbildung zwischen $\mathbb{B}_n$ und $\{1, \ldots, n\}^{n-2}$. Damit ist dann der Satz gezeigt.
Mithilfe der folgenden beiden Algorithmen konstruieren wir zu gegebenem Baum $B \in \mathbb{B}_n$ eine Folge $f(B) \in \{1, \ldots n\}^{n-2}$ und zu gegebener Folge $x \in \{1, \ldots n\}^{n-2}$ einen Baum $g(x) \in \mathbb{B}_n$. Es ist dann $g(f(B)) = B$ und $f(g(x)) = x$, womit f und g als bijektive Abbildungen nachgewiesen sind.

Definition von f:

Gegeben sei ein Baum $B \in \mathbb{B}_n$. Es wird eine Folge $x = f(B) \in \{1, \ldots, n\}^{n-2}$ konstruiert.

```
begin
   Setze i := 1;
   while i < n − 2 do
   begin
      sei j die Endecke des verbliebenen Baums
      mit kleinster Nummer, entferne j und
      die Kante jk aus dem Baum,
      setze x_i := k und i := i + 1;
   end
end
```

Definition von g:

Gegeben sei eine Folge $x = (x_1, \ldots, x_{n-2}) \in \{1, \ldots, n\}^{n-2}$. Es wird ein Baum $B = g(x) \in \mathbb{B}_n$ konstruiert.

```
begin
   for t = 1 to n do
      setze d(t) := 1+ (Anzahl der r mit x_r = t);
   setze i := 1;
   while i < n − 2 do
   begin
      sei j die kleinste Ecke mit d(j) = 1, ziehe
      eine Kante von j nach x_i und setze
      d(j) := 0, d(x_i) := d(x_i) − 1 und i := i + 1;
   end
```

verbinde die beiden Ecken mit d-Wert 1
durch eine Kante;
end

Den nun noch zu erbringenden Nachweis $g(f(B)) = B$ und $f(g(x)) = x$ wollen wir dem Leser als Übung überlassen.

6.2.2

Beispiele

Wir gehen zunächst von folgendem Baum B aus:

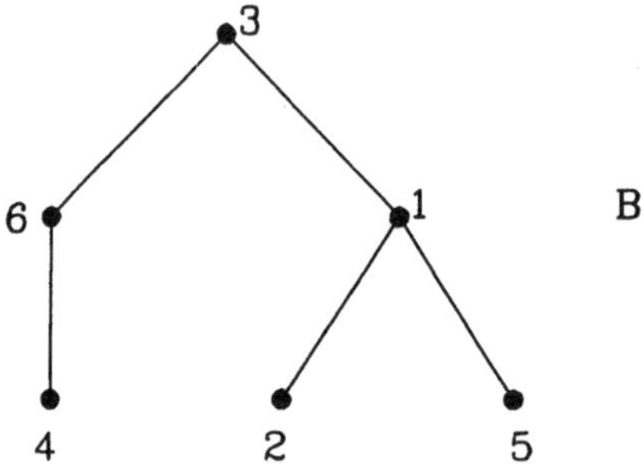

Die Anwendung des ersten Algorithmus ergibt die Folge $x = f(B) = (1,6,1,3)$: Zunächst ist 2 die kleinste Endecke, deren Nachbar ist 1, folglich wird $x_1 = 1$, usw..
Anwendung des zweiten Algorithmus auf die Folge $(1,6,1,3)$ ergibt nun wieder den Baum B als $g(x) = g(f(B))$: Zuerst ist 2 die kleinste Endecke mit d-Wert 1, sie wird mit $x_1 = 1$ verbunden; danach wird 4 mit 6, dann 5 mit 1 und 1 mit 3 verbunden; im letzten Schritt wird die Kante von 3 nach 6 gezogen.
Umgekehrt kann von einem beliebigen $x \in \{1,\ldots,6\}^4$ ausgegangen werden, z. B. $x = (4,4,3,6)$. Mit dem zweiten Algorithmus ergibt sich folgender Baum B als $g(x)$:

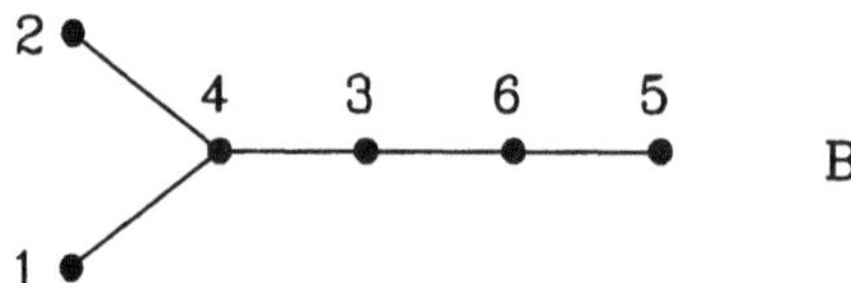

Anwendung des ersten Algorithmus ergibt wieder $x = f(B) = f(g(x))$.

6.2.3

Wir wollen die Frage nach Gerüsten hier auch zum Anlaß nehmen, noch einmal auf die Suchprinzipien "Breadth first search" und "Depth first search" einzugehen.
Wenn wir bei dem in 6.1.7 behandelten Algorithmus die Berechnung der d-Werte herausnehmen und stattdessen ein Gerüst konstruieren, so kommen wir zu dem folgenden Algorithmus. Er unterscheidet sich von dem in 3.1.4 behandelten Algorithmus nur dadurch, daß die Reihenfolge des Hinzunehmens von Ecken genauer beschrieben wird.

6.2.4

Algorithmus "Gerüst mit Breadth first search"

Gegeben sei ein zusammenhängender Graph $G = (E, K)$ auf der Eckenmenge $\{1, \ldots, n\}$, $N(e) \subseteq E$ sei zu $e \in E$ die Menge der Nachbarecken, $s \in E$ fest gewählt. Es wird ein Gerüst (E, K') konstruiert. Der Algorithmus verwendet als Datenstruktur eine Liste L.

```
begin
   Setze L := {s}, E' := {s}, K' := ∅;
   while E' ≠ E do
   begin
      entferne die erste Ecke v von L aus L;
      for w ∈ N(v) do
      begin
         if w ∉ E'
            then setze E' := E' ∪ {w},
            K' := K' ∪ {vw},
            füge w ans Ende von L an;
      end
   end
end
```

6.2.5

In Kontrast zu obigem Algorithmus, der den Graphen "in die Breite" untersucht und so ein Gerüst konstruiert, steht der folgende Algorithmus, der "in die Tiefe" geht. Der wesentliche Unterschied im Ablauf ist, daß die Liste L, an die Elemente angefügt werden, auch wieder von hinten abgebaut wird:

Algorithmus "Gerüst mit Depth first search"

begin
  Setze $L := \{s\}$, $E' := \{s\}$, $K' := \emptyset$;
  while $E' \neq E$ *do*
  begin
    repeat
      entferne den letzten Punkt v
      von L aus L
    until $N(v) \not\subseteq E'$;
    sei w die kleinste Ecke
    mit $w \in N(v)$, $w \notin E'$;
    setze $E' := E' \cup \{w\}$, $K' := K' \cup \{vw\}$,
    füge w ans Ende von L an;
  end
end

6.2.6

Man kann die Situation folgendermaßen beschreiben: funktioniert die Liste L nach dem Prinzip "first in - first out" (dem Prinzip einer Warteschlage), so macht man Breadth first search; arbeitet L nach "last in - first out" (Stapelspeicher), so ergibt sich Depth first search.

6.2.7

Die beiden unterschiedlichen Algorithmen werden an einem Beispiel illustriert.

Beispiel

Gegeben sei der vollständige Graph K_6 mit Eckenmenge $\{1, \ldots, 6\}$, die Ecke 1 sei als s gewählt.

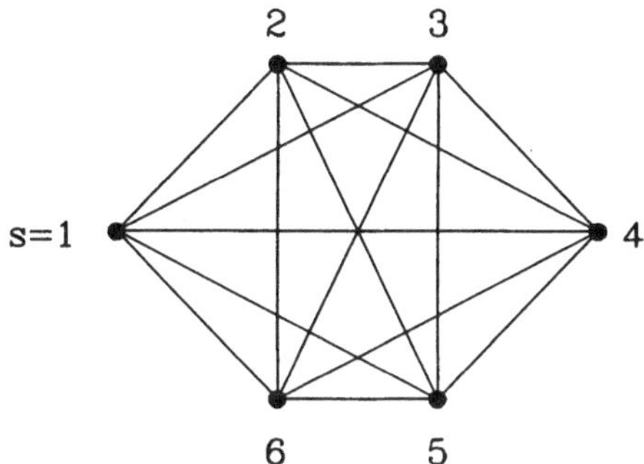

Mit Breadth first search erhält man das Gerüst G_1, mit Depth first search G_2.

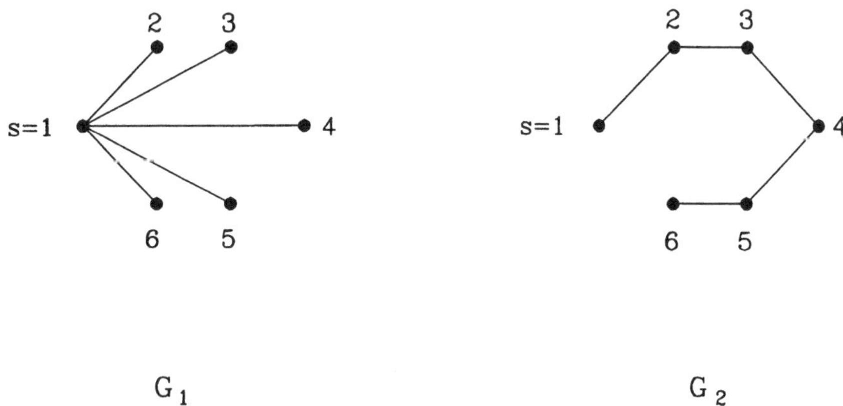

G_1 G_2

6.2.8

Wir wenden uns nun der Bestimmung minimaler Gerüste in beliebig bewerteten Graphen zu. Zuerst sollen jedoch Charakterisierungen minimaler Gerüste gegeben werden, mit deren Hilfe man sich dann später von der Korrektheit der angegebenen Algorithmen überzeugen kann.

Es sei B ein Gerüst in dem Graphen G und s eine nicht zu B gehörende Kante, also eine Sehne. Bereits in 1.3.8 hatten wir festgestellt, daß durch das Hinzufügen von s zu B genau ein (fundamentaler) Kreis entsteht, den wir nun mit $C_B(s)$ bezeichnen wollen.

6.2.9

Satz

Es sei (G, w) ein Netz und G zusammenhängend, B sei ein Gerüst von G. B ist genau dann minimal, wenn für jede Sehne s gilt:

$$w(s) \geq w(t) \text{ für alle Kanten } t \text{ in } C_B(s).$$

Beweis:

Zunächst sei B als minimal vorausgesetzt. Angenommen, es gibt eine Sehne s_0 und eine Kante t_0 in $C_B(s_0)$ mit $w(s_0) < w(t_0)$. Wenn wir nun aus B t_0 entfernen und stattdessen s_0 hinzufügen, so erhalten wir einen Baum B_0 von G mit kleinerem Gewicht, und dies ist ein Widerspruch. Also muß für jede Sehne s gelten $w(s) \geq w(t)$ für alle Kanten t in $C_B(s)$.
Umgekehrt sei nun $w(s) \geq w(t)$ für jede Sehne s und alle t in $C_B(s)$ erfüllt. Es sei B' ein minimales Gerüst. Wir zeigen, daß $\sum_{k \in B} w(k) = \sum_{k \in B'} w(k)$ gilt und somit B ebenfalls minimal ist. Gehört jede Kante von B' auch zu B, so muß $B = B'$ sein, und es ist nichts zu beweisen. Es sei nun k' eine Kante in B', die nicht zu B gehört. Entfernt man k' aus B', so zerfällt B' in zwei Teile B'_1 und B'_2; nimmt man nun die Kanten von $C_B(k')$ (mit Ausnahme von k') wieder hinzu, so werden B'_1 und B'_2 verbunden, d. h. es kann eine Kante k aus $C_B(k') \backslash \{k'\}$ gewählt werden, die eine Ecke von B'_1 mit einer von B'_2 verbindet. So sind wir also von B' durch Herausnahme von k' und Hinzufügen von k zu einem Gerüst B'' gekommen, und wegen der Minimalität von B' gilt $w(k) \geq w(k')$.
Andererseits muß nach der gemachten Voraussetzung aber auch $w(k') \geq w(k)$ gelten, d. h. es ist auch B'' als minimales Gerüst nachgewiesen, denn es gilt $\sum_{k \in B''} w(k) = \sum_{k \in B'} w(k)$. B'' hat mit B eine Kante mehr gemeinsam als B'.
Mit Induktion folgt jetzt, daß auch B ein minimales Gerüst ist.

6.2.10

Auch mit Hilfe fundamentaler Schnitte können die minimalen Gerüste charakterisiert werden. Dazu verwenden wir die folgende Bezeichnung: ist B ein Gerüst in dem Graphen G und z ein Zweig von B, so ist $S_B(z)$ der zugehörige fundamentale Schnitt.

6.2.11

Satz

Es sei (G, w) ein Netz und G zusammenhängend, B sei ein Gerüst von G. B ist genau dann minimal, wenn für jeden Zweig z von B gilt:

$$w(z) \leq w(t) \text{ für alle Kanten } t \text{ in } S_B(z).$$

Beweis:

Zunächst sei B als minimal vorausgesetzt. Angenommen, es gibt einen Zweig z_0 und eine Kante t_0 in $S_B(z_0)$ mit $w(z_0) > w(t_0)$. Man erhält durch Entfernen von z_0 aus B und Hinzufügen von t_0 ein Gerüst mit geringer Kantenbewertungssumme, ein Widerspruch zur Minimalität von B. Umgekehrt gelte nun für jeden Zweig z

$$w(z) \leq w(t) \text{ für alle Kanten } t \text{ in } S_B(z).$$

Wir führen den Beweis auf Satz 6.2.9 zurück, indem wir zeigen, daß für jede Sehne s die Ungleichung

$$w(s) \geq w(t) \text{ für jede Kante } t \text{ in } C_B(s) \text{gilt.}$$

Es sei also s eine Sehne bezüglich B und t ein Kante in $C_B(s)$. Wir betrachten den von dem Zweig t induzierten Schnitt $S_B(t)$. Da s zu $S_B(t)$ gehört, gilt aufgrund der Voraussetzung $w(t) \leq w(s)$, was auch gezeigt werden sollte.

6.2.12

Die folgende Bezeichnung wird im weiteren verwendet: ist E' eine Teilmenge der Eckenmenge E eines Graphen, so ist $[E', E \backslash E']$ der zugehörige Schnitt, also die Menge aller Kanten, die eine Ecke von E' mit einer aus $E \backslash E'$ verbinden.

6.2.13

Algorithmus von Prim

Gegeben sei ein Netz (G, w) auf dem zusammenhängenden Graphen $G = (E, K)$, $s \in E$ sei eine Ecke. Es wird ein minmales Gerüst (E, K') bestimmt.

begin
Setze $E' := \{s\}$, $K' := \emptyset$;
while $E' \neq E$ *do*
begin
sei k eine Kante aus $[E', E \backslash E']$ mit minimaler
Bewertung $w(k)$, e ihre Endecke in $E \backslash E'$;
setze $E' := E' \cup \{e\}$, $K' := K' \cup \{k\}$;
end
end

6.2.14

Satz

Der Algorithmus von Prim bestimmt ein minimales Gerüst mit Komplexität $O(|E|^2)$.

Beweis:

Daß mit dem Algorithmus ein Gerüst aufgebaut wird, leuchtet sofort ein, denn es wird wie in 3.1.4 bei jedem Schritt von dem bereits konstruierten Baum eine Kante zu einer noch nicht erfassten Ecke gezogen. Mit 6.2.11 folgt, daß es sich bei dem Ergebnis um ein minimales Gerüst handelt, denn die Auswahl der Kanten im Algorithmus erfolgt gerade so, daß die Bedingung in 6.2.11 erfüllt ist. Die Komplexitätsaussage ist ebenfalls offensichtlich.

6.2.15

Beispiel

Wir greifen das Netz aus 5.1.2 noch einmal auf, die Ecke C sei als Startecke s gewählt

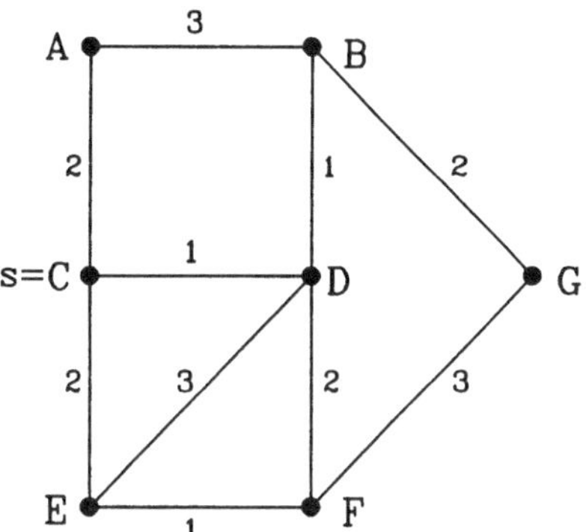

Die folgenden Diagramme zeigen die Folge der Bäume, wie sie beim Durchlaufen des Algorithmus von Prim produziert werden (mit der Zusatzregel, daß bei mehreren Möglichkeiten die alphabetisch erste Ecke genommen wird). Endresultat ist dasselbe minimale Gerüst wie in 5.1.2..

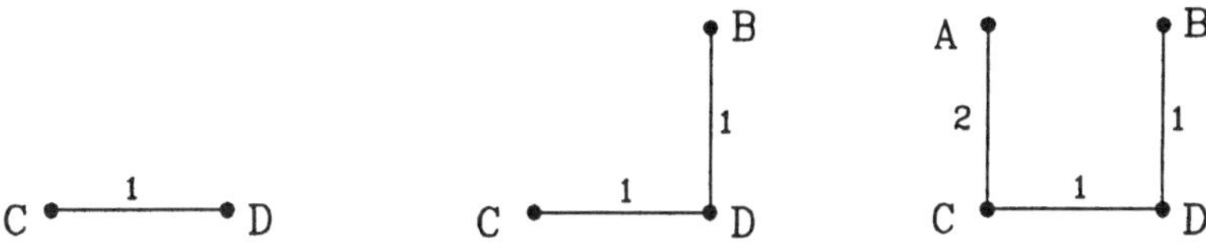

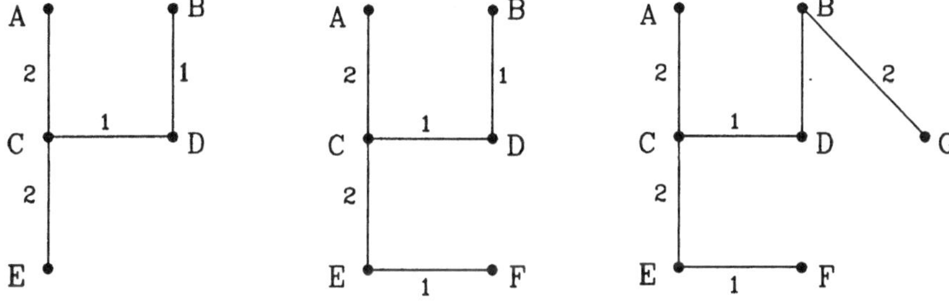

6.2.16

Die Grundidee des Algorithmus von Prim ist es, von einer Ecke ausgehend einen Baum schrittweise zu einem Gerüst wachsen zu lassen, indem man in jedem Schritt einen möglichst kurzen Zweig neu hinzufügt. Beim nun zum Abschluß behandelten Algorithmus von Kruskal können die Zwischenergebnisse Wälder sein, die sich erst zum Schluß zu einem Gerüst zusammenfügen; er hat oft eine geringere Laufzeit als der Algorithmus von Prim, geht aber von "der Größe nach" geordneten Kanten aus:

6.2.17

Algorithmus von Kruskal

Gegeben sei ein Netz (G, w) auf dem zusammenhängenden Graphen $G = (E, K)$ mit $K = \{k_1, \ldots, k_m\}$, und es gelte $w(k_1) \leq w(k_2) \leq \ldots \leq w(k_m)$. Es wird ein minimales Gerüst (E, K') bestimmt.

begin
  Setze $K' := \emptyset$;
  for $i = 1$ *to* m *do*
    if k_i bildet mit den Kanten in K' keinen Kreis
      then setze $K' := K' \cup \{k_i\}$;
end

6.2.18

Satz

Der Algorithmus von Kruskal bestimmt ein minimales Gerüst.

Der Beweis dieses Satzes ergibt sich sofort aus 6.2.9, denn durch die Auswahl der Kanten im Algorithmus ist sichergestellt, daß die Bedingung für die Sehnen in 6.2.9 erfüllt ist.

6.2.19

Mit gutem Grund haben wir in 6.2.18 keine Komplexitätsaussagen gemacht. Um dies tun zu können, müßte nämlich der in dem Algorithmus verwendete Test, ob k_i mit den bereits gewählten Kanten einen Kreis bildet, genauer beschrieben werden. Wir wollen darauf an dieser Stelle nicht näher eingehen und nur erwähnen, daß man bei geschicktem Vorgehen so zu einer Komplexität von $O(|K| log|K|)$ für den Algorithmus von Kruskal kommen kann. Dies ist für

Graphen mit relativ wenigen Kanten ("dünne Graphen") besser als $O(|E|^2)$ beim Algorithmus von Prim.

6.2.20

Es wird nochmals das Beispiel 6.2.15 aufgegriffen, die Kanten seien wie im folgenden Bild numeriert. Die weiteren Diagramme zeigen dann die erhaltenen Teilgraphen mit einem minimalen Gerüst als Endresultat.

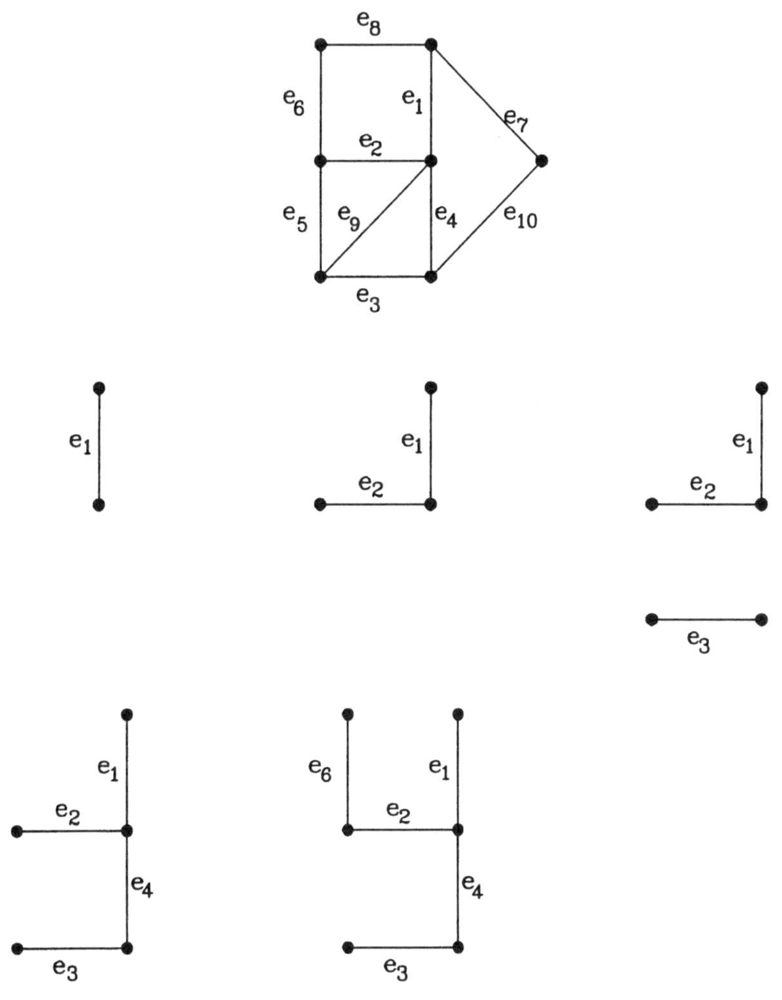

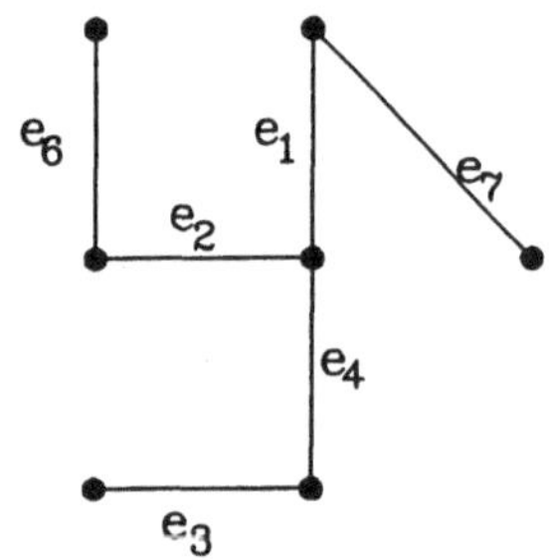

(e_5 wurde nicht gewählt, denn es führt zu einem Kreis)

Beispielaufgabe 6.2

Erläutern Sie den Unterschied zwischen den Algorithmen von Prim und Kruskal.

Lösung

Die Algorithmen von Prim und Kruskal bestimmen jeweils ein minimales Gerüst für ein gegebenes Netz. Der Algorithmus von Prim geht folgendermaßen vor: Ausgehend von einer Kante mit kleinstem Gewicht wird iterativ jeweils eine Ecke mit einer Kante so hinzugenommen, daß diese Kante unter den zu neuen Ecken führenden Kanten minimales Gewicht hat; auf diese Weise "wächst" ein Baum zu einem minimalen Gerüst. Beim Algorithmus von Kruskal müssen die Kanten zunächst "der Größe nach" (bezüglich der gegebenen Bewertung) geordnet werden; dann wählt man jeweils die kleinste Kante und erklärt sie als zum aufzubauenden Gerüst gehörig, sofern sie mit den bereits gewählten Kanten keinen Kreis bildet. Beim Algorithmus von Kruskal können die Zwischenergebnisse Wälder sein, die sich erst zum Schluß zum Gerüst zusammenfügen.

Aufgabe 6.1

Bestimmen Sie für das im folgenden Diagramm dargestellte Netz (G, w) die Abstände zwischen je zwei Ecken mit dem Algorithmus von Floyd-Warshall.

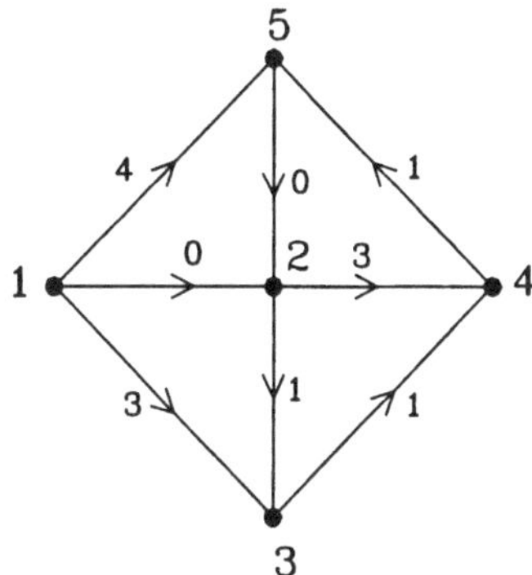

Aufgabe 6.2

Es sei (G, w) ein Netz ohne negative Kreise, zu jeder Ecke $e \in E$ sei $N(e)$ die Menge aller Nachbar- bzw. Nachfolgerecken. Zeigen Sie, daß der folgende Algorithmus von Bellmann-Ford die Abstände von der Ecke s mit Komplexität $O(|E|^3)$ berechnet:

begin
  Setze $d(s) := 0$;
  for $e \in N(s)$ *do* setze $d(e) := w(se)$;
  for $e \in E \backslash (N(s) \cup \{s\})$ *do* setze $d(e) := \infty$;
  repeat
    for $e \in E$ *do* setze $d'(e) := d(e)$,
    for $e \in E$ *do* setze
      $d(e) := min\{d'(e), min\{d'(f) + w(fe) | fe \in K\}\}$
  until $d(e) = d'(e)$ für alle $e \in E$;
end

Aufgabe 6.3

Es sei (G, w) ein Netz, in dem je zwei Kanten verschiedene Bewertungen haben. Zeigen Sie, daß (G, w) genau ein minimales Gerüst besitzt.

7. Flüsse

7.1 Einführung

Bei der Untersuchung von Flüssen in Netzen geht es um die folgende Grundfrage: Wieviel kann von einer "Quelle" q zu einer "Senke" s transportiert werden, wenn obere Kapazitätsbeschränkungen für die einzelnen Verbindungen gegeben sind? Dabei werden wir im folgenden stets von einem Digraphen ausgehen, die Ergebnisse lassen sich in der Regel leicht auf den ungerichteten Fall übertragen. Ein Beispiel für einen Fluß in einem Netz haben wir bereits bei der Einführung von Bewertungen kennengelernt (vgl. 5.1.3). Es folgt nun die formale Definition.

7.1.1

Es sei $G = (E, K)$ ein Digraph und $c : K \to \mathbb{R}_0^+$ eine Kantenbewertung (Kapazität) mit Werten aus den nicht-negativen reellen Zahlen; q und s seien Ecken in G derart, daß s von q aus erreichbar ist (auf einem gerichteten Weg), jedoch kein Bogen von s nach q führt. Die Struktur $N = (G, c, q, s)$ wird ein *Fluß-Netz* genannt. Ein *Fluß* auf N ist eine Kantenbewertung $f : K \to \mathbb{R}_0^+$ mit den folgenden Eigenschaften:

i. $0 \leq f(k) \leq c(k)$ für alle $k \in K$;

ii. für jede Ecke e mit $e \neq q$, $e \neq s$ gilt

$$\sum_{k^+=e} f(k) = \sum_{k^-=e} f(k).$$

Die beiden Bedingungen besagen, daß der Fluß auf keiner Kante die Kapazität überschreitet, und daß (von Quelle q und Senke s abgesehen) in jede Ecke genauso viel hineinfließt wie herauskommt. Die Voraussetzung, daß es keine Kante sq gibt, ist für die nächsten Überlegungen nicht nötig, jedoch ist sie in den Anwendungen meist gegeben und hilft außerdem, eine schärfere Abgrenzung zu den später behandelten Zirkulationen vorzunehmen.

7.1.2

Beispiel

In dem folgenden Diagramm gibt bei jeder Kante die in Klammern gesetzte Zahl die Kapazität, die davor stehende Zahl den Fluß auf der betreffenden Kante an:

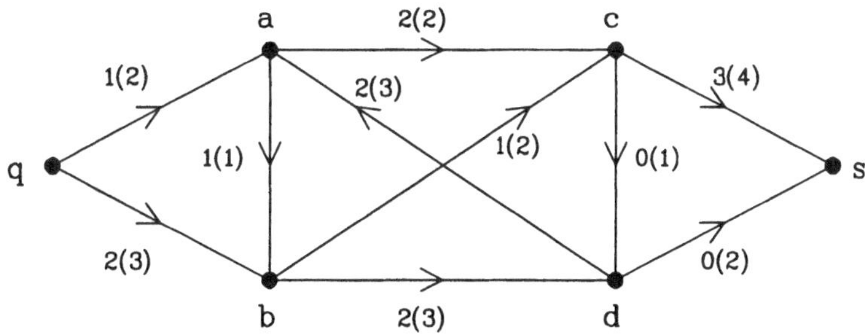

Fluß-Netz N_1 mit Fluß f_1

Beim zweiten Beispiel haben alle Kanten dieselbe Kapazität 1:

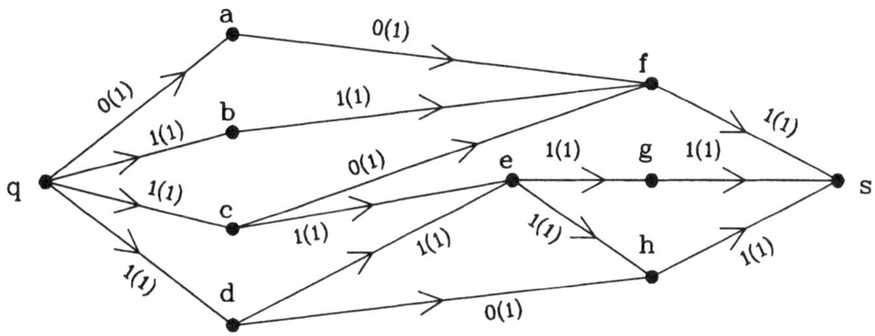

Fluß-Netz N_2 mit Fluß f_2

7.1.3

Bei beiden obigen Beispielen fließt aus q ebensoviel heraus wie in s hinein, nämlich hier jeweils ein Gesamtfluß von 3. Dies ist kein Zufall, wie die folgende Überlegung zeigt:

Hilfssatz

Für einen Fluß f auf einem Fluß-Netz $N = (G, c, q, s)$ gilt stets

$$\sum_{k^-=q} f(k) - \sum_{k^+=q} f(k) = \sum_{k^+=s} f(k) - \sum_{k^-=s} f(k).$$

Beweis:

Da der Fluß auf jeder Kante aus einer Ecke heraus und in eine zweite hineinfließt, gilt

$$\sum_{e\in E}\sum_{k^+=e} f(k) = \sum_{e\in E}\sum_{k^-=e} f(k)$$

oder

$$\begin{aligned} &\sum_{e\in E\setminus\{q,s\}}\ \sum_{k^+=e} f(k) + \sum_{k^+=q} f(k) + \sum_{k^+=s} f(k) \\ = \quad &\sum_{e\in E\setminus\{q,s\}}\ \sum_{k^-=e} f(k) + \sum_{k^-=q} f(k) + \sum_{k^-=s} f(k). \end{aligned}$$

Aufgrund von Bedingung (ii) in der Definition eines Flusses sind die Doppelsummen auf beiden Seiten der Gleichung identisch, und die Behauptung folgt.

7.1.4

Der in obigem Hilfssatz betrachtete Wert heißt der *Wert des Flusses f* und wird mit $w(f)$ bezeichnet. Ein Fluß f wird *maximal* genannt, wenn für jeden anderen Fluß f' auf demselben Netz gilt $w(f') \leq w(f)$.
Das Hauptproblem, mit dem wir uns als nächstes beschäftigen, ist die Konstruktion eines maximalen Flusses für ein gegebenes Fluß-Netz. Es sei jedoch darauf hingewiesen, daß - abgesehen von dem Problem der effektiven Konstruktion - aus unserer bisherigen Darstellung selbst die *Existenz* eines maximalen Flusses nicht klar ist; zwar wird das gegebene Netz mit den Kapazitäten als endlich vorausgesetzt, aber es wäre ja auch denkbar, daß eine Folge $f_1, f_2, \ldots f_k, \ldots$ von Flüssen existiert mit $w(f_i) < w(f_{i+1})$ für alle i, ohne daß eine Art "Grenzwertfluß" existiert. Es wird jedoch in Kürze gezeigt werden, daß es stets einen maximalen Fluß gibt.

7.1.5

Im zweiten Beispiel von 7.1.2 hat der Fluß auf den Kanten immer den Wert 0 oder 1, und es gilt $w(f_2) = 3$. Man kann daraus drei kantendisjunkte Wege (d. h. Wege ohne gemeinsame Kanten) von q nach s konstruieren: von q ausgehend wählt man einen Weg nach s, der aus lauter Kanten k mit $f_2(k) = 1$ besteht;

dann ändert man auf diesen Kanten den Flußwert zu 0 - so entsteht ein Fluß f_2' mit $w(f_2') = 2$ - und verfährt genauso usw.. In unserem Beispiel können sich so etwa die Wege $q \to b \to f \to s$, $q \to c \to e \to h \to s$ und $q \to d \to e \to g \to s$ ergeben.
Hat man umgekehrt m viele kantendisjunkte Wege von einer Ecke q zu einer Ecke s in einem beliebigen Digraphen, so induzieren diese Wege einen Fluß f mit $w(f) = m$ in dem Netz, welches entsteht, wenn allen Kanten des Digraphen die Kapazität 1 zugeordnet wird.

7.1.6

Beispiel

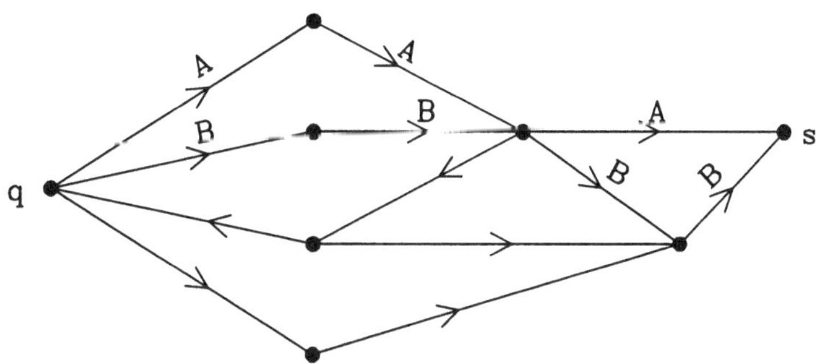

Im obigen Diagramm sind mit A und B zwei kantendisjunkte Wege von q nach s in dem Digraphen angegeben. Sie führen zu dem im folgenden Bild dargestellten Fluß-Netz bzw. Fluß:

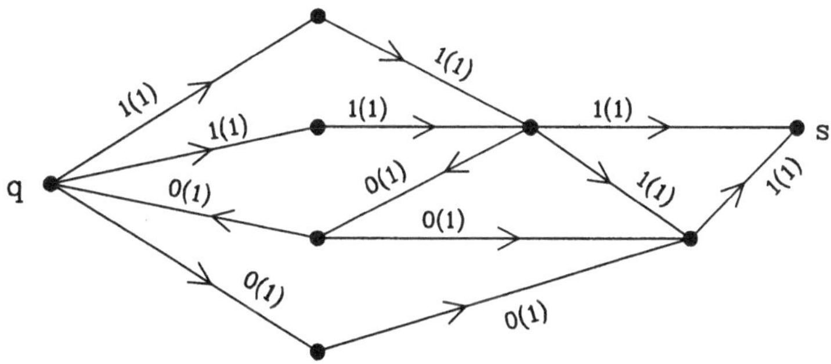

7.1.7

Einen Fluß, der die Kanten des gegebenen Fluß-Netzes nur mit den Werten 0 oder 1 bewertet, nennt man 0-1-*Fluß*. Der soeben skizzierte Zusammen-

hang zwischen 0-1-Flüssen und kantendisjunkten Wegen ist bei der Frage der Zuverlässigkeit von Kommunikationsnetzen von Interesse. Gibt es nämlich in einem Digraphen m kantendisjunkte Wege von einer Ecke q zu einer Ecke s, so bedeutet dies, daß beliebige $m-1$ Verbindungen (Kanten) ausfallen können und dann immer noch ein Weg von q nach s (auf dem z. B. Nachrichten gesendet werden können) intakt ist. Ein Maß für die Zuverlässigkeit des Netzes (bezüglich der Wege von q nach s) ist also die maximale Anzahl kantendisjunkter Wege, und diese entspricht - wie oben gezeigt - dem maximalen Wert eines 0-1-Flusses. Wie wir bald sehen werden, kann man für ein Fluß-Netz mit identischer Kapazitätsbewertung 1 für alle Kanten einen maximalen Fluß konstruieren, der 0-1-Fluß (und damit auch maximaler 0-1-Fluß) ist. Damit ist dann das geschilderte Problem der Zuverlässigkeitsanalyse gelöst.
Wir werden auf diesen Zusammenhang an späterer Stelle noch einmal zurückkommen.

7.1.8

In Kapitel 5 wurden Zirkulationen als solche Kantenbewertungen f definiert, bei denen jede Ecke e sozusagen eine ausgeglichene Bilanz hat, d. h. es gilt

$$\sum_{k^+=e} f(k) = \sum_{k^-=e} f(k).$$

Bei einem Fluß auf einem Fluß-Netz fordern wir dies für die Ecken außer q und s, und wir haben in 7.1.3 gezeigt, daß dann genauso viel aus q heraus wie in s hineinfließt. Dies bedeutet: fügen wir dem Digraphen $G = (E, K)$ eine Kante k_{sq} von s nach q hinzu, und erweitern wir einen gegebenen Fluß f auf $N = (G, c, q, s)$ zu einer Abbildung $f' : K' = K \cup \{k_{sq}\} \to \mathbb{R}_0^+$, indem wir

$$f'(k_{sq}) = w(f)$$

setzen, so ist f' eine Zirkulation auf $G' = (E, K')$.
Durch den Übergang von den Flüssen zu den Zirkulationen fällt die Sonderrolle der Ecken q und s weg, wodurch die mathematische Behandlung oft etwas einfacher und durchsichtiger wird. Auch darauf wird an späterer Stelle noch einmal eingegangen.
Eine Zirkulation, die Kapazitätsbeschränkungen der Kanten respektiert, wird *zulässige Zirkulation* genannt. Beim soeben beschriebenen Übergang von einem Fluß zu einer Zirkulation setzt man $c'(k_{sq})$ groß genug an, um eine zulässige Zirkulation zu erhalten (z. B. $c'(k_{sq}) := \sum_{k \in K} |c(k)|$).

7.1.9

Beispiele

Die folgenden beiden Diagramme zeigen zu den in 7.1.2 dargestellten Flüssen die erweiterten Digraphen mit den zulässigen Zirkulationen:

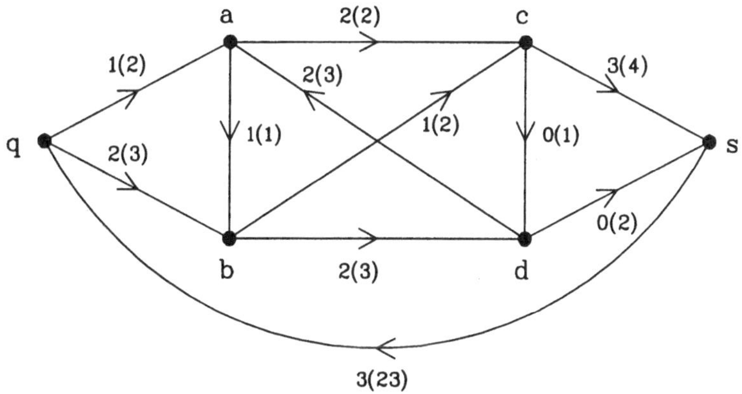

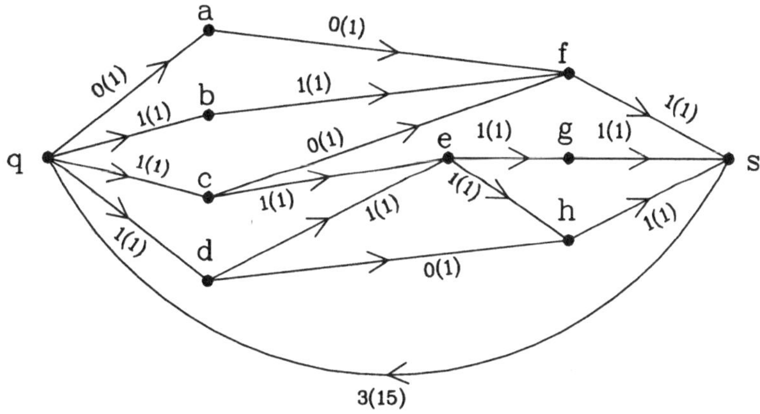

Beispielaufgabe 7.1

Erläutern Sie den Zusammenhang zwischen Flüssen und Zirkulationen.

Lösung

Ist f ein Fluß auf einem Fluß-Netz $N = (G, c, q, s)$, so kann man den Digraphen $G = (E, K)$ durch Hinzunahme einer zusätzlichen Kante k_{sq} zu einem Digraphen $G' = (E, K')$ erweitern und eine Kantenbewertung f' auf K' erklären durch

$$f'(k) := \begin{cases} f(k), & \text{falls } k \in K \\ w(f), & \text{falls } k = k_{sq} \ ; \end{cases}$$

f' ist dann eine Zirkulation auf G'. Erweitert man auch die Abbildung c zur Abbildung c', indem man z. B. $c'(k_{sq}) := \sum_{k \in K} |c(k)|$ setzt, so ergibt sich für den Digraphen G' mit der Kapazitätsbeschränkung c' für die Kanten, daß f' eine zulässige Zirkulation ist.
Sind umgekehrt ein Digraph $G = (E, K)$ mit einer Kapazitätsabbildung c für die Kanten und darauf eine zulässige Zirkulation f gegeben, und ist k irgendeine Kante in G, so ergibt sich durch Herausnehmen von k aus G ein Fluß von k^+ nach k^-, genauer gesagt: $f/K\backslash\{k\}$ ist ein Fluß in dem Fluß-Netz $(G\backslash k,\ c/K\backslash\{k\}, k^+, k^-)$.

7.2 Die Sätze von Ford und Fulkerson

7.2.1

Es sei $N = (G, c, q, s)$ ein Fluß-Netz. Der Wert $w(f)$ eines Flusses f kann offenbar nicht größer sein als die Summe der Kapazitäten der Kanten, die aus q hinausführen. Dies ist nur ein Spezialfall der folgenden Situation. $[Q, S]$ sei ein Schnitt von $G = (E, K)$ mit $q \in Q$ und $s \in S$. Einen solchen Schnitt nennt man einen *Schnitt des Fluß-Netzes* N. Die *Kapazität* des Schnittes $[Q, S]$ ist die Zahl

$$c(Q, S) = \sum_{\substack{k^- \in Q \\ k^+ \in S}} c(k).$$

Der Schnitt $[Q, S]$ heißt *minimal*, wenn er die kleinstmögliche Kapazität hat, d. h. wenn gilt $c(Q, S) \leq c(Q', S')$ für jeden Schnitt $[Q', S']$ von N.

7.2.2

Der folgende Satz ist von grundsätzlicher Wichtigkeit. Er besagt insbesondere, daß die Kapazität eines minimalen Schnitts eine obere Schranke für den Wert eines maximalen Flusses ist.

Hilfssatz

$N = (G, c, q, s)$ sei ein Fluß-Netz, $[Q, S]$ ein Schnitt und f ein Fluß. Dann gilt

$$w(f) \leq c(Q, S).$$

Beweis:

Nach Definition ist

$$w(f) = \sum_{k^- = q} f(k) - \sum_{k^+ = q} f(k).$$

Da für alle Ecken $e \in Q$ mit $e \neq q$ gilt

$$\sum_{k^- = e} f(k) - \sum_{k^+ = e} f(k) = 0,$$

können wir auch schreiben

$$w(f) = \sum_{e \in Q} \left(\sum_{k^- = e} f(k) - \sum_{k^+ = e} f(k) \right).$$

Da die Kanten, die innerhalb von Q verlaufen, bei dieser Summation gerade herausfallen, denn ihr Flußwert wird einmal positiv und einmal negativ mitgezählt, ergibt sich

$$w(f) = \sum_{\substack{k^- \in Q \\ k^+ \in S}} f(k) - \sum_{\substack{k^+ \in Q \\ k^- \in S}} f(k).$$

Wegen der Ungleichungen $f(k) \leq c(k)$ für die Kanten k mit $k^- \in Q$ und $k^+ \in S$ und $f(k) \geq 0$ für die Kanten k mit $k^+ \in Q$ und $k^- \in S$ folgt schließlich $w(f) \leq c(Q, S)$.

7.2.3

Es wird sich nun herausstellen, daß der Wert eines maximalen Flusses sogar *gleich* der Kapazität eines minimalen Schnittes ist. Um dies zeigen zu können, wird der Begriff des zunehmenden Weges benötigt.

$N = (G, c, q, s)$ sei ein Fluß-Netz, f ein Fluß. Ein ungerichteter Weg W von q nach s heißt *zunehmender Weg* (bezüglich f), wenn für jede Vorwärtskante k auf diesem Weg $f(k) < c(k)$ und für jede Rückwärtskante k' auf diesem Weg $f(k') > 0$ gilt.

7.2.4

Beispiel

Der ungerichtete Weg $q - a - d - s$ im ersten Beispiel aus 7.1.2 ist ein zunehmender Weg:

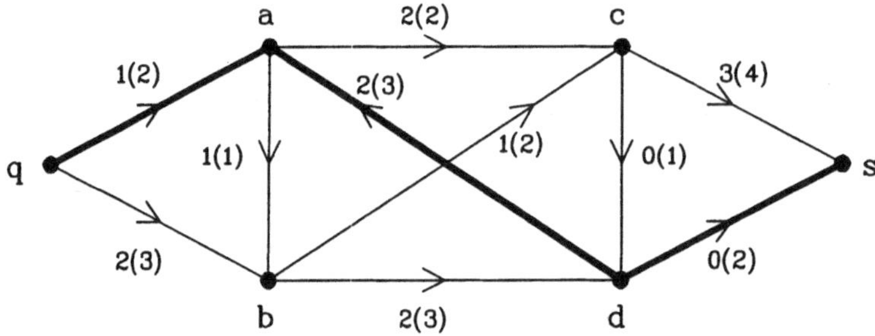

Man kann den Wert des Flusses hier offenbar erhöhen, indem man die f-Werte auf qa und ds um 1 erhöht und auf da um 1 erniedrigt.

7.2.5

Allgemein gilt:

Satz

Ein Fluß f auf einem Fluß-Netz N ist genau dann maximal, wenn es keinen zunehmenden Weg (bezüglich f) gibt.

Beweis:

f sei ein maximaler Fluß. Wir nehmen an, es gebe einen zunehmenden Weg W. Wir betrachten nun auf diesem Weg die Zahlen $f(k)-c(k)$ für die Vorwärtskanten und $f(k')$ für die Rückwärtskanten, w_{min} sei die kleinste aller dieser Zahlen. Nach Definition eines zunehmenden Weges folgt $w_{min} > 0$. Wir erklären nun einen neuen Fluß $f' : K \to \mathbb{R}_0^+$, indem wir auf dem Weg W die f-Werte verändern:

$$f'(k) \quad := \quad \begin{cases} f(k) + w_{min}, & \text{falls } k \text{ Vorwärtskante von } W \text{ ist} \\ f(k) - w_{min}, & \text{falls } k \text{ Rückwärtskante von } W \text{ ist} \\ f(k), \text{ sonst.} \end{cases}$$

Es ist leicht zu sehen, daß f' ein Fluß ist mit Wert $w(f') = w(f) + w_{min} > w(f)$, und dies widerspricht der Maximalität von f. Folglich war die Annahme der Existenz eines zunehmenden Weges falsch.
Nun sei umgekehrt vorausgesetzt, daß es keinen zunehmenden Weg von q nach s gibt. Q sei die Menge aller Punkte e, für die es einen zunehmenden Weg von q nach e gibt (dabei ist q eingeschlossen), und $S := E\backslash Q$. $[Q, S]$ ist wegen $s \notin Q$ bzw. $s \in S$ ein Schnitt von N. Es folgt, daß für jede Kante k mit $k^- \in Q$ und $k^+ \in S$ gelten muß $f(k) = c(k)$, denn im Falle $f(k) < c(k)$ würde es einen zunehmenden Weg von q nach k^+ geben im Widerspruch zur Definition von Q bzw. S. Genauso folgt, daß für jede Kante k mit $k^- \in S$ und $k^+ \in Q$ gelten muß $f(k) = 0$. Wegen

$$w(f) = \sum_{\substack{k^- \in Q \\ k^+ \in S}} f(k) - \sum_{\substack{k^+ \in Q \\ k^- \in S}} f(k) \quad \text{(vgl. 7.2.2)}$$

hat man $w(f) = c(Q, S)$. Daraus folgt, daß f maximal ist, denn für einen Fluß f' mit $w(f) < w(f')$ würde mit dem hier betrachteten Schnitt $[Q, S]$ gelten $c(Q, S) < w(f')$ im Widerspruch zur Aussage von 7.2.2.

7.2.6

Dem letzten Schluß im obigem Beweis liegt das folgende allgemeinere Prinzip zugrunde: Es seien A und B Mengen reeller Zahlen, wobei in A ein größtes Element $maxA$ und in B ein kleinstes Element $minB$ existieren. Ferner gelte $a \leq b$ für alle $a \in A$ und $b \in B$.
Gibt es nun ein A und B gemeinsames Element x (also $x \in A \cap B$), so folgt $A \cap B = \{x\}$ und $x = maxA = minB$. In Worten heißt dies: liegt A vollständig "links" von B, und überschneiden sich A und B, so haben sie genau einen Punkt gemeinsam, der das Maximum von A und das Minimum von B ist. Auf diesem Prinzip und Verallgemeinerungen davon beruhen eine Reihe von Sätzen in der Mathematik, man spricht hier auch von *min-max-Sätzen* .

7.2.7

Aus dem Beweis von 7.2.5 läßt sich unmittelbar eine Folgerung ableiten. Dabei wird für einen Fluß f auf einem Fluß-Netz $N = (G, c, q, s)$ die folgende Bezeichnung verwendet: Q_f sei die Menge aller von q aus auf einem zunehmenden Weg erreichbaren Ecken (einschließlich q) und $S_f = E \backslash Q_f$.

Folgerung

Für einen Fluß f auf einem Fluß-Netz N sind die folgenden Bedingungen äquivalent:

i. f ist maximal.

ii. Es gilt $s \in S_f$.

iii. $[Q_f, S_f]$ ist ein Schnitt von N mit $w(f) = c(Q_f, S_f)$.

7.2.8

Bereits im vorigen Abschnitt wurde das Problem der Existenz eines maximalen Flusses angesprochen, welches nun angegangen werden soll. Die bisherigen Ergebnisse liefern nur Aussagen, unter welchen Bedingungen ein gegebener Fluß maximal ist. Satz 7.2.5 legt es nahe, einen gegebenen Fluß mit Hilfe zunehmender Wege so lange zu vergrößern, bis kein zunehmender Weg mehr existiert - der erhaltene Fluß muß dann maximal sein. Die entscheidende Frage ist aber, wieso man bei dieser Vorgehensweise nach endlich vielen Schritten in die Situation kommt, daß kein zunehmender Weg mehr existiert. Ein erstes wichtiges Ergebnis in der gewünschten Richtung liefert der folgende Satz:

Satz

$N = (G, c, q, s)$ sei ein Netz, bei dem alle Kapazitäten $c(k)$ ganzzahlig sind. Dann gibt es einen maximalen Fluß f auf N derart, daß alle Werte $f(k)$ ganzzahlig sind.

Beweis:

Wir zeigen, wie ein solcher maximaler Fluß in endlich vielen Schritten mit Hilfe zunehmender Wege konstruiert werden kann. Zunächst wird durch $f_0(k) := 0$ für alle k ein Fluß mit Wert 0 definiert. Ist f_0 nicht maximal, so muß es nach 7.2.5 einen zunehmenden Weg W_0 (bezüglich f_0) geben. Die im Beweis von 7.2.5 vorkommende Zahl w_{min} ist jetzt eine positive ganze Zahl, die - wie dort dargestellt - Anlaß gibt zur Vergrößerung des Flusses zu einem Fluß f_1 mit $w(f_1) = w_{min}$, wobei alle Werte $f_1(k)$ $(k \in K)$ ganzzahlig sind. Ist f_1 nicht maximal, so muß wieder ein zunehmender Weg W_1 existieren usw.. Da bei diesem Verfahren in jedem Schritt der Wert des Flusses um eine positive ganze Zahl erhöht wird, muß nach endlich vielen Schritten ein Fluß f erhalten werden, für den es keinen zunehmenden Weg mehr gibt. f ist dann ein maximaler Fluß der gewünschten Art.

7.2.9

Beispiel

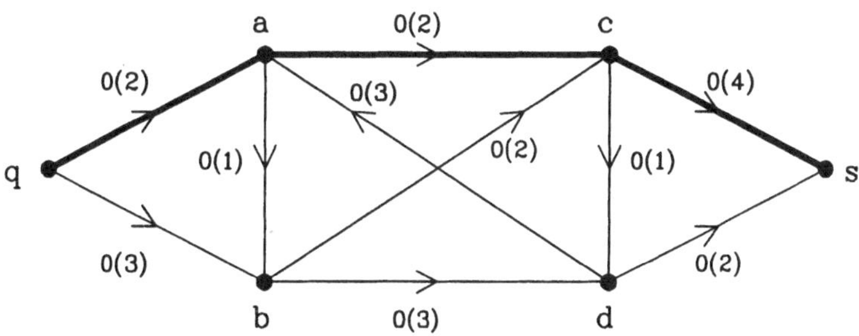

f_0 mit zunehmendem Weg W_0, $w_{min} = 2$

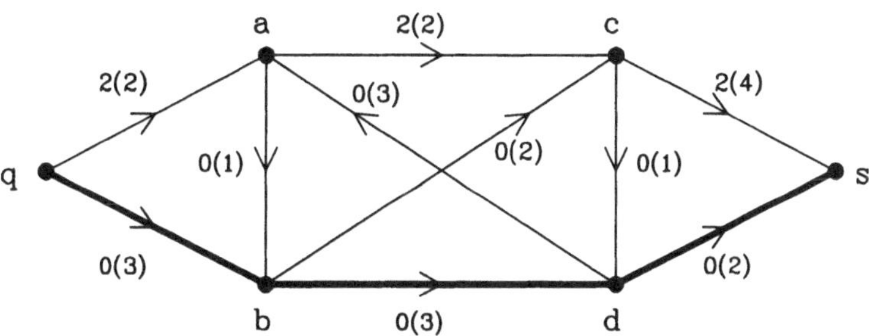

f_1 mit zunehmendem Weg W_1, $w_{min} = 2$

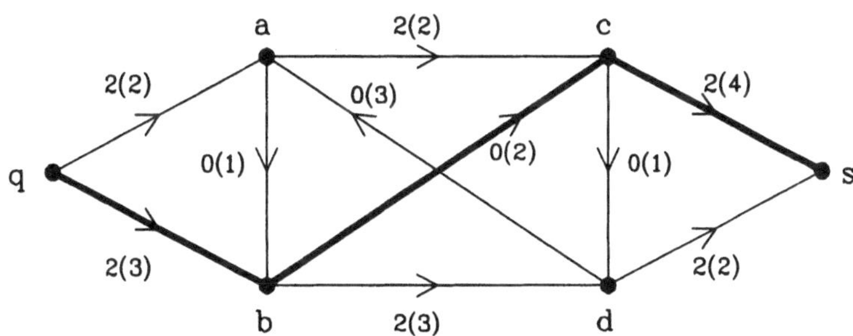

f_2 mit zunehmendem Weg W_2, $w_{min} = 1$

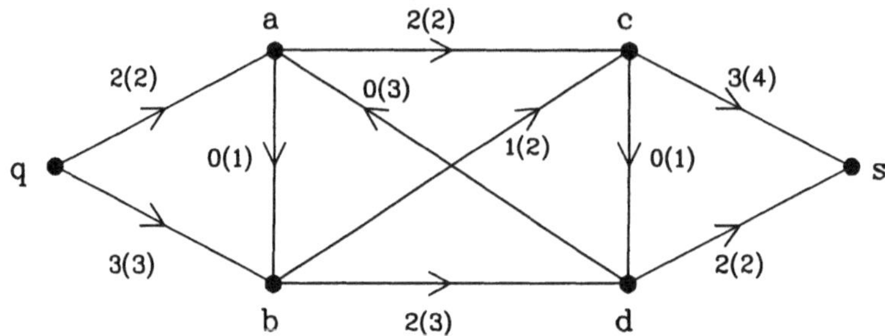

f_3

f_3 ist maximal, es gibt keinen zunehmenden Weg (von q nach s) bezüglich f_3. Es gilt sogar $Q_f = \{q\}$ (s. 7.2.7).

7.2.10

Wir können mit dem soeben bewiesenen Satz an die in 7.1.7 gemachten Bemerkungen zu 0-1-Flüssen anknüpfen und erhalten:

Folgerung

$N = (G, c, q, s)$ sei ein Fluß-Netz derart, daß $c(k)$ für jede Kante k den Wert 0 oder 1 hat. Dann gibt es einen maximalen Fluß, der 0-1-Fluß ist.

7.2.11

Der obige Satz ist auch die Basis für das im folgenden formulierte zentrale Ergebnis zu Flüssen in Netzen. Locker gesprochen, besagt das Ergebnis: "maximaler Fluß = minimaler Schnitt". Im Englischen spricht man vom "max-flow min-cut theorem".

Satz

Ist N ein Fluß-Netz, so ist der maximale Wert eines Flusses auf N gleich der minimalen Kapazität eines Schnittes in N.

Beweis:

Sind alle Kapazitäten ganzzahlig, so folgt die Aussage des Satzes aus 7.2.8 und 7.2.7. Sind alle Kapazitäten rationale Zahlen (also Brüche), so kann das Problem durch Multiplikation aller vorkommenden Zahlen mit ihrem Hauptnenner in ein äquivalentes Problem umgeformt werden, bei dem alle Kapazitäten ganzzahlig sind, d. h. auch für diesen Fall ist somit der Satz bewiesen. Es bleibt der Beweis zu führen für den Fall, daß beliebige reelle (also auch irrationale) Kapazitäten auftreten. Ein mathematischer Beweis könnte hier z. B. Stetigkeitsargumente verwenden und wäre sehr anspruchsvoll. Wir wollen jedoch den im nächsten Abschnitt behandelten Satz von Edmonds und Karp abwarten, mit dem ebenfalls die hier noch bestehende Lücke geschlossen werden kann.

7.2.12

Obiger Satz wurde im Jahre 1956 von L.R. Ford und D.R. Fulkerson bewiesen (s. auch deren im Literaturverzeichnis aufgeführtes Buch). Die noch bestehende Beweislücke spielt in der Praxis keine Rolle, da in einem Rechner ohnehin nur rationale Zahlen dargestellt werden können. Der in 7.3 behandelte Satz von Edmonds und Karp hat außer dem Schließen der Beweislücke auch die Funktion, den Algorithmus zur Bestimmung eines maximalen Flusses zu verbessern, dem wir uns als nächstes zuwenden.

7.2.13

Die Beweise von 7.2.8 und 7.2.11 stellen sicher, daß man bei vorgegebenem Fluß-Netz N durch wiederholte Flußvergrößerung mit Hilfe zunehmender Wege nach endlich vielen Schritten zu einem maximalen Fluß gelangt. Will man dies als Algorithmus formulieren, so muß man sich allerdings darüber Gedanken machen, wie man am geschicktesten jeweils einen zunehmenden Weg findet. Die Grundidee des Algorithmus von Ford und Fulkerson ist es, von q ausgehend schrittweise diejenigen Ecken zu markieren, zu denen es (von q aus) einen zunehmenden Weg gibt. Wird s markiert, so kann der vorliegende Fluß vergrößert werden. Die Markierung der Ecken wird so vorgenommen, daß (falls s markiert wurde) ein zunehmender Weg von s aus zurückverfolgt und die zugehörige Zahl w_{min}, die zur Abänderung der Werte $f(k)$ benötigt wird, direkt an der Markierung von s abgelesen werden kann.

Markierungsalgorithmus von Ford und Fulkerson

Gegeben sei ein Fluß-Netz $N = (G, c, q, s)$ mit ganzzahliger (oder rationaler) Kapazitätsfunktion c. Es wird ein maximaler Fluß f und der zugehörige minimale Schnitt $[Q_f, S_f]$ mit $w(f) = c(Q_f, S_f)$ bestimmt.
Die Funktion u mit den Werten 0 oder 1 dient dazu festzuhalten, welche markierten Ecken bereits abgesucht wurden; das Absuchen einer Ecke besteht darin, ihre noch nicht markierten Nachbarn zu markieren.

```
begin
  for k ∈ K do setze f(k) := 0;
  markiere q mit (−, ∞);
  for e ∈ E do setze u(e) := 0, d(e) := ∞;
  repeat
    wähle eine markierte Ecke e mit u(e) = 0;        *
    for k ∈ {k ∈ K | k⁻ = e} do
      if g = k⁺ ist nicht markiert und f(k) < c(k)
        then setze d(g) := min{c(k) − f(k), d(e)}, und
        markiere g mit (e, +, d(g));
    for k ∈ {k ∈ K | k⁺ = e} do
      if g = k⁻ ist nicht markiert und f(k) > 0
        then setze d(g) := min{f(k), d(e)}, und
        markiere g mit (e, −, d(g));
    setze u(e) := 1;
    if s ist markiert
      then d sei die letzte Komponente der Markierung von s;
    setze e := s;
    while e ≠ q do
    begin
      finde die erste Komponente g der Markierung von e;
      if die zweite Komponente der Markierung von e ist +
        then setze f(k) := f(k) + d für die Kante k = ge
          else setze f(k) := f(k) − d für die Kante k = eg;
      setze e := g;
    end
    lösche alle Markierungen, außer der von q;
    for e ∈ E do setze d(e) := ∞ und u(e) := 0
  until u(e) = 1 für alle markierten Ecken e;
  Q_f sei die Menge der markierten Ecken und S_f := E\Q_f;
end
```

7.2.14

Die Korrektheit dieses Algorithmus ergibt sich, wie bereits gesagt, aus den vorangegangenen Sätzen und ihren Beweisen. Diese Korrektheitsaussage, daß also der Markierungsalgorithmus einen maximalen Fluß und einen minimalen Schnitt bestimmt, wird oft auch als eigenständiger Satz formuliert, und zwar ebenfalls unter dem Namen *Satz von Ford und Fulkerson*.

7.2.15

Beispiel

Wir wollen den Algorithmus an dem bereits mehrfach betrachteten Beispiel illustrieren. Nach der Initialisierung hat man Flußwert 0 auf allen Kanten, und q ist mit $(-, \infty)$ markiert. Neben den Diagrammen sind die u- und d-Werte dargestellt.

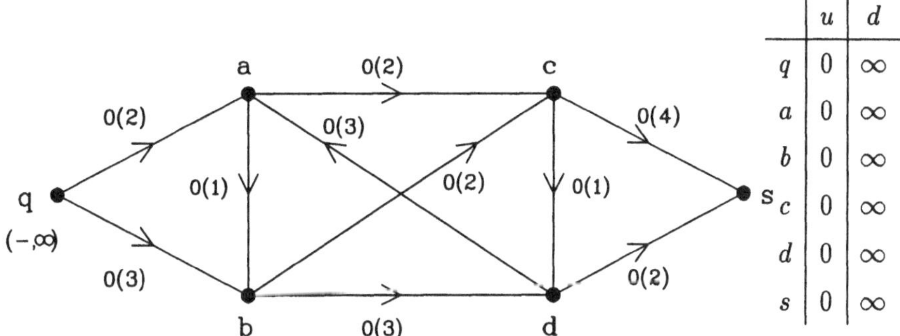

	u	d
q	0	∞
a	0	∞
b	0	∞
c	0	∞
d	0	∞
s	0	∞

In der Zeile * der repeat-Schleife kann zunächst nur q gewählt werden; dies führt zu der folgenden Situation, wo als nächstes a und b markiert sind:

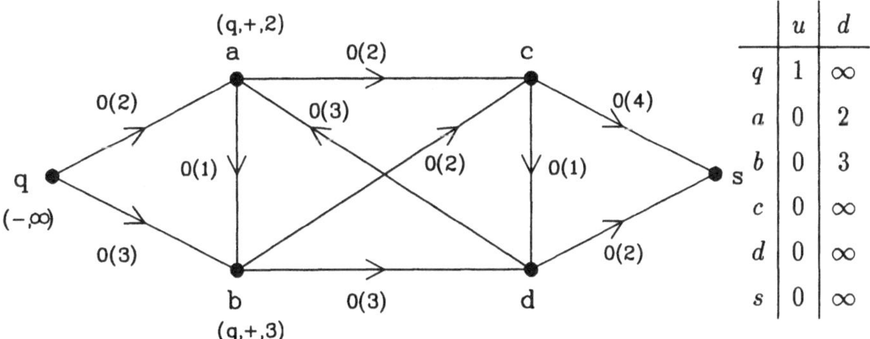

	u	d
q	1	∞
a	0	2
b	0	3
c	0	∞
d	0	∞
s	0	∞

s ist noch nicht markiert. Da nicht alle markierten Ecken abgesucht wurden (bzw. u-Wert 1 haben), kann in Zeile * nun z. B. die Ecke b gewählt werden. Dies führt zur Markierung von c und d:

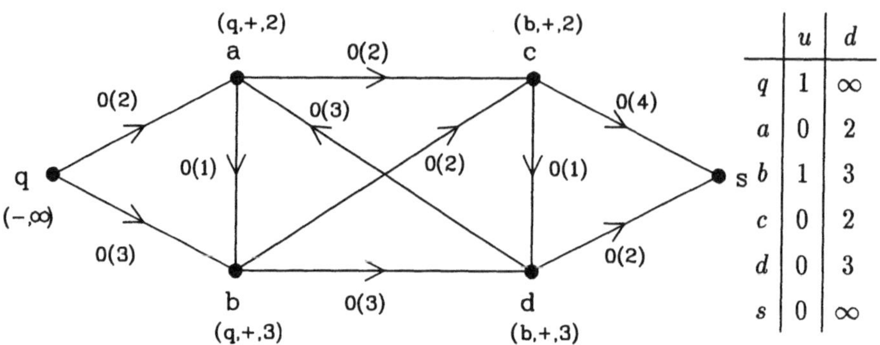

	u	d
q	1	∞
a	0	2
b	1	3
c	0	2
d	0	3
s	0	∞

s ist noch nicht markiert. Markierte, noch nicht abgesuchte Ecken sind a, c und d. Wird nun in Zeile * die Ecke a gewählt, so führt dies zu keinen neuen Markierungen; der einzige Effekt ist die Änderung von $u(a)$:

	u	d
q	1	∞
a	1	2
b	1	3
c	0	2
d	0	3
s	0	∞

Beim nächsten Schritt wählen wir c als markierte Ecke mit $u(c) = 0$; dies führt zu folgendem Diagramm:

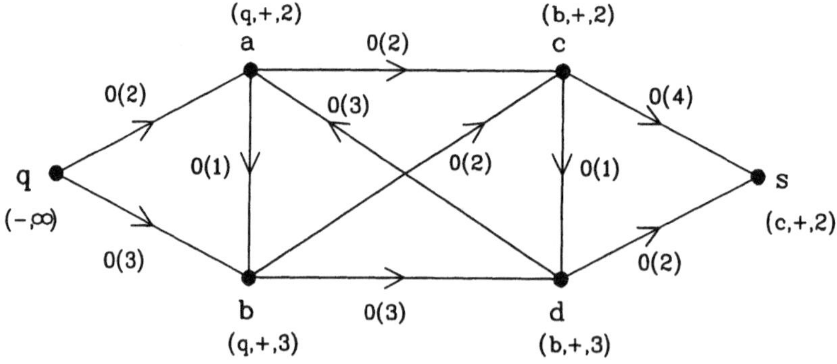

Nun wurde s markiert. Dies führt zur Flußvergrößerung entlang des Weges $q \to b \to c \to s$, der von s aus rückwärts ermittelt wird. Mit dem neuen Fluß wird wieder der Beginnzustand hergestellt (Löschen der Markierungen usw.), man hat die im folgenden Diagramm dargestellte Situation:

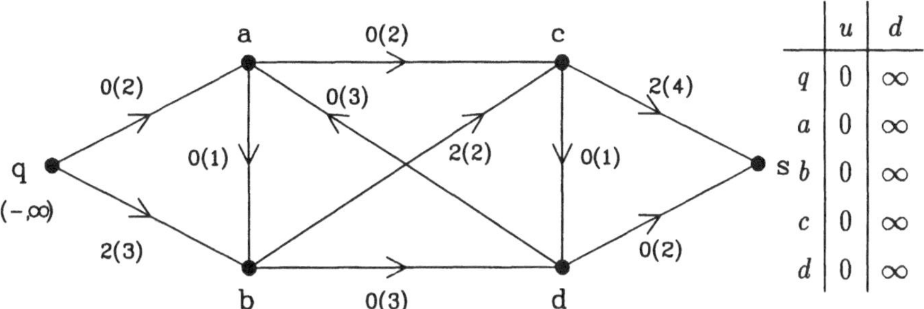

	u	d
q	0	∞
a	0	∞
b	0	∞
c	0	∞
d	0	∞

Nun gibt es wieder eine markierte Ecke mit u-Wert 0, nämlich q, und der Markierungs- und Absuchprozeß startet von neuem. Wir wollen die Beschreibung des Beispiels hier abkürzen und stellen im nächsten Diagramm eine Situation dar, wie sie sich nach zwei Flußvergrößerungen (bei entsprechender Wahl in Zeile * des Algorithmus) darstellen kann:

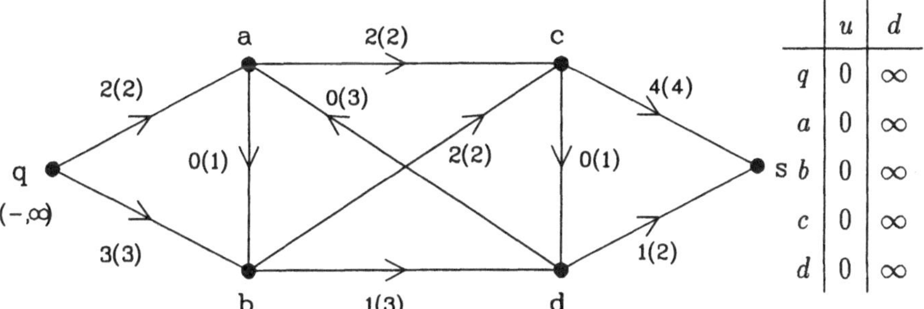

	u	d
q	0	∞
a	0	∞
b	0	∞
c	0	∞
d	0	∞

Nun kann in Zeile * wieder nur q gewählt werden, was jedoch nicht zu weiteren Markierungen führt. Da $u(q) = 1$ gesetzt wird, ist die until-Bedingung erfüllt, die zum Abbruch der repeat-Schleife führt, und es wird $Q_f = \{q\}$ und $S_f = \{a, b, c, d, s\}$ gesetzt. Der vorliegende Fluß mit Wert 5 ist maximal, $[Q_f, S_f]$ ist ein minimaler Schnitt mit $c(Q_f, S_f) = 5$.

7.2.16

In dem soeben behandelten Beispiel ist deutlich geworden, daß die getroffene Auswahl einer markierten, noch nicht abgesuchten Ecke (Zeile * im Algorithmus) den weiteren Ablauf des Algorithmus - etwa die Anzahl der noch auszuführenden Iterationen - beeinflußt. In der Tat kann man an Beispielen aufzeigen, daß der Algorithmus in der bisher beschriebenen Form, also mit dem Freiheitsgrad in Zeile *, nicht polynomial ist. Bei einer Kapazitätsfunktion, die auch irrationale Werte annimmt, muß das Verfahren weder abbrechen noch gegen einen maximalen Fluß konvergieren - ein Beispiel hierfür ist in dem Buch von Ford und Fulkerson zu finden. All diese Probleme werden wir im nächsten Abschnitt lösen, wo die Zeile * des Algorithmus durch eine präzisere Anweisung ersetzt wird.

7.2.17

Zum Markierungsalgorithmus wollen wir schließlich noch anmerken, daß selbstverständlich nicht unbedingt - wie hier in 7.2.13 - mit dem 0-Fluß (d. h. $f(k) = 0$ für jede Kante k) begonnen werden muß. Stattdessen kann mit einem beliebigen Fluß f initialisiert und dann der identische Algorithmus angewendet werden.

Beispielaufgabe 7.2

Gegeben sei das folgende Fluß-Netz N:

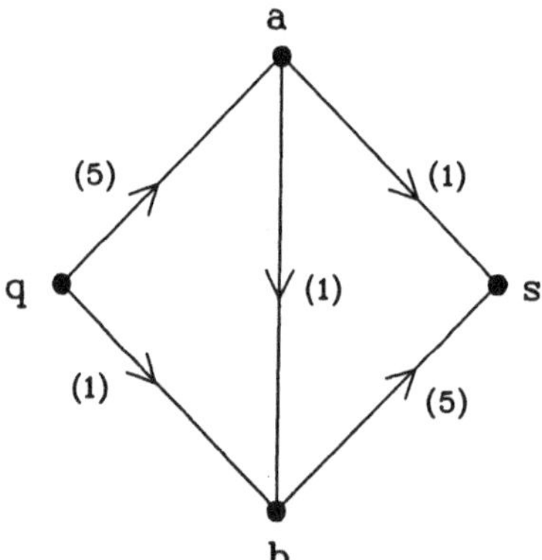

Bestimmen Sie den maximalen Fluß-Wert auf N durch Betrachtung aller Schnitte und Anwendung des "max-flow min-cut"-Theorems. Warum führt diese Vorgehensweise nicht zu einem guten Algorithmus?

Lösung

Für jeden Schnitt $[Q, S]$ von N muß gelten $q \in Q$ und $s \in S$. Es gibt die folgenden vier Möglichkeiten:

$$\begin{array}{llll} Q = \{q\}, & S = \{a, b, s\} & \text{mit} & c(Q, S) = 6; \\ Q = \{q, a\}, & S = \{b, s\} & \text{mit} & c(Q, S) = 3; \\ Q = \{q, b\}, & S = \{a, s\} & \text{mit} & c(Q, S) = 10; \\ Q = \{q, a, b\}, & S = \{s\} & \text{mit} & c(Q, S) = 6. \end{array}$$

Offenbar ist der zweitgenannte Schnitt $[\{q,a\},\{b,s\}]$ minimal, und nach dem "max-flow min-cut"-Theorem ist der maximale Fluß-Wert auf diesem Fluß-Netz 3.
Die Betrachtung aller Schnitte, um den Wert eines maximalen Flusses zu ermitteln, führt nicht zu einem polynomialen Algorithmus, denn es gibt 2^{n-2} viele Schnitte eines Fluß-Netzes, wenn n die Anzahl der Ecken ist.

7.3 Der Satz von Edmonds und Karp

7.3.1

Wir betrachten nun die folgende Modifikation des Markierungsalgorithmus von Ford und Fulkerson: die Zeile * des Algorithmus wird durch den Schritt

> e sei unter allen Ecken mit $u(e) = 0$ die am früȟesten markierte Ecke; **

ersetzt. Diese Modifikation wurde von J. Edmonds und R.M. Karp 1972 in einer Arbeit vorgeschlagen, der so modifizierte Algorithmus wird als *Algorithmus von Edmonds und Karp* bezeichnet.
Es liegt auf der Hand, daß bei dieser Variante des Algorithmus immer ein zunehmender Weg mit möglichst wenig Kanten bestimmt und zur Flußvergrößerung verwendet wird. Der Grund ist, daß wie beim "Breadth first search"-Verfahren stets zunächst dort weitergesucht wird, wo man zuerst markiert hat.

7.3.2

Satz von Edmonds und Karp

Der Algorithmus von Edmonds und Karp bestimmt einen maximalen Fluß f und einen minimalen Schnitt $[Q_f, S_f]$ für ein beliebiges Fluß-Netz N mit reeller Kapazitätsfunktion c. Der Algorithmus hat Komplexität $O(|E| \cdot |K|^2)$.

Beweis:

Der Algorithmus werde auf ein beliebiges Fluß-Netz $N = (G, c, q, s)$ mit reeller Kapazitätsfunktion c angewandt. Der Algorithmus geht aus von dem Null-Fluß f_0, die weiteren dann erhaltenen Flüsse bezeichnen wir mit $f_1, f_2, \ldots, f_i, \ldots$. $x_e(i)$ sei die kürzeste Länge (hinsichtlich Kantenanzahl) eines zunehmenden Weges von q nach e bezüglich f_i. Entscheidend für den

Beweis ist nun die folgende Behauptung, die wir zuerst zeigen wollen: es gilt

$$x_e(i+1) \geq x_e(i) \quad \text{für alle } i \ \text{ und } e.$$

Angenommen, es gilt $x_e(i+1) < x_e(i)$ für eine Ecke e und eine Zahl i. Wir können o.B.d.A. auch voraussetzen, daß $x_e(i+1)$ minimal ist unter allen Zahlen der Form $x_g(j+1)$, die obige Ungleichung verletzen (d. h. für die $x_g(j+1) < x_g(j)$ gilt). k sei die letzte Kante in einem kürzesten zunehmenden Weg von q nach e bezüglich f_{i+1}. k sei eine Vorwärtskante, also $k = he$ für eine Ecke h; es muß nun $f_{i+1}(k) < c(k)$ sein. Es gilt $x_e(i+1) = x_h(i+1)+1$, und nach den Voraussetzungen über e ist $x_h(i+1) \geq x_h(i)$, womit sich insgesamt die Beziehung $x_e(i+1) \geq x_h(i)+1$ ergibt. Es ist nun aber $f_i(k) = c(k)$, denn sonst müßte $x_e(i) \leq x_h(i)+1$ und somit doch $x_e(i+1) \geq x_e(i)$ sein. Wegen $f_{i+1}(k) < c(k)$ bedeutet dies, daß die Kante k beim Schritt von f_i nach f_{i+1} als Rückwärtskante verwendet worden sein muß. Da der gewählte zunehmende Weg bezüglich f_i kürzeste Länge hatte, ergibt sich daraus $x_h(i) = x_e(i)+1$ und $x_e(i+1) \geq x_e(i)+2$ im Widerspruch zu unseren Voraussetzungen.
In ähnlicher Weise verläuft der Beweis, wenn die Kante k eine Rückwärtskante ist. Damit ist die Allgemeingültigkeit der Ungleichung $x_e(i+1) \geq x_e(i)$ gezeigt.
Analog wird die Ungleichung

$$y_e(i+1) \geq y_e(i)$$

bewiesen, wobei $y_e(i)$ die Länge eines kürzesten zunehmenden Weges von e nach s bezüglich f_i ist.
Aus all diesen abgeleiteten Ungleichungen läßt sich nun eine obere Schranke für die Anzahl der durch den Algorithmus vorgenommenen Flußvergrößerungen herleiten. Dazu beobachten wir zunächst, daß bei jeder Änderung des Flusses mindestens eine Kante des zunehmenden Weges "kritisch" ist in dem Sinne, daß der Fluß durch diese Kante entweder bis zur Kapazität erhöht oder auf 0 gesenkt wird.
Es sei $k = he$ eine kritische Kante im zunehmenden Weg bezüglich f_i; dieser Weg besteht aus $x_e(i) + y_e(i) = x_h(i) + y_h(i)$ vielen Kanten. Wenn k beim nächsten Mal (etwa bezüglich f_j) in einem zunehmenden Weg verwendet wird, muß k in umgekehrter Richtung verwendet werden: war es für f_i eine Vorwärtskante, so ist es für f_j eine Rückwärtskante (und umgekehrt). Angenommen, k war für f_i eine Vorwärtskante. Wir schließen $x_e(i) = x_h(i)+1$ und $x_h(j) = x_e(j)+1$. Aus den gezeigten Ungleichungen folgt $x_e(j) \geq x_e(i)$ und $y_h(j) \geq y_h(i)$ und somit

$$x_h(j) + y_h(j) = x_e(j) + 1 + y_h(j) \geq x_e(i) + 1 + y_h(i) = x_h(i) + y_h(i) + 2.$$

Der zunehmende Weg bezüglich f_j ist also um mindestens zwei Kanten länger als der zunehmende Weg bezüglich f_j. Ein analoger Schluß läßt sich natürlich ziehen, wenn k bezüglich f_i eine Rückwärtskante war.

Da ein zunehmender Weg nicht mehr als $|E|-1$ viele Kanten enthalten kann, kann folglich jede Kante in höchstens $\frac{|E|-1}{2}$ vielen Flußvergrößerungen kritisch sein, was insgesamt bedeutet: der Fluß kann in dem Algorithmus höchstens $O(|E| \cdot |K|)$-mal vergrößert werden. Der Algorithmus muß also abbrechen, auch bei irrationalen Kapazitätswerten.
Da das Auffinden eines zunehmenden Weges und die entsprechende Flußvergrößerung jeweils $O(|K|)$ viele Schritte erfordern, ergibt sich insgesamt eine Komplexität von $O(|E| \cdot |K|^2)$.

7.3.3

Beispiel

Wir wollen den Algorithmus von Edmonds und Karp an folgendem Beispiel illustrieren, wo der 0-Fluß und die Kapazitäten der Kanten im Diagramm eingetragen sind:

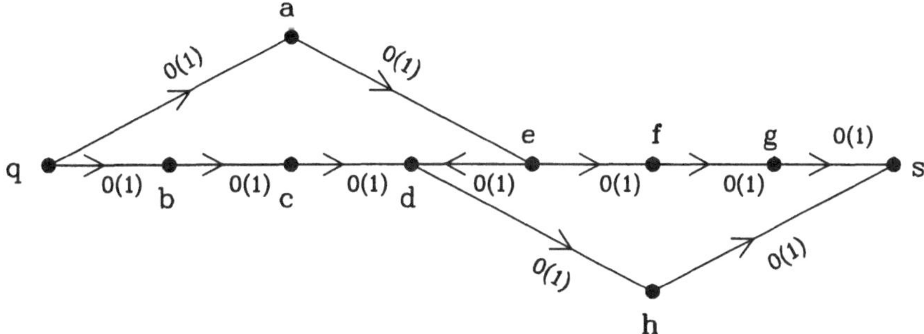

Damit bei der Bestimmung eines zunehmenden Weges die neue Zeile ** des Algorithmus ausgeführt werden kann, muß die Reihenfolge der Markierungen der Ecken festgehalten werden. Am einfachsten realisiert man das (auch bei einer Implementierung) mit Hilfe einer Warteschlange. Bei der Behandlung des Beispiels werden wir (neben dem Diagramm) die markierten Ecken untereinanderschreiben und aus dieser Spalte von oben jeweils die nächste abzusuchende Ecke bestimmen - nach dem Absuchen (d. h. der Markierung der Nachbarn) wird die Ecke "abgehakt". So entsteht beim ersten Schritt folgendes Bild:

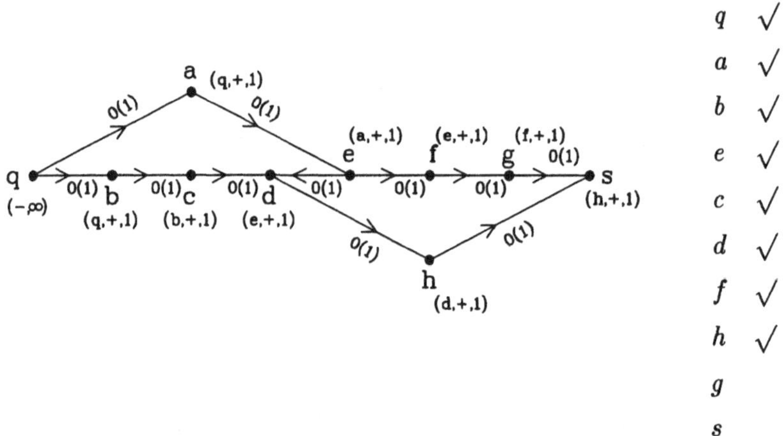

Der zunehmende Weg ist $q \to a \to e \to d \to h \to s$, man kommt zum hier dargestellten Fluß:

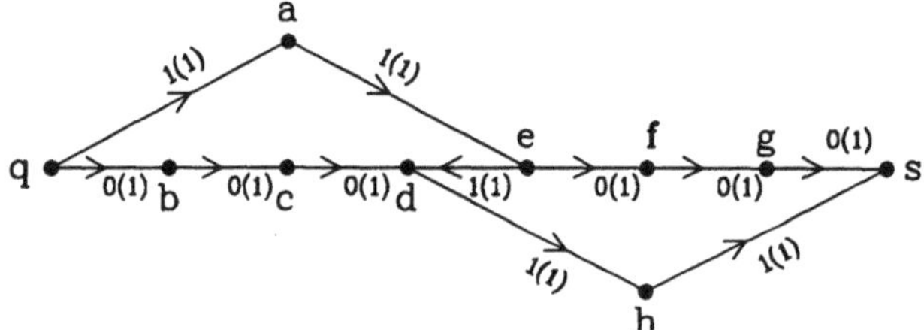

Beim zweiten Schritt bekommt man folgendes Bild:

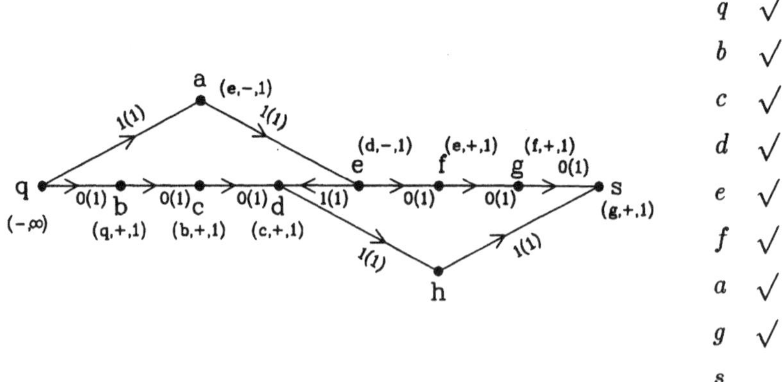

Der ermittelte zunehmende Weg ist $q \to b \to c \to d \leftarrow e \to f \to g \to s$, man kommt zu folgendem Fluß: $f_2 = f$:

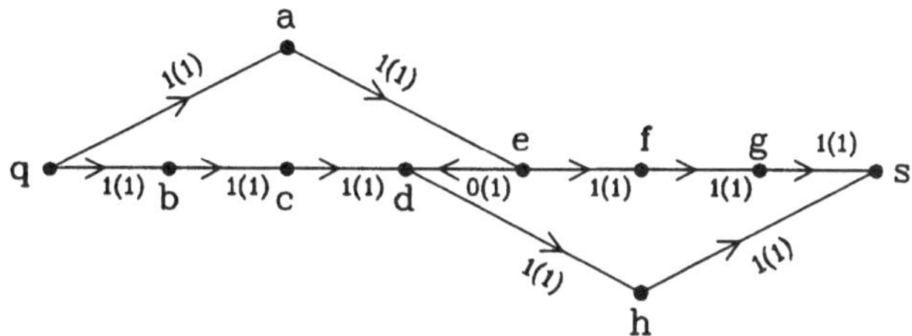

Der Fluß ist maximal: der Algorithmus stoppt beim nächsten Schritt, und man hat $Q_f = \{q\}$, $S_f = \{a, b, \ldots, h, s\}$ mit $c(Q_f, S_f) = 2$ und $w(f) = 2$.

7.3.4

Nach dem Satz und dem Algorithmus von Edmonds und Karp wollen wir das Problem der Bestimmung maximaler Flüsse vorerst nicht weiter behandeln. Auf Varianten bzw. andere Aspekte dieses Problems wird in den nächsten Abschnitten eingegangen.
Zum Abschluß sollte jedoch noch erwähnt werden, daß neben den Algorithmen von Ford und Fulkerson bzw. Edmonds und Karp weitere Verfahren untersucht wurden, die von der Komplexität her zwar schlechter dastehen, in konkreten Fällen (mit nicht zu großen Netzen) jedoch mitunter schneller zum Ziel kommen; z. B. besteht ein solches Verfahren darin, stets einen zunehmenden Weg zu suchen, der zu einer größtmöglichen Erhöhung des Flusses führt. Näher Interessierte müssen wir hier auf die umfangreiche Literatur zu diesem Thema verweisen.

Beispielaufgabe 7.3

Erläutern Sie die Vorteile des Algorithmus von Edmonds und Karp gegenüber dem Algorithmus von Ford und Fulkerson.

Lösung

Der Algorithmus von Edmonds und Karp zur Bestimmung eines maximalen Flusses auf einem Fluß-Netz ist bei beliebigen reellen Kapazitätsbeschränkungen für die Kanten anwendbar, außerdem ist er polynomial (bezüglich der Ecken- bzw. Kantenanzahl des zugrundeliegenden Digraphen). Der Algorithmus von Ford und Fulkerson hat keine dieser Eigenschaften.

7.4 Eine kombinatorische Anwendung: Der Satz von Menger

7.4.1

Bereits in 7.1.5 wurden kantendisjunkte Wege zwischen zwei Ecken in einem Digraphen betrachtet, und es wurde auf den Zusammenhang mit 0-1-Flüssen hingewiesen. Wir wollen nun einen *min-max*-Satz über die Anzahl kantendisjunkter Wege beweisen, der sich auf das "max-flow min-cut theorem" 7.2.11 stützt. Dabei heißt eine Menge $A \subseteq K$ von Kanten in einem Digraphen (E, K) eine q und s *trennende Kantenmenge* (q, s sind beliebige Ecken), wenn jeder gerichtete Weg von q nach s eine Kante aus A enthält.

Satz

$G = (E, K)$ sei ein Digraph, q und s seien Ecken in G. Dann ist die Maximalzahl gerichteter kantendisjunkter Wege von q nach s gleich der minimalen Elementeanzahl in einer q und s trennenden Kantenmenge.

Beweis:

Wir betrachten das Fluß-Netz N auf G, bei dem jede Kante Kapazität 1 hat. Dabei ist vorausgesetzt, daß s von q aus erreichbar ist, sonst ist die Behauptung ohnehin erfüllt. Wie wir bereits bemerkt haben, liefern i kantendisjunkte Wege von q nach s in G einen 0-1-Fluß f auf N vom Wert i, und umgekehrt können jedem 0-1-Fluß f auf N mit Wert i ebensoviele kantendisjunkte Wege von q nach s in G zugeordnet werden (allerdings nicht in eindeutiger Weise). Die Maximalzahl kantendisjunkter Wege von q nach s ist also gleich dem maximalen Wert eines 0-1-Flusses auf N, welcher nach 7.2.10 mit dem Wert eines maximalen Flusses übereinstimmt. Nach 7.2.11 ist dies die minimale Kapazität eines Schnitts in N. Wir zeigen nun, daß die minimale Elementeanzahl einer q und s trennenden Kantenmenge in G gleich der Kapazität eines minimalen Schnitts in N ist, womit dann die Behauptung folgt.
Jeder Schnitt $[Q, S]$ von N liefert offenbar die trennende Kantenmenge $A = \{k \in K | k^- \in Q, k^+ \in S\}$ mit $|A| = c(Q, S)$. Umgekehrt sei nun A eine minimale q und s trennende Kantenmenge. Q_A sei die Menge derjenigen Ecken e, die von q aus auf einem gerichteten Weg ohne Kanten aus A erreichbar sind, $S_A := E \backslash Q_A$. $[Q_A, S_A]$ ist ein Schnitt in N. Es muß nun jede Kante k mit $k^- \in Q_A$ und $k^+ \in S_A$ in A enthalten sein - dabei ist o.B.d.A. vorausgesetzt worden, daß s von jeder Ecke aus, insbesondere von k^- aus, erreichbar ist. Wegen der Minimalität von A folgt $A = \{k \in K | k^- \in Q_A, k^+ \in S_A\}$, und $|A|$ ist die Kapazität des (minimalen) Schnitts $[Q_A, S_A]$. Damit ist der Beweis erbracht.

7.4.2

Wir behandeln nun den Satz von Menger, bei dem es um eckendisjunkte Wege geht. Entsprechend werden trennende Eckenmengen betrachtet: bei gegebenem $G = (E, K)$ und $q, s \in E$ heißt $B \subseteq E$ eine q und s *trennende Eckenmenge*, wenn jeder gerichtete Weg von q nach s eine Ecke aus B enthält. Der folgende berühmte Satz wurde von K. Menger im Jahre 1927 bewiesen. Wir bedienen uns hier im Beweis allerdings des Satzes 7.4.1, der erst 1956 von L.R. Ford und D.R. Fulkerson veröffentlicht wurde.

Satz von Menger

Es sei $G = (E, K)$ ein gerichteter Graph, $q, s \in E$ seien nicht-benachbarte Ecken. Dann ist die Maximalzahl eckendisjunkter Wege von q nach s gleich der minimalen Elementeanzahl einer q und s trennenden Eckenmenge.

Beweis:

Wir konstruieren von G ausgehend einen Digraphen G', indem wir jede Ecke e von G (außer q und s) durch zwei neue Ecken e' und e'' ersetzen. Die Kanten k in G mit $k^+ = e$ kommen in G' bei e' an (also $k^+ = e'$), im Falle $k^- = e$ in G wird $k^- = e''$ in G'. Ferner führt für jedes e in G eine Kante von e' nach e'' in G'. Ein Beispiel des Übergangs von G nach G' ist im folgenden Diagramm dargestellt:

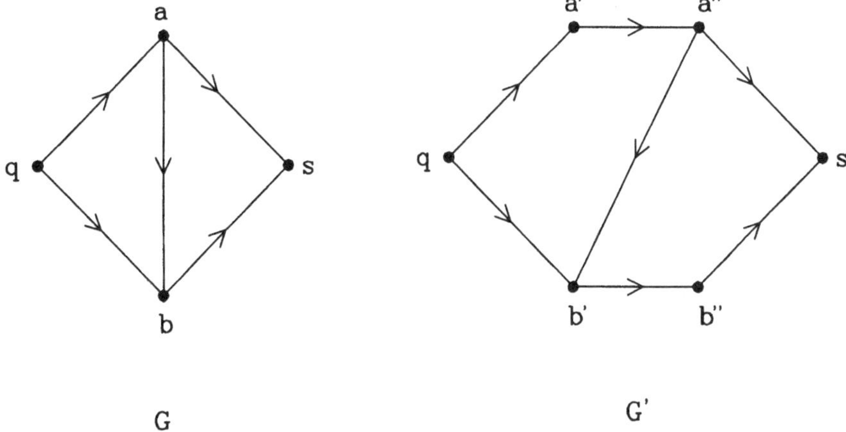

Wir wenden nun den Satz 7.4.1 über trennende Kantenmengen auf G' an. Zunächst kann festgestellt werden, daß eckendisjunkte Wege in G kantendisjunkten Wegen in G' entsprechen. Damit folgt, daß die Maximalzahl eckendisjunkter Wege in G gleich der minimalen Elementeanzahl einer q und

s trennenden Kantenmenge in G' ist. Da man sich nun darauf beschränken kann, solche trennenden Kantenmengen von G' zu betrachten, die nur Kanten der Form $e'e''$ enthalten (eine Kante der Form $a''b'$ kann man immer durch $a'a''$ ersetzen), und da solche trennenden Kantenmengen wiederum trennenden Eckenmengen in G entsprechen, ist damit der Beweis abgeschlossen.

7.4.3

Wir wollen das Problem der Zuverlässigkeit von Wegen in Kommunikationsnetzen (s. 7.1.5) noch einmal im Lichte der hier in 7.4.1 und 7.4.2 behandelten Sätze betrachten. Beide Sätze sind übrigens - bei entsprechender Übertragung der Begriffe - in identischer Formulierung auch für ungerichtete Graphen richtig. Ob man nun das Augenmerk auf Kanten- oder auf Eckendisjunktheit der Wege legt - Ergebnis der Sätze ist, daß sich die Zuverlässigkeit (oder maximale Anzahl disjunkter Wege) in jedem Falle nach der minimalen Anzahl von Leitungen bzw. Zwischenstationen richtet, die so ausgewählt sind, daß jeder Weg (von der Anfangs- zur Zielstation) eine von ihnen benutzen muß.

Beispielaufgabe 7.4

Ein Graph G stelle ein Datennetz dar, A und B seien Stationen (Ecken). Beschreiben Sie, wie man feststellen kann, wieviele Leitungen (Kanten) maximal ausfallen dürfen, so daß auf jeden Fall immer noch ein Weg von A nach B genutzt werden kann.

Lösung

Da die Ergebnisse des vorliegenden Abschnitts sämlich für Digraphen formuliert sind, geht man von G zunächst zu dem Digraphen $\tilde{G}$ über, indem man jede Kante von G durch zwei entgegengesetzt gerichtete Kanten ersetzt (vgl. 4.2.4). Im Digraphen $\tilde{G}$ ordnet man nun jeder gerichteten Kante k die Kapazität $c(k) = 1$ zu. Man kann nun für das Fluß-Netz $(\tilde{G}, c, A, B)$ mit dem Algorithmus von Edmonds und Karp einen maximalen 0-1-Fluß ermitteln. Dessen Wert $w(f)$ stimmt mit der maximalen Anzahl kantendisjunkter Wege von A nach B in $\tilde{G}$ überein. Dabei muß es auch $w(f)$ viele kantendisjunkte Wege von A nach B in $\tilde{G}$ geben derart, daß für jede Kante $\{x, y\}$ von G nur eine der gerichteten Kanten xy bzw. yx von irgendeinem dieser Wege genutzt wird. Es ist dann $w(f) - 1$ auch die maximale Anzahl von Kanten bzw. Leitungen, die in G ausfallen dürfen, so daß immer noch ein Weg von A nach B intakt ist.

7.5 Weitere kombinatorische Anwendungen

7.5.1

Im Abschnitt 7.4 wurde mit dem Satz von Menger ein kombinatorischer *min-max*-Satz über Wege in Graphen behandelt, wobei der Beweis sich auf die zuvor erhaltenen Ergebnisse über Flüsse - insbesondere den Satz von Ford und Fulkerson - stützte. In diesem Abschnitt werden wir den Satz von Menger dazu nutzen, zwei weitere "klassische" Sätze der Graphentheorie abzuleiten, nämlich den Satz von König und Egerváry und den Satz von Hall. Bei diesen beiden Sätzen geht es um Korrespondenzen in bipartiten Graphen.

7.5.2

Es sei $G = (E_1 \cup E_2, K)$ ein (ungerichteter) bipartiter Graph. Nach Definition (s. 1.2.29) hat jede Kante einen Endpunkt in E_1 und den anderen in E_2, wobei die Eckenmengen E_1 und E_2 disjunkt sind. Eine Menge $M \subseteq K$ von Kanten heißt eine *Korrespondenz* (oder: *Paarung*), wenn keine Kanten aus M benachbart sind. Die Bezeichnung "Korrespondenz" erklärt sich so, daß mittels der Kanten aus M einige Ecken aus E_1 zu gewissen Ecken aus E_2 korrespondieren bzw. diesen eindeutig zugeordnet sind.

7.5.3

Beispiel

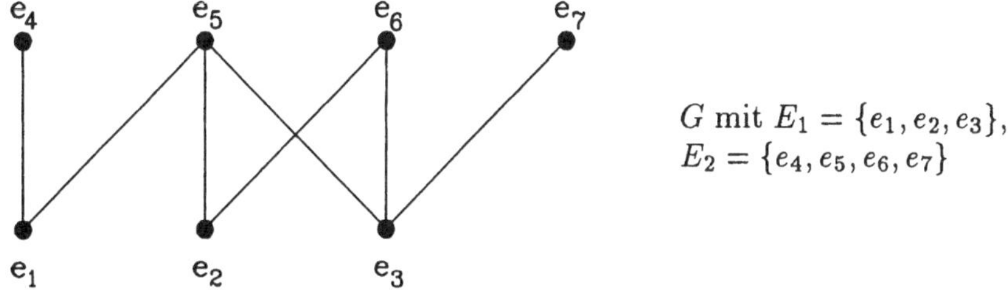

In den folgenden beiden Diagrammen sind Korrespondenzen M_1 bzw. M_2 durch verstärkt gezeichnete Kanten herausgehoben:

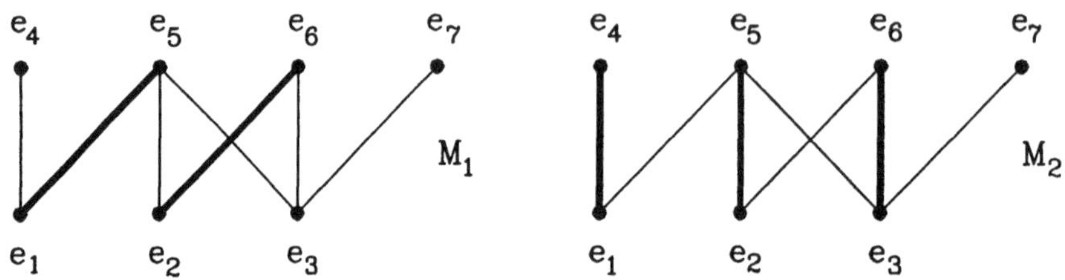

Bei M_1 korrespondiert e_1 zu e_5 und e_2 zu e_6; bei M_2 lauten die Paarungen e_1e_4, e_2e_5 und e_3e_6.

7.5.4

In obigem Beispiel besteht M_1 aus zwei, M_2 aus drei Kanten. Da G nur sieben Ecken hat, kann es offenbar keine Korrespondenz mit mehr als drei Kanten geben. Allgemein wird eine Korrespondenz M in $G = (E_1 \cup E_2, K)$ *maximal* genannt, werden für jede Korrespondenz M' gilt $|M'| \leq |M|$. Wir wollen uns nun mit dem Problem beschäftigen, für einen beliebig vorgegebenen bipartiten Graphen eine maximale Korrespondenz zu finden.

7.5.5

Die Frage nach maximalen Korrespondenzen spielt in vielen Anwendungen eine Rolle. Zum Beispiel können die Ecken des bipartiten Graphen Personen (etwa in einer Abteilung einer Firma) und Arbeitsplätze repräsentieren, wobei eine Kante existiert, wenn eine Person für einen gewissen Arbeitsplatz qualifiziert ist. Die Frage nach einer maximalen Korrespondenz bedeutet dann, daß man möglichst vielen Personen einen der für sie in Frage kommenden Arbeitsplätze zuordnen möchte.
Eine andere denkbare Situation ist folgende: In einem aus DV-Stationen und Peripherie-Einheiten (wie z. B. Drucker, Plotter) bestehenden Netz liegen für jede der DV-Stationen Anforderungen zur Nutzung gewisser Peripherie-Einheiten vor, wobei keine Peripherie-Einheit gleichzeitig von mehreren Stationen genutzt werden kann. Sollen die Ressourcen möglichst gut genutzt werden, so muß stets einer möglichst großen Anzahl von DV-Stationen jeweils eine der gewünschten Peripherie-Einheiten zugeordnet werden.

7.5.6

Der Satz von König und Egerváry liefert eine *min-max*-Aussage über die Größe einer maximalen Korrespondenz. Wir erinnern an den Begriff einer Knotenüberdeckung (s. 3.3.3): eine Menge $U \subseteq E$ von Ecken eines Graphen

(E, K) ist eine Knotenüberdeckung, wenn für jede Kante $\{e, f\} \in K$ gilt $e \in U$ oder $f \in U$

Satz von König und Egerváry

$G = (E_1 \cup E_2, K)$ sei ein bipartiter Graph. Dann ist die maximale Mächtigkeit einer Korrespondenz in G gleich der minimalen Mächtigkeit einer Knotenüberdeckung von G.

Beweis:

Der Satz wurde im Jahre 1931 unabhängig voneinander von D. König und E. Egerváry bewiesen. Wir leiten den Satz direkt aus dem Satz von Menger ab. Dazu erweitern wir den Graphen G zu einem Digraphen $\tilde{G}$, indem wir zwei neue Ecken q und s sowie neue Bögen qe für $e \in E_1$ und fs für $f \in E_2$ hinzunehmen. Die Kanten zwischen E_1 und E_2 werden von E_1 nach E_2 hin gerichtet. Auf diese Weise entsteht z. B. aus dem in 7.5.3 verwendeten Graphen G der hier dargestellte Digraph $\tilde{G}$:

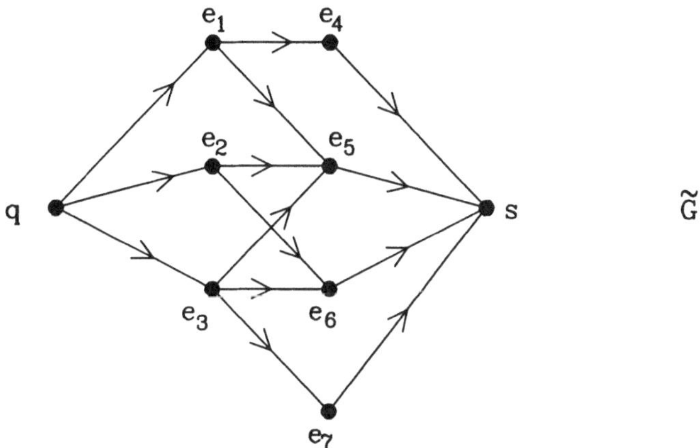

Es liegt nun auf der Hand, daß eine aus p Kanten bestehende Korrespondenz in G p vielen eckendisjunkten Wegen von q nach s in $\tilde{G}$ entspricht. Andererseits entspricht eine Knotenüberdeckung von G in eindeutiger Weise einer q und s trennenden Eckenmenge in $\tilde{G}$. Damit folgt die Behauptung unmittelbar aus dem auf $\tilde{G}$ angewendeten Satz von Menger.

7.5.7

Die Beweise der Sätze von Menger bzw. König und Egerváry zeigen auch auf, wie - letztlich basierend auf dem Algorithmus von Ford und Fulkerson - eine maximale Korrespondenz auf einem bipartiten Graphen effektiv bestimmt werden kann: Es wird wie oben der Digraph $\tilde{G}$ betrachtet, dort jede Kante k mit $c(k) = 1$ bewertet, sodann wird für das Fluß-Netz $(\tilde{G}, c, q, s)$ ein maximaler 0-1-Fluß bestimmt; die zum ursprünglichen G gehörenden Kanten, auf denen der Fluß den Wert 1 hat, bilden nun eine maximale Korrespondenz in G.

Es ist natürlich auch möglich, das soeben beschriebene Verfahren direkt als Algorithmus für G zu formulieren, ohne den Umweg über die Konstruktion von $\tilde{G}$ zu gehen. Es ist dann allerdings nicht mehr ersichtlich, daß es sich im Grunde um eine spezielle Anwendung des Algorithmus von Ford und Fulkerson handelt. Die genaue Formulierung eines Algorithmus soll an dieser Stelle dem Leser überlassen werden.

7.5.8

Bisher wurde nicht vorausgesetzt, daß in dem betrachteten bipartiten Graphen $G = (E_1 \cup E_2, K)$ die Mengen E_1 und E_2 die gleiche Anzahl von Elementen haben. Ist dies der Fall, so ist es möglich, daß eine maximale Korrespondenz M alle Ecken erfaßt, d. h. daß jede Ecke zu einer Kante von M gehört. In diesem Falle spricht man von einer ***vollständigen Korrespondenz*** .

7.5.9

Beispiel

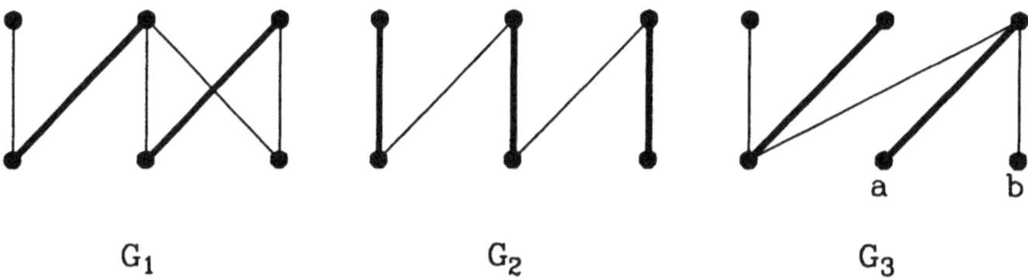

Die in G_2 hervorgehobene Korrespondenz ist vollständig, die in G_1 nicht - jedoch gibt es auch in G_1 eine vollständige Korrespondenz. Auch die für G_3 eingezeichnete Korrespondenz ist nicht vollständig; G_3 besitzt keine vollständige Korrespondenz.

7.5.10

Die Aussage, daß G_3 in obigem Beispiel keine vollständige Korrespondenz besitzt, läßt sich leicht begründen: die Ecken a und b haben zusammen nur eine Nachbarecke und können daher niemals *beide* von den Kanten einer Korrespondenz erfaßt werden.

Die an diesem Beispiel gewonnene Einsicht läßt sich zu einer notwendigen Bedingung für die Existenz einer vollständigen Korrespondenz verallgemeinern. Dazu führen wir die folgende Schreibweise ein: ist $G = (E_1 \cup E_2, K)$ ein bipartiter Graph und $A \subseteq E_1$, so ist

$$\Phi(A) := \{b \in E_2 | \text{ es gibt ein } a \in A \text{ mit } \{a,b\} \in K\},$$

d. h. $\Phi(A)$ besteht aus den Ecken von E_2, die mit irgendeiner Ecke aus A durch eine Kante verbunden sind. Die notwendige Bedingung für die Existenz einer vollständigen Korrespondenz, auf die wir hinaus wollen, lautet:

$$\text{es gilt } |\Phi(A)| \geq |A| \text{ für jede Teilmenge } A \subseteq E_1.$$

Existiert nämlich eine vollständige Korrespondenz M, und ist $A \subseteq E_1$ vorgegeben, so bilden die in $\Phi(A)$ enthaltenen Endpunkte der Kanten von M, deren Endpunkte in E_1 sogar in A liegen, eine zu A gleichmächtige Teilmenge von $\Phi(A)$, mithin folgt $|\Phi(A)| \geq |A|$.

7.5.11

Überraschenderweise ist diese notwendige Bedingung auch hinreichend. Es gilt nämlich der folgende Satz:

Satz von Hall

$G = (E_1 \cup E_2, K)$ sei ein bipartiter Graph mit $|E_1| = |E_2|$. Dann gibt es in G genau dann eine vollständige Korrespondenz, wenn für jede Teilmenge $A \subseteq E_1$ gilt $|\Phi(A)| \geq |A|$.

Beweis:

Wir zeigen zunächst, daß jede Knotenüberdeckung mindestens so viele Ecken enthält wie E_1, und wenden dann den Satz von König und Egerváry an.
Es sei U eine Knotenüberdeckung, $U_1 := U \cap E_1$ und $U_2 := U \cap E_2$; es soll $|U| \geq |E_1|$ gezeigt werden.
$E' := E_1 \backslash U_1$ seien die nicht zu U gehörenden Ecken von E_1. Man kann von $E' \neq \emptyset$ ausgehen, denn sonst wäre $E_1 \subseteq U_1 \subseteq U$, und $|E_1| \leq |U|$ würde bereits folgen.
Wichtig ist nun die Beobachtung, daß $\Phi(E') \subseteq U_2$ gelten muß. Gäbe es nämlich eine Ecke $u \in \Phi(E') \backslash U_2$, so hätte man ein $e \in E'$ mit $k = \{e, u\} \in K$, $e \in E_1 \backslash U_1$ und $u \in E_2 \backslash U_2$, und U könnte keine Knotenüberdeckung sein.
Mit $|U_2| \geq |\Phi(E')|$ können wir jetzt schließen

$$|U| = |U_1| + |U_2| \geq |U_1| + |\Phi(E')| \geq |U_1| + |E'| = |E_1|,$$

d. h. $|U| \geq |E_1|$ ist gezeigt.

Da jede Knotenüberdeckung also mindestens $|E_1|$ viele Elemente hat, gilt dies auch für eine minimale Knotenüberdeckung. Es folgt, daß $|E_1|$ die minimale Mächtigkeit einer Knotenüberdeckung ist. Nach dem Satz von König und Egerváry ist dies auch die maximale Mächtigkeit einer Korrespondenz, d. h. in G muß es eine vollständige Korrespondenz geben.

7.5.12

Der obige Satz wurde im Jahre 1935 von P. Hall bewiesen. Wir wollen nur darauf hinweisen, daß der Satz von König und Egerváry auch umgekehrt aus dem Satz von Hall hergeleitet werden kann. In der Literatur findet man auch direkte Beweise des Satzes von Hall, d. h. ohne Herstellung eines Zusammenhangs mit Flüssen und *min-max*-Sätzen.
Oft findet man den Satz von Hall unter dem Namen *Heiratssatz*. Dieser Name leitet sich aus dem folgenden "Heiratsproblem" ab:
Angenommen, man hat n viele Jungen und gleichviele Mädchen, und jeder der Jungen kennt einige der Mädchen. Es sollen nun die Jungen mit den Mädchen so verheiratet werden, daß jeder Junge eines der Mädchen, die er kennt, heiratet. Der Heiratssatz sagt nun, daß dies genau dann möglich ist, wenn für beliebiges i mit $1 \leq i \leq n$ gilt: je i viele Jungen kennen insgesamt mindestens i viele Mädchen.
Es gibt ein Teilgebiet der Kombinatorik, die "Transversalentheorie", welches sich mit Problemen dieser Art beschäftigt. Wir gehen darauf hier nicht näher ein.

7.5.13

Beispiel

Im folgenden bipartiten Graphen seien die Bekanntschaften zwischen fünf Jungen und fünf Mädchen dargestellt:

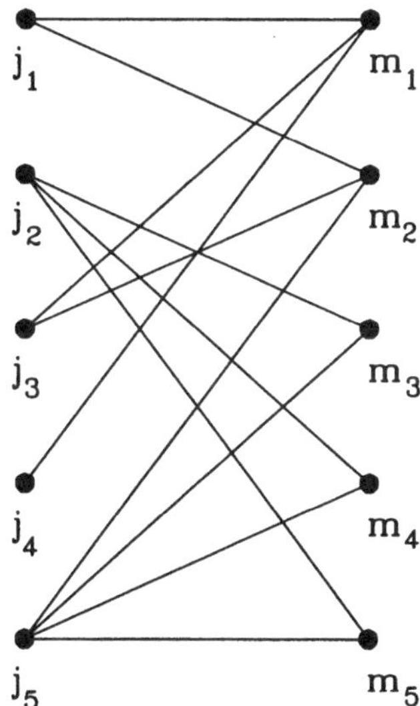

Um festzustellen, ob es eine vollständige Korrespondenz gibt, bilden wir zunächst folgendes Fluß-Netz, wo jede Kante k die Kapazität $c(k) = 1$ hat (dies nehmen wir nicht ins Diagramm auf):

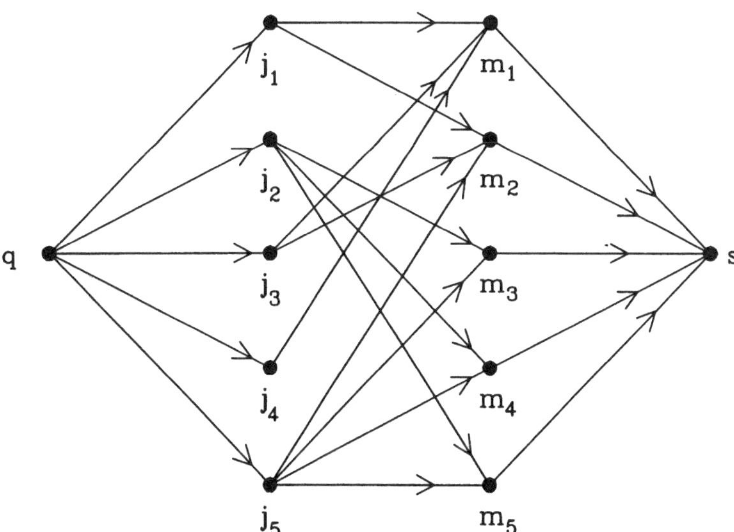

Mit dem Algorithmus von Ford und Fulkerson kann man z. B. den im folgenden Bild dargestellten Fluß erhalten. Aus Gründen der Übersichtlichkeit sind die Fluß-Werte nur bei den mit 1 bewerteten Kanten (nicht bei denen mit Fluß-Wert 0) dazugeschrieben, die mit 1 bewerteten Originalkanten sind dabei hervorgehoben.

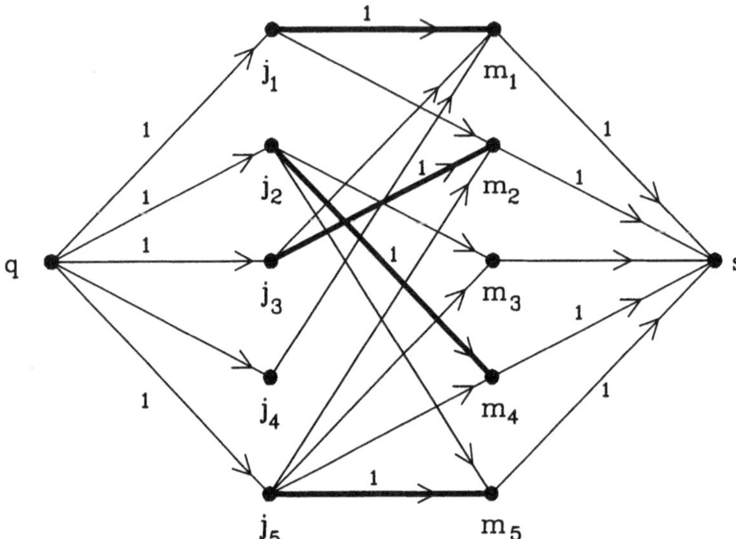

Der vorliegende Fluß ist maximal. Ein weiterer Algorithmusschritt führt zu den im nächsten Diagramm gezeigten Markierungen, dann stoppt der Algorithmus.

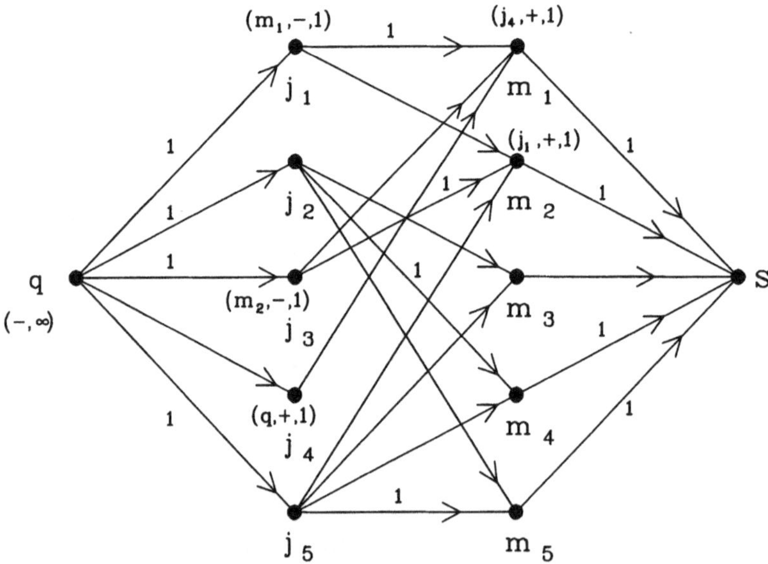

Es existiert also keine vollständige Korrespondenz - "nicht alle können heiraten". Die zuletzt erhaltenen Markierungen liefern auch eine Menge $A \subseteq \{j_1, \ldots j_5\}$ mit $|\Phi(A)| < |A|$: für $A = \{j_1, j_3, j_4\}$ ist $\Phi(A) = \{m_1, m_2\}$.

Beispielaufgabe 7.5

Erläutern Sie, wie man mit dem Algorithmus von Ford und Fulkerson eine maximale Korrespondenz in einem bipartiten Graphen finden kann.

Lösung

Der vorgegebene bipartite Graph $G = (E_1 \cup E_2, K)$ wird durch Hinzunahme neuer Ecken q und s sowie gerichteter Kanten qe (für $e \in E_1$) und es (für $e \in E_2$) zu einem Digraphen $\tilde{G}$ erweitert; die alten Kanten aus K werden von E_1 nach E_2 hin gerichtet. In $\tilde{G}$ wird jede Kante $\tilde{k}$ mit $c(\tilde{k}) = 1$ bewertet. Nun wird mit dem Algorithmus von Ford und Fulkerson ein maximaler (0-1-) Fluß f_{max} bestimmt. Die Kanten $k \in K$ mit $f_{max}(k) = 1$ bilden dann eine maximale Korrespondenz in G.

7.6 Zulässige Flüsse und Zirkulationen

7.6.1

Bei der bisherigen Behandlung von Flüssen wurde immer davon ausgegangen, daß die Fluß-Werte $f(k)$ nach unten durch den Wert 0 und nach oben durch die Kapazität $c(k)$ beschränkt sind. Wir betrachten nun die Situation, daß für ein Fluß-Netz $N = (G, c, q, s)$ noch eine weitere Kantenbewertung $b : K \to \mathbb{R}_0^+$ gegeben ist und $b(k) \leq c(k)$ für alle $k \in K$ gilt. $b(k)$ wird als untere Kapazitätsschranke aufgefaßt, d. h. für einen Fluß f soll gelten

$$b(k) \leq f(k) \leq c(k) \quad \text{für alle } k \in K.$$

In diesem Fall wird f ein *zulässiger Fluß* auf dem Fluß-Netz N mit unterer Kapazitätsgrenze b genannt.

7.6.2

Das Hauptinteresse gilt auch hier der Bestimmung eines maximalen (zulässigen) Flusses. Neu hinzugekommen ist jedoch nun das Problem, daß es überhaupt keinen zulässigen Fluß (und damit auch keinen maximalen) geben muß. Ein simples Beispiel dafür ist in dem folgenden Bild dargestellt. (Eine Kante k trägt die Beschriftung $(b(k);\ c(k))$.)

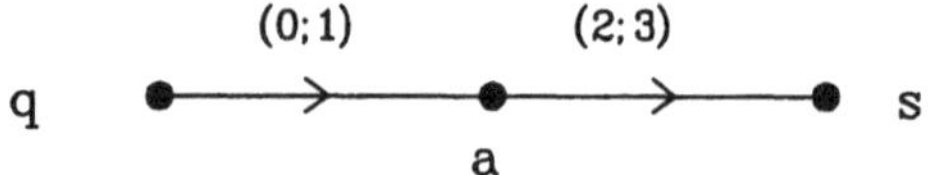

7.6.3

In Abschnitt 7.1 wurde bereits der Zusammenhang zwischen Flüssen und Zirkulationen beleuchtet. Entsprechend kommen wir nun zu der folgenden Begriffsbildung:
Gegeben sei ein Digraph $G = (E, K)$ mit zwei Kantenbewertungen $b, c : K \to \mathbb{R}_0^+$ und $b(k) \leq c(k)$ für alle $k \in K$. Eine Zirkulation f auf G heißt *zulässige Zirkulation*, wenn für alle $k \in K$

$$b(k) \leq f(k) \leq c(k)$$

erfüllt ist.

7.6.4

Wie bei den zulässigen Flüssen gilt natürlich auch hier, daß es keine zulässige Zirkulation geben muß. Wir werden uns nun zunächst dem Problem der Existenz zulässiger Zirkulationen zuwenden und danach zu den Flüssen zurückkommen.
Ein Digraph $G = (E, K)$ mit b und c wie oben sei gegeben. G wird zu einem Digraphen $\tilde{G}$ erweitert, indem zusätzliche Ecken q und s hinzugefügt werden sowie gerichtete Kanten qe und es für alle $e \in E$. Auf den Kanten von $\tilde{G}$ wird eine Kapazitätsfunktion $\tilde{c}$ erklärt:

$$\begin{aligned}
\tilde{c}(k) &:= c(k) - b(k) \text{ für jede Kante } k \text{ von } G; \\
\tilde{c}(qe) &:= \sum_{k^+=e} b(k) \text{ für jede Ecke } e \text{ von } G; \\
\tilde{c}(es) &:= \sum_{k^-=e} b(k) \text{ für jede Ecke } e \text{ von } G.
\end{aligned}$$

Man hat nun ein Fluß-Netz $N = (\tilde{G}, \tilde{c}, q, s)$.

7.6.5

Beispiel

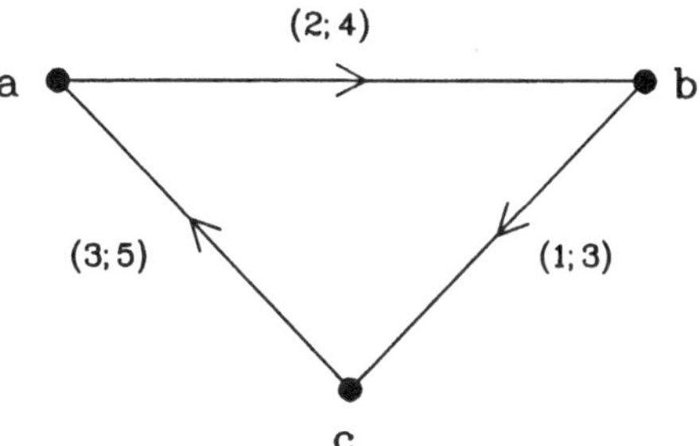

Das Diagramm zeigt einen Digraphen G mit Kapazitäten b und c. Das folgende Bild stellt das Fluß-Netz $N = (\tilde{G}, \tilde{c}, q, s)$ dar.

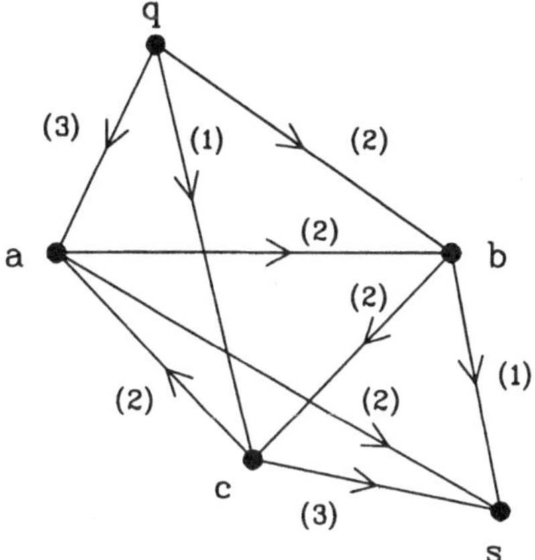

7.6.6

Für das Fluß-Netz $N = (\tilde{G}, \tilde{c}, q, s)$ kann ein maximaler Fluß $\tilde{f}$ mit Wert $w(\tilde{f})$ bestimmt werden. Es muß natürlich

$$w(\tilde{f}) \leq \sum_{k \in K} b(k)$$

sein, wobei nach Definition gilt

$$\sum_{k \in K} b(k) = \sum_{e \in E} \tilde{c}(qe) = \sum_{e \in E} \tilde{c}(es).$$

$w(\tilde{f})$ nimmt offenbar genau dann diesen Maximalwert an, wenn jede Kante der Form qe (und jede der Form es) durch $\tilde{f}$ "gesättigt" ist, d. h. $\tilde{f}(qe) = \tilde{c}(qe)$ und $\tilde{f}(es) = \tilde{c}(es)$ ist. Der folgende Satz sagt aus, daß diese Bedingungen an $\tilde{f}$ zur Existenz einer zulässigen Zirkulation auf G äquivalent sind.

7.6.7

Satz

Es sei $G = (E, K)$ ein Digraph mit Kapazitäten b und c. $N = (\tilde{G}, \tilde{c}, q, s)$ sei das dazu wie oben konstruierte Fluß-Netz. Es gibt genau dann eine zulässige Zirkulation auf G, wenn der maximale Wert eines Flusses auf N durch $\sum_{k \in K} b(k)$ gegeben ist.

Beweis:

Es sei $\tilde{f}$ ein Fluß auf N mit $w(\tilde{f}) = \sum_{k \in K} b(k)$. Wir behaupten, daß durch

$$f(k) := \tilde{f}(k) + b(k) \quad \text{für } k \in K$$

eine zulässige Zirkulation auf G definiert wird. Da für $k \in K$ gilt $0 \leq \tilde{f}(k) \leq \tilde{c}(k) = c(k) - b(k)$, folgt $b(k) \leq f(k) \leq c(k)$. Es muß noch gezeigt werden, daß für jede Ecke $e \in E$

$$\sum_{k^+ = e} f(k) = \sum_{k^- = e} f(k)$$

richtig ist, dann ist f als Zirkulation nachgewiesen. e sei also vorgegeben. Da $\tilde{f}$ ein Fluß ist, hat man

$$\tilde{f}(qe) + \sum_{k^+ = e} \tilde{f}(k) = \tilde{f}(es) + \sum_{k^- = e} \tilde{f}(k).$$

Da qe und es durch $\tilde{f}$ gesättigt sind, erhält man

$$\sum_{k^+ = e} b(k) + \sum_{k^+ = e} \tilde{f}(k) = \sum_{k^- = e} b(k) + \sum_{k^- = e} \tilde{f}(k)$$

und daraus das gewünschte Ergebnis.

Nun sei umgekehrt f eine zulässige Zirkulation auf G. Wir definieren auf den Kanten von $\tilde{G}$ die Abbildung $\tilde{f}$ durch

$$\begin{aligned}
\tilde{f}(k) &:= f(k) - b(k) \text{ für jede Kante } k \text{ von } G;\\
\tilde{f}(qe) &:= \sum_{k^+=e} b(k) \text{ für jede Ecke } e \text{ von } G;\\
\tilde{f}(es) &:= \sum_{k^-=e} b(k) \text{ für jede Ecke } e \text{ von } G.
\end{aligned}$$

Es ist jetzt leicht zu sehen, daß $\tilde{f}$ ein Fluß auf N ist mit $w(\tilde{f}) = \sum_{k \in K} b(k)$.

7.6.8

Der Satz soll an dem Beispiel 7.6.5 illustriert werden. Mit dem Algorithmus von Ford und Fulkerson gelangt man z. B. zu dem im folgenden Bild dargestellten maximalen Fluß $\tilde{f}$ mit $w(\tilde{f}) = 6$.

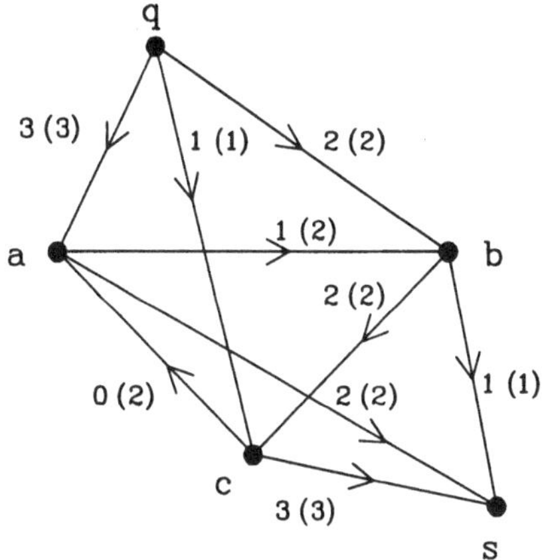

Da $w(\tilde{f}) = \sum_{k \in K} b(k)$ gilt, läßt sich - wie im Beweis des Satzes beschrieben - daraus eine zulässige Zirkulation für den ursprünglich vorgegebenen Digraphen konstruieren. Man erhält mit $f(k) := \tilde{f}(k) + b(k)$ $(k \in K)$ das folgende Ergebnis:

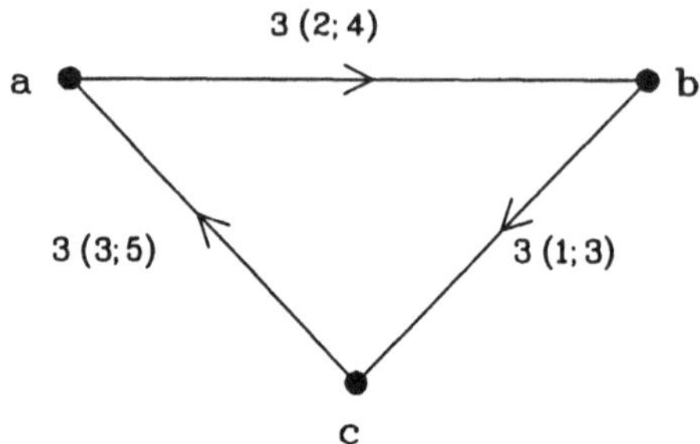

7.6.9

Es sei nun wieder ein Fluß-Netz $N = (G, c, q, s)$ mit zusätzlicher unterer Kapazität b gegeben. Die Bestimmung eines maximalen zulässigen Flusses kann in folgenden Schritten geschehen:

1. Bestimmung irgendeines zulässigen Flusses f_0, sofern ein solcher existiert.
2. Bestimmung eines maximalen zulässigen Flusses f_{max}, ausgehend von f_0.

Ergibt sich bei Schritt 1, daß kein zulässiger Fluß existiert, so ist Schritt 2 natürlich gegenstandslos.
Für Schritt 1 kann folgendermaßen vorgegangen werden: Zunächst erweitert man (wie in Abschnitt 7.1) den Digraphen $G = (E, K)$ durch Hinzunahme einer Kante sq von s nach q, der untere Kapazität $b'(sq) = 0$ und obere Kapazität $c'(sq) = \sum_{k \in K} c(k)$ zugeordnet werden, der entstehende Digraph G' ist mit den Bewertungen b' und c' versehen. Von G' ausgehend, wird nun (wie in 7.6.6 beschrieben) das Fluß-Netz auf $\tilde{G}'$ konstruiert und durch Bestimmung eines maximalen Flusses auf diesem Fluß-Netz eine zulässige Zirkulation auf G' ermittelt oder aber festgestellt, daß G' keine zulässige Zirkulation besitzt. Im positiven Falle hat man mit der so gefundenen zulässigen Zirkulation auf G' (durch "Vergessen" der Zusatzkante mit ihren Bewertungen) einen zulässigen Fluß f_0 auf N.
Schritt 2 kann mit dem Algorithmus von Ford und Fulkerson oder dem von Edmonds und Karp ausgeführt werden. Es sind allerdings kleine Änderungen an den Stellen nötig, wo die untere Kapazitätsgrenze eine Rolle spielt: eine nichtmarkierte Vorgängerecke $g = k^-$ einer bereits markierten Ecke $e = k^+$ kann dann markiert werden, wenn $f(k) > b(k)$ ist, und zwar mit $(e, -, d(g))$, wobei hier gilt $d(g) = min\{f(k) - b(k), d(e)\}$.

7.6.10

Beispiel

Für den folgenden Digraphen G mit Kapazitäten b und c soll ein maximaler (zulässiger) Fluß von q nach s bestimmt werden:

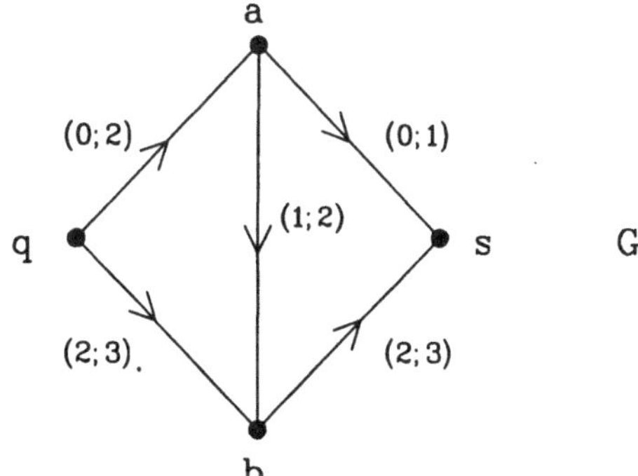

Die Erweiterung G' sieht so aus:

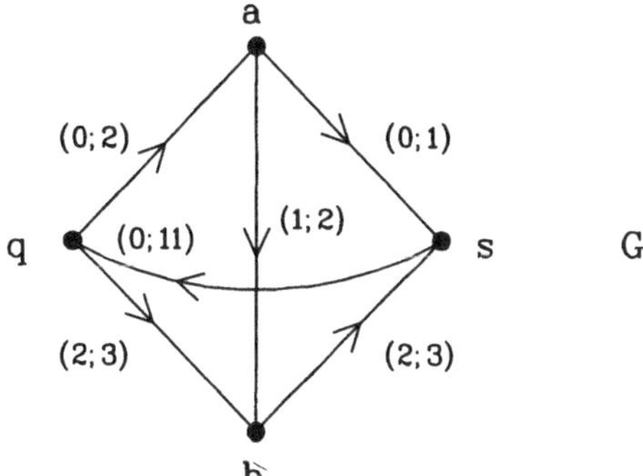

Nun wird $\tilde{G}'$ gebildet:

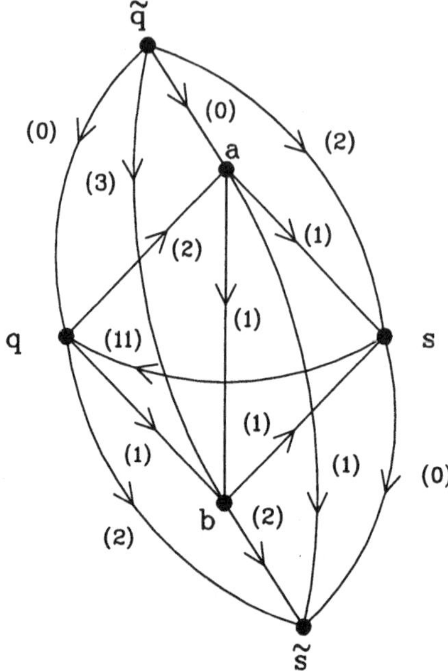

Mit dem Algorithmus von Ford und Fulkerson ergibt sich der Fluß $\tilde{f}$ mit $w(\tilde{f}) = 5$:

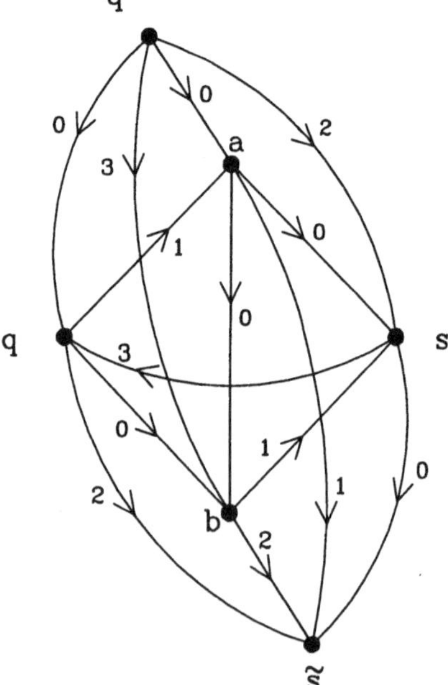

Daraus leitet sich die folgende zulässige Zirkulation auf G' ab:

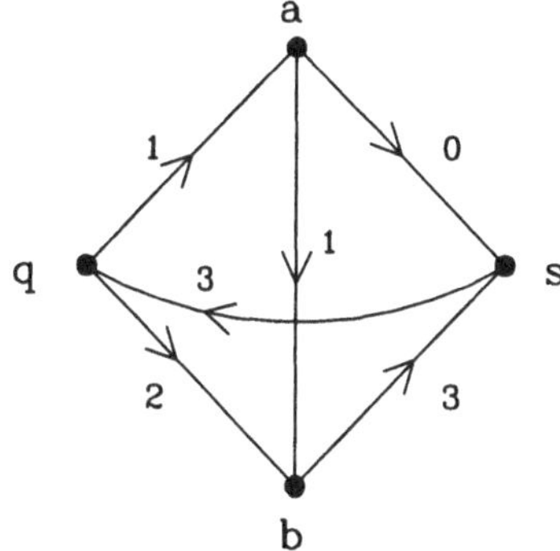

Damit hat man als zulässigen Fluß f_0 von q nach s in G erhalten:

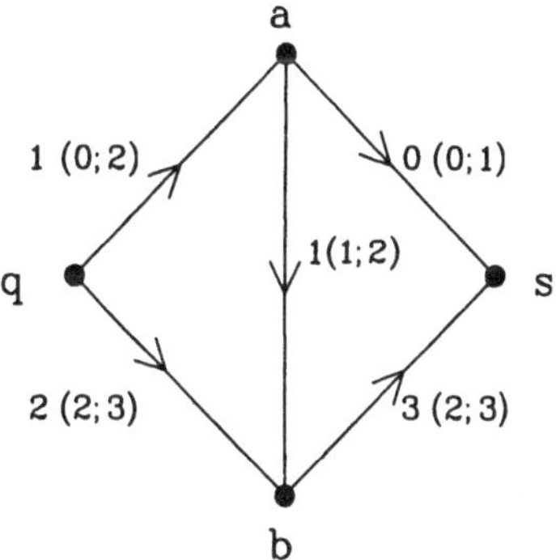

Nun wird (als Schritt 2) dieser Fluß mit dem Algorithmus von Ford und Fulkerson verbessert. Man sieht sofort, daß sich auf dem zunehmenden Weg $q - a - s$ der Fluß um 1 vergrößern läßt, der damit erhaltene Fluß ist bereits maximal:

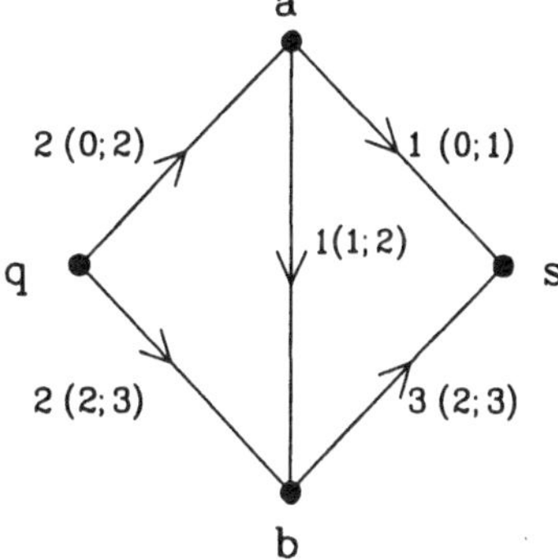

7.6.11

Die Ausführungen über zulässige Flüsse und Zirkulationen sollen hiermit beendet werden. Ähnlich wie bei der in den Abschnitten 7.2 und 7.3 behandelten Bestimmung maximaler Flüsse gibt es für das Problem der Bestimmung maximaler zulässiger Flüsse (also mit unterer Kapazität b) zahlreiche weitere Untersuchungen und Ergebnisse, für die auf die Literatur verwiesen werden muß. Interessant ist auch, daß hier ebenfalls eine Verbindung von dem Wert eines maximalen zulässigen Flusses zur (geeignet definierten) Kapazität eines Schnitts gezogen werden kann; man kann so eine Verallgemeinerung des "max-flow min-cut" Theorems formulieren.

Eine weitere Verkomplizierung ergibt sich, wenn man für ein Fluß-Netz $N = (G, c, q, s)$ mit unterer Kapazität b noch eine *Kostenfunktion*

$$\gamma : K \to \mathbb{R}$$

gegeben hat. Die *Kosten* eines Flusses f sind definiert als

$$\gamma(f) := \sum_{k \in K} \gamma(k) f(k).$$

Man möchte nun einen maximalen zulässigen Fluß mit möglichst geringen Kosten finden. Auch hierfür wird auf weitere Literatur verwiesen.

Beispielaufgabe 7.6

Beschreiben Sie, welchen Einfluß auf die Theorie der Flüsse es hat, wenn für Fluß-Netze auch untere Kapazitätsfunktionen gegeben sind.

Lösung

Hat man für ein Fluß-Netz (G, c, q, s) zusätzlich eine untere Kapazität $b : K \to \mathbb{R}_0^+$ gegeben, die von den Flüssen zu respektieren ist, so braucht es keinen zulässigen Fluß von q nach s zu geben, also auch keinen maximalen Fluß. Existiert jedoch irgendein zulässiger Fluß, so gibt es auch einen maximalen. Zur effektiven Bestimmung eines maximalen Flusses muß zunächst irgendein zulässiger Fluß gefunden werden, dann wird dieser mit Hilfe zunehmender Wege zu einem maximalen Fluß erweitert. Beim ersten Problem kann man sich des Algorithmus von Ford und Fulkerson bedienen, der auf ein geeignet abgewandeltes Netz anzuwenden ist; für das zweite Problem kann eine Erweiterung des Algorithmus von Ford und Fulkerson verwendet werden, in der auch die unteren Kapazitätsschranken berücksichtigt werden.

7.7 Synthese minimaler Netze

7.7.1

Bisher wurden Flüsse und Zirkulationen auf gegebenen Netzen untersucht. Man kann sich dem Thema jedoch auch aus einer anderen Richtung nähern: Zwischen gegebenen Punkten (Ecken) sollen gewisse Flußbedingungen gelten, und es ist auf dieser Eckenmenge ein Netz gesucht, welches mit möglichst geringen Kosten konstruiert werden kann und die Anforderungen an die Flüsse erfüllt.
Es gibt eine Vielzahl von Möglichkeiten, diese Problemstellung zu präzisieren. Wir wollen hier einen kurzen Einblick geben und nur den Fall betrachten, in dem die Kosten für die Errichtung einer Kante einfach durch deren Kapazität gegeben sind und in dem man ein ungerichtetes Netz mit gegebenen Mindestwerten für die maximalen Flußwerte zwischen den Eckenpaaren sucht.

7.7.2

Es sei ein Netz (G, c) gegeben, wo $G = (E, K)$ ein (ungerichteter) Graph sei und $c : K \to \mathbb{R}_0^+$ eine nicht-negative Kapazitätsfunktion. (In der Literatur findet man hierfür auch die Bezeichnung "symmetrisches Netzwerk".)
Wir betrachten nun für je zwei Ecken $e, f \in E$ das Fluß-Netz $N_{ef} = (G, c, e, f)$ mit e als Quelle und f als Senke, den maximalen Fluß-Wert bezeichnen wir mit $w(e, f)$. (Da die Begriffe und Verfahren in den vorigen Abschnitten nur für Digraphen formuliert wurden, muß man hier zu dem Digraphen übergehen, der entsteht, wenn jede Kante von G durch zwei entgegengesetzte Bögen ersetzt wird. Man kann aber die obigen Ergebnisse aus auch leicht direkt übertragen; eine ungerichtete Kante kann dann in beiden Richtungen "genutzt" werden.) Das so definierte w ist offenbar eine symmetrische Funktion, d. h. es gilt $w(e, f) = w(f, e)$ für alle Paare $e, f \in E$. w wird die *Fluß-Funktion* des Netzes (G, c) genannt.

7.7.3

Beispiel

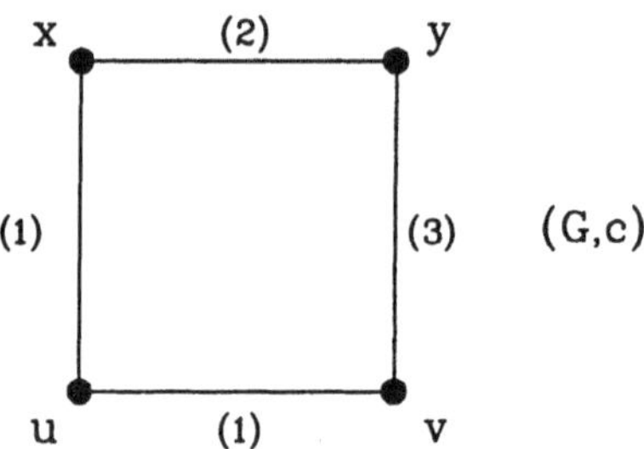

Es ist z. B. $w(x,y) = 3$, denn der im folgenden Diagramm dargestellte Fluß von x nach y mit Wert 3 ist maximal:

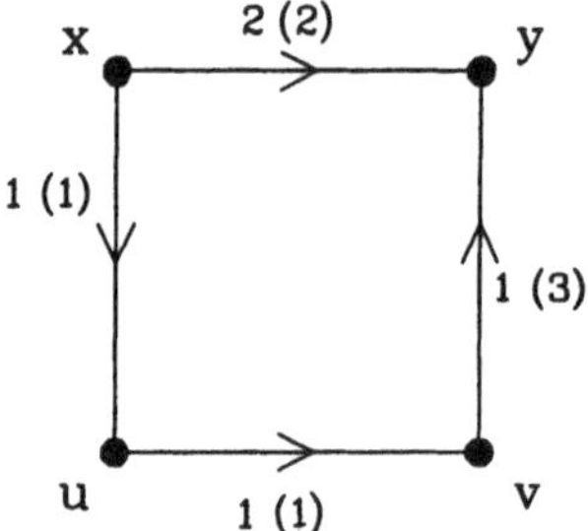

Insgesamt ergibt sich:

$$\begin{aligned} w(x,y) &= w(y,x) = 3 \\ w(x,u) &= w(u,x) = 2 \\ w(x,v) &= w(v,x) = 3 \\ w(y,u) &= w(u,y) = 2 \\ w(y,v) &= w(v,y) = 4 \\ w(u,v) &= w(v,u) = 2 \end{aligned}$$

7.7.4

Neben der Symmetrie hat eine Fluß-Funktion die folgende wichtige Eigenschaft: für beliebige $x, y, z \in E$ gilt stets

$$w(x,y) \geq \; min\{w(x,z), w(z,y)\}.$$

Dies kann man etwa so einsehen: Nach dem max-flow min-cut Theorem gibt es einen Schnitt $[X,Y]$ mit $x \in X$ und $y \in Y$, für den $w(x,y) = c(X,Y)$ gilt.

Ist jetzt $z \in X$, so folgt $w(z,y) \leq c(X,Y)$ und damit $w(z,y) \leq w(x,y)$, im anderen Falle $z \in Y$ ergibt sich entsprechend $w(x,z) \leq w(x,y)$.
Die gezeigte Ungleichung kann mit Induktion zu folgender Aussage erweitert werden: für beliebige $x_1, \ldots, x_k \in E$ $(k \geq 3)$ gilt

$$w(x_1, x_k) \geq \min\{w(x_1, x_2), \ldots, w(x_{k-1}, x_k)\}.$$

7.7.5

Wie angekündigt, wenden wir uns nun der Konstruktion eines minimalen Netzes zu. Dazu sei eine Eckenmenge E vorgegeben, ferner eine symmetrische Funktion

$$r : E \times E \to \mathbb{R}_0^+.$$

r soll die *Flußanforderungen* für das zu errichtende Netz darstellen. Konsequenterweise nennen wir ein Netz (G,c) auf einem zusammenhängenden Graphen $G = (E,K)$ *zulässig* für r, wenn für alle $e, f \in E$ die Bedingung

$$w(e,f) \geq r(e,f)$$

erfüllt ist.

Ein *minimales Netz* für r ist ein zulässiges Netz, für welches die Summe der Kapazitäten

$$c(K) := \sum_{k \in K} c(k)$$

unter allen zulässigen Netzen minimal ist.

Bei der Konstruktion eines minimalen Netzes geht es also darum, die Ecken auf eine solche Weise durch bewertete Kanten zu verbinden, daß deren Kapazitäten insgesamt möglichst gering und gleichzeitig vorgegebene Mindestflüsse zwischen den Ecken möglich sind.

7.7.6a

Im folgenden wird das Konstruktionsverfahren für ein minimales Netz beschrieben, wie es von R.E. Gomory und T.C. Hu im Jahre 1961 in einer Untersuchung angegeben wurde. Um den formalen Aufwand zu begrenzen, wird das Verfahren in Worten beschrieben und parallel dazu anhand eines Beispiels illustriert.
Von E und r wie oben ausgehend, wird zuerst das dadurch induzierte Netz (G_r, c_r) mit $G_r = (E, K_r)$ gebildet: e und f werden im Falle $r(e,f) > 0$ durch eine Kante ef verbunden, und es wird $c_r(ef) := r(e,f)$ gesetzt.

7.7.7a

Beispiel

Wir betrachten als Beispiel $E = \{v, w, x, y, z\}$ mit Flußanforderungen $r(v, w) = 1$, $r(w, x) = 3$, $r(x, y) = 2$, $r(y, z) = 4$ und $r(z, v) = 5$, für alle anderen r-Werte gelte $r(e, f) = 0$. Es ergibt sich hier folgendes Netz (G_r, c_r):

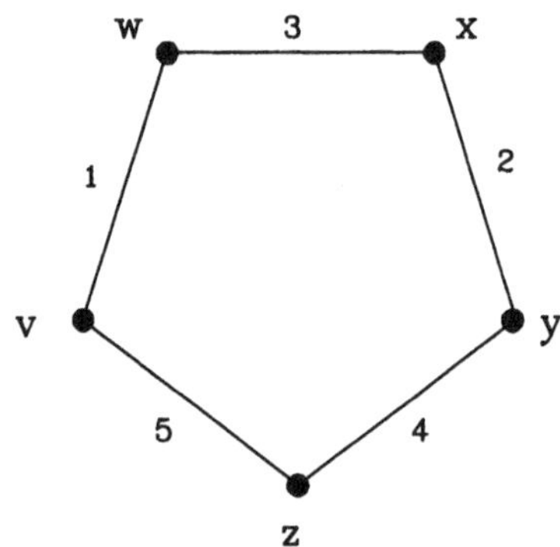

7.7.6b

Für (G_r, c_r) wird nun ein maximales Gerüst B bestimmt. Dazu können die Algorithmen von Kruskal oder Prim verwendet werden. Dann wird B in "uniforme Bäume" zerlegt - also Bäume, deren Kanten die gleiche Bewertung tragen. Dies ist folgendermaßen zu verstehen: Ist p die kleinste in B vorkommende Bewertung, so ist der zuerst gewählte uniforme Baum identisch mit B, wo jedoch alle Kanten mit p bewertet sind. Dann wird dieser uniforme Baum vom ursprünglichen B "abgezogen", wobei nun mit 0 bewertete Kanten wegfallen, und mit dem übriggebliebenen Wald wird genauso verfahren usw., bis nur noch uniforme Bäume übrig sind.

7.7.7b

In unserem Beispiel (G_r, c_r) hat man als maximales Gerüst:

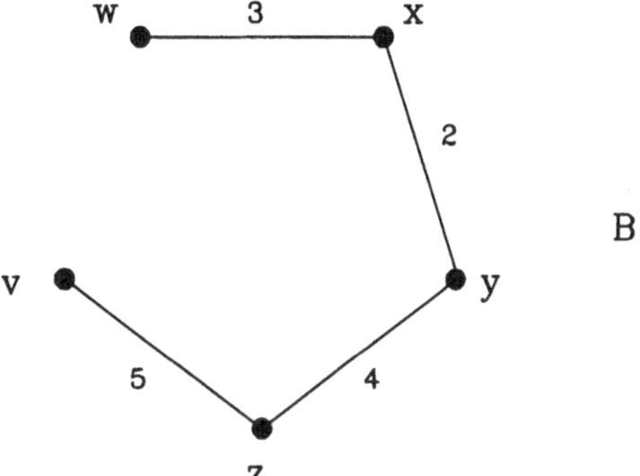

Als uniformen Baum hat man im ersten Schritt:

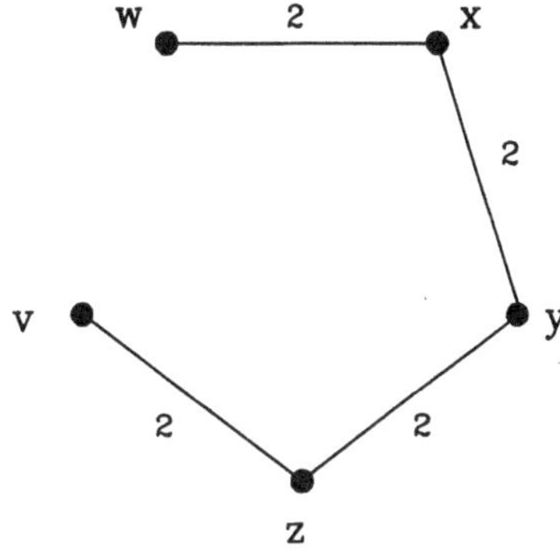

Als "Rest" ergibt sich der folgende Wald:

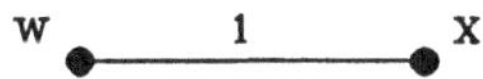

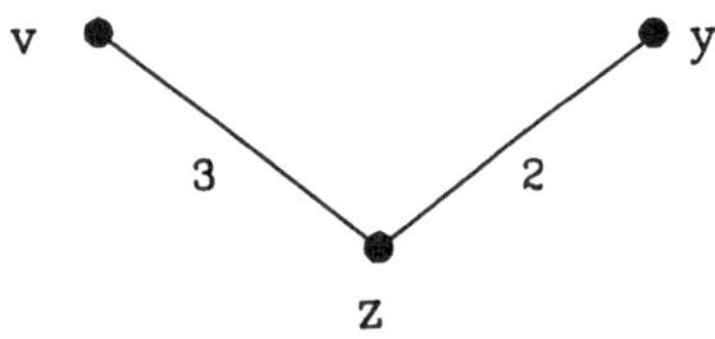

Nach einem weiteren Schritt ist man schließlich insgesamt bei folgender Zerlegung von B in uniforme Bäume angelangt:

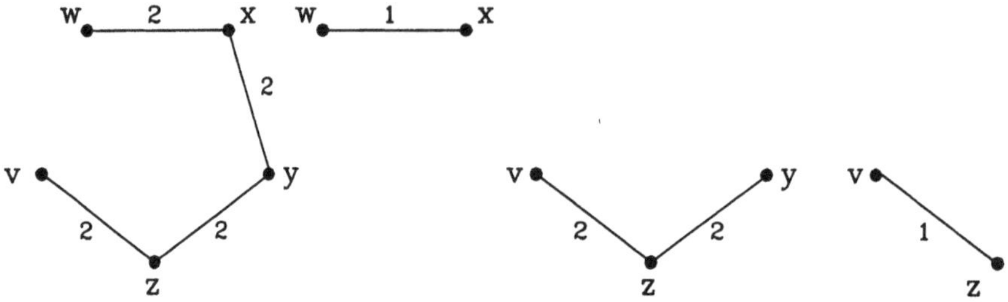

7.7.6c

B sei nun in die uniformen Bäume $B_1, \ldots, B_m$ zerlegt worden. Für jeden Baum B_i, der mindestens drei Ecken enthält, wird auf den Ecken von B_i in beliebiger Reihenfolge ein einfacher Kreis C_i gebildet. Die Kanten dieses Kreises werden sämtlich mit der Hälfte der Bewertung von B_i bewertet. Die Bäume B_j mit nur zwei Ecken werden unverändert (auch mit ihrer Bewertung) als C_j genommen. Schließlich wird der Graph $G = (E, K)$ gebildet, dessen Kantenmenge K die Vereinigung der Kantenmengen von $C_1, \ldots, C_m$ ist. Die Kantenbewertungen addieren sich dabei zu c auf.

7.7.7c

Im Beispiel ergeben sich z. B. als $C_1, \ldots, C_4$:

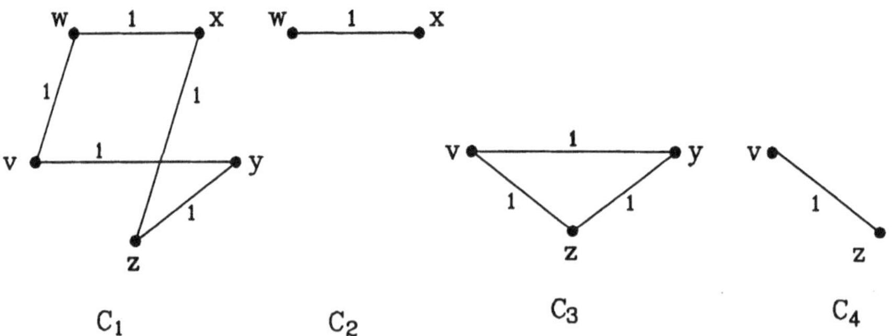

Als (G, c) erhält man schließlich:

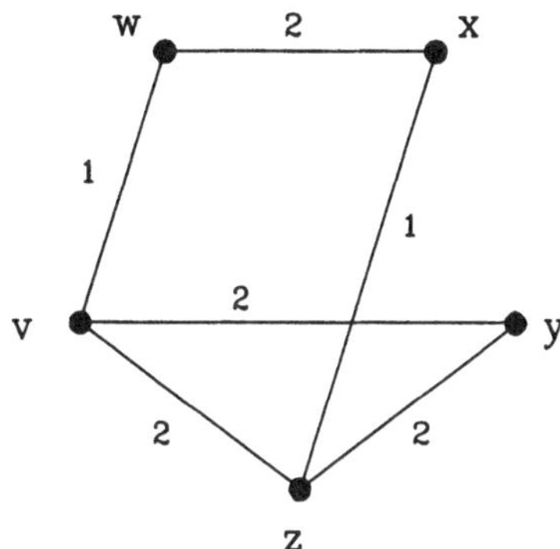

Eine andere Wahl des Kreises C_1 hätte zu einem anderen Netz (G,c) geführt, jedoch mit derselben Summe von Kantenbewertungen.

7.7.8

Wir zeigen nun, daß das so konstruierte Netz (G,c) minimal ist.

Satz

Ist E eine Eckenmenge und r eine symmetrische Funktion von Flußanforderungen, so ist das wie oben konstruierte Netz (G,c) ein minimales (zulässiges) Netz für r. Zur Konstruktion dieses Netzes ist ein Aufwand von $O(|E|^2)$ nötig.

Beweis:

Zunächst wird nachgewiesen, daß (G,c) zulässig ist. Dazu bezeichne b_i die (für alle Kanten gleiche) Bewertung in B_i, die Bewertung in C_i ist dann $b_i/2$. Ist ef eine Kante in B, so ist $w(e,f) \geq r(e,f)$ folgendermaßen nachzuweisen: In jedem C_i, welches e und f enthält, kann ein Fluß von Wert b_i zwischen e und f fließen. Überlagerung ergibt dann nach Konstruktion einen Fluß von Wert

$$\sum_{\substack{i \\ e,f \in B_i}} b_i = r(e,f).$$

Jetzt seien e und f beliebige Ecken und W der eindeutige Weg von e nach f in B,

$$W = e, w_1, \ldots, w_n, f.$$

Nach den Bemerkungen in 7.7.4 ist

$$w(e,f) \geq \; min\{w(x,y) | xy \text{ Kante im Weg } W\},$$

und nach dem bereits Gezeigten ist dieses Minimum größer oder gleich

$$min\{r(x,y)|xy \text{ Kante im Weg } W\}.$$

Wäre dieses Minimum der $r(x,y)$ kleiner als $r(e,f)$, so könnte B kein maximales Gerüst von (G_r, c_r) sein. Damit folgt

$$min\{r(x,y)|xy \text{ Kante im Weg } W\} \geq r(e,f)$$

und insgesamt

$$w(e,f) \geq r(e,f),$$

was gezeigt werden sollte. (G,c) ist also zulässig. Es bleibt die Minimalität nachzuweisen.

Für jede Ecke $e \in E$ sei

$$u(e) := max\{r(e,f)|f \neq e\},$$

$u(e)$ ist also der maximale aus e heraus geforderte Flußwert; ferner wird gesetzt

$$u(E) := \sum_{e \in E} u(e).$$

Es wird nun gezeigt, daß für jedes r-zulässige Netz (G',c') gilt

$$\sum_{k \in K'} c'(k) \geq \frac{u(E)}{2}$$

und andererseits für (G,c)

$$\sum_{k \in K} c(k) = \frac{u(E)}{2}$$

ist. Daraus folgt dann die Minimalität von (G,c).

Da für jedes $e \in E$ $[\{e\}, E\backslash\{e\}]$ ein Schnitt ist (auch im Sinne der Definition in 7.2.1 für Fluß-Netze), folgt für jedes r-zulässige Netz (G',c')

$$c'(\{e\}, E\backslash\{e\}) \geq u(e)$$

und durch Summation über alle e

$$\sum_{e,f \in E} c'(ef) \geq \sum_{e \in E} u(e) = u(E).$$

(Dabei muß $c'(ef) = 0$ eingesetzt werden, wenn in G' keine Kante ef existiert.) Es muß also

$$\sum_{k \in K'} c'(k) \geq \frac{u(E)}{2}$$

sein, denn in $\sum_{e,f \in E} c'(ef)$ ist jede Kante k zweimal betrachtet worden.

Um den letzten Schritt zu machen, setzen wir für $e \in E$

$$u'(e) := max\{r(e,f) | ef \text{ Kante in } B\}.$$

Selbstverständlich gilt $u'(e) \leq u(e)$. Aus der Konstruktion von (G, c) ergibt sich $c(\{e\}, E \backslash \{e\}) = u'(e)$ für jede Ecke $e \in E$. Damit hat man schließlich

$$\sum_{e,f \in E} c(ef) = \sum_{e \in E} u'(e) \leq u(E),$$

woraus folgt

$$\sum_{k \in K} c(k) \leq \frac{u(E)}{2}.$$

Die Komplexitätsaussage des Satzes ist leicht zu begründen: Ein maximaler Baum B kann mit dem Algorithmus von Prim in $O(|E|^2)$ vielen Schritten bestimmt werden. Danach läßt sich B auch mit Aufwand $O(|E|^2)$ in uniforme Bäume zerlegen. Die Herstellung von (G, c) benötigt dann ebenfalls $O(|E|^2)$ viele Schritte.

Beispielaufgabe 7.7

Die Eckenmenge $E = \{a, b, c, d\}$ mit Flußanforderungen r sei gegeben, es ergebe sich für (G_r, c_r) das im folgenden Bild dargestellte Netz:

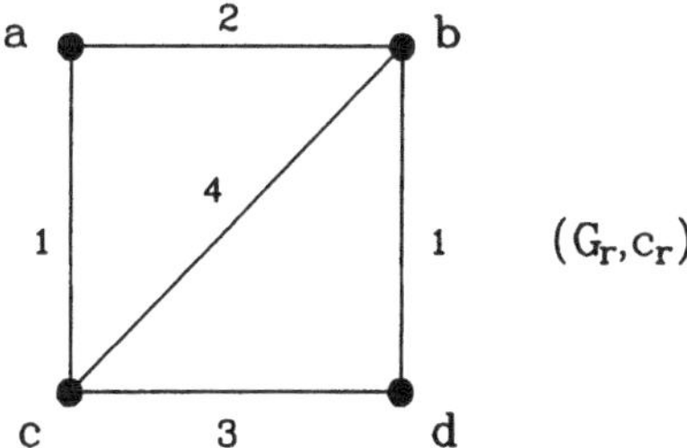

Konstruieren Sie dazu ein minimales (zulässiges) Netz (G, c).

Lösung

Es wird die in 7.7.6 beschriebene Konstruktion auf das vorliegende Beispiel angewandt. Bei diesem Beispiel gibt es einen eindeutigen maximalen Baum:

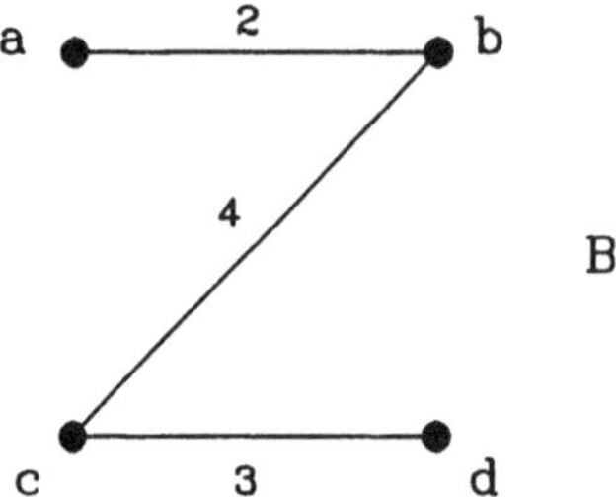

Die folgenden Diagramme zeigen die Zerlegung von B in uniforme Bäume:

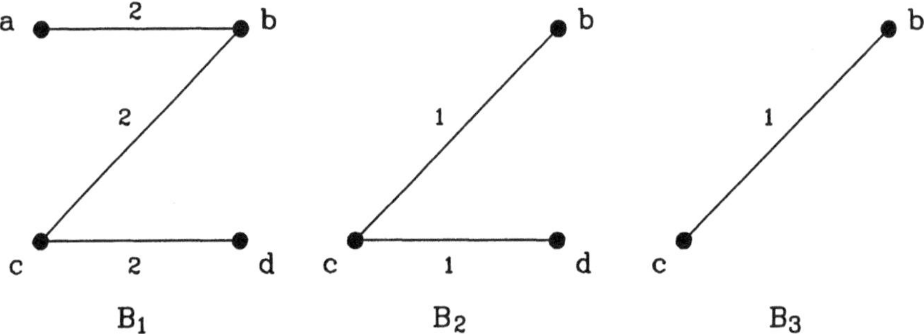

Man kann so zu folgenden Kreisen kommen. (Bei C_1 könnte auch irgendein anderer einfacher Kreis mit den Ecken a, b, c, d gebildet werden.)

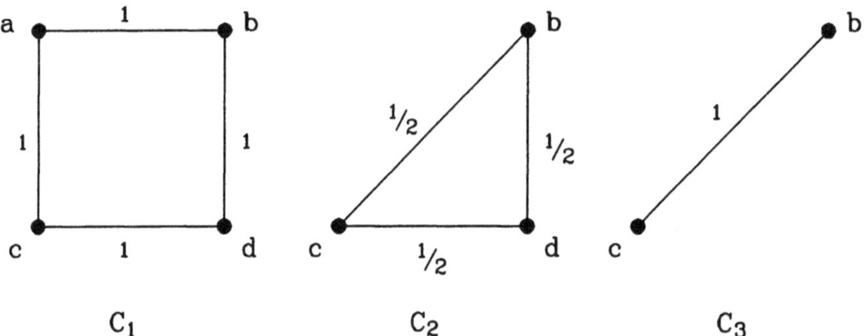

Als minimales (zulässiges) Netz erhält man also:

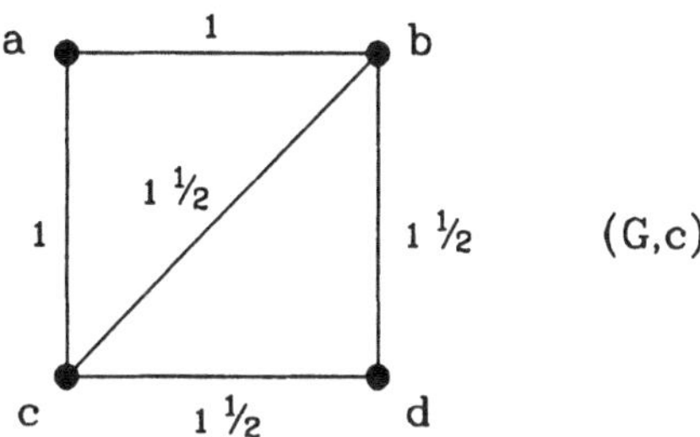

Aufgabe 7.1 (vgl. [JUN])

Bestimmen Sie einen maximalen Fluß für das im folgenden Diagramm dargestellte Fluß-Netz:

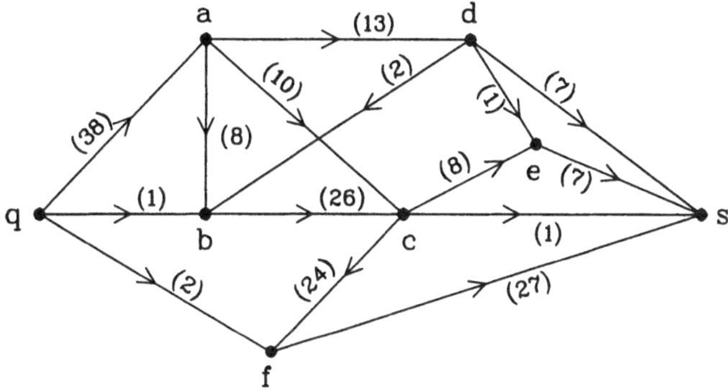

Aufgabe 7.2

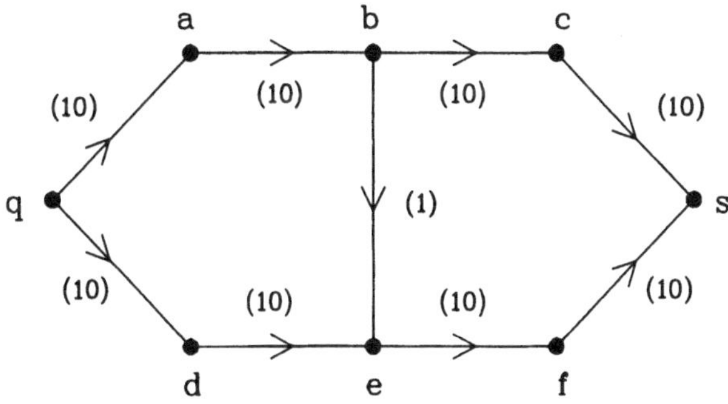

a) Bestimmen Sie für das dargestellte Fluß-Netz einen maximalen Fluß mit dem Algorithmus von Ford und Fulkerson.

b) Verwenden Sie das Netz und die Ergebnisse aus a), um zu begründen, daß der Algorithmus von Ford und Fulkerson selbst bei ganzzahligen Kapazitäten nicht polynomial ist.

Aufgabe 7.3

Die *Zusammenhangszahl* $\kappa(G)$ eines Graphen $G = (E, K)$ ist wie folgt erklärt: Ist G ein vollständiger Graph K_n, so gilt $\kappa(G) = n - 1$; andernfalls ist

$$\kappa(G) := min\{|F| \ / F \subseteq E,\ G \backslash F \ \text{ ist nicht zusammenhängend } \}.$$

G heißt *p-fach zusammenhängend*, wenn $\kappa(G) \geq p$ gilt.

Zeigen Sie: Ein Graph G ist genau dann p-fach zusammenhängend, wenn je zwei Ecken in G durch mindestens p eckendisjunkte Wege verbunden sind.

Aufgabe 7.4

Ein (ungerichteter) Graph G heißt *regulär*, wenn alle Ecken denselben Grad γ mit $\gamma \neq 0$ haben, d. h. jede Ecke hat γ viele Nachbarecken. Zeigen Sie: In einem regulären bipartiten Graphen gibt es stets eine vollständige Korrespondenz.

Aufgabe 7.5

Es sei der folgende Digraph G mit Kapazitäten b und c gegeben:

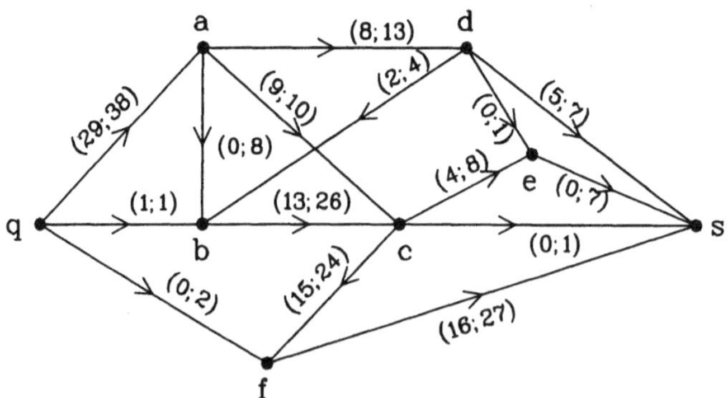

Bestimmen Sie einen maximalen zulässigen Fluß von q nach s. Begründen Sie die Maximalität des gefundenen Flusses.

Aufgabe 7.6

Gegeben sei eine $(n \times n)$-Matrix A mit nicht-negativen reellen Einträgen. Als das *Zuordnungsproblem* ("assignment problem") bezeichnet man das Problem, aus jeder Zeile und jeder Spalte ein Element so auszuwählen, daß die Summe der ausgewählten n Einträge minimal ist. Definieren Sie ein geeignetes Fluß-Netz mit einer Kostenfunktion derart, daß ein gewisser Fluß mit minimalen Kosten eine Lösung des Zuordnungsproblems liefert.

8. Wegeauswahl in Netzen

8.1 Das Problem der Wegeauswahl im Kommunikationsnetzen

8.1.1

Es geht in diesem Kapitel um das folgende Problem. Gegeben sei ein Kommunikationsnetz, in dem einzelne Systeme (oder "Stationen") unter Nutzung von Verbindungsleitungen miteinander kommunizieren. Es muß geregelt werden, welche der Verbindungsleitungen genutzt werden sollen, wenn irgendwelche zwei Systeme miteinander in Kommunikation treten wollen.
Es ist üblich, bei diesem Problem der *Wegeauswahl* auch vom "Routing-Problem" zu sprechen. Wir werden diese Sprechweise im folgenden ebenfalls verwenden. Es ist allerdings zu beachten, daß in der Literatur auch im Zusammenhang des Entwurfs hochintegrierter Schaltungen vom "*Routing-Problem*" die Rede ist. Dort geht es um die Plazierung von Bahnen zwischen den Schaltelementen auf einem Chip. An späterer Stelle wird auf diesen Problemkreis näher eingegangen.

8.1.2

Entsprechend dem *OSI-Schichtenmodell* (OSI steht für "Open Systems Interconnection") werden die technischen Abläufe in offenen digitalen Kommunikationssystemen in sieben sogenannte *Schichten* funktional gegliedert. Grundidee dabei ist, daß eine Schicht (in Englisch: Layer) für die nächsthöhere Schicht Dienste erbringt und dazu Dienste der unter ihr liegenden Schicht in Anspruch nehmen kann. Die *logischen* Abläufe zwischen gleichen Schichten in verschiedenen Systemen werden durch *Protokolle* beschrieben, die Schichten eines Systems verständigen sich untereinander mit Hilfe von *Primärmeldungen.*
Physikalisch findet die Kommunikation nur auf der untersten, der Bitübertragungsschicht statt. Je höher eine Schicht angesiedelt ist, desto näher ist sie der eigentlichen Anwendung. Die Schichten sind im einzelnen:

Schicht 7	Anwendungsschicht
Schicht 6	Darstellungsschicht
Schicht 5	Kommunikationssteuerungsschicht
Schicht 4	Transportschicht
Schicht 3	Vermittlungsschicht
Schicht 2	Sicherungsschicht
Schicht 1	Bitübertragungsschicht

Die Routing-Problematik ist den Aufgaben der Vermittlungsschicht (in Englisch: Network Layer) zuzuordnen. Insgesamt sind deren Aufgaben die Erstellung und Unterhaltung von Netzverbindungen (für verbindungsorientierte Datenübertragung) und von Netzrouten (für verbindungslose Datenübertragung) zwischen Endsystemen im Kommunikationsnetz unter Verwendung von gesicherten Teilstrecken (d. h. unter Verwendung der Schicht 2-Dienste).
In gewisser Hinsicht hat Schicht 3 die komplexesten Aufgaben, denn hier müssen (netzübergreifend) außer der Wegesuche u.a. Flußregelung und Optimierung im Kommunikationsnetz organisiert werden (also z. B. Kostenminimierung, Verzögerungsminimierung, Überlastbehandlung, Blockierungsauflösung).
Das Routing-Problem beinhaltet somit nur einen von mehreren Aufgabenbereichen der Schicht 3. Wir werden zunächst vorwiegend die rein graphentheoretischen Aspekte dieses Problems betrachten. An späterer Stelle kommen wahrscheinlichkeitstheoretische Methoden hinzu, wenn die (vom gewählten Routing-Verfahren abhängige) Zuverlässigkeit eines Netzes untersucht wird.

8.1.3

Im folgenden wird ein Kommunikationsnetz stets durch einen Graphen modelliert, bei dem die Ecken den einzelnen Systemen (Stationen) und die Kanten den Verbindungsleitungen zwischen ihnen entsprechen. Die Kanten werden meist als gerichtet, mitunter auch als ungerichtet angenommen. Oft sind die Kanten mit einer Bewertung versehen, wobei dies in der Anwendung verschiedene Bedeutung haben kann: es kann eine geografische Entfernung gemeint sein, ebenso kann die zum betrachteten Zeitpunkt von der Kante getragene Verkehrsbelastung (oder die Länge der Warteschlange von Nachrichten am Anfang dieser Kante) dahinter stehen.

8.1.4

In der Kommunikationstechnik unterscheidet man grundsätzlich zwischen *leitungsvermittelter* und *paketvermittelter* Kommunikation. Bei der Leitungsvermittlung wird den Kommunikationspartnern A und B (in der Regel für

Kommunikation in beide Richtungen) für die Dauer des Kommunikationsprozesses ein Weg durch das Netz exklusiv zur Verfügung gestellt, d. h. die beteiligten Leitungen (Kanten des Graphen) sind für jede andere Kommunikation gesperrt. Hingegen werden bei der *Paketvermittlung* die von A nach B gesendeten Nachrichten einzeln (mit Zieladresse versehen) durch das Netz geroutet, so daß *verschiedene Nachrichten von A nach B* durchaus auch verschiedene Wege durch das Netz nehmen können. Auch kann eine Leitung gleichermaßen Nachrichten für verschiedene Partner transportieren, es finden keine "Reservierungen" der Kanten statt.

8.1.5

Bei der paketvermittelten Kommunikation, wie sie soeben beschrieben wurde, gibt es wiederum zwei Varianten: die *verbindungslose* und die *verbindungsorientierte Datenübermittlung.* Im verbindungslosen Fall (man spricht hier auch vom *Datagramm-Modus*) findet eine zusätzliche *Sequenzierung* statt, d. h. die Nachrichten werden durchnumeriert; auf diese Weise können sie beim Empfänger richtig sortiert werden, selbst wenn es im Netz zu Nachrichtenüberholungen gekommen sein sollte. Bei der verbindungsorientierten Datenübermittlung wird vor Beginn der Übertragung von Daten von A nach B ein Weg durch das Netz festgelegt, den dann alle Nachrichten nehmen - man sagt, man habe eine *virtuelle Verbindung* aufgebaut. Dadurch stellt man sicher, daß die Nachrichten auf jeden Fall in ihrer ursprünglichen Reihenfolge das Ziel erreichen, weshalb sie keine zusätzliche Sequenzierungsinformation tragen müssen. Die beteiligten Leitungen sind jedoch nicht für zwei Partner reserviert.

8.1.6

Beispiele

Den jetzt folgenden Beispielen liegt immer die hier gezeigte Netzstruktur zugrunde:

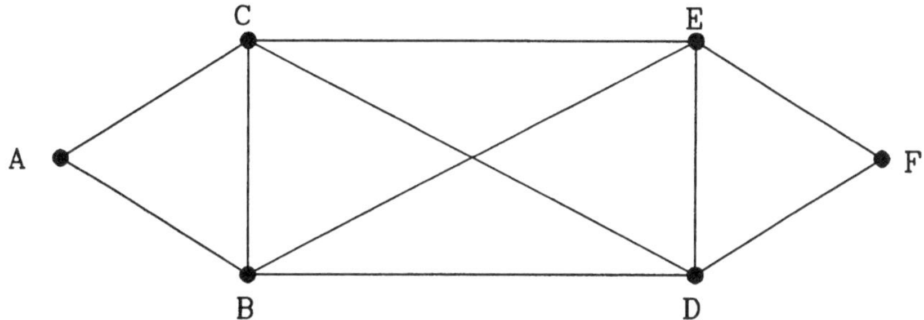

Station A möchte Nachrichten an F schicken.
Liegt ein leitungsvermitteltes Netz vor, so muß ein Weg von A nach F durchgeschaltet werden, z. B. der im folgenden Diagramm herausgehobene. Dieser Weg steht dann A und F exklusiv zur Verfügung, bis einer der Partner die Verbindung abbricht.

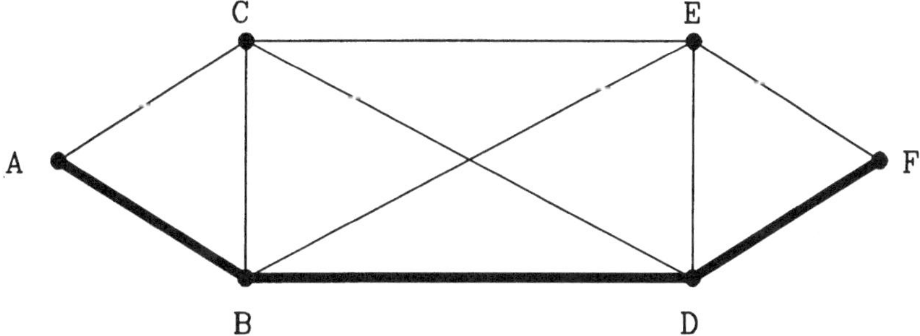

Hat man ein paketvermitteltes Netz, so müssen bei der verbindungslosen Datenübermittlung die Nachrichten durchnumeriert sein, da sie (z. B. durch zeitweilige Störungen im Netz oder durch Lastteilung) bei F in veränderter Reihenfolge ankommen können.
Im folgenden Diagramm nehmen alle Nachrichten von A nach F den "Normalweg" $A \to B \to D \to F$, sofern keine Störungen vorliegen.

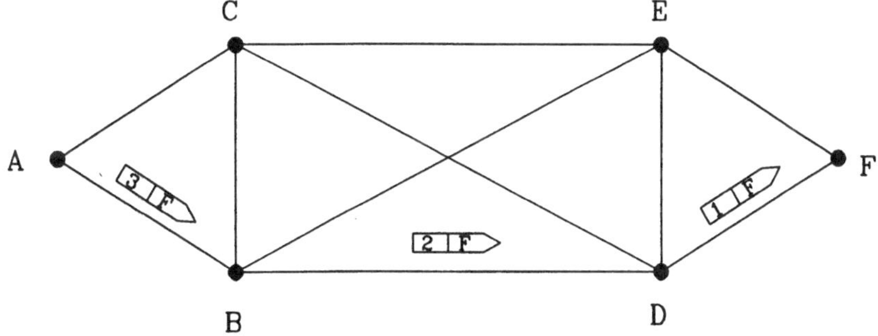

Fällt z. B. BD zeitweise aus, so mag dann $A \to B \to E \to F$ der Ersatzweg sein. Im nächsten Bild gibt es bei B eine *Lastteilung*: die für F bestimmten Nachrichten schickt B abwechselnd nach D und E.

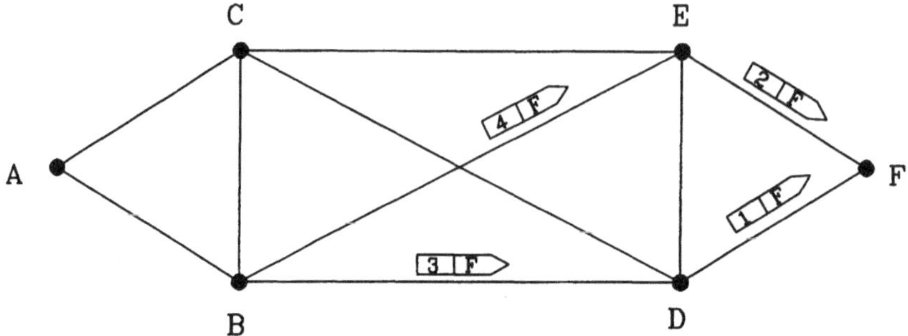

Handelt es sich schließlich um verbindungsorientierte Datenübermittlung, so wird zunächst ein Weg festgelegt (hier: $A \rightarrow B \rightarrow E \rightarrow F$), den dann alle Nachrichten nehmen; fällt hier eine der Kanten aus, so muß eine neue Verbindung aufgebaut werden.

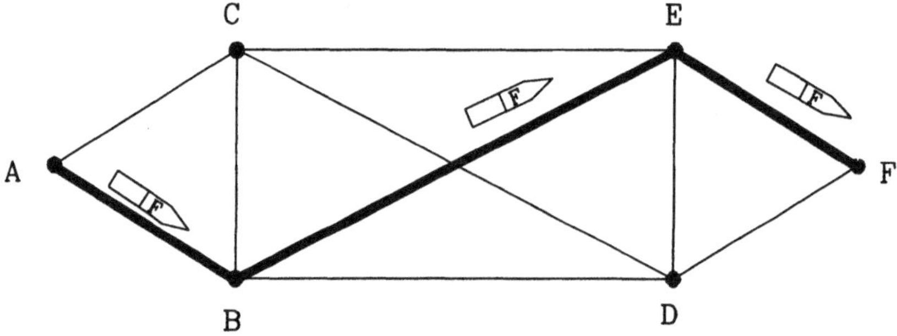

8.1.7

Die obigen Beispiele zeigen, daß sich das reine Problem der Wegeauswahl immer in ähnlicher Form stellt - ob es sich nun um ein leitungs- oder ein paketvermitteltes Kommunikationsnetz handelt. Wir werden im folgenden in der Regel von verbindungsloser Paketvermittelung ausgehen, und zwar soll dabei keine Lastteilung stattfinden - m.a.W. schickt ein Knoten A alle Nachrichten mit Zieladresse Z immer zu demselben Nachbarn B, bis wegen einer Netzänderung (z. B. Ausfall einer Kante) ein anderer Nachbar an die Stelle von B tritt.
Viele der erzielten Ergebnisse lassen sich leicht auf andere Netztypen übertragen.

8.1.8

Gegeben sei ein Netz (G, w). Eine naheliegende erste Idee ist es, für jede Ecke e als Zielecke einen *Baum kürzester Wege* B_e zu erstellen und jede Nachricht entsprechend ihrer Zieladresse e so zu routen, wie der Baum B_e dies vorschreibt.

Beispiel

Für die in 8.1.6 verwendete Netzstruktur haben alle Kanten die Bewertung 1. Für das Ziel F zeigt das folgende Bild einen möglichen Baum kürzester Wege B_F:

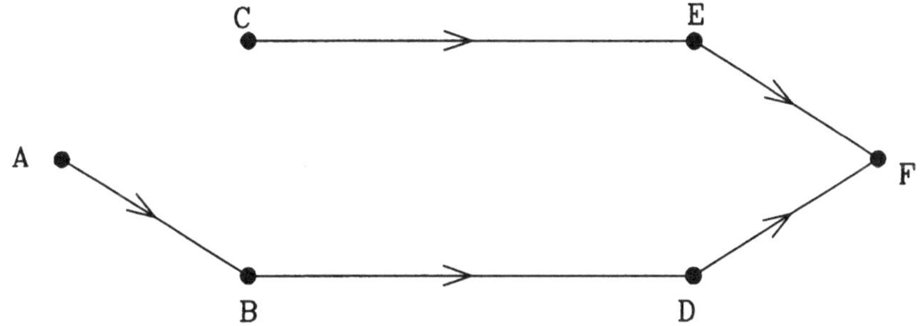

Danach würde also B *jede* Nachricht für F an D schicken usw..

Dieses Verfahren versagt natürlich, wenn der Anspruch besteht, auch im Falle von Störungen das Netz leistungsfähig zu erhalten: fällt im obigen Beispiel etwa die Kante BD aus, so kann B keine Nachrichten mehr an D schicken. Daher muß entweder die Möglichkeit vorgesehen werden, bei einer Netzänderung kürzeste Wege neu zu berechnen und dann diese zu nutzen, oder aber es müssen Zweitwege (bzw. mehrere Ersatzwege) von vornherein vorgesehen und gespeichert werden. Wie sich zeigen wird, bergen beide Varianten eine Vielzahl theoretischer und praktischer Probleme. Man kann sagen, daß hier der eigentliche Kern des Routing-Problems liegt.

8.1.9

In der Literatur findet man eine Reihe von Möglichkeiten, Routing-Verfahren zu klassifizieren. So kann man etwa von *zentralem* oder *verteiltem* Routing sprechen - je nachdem, ob die Auswahlen von einem zentralen Knoten getroffen werden oder aber die einzelnen Knoten rechnen, entscheiden und unter Umständen Informationen über ihre Entscheidung an ihre Umgebung weitergeben. Eine andere Einteilung ist die in *statische* und *adaptive* Routing-Algorithmen: im statischen Fall bleibt ein für ein Ursprung-Ziel-Paar

gewählter Weg in Gebrauch, solange er nur intakt ist, während adaptives Routing auch bei übermäßiger Belastung (die u.U. zu großen Verzögerungen führt) auf andere Wege umschaltet.
Man muß sagen, daß diese Begriffe (und weitere, die in der Literatur zu finden sind) nicht ganz scharf definiert und voneinander zu trennen sind. Auch können konkrete Implementierungen eines Routing-Algorithmus sehr verschieden aussehen und durchaus gegensätzliche Eigenschaften (im Sinne der obigen Begriffe) aufweisen. Die real existierenden Netze, die wir an späterer Stelle betrachten werden, sind bezüglich ihrer Routing-Verfahren größtenteils ebenfalls Mischformen.

8.1.10

Im nächsten Abschnitt werden wir uns einigen grundlegenden Problemen des Routing mit kürzesten Wegen widmen und insbesondere einen häufig verwendeten Algorithmus für verteiltes adaptives Routing untersuchen.
Wir werden diesen Abschnitt abschließen, indem wir zwei ganz simple Routing-Verfahren vorstellen, das *random routing* und das *flooding*. Varianten des "flooding" werden uns an anderer Stelle noch begegnen; meist wird es angewendet, um in einem Netz Managment-Nachrichten zu übertragen, also z. B. die Information über den Ausfall einer Kante zu streuen.

8.1.11

Random Routing:

Jeder Knoten schickt eine nicht für ihn selbst bestimmte Nachricht zufällig an einen seiner Nachbarn. Ausgeschlossen ist dabei der Nachbar, von dem er die Nachricht erhalten hat.

Als Beispiel sei wieder folgendes Netz betrachtet:

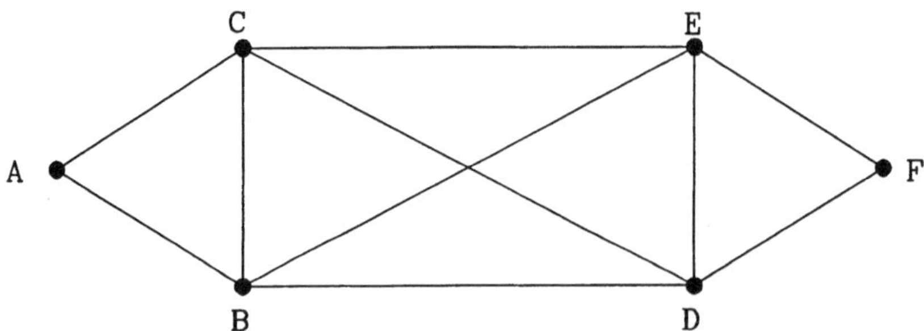

Eine Nachricht von A nach F könnte z. B. den Weg $A \rightarrow B \rightarrow C \rightarrow E \rightarrow$

$B \to C \to D \to E \to F$ nehmen - oder auch (mit verschwindend geringer Wahrscheinlichkeit) niemals ankommen.

Flooding:

Ein Knoten X schickt eine nicht für ihn bestimmte Nachricht, die er von Y bekommt, an alle seine Nachbarn außer Y. Damit die so ausgelöste "Flut" irgendwann stoppt, tragen die Nachrichten einen Zähler; Knoten X erzeugt nur dann neue Nachrichten (mit um 1 erhöhtem Zählerwert), wenn der Zähler der bei ihm eingegangenen Nachricht unter einem Schwellwert liegt. Der die Nachrichtenflut initiierende Knoten setzt den Zähler auf 1.
Will (wieder im schon oben als Beispiel gewählten Netz) A eine Mitteilung an F schicken, so führt das mit Schwellwert 3 zu insgesamt 26 Nachrichten: A schickt an B und C eine Nachricht mit Zählerwert 1. Mit Wert 2 werden Nachrichten von B an C,D,E und von C an B,D,E gesendet. Schließlich ergeben sich folgende 18 Nachrichten mit Zählerwert 3: B → A,D,E ; C → A,D,E ; D → B,C,2∗E,2∗F ; E → B,C,2∗E,2∗F.

Beispielaufgabe 8.1

Nennen Sie einige Gründe, warum das Problem der Wegeauswahl in Kommunikationsnetzen nicht durch die einfache Vorschrift gelöst werden kann, daß immer ein kürzester Weg ausgewählt werden soll.

Lösung

Zunächst mag es mehrere kürzeste Wege gleicher Länge geben, so daß stets eine Auswahl zu treffen ist. Im Fall von Änderungen des Netzzustandes (z. B. Ausfall einer Leitung) können sich für bestimmte Knotenpaare die kürzesten Wege zwischen ihnen ändern; es muß festgelegt werden, welche Instanz die neuen kürzesten Wege ermittelt (zentral oder verteilt), wie die sich daraus ergebenden Routing-Informationen im Netz weitergegeben werden usw.. In dem Fall, daß Informationen über Zweitwege (und Drittwege usw.) bereits von vornherein in den Knoten gespeichert sind, müssen diese "statischen" Daten zu Beginn des Netzbetriebs sorgfältig so bestimmt werden, daß in keiner Situation Nachrichten im Netz kreisen können und eine Reihe weiterer Kriterien erfüllt sind.

8.2 Algorithmen zur Bestimmung kürzester Wege

Das in diesem Abschnitt behandelte Thema hat zunächst einen rein mathematischen Aspekt: hier geht es um die Algorithmen zur effektiven Berechnung der kürzesten Wege.
Die konkrete Anwendung hat dann zwei weitere Aspekte. Erstens geht es darum festzulegen, an welcher Stelle im Netz (zentral oder verteilt) die kürzesten Wege berechnet und Informationen darüber bereitgehalten werden. Zweitens muß das Kommunikationsprotokoll genau festlegen, nach welchen Regeln Routing-Informationen (z. B. über den Verlauf kürzester Wege oder Netzänderungen aufgrund von Ausfällen) ausgetauscht werden.
Im weiteren Verlauf dieses Abschnitts werden die grundlegenden Algorithmen betrachtet, wobei der Aspekt der zentralen oder verteilten Realisierung automatisch mit ins Spiel kommt. Die anderen angesprochenen Themen werden dann in 8.3 und 8.4 behandelt.

8.2.1

Zunächst soll an die im ersten Teil des Kurses verwendete Terminologie erinnert werden.
Ist ein gerichteter Graph $G = (E, K)$ mit einer Kantenbewertung $w : K \to \mathbb{R}$ gegeben, so wird auch von dem *Netz* (G, w) gesprochen. Der Einfachheit halber ist im folgenden $E = \{1, \ldots, n\}$ vorausgesetzt. Die Bewertung w induziert eine Matrix (w_{ij}) mit

$$w_{ij} := \begin{cases} 0 & , \text{ falls } i = j \text{ ist} \\ w(ij) & , \text{ falls } G \text{ die Kante } ij \text{ enthält} \\ \infty & , \text{ sonst.} \end{cases}$$

8.2.2

Wir beginnen mit dem *Algorithmus von Floyd-Warshall*, der bereits in Kapitel 6 behandelt wurde, und zwar wählen wir zunächst die in 6.1.28 dargestellte Form.
Gegeben sei ein Netz (G, w). Es werden kürzeste Wege zwischen je zwei Ecken bestimmt. Der Algorithmus bricht ab, sobald ein gerichteter Kreis negativer Länge gefunden wird.

```
begin
  for i = 1 to n do
    for j = 1 to n do
    setze d^0(i,j) := w_ij;
    if i ≠ j then
      if w_ij < ∞ then setze v_ij := i
                  else setze v_ij := ∞
      else setze v_ij := 0;
  setze k := 0;
  while d^k(i,i) ≥ 0 für alle i und k < n do
  begin
    setze k := k + 1;
    for i = 1 to n do
      for j = 1 to n do
        if d^{k-1}(i,k) + d^{k-1}(k,j) < d^{k-1}(i,j)
          then setze v_ij := v_kj und
          d^k(i,j) := d^{k-1}(i,k) + d^{k-1}(k,j)
          else setze d^k(i,j) := d^{k-1}(i,j);
  end
end
```

8.2.3

Da es von den hier betrachteten Anwendungen her ohnehin nahegelegt ist, werden wir der Einfachheit halber im folgenden stets voraussetzen, daß in einem gegebenen Netz keine Zyklen negativer Länge existieren. Der Algorithmus von Floyd-Warshall vereinfacht sich dann zu folgender Form:

```
begin
  for i = 1 to n do
    for j = 1 to n do
      setze d^0(i,j) := w_ij;
      if i ≠ j then
        if w_ij < ∞ then setze v_ij := i
                    else setze v_ij := ∞
        else setze v_ij := 0;
  for k = 1 to n do
    for i = 1 to n do
      for j = 1 to n do
      if d^{k-1}(i,k) + d^{k-1}(k,j) < d^{k-1}(i,j)
        then setze v_ij := v_kj
        und d^k(i,j) := d^{k-1}(i,k) + d^{k-1}(k,j)
        else setze d^k(i,j) := d^{k-1}(i,j);
end
```

8.2.4

Wir gehen noch einen Schritt weiter und verzichten darauf, die kürzesten *Wege* im Algorithmus mitzunotieren. Es werden also nur die kürzesten *Abstände* bestimmt. Dies hat hier wie auch in den weiteren Ausführungen den Vorteil, daß die Algorithmen einfacher und ihre unterschiedlichen Strukturen deutlicher werden.
Der Algorithmus von Floyd-Warshall stellt sich nun wie folgt dar (vgl. 6.1.22):

```
begin
  for i = 1 to n do
    for j = 1 to n do
      setze d^0(i,j) := w_ij;
  for k = 1 to n do
    for i = 1 to n do
      for j = 1 to n do
      setze
      d^k(i,j) := min{d^{k-1}(i,j), d^{k-1}(i,k)+
      d^{k-1}(k,j)};
end
```

8.2.5

Der Beweis der Korrektheit des Algorithmus von Floyd-Warshall wurde in 6.1.23 geführt. Grundidee dieses Beweises ist eine Iteration über die Ecken, die als Zwischenknoten für kürzeste Wege verwendet werden dürfen. Im Gegensatz dazu iteriert der *Algorithmus von Dijkstra* (von einer festen Ecke s ausgehend) über die Länge kürzester Wege, die von s aus zu anderen Ecken führen (vgl. 6.1.17):

8.2.6

Algorithmus von Dijkstra

Es gelte $w(k) \geq 0$ für jede (gerichtete) Kante k. Es werden die Abstände von 1 zu allen anderen Ecken bestimmt. (Dabei muß nicht jede Ecke von 1 aus erreichbar sein.)

```
begin
  Setze d(1) := 0, T := E;
  for e ∈ E\{1} do setze d(e) := ∞;
  while T ≠ ∅ do
  begin
    finde ein f ∈ T, für das d(f) minimal ist;
    setze T := T\{f};
```

```
      for e ∈ T do
         setze d(e) := min{d(e), d(f) + w_fe};
   end
end
```

8.2.7

Bei den bisher behandelten Algorithmen von Floyd-Warshall und von Dijkstra haben wir stillschweigend angenommen, daß in einer konkreten Anwendung die den Algorithmus anwendende Instanz über alle relevanten Informationen verfügt, die das Netz betreffen. Bei dem *Algorithmus von Bellman-Ford*, der nun als nächstes vorgestellt werden soll, gehen wir zunächst auch von dieser Annahme aus. In einem zweiten Schritt werden wir dann eine dezentrale Variante dieses Algorithmus behandeln, bei der die beteiligten Instanzen nur über Teilinformationen verfügen. Zuerst ist jedoch eine gründliche Analyse des Algorithmus von Bellman-Ford notwendig.

8.2.8

Algorithmus von Bellman-Ford

Gegeben sei ein Netz (G, w) ohne Kreise negativer Länge. Es werden die Abstände von 1 zu allen anderen Ecken bestimmt. (Dabei muß nicht jede Ecke von 1 aus erreichbar sein.)

```
begin
   for e = 1 to n do setze d^1(e) := w_1e;
   for k = 2 to n − 1 do
      for e = 1 to n do
         setze d^k(e)
         := min{d^{k−1}(e), min{d^{k−1}(f) + w_fe | f ≠ e}};
end
```

8.2.9

Beim Algorithmus von Bellman-Ford verläuft die Iteration über die Anzahl der Kanten, die in den Wegen verwendet werden dürfen. Dem Beweis der Korrektheit des Algorithmus stellen wir zwei Beispiele voraus.

8.2.10

Beispiel

Es sei das im folgenden Bild dargestellte Netz gegeben:

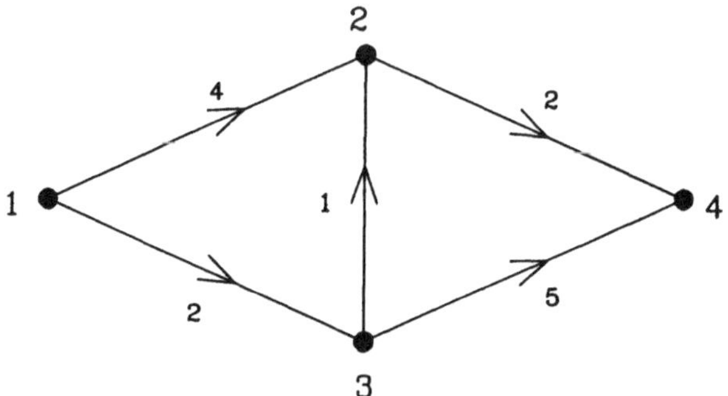

Die Initialisierung ergibt $d^1(1) = 0$, $d^1(2) = 4$, $d^1(3) = 2$, $d^1(4) = \infty$. Danach hat man in der for-Schleife nacheinander die folgenden Werte:

$$
\begin{array}{lllll}
k = 2: & d^2(1) & & & = 0 \\
& d^2(2) & = & d^1(3) + 1 & = 3 \\
& d^2(3) & = & d^1(3) & = 2 \\
& d^2(4) & = & d^1(2) + 2 & = 6 \\
k = 3: & d^3(1) & & & = 0 \\
& d^3(2) & = & d^2(2) & = 3 \\
& d^3(3) & = & d^2(3) & = 2 \\
& d^3(4) & = & d^2(2) + 2 & = 5
\end{array}
$$

Für jedes $e \in \{2, 3, 4\}$ gibt nun $d^3(e)$ den Abstand $|1, e|$ an.

8.2.11

Beispiel

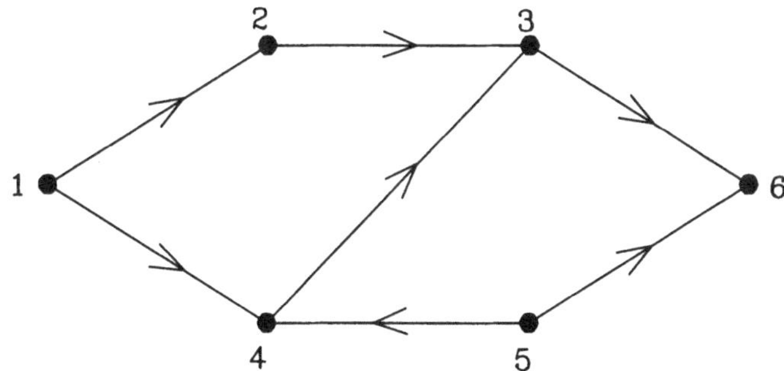

Für das hier dargestellte Netz sei für alle Kanten die einheitliche Bewertung 1 angenommen.

Man hat also zunächst
$d^1(1) = 0$, $d^1(2) = 1$, $d^1(3) = \infty$, $d^1(4) = 1$, $d^1(5) = \infty$, $d^1(6) = \infty$.
Die Iterationen liefern:

$$
\begin{array}{lllcl}
k = 2: & d^2(1) & & = & 0 \\
& d^2(2) = d^1(2) & & = & 1 \\
& d^2(3) = d^1(2) + 1 & & = & 2 \\
& d^2(4) = d^1(4) & & = & 1 \\
& d^2(5) & & = & \infty \\
& d^2(6) & & = & \infty \\
k = 3: & d^3(1) & & = & 0 \\
& d^3(2) = d^2(2) & & = & 1 \\
& d^3(3) = d^2(3) & & = & 2 \\
& d^3(4) = d^2(4) & & = & 1 \\
& d^3(5) & & = & \infty \\
& d^3(6) = d^2(3) + 1 & & = & 3
\end{array}
$$

Für $k = 4$ und $k = 5$ ändern sich diese Werte nicht mehr, so daß bereits hier die korrekten Abstände gefunden sind.

8.2.12

Für die späteren Betrachtungen ist es nützlich, den Algorithmus von Bellman-Ford in der folgenden Form zu verwenden. Man beachte, daß sich die Zeile mit der Bestimmung von $d^k(e)$ dabei vereinfacht.

begin
 for $k = 0$ *to* $n-1$ *do* setze $d^k(1) := 0$;
 for $e = 2$ *to* n *do* setze $d^0(e) := \infty$;
 for $k = 1$ *to* $n-1$ *do*
  for $e = 2$ *to* n *do*
   setze $d^k(e) := \min_f \{d^{k-1}(f) + w_{fe}\}$;
end

Der Unterschied zu dem in 8.2.8 angegebenen Ablauf liegt erstens in der Zuweisung für $d^k(e)$; dies ist jedoch nicht relevant, da hier für $f = e$ gilt $d^{k-1}(f) + w_{fe} = d^{k-1}(e)$.
Ein zweiter Unterschied ist, daß $d^k(1) = 0$ für alle k von vornherein festgelegt ist - für die Fassung in 8.2.8 muß dies erst bewiesen werden.
Drittens ist es schließlich so, daß sich die Anfangsbedingungen $d^1(e) = w_{1e}$ aus 8.2.8 hier erst nach dem ersten Iterationsschritt ergeben.

8.2.13

Es soll nun die Korrektheit des Algorithmus von Bellman-Ford nachgewiesen werden:

Satz

Der Algorithmus von Bellman-Ford bestimmt die Abstände der Ecke 1 zu allen anderen Ecken. Die Komplexität ist $O(n^3)$.

Beweis:

Wir führen den Beweis für den in 8.2.12 beschriebenen Ablauf. Es wird mit Induktion gezeigt, daß $d^k(e)$ die Länge eines kürzesten Weges von 1 nach e ist, der höchstens k Kanten enthält. Für $k = 0$ ist dies offensichtlich. Es gelte nun die Induktionsvoraussetzung, daß für ein beliebiges festes $k \geq 0$ für jede Ecke e die Zahl $d^k(e)$ die Länge eines kürzesten Weges von 1 nach e mit höchstens k Kanten angibt. Eine Ecke e sei jetzt ebenfalls fest gewählt. Es ist zu zeigen, daß unter diesen Voraussetzungen

$$d^{k+1}(e) = \min_f \{d^k(f) + w_{fe}\}$$

gleich der Länge L eines kürzesten Weges von 1 nach e mit höchstens $k+1$ Kanten ist.

Es sei $1,\ldots,g,h,e$ ein (kürzester) Weg der Länge L von 1 nach e mit höchstens $k+1$ vielen Kanten. Offensichtlich gilt

$$L = L' + w_{he},$$

wobei L' die Länge des Weges $1,\ldots,g,h$ bezeichnet. Da dieser Weg höchstens aus k vielen Kanten besteht, folgt nach Induktionsvoraussetzung

$$L' \geq d^k(h),$$

also

$$L \geq d^k(h) + w_{he} \geq \min_f \{d^k(f) + w_{fe}\} = d^{k+1}(e).$$

Es muß also nur noch die Ungleichung $d^{k+1}(e) \geq L$ gezeigt werden. Dazu sei die Ecke x so gewählt, daß $d^k(x) + w_{xe}$ minimal wird, also daß

$$d^{k+1}(e) = d^k(x) + w_{xe}$$

gilt. $1,\ldots,y,x$ sei ein kürzester Weg von 1 nach x mit höchstens k Kanten, seine Länge ist nach Induktionsvoraussetzung gleich $d^k(x)$. Ist nun $1,\ldots,y,x,e$ ein Weg (d. h. e liegt nicht schon auf dem Weg $1,\ldots,y,x$), so hat dieser Weg die Länge $d^{k+1}(e)$, und es folgt

$$d^{k+1}(e) \geq L.$$

Liegt aber e schon auf dem Weg $1,\ldots,y,x$, so liegt insgesamt ein Weg der Form

$$1,\ldots,z,e,\ldots,x,e$$

vor, wobei $e,\ldots,x,e$ einen gerichteten Kreis K der Länge 0 bilden muß. x kann nun in der Argumentation gegen z ausgetauscht werden, denn es ist auch

$$d^{k+1}(e) = d^k(z) + w_{ze},$$

und mit Induktion kann schließlich vorausgesetzt werden, daß e nicht schon auf dem Weg $1,\ldots,z$ liegt, womit dann wie oben argumentiert werden kann. Es bleibt die Komplexitätsaussage zu zeigen. Da (G,w) keine negativen Kreise enthält, kann ein kürzester Weg höchstens $n-1$ viele Kanten enthalten. Nach dem Ablauf des Algorithmus geben demnach die Werte $d^{n-1}(e)$ die kürzesten Abstände an. Da der Algorithmus aus zwei ineinandergeschachtelten Schleifen besteht, in deren innerer $O(n)$ viele Vergleiche nötig sind, ist die Komplexität $O(n^3)$.

8.2.14

Es sind zwei weitere Bemerkungen zum Ablauf des Algorithmus von Bellman-Ford angebracht.
Wenn sich für ein $k \leq n-3$ ergibt, daß $d^{k+1}(e) = d^k(e)$ für alle e gilt, so wird auch für die noch folgenden j mit $k+1 < j \leq n-1$ stets $d^j(e)$ jeweils denselben Wert liefern, m. a. W. werden durch $d^k(e)$ $(e = 2, \ldots, n)$ bereits die gesuchten Abstände angegeben. Daß dies so ist, kann in 8.2.12 unmittelbar abgelesen werden. In Beispiel 8.2.11 tritt dieses Phänomen auf.
Der Algorithmus von Bellman-Ford kann beschleunigt werden, wenn in der Zeile

$$d^k(e) := \min_f \{d^{k-1}(f) + w_{fe}\}$$

statt $d^{k-1}(f)$ schon der Wert $d^k(f)$ verwendet wird, sofern dieser zuvor bereits berechnet wurde (sofern also $f < e$ ist). In diesem Fall stimmt allerdings nicht mehr die Aussage, daß $d^k(e)$ stets die Länge eines kürzesten Weges mit höchstens k Kanten von 1 nach e ist. Löst man sich auch noch von der Numerierung der Ecken, so kommt man zu der folgenden eleganten Formulierung des Algorithmus von Bellman-Ford:

```
begin
   Setze d(1) := 0;
   for e ∈ E\{1} do setze d(e) := ∞;
   repeat
      for e ∈ E do setze d'(e) := d(e);
      for e ∈ E do setze d(e) := min_f{d(f) + w_fe};
   until d(e) = d'(e) für alle e ∈ E;
end
```

Die Korrektheit dieser Variante wollen wir jetzt nicht beweisen, da sie eine Konsequenz aus den im folgenden betrachteten Eigenschaften der dezentralisierten Form des Algorithmus von Bellman-Ford sein wird. Es ergibt sich dann auch folgende Aussage: Sind die Bewertungen aller Kanten positiv, so kann bei der Initialisierung für jeden der Werte $d(e)$ statt "∞" sogar jede beliebige nichtnegative Zahl genommen werden.

8.2.15

Beispiel

Der abgewandelte Algorithmus von Bellman-Ford wird auf das Beispiel 8.2.10 angewendet. Der erste Schritt ergibt $d(1) = 0$, $d(2) = 4$, $d(3) = 2$, $d(4) = \infty$.

2. Durchlauf der repeat-Schleife:

$$\begin{aligned} d(1) & = 0 \\ d(2) = d(3) + 1 & = 3 \\ d(3) & = 2 \\ d(4) = d(2) + 2 & = 5 \end{aligned}$$

Da sich diese Werte beim 3. Durchlauf der repeat-Schleife nicht mehr ändern, sind die gesuchten Abstände bereits gefunden.

8.2.16

An der zuletzt präsentierten Form des Algorithmus von Bellman-Ford läßt sich sofort die Gültigkeit der *Bellmanschen Gleichungen* ablesen: wenn obiger Algorithmus abbricht, so gilt für die zuletzt erhaltenen d-Werte

$$\begin{aligned} d(1) & = 0 \quad \text{und} \\ d(e) & = \min_f \{d(f) + w_{fe}\}. \end{aligned}$$

In 6.1.12 wurde umgekehrt gezeigt: enthält G nur Kreise positiver Länge, und gelten für Werte $\tilde{d}(e)$ ($e \in E$) die Bellmanschen Gleichungen, so gibt zwangsläufig $\tilde{d}(e)$ für jedes $e \in E$ den Abstand von 1 nach e an. Dies ergibt unter diesen speziellen Vorraussetzungen an G einen Beweis der Korrektheit des oben in 8.2.14 dargestellten Algorithmus -freilich nur, wenn man schon weiß, daß der Algorithmus stets abbricht.

8.2.17

Wir gehen jetzt von dem folgenden Szenario aus: Ein Datennetz, modelliert durch ein Netz (G, w), ist gegeben. Es wird das Problem des Routens von Nachrichten *zum Knoten 1* betrachtet, und zwar sollen grundsätzlich kürzeste Wege benutzt werden. Die Komplikation liegt nun darin, daß sich die Kantenbewertungen w_{ij} laufend ändern dürfen. Dies ergibt z. B. dann einen Sinn, wenn ein Wert w_{ij} die augenblickliche Auslastung einer Leitung widerspiegelt; die Wahl eines kürzesten Weges stellt so eine Möglichkeit dar, eine derzeit wenig belastete Route zu nutzen.

Für die soeben skizzierte Situation lauten die Bellmanschen Gleichungen, wenn $d(e)$ den (kürzesten) Abstand der Ecke e zu 1 darstellt,

$$\begin{aligned} d(1) & = 0 \quad \text{und} \\ d(e) & = \min_{f \in N(e)} \{w_{ef} + d(f)\}. \end{aligned}$$

(Wie an früherer Stelle bezeichnet $N(e)$ die Menge der Nachfolgerecken von e.) In Entsprechung zu 8.2.12 hat man für den Algorithmus von Bellman-Ford die Iteration

$$\begin{aligned} d^{k+1}(1) &= 0 \quad \textit{und} \\ d^{k+1}(e) &= \min_{f \in N(e)} \{w_{ef} + d^k(f)\}. \end{aligned}$$

Diese Iteration kann natürlich parallel ausgeführt werden in dem Sinne, daß jeder Knoten e den Wert $d^{k+1}(e)$ nach obiger Formel berechnet. Freilich muß e dazu die Bewertungen w_{ef} (für jeden Nachfolger $f \in N(e)$) sowie die Werte $d^k(f)$ kennen. Eine Lösung könnte also so aussehen, daß die Information über $d^k(f)$ von f an e weitergegeben wird; mit der Art dieser Weitergabe wollen wir uns erst in Abschnitt 8.4 beschäftigen. Die Bewertungen w_{ef} – davon gehen wir aus – mögen von e selbst ablesbar sein (z. B. durch Messungen).
Ein Vorteil einer derart dezentralen Vorgehensweise ist es auch, daß einem Knoten e außer seinen Nachfolgern $f \in N(e)$ (und den Werten w_{ef}) nur die *Existenz* des Knotens 1 bekannt sein muß, nicht jedoch die gesamte Netztopologie (Graphenstruktur). In einer konkreten Anwendung muß das gesamte Verfahren natürlich für jeden Zielknoten (nicht nur für 1) zum Einsatz kommen; ein einzelner Knoten muß dann demnach neben der Kenntnis seiner unmittelbaren Umgebung nur von der Existenz aller anderen Knoten ausgehen.

8.2.18

Bei einer Realisierung einer wie soeben beschriebenen dezentralen Variante des Algorithmus von Bellman-Ford ergibt sich allerdings die Schwierigkeit der *Synchronität*: einerseits muß (von den Anfangsbedingungen $d^0(1) = 0$ und $d^0(e) = \infty$ ausgehend) für das gesamte Netz ein gemeinsamer Start des Algorithmus organisiert werden; andererseits muß bei Änderung eines w_{ij}-Wertes ein Abbruch und gemeinsamer Neustart erfolgen. Zwar lassen sich die Schwierigkeiten unter gewissen Bedingungen bewältigen, jedoch hat man es dann insgesamt mit einem wesentlich komplexeren Algorithmus zu tun.
Eine einfachere Alternative besteht darin, auf die Synchronität zu verzichten und beliebige Anfangswerte $d^0(e)$ zuzulassen. Das Problem des Starts bzw. Neustarts des Algorithmus tritt dann nicht mehr auf.
Bevor der *verteilte asynchrone Bellman-Ford Algorithmus* genau beschrieben und seine Korrektheit nachgewiesen wird, soll die ihm zugrundeliegende Idee grob umschrieben werden:
Der Algorithmus läuft im Prinzip unbeschränkt lange so ab, daß von Zeit zu Zeit in jedem Knoten $e \neq 1$ die Iteration

$$d(e) = \min_{f \in N(e)} \{w_{ef} + d(f)\} \quad (*)$$

ausgeführt wird. Dabei werden die zuletzt von den Nachbarn $f \in N(e)$ mitgeteilten Werte $d(f)$ und die zuletzt festgehaltenen Werte w_{ef} benutzt. Eine Notwendigkeit ist, daß jeder Knoten e von Zeit zu Zeit seinen aktuellen Schätzwert $d(e)$ an seine Nachbarn weitergibt. Es müssen weder die Iterationen $(*)$ noch die gegenseitigen Benachrichtigungen über die $d(e)$-Werte in irgendeiner Weise synchron für verschiedene Knoten ablaufen.
Wie gezeigt werden wird, ist dieser völlig asynchrone Algorithmus korrekt, und zwar in dem folgenden Sinne:
Gibt es nach einem Zeitpunkt t_0, zu dem in den Knoten $e \neq 1$ beliebige nichtnegative Schätzwerte $d(e)$ vorliegen, keine weiteren Änderungen der w_{ij}-Werte mehr, dann hat nach endlicher Zeit (von t_0 aus gerechnet) jeder Knoten e als $d(e)$ den korrekten kürzesten Abstand zum Knoten 1 bestimmt.
Dies bedeutet auch, daß bei einer w_{ij}-Änderung kein neuer Start des Algorithmus nötig ist, denn man hat nichts anderes als einen neuen Start-Zeitpunkt t_0 und weiß mit dem obigen Argument, daß die weiteren Iterationen in allen Knoten wieder zum korrekten Ergebnis laufen.

8.2.19

Nun soll der verteilte *asynchrone Bellman-Ford Algorithmus* präzise formuliert und seine Korrektheit nachgewiesen werden.
Man geht davon aus, daß ein beliebiger Knoten $e \neq 1$ zu einem beliebigen Zeitpunkt t die folgenden Werte verfügbar hat:

$d_f^e(t)$: Schätzwert für kleinsten Abstand des Nachbarn $f \in N(e)$ zum Knoten 1, der zuletzt von f an e übermittelt wurde

$d_e(t)$: Schätzwert für kleinsten Abstand von e zum Knoten 1, der zuletzt mit der Bellman-Ford Iteration im Knoten e berechnet wurde.

Alle Schätzwerte für den Zielknoten 1 sind gleich Null, also

$$\begin{aligned} d_1(t) &= 0 \quad \text{für } t \geq t_0, \\ d_1^e(t) &= 0 \quad \text{für } t \geq t_0 \text{ und } 1 \in N(e). \end{aligned}$$

Ferner wird davon ausgegangen, daß ein Knoten e auch alle Bewertungen w_{ef} mit $f \in N(e)$ kennt, wobei w_{ef} für $t \geq t_0$ als positive *Konstante* angenommen wird.
Eine weitere *grundsätzliche Annahme* ist nun, daß sich die Schätzwerte für die Abstände nur zu bestimmten Zeitpunkten $t_0, t_1, t_2, \ldots$ mit $t_{m+1} \geq t_m$ und $t_m \to \infty$ für $m \to \infty$ ändern. Zu diesen Zeitpunkten findet in jedem Knoten eines der folgenden drei Ereignisse statt:

1. Knoten e aktualisiert $d_e(t)$ nach der Formel
$$d_e(t) = \min_{f \in N(e)} \{w_{ef} + d_f^e(t)\}$$
und läßt die Schätzwerte $d_f^e(t)$ $(f \in N(e))$ unverändert.
2. Knoten e empfängt von einem oder mehreren Nachbarn $f \in N(e)$ den dort zu einem früheren Zeitpunkt berechneten Wert für d_f, aktualisiert den Schätzwert für d_f^e und beläßt die übrigen Schätzwerte.
3. Knoten e bleibt inaktiv und läßt alle in e verfügbaren Schätzwerte unverändert.

Während die soeben beschriebene Annahme im wesentlichen dazu dient, das Problem zu "diskretisieren", muß schließlich noch sichergestellt werden, daß in den Knoten die Schätzwerte gegen die wirklichen Abstände konvergieren. Dazu dienen die folgende Annahmen:

Annahme 1

Ein Knoten e hört niemals auf, seine Schätzwerte zu aktualisieren; mit anderen Worten: zu unendlich vielen der obigen Zeitpunkte t_k führt e die wie in 1. beschriebene Aktualisierung aus. (T^e sei die Menge dieser Zeitpunkte.)

Annahme 2

Knoten e empfängt von jedem Nachbarn $f \in N(e)$ zu unendlich vielen der obigen Zeitpunkte t_k (wie in 2. beschrieben) den dort berechneten Wert für d_f. (Die Menge dieser Zeitpunkte sei T_f^e.)

Annahme 3

Alle Initialschätzwerte $d_e(t_0)$ und $d_f^e(t_0)$ $(f \in N(e))$ sind nicht negativ. Dies gilt auch für alle vor t_0 verschickten, jedoch erst nach t_0 erhaltenen Schätzwerte von Nachbarn.

Annahme 4

Ein "alter" Schätzwert kann sich nicht unendlich lange im System aufhalten, anders gesagt: für jeden Zeitpunkt $\bar{t} \geq t_0$ gibt es ein $\tilde{t} \geq \bar{t}$ derart, daß vor dem Zeitpunkt $\bar{t}$ im Knoten f berechnete Schätzwerte d_f nach dem Zeitpunkt $\tilde{t}$ von keinem Nachbarn e $(f \in N(e))$ mehr empfangen werden.

8.2.20

Nachdem alle Annahmen präzise formuliert sind, sind wir nunmehr in der Lage, die Korrektheit des verteilten asynchronen Algorithmus von Bellman-

Ford nachzuweisen, d. h. daß die Schätzwerte $d_e(t)$ nach endlicher Zeit die korrekten Abstandswerte annehmen:

Satz

Es gibt einen Zeitpunkt t_m, so daß für jeden Knoten e gilt

$$d_e(t) = d_e \text{ für } t \geq t_m.$$

Dabei ist mit d_e der korrekte kürzeste Abstand von e zum Knoten 1 bezeichnet.

8.2.21

Dem Beweis des Satzes müssen einige Hilfsüberlegungen vorangestellt werden. Zunächst halten wir fest, daß die Bellman-Ford Iteration offenbar die folgende *Monotonieeigenschaft* hat:

gelten für einen Knoten e und reelle Zahlen $\bar{d}_f$ bzw. $\tilde{d}_f$ $\quad (f \in N(e))$

die Ungleichungen

$$\bar{d}_f \geq \tilde{d}_f \quad (f \in N(e)),$$

so bleibt die Ungleichung durch die Iteration erhalten, d. h.

$$\min_{f \in N(e)} \{w_{ef} + \bar{d}_f\} \geq \min_{f \in N(e)} \{w_{ef} + \tilde{d}_f\}.$$

Als nächstes stellen wir uns vor, es würde der in 8.2.17 beschriebene synchrone Bellman-Ford Algorithmus mit der Iterationsregel

$$\begin{aligned} d^{k+1}(1) &= 0, \\ d^{k+1}(e) &= \min_{f \in N(e)} \{w_{ef} + d^k(f)\} \end{aligned}$$

zweimal ablaufen, und zwar

- einmal mit den Initialwerten $d_1^0 = 0$ und $d_e^0 = \infty \quad (e \neq 1)$,

- einmal mit den Initialwerten $d_e^0 = 0$ für alle Knoten e.

Die im ersten Fall erhaltenen Werte $d^k(e)$ bezeichnen wir mit $\bar{d}_e^k$, die beim zweiten Ablauf erhaltenen mit $\underline{d}_e^k$.

Im weiteren wird nun gezeigt, daß die aus diesen beiden extremen Anfangsbedingungen abgeleiteten Folgen alle anderen solchen Folgen –auch eines asynchronen Ablaufs– sozusagen "einfangen". Zunächst benötigen wir den folgenden

Hilfssatz

Für die soeben definierten Folgen $(\bar{d}_e^k)$ und $(\underline{d}_e^k)$ in einem beliebigen Knoten e gilt

$$\underline{d}_e^k \leq \underline{d}_e^{k+1} \leq d_e \leq \bar{d}_e^{k+1} \leq \bar{d}_e^k$$

für jedes k, und ab einem gewissen k_0 hat man für $k \geq k_0$ sogar

$$\underline{d}_e^k = d_e = \bar{d}_e^k.$$

(Mit d_e ist wieder der korrekte Abstand von e nach 1 bezeichnet.)

Beweis:

Die Gültigkeit der Ungleichungskette

$$\underline{d}_e^k \leq \underline{d}_e^{k+1} \leq d_e \leq \bar{d}_e^{k+1} \leq \bar{d}_e^k$$

folgt leicht mit Induktion, wenn man die Monotonieeigenschaft der Bellman-Ford Iteration und die gewählten Anfangsbedingungen ausnutzt.

Weiter stellen wir fest, daß aus dem Beweis des Satzes 8.2.13 sofort

$$\bar{d}_e^k = d_e$$

für $k \geq n-1$ geschlossen werden kann (n ist die Gesamtzahl der Knoten), denn die dortige Initialisierung entspricht derjenigen für die $\bar{d}$-Werte ($d_1^0 = 0$ und $d_e^0 = \infty$ für $e \neq 1$).

Somit bleibt nur noch zu zeigen, daß

$$\underline{d}_e^k = d_e$$

für genügend großes k gilt. Zu diesem Zweck macht man sich zunächst klar, daß (für jedes e und k) $\underline{d}_e^k$ die Summe von höchstens k vielen Kantenbewertungen w_{ij} ist. Dies ist mit Induktion leicht einzusehen und soll hier nicht detailliert begründet werden. Wegen der Ungleichung

$$\underline{d}_e^k \leq d_e$$

kann man aber allgemein sagen, daß auch (für beliebiges k) $\underline{d}_e^k$ die Summe von nicht mehr als

$$\frac{\max\limits_{e} d_e}{\min\limits_{(i,j)} w_{ij}}$$

vielen Kantenlängen sein kann. Daher ist die Anzahl aller möglichen Werte für $\underline{d}_e^k$ (mit beliebigen e und k) nur endlich. Da (für jedes e) die Folge $(\underline{d}_e^k)$ monoton fällt, muß für ein k' gelten

$$\underline{d}_e^{k'} = \underline{d}_e^{k'+1}$$

für alle e.

Damit erfüllen die Zahlen $\underline{d}_e^{k'} (e \in E)$ die Bellmanschen-Gleichungen, die die korrekten Abstände d_e als einzige Lösung haben. Nun folgt natürlich auch $\underline{d}_e^k = d_e$ für $k \geq k'$, und der Hilfssatz ist gezeigt.

8.2.22

Beweis von 8.2.20

Der Satz wird nun gezeigt, indem durch Induktion nachgewiesen wird, daß für jedes k ein Zeitpunkt $t(k)$ mit den folgenden Eigenschaften existiert:

für alle $t \geq t(k)$ gilt

$$\begin{array}{ccccl} \underline{d}_e^k & \leq & d_e(t) & \leq & \bar{d}_e^k \quad (e \in E), \\ \underline{d}_f^k & \leq & d_f^e(t) & \leq & \bar{d}_f^k \quad (e \in E, f \in N(e), \end{array}$$

und für alle $t \in T_f^e$, $t \geq t(k)$ gilt

$$\underline{d}_f^k \leq d_f(\tau_f^e(t)) \leq \bar{d}_f^k \quad (e \in E,\ f \in N(e));$$

dabei ist $\tau_f^e(t) \leq t$ der späteste Zeitpunkt, zu dem der im Knoten e verfügbare Schätzwert $d_f^e(t)$ im Knoten f gemäß der Iterationsvorschrift berechnet wurde. M.a.W. ist $\tau_f^e(t)$ der späteste Zeitpunkt in T^f, der nicht später als t ist und $d_f(\tau_f^e(t)) = d_f^e(t)$ erfüllt.
Für $k = 0$ hat $t(0) = t_0$ die verlangten Eigenschaften. Dies liegt an der Annahme der Nichtnegativität für die Initialschätzwerte bzw. die später als t_0 empfangenen Schätzwerte (Annahme 3).
Jetzt wird angenommen, daß die Behauptung für ein gewisses festes k richtig ist, d. h. ein $t(k)$ mit den obigen Eigenschaften existiert. Es muß daraus die Existenz eines entsprechenden $t(k+1)$ nachgewiesen werden.

Wegen $\underline{d}_f^k \leq d_f^e(t) \leq \bar{d}_f^k \quad (e \in E, f \in N(e))$ für $t \geq t(k)$ und der Monotonieeigenschaft der Bellman-Ford Iteration hat man nun zunächst, daß für $t \geq t(k)$ und $t \in T^e$ gilt

$$\underline{d}_e^{k+1} \leq d_e(t) \leq \bar{d}_e^{k+1}.$$

Ist demnach $t'(k)$ der früheste Zeitpunkt $t \in T^e$ mit $t \geq t(k)$, so hat man

$$\underline{d}_e^{k+1} \leq d_e(t) \leq \bar{d}_e^{k+1} \qquad (**)$$

für alle $t \geq t'(k)$ und $e \in E$.

Da (aufgrund der Annahmen in 8.2.19) für $t \to \infty$ auch $\tau_f^e(t) \to \infty$ strebt, gibt es einen Zeitpunkt $t(k+1) \geq t'(k)$ derart, daß

$$\tau_f^e(t) \geq t'(k)$$

gilt für alle $e \in E$, $f \in N(e)$ und $t \geq t(k+1)$.

Mit $(**)$ folgt nun für $t \geq t(k+1)$

$$\underline{d}_f^{k+1} \leq d_f^e(t) \leq \bar{d}_f^{k+1} \quad (e \in E, f \in N(e)),$$

und für alle $t \in T_f^e$ mit $t \geq t(k+1)$ auch

$$\underline{d}_f^{k+1} \leq d_f(\tau_f^e(t)) \leq \bar{d}_f^{k+1} \quad (e \in E, \ f \in N(e)) \ .$$

Damit ist der Beweis vollständig.

8.2.23

An späterer Stelle werden wir ein real existierendes Netz ansehen, das sich des verteilten asynchronen Bellman-Ford Algorithmus bedient, und auf seine spezifischen Stärken und Schwächen eingehen. An dieser Stelle sollen zwei grundsätzliche Schwächen der Methode aufgezeigt werden. Es handelt sich allerdings um ganz spezielle (fast "exotische") Beispiele, die über die durchschnittliche Leistungsfähigkeit des Algorithmus wenig aussagen.

8.2.24

Beispiel

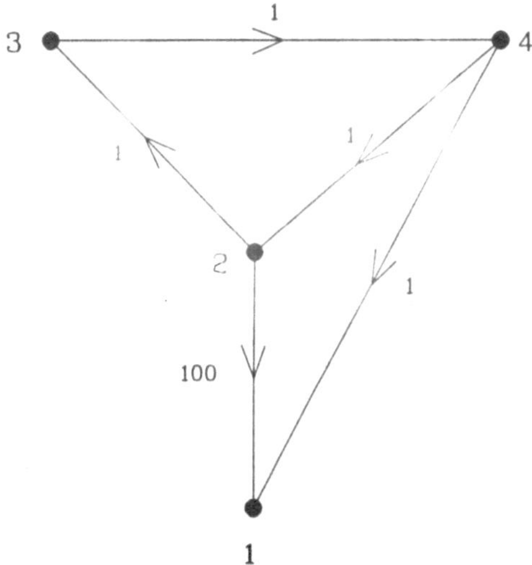

Nimmt man an, daß zum Zeitpunkt t_0 die Kante (4, 1) ausfällt ($w_{41} = \infty$) und davor in jedem Knoten der kürzeste Abstand zum Zielknoten 1 bekannt war (dies sind also nun bei t_0 die Anfangsbedingungen), so wird Knoten 2 ca. 30 Iterationen benötigen, um festzustellen, daß die direkte Kante den kürzesten Weg nach 1 darstellt. In diesem Beispiel wird also eine unnötig groß erscheinende Anzahl von Iterationsschritten benötigt.

8.2.25

Beispiel

Bei diesem Beispiel ist eine große Anzahl von Nachrichten zwischen den Knoten nötig; dies liegt an einer ungünstigen Reihenfolge der relevanten Ereignisse in den beteiligten Knoten.

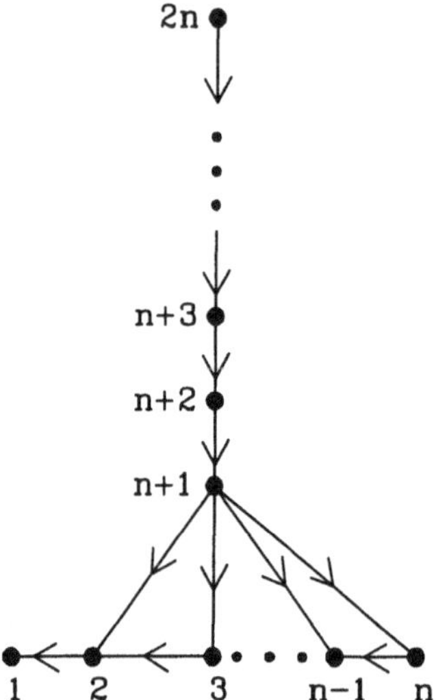

Alle Kantenlängen seien 1, alle Anfangsschätzwerte für die Abstände zum Knoten 1 gleich ∞. Die folgende Folge von Ereignissen mit insgesamt $n^2 - 2$ vielen Nachrichten ist möglich:

Knoten 2 aktualisiert seinen Abstand (zum Knoten 1) und teilt das Ergebnis an 3 mit, dieser aktualisiert ebenfalls und meldet das Ergebnis an 4 etc., schließlich aktualisiert n und gibt das Ergebnis an $n+1$. Dies macht insgesamt $n - 1$ Nachrichten aus. Jetzt aktualisiert $n + 1$ und informiert darüber $n + 2$ etc., bis Knoten $2n$ aktualisiert. Auch das ergibt $n - 1$ viele Nachrichten. Nun informiert Knoten e, für $e = n - 1, n - 2, ..., 2,$ jeweils $n + 1$ über seine Aktualisierung und löst die "Kettenreaktion" aus, daß dann $n+1$ den Knoten $n + 2$ informiert usw.; das ergibt $n(n - 2)$ viele Nachrichten.

Beispielaufgabe 8.2

Erläutern Sie einige Vorteile des verteilten asynchronen Bellman-Ford Algorithmus.

Lösung

Durch die verteilte Ausführung des Algorithmus berechnet jeder Netzknoten selbst die für ihn aktuell günstigsten Wege, es muß dies kein Knoten zentral für alle anderen tun und anschließend die Informationen verteilen. Auch müssen die einzelnen Netzknoten keine Kenntnis der gesamten Netztopologie haben. Der entscheidende Vorteil des asynchronen Algorithmus ist, daß auf eine Synchronität der in den verschiedenen Netzknoten ausgeführten Iterationsschritte verzichtet werden kann. Jeder Knoten muß nur immer wieder aufgrund der neuesten ihm vorliegenden Informationen seine kürzesten Abstände zu den anderen Knoten berechnen und die Ergebnisse seinen Nachbarn mitteilen. Dies im ganzen Netz synchron zu realisieren, würde hingegen einen hohen zusätzlichen Aufwand bedeuten.

8.3 Das Stabilitätsproblem bei der Nutzung kürzester Wege

8.3.1

Wird in einem Kommunikationsnetz auf kürzesten Wegen "geroutet", und stellen die Kantenbewertung des Graphen die aktuellen Verkehrsbelastungen der einzelnen Verbindungsleitungen dar, so ergibt sich das folgende grundsätzliche Problem: Die Nutzung eines Weges hat die Tendenz, seine Länge zu vergrößern. Ist das Routing adaptiv (z. B. wie im vorigen Abschnitt beschrieben), so kann dies zu *Oszillationen* führen, d. h. es wird dauernd zwischen verschiedenen Wegen hin- und hergeschaltet, ohne daß der dazu benötigte Aufwand sich in einer erhöhten Transportleistung des Netzes niederschlagen würde.
Im weiteren Verlauf dieses Abschnitts wird dieses Problem zunächst verdeutlicht, anschließend werden mögliche Gegenmaßnahmen skizziert. Es ist hier angezeigt, zwischen verbindungsloser und verbindungsorientierter Datenübermittlung zu unterscheiden.

Verbindungslose Datenübermittlung

8.3.2

In dem folgenden Beispiel (vgl. [BER]) wird der *gesamte* für ein gewisses Ziel bestimmte Verkehr ständig zwischen zwei möglichen Wegen hin- und hergeschaltet, obwohl das Verkehrsaufkommen für das Ziel nahezu völlig homogen über das Netz verteilt erzeugt wird.

Beispiel

Für das folgende ringförmige Netz mit 16 Knoten möge (paketförmiger) Verkehr nur für das Ziel 16 auftreten. Jede Kante kann in beiden Richtungen Verkehr tragen.

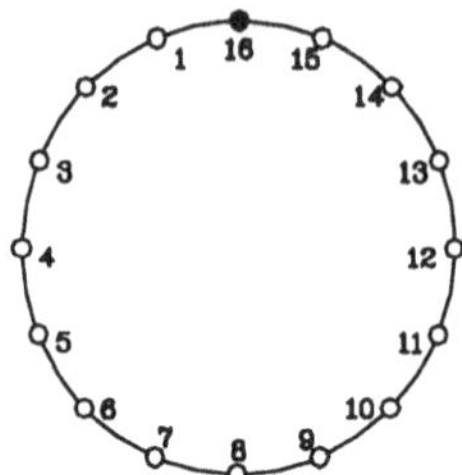

Wir machen folgende Annahmen:

- In jedem der Knoten $1, 2, ..., 7, 9, ..., 15$ wird pro Sekunde eine Datenmenge gleicher Größe für das Ziel 16 erzeugt, diese Größe sei auf "1" normiert. Im Knoten 8 entsteht nur Verkehr von $\epsilon > 0$, wobei ϵ nahe bei 0 liegt.
- Die Länge w_{ij} einer Kante ij ist gleich V_{ij}, wobei V_{ij} den Datenverkehr auf der Kante ij bezeichnet; dieser Verkehr kann von i erzeugt sein, oder es kann sich um Transferverkehr handeln. (Man beachte: i.a. ist $w_{ij} \neq w_{ji}$).
- Jeder Knoten berechnet alle T Sekunden seinen kürzesten Weg zum Ziel 16, wobei als Kantenlängen die Werte V_{ij} aus den vergangenen T Sekunden genommen werden, und routet für die nächsten T Sekunden entsprechend diesem kürzesten Weg. Eine weitere realistische Annahme besagt: T ist mindestens so groß, daß innerhalb von T Sekunden mehrere Pakete von einem Knoten verschickt werden, der eine Datenmenge von 1 erzeugt.
- Zu Beginn routen die Knoten 1 bis 7 im Uhrzeigersinn, 8 bis 15 entgegen dem Uhrzeigersinn. (Dieses Routing ist sicher nicht das schlechteste, da es eine gewisse Balance zwischen den beiden Seiten des Rings beinhaltet.)

Das erste der folgenden Diagramme zeigt noch einmal das Netz mit seinem Muster des Verkehrsaufkommens. Die weiteren Bilder zeigen dann die Belastungen der Kanten (in jeweils beiden Richtungen) im Initialrouting und den nächsten Schritten, wobei jedes Routing aufgrund der obigen Regeln aus der zuletzt beobachteten Verkehrsstruktur abgeleitet wurde.

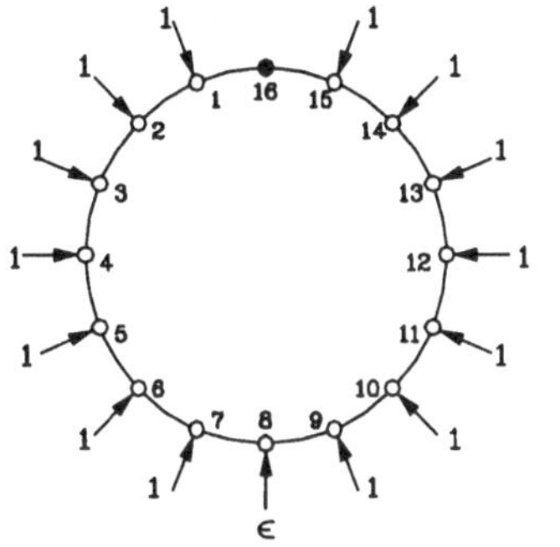

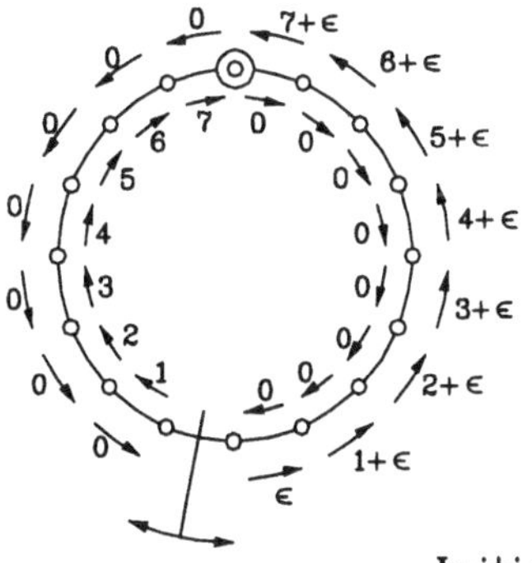

Initialrouting

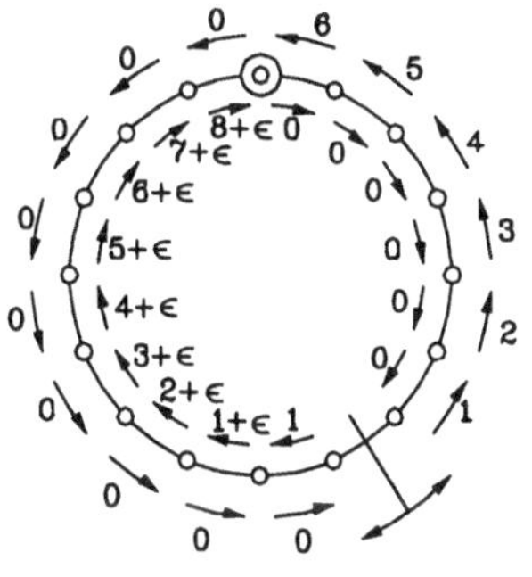

2. Routing

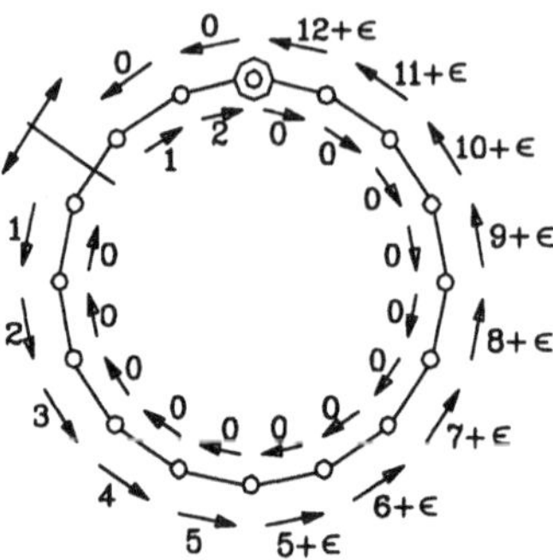

3. Routing

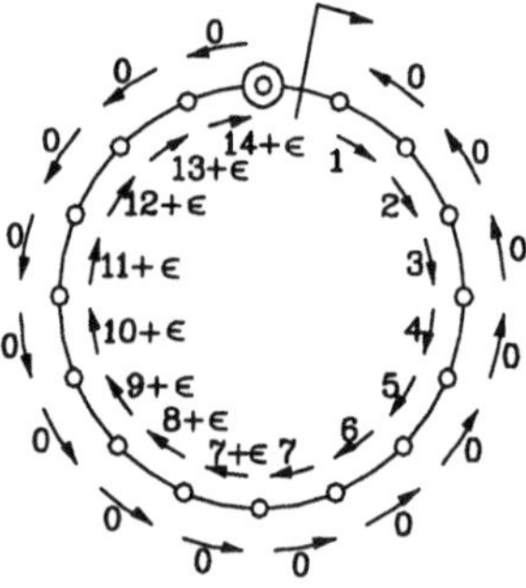

4. Routing

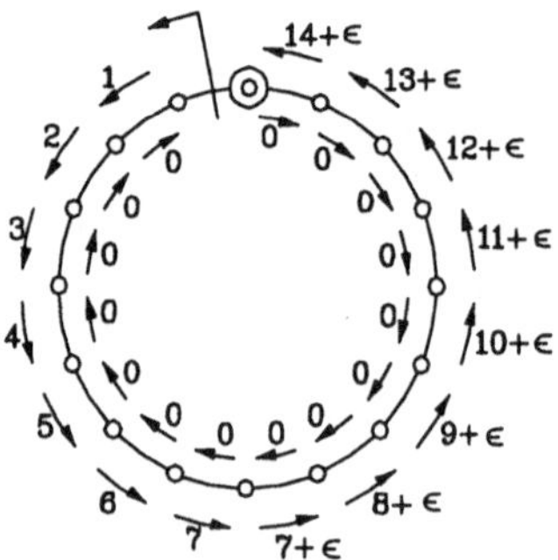

5. Routing

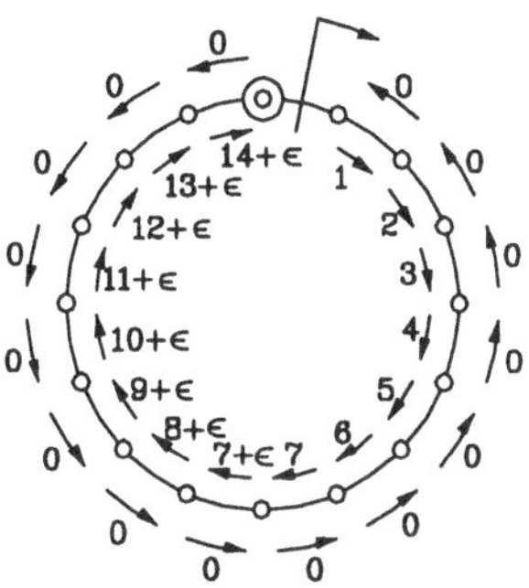

6. Routing

Wie man sieht, stellt sich nach drei Aktualisierungen ein ständiges Oszillieren zwischen zwei völlig gegensätzlichen Verkehrsmustern ein.

8.3.3

Bei dem hier vorliegenden Problem hat man es mit einem *Rückkopplungseffekt* (Feedback-Effekt) zu tun: die Verkehrsbelastungen der Kanten hängen vom gewählten Routing ab, und dieses richtet sich wiederum nach den aktuellen Verkehrsbelastungen. Es würde hier zu weit führen, tiefer in die Theorie solcher Phänomene einzusteigen, wie sie in der *Regelungs- und Steuerungstheorie* (Control theory) betrieben wird. Es soll an dieser Stelle nur erwähnt werden, daß das hier betrachtete Stabilitätsproblem gemildert werden kann, wenn ein *Biasfaktor* eingeführt wird: dies ist einfach eine Konstante $\alpha > 0$, die zu allen Kantenlängen dazuaddiert wird, so daß auch eine Kante, die keinen Verkehr trägt, immer noch die Länge α (statt 0) hat.

8.3.4

Beispiel

Setzt man in dem oben (in 8.3.2) betrachteten Beispiel einen Biasfaktor von $\alpha = 1$ an, so wird beim 2. Routing Knoten 9 nicht auf den Uhrzeigersinn umschalten, denn hier ergäbe sich jetzt eine Weglänge von 37 gegenüber $35+7\epsilon$ entgegen dem Uhrzeigersinn. Im weiteren pendelt nur Knoten 8 mit seinem Verkehr zwischen den Nachbarn 7 und 9, im wesentlichen bleibt es also beim Initialrouting.

8.3.5

Es liegt auf der Hand, daß die Wahl eines sehr großen α dazu führt, daß der aktuelle Verkehr für das Routing nur wenig oder gar keine Bedeutung hat

und nur noch auf Wegen mit möglichst wenigen Kanten geroutet wird. Das Stabilitätsproblem ist dann vermieden, jedoch sind auch die Vorteile der Anpassung an den aktuellen Verkehr damit vergeben. Bei der Beschreibung des Routing im ARPANET werden wir diesen Punkt noch einmal aufgreifen.

Verbindungsorientierte Datenübermittlung

8.3.6

Das soeben geschilderte Stabilitätsproblem bei der *verbindungslosen* Datenübermittlung (und adaptivem Routing mit kürzesten Wegen) tritt auf, weil nach einer Aktualisierung der kürzesten Wege sofort der gesamte Verkehr auf die neuen (nun kürzeren) Wege umgestellt wird. Da bei der *verbindungsorientierten* Datenübermittlung eine einmal aufgebaute virtuelle Verbindung für die Dauer der "Sitzung" (engl. Session) bestehen bleibt und nicht etwa geändert wird, wenn sich im Netz andere kürzere Wege ergeben, leuchtet sofort ein, daß hier das Stabilitätsproblem nicht so gravierend sein wird. Dadurch, daß nach einer Routing-Aktualisierung nur neue virtuelle Verbindungen die neuen Wege nutzen, wird die Gefahr von Oszillationen von vornherein gemildert. Inwieweit das Problem trotzdem auftritt, hängt allerdings vom Verhältnis einiger relevanter Parameter zueinander ab. Wir wollen dies anhand eines Beispiels genauer erläutern.

8.3.7

Beispiel

Gegeben sei das folgende Netz, in dem Knoten A auf zwei Kanten Nachrichten zum Knoten Z schicken kann. (Ausnahmsweise betrachten wir hier also einen Multidigraphen.)

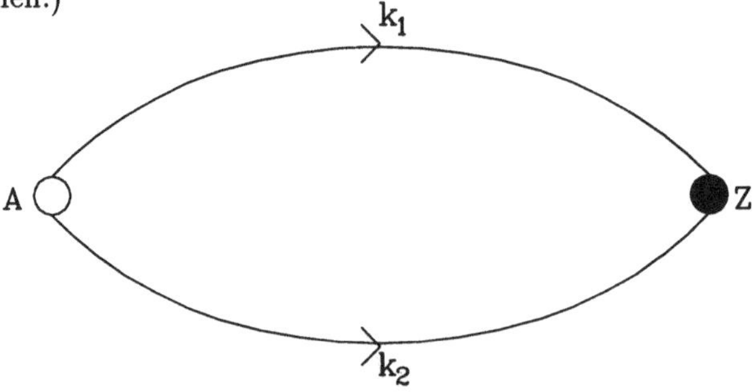

Adaptives Routing mit kürzesten Wegen läuft dann folgendermaßen ab, sowohl im verbindungslosen wie im verbindungsorientierten Fall:
Die Zeitachse wird in Intervalle von jeweils T Sekunden Länge eingeteilt. In jedem Intervall wird auf beiden Kanten die Verkehrsbelastung (in bit/sec)

beobachtet, und der gesamte Verkehr (also entweder Datagramme oder neue virtuelle Verbindungen) wird in einem T-Sekunden-Intervall derjenigen Kante zugeordnet, die im vorhergehenden Intervall geringer belastet war.
Es wird nun angenommen, daß vom Punkt A aus virtuelle Verbindungen aufgebaut werden, und zwar nach einem Poisson-Prozeß mit einer Rate von λ pro Sekunde. Die Dauer einer virtuellen Verbindung sei exponentiell verteilt mit einem Mittelwert von $1/\mu$ Sekunden. Aus der Warteschlangentheorie weiß man, daß dann die Anzahl der bestehenden virtuellen Verbindungen Poisson - verteilt ist mit λ/μ als Mittelwert. Ist nun γ die durchschnittliche Bitrate, die eine virtuelle Verbindung in Anspruch nimmt, und ist r die insgesamt in Punkt A (für das Ziel Z) erzeugte Bitrate, so muß

$$\begin{aligned} r &= (\tfrac{\lambda}{\mu})\gamma \qquad oder \\ \gamma &= \tfrac{r\mu}{\lambda} \end{aligned}$$

gelten.

Eine weitere Annahme ist jetzt, daß die Zeit T klein ist gegenüber der mittleren Dauer $1/\mu$ einer virtuellen Verbindung. Dann wird ein Anteil von etwa μT der virtuellen Verbindungen, die eine Kante zu Beginn eines T-Intervalls beherbergte, am Schluß des Intervalls beendet sein. Im Mittel werden der zuletzt weniger belasteten Kante λT viele virtuelle Verbindungen in einem Intervall neu zugeordnet; dies ergibt eine zusätzliche Belastung von $\gamma\lambda T$ bit/sec bzw. $r\mu T$ bit/sec.
Mithin werden die mittleren Bitraten x_1^k und x_2^k auf den beiden Kanten im $k-ten$ Intervall folgendem Gesetz gehorchen:

$$x_i^{k+1} = \begin{cases} (1-\mu T)x_i^k + r\mu T, & \text{falls } x_i^k \le x_j^k \text{ und } \{i,j\} = \{1,2\}, \\ (1-\mu T)x_i^k & \text{sonst.} \end{cases}$$

Die folgenden Diagramme, bei denen $r = 10$ kbit/sec gewählt wurde, zeigen die zeitliche Entwicklung der mittleren Belastung von Kante k_1 in den jeweiligen T-Intervallen. Entscheidend ist die Größe von μT bzw. das zwischen μ und T bestehende Verhältnis.

a)

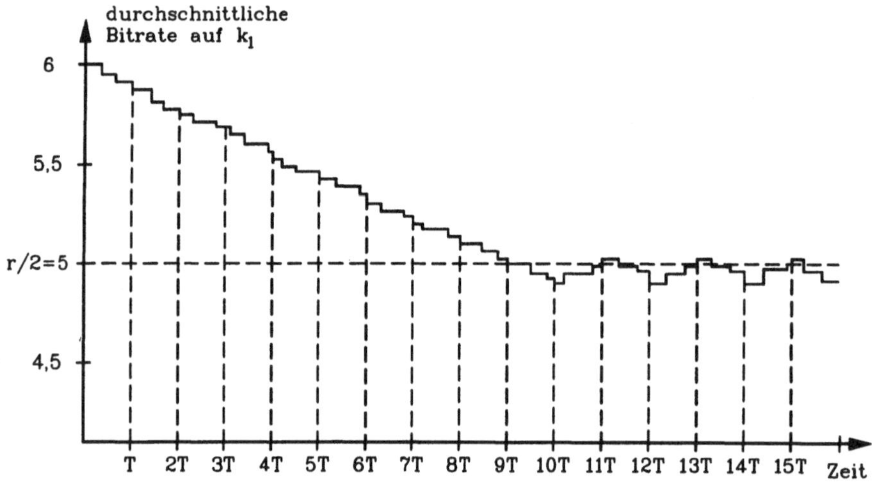

$T = 1$ sec, $1/\mu = 50$ sec

Hier ist μT als klein angenommen: virtuelle Verbindungen bleiben lange bestehen, das Routing wird oft aktualisiert.

b)

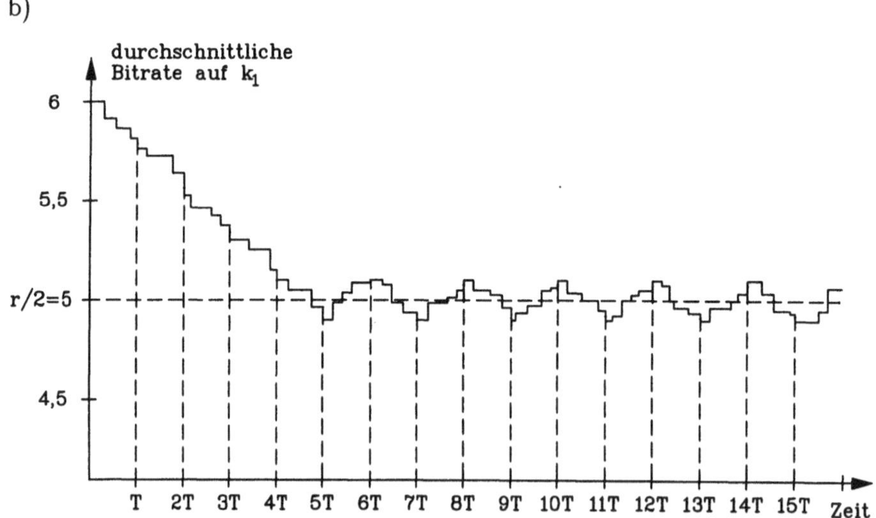

$T = 1$ sec, $1/\mu = 25$ sec

μT hat einen mittleren Wert mit großem μ und kleinem T.

c)

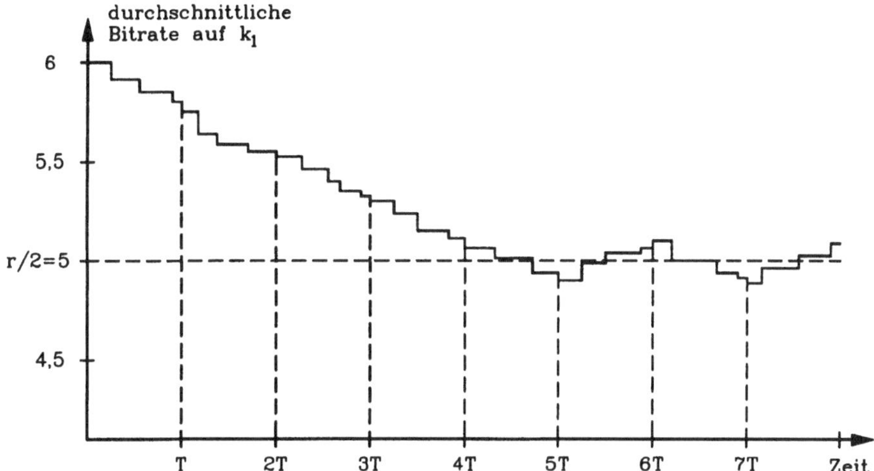

$T = 5$ sec, $1/\mu = 125$ sec
μT hat einen mittleren Wert mit kleinem μ und großem T.

d)

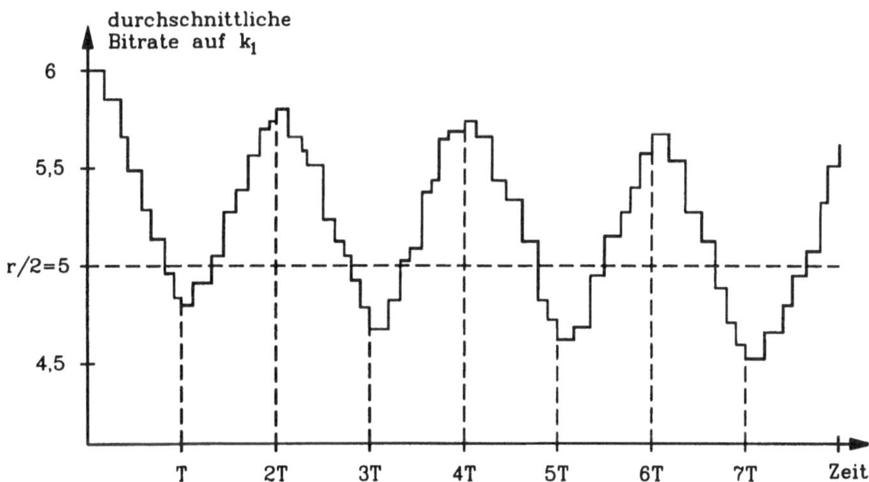

$T = 5$ sec, $1/\mu = 25$ sec
Hier ist μT groß: virtuelle Verbindungen dauern nur kurz, es wird selten aktualisiert.

Man sieht schon an der oben für x_i^{k+1} angegebenen Formel, daß die Raten x_1 und x_2 für $k \to \infty$ jeweils um $r/2$ oszillieren, wobei die Größe der Schwankung bei $r\mu T$ liegt. Fall a) im 1. Bild bestätigt: Ist μT klein (also das Verhältnis von $1/\mu$ zu T groß), so wird der Verkehr fast gleichmäßig auf die beiden Kanten aufgeteilt. Fall d) liefert wie erwartet das Ergebnis, daß bei größer werdendem μ sich die Oszillationen denen bei der verbindungslosen Übermittlung annähern.

8.3.8

Das sich im obigen Beispiel zeigende Verhalten tritt in ähnlicher Form in jedem Netz mit verbindungsorientierter Datenübermittlung auf. An einem tieferen Einstieg interessierte Leser seien auf die im Literaturverzeichnis zitierte Arbeit von E. M. Gafni und D. P. Bertsekas verwiesen. Allgemein stellt sich heraus: ist die mittlere Dauer $1/\mu$ einer virtuellen Verbindung groß, so bewegt sich das Routing nur langsam auf eine optimale Aufteilung hin; ist jedoch $1/\mu$ klein (d. h. μ groß), so muß auch T klein sein, damit sich die Oszillationen ebenfalls nur in einem kleinen Bereich bewegen.

Beispielaufgabe 8.3

Erläutern Sie für die verbindungslose Datenübermittlung einige der Nachteile, die durch Oszillationen beim Routing entstehen.

Lösung

Oszillationen beim Routing gehen einher mit einer ungleichmäßigen Auslastung von verschiedenen Routen und so auch mit einer erhöhten Gefahr von Überlastsituationen in Teilen des Netzes, was letztlich auf Kosten des Durchsatzes geht. Häufiges Umlenken von Paketen wird auch die Paketlaufzeiten erhöhen, außerdem werden durch den dazu nötigen Koordinationsaufwand Teile der Ressourcen unnötig verbraucht.

8.4 Zur Übertragung von Routing - Informationen

8.4.1

Bei jeder Art von Wegeauswahl in einem Netz ist man stets mit dem folgenden zusätzlichen Grundproblem konfrontiert: es müssen die Informationen über ausgefallene oder übermäßig belastete Subsysteme zu den Stellen gelangen, wo sie für die nächsten anstehenden Routing-Entscheidungen benötigt werden. Für die Übertragung dieser *Routing-Informationen* wird jedoch das gleiche Netz genutzt, so daß es mitunter unmöglich ist, die Informationen wie gewünscht zu verteilen. Solche und ähnliche Schwierigkeiten müssen von den verwendeten Protokollen möglichst gut abgefangen werden.

8.4.2

Arbeitet ein Netz mit zentralem Routing, so werden alle Netzänderungen an eine Zentrale Z gemeldet, wo die Entscheidungen über die zu wählenden Routen gefällt werden. Z muß jedem Knoten die ihn betreffenden Informationen zukommen lassen. Eine Schwierigkeit besteht nun darin, daß Z ausfallen oder unter Umständen gewisse Teile des Netzes nicht mehr erreichen kann. Wenn das Problem des Ausfalls von Z auch gemildert werden kann (z. B. durch Redundanz, etwa Dopplung relevanter Komponenten), so dürfte doch deutlich sein, daß die zweitgenannte Schwierigkeit gegebenenfalls zu einer hohen Leistungseinbuße im Netz führen kann.

8.4.3

Ein anderes Problem liegt bei einem Netz mit relativ häufigen Netzänderungen (und folglich häufigem Austausch von Routing-Informationen) in der Unterscheidung zwischen aktueller und bereits veralteter Routing-Information. Um das Problem zu verdeutlichen, stellen wir uns ein Netz vor, in dem jeder Knoten alle von ihm wegführenden Kanten beobachtet und im Falle einer Änderung die Information durch "Flooding" (s. 8.1.11) im ganzen Netz verbreitet. Folgendes Beispiel zeigt die Problematik auf, die sich im Falle mehrerer Änderungen ergeben kann:

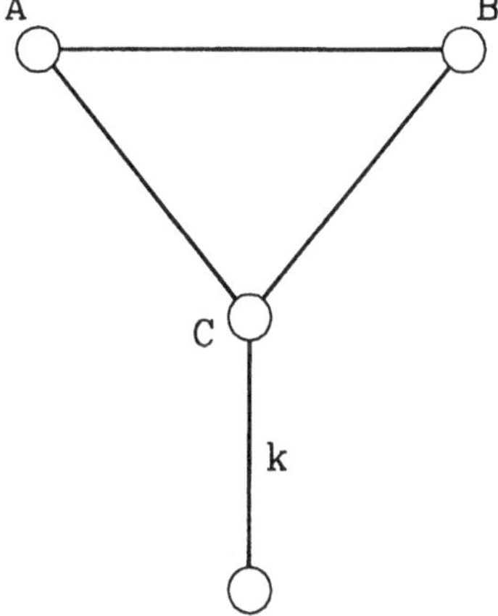

Angenommen, die Kante k ist zunächst intakt, fällt dann für eine kurze Weile aus und ist anschließend wieder funktionsfähig. Weiter sei angenommen, daß die beiden von C erzeugten Nachrichten über den Ausfall bzw. die Wiederherstellung von k den Weg CBA schneller zurücklegen als die erste Nachricht den Weg CA, und daß die Kante CA ausfällt, nachdem A diese Nachricht von C (über den Ausfall von k) erhalten hat. In diesem Falle kann A über einen längeren Zeitraum der falschen Ansicht sein, daß k nicht funktionsfähig ist. Wir werden uns in Kürze Mechanismen ansehen, die solche Situationen weitgehend verhindern.

8.4.4

In dem ersten betrachteten Szenario wurde davon ausgegangen, daß eine Routing-Information jeweils von einem Knoten an alle anderen Knoten im Netz (und nicht nur an einen bestimmten) weitergegeben werden soll. Man spricht hier von *Broadcasting* - oder *Rundspruch*-Verfahren. Es bietet sich natürlich an, dafür eine Form des Flooding zu nutzen.

Wenn nicht explizit anders vermerkt, werden wir im folgenden stets davon ausgehen, daß die Routing-Informationen durch Broadcasting im Netz bekanntgegeben werden sollen.
Ferner wird folgende Sprachregelung eingeführt: wir sprechen von einer *Nachricht*, wenn damit eine allgemeine für das Routing relevante Information (z. B. über den Ausfall einer bestimmten Kante) gemeint ist. Physikalisch schlägt sich eine Nachricht in (u. U. mehreren) *Meldungen* nieder - z. B. erzeugt beim Flooding eine Nachricht zahlreiche Meldungen.

8.4.5

An dieser Stelle muß erwähnt werden, daß in der Praxis beim Broadcasting-Verfahren oft auch unter Verwendung eines minimalen Gerüsts "geroutet" wird, und zwar insbesondere dann, wenn ein zentraler Knoten regelmäßig per Rundspruch Nachrichten im Netz zu verteilen hat; es werden dann dazu nur die Kanten eines minimalen Gerüsts mit Z als Wurzel genutzt. Auch bei anderen Anwendungen sind Gerüste von Interesse, z. B. wenn Knoten eine Nachricht nur zu einigen anderen senden wollen - man spricht hier im Englischen von "multicast communications". Es gibt hierzu zahlreiche theoretische Untersuchungen. Wir wollen hierauf jedoch nicht näher eingehen und stellvertretend auf die aktuelle Arbeit von L. Berry (siehe Literaturverzeichnis) verweisen.

8.4.6

Das Verfahren zur Übertragung von Routing - Informationen und der Routing - Algorithmus (zur Wegeauswahl) müssen so aufeinander abgestimmt sein, daß der Routing - Algorithmus neue Informationen, die während seiner Ausführung eintreffen, in sinnvoller Weise integriert und irgendwann zum Tragen kommen läßt. Bei dem in Abschnitt 8.2 behandelten verteilten asynchronen Bellman-Ford Algorithmus ist dies durch die periodische Anwendung des Algorithmus in den einzelnen Knoten und unter Verwendung der aktuellsten vorliegenden Informationen gewährleistet.

8.4.7

Ein weiteres Problem besteht schließlich darin, daß auch bei der Reparatur einer zuvor ausgefallenen Kante die Abläufe garantieren sollten, daß möglichst schnell die neue Situation netzweit bekannt gemacht wird, damit das Netz optimal genutzt werden kann. Es liegt auf der Hand, daß dieses Problem z. B. dann besonderes Gewicht hat, wenn durch die Reparatur der Kante zwei zuvor getrennte Teile des Netzes wieder zusammenhängen - jeder Teil wird über den Zustand des anderen völlig veraltete Informationen haben.

8.4.8

Die soeben geschilderten Probleme der Übertragung von Routing-Informationen beziehen sich sowohl auf den Fall, daß diese Informationen die reine Netztopologie betreffen (d. h. welche Knoten und Kanten derzeit intakt sind), als auch darauf, daß mit diesen Informationen Verkehrsbelastungen von Kanten oder ähnliche Größen ausgetauscht werden. Im zweiten Fall stellen sich die obigen Probleme nicht ganz so gravierend, da sie u. U. nur zu einer nicht optimalen Ausnutzung der Netzressourcen führen. Da jedoch in jedem Fall Reaktions- und Übertragungszeiten mitspielen, muß eines grundsätzlich festgehalten werden: Es ist unmöglich, daß jeder Knoten des Netzes zu jedem beliebigen Zeitpunkt über alle korrekten für ihn relevanten Informationen verfügt. Man kann bestenfalls erwarten, daß wenn endlich viele Netzänderungen eintreten und sich ab einem Zeitpunkt t_0 nichts mehr ändert, es stets einen Zeitpunkt $t_1 > t_0$ gibt, zu dem alle Knoten einer Zusammenhangskomponente des Netzes den richtigen Zustand jeder Kante in ihrer Komponente kennen. (Man vergleiche dazu nochmals den Beweis der Korrektheit des verteilten asynchronen Bellman-Ford Algorithmus, bei dem eine anologe Forderung aufgestellt wurde.)

8.4.9

Um überhaupt Aussagen über einige Verfahren zur Übertragung von Routing-Informationen machen zu können, wird meist von einigen Annahmen über das Netz und dessen Protokolle ausgegangen. In der Praxis sind bei einem Netz, das die Gültigkeit dieses Annahmen "im Prinzip" garantiert, immer Fehlersituationen (theoretisch) konstruierbar, bei denen eine Annahme doch nicht greift. Im konkreten Beispiel muß natürlich untersucht werden, wie häufig mit dieser Art von Fehlern gerechnet werden muß und wie gravierend die Konsequenzen sind.

Annahme 1

Auf den Netzkanten werden die Nachrichten korrekt und in der richtigen Reihenfolge übertragen. In den Knoten gespeicherte Nachrichten werden nicht verfälscht.

Annahme 2

Der Ausfall einer Kante wird (nicht notwendig gleichzeitig) von beiden Endknoten bemerkt. Erst danach kann die Kante von einem der Knoten als wieder repariert erkannt werden.

Annahme 3

Mit Hilfe eines Schicht-2-Protokolls können beide Seiten eine Kante als funktionsfähig erkennen. Falls eine Seite die Kante für intakt erklärt, so tut dies nach endlicher Zeit die andere Seite ebenfalls, es sei denn, die erste Seite erklärt sie wieder für defekt.

Annahme 4

Fällt ein Knoten aus, so wird nach endlicher Zeit jede an ihn angeschlossene Kante von der anderen Seite für defekt erklärt.

8.4.10

Als nächstes wollen wir uns das bereits in Abschnitt 8.1 eingeführte "Flooding" mit verschiedenen Varianten bzw. Verfeinerungen ansehen. In 8.1.11 wurde als Beispiel das folgende Netz betrachtet:

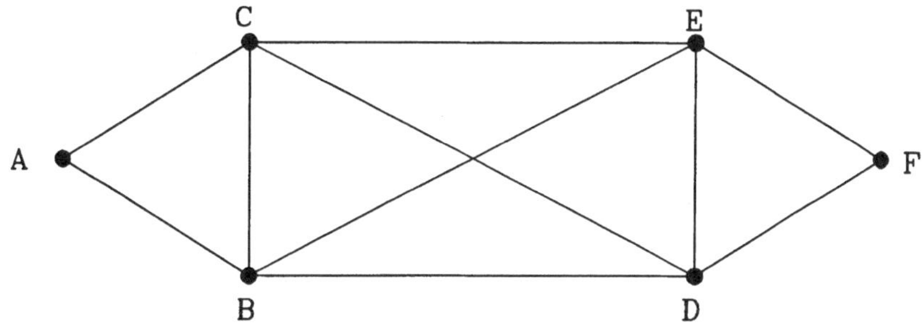

Es wurde dort davon ausgegangen, daß Knoten A eine Mitteilung an F schicken möchte. Flooding mit Zählern und Schwellwert 3 führte dazu, daß insgesamt 26 Nachrichten entstanden. Durch die Einführung des Zählers hat man zwar ein unendliches Kreisen der Nachricht im Netz verhindert, jedoch sendet z. B. immer noch Knoten D zwei zu der gleichen Nachricht gehörende Meldungen an seinen Nachbarn E (ausgelöst durch Empfang einer Meldung von B bzw. C). Dies kann verhindert werden, indem statt mit den Zählern mit *Folgenummern* gearbeitet wird.
Die Folgenummern werden wie folgt gehandhabt. (Es ist dabei unerheblich, ob nur eine Mitteilung zwischen zwei Partnern ausgetauscht oder ein Rundspruch gemacht werden soll.) Jeder Knoten versieht die Routing-Nachrichten, die er initiiert, mit fortlaufenden Folgenummern. Empfängt ein Knoten Y eine Meldung, die zu einer in X erzeugten Nachricht gehört, so prüft Y nach, ob die in die Meldung eingetragene Folgenummer größer ist als die Folgenummer der Nachricht, die Y zuletzt von X bekam. Ist dies der Fall, so speichert Y die Nachricht mit ihrer Folgenummer und sendet außerdem entsprechende Meldungen an alle Nachbarn mit Ausnahme desjenigen, von dem Y diese Nachricht bekommen hat (und mit Ausnahme von X). Im anderen Fall wird die Nachricht von Y verworfen.

8.4.11

Wir betrachten wieder das obige Beispiel, bei dem A eine Nachricht nach F schicken möchte. Es wird angenommen, daß jeder Knoten von A zuletzt eine Nachricht mit Folgenummer 4 erhalten (und diese abgespeichert) hat. A sendet nun für die neue hier betrachtete Nachricht Meldungen mit Folgenummer 5 an B und C. Man sieht, daß die nun folgenden Aktionen von der zeitlichen Reihenfolge gewisser Ereignisse (Ankünfte von Meldungen) abhängen. Beispielhaft werden für eine mögliche Reihenfolge die Ereignisse dargestellt. Sowohl B als auch C mögen nahezu gleichzeitig die Meldung von A erhalten, was dazu führt, daß B Meldungen an C, D, E und C solche an B, D, E sendet. Danach haben B und C die Nachrichten mit Folgenummer 5 von Knoten A abgespeichert und ignorieren folglich die nun vom jeweils anderen erhaltenene. Es sei nun angenommen, daß D zuerst die Meldung von B (und danach die von C) erhält, E erhalte zunächst die von C und dann die von B. Resultat davon ist, daß D Meldungen an C, E, F und E solche an B, D, F sendet, womit die "Flut" stoppt. Insgesamt wurden 14 Meldungen versendet. Man sieht, daß sich nur ein geringfügiger Unterschied ergibt, wenn A eine Routing-Nachricht per Broadcasting im Netz verteilen will: in diesem Fall sendet noch zusätzlich F eine Meldung an denjenigen seiner beiden Nachbarn, von dem er die Nachricht nicht zuerst bekommen hat.

8.4.12

Der Gebrauch von Folgenummern stellt sicher, daß jeder Knoten nur einmal eine zu einer Nachricht gehörenden Meldungsflut an seine Nachbarn schickt. Auch das Problem der Unterscheidung aktueller und veralteter Routing-Informationen stellt sich so nicht mehr - der in 8.4.3 geschilderte Fall kann nun nicht mehr auftreten. Allerdings gibt es auch eine Reihe von Schwächen, die nun kurz geschildert werden.
Das erste Problem liegt schon darin, daß das in den Meldungen enthaltene Datenfeld für die Folgenummmer nur eine begrenzte Länge hat und irgendwann der maximal mögliche Eintrag erreicht ist, so daß bei der Addition von 1 der Wert wieder auf 0 umschlägt. (Dies bedeutet: stehen k Bits für die Folgenummer zur Verfügung, so wird modulo 2^k gerechnet.) Will man diese Situation nicht extra im Protokoll berücksichtigen, so muß man die Festlegung treffen, daß die Folgenummer 0 größer ist als die Nummer $2^k - 1$.

8.4.13

Beispiel

Es sei ein beliebiges Netz gegeben. Wir nehmen an, daß die Routing-Nachrichten von den einzelnen Knoten per Broadcasting gestreut werden und dazu Flooding mit Folgenummern verwendet wird, für die in den Nachrichten 3 Bits vorgesehen sind. A sei ein beliebiger Knoten, der zuletzt die Folgenummer 7 (also binär in Bits 111) verwendet hat. Initiiert A nun eine weitere Nachricht (bzw. Flut von Meldungen), so tragen diese Meldungen die Folgenummer 000; ein Nachbar von A muß diese Nachricht natürlich akzeptieren und weiterreichen, mithin 0 als größer als 7 ansehen.

8.4.14

In der Praxis wird die Anzahl k der für die Folgenummer reservierten Bits oft so groß gewählt, daß das obige Problem ohne Bedeutung ist. Ernster ist jedoch der Fall, wenn eine teilweise Reinitialisierung des Netzes stattfinden muß. Z.B. könnte die Situation eintreten, daß einige Knoten nach einem Ausfall wieder in Betrieb gehen. Sinnvollerweise sollten diese Knoten bei den von ihnen erzeugten Nachrichten wieder mit der Folgenummer 0 beginnen, jedoch könnte dies in anderen Netzteilen zu unerwünschten Konsequenzen führen. Ein weiteres Problem kann dadurch entstehen, daß (z. B. aufgrund eines Hardware- oder eines Übertragungsfehlers) eine "falsche" Folgenummer übertragen wird; eine mögliche Folge (etwa wenn diese Nummer zu groß war) ist, daß die nächsten von demselben Knoten erzeugten Nachrichten im Netz ignoriert werden. Im nächsten Abschnitt werden anhand des ARPANET Möglichkeiten aufgezeigt, wie diese Schwierigkeiten weitgehend in den Griff zu bekommen sind.

Beispielaufgabe 8.4

Es sei das folgende Netz gegeben:

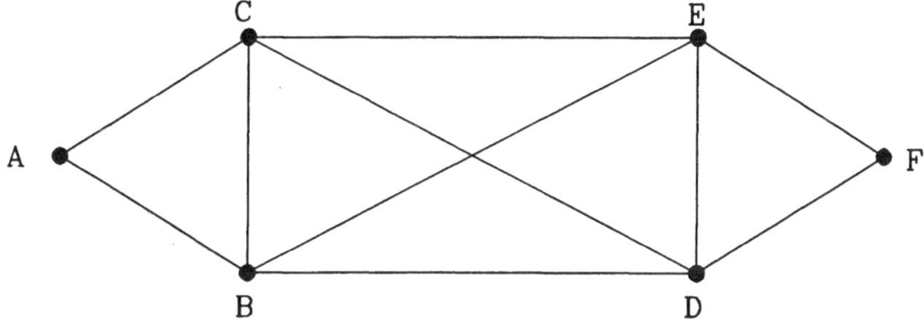

Betrachtet wird die folgende Situation: A möchte eine Nachricht per Broadcasting verschicken. Es wird Flooding mit Folgenummern angewendet, wobei wie in 8.4.11 vorausgesetzt sei, daß jeder Knoten von A zuletzt die Folgenummer 4 erhalten hat.

Erläutern Sie, was geschieht, wenn die von A nach B gesendete Nachricht irrtümlich mit der Folgenummer 2 versehen ist.

Lösung

B ignoriert die von A erhaltene Nachricht mit Folgenummer 2. Dies hat jedoch keine ernsten Konsequenzen, wenn C die Nachricht von A mit Folgenummer 5 korrekt empfängt, denn C versorgt danach u.a. auch B mit der korrekten Nachricht mit Folgenummer 5.

8.5 Das Routing im ARPANET und im TYMNET

8.5.1

ARPANET und TYMNET waren die ersten großen Netze zur Datenkommunikation, die geographisch verteilte Rechner mit Nutzern und Peripheriegeräten verbinden. Beide Netze gingen um 1970 in den USA in Betrieb. Das ARPANET wurde ursprünglich konzipiert von der US Defense Advanced Research Project Agency (DARPA). Zunächst ein reines Forschungsnetz, wickelt es heute Datenverkehr für das US-Verteidigungsministerium und andere Behörden, jedoch auch für Universitäten und weitere Forschungsstätten ab. Das Netz hat eine Vorreiterrolle für Paketnetze gespielt.
Der militärische Ursprung des ARPANET ist kein Zufall: gerade das Bedürfnis nach besonders zuverlässigen Netzen hat zur Entwicklung von Paketnetzen (mit ihren sehr flexiblen Möglichkeiten des Routing) geführt. Auf diese Aspekte kommen wir an späterer Stelle zurück.
Das TYMNET wurde von der Firma Tymshare entwickelt. Es dient heute in den USA als eines der beiden öffentlichen Paketnetze (neben dem GTE Telenet), es hat allerdings auch Verbindungen nach Europa und zum kanadischen Netz Datapac.
Im folgenden werden die Routing-Verfahren dieser beiden Netze beschrieben, ohne die historische Entwicklung (z. B. hinsichtlich der Netzgröße) genau nachzuvollziehen.

Das Routing im ARPANET

8.5.2

Das ARPANET arbeitet im Datagramm-Modus. In den ersten zehn Jahren des Betriebes wurde im ARPANET der verteilte asynchrone Bellman-Ford Algorithmus für die Ermittlung kürzester Wege verwendet. Die Länge einer Kante steht zu ihrer aktuellen Belastung in Beziehung, genauer: ein Knoten A bemißt die Länge der Kante zum Nachbarn B mit Hilfe der Länge der Warteschlange von Nachrichten, die im Punkt A auf die Übertragung längs dieser Kante warten. (Die Kanten haben folglich verschiedene Längen für die beiden Richtungen.)
Benachbarte Knoten tauschen bei dieser Realisierung alle 625 msec ihre geschätzten Abstände zu allen Zielen aus.

Das Hauptproblem, das dann schließlich zur Änderung des Routing-Verfahrens im ARPANET führte, lag hier bei der mangelnden Stabilität (vgl. Abschnitt 8.3): dadurch, daß die Warteschlangenlängen sich laufend ändern, wurde ein optimaler "Endzustand" durch den Algorithmus so gut wie nie erreicht, das Resultat waren ständige Oszillationen. Die Addition eines Biasfaktors zu den Kantenlängen verhinderte dies, hatte aber den Effekt, daß das Netz nun nicht mehr sensibel genug auf Verkehrsstaus reagieren konnte.

8.5.3

Im Jahre 1980 wurde ein neues Routing-Verfahren ins ARPANET eingeführt. Zur Bestimmung der kürzesten Wege gibt es keine "Kooperation der Knoten" mehr, vielmehr berechnet jeder Knoten für sich die kürzesten Wege zu allen anderen (mit dem Algorithmus von Dijkstra). Jeder Knoten beobachtet die Längen der von ihm ausgehenden Kanten und teilt diese per Rundspruch mit dem Flooding-Verfahren allen anderen Knoten mit, und zwar mindestens einmal alle 60 Sekunden.

Die präzisen Abläufe sind folgendermaßen:

Die Kantenlängen bestimmen sich nach der gesamten Zeitverzögerung, die ein Paket (gemittelt über die in den letzten 10 Sekunden abgefertigten Pakete) in diesem Punkt zur Übertragung auf dieser Kante erleidet. (Darin sind Wartezeit und Übertragungszeit bis zu einer erfolgreichen Übertragung enthalten.) Eine Nachricht über eine neue Verzögerungszeit wird per Flooding abgesetzt, wenn sich der neue Wert vom alten um mehr als 64 msec unterscheidet. Wird dieser Wert nicht überschritten, so wird nach dem nächsten 10 sec-Intervall ein um 12,8 msec kleinerer Schwellwert genommen. Auf diese Weise kommt es zu mindestens einer Nachricht pro Minute. Bei einer topologischen Änderung (z. B. Kantenausfall) kommt es selbstverständlich sofort zu einer Nachricht.

8.5.4

Das Flooding ist in der folgenden Weise realisiert. Es wird eine 6 Bit-Folgenummer verwendet. Damit Schwierigkeiten wie die in 8.4.14 beschriebenen vermieden werden, enthalten die Nachrichten zusätzlich ein sogenanntes "age field", welches dazu dient, eine Nachricht im Netz "altern" zu lassen. Das Feld wird von den Knoten, die die Nachricht behandeln, gepflegt, und diese achten darauf, daß die Nachricht nicht länger als 64 Sekunden im Netz bleibt.
Es stellt sich heraus, daß die Kombination einer relativ kurzen Folgenummer (6 Bit) mit dem Gebrauch des "age field" und zusammen mit der periodischen Übertragung von Routing-Informationen (mindestens einmal pro Minute) einen guten Kompromiß bietet, der z. B. auch im Falle der Reinitialisierung von Teilen des Netzes zu einem akzeptablen Verhalten führt.

8.5.5

Zur Bestimmung kürzester Wege wird in jedem Knoten mit dem Algorithmus von Dijkstra ein Baum kürzester Wege mit dem betreffenden Knoten als Wurzel konstruiert. Dies geschieht in einem Knoten immer dann, wenn eine Nachricht über eine Änderung einer Kantenlänge eintrifft. (Tatsächlich ist dies nicht bei jeder Änderungsmeldung nötig, jedoch wollen wir auf diese Feinheit hier nicht näher eingehen.)
Der asynchrone Charakter der Weglängenaktualisierungen in den einzelnen Knoten hat hier, wie man sicher auch erwarten würde, eine stabilisierende Wirkung im Sinne der oben geschilderten möglichen Oszillationen.
Da jeder Knoten für sich kürzeste Wege berechnet, muß er natürlich Kenntnis des gesamten Netzes haben - m. a. W. wird hier in den Knoten mehr Speicherplatz benötigt als bei der vorigen Version des ARPANET.

8.5.6

In der Realisierung trägt ein Knoten in einer *Routing-Tabelle* für jeden Zielknoten denjenigen Nachbarn ein, zu dem er (aufgrund seiner Kalkulation kürzester Wege) die Nachrichten mit der entsprechenden Zieladresse schicken wird. Eine Ausführung des Dijkstra-Algorithmus führt also zur Aktualisierung dieser Tabelle.
Es dürfte klar sein, daß eine Nachricht auf einem kürzesten Weg läuft, wenn alle von ihr besuchten Knoten ihre Routing-Tabelle aufgrund derselben Informationen erstellt haben. Treten aber während der "Reise" eines Pakets Netz- und damit Routing-Änderungen auf, so ist es durchaus möglich, daß das Paket eine Weile im Kreise läuft. Genauere Überlegungen zeigen allerdings, daß dieses Kreisen mit großer Wahscheinlichkeit nicht lange andauert.

8.5.7

Beispiel

Das folgende Netz sei betrachtet, die Kantenlängen seien der Einfachheit halber von der Richtung unabhängig und zu Anfang einheitlich gleich 1. Wir konstruieren einen Fall, bei dem eine Nachricht kreist.

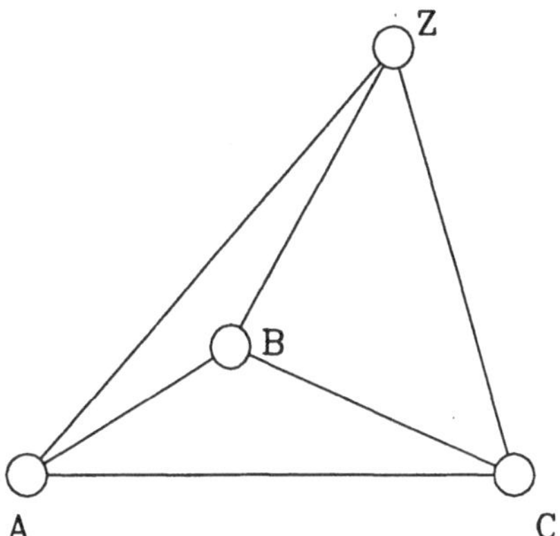

Wir nehmen an, die Kantenlängen von AZ, BZ und CZ würden sich zu 3, 6, 4 verändern. Gleichzeitig mit den entsprechenden von A, B und C sowie Z initiierten Routing-Meldungen schickt A, der seine Routing-Tabelle sofort aktualisiert hat, eine Nachricht mit Zieladresse Z nach B - denn A "weiß" noch nicht, daß BZ nun Länge 6 hat. B mag inzwischen die Meldung von C erhalten haben, schickt jedoch trotzdem die Nachricht weiter zu C, weil B $\rightarrow$ C $\rightarrow$ Z immer noch kürzer ist als B $\rightarrow$ Z. In C ist jedoch kurz zuvor die Meldung von A eingetroffen, daß AZ nun wieder die Länge 1 hat, mithin aktualisiert C seine Tabelle und schickt die Nachricht wieder an A.
Wir haben bei diesem Beispiel stillschweigend vorausgesetzt, daß das Aktualisieren der Routing-Tabelle so gut wie keine Zeit benötigt. Auch haben wir nicht problematisiert, in welcher zeitlichen Reihenfolge ein Knoten Routing-Meldungen bearbeitet, Nachrichtenpakete empfängt oder versendet und seine Tabelle aktualisiert. Damit ist klar, daß sich letztlich an einer konkreten Implementierung erst entscheidet, welche Fehlerfälle (z. B. Kreisen) überhaupt auftreten können.

8.5.8

Auf das erst kürzlich neu ins ARPANET eingeführte Routing-Verfahren soll hier nicht eingegangen werden. Die Neuerung liegt vor allem darin, daß stets mehrere Wege gleichzeitig für ein Ursprung-Ziel-Paar genutzt werden, was zu einer Steigerung der Leistungsfähigkeit des Netzes führt.

Das Routing im TYMNET

8.5.9

Das TYMNET arbeitet verbindungsorientiert. Es sollen hier nur kurz einige Details aufgeführt werden. Kürzeste Wege werden von einem zentralen Knoten Z mit einem Verfahren ähnlich dem Algorithmus von Floyd-Warshall bestimmt; genauer gesagt gibt es vier solche zentralen Knoten, die diese Aufgabe

übernehmen können. Zur Erfüllung der Aufgabe muß ein solcher Knoten volle Kenntnis des augenblicklichen Netzzustandes haben. Wie er diese Kenntnis erlangt, wollen wir in diesem Fall nicht weiter betrachten.
Die Länge einer Kante hängt unter anderem von ihrer aktuellen Verkehrbelastung ab, das Routing kann mithin als adaptiv bezeichnet werden. Die Kantenlängen sind zusätzlich bestimmt durch den Typ der Kante und durch die Art der virtuellen Verbindung, die aufgebaut werden soll - dazu gibt es sogenannte "Service-Klassen". Z. B. werden interaktive Nutzer dadurch von Satellitenstrecken ferngehalten, daß die entsprechenden Kantengewichtungen groß gewählt werden und damit kürzeste Wege für diese Nutzer nur über Kabelstrecken laufen. Weitere Mechanismen sorgen dafür, daß auch Überlastsituationen in Knoten oder auf Wegen auf die Kantenlängen und damit auf die Routing–Entscheidungen Einfluß haben. Das in Abschnitt 8.3 behandelte Oszillationsproblem hat sich für das TYMNET als nicht gravierend herausgestellt.
Hat ein zentraler Knoten eine Routing-Entscheidung für eine aufzubauende Verbindung getroffen, so teilt er dies den betroffenen Knoten mit. Dies geschieht, indem er eine spezielle Nachricht ("needle packet") an den Knoten schickt, von dem aus die Verbindung aufgebaut werden soll, und von dort wandert diese Nachricht auf dem ausgewählten Weg zum Ziel, wobei die dabei durchlaufenen Knoten durch Einträge in Routing-Tabellen diesen Weg für die nachfolgenden Nutznachrichten fixieren.
Die Struktur der Routing-Tabellen ist hier so gestaltet, daß ein Knoten sich für eine Verbindung notiert, welche Kanäle von Eingangs- bzw. Ausgangsleitungen für eine gewisse virtuelle Verbindung genutzt werden.

8.5.10

Beispiel

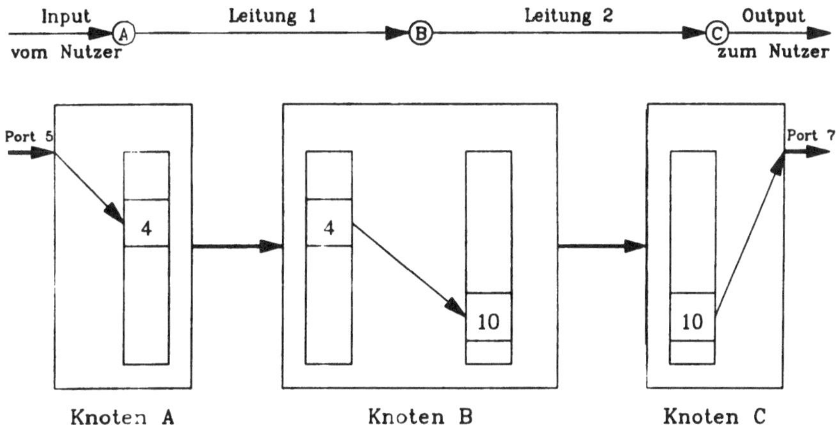

Für die virtuelle Verbindung auf dem Weg A-B-C ordnet Knoten A seinen Eingangsport 5 dem Kanal 4 auf Leitung 1 zu; in B wird der hereinkommende Kanal 4 auf Leitung 1 dem abgehenden Kanal 10 auf Leitung 2 zugeordnet, usw..

8.5.11

Eine Schwäche des TYMNET liegt darin, daß durch die Verlagerung von Aufgaben auf zentrale Knoten eine höhere Anfälligkeit (etwa im Vergleich zum ARPANET) bei Störungen –insbesondere in den zentralen Knoten– gegeben ist. Zwar wird dies z. T. durch die Aufgabenverteilung auf vier solcher zentraler Knoten aufgefangen, jedoch bedeutet dies wiederum einen erhöhten Koordinationsaufwand.
Das *Codex-Netz*, auf welches wir nicht näher eingehen wollen, kann in gewisser Weise als eine "verteilte Alternative" zum TYMNET angesehen werden. Das Codex-Netz arbeitet verbindungsorientiert, verwendet jedoch Datagramme für den Systemverkehr (wie z. B. Routing-Informationen). Die Routing-Entscheidungen werden dezentral getroffen, wobei über das Kürzeste-Wege-Routing hinausgehende Methoden verwendet werden, wie wir sie kurz im Abschnitt über "optimales Routing" (8.7) darstellen.

Beispielaufgabe 8.5

Erläutern Sie, wieso es im ARPANET möglich ist, daß eine Nachricht auf einem bestimmten Weg zum Zielknoten läuft, obwohl es dazu einen kürzeren Weg gegeben hätte.

Lösung

Obwohl das Routing im ARPANET sicherstellt, daß im Normalfall die Pakete auf kürzesten Wegen zu ihren Zielen laufen, ist z. B. folgender Fall möglich: aufgrund des Ausfalls einer Kante wurde die Entscheidung getroffen, ein Paket umzuleiten, jedoch ist die defekte Kante unmittelbar danach wiederhergestellt, so daß rein physikalisch der optimale Weg wieder verfügbar wäre.

8.6 Das Routing im Zeichengabesystem Nr. 7

8.6.1

Beim *Zeichengabesystem Nr. 7* handelt es sich um ein international standardisiertes Zentralkanal-Zeichengabesystem. Es ist geeignet für den Einsatz in digitalen Kommunikationsnetzen mit speicherprogrammierten Vermittlungsstellen und arbeitet paketorientiert. Das ZGS Nr. 7 und seine Protokolle sind in den ITU-T*-Empfehlungen Q.700 bis Q.795 beschrieben (s. Literaturverzeichnis).
ZGS Nr. 7 wurde zunächst konzipiert für "call control signalling" für Telefon, ISDN, leitungsvermittelte Datendienste etc., es ist jedoch auch für andere Informationstypen nutzbar (z. B. zwischen speziellen Rechnern in Kommunikationsnetzen für Zwecke von Management oder Maintenance). Im ISDN-Netz der DBP Telekom wird ZGS Nr. 7 für die "Zwischenamtssignalisierung" benutzt.
Wir werden im folgenden von dem Anwendungshintergrund weitgehend abstrahieren und ZGS Nr. 7 als eine weitere Variante der Paketvermittlung betrachten, auf deren Art von Routing wir unser besonderes Augenmerk richten.

* vormals CCITT

8.6.2

Das Routing im ZGS Nr. 7 kann als statisch bezeichnet werden. Die extremste Form statischen Routings hatten wir bereits in 8.1.8 betrachtet: für jeden Zielknoten X wird ein Baum kürzester Wege B_X erstellt, und in jedem Knoten werden *Routing-Tabellen* gespeichert, die diesen Bäumen entsprechend eingerichtet sind.

8.6.3

Beispiel

Wir betrachten das folgende Netz. (Alle Kanten haben die Länge 1.)

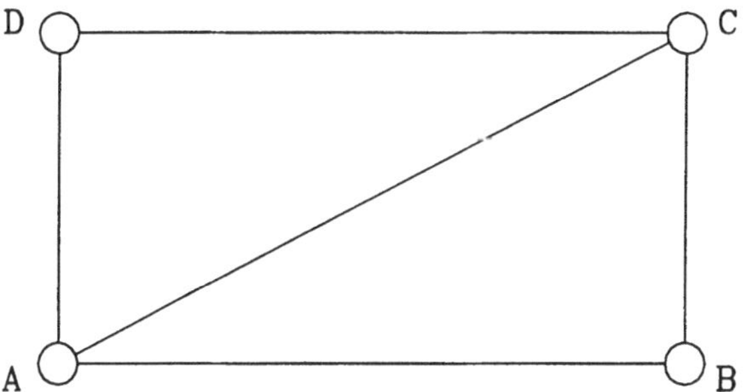

Für jeden Knoten X sei ein Baum kürzester Wege (für das Ziel X) ausgewählt:

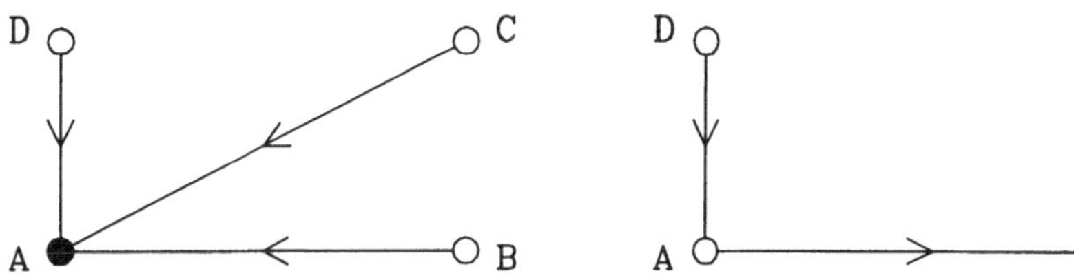

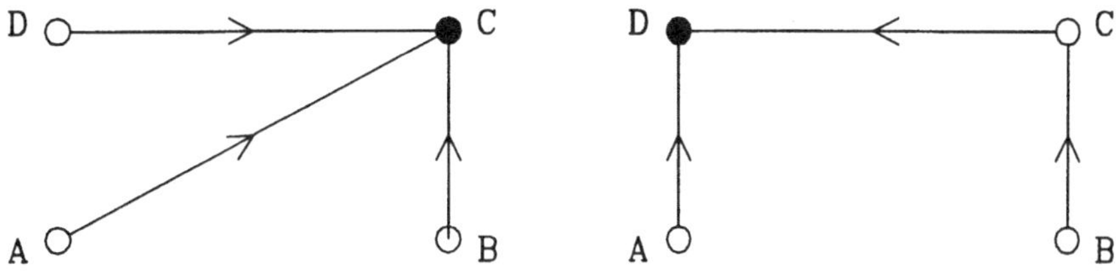

Die Routing-Tabellen sehen also folgendermaßen aus:

In Knoten A:

Ziel	B	C	D
Nachbar	B	C	D

In Knoten B:

Ziel	A	C	D
Nachbar	A	C	C

In Knoten C:

Ziel	A	B	D
Nachbar	A	B	D

In Knoten D:

Ziel	A	B	C
Nachbar	A	A	C

8.6.4

Die soeben beschriebene Art des Routing könnte man als *festes Routing* bezeichnen. In der englischen Literatur wird es als "fixed routing" oder auch "directory routing" aufgeführt. Hat man es mit einem Netz zu tun, in dem wenig Verkehr abgewickelt wird und die Knoten und Kanten recht zuverlässig sind, so ist dieses Routing einfach und leistungsfähig.
Die Nachteile des Verfahrens liegen auf der Hand. Bereits in 8.1.8 wurde die Tatsache angesprochen, daß der Ausfall einer Kante sofort gewisse Kommunikationsbeziehungen stört, da keine Ersatzwege vorgesehen sind. Eine Verbesserungsmöglichkeit, von der in einigen Netzen Gebrauch gemacht wurde, liegt darin, daß jeder Knoten mehrere Routing-Tabellen gespeichert hat, zwischen denen er umschalten kann, wenn er über gewisse Ausfälle Kenntnis erlangt. (Dies hat starke Ähnlichkeit mit dem im ZGS Nr. 7 angewendeten Verfahren, welches im folgenden behandelt wird.)
Bei homogenem Verkehrsaufkommen im Netz werden die Kanten u. U. – je nach Auswahl der Bäume – sehr ungleichmäßig belastet sein. Es ist keine leichte Aufgabe, insbesondere auch bei unterschiedlichem Verkehrsaufkommen, die Wahl der Bäume in diesem Sinne günstig zu treffen. Eine Möglichkeit besteht auch darin, den Verkehr zu einem Ziel in einem prozentual festen Verhältnis über mehrere Nachbarknoten abzuwickeln - dies bedeutet dann ein Abrücken von der starren durch die Bäume gelieferten Routing-Regel.
Ein weiteres Problem liegt schließlich darin, daß die *Bidirektionalität* verletzt sein kann: fällt im obigen Beispiel die Kante AB aus, so kann (wenn nicht auf andere Tabellen umgeschaltet wird) D keine Nachrichten mehr an

B versenden, jedoch B noch welche an D. Auch das Problem der Bidirektionalität werden wir beim ZGS Nr. 7 aufgreifen.

8.6.5

Beim Routing im ZGS Nr. 7 hat jeder Knoten ebenfalls Routing-Tabellen. Der Eintrag für einen Zielknoten besteht allerdings nicht nur aus *einem* Nachbarknoten, zu dem der betreffende Verkehr weitergereicht wird, sondern aus einer geordneten Liste mehrerer Nachbarknoten. Die Handhabung ist folgendermaßen: ein Paket, welches von Knoten X weitergereicht werden soll und die Zieladresse Z trägt, wird von X an den ersten ihm aktuell verfügbaren Nachbarn aus seiner Routing-Tabelle für Ziel Z geschickt.

8.6.6

Beispiel (s. auch 6.1.32)

Das folgende Netz mit Routing-Tabellen mit jeweils zwei Einträgen sei gegeben:

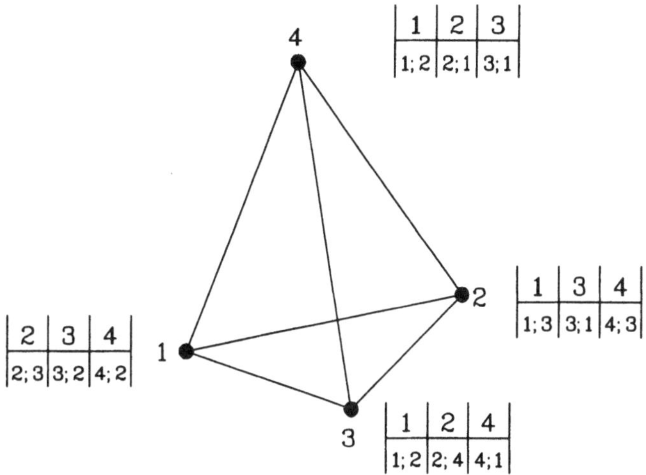

Hat also z. B. Knoten 1 eine Nachricht mit Zieladresse 4 zu versenden, so schickt er diese unter normalen Umständen direkt an 4; ist dies jedoch nicht möglich (etwa wegen Ausfalls der Kante 14), so schickt er sie an den Knoten 2, usw..

8.6.7

Es ist offensichtlich, daß bei dieser Art von Routing die Wege zu einem Ziel Z nicht – wie bei festem Routing – einen Baum bilden. Bei Beispiel 8.6.6

bekommt man vielmehr einen gerichteten Graphen, bei dem jeden von Z verschiedenen Knoten zwei gerichtete Kanten verlassen. Für den Knoten 4 als Ziel ergibt sich beispielsweise der folgende gerichtete Graph, den wir später mit $G(\to 4)$ bezeichnen werden:

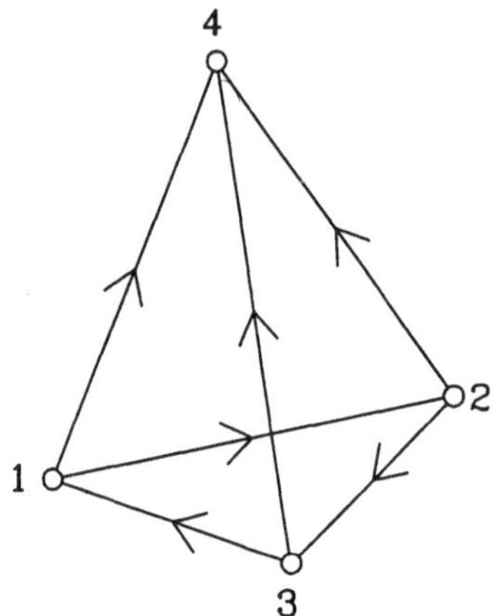

Je nach Fragestellung können auch die Prioritäten der einzelnen gerichteten Kanten mit berücksichtigt werden (etwa als Kantenbewertung).

8.6.8

An dieser Stelle ist es nötig, kurz einige der für das Routing relevanten Strukturen und Protokollabläufe des ZGS Nr. 7 zu betrachten.
Im obigen Beispiel 8.6.6 bestehen die Listen in den Routing-Tabellen aus jeweils zwei Einträgen. Diese Anzahl ist in den ITU-T-Empfehlungen nicht festgelegt. Es gibt Implementierungen, bei denen jeweils acht Tabellenplätze vorgesehen sind, die jedoch nicht alle gefüllt werden müssen. Im Gegenteil werden unsere Überlegungen bald zeigen, daß niemals von jedem Knoten für jedes Ziel acht Möglichkeiten vorgesehen sein dürfen! (Im folgenden werden wir bei der mathematischen Formalisierung von einer Höchstzahl von π und Mindestzahl von 2 Tabellenplätzen ausgehen. Es zeigt sich allerdings, daß schon für $\pi = 2$ die Probleme genügend komplex werden, um die meisten Effekte daran studieren zu können.)
Von zentraler Bedeutung für das Routing ist die *transfer prohibited procedure* (TFP), die u. a. dafür sorgt, daß sich Informationen über ausgefallene Teile des Netzes verbreiten. Genauer: ein Knoten, der feststellt, daß er ein gewisses Ziel nicht mehr erreichen kann, teilt dies allen seinen Nachbarn mit; ein Nachbar wird dann – je nach Routing-Tabelle – u. U. ebenfalls zu dem Schluß kommen müssen, daß er keine Nachrichten mehr zu diesem Ziel schicken kann. Die Prozedur bedient sich einer mit TFP(Z) bezeichneten Nachricht. Ein Knoten X, der diese Nachricht von seinem Nachbarn Y empfängt, schließt daraus,

daß er diesen Nachbarn nicht für Nachrichten, die für das Ziel Z bestimmt sind, nutzen darf. Umgekehrt stellt eine periodisch ausgeführte "route set test procedure" sicher, daß wiederhergestellte Routen auch wieder genutzt werden können. Nachrichten, die nicht weitergeleitet werden können (z. B. weil keiner der in Frage kommenden Nachbarknoten erreichbar ist), werden verworfen.

Die "transfer prohibited procedure" (TFP) verhindert auch das Pendeln von Nachrichten auf einer Kante. Genauer sagt die Empfehlung folgendes (s. 13.2.2 in Q.704):

> Falls Knoten X anfängt (z. B. nach einer Netzänderung), für Knoten Z bestimmte Nachrichten an seinen Nachbarn Y zu senden, so schickt er zuvor die Nachricht TFP(Z) an Y.

Der Empfang von TFP(Z) in Y (mit Absender X) ist –wie oben ausgeführt– von Y so zu interpretieren, daß Y nun (bis auf weiteres) seinen Nachbarn X *nicht* für Nachrichten mit Ziel Z nutzen darf.
Die im ZGS Nr. 7 installierten Flußkontrollmechanismen haben auf das Routing keinen direkten Einfluß. Auf der Schicht 2 können zwar Kanten überlastet sein, für das Routing in Schicht 3 stellt sich dies jedoch einfach als Nichtverfügbarkeit einer Kante zu einem Nachbarn dar. Ein anderer Mechanismus, den das Schicht 3-Routing gar nicht "mitbekommt", besteht darin, bei stark belasteten Routen die höheren Schichten von Ursprungsknoten "aufzufordern", ihren von diesen Routen zu tragenden Verkehr zu reduzieren.
Wir lassen bei unseren Betrachtungen zum Routing im ZGS Nr. 7 eine Möglichkeit außer Betracht, die von der ITU-T-Empfehlung Q.704 eingeräumt wird und in Implementierungen auch bereits realisiert ist: die Möglichkeit der *Lastteilung*. Darunter ist zu verstehen, daß die Nachrichten für ein Ziel nicht sämtlich zu dem laut Tabelle ersten verfügbaren Nachbarn gesendet werden, sondern daß dieser Verkehr gleichmäßig auf zwei oder mehr Nachbarn aufgeteilt wird.

8.6.9

Für unsere weitere Vorgehensweise wird es notwendig sein, die für das Routing im ZGS Nr. 7 relevanten Begriffe etwas weitergehender zu formalisieren, um dann interessierende Aussagen mathematisch beweisen zu können. Da wir andererseits nicht überformalisieren wollen (mit den bekannten negativen Folgen), wird es gelegentlich nötig sein, die ZGS Nr. 7 - Protokolle heranzuziehen, um über die Randbedingungen und Ziele der Untersuchungen Klarheit herzustellen.

Für den Rest dieses Abschnitts gehen wir immer davon aus, daß ein zusammenhängender ungerichteter Graph G mit n Ecken gegeben ist. Der Einfachheit halber wird angenommen daß die Ecken mit den Zahlen $1, 2, ..., n$ bezeichnet sind. Die Kanten sind nicht bewertet. Die Knoten sind alle von gleicher Art, d. h. können sämtlich Nachrichten versenden, empfangen oder weiterleiten. Letzteres stellt eine Vereinfachung gegenüber den ZGS Nr. 7 - Empfehlungen dar, die verschiedene Arten von Knoten erlauben (z. B. solche, die keine Nachrichten weiterleiten können).
Ein *Routing-Plan* mit π Prioritäten für G ist eine dreidimensionale Anordnung

$$C = (c(i,j,k) \mid i = 1, ..., \pi; j, k = 1, ..., n).$$

Dies ist so zu lesen: $c\ (i, j, k)$ ist der Nachbarknoten von j, der für Nachrichten mit Ziel k, die von j zu versenden sind, als i-te Priorität zur Verfügung steht. (Diese Definition ist aus [KLE] übernommen und auch in [POG1] verwendet worden.)
Wir nehmen stets $c(1, j, k) \neq c(2, j, k)$ an, jedoch kann für $i \geq 2$ gelten $c(i, j, k) = c(i + 1, j, k)$. Dies bedeutet, daß dem Knoten j für Ziel k mindestens zwei Nachbarn zur Verfügung stehen – und möglicherweise keine weiteren. Eine weitere Annahme ist folgende: existiert in G die Kante jk, so gilt stets $c(1, j, k) = k$ – wenn m. a. W. eine direkte Kante zum Zielknoten führt, so wird diese auch mit erster Priorität genutzt.
Wird in C ein j fest gewählt, so erhält man die (von j verwendeten) *Routing-Tabellen* für j.

8.6.10

Beispiel

In 8.6.6 sind die Routing-Tabellen der einzelnen Knoten angegeben. Die zu dem Parameter i gehörende "dritte Dimension" ist dabei als Folge (durch Semikolon getrennt) dargestellt. Insgesamt hat man hier den folgenden Routing-Plan, in dem j mit den Zeilen und k mit den Spalten variiert:

	1	2	3	4
1	-	2;3	3;2	4;2
2	1;3	-	3;1	4;3
3	1;2	2;4	-	4;1
4	1;2	2;1	3;1	-

8.6.11

Beispiel

Für den in 8.6.6 betrachteten Graphen K_4 sei nun der folgende Routing -Plan gegeben:

	1	2	3	4
1	-	2;3	3;2	4;2
2	1;3	-	3;1	4;1
3	1;2	2;1	-	4;1
4	1;2	2;1	3;1	-

Für den Knoten 4 als Ziel ergibt sich der folgende gerichtete Graph:

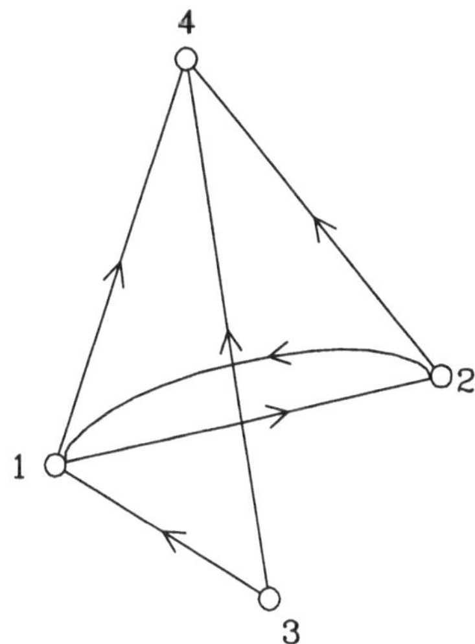

Die Ausführungen zur "transfer prohibited procedure" machen klar, daß in diesem Beispiel der gerichtete Kreis auf der Kante 12 aufgrund der Protokolle nicht zu einem Problem führt. Anders verhält es sich mit dem in 8.6.7 sichtbaren Kreis 1 → 2 → 3 → 1, denn über mehr als zwei Stationen laufende Kreise werden von den Protokollen nicht "bemerkt". Auch wird keiner der beteiligten Knoten zu dem Schluß kommen, daß er das Ziel 4 nicht mehr erreichen kann.Wir werden auf dieses Problem ausführlich eingehen.

8.6.12

Für die nun folgenden Untersuchungen ist es nicht notwendig, eng bei dem Beispiel des Zeichengabesystems Nr. 7 zu verbleiben. Wir stellen noch einmal die Grundvoraussetzungen und Annahmen zusammen, von denen ausgegangen wird:

1. Es ist ein ungerichteter Graph G mit Ecken 1, ..., n gegeben, ferner eine natürliche Zahl $\pi \geq 2$ als Anzahl der Prioritäten in zu findenden Routing-Plänen C (im Sinne der Definition in 8.6.9).

2. Es wird von Netzprotokollen mit Datagramm-Modus ausgegangen, die einen Routing-Plan C wie oben beschrieben nutzen.

3. Die Protokolle verhindern das Pendeln von Paketen auf einer Kante, größere Kreise müssen von den Routing-Plänen ausgeschlossen werden.

4. Ausfälle von Knoten oder Kanten werden sofort an allen relevanten Stellen registriert, gleiches gilt für die Wiederherstellung von Netzkomponenten – m. a. W. es werden keine Reaktionszeiten berücksichtigt.

8.6.13

Der obige Punkt 4. stellt natürlich eine starke Abstrakion dar, welche die Gültigkeit einiger Aussagen wieder relativiert. Z. B. tragen Reaktionszeiten ja auch zu den Paketverzögerungszeiten im Netz bei, die ein Kriterium für ein gutes Routing darstellen. Wir kommen auf diesen Punkt später noch einmal zurück.

8.6.14

Für das weitere Vorgehen ist es auch nötig, die Ziele des Routing zu formulieren, die letzlich in Forderungen an die Routing-Pläne umzusetzen sind. Im nächsten Abschnitt werden allgemeine Ziele und sich daraus ergebende Forderungen betrachtet. Hier wollen wir uns zunächst damit begnügen, einige spezielle Kriterien für "gute" Routing-Pläne zu benennen und herauszuarbeiten, wie diese erfüllt werden können bzw. untereinander gegenläufig sind. Auf eines muß an dieser Stelle noch einmal hingewiesen werden: Obschon alle vorkommenden Graphen endliche Strukturen sein werden, sind die angesprochenen Probleme nicht einfach zu lösen, da wir den algorithmischen Standpunkt einnehmen und folglich "leichte Berechenbarkeit" unser Kriterium für "einfache Lösung" ist.

Die folgenden Kriterien werden zuerst betrachtet. Ein Routing-Plan C soll möglichst so ausgelegt sein, daß

- niemals eine Nachricht im Netz kreisen kann (wir sagen dann, C sei "kreisfrei");

- eine Nachricht stets einen möglichst kurzen Weg zum Ziel nimmt;

- stets Bidirektionalität herrscht (d. h. falls X an Y Nachrichten schicken kann, ist dies auch umgekehrt möglich).

Ein weiteres Kriterium ist natürlich eine hohe Zuverlässigkeit der Kommunikationswege (in Abhängigkeit von der Verfügbarkeit von Knoten und Kanten). Betrachtungen dazu werden hier zunächst ausgespart, da sie Inhalt des nächsten Kapitels sind. Auch das Ziel einer möglichst gleichmäßigen Auslastung von Netzkomponenten wird dann zur Sprache kommen.
Wir gehen hier stets von einer gegebenen Netzstruktur (sprich von einem Graphen G) aus. In der Realität mag es durchaus auch so sein, daß von gewissen Grundanforderungen abgesehen auch die präzise Struktur noch gewählt werden kann. Dann hat man natürlich die Möglichkeit, das im Sinne der Kriterien beste Netz auszuwählen. Auch die sich daraus ergebende Problematik des Netzdesigns wird an späterer Stelle noch einmal angesprochen.

8.6.15

Es sei nun ein Routing-Plan C für G gegeben, k sei ein Knoten in G. Offenbar wird hierdurch ein gerichteter Graph für Knoten k als Ziel induziert, den wir mit $G(\to k)$ bezeichnen wollen; es existiert in $G(\to k)$ eine gerichtete Kante $x \to y$ von Knoten x nach Knoten y genau dann, wenn es ein $i \in \{1, ..., \pi\}$ gibt mit $c(i, x, k) = y$.
In 8.6.11 ist beispielsweise der zu dem angegebenen Routing-Plan gehörende Digraph $G(\to 4)$ dargestellt. Man beachte, daß in $G(\to k)$ nicht jede Kante von G (mit Orientierung versehen) verwendet werden muß. Andererseits gibt es natürlich zu jeder Kante ein k derart, daß die Kante in $G(\to k)$ verwendet wird. Vernünftigerweise wird man an einen Routing-Plan auch die Forderung stellen wollen, daß jeder Knoten überhaupt jeden anderen erreichen kann – dies bedeutet, daß in jedem $G(\to k)$ von jedem Knoten $x \neq k$ ein gerichteter Weg nach k führt. Interessanterweise ist dies im Falle der Kreisfreiheit automatisch erfüllt. (Man beachte hierzu unsere generellen Vorraussetzungen an G!)
Man kann auch dazu übergehen, jede gerichtete Kante in $G(\to k)$ mit ihrer Priorität i zu bewerten. Da dies im weiteren nicht benutzt wird, sehen wir hier davon ab.

8.6.16

Die im weiteren Verlauf dieses Abschnitts dargestellten Ergebnisse sind sämtlich [POG1] und [POG2] entnommen. Dabei ist die Anzahl π der möglichen Tabelleneinträge zunächst als beliebig angenommen.

Satz

Ein Routing-Plan C für G ist genau dann kreisfrei, wenn kein gerichteter Graph der Form $G(\rightarrow k)$, bei dem k eine beliebige Ecke von G ist, einen gerichteten Kreis durch mehr als zwei Knoten enthält.

Beweis:

Ist C nicht kreisfrei, d. h. kann es eine Nachricht (mit Zieladresse k_0) geben, die im Netz kreist, so muß es im gerichteten Graphen $G(\rightarrow k_0)$ einen Kreis durch mehr als zwei Knoten geben, da sich die Nachricht ja "in diesem Graphen" längs gerichteter Kanten bewegt.
Nun gebe es umgekehrt einen Knoten k_1 mit einem gerichteten Kreis $x_1 \rightarrow x_2 \rightarrow ...x_r \rightarrow x_1$ $(r > 2)$ in G $(\rightarrow k_1)$. O. B. d. A. hat x_2 für x_1 bezüglich des Ziels k_1 eine höhere Priorität als x_r (sofern die Kante $x_1 \rightarrow x_r$ überhaupt existiert). Wäre dies nicht der Fall für x_1 oder entsprechend eines der anderen x_i, so könnten wir stattdessen denselben in umgekehrter Richtung durchlaufenen Kreis betrachten. Fallen nun alle Kanten mit Ausnahme der zu dem Kreis gehörenden aus, und initiert x_1 eine Nachricht für das Ziel k_1, so wird diese Nachricht den obigen Kreis durchlaufen – mindestens so lange, bis eine weitere Netzänderung eintritt.

8.6.17

Der nächste Satz liefert eine wichtige notwendige Bedingung für die Kreisfreiheit eines Routing-Plans:

Satz

Ist C kreisfrei und k beliebiger Knoten, so gibt es in dem gerichteten Graphen $G(\rightarrow k)$ mindestens einen von k verschiedenen Knoten mit nur genau zwei Nachfolgern.

Beweis:

Wir stellen uns vor, wir entnehmen dem gerichteten Graphen $G(\rightarrow k)$ alle Kanten mit k als Endpunkt. Im Restgraphen G' hat jeder Knoten $x \neq k$, wenn die Aussage des Satzes nicht gilt, immer noch mindestens zwei Nachfolger. Startet man nun mit einer beliebigen Kante, und konstruiert man dann schrittweise einen gerichteten Weg, wobei eine neue Kante niemals direkt zum Anfangspunkt der letzten Kante zurückführt, so kommt man wegen der Endlichkeit des Graphen nicht umhin, einen gerichteten Kreis mit mehr als zwei Knoten zu konstruieren.

8.6.18

Der soeben bewiesene Satz hat die Konsequenz, daß es, wie groß auch immer die Zahl π der möglichen Tabellenplätze für ein Ursprung-Ziel-Paar ist, bei einem kreisfreien Routing-Plan in jeder Spalte (die einem Ziel k entspricht) mindestens eine Zeile mit nur genau zwei Einträgen gibt.
Nun wissen wir bereits: ist ein Routing-Plan C gegeben (und damit auch die gerichteten Graphen $G(\rightarrow k)$), so ist es (unter Beachtung von 8.6.16) algorithmisch nicht schwierig zu ermitteln, ob C kreisfrei ist. In [KLE] wird auf solche Tests etwas ausführlicher eingegangen. Wir wollen uns nun jedoch der interessanteren Frage zuwenden, wie man (bei gegebenem G) ein kreisfreies C konstruiert - und zwar auch noch ein im Sinne der weiteren Kriterien möglichst gutes! Leider können wir dieses Problem derzeit nicht umfassend lösen.

8.6.19

Schon die Frage, für welche Graphen G (bei gegebenem π) ein kreisfreier Routing-Plan C überhaupt existiert, ist nicht befriedigend zu beantworten: wir können diese Graphen bisher weder mathematisch elegant charakterisieren, noch können wir einen guten Algorithmus angeben, der diese Graphen "erkennt". Man beachte, daß es für gegebenes G und π auf jeden Fall exponentiell viele dreidimensionale Strukturen $(c(i,j,k))$ gibt, die einen kreisfreien Routing-Plan darstellen können.
Eine notwendige Bedingung an G ist allerdings unschwer abzuleiten. Man sieht sofort, daß es für den folgenden Graphen G keinen kreisfreien Routing-Plan geben kann:

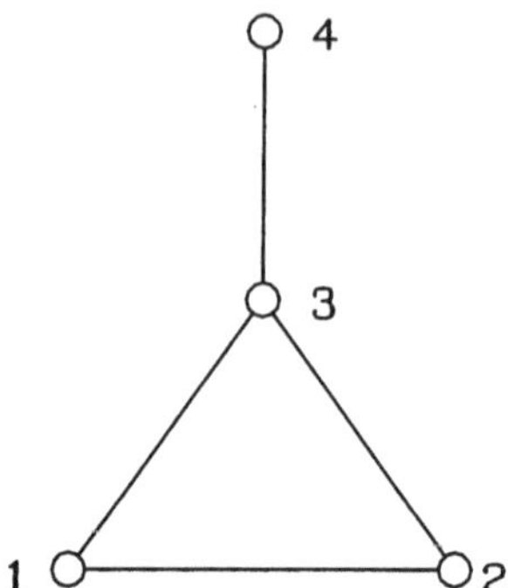

Da nämlich für jeden Routing-Plan in dem induzierten Digraphen $G(\rightarrow 4)$ jeden der Knoten 1, 2, 3 mindestens zwei gerichtete Kanten verlassen, entsteht auf jeden Fall ein gerichteter Kreis.

Die notwendige Bedingung lautet:

Satz

Existiert für G (und $\pi \geq 2$) ein kreisfreier Routing-Plan, so ist G 2-fach-kantenzusammenhängend, d. h. zwischen beliebigen zwei Knoten von G gibt es stets zwei kantendisjunkte Wege.

Beweis:

C sei ein solcher Routing-Plan, x und y seien Knoten von G. Verfolgt man in $G(\rightarrow y)$, von x startend, lauter gerichtete Kanten von Priorität 1 bis zum Ziel y und entfernt dann diese Kanten, so muß es im Restgraphen immer noch einen gerichteten Weg von x nach y geben.

8.6.20

Wir wollen nun das Problem mit einbeziehen, die Routing-Pläne so zu konstruieren, daß die Nachrichten stets auf möglichst kurzen Wegen zu ihrem Ziel laufen. Es stellt sich heraus, daß die Festlegung eines Routing-Plans eine so starke Einschränkung ist, daß dieses Ziel unmöglich zu ereichen ist.
Für die nächsten Überlegungen sei der Einfachheit halber $\pi = 2$ gesetzt. Nun sei ein 2-fach-kantenzusammenhängender Graph G gegeben. Ein Routing-Plan C wird auf folgende Weise konstruiert:
Für beliebige Knoten j und k (mit $j \neq k$) bestimme man einen kürzesten Weg von j nach k. Ist l der Nachbar von j auf diesem Weg, so setze man $c\ (1, j, k) = l$. Dann entferne man die Kante jl aus dem Graphen und wende dieselbe Prozedur auf den Restgraphen an, um $c\ (2, j, k)$ zu erhalten.

Wir bezeichnen diesen Prozess als *SP-Routing* (von "shortest path"). Da es u. U. mehrere kürzeste Wege gleicher Länge gibt, führt SP-Routing nicht zu einem eindeutigen Ergebnis. Z. B. sind die in 8.6.6 und 8.6.11 dargestellten Routing-Pläne für den Graphen K_4 beide mit SP-Routing erstellt.

8.6.21

Die Frage ist nun, wie gut SP-Routing wirklich ist. Man sieht leicht, daß man es anwenden *muß*, wenn die Wege kurz werden sollen:

Beobachtung:

Stellt ein Routing-Plan C sicher, daß eine Nachricht stets einen kürzesten Weg (aus den derzeit im Graphen verfügbaren) wählt, so ist der Plan mit SP-Routing erstellt worden.
Man sieht das folgendermaßen ein. Knoten j und $k (j \neq k)$ seien gegeben, das Netz sei voll intakt. Eine von j nach k gesendete Nachricht nimmt einen kürzesten Weg, mithin muß die Kante von j nach $c\ (1, j, k)$ der Beginn eines kürzesten Weges sein. Analog schließt man für die zweite Priorität mit der Annahme, daß die Kante von j nach $c\ (1, j, k)$ ausgefallen ist.
Umgekehrt ist nun aber SP-Routing nicht hinreichend dafür, daß stets kürzeste Wege genommen werden. Fallen beispielsweise im Routing-Plan in 8.6.11 die Kanten 14 und 34 aus, und versendet Knoten 3 eine Nachricht mit Ziel 4, so wird diese Nachricht den Weg $3 \to 1 \to 2 \to 4$ nehmen, obwohl der kürzere Weg $3 \to 2 \to 4$ (physikalisch) verfügbar ist.
Die Erklärung für diesen Effekt liegt darin, daß SP-Routing nicht über die Anfänge der Wege "hinausdenkt", und wegen der Beschränktheit fester Routing-Pläne läßt sich dies auch grundsätzlich nicht reparieren.

8.6.22

Wir wenden uns nun kurz der Frage zu, inwieweit SP-Routing wenigstens Kreisfreiheit garantieren kann.
Es wird folgende Sprechweise eingeführt. Wird SP-Routing angewendet mit der Zusatzregel, daß bei der Existenz mehrerer kürzester Wege derjenige Nachbar mit der niedrigsten Knotennummer ausgewählt wird, so sprechen wir von *SP-Routing mit Präferenz.*
Die Einführung einer Präferenz macht SP-Routing eindeutig. Man beachte: der in 8.6.11 verwendete Routing-Plan ist nach SP-Routing mit Präferenz erstellt worden.

8.6.23

Schon 8.6.6 zeigte, daß SP-Routing keine Kreisfreiheit garantiert. Auch Verwendung von Präferenz reicht nicht aus, wie folgender Graph zeigt:

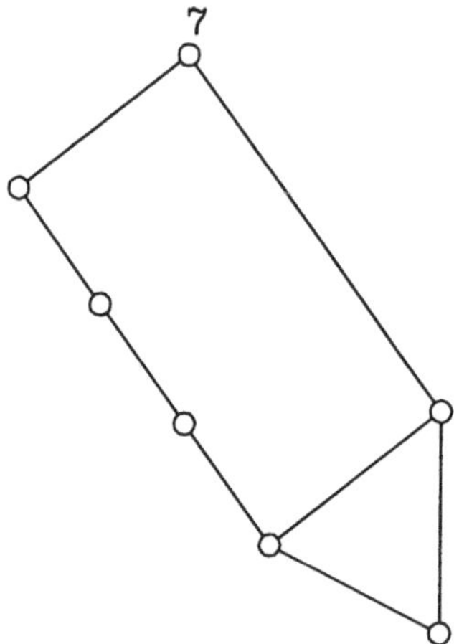

Bei beliebiger Numerierung der übrigen Knoten mit 1 bis 6 wird auch SP-Routing mit Präferenz zu einem Kreis führen.
Es zeigt sich jedoch, daß eine schwache strukturelle Bedingung an G ausreicht, um dies auszuschließen. Der (kürzeste) Abstand zwischen Knoten x und y ist im folgenden mit $d(x,y)$ bezeichnet:

Satz

Für jeden Knoten x des Graphen G gelte, daß jeder Knoten $v \neq x$ mindestens zwei verschiedene Nachbarn v_1,v_2 besitzt mit

$$d(v_1,x),\ d(v_2,x)\ \leq\ d(v,x).$$

Dann führt SP-Routing mit Präferenz zu kreisfreiem Routing.

Beweis:

Angenommen, ein $G(\rightarrow x)$ enthält einen Kreis $w_1 \rightarrow w_2 \rightarrow ...w_r \rightarrow w_1$ (mit $r \geq 3$). Offensichtlich muß $d(w_j,x) = d(w_i,x)$ für alle $i,j \in \{1,...,r\}$ gelten, und der Kreis besteht aus lauter Kanten zweiter Priorität. Es muß ein $i \in \{1,...,r\}$ geben mit $w_{i+1} \geq w_{i-1}$, wobei die Indizes modulo r zu berechnen sind. Dies bedeutet aber, daß für w_i der Nachbar w_{i-1} statt w_{i+1} die zweite Priorität für Ziel x hätte sein müssen, man hat also einen Widerspruch.

8.6.24

Der obige Satz ist anwendbar, wenn G vollständig ist (also $G \cong K_n$). Der allgemeine Nachteil von SP-Routing mit Präferenz ist eine ungleichmäßige Belastung des Netzes, falls Ausfälle auftreten. Wir kommen auf diesen Punkt an späterer Stelle zurück.

8.6.25

Zum Ende dieses Abschnitts wollen wir uns mit der *Bidirektionalität* beschäftigen. Hauptergebnis wird sein, daß diese sich u. U. nicht mit der Kreisfreiheit verträgt. Wir erinnern an den Begriff: ein Routing-Plan C heißt *bidirektional*, falls immer gilt – unabhängig davon, welche Knoten oder Kanten gerade ausgefallen sind (d. h. nicht benutzt werden dürfen): kann Knoten x Nachrichten nach Knoten y schicken, so auch y nach x.

Beobachtung:

Wir halten folgendes fest:

C ist offenbar genau dann bidirektional, wenn die *Menge* aller Wege von x nach y in $G(\rightarrow y)$ gleich der *Menge* aller Wege von y nach x in $G(\rightarrow x)$ – selbstverständlich in umgekehrter Richtung durchlaufen – ist.

8.6.26

Beispiel

C sei der Routing-Plan für K_4 aus 8.6.11. Es werden die Knoten 1 und 2 angeschaut:

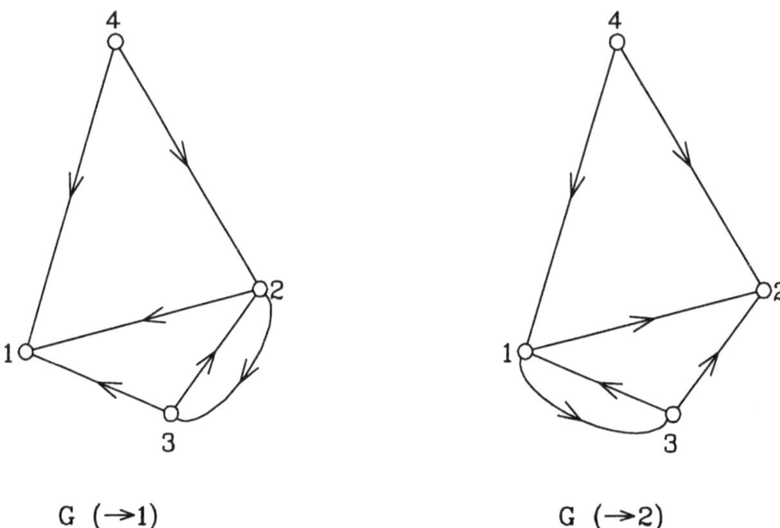

G (→1) G (→2)

In $G(\to 1)$ ist $\{2 \to 1, 2 \to 3 \to 1\}$ die Menge aller Wege von 2 nach 1. Diese stimmt (bis auf die Richtungen) überein mit der Menge aller Wege von 1 nach 2 in $G(\to 2)$, letztere ist nämlich $\{1 \to 2, 1 \to 3 \to 2\}$. Knoten 1 und Knoten 2 können sich also stets gemeinsam erreichen oder nicht erreichen. Dieser Routing-Plan ist jedoch nicht bidirektional: $4 \to 1 \to 2 \to 3$ ist Weg von 4 nach 3 in $G(\to 3)$, jedoch ist $3 \to 2 \to 1 \to 4$ kein Weg in $G\ (\to 4)$. Fallen also alle Kanten bis auf die des Weges $4 \to 1 \to 2 \to 3$ aus, so kann 4 noch 3 erreichen, jedoch nicht umgekehrt.

8.6.27

Satz

Für den Graphen K_4 gibt es keinen Routing-Plan (mit $\pi = 3$), der kreisfrei und bidirektional ist.

Beweis:

Wir nehmen an, es gebe einen solchen Routing-Plan C. Wir wissen, daß für jeden Knoten k $G(\to k)$ ein azyklischer Diagraph ist, in dem mindestens ein $x \neq k$ nur zwei Nachfolger hat. (Alle $x \neq k$ haben mindestens zwei Nachfolger.) Folgende Bezeichnung wird nun verwendet: für Knoten j, k ist $c(j, k)$ die Menge der von j für Ziel k verwendeten Nachbarn, formal

$$\begin{aligned} c(j,k) &= \{x \mid x\text{Knoten, und es gibt ein } i \in \{1,2,3\} \\ &\quad \text{mit } c(i,j,k) = x\}. \end{aligned}$$

Die Bidirektionalität von C schlägt sich nun in einer Symmetrieeigenschaft dieser Mengen nieder. Anwendung der Mengenaussage aus 8.6.29 auf Wege der Länge 2 liefert

$$c(j,k) \setminus \{k\} \quad = \quad c(k,j) \setminus \{j\}$$

für beliebige j und k. Anwendung auf Wege der Länge 3 ergibt die Aussage: ist $i \in c(j,k)$ und $h \in c(i,k)$, so gilt $h \in c(k,j)$ und $i \in c(h,j)$.
Wir stellen fest, daß es in jedem $G(\rightarrow k)$ einen Weg der Länge 3 geben muß. Andernfalls wären die drei Knoten außer k in disjunkte Paare aufgeteilt (mit jeweils Doppelkanten dazwischen), was unmöglich ist.
O. B. d. A. nehmen wir nun an, es gebe den Weg $1 \rightarrow 3 \rightarrow 4 \rightarrow 2$ in $G(\rightarrow 2)$, also $3 \in c(1,2)$ und $4 \in c(3,2)$. Es folgt $4 \in c(2,1)$ und $3 \in c(4,1)$. Durch Blick auf die Teilwege von Länge 2 ergibt sich auch $3 \in c(2,1)$, $4 \in c(2,3), 4 \in c(1,2)$, und $3 \in c(1,4)$. Da $G(\rightarrow 2)$ azyklisch ist, folgt nun $c(4,2) = \{2,3\}$ (und $c(2,4) = \{3,4\}$) sowie $c(3,2) = \{2,4\}$ (und $c(2,3) = \{3,4\}$). $G(\rightarrow 1)$ ist auch azyklisch, woraus folgt $c(3,1) = \{1,4\}$ (und $c(1,3) = \{3,4\}$) sowie $c(4,1) = \{1,3\}$ (und $c(1,4) = \{3,4\}$). Jetzt wird $c(4,3)$ betrachtet. Angenommen, es gilt $1 \in c(4,3)$. Wegen $4 \in c(2,4)$ haben wir den Weg $2 \rightarrow 4 \rightarrow 1 \rightarrow 3$ in $G(\rightarrow 3)$ und somit (wegen $3 \rightarrow 1 \rightarrow 4 \rightarrow 2$ in $G(\rightarrow 2)$) $1 \in c(3,2)$, einen Widerspruch. Die Annahme $2 \in c(4,3)$ kann ähnlich zum Widerspruch geführt werden, womit der Beweis erbracht ist.

8.6.28

Wie der obige Satz – und im Grunde schon die Charakterisierung in 8.6.25 – zeigt, ist die Eigenschaft der Bidirektionalität nur sehr schwer in den Griff zu bekommen. Zum Glück ist es jedoch so, daß in einer Anwendung, bei der der zugrundeliegende Routing-Plan nicht bidirektional ist, die Protokolle der höheren Schichten immer noch die daraus resultierenden Probleme abfangen können. In der Tat ist es auch im ISDN-Netz der DBP Telekom so, daß durch die spezielle hierarchische Struktur des Netzes der Vermittlungsstellen die Kreisfreiheit gewährleistet ist, die Bidirektionalität jedoch nicht.

Beispielaufgabe 8.6

Für einen Graphen G mit n vielen Knoten und $\pi = 2$ Einträgen für jede Ursprung-Ziel-Kombination soll ein Routing-Plan C mittels des Algorithmus "SP-Routing mit Präferenz" erstellt werden. Bestimmen Sie die Komplexität dieses Algorithmus (in Abhängigkeit von n).

Lösung

Man kann sich z. B. des Algorithmus von Dijkstra bedienen, der mit einer Komplexität von $O(n^2)$ die kürzesten Abstände von einem Knoten zu allen anderen bestimmen kann.
Es sei zunächst eine Ecke j des Graphen fest gewählt. Mit einmaliger Anwendung des Algorithmus von Dijkstra können alle Nachbarn $c(1, j, x)$ für $x \neq j$ bestimmt werden. Durch Streichen jeder einzelnen an j anliegenden Kante und jeweilige anschließende Anwendung des Algorithmus von Dijkstra kann man alle $c(2, j, x)$ mit $x \neq j$ bestimmen.
Da j bis zu $n-1$ viele Nachbarn haben kann, ist auf diese Weise bei festem j ein Aufwand von $O(n^3)$ nötig, mithin hat man für den gesamten Algorithmus zur Erstellung des Routing-Plans eine Komplexität von $O(n^4)$.

8.7 Optimales Routing

8.7.1

Die in den vorigen Abschnitten angesprochenen Ziele des Routing bzw. Kriterien für gutes Routing haben sich als teilweise gegenläufig herausgestellt. Will man die verschiedenen Ziele gegeneinander abwägen (z. B. Nutzung möglichst kurzer Wege gegenüber gleichmäßiger Netzbelastung), so müssen einige Größen quantifiziert werden, um in eine gemeinsame zu optimierende Zielfunktion eingehen zu können.

Als Grobziele des Routing werden oft genannt

- die Maximierung des Durchsatzes und
- die Minimierung der durchschnittlichen Paketlaufzeit.

Es liegt auf der Hand, daß diese beiden Grobziele ebenfalls gegenläufig sind – eine Verbesserung hinsichtlich eines der beiden Ziele wird stets eine Verschlechterung hinsichtlich des anderen nach sich ziehen. Es obliegt dem Zusammenspiel von Routing und Flußkontrolle, das Netz im Sinne einer Balance zwischen diesen beiden Grobzielen möglichst gut zu nutzen.

8.7.2

Beispielhaft soll im folgenden für ein einfaches Modell aufgezeigt werden, auf welche Art mathematischer Probleme der Versuch der Bewertung von Routing-Algorithmen führt.
Wir gehen wieder von einem ungerichteten Graphen G mit den Ecken $1, ..., n$ aus. Die Belastung einer Kante ij setzen wir als konstanten Wert F_{ij} an (mit

der Einheit Datenblöcke/sec), der sich nur aufgrund von Aktualisierungen des Routing ändert. Es wird ferner vorausgesetzt, daß sich der von den Knoten erzeugte Verkehr mit der Zeit nicht ändert.

Als zu minimierende Kostenfunktion wählen wir den Ausdruck

$$\sum_{ij} D_{ij}\,(F_{ij}),$$

wobei die Funktionen D_{ij} folgendermaßen erklärt sind:

$$D_{ij}(F_{ij}) = \frac{F_{ij}}{C_{ij}-F_{ij}} + d_{ij}F_{ij}$$

Dabei bezeichnet C_{ij} die Übertragungskapazität der Kante ij (gemessen in denselben Einheiten wie F_{ij}) und d_{ij} die Verarbeitungs- und Übertragungszeit längs der Kante ij.

8.7.3

Auf eine genaue Motivation des obigen Ausdrucks für $D_{ij}(F_{ij})$ soll an dieser Stelle nicht eingegangen werden. Man kann zeigen, daß unter gewissen Annahmen der Ausdruck $\sum_{ij} D_{ij}(F_{ij})$ gleich der durchschnittlichen im System befindlichen Anzahl von Datenblöcken ist (s. etwa [BER]). Hier soll nur festgehalten werden, daß obiges $D_{ij}(F_{ij})$ die Tatsache ausdrückt, daß die Belastung einer Kante am Rande ihrer Kapazität zu Überlast (im Englischen "Congestion") und zu hohen "Kosten" führt.

8.7.4

Als nächstes wird für das verwendete Modell ein Problem optimalen Routings formuliert. Es geht darum, für das vorgegebene Verkehrsaufkommen die Wege durch das Netz (und damit die F_{ij}) so auszuwählen, daß die Kostenfunktion minimal wird.
Für jedes Paar $w = (i, j)$ von verschiedenen Knoten gebe es ein konstantes durchschnittliches Verkehrsaufkommen r_w; r_w (gemessen in Datenblöcken/sec) ist also die Ankunftsrate von Verkehr, der in Knoten i ins Netz tritt und für j bestimmt ist.

Wir führen nun folgende Bezeichnungen ein:

W – Menge aller Ursprungs-Ziel-Paare

P_w – Menge aller gerichteten Wege vom Ursprung zum Ziel des Paares w. (An dieser Stelle könnte eine Einschränkung gemacht und nicht alle Wege zugelassen werden.)

x_p – Der Fluß (in Datenblöcken/sec) auf Weg p.

Unser Optimierungsproblem kann nun folgendermaßen formuliert werden:

Minimiere

$$\sum_{ij} D_{ij}\left(\sum_{Wege\ p\ durch\ ij} x_p\right)$$

mit den Nebenbedingungen

$$\begin{aligned} \sum_{p\in P_w} x_p &= r_w \quad \text{für alle } w \in W \quad \text{und} \\ x_p &\geq 0 \quad \text{für alle } p \in P_w \quad \text{und } w \in W. \end{aligned}$$

8.7.5

Bevor wir zu einer Charakterisierung der optimalen Lösung dieses Optimierungsproblems kommen, wobei interessanterweise kürzeste Wege mit ins Spiel kommen, wollen wir noch einmal auf die Beschränkung der Aussagekraft hinweisen, die sich durch die Wahl unseres Modells ergibt. So ist die gewählte Kostenfunktion z. B. nicht beeinflußt von einer hohen Varianz des Verkehrsaufkommens oder von Korrelationen zwischen Paketankunftszeiten und Übertragungszeiten. Man stößt hier jedoch sehr schnell an die Grenzen des bisher analytisch Untersuchten; beispielsweise hat man keinen exakten analytischen Ausdruck für die Mittelwerte oder Varianzen der Warteschlangenlängen in einem Datennetz.

8.7.6

Wir benötigen den folgenden Hilfssatz, der unter sehr allgemeinen Voraussetzungen optimale Lösungen charakterisiert:

Hilfssatz

Es sei X eine konvexe Teilmenge des n-dimensionalen Raums $\mathbb{R}^n$ über den reellen Zahlen, f sei eine auf X definierte differenzierbare konvexe Funktion mit Werten in $\mathbb{R}$. Dann ist $x^* \in X$ genau dann eine optimale Lösung des Problems

Minimiere

$$f(x) \quad \text{für} \quad x \in X,$$

wenn für alle $x \in X$ gilt

$$\sum_{i=1}^{n} \frac{\partial f(x^*)}{\partial x_i}(x_i - x_i^*) \geq 0.$$

Dabei ist wie üblich mit $\frac{\partial f(x^*)}{\partial xi}$ die erste partielle Ableitung von f nach der i-ten Komponente – ausgewertet an der Stelle x^* – bezeichnet.
Der Hilfssatz gehört zum Standard einer Optimierungsvorlesung und soll hier nicht bewiesen werden. Interessierte Leser seien auf die Literatur verwiesen (z. B. auch [BER]).

8.7.7

Da sowohl die Kostenfunktion als auch die Definitionsmenge unseres Minimierungsproblems konvex sind, kann der Hilfssatz angewendet werden. Die Rolle der Variablen x_i des Hilfsatzes wird dabei von den einzelnen Flüssen x_p (mit $p \in P_w$ und $w \in W$) gespielt.
Eine Umformulierung der Charakterisierung des Hilfssatzes führt dann hier zu folgender Aussage: x^* ist genau dann optimal, wenn für alle $w \in W$

$$x_p^* \quad > \quad 0 \qquad (p \in P_w)$$

nur dann gilt, wenn

$$\frac{\partial D(x^*)}{\partial x_{p'}} \quad \geq \quad \frac{\partial D(x^*)}{\partial x_p}$$

für alle $p' \in P_w$ ist. $D(x)$ ist dabei die in 8.7.4 definierte Kostenfunktion.
In Worten heißt das: eine Menge von Weg-Flüssen ist genau dann optimal, wenn der Fluß nur auf solchen Wegen positiv ist, auf denen eine Flußvergrößerung zu einem minimalen Anstieg der Kosten führt. Mit einem gewissen Recht kann man diese Wege "kürzeste Wege" nennen, und unter geeigneten Bedingungen werden diese auch den graphentheoretisch kürzesten Wegen entsprechen. Als weiteres Ergebnis haben wir hier erhalten: die Wege, auf die ein Fluß r_w von der Optimallösung aufgeteilt wird, haben sämtlich gleiche "Länge" (im obigen Sinne).

Beispielaufgabe 8.7

Erläutern Sie die Schwierigkeiten, das Routing in einem Kommunikationsnetz optimal zu gestalten.

Lösung

Die Schwierigkeiten beginnen schon damit, daß es durchaus nicht klar ist, wie genau "optimales Routing" definiert werden sollte. Doch selbst wenn man sich auf eine Definition einläßt, indem man verschiedene Ziele des Routing in einer zu optimierenden Zielfunktion zusammenfassen versucht -dies ist stets nur unter vielen vereinfachenden Annahmen möglich-, so stößt man dann in der Regel auf ein sehr schwierig zu lösendes mathematisches Optimierungsproblem.

Aufgabe 8.1

In dem folgenden Netz werde mit Random Routing gearbeitet:

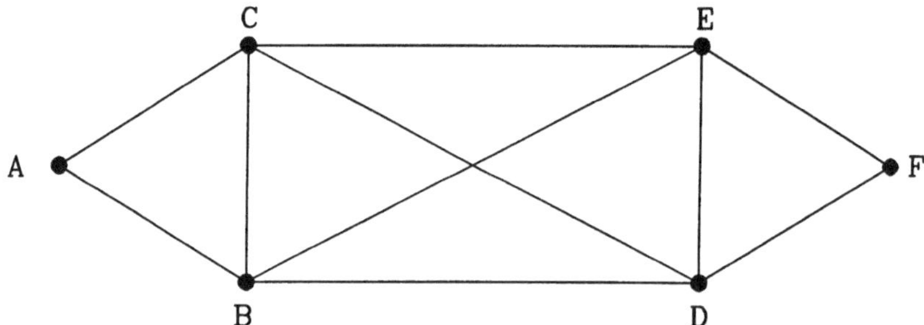

Angenommen, A möchte eine Nachricht an F schicken. Es wird von folgenden weiteren Annahmen ausgegangen:

a) Die Übertragungszeit eines Nachrichtenpakets auf einer Kante beträgt stets 1 msec.

b) Die Verarbeitungszeit in einem Zwischenknoten, der das Paket weiterleitet, beträgt stets 4 msec.

Wie groß ist die Wahrscheinlichkeit, daß die Nachricht nach 11 msec beim Empfänger F ankommt?

Aufgabe 8.2

Es wird wieder das in Aufgabe 8.1 dargestellte Netz betrachtet. Angenommen, B möchte per Flooding (mit Schwellwert 2) eine Nachricht an alle anderen Knoten schicken. (Die Nachrichtenpakete brauchen also bei dieser Anwendung keine Zieladresse zu tragen.) Weiter sei angenommen, daß die Kanten BD und

DE ausfallen, nachdem B seine ersten vier Meldungen erfolgreich verschickt hat.

Bestimmen Sie die Anzahl der Meldungen, die unter diesen Bedingungen durch die Nachricht im Netz entstehen.

Aufgabe 8.3

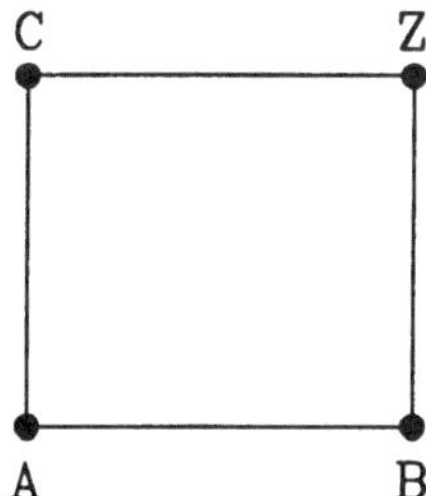

In dem hier dargestellten Paketnetz werde folgende Situation betrachtet:

- Jeder der Knoten A,B,C erzeugt pro Zeittakt T eine Datenmenge gleicher Größe für Ziel Z .
- Am Ende eines Zeittaktes geschieht folgendes:

    i. Die Kantenlängen w_{ij} werden nun festgelegt entsprechend der im letzten Zeittakt getragenen Verkehrslast. (I. a. ist $w_{ij} \neq w_{ji}$)

    ii. Die Knoten informieren sich gegenseitig über die neuen Kantenlägen.

    iii. Die Knoten bestimmen ihren kürzesten Weg zum Ziel Z.

- In jedem Zeittakt wird aufgrund der zuletzt bestimmten kürzesten Wege geroutet.

a) Beschreiben Sie, wie sich das Routing mit den Zeittakten entwickelt, wenn zu Beginn des 1. Zeittaktes $w_{ij} = 1$ für alle Kanten angenommen wird.

b) Was ändert sich, wenn ein Biasfaktor von $\alpha = 1$ eingeführt wird?

c) Durch welche zusätzliche Maßnahme könnte man Oszillationen entgegenwirken?

Aufgabe 8.4

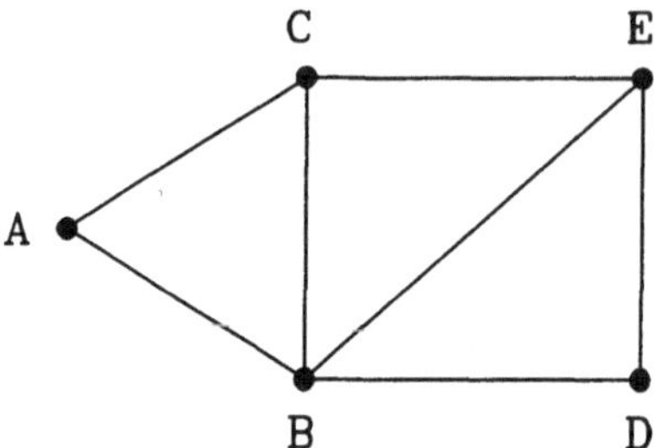

Es sei das obige Netz gegeben. Betrachtet wird die folgende Situation: A möchte eine Nachricht per Broadcasting verschicken, wobei Flooding mit Folgenummern angewendet wird.

Bestimmen Sie die Anzahl der Meldungen, die im Netz ausgetauscht werden. Zeigen Sie beispielhaft auf, daß diese Anzahl auch von der zeitlichen Reihenfolge gewisser Ereignisse abhängt.

Aufgabe 8.5

Zeigen Sie: Ist G ein Graph und C ein kreisfreier Routing-Plan für G, so kann jeder Knoten jeden anderen erreichen, d. h. in jedem $G(\rightarrow k)$ existiert ein gerichteter Weg von jedem Knoten $x \neq k$ nach k.

Aufgabe 8.6

Auf dem Graphen $G = K_5$ sei der dargestellte Routing-Plan C mit $\pi = 2$ gegeben.

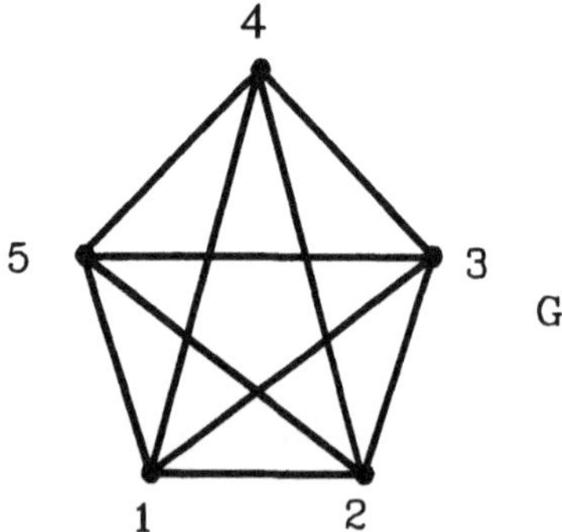

	1	2	3	4	5
1	–	2; 5	3; 2	4; 5	5; 2
2	1; 3	–	3; 1	4; 3	5; 1
3	1; 2	2; 4	–	4; 2	5; 4
4	1; 5	2; 3	3; 5	–	5; 3
5	1; 4	2; 1	3; 4	4; 1	–

C

Ist C kreisfrei bzw. bidirektional? Stellen Sie fest, ob stets ein möglichst kurzer Weg zum Ziel gewählt wird.

Aufgabe 8.7

Auf dem Graphen $G = K_7$ sei der dargestellte Routing-Plan C mit $\pi = 2$ gegeben.

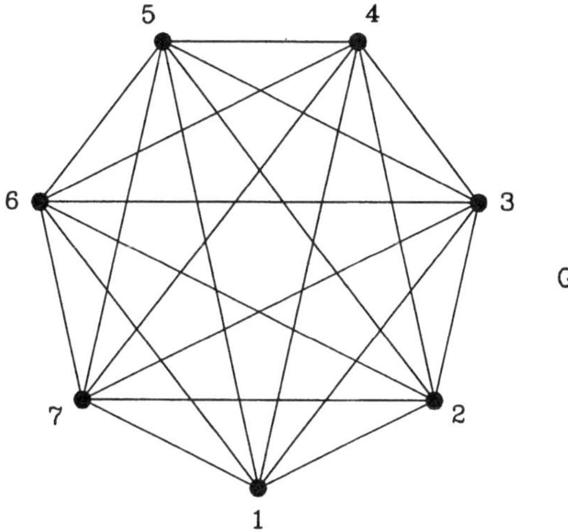

	1	2	3	4	5	6	7
1	–	2;3	3;2	4;7	5;6	6;5	7;4
2	1;3	–	3;1	4;6	5;7	6;4	7;5
3	1;2	2;1	–	4;5	5;4	6;7	7;6
4	1;7	2;6	3;5	–	5;3	6;2	7;1
5	1;6	2;7	3;4	4;3	–	6;1	7;2
6	1;5	2;4	3;7	4;2	5;1	–	7;3
7	1;4	2;5	3;6	4;1	5;2	6;3	–

C

Ist C kreisfrei bzw. bidirektional? Stellen Sie fest, ob stets ein möglichst kurzer Weg zum Ziel gewählt wird.

9. Zuverlässigkeit von Netzen

9.1 Einführung

9.1.1

Wir benutzen Graphen zur Modellierung der Struktur eines Kommunikationsnetzes. Ein Ziel ist es selbstverständlich, daß in dem Netz die Stationen möglichst zuverlässig miteinander kommunizieren können. Das Wort "zuverlässig" beziehen wir dabei nur auf die prinzipielle Kommunikationsfähigkeit (also Erreichbarkeit der Stationen) und nicht auf die Unversehrtheit bzw. Rekonstruierbarkeit der Nachrichteninhalte (Stichwort Fehlerkorrektur).
In gewisser Weise kann die Maximierung der Zuverlässigkeit unter die Optimierung des Durchsatzes eingeordnet werden, die in 8.7 als ein zentrales Ziel des Routing herausgestellt wurde. Dies wäre jedoch ein zu grober Ansatz für Untersuchungen zur Zuverlässigkeit, wie wir sie im folgenden anstellen wollen.

9.1.2

Beispiel

Das im folgenden Diagramm dargestellte Netz sei gegeben:

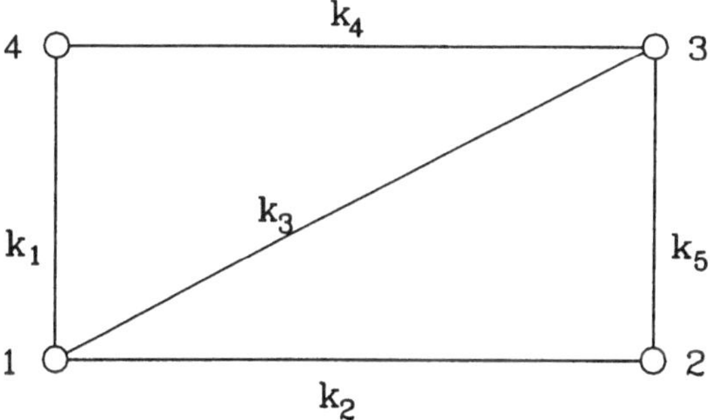

Wir nehmen an, jede Kante k_i sei mit der Wahrscheinlichkeit p_i $(0 \leq p_i \leq 1)$ verfügbar. Dies bedeutet, daß sie mit der Wahrscheinlichkeit $(1 - p_i)$ ausfällt. Die vier Stationen (Knoten) seien ausfallsicher.
Sind alle möglichen Wege als Kommunikationswege zugelassen, so ist die Wahrscheinlichkeit $P\ (1 \leftrightarrow 4)$, daß 1 mit 4 (und auch 4 mit 1) kommunizieren kann, offenbar gegeben durch die Wahrscheinlichkeit, daß

- Kante k_1 intakt ist oder

- k_3 und k_4 intakt sind oder

- k_2 und k_4 und k_5 intakt sind.

Bezeichnen wir das Ereignis "k_i ist intakt" kurz mit "k_i", und verwenden wir wie üblich das Zeichen $\vee$ für "oder" und $\wedge$ für "und", so haben wir also

$$P(1 \leftrightarrow 4) \quad = \quad P\{k_1 \vee (k_3 \wedge k_4) \vee (k_2 \wedge k_4 \wedge k_5)\}.$$

Dabei ist mit $p\{A\}$ die Wahrscheinlichkeit des Ereignisses A bezeichnet. Um nun die Zahlen p_1, ..., p_5 einsetzen zu können, muß der Ausdruck $k_1 \vee (k_3 \wedge k_4) \vee (k_2 \wedge k_4 \wedge k_5)$ so umgeformt werden, daß sich eine ODER-Verknüpfung sich gegenseitig ausschließender Ereignisse ergibt. Wir verweisen hier auf den Anhang, in dem Notwendigkeit und Möglichkeit solcher Umformungen dargelegt sind. Eine logisch äquivalente Form ist z. B.

$$k_1 \vee (k_1' \wedge k_3 \wedge k_4) \quad \vee \quad (k_1' \wedge k_2 \wedge k_3' \wedge k_4 \wedge k_5)\,,$$

wobei k_i' die Negation von k_i bezeichnet.

Damit folgt

$$P(1 \leftrightarrow 4) \;=\; p_1 + (1-p_1)\,p_3\,p_4 + (1-p_1)\,p_2\,(1-p_3)\,p_4\,p_5.$$

Sind insbesondere alle p_i gleich einem p, so hat man

$$P(1 \leftrightarrow 4) \;=\; p \;+\; p^2 \;-\; 2p^4 \;+\; p^5\,.$$

Für $p \;=\; 0,99$ ergibt sich z. B. $P(1 \leftrightarrow 4) \;\approx 0,999898$.

9.1.3

Zu dem obigen Beispiel sind einige Bemerkungen angebracht.
Es sind nur Ausfälle von Kanten betrachtet und die Stationen (Knoten) als ausfallsicher angenommen worden. Wir werden auch im weiteren meist von dieser Annahme ausgehen. Dies hat seine Rechtfertigung in folgender Überlegung: In der Regel wird unser Zuverlässigkeitsmaß auf funktionsfähigen Zuständen basieren, bei denen je zwei Stationen miteinander kommunizieren können. Letzteres kann aber ohnehin nur der Fall sein, wenn alle Knoten intakt sind. Dies bedeutet: die Zuverlässigkeit der einzelnen Knoten geht einfach als zusätzlicher multiplikativer Faktor in die zu untersuchende Zuverlässigkeit ein und hat damit für die weitere Analyse keine Bedeutung.

Ein Rechenschritt des Beispiels bestand darin, einen Booleschen Ausdruck in eine Disjunktion von Konjunktionen von (eventuell komplementierten) Variablen so umzuwandeln, daß die einzelnen Terme zueinander disjunkt sind

(d. h. sich ausschließen), um daraus dann die Wahrscheinlichkeit bestimmen zu können. Auf das hier vorliegende Problem, welches (algorithmisch) nicht trivial ist, wird im Anhang genauer eingegangen.

Es ist auch darauf hinzuweisen, daß die Zuverlässigkeit $P\ (1 \leftrightarrow 4)$ natürlich eine andere sein kann, wenn nicht alle physikalisch möglichen Wege erlaubt sind. Wie wir aus Abschnitt 8.6 wissen, gibt es Kommunikationsnetze (und -protokolle) mit dieser Eigenschaft. Die Zuverlässigkeit ist somit außer von der Netzstruktur auch von dem gewählten Routing abhängig.

9.1.4

Beispiel

Für das Netz aus 9.1.2 soll nun der folgende Routing-Plan (im Sinne des Abschnitts 8.6) verwendet werden:

von/nach	1	2	3	4
1	-	2;3	3;2	4;3
2	1;3	-	3;1	1;3
3	1;2	2;1	-	4;1
4	1;3	1;3	3;1	-

Wir wollen die Wahrscheinlichkeit $P\ (1 \rightarrow 4)$ bestimmen, daß Station 1 Nachrichten an 4 (erfolgreich) schicken kann. Da nun Station 2 für Nachrichten zu Ziel 4 für Station 1 gar nicht in Frage kommt, ergibt sich hier

$$\begin{aligned} P\ (1 \rightarrow 4) &= P\{k_1 \vee (k_3 \wedge k_4)\} \\ &= P\{k_1 \vee (k_1' \wedge k_3 \wedge k_4)\} \\ &= p_1 + (1 - p_1) p_3 p_4 \ . \end{aligned}$$

Nimmt man wieder ein konstantes p für alle p_i, so hat man

$$P\ (1 \rightarrow 4) = p + p^2 - p^3$$

und mit $p = 0{,}99$

$$P\ (1 \rightarrow 4) = 0{,}999801.$$

Dies ist, wie man sieht, etwas schlechter als der Wert in 9.1.2. (Dort war selbstverständlich $P\ (1 \leftrightarrow 4) = P\ (1 \rightarrow 4)$.)

9.1.5

Bevor wir im Abschnitt 9.3 unsere Modellannahmen genauer erläutern und verschiedene Maße für die Zuverlässigkeit eines Netzes betrachten, soll der nächste Abschnitt zunächst dazu dienen, einige grundlegende Begriffsbildungen und mathematische Ergebnisse einzuführen, die einen ersten Ansatz für die Behandlung der bereits im Beispiel 9.1.2 angesprochenen Probleme darstellen.

Beispielaufgabe 9.1

Begründen Sie die Notwendigkeit der in den obigen Beispielen vorgenommenen Umformungen Boolescher Ausdrücke zur Berechnung der entsprechenden Wahrscheinlichkeiten.

Lösung

Da die Wahrscheinlichkeit mit ODER verknüpfter Ereignisse i.a. nur dann gleich der Summe der Einzelwahrscheinlichkeiten ist, wenn sich die einzelnen Ereignisse gegenseitig ausschließen, muß ein gegebener Boolescher Ausdruck zunächst in eine entsprechende Form gebracht werden, die eine unmittelbare Bestimmung der Wahrscheinlichkeit zuläßt.

9.2 Der Zusammenhang von Zufallsgraphen

9.2.1

Es wird das folgende, für Zuverlässigkeitsbetrachtungen offenbar relevante Problem betrachtet:
Gegeben seien mit 1, 2, ..., n bezeichnete Ecken eines Graphen. Für jede der $\binom{n}{2}$ vielen möglichen ungerichteten Kanten ij sei p_{ij} $(0 \leq p_{ij} \leq 1)$ die Wahrscheinlichkeit, daß die Kante ij existiert. Wir sprechen von einem *Zufallsgraphen* und fragen nach der Wahrscheinlichkeit, daß der Graph eine gewisse Eigenschaft hat (z. B. daß er zusammenhängend ist).
Zunächst muß die Problemstellung ein wenig weiter formalisiert werden.

9.2.2

Ein Graph G auf der Eckenmenge $\{1, ..., n\}$ mit Kantenmenge K kann – mit den obigen Voraussetzungen – als "Ereignis" aufgefaßt werden mit der

Wahrscheinlichkeit

$$P\{G\} = \prod_{k\in K} p_k \cdot \prod_{l\notin K}(1 - p_l).$$

9.2.3

Beispiel

Es sei $n = 3$. Die Wahrscheinlichkeiten p_{ij} seien wie im folgenden Diagramm gegeben:

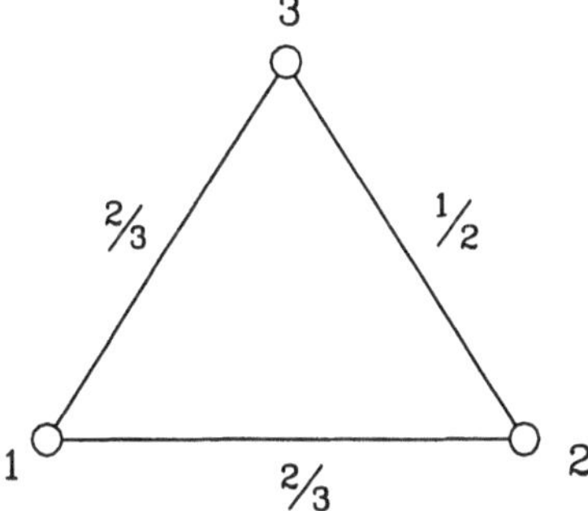

Als G sei nun der Graph mit den Kanten 13 und 23 definiert:

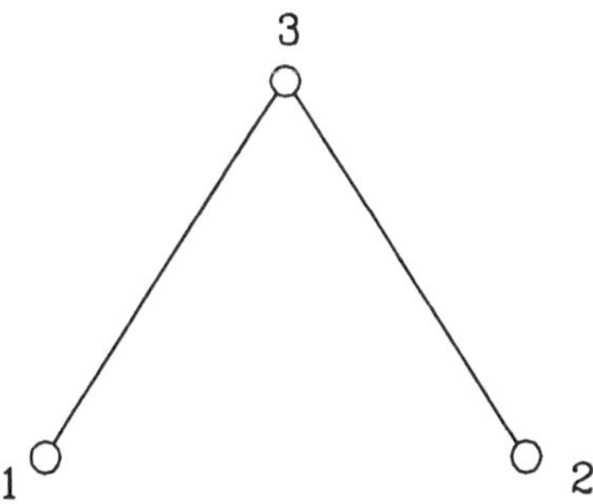

Man erhält

$$\begin{aligned} P\{G\} &= p_{13} \cdot p_{23} \cdot (1 - p_{12}) \\ &= \tfrac{1}{9}\,. \end{aligned}$$

Dies hat folgende Interpretation: Sind 1, 2, 3 die Stationen eines Datennetzes, und stellt p_{ij} die Wahrscheinlichkeit dar, daß zu einem beliebigen Zeitpunkt die Kante ij intakt ist, so hat das Netz zu irgendeinem Zeitpunkt mit Wahrscheinlichkeit 1/9 die durch G gegebene Struktur.

9.2.4

Wir haben oben jeden einzelnen Graphen G als Ereignis aufgefaßt, welches mit einer gewissen Wahrscheinlichkeit $P\{G\}$ auftritt. Strenggenommen befinden wir uns hier in dem Produkt von $\binom{n}{2}$ vielen den Kanten zugeordneten Wahrscheinlichkeitsräumen (siehe etwa [PAP]).
Mit $\mathcal{G}_n$ bezeichnen wir alle Graphen mit der Eckenmenge $\{1, ..., n\}$. Für eine beliebige Teilmenge $\tau \subseteq \mathcal{G}_n$ sei $P\{\tau\}$ die Wahrscheinlichkeit, daß einer der Graphen aus τ auftritt; m.a.W. stellt $P\{\tau\}$ die Wahrscheinlichkeit der ODER-Verknüpfung der einzelnen Graphen (Ereignisse) aus τ dar. Da sich diese verschiedenen Graphen alle gegenseitig ausschließen, gilt hier

$$P\{\tau\} = \sum_{G \in \tau} P\{G\}.$$

$P\{\tau\}$ ist die Wahrscheinlichkeit, daß ein zufällig herausgegriffener Graph mit Eckenmenge $\{1, ..., n\}$ zu der Menge τ gehört.

9.2.5

$\tau_n \subseteq \mathcal{G}_n$ sei die Menge der zusammenhängenden Graphen mit Eckenmenge $\{1, ..., n\}$. $P\{\tau_n\}$ ist also die Wahrscheinlichkeit, daß ein beliebiger Graph $G \in \mathcal{G}_n$ zusammenhängend ist. Diese Wahrscheinlichkeit hängt natürlich von den einzelnen p_{ij} ab, was wir jedoch der Einfachheit halber nicht in die Bezeichnung $P\{\tau_n\}$ mit aufgenommen haben.

9.2.6

Beispiel

Wir gehen wieder von $n = 3$ und den in 9.2.3 verwendeten Kantenwahrscheinlichkeiten aus und wollen $P\{\tau_3\}$ bestimmen.
Ein Graph G mit Ecken $1, 2, 3$ ist offenbar genau dann zusammenhängend, wenn er mindestens zwei Kanten hat. Die vier Möglichkeiten sind hier dargestellt:

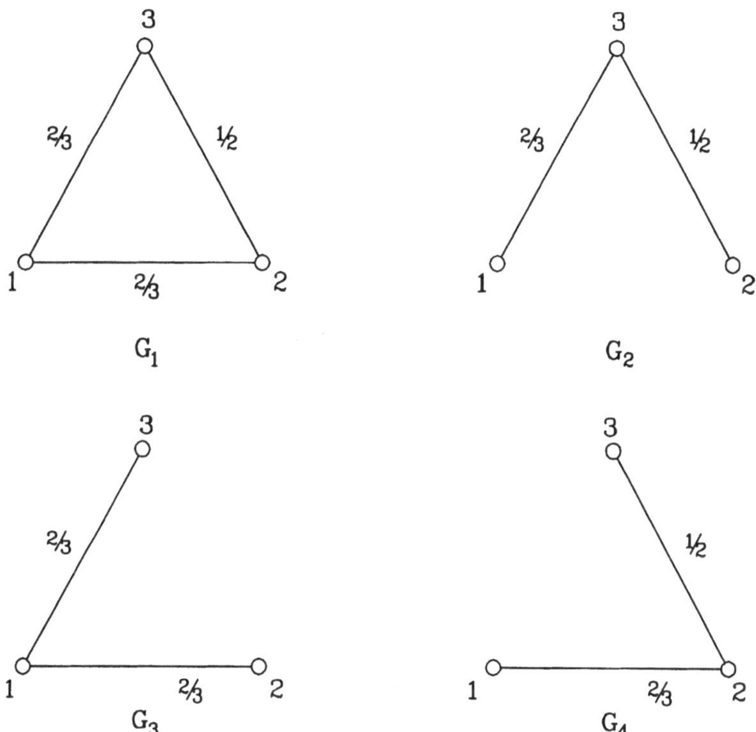

Man erhält

$$\begin{aligned} P\{\tau_3\} &= \sum_{i=1}^{4} P\{G_i\} \\ &= \tfrac{2}{3}\cdot\tfrac{2}{3}\cdot\tfrac{1}{2} + \tfrac{1}{3}\cdot\tfrac{2}{3}\cdot\tfrac{1}{2} + \tfrac{2}{3}\cdot\tfrac{2}{3}\cdot\tfrac{1}{2} + \tfrac{2}{3}\cdot\tfrac{1}{3}\cdot\tfrac{1}{2} \\ &= \tfrac{2}{3}. \end{aligned}$$

9.2.7

Ein interessanter Sonderfall liegt vor, wenn einige der möglichen Kanten ij mit Sicherheit nicht auftreten (und wenn somit $p_{ij} = 0$ für diese Kanten gilt). Für einen Graphen G auf der Eckenmenge $E = \{1, ..., n\}$ mit Kantenmenge K kann sicher nur dann $P\{G\} \neq 0$ gelten, wenn $P(k) \neq 0$ für jedes $k \in K$ ist. Bezeichnet man die Menge aller Kanten $k = ij$ mit $P(ij) \neq 0$ mit $\bar{K}$, so kann man sagen:

Für $G = (E, K)$ gilt $P\{G\} \neq 0$ genau dann, wenn G ein Teilgraph von $\bar{G} = (E, \bar{K})$ ist.

Durch Betrachtung des Graphen $\bar{G}$ (statt K_n) hat man die Wahrscheinlichkeitsbetrachtungen quasi auf $\bar{G}$ "relativiert". In der Literatur stößt man oft auf diesen Ansatz, den auch wir im nächsten Abschnitt zugrundelegen werden.

9.2.8

Beispiel

Die im folgenden Diagramm eingetragenen Kantenwahrscheinlichkeiten für $E = \{1, 2, 3, 4\}$ seien gegeben:

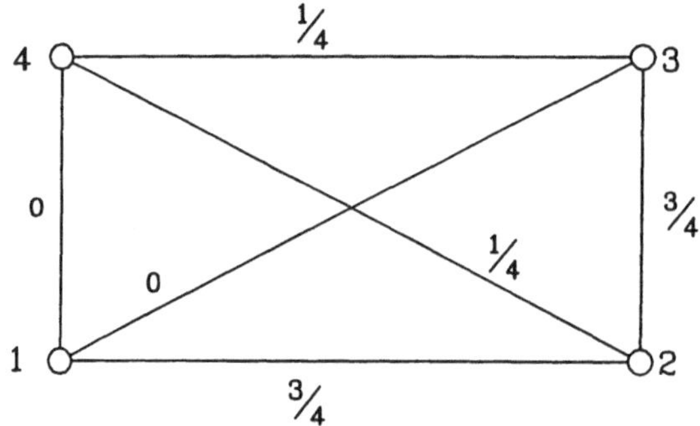

Für $\bar{G} = (E, \bar{K})$ hat man dann:

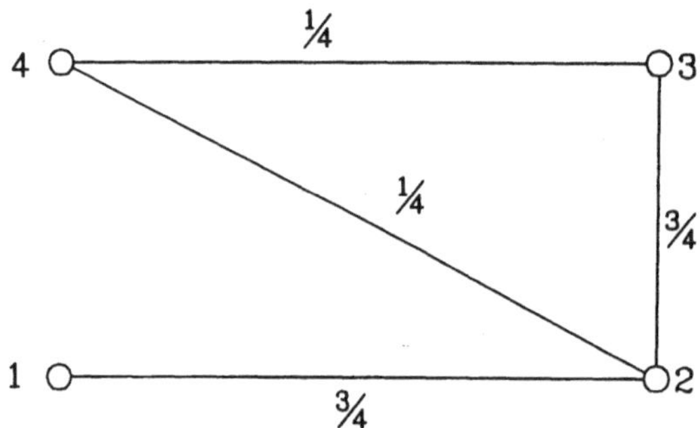

$P\{G\} \neq 0$ gilt offenbar nur für Graphen G, die Teilgraphen von $\bar{G}$ sind.Die zusammenhängenden Teilgraphen von $\bar{G}$ sind in folgenden Diagrammen dargestellt:

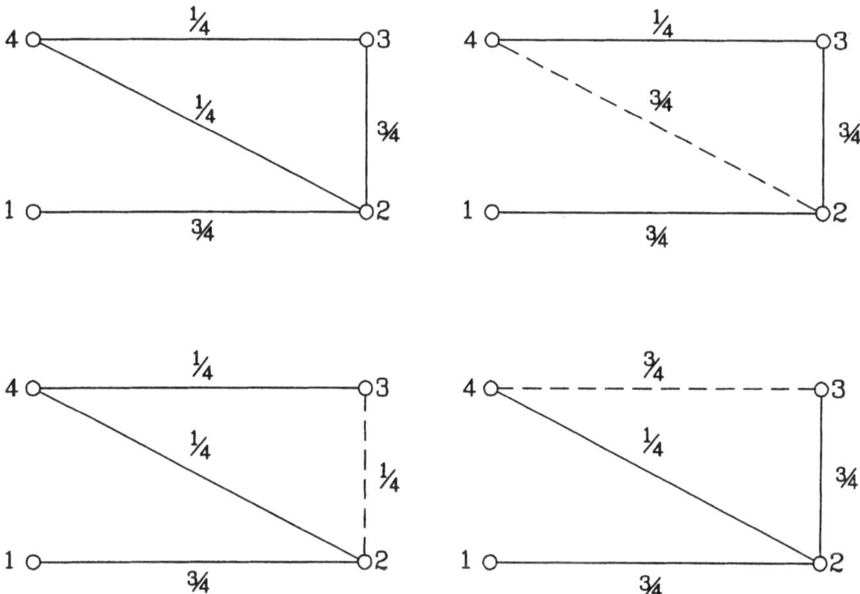

Dies führt zu der Zusammenhangswahrscheinlichkeit

$$\begin{aligned} P\{\tau_4\} &= \tfrac{1}{4}\cdot\tfrac{1}{4}\cdot\tfrac{3}{4}\cdot\tfrac{3}{4}\cdot + \tfrac{1}{4}\cdot\tfrac{3}{4}\cdot\tfrac{3}{4}\cdot\tfrac{3}{4}\cdot + \tfrac{1}{4}\cdot\tfrac{1}{4}\cdot\tfrac{3}{4}\cdot\tfrac{1}{4}\cdot + \tfrac{3}{4}\cdot\tfrac{1}{4}\cdot\tfrac{3}{4}\cdot\tfrac{3}{4}\cdot \\ &= \tfrac{33}{128}. \end{aligned}$$

Es ist auch üblich, dies so auszudrücken: "$\frac{33}{128}$ ist die Wahrscheinlichkeit, daß der Graph $\bar{G}$ zusammenhängend ist."

9.2.9

Als nächstes soll das Problem der Bestimmung von $P\{\tau_n\}$ allgemein untersucht werden für den Fall, daß alle Wahrscheinlichkeiten p_{ij} gleich einem konstanten p $(0 \leq p \leq 1)$ sind. Gefragt wird also nach der Wahrscheinlichkeit, daß ein beliebig ausgewählter Graph auf n Ecken zusammenhängend ist.
Wir setzen abkürzend $f_n := P\{\tau_n\}$. $f_n = f_n(p)$ ist eine Funktion (genauer: ein Polynom) der Wahrscheinlichkeit p und stellt die Wahrscheinlichkeit dar, daß der vollständige Graph K_n zusammenhängend ist.
Ein zusammenhängender spannender Teilgraph von K_n muß mindestens $n-1$ viele Kanten enthalten, insgesamt hat K_n $\binom{n}{2}$ viele Kanten.
Mit $g(n,b)$ sei für $n-1 \leq b \leq \binom{n}{2}$ die *Anzahl aller zusammenhängenden Graphen* auf der Eckenmenge $\{1,\dots,n\}$ mit b vielen Kanten bezeichnet.

Satz

Mit den obigen Bezeichnungen gilt

$$f_n = \sum_{b=n-1}^{\binom{n}{2}} g(n,b)\, p^b\, (1-p)^{\binom{n}{2}-b}.$$

Beweis:

Dies folgt unmittelbar daraus, daß jeder einzelne dieser Graphen mit b vielen Kanten eine Auftrittswahrscheinlichkeit von

$$p^b\, (1-p)^{\binom{n}{2}-b}$$

hat.

9.2.10

Leider ist die obige Formel zur Berechnung nicht sehr praktikabel, da keine guten Verfahren (im algorithmischen Sinne) auf der Hand liegen, die Koeffizienten $g(n,b)$ zu berechnen. Wir werden auf dieses Problem an späterer Stelle zurückkommen.

9.2.11

Wir können jedoch eine rekursive Formel für f_n $(n = 1, 2, ...)$ angeben, die ohne die Zahlen $g(n,b)$ auskommt:

Satz

Es gilt $\quad f_1 = 1$

und für $n \geq 1 \quad f_n = 1 - \sum_{k=1}^{n-1} \binom{n-1}{k-1} f_k\, (1-p)^{k(n-k)}.$

Beweis:

Die Aussage über f_1 ist trivial.
Nun sei $n \geq 2$ gegeben. Um die Rekursion zu zeigen, betrachten wir für

$1 \leq k \leq n$ die Wahrscheinlichkeit z_k, daß die den Punkt 1 enthaltende Zusammenhangskomponente aus genau k vielen Ecken besteht. Wir behaupten, daß

$$z_k = \binom{n-1}{k-1} f_k \, (1-p)^{\,k(n-k)}$$

gilt. Da außerdem

$$\sum_{k=1}^{n} z_k = 1$$

gilt, folgt damit dann

$$f_n = z_n = 1 - \sum_{k=1}^{n-1} z_k$$

und durch Einsetzen von z_k die zu zeigende Behauptung. Die Gültigkeit der obigen Formel für z_k wird mit folgender Überlegung klar: Es gibt $\binom{n-1}{k-1}$ viele Möglichkeiten, aus den $n-1$ von 1 verschiedenen Ecken $k-1$ auszuwählen, die mit 1 eine $k-$elementige Zusammenhangskomponente bilden können. *Daß* diese k Ecken eine Zusammenhangskomponente bilden, hat die Wahrscheinlichkeit $f_k \, (1-p)^{k(n-k)}$, denn diese k Ecken müssen erstens einen zusammenhängenden Graphen bilden (die führt zu dem Term f_k) und dürfen zweitens keine zu einer weiteren Ecke führende Kante haben (dies "verbietet" $k(n-k)$ viele mögliche Kanten). Damit ist der Satz bewiesen.

9.2.12

Beispiel

Man rechnet leicht aus, daß sich bis zu $n = 4$ die folgenden Polynome in p für f_n ergeben:

$$\begin{aligned} f_2 &= p \\ f_3 &= 1-(1-p)^2 - 2p(1-p)^2 = 3p^2 - 2p^3 \\ f_4 &= 1-(1-p)^3 - 3p(1-p)^4 - 3(3p^2-2p^3)(1-p)^3 \\ &= 16p^3 - 33p^4 + 24p^5 - 6p^6 \end{aligned}$$

Für $p = 0,99$ hat man also:

$$\begin{aligned} f_2 &= 0,99 \\ f_3 &= 0,999702 \\ f_4 &\approx 0,999996 \end{aligned}$$

9.2.13

An dieser Stelle muß eine Bemerkung zur algorithmischen Komplexität der Berechnung von f_n gemacht werden. Die in dem obigen Satz angegebene rekursive Formel liefert offenbar ein polynomiales Verfahren (gemessen in der Größe von n) zur Bestimmung von f_n. Ist das Polynom $f_n(p)$ auf diese Weise bestimmt, können über ein lineares Gleichungssystem auch die Koeffizienten $g(n,b)$ aus 9.2.9 errechnet werden.

9.2.14

Beispiel

Es sollen die Koeffizienten $g(4,b)$ für die Darstellung

$$f_4 = g(4,3)p^3(1-p)^3 + g(4,4)p^4(1-p)^2 + g(4,5)p^5(1-p) + g(4,6)p^6$$

berechnet werden.
Aus 9.2.12 wissen wir, daß gilt:

$$f_4 = 16p^3 - 33p^4 + 24p^5 - 6p^6.$$

Zur Bestimmung der vier Unbekannten setzen wir hier die Werte $p = 1, -1, 2$ und -2 ein und erhalten:

$$f_4(1) = 1, \quad f_4(-1) = -79, \quad f_4(2) = -16, \quad f_4(-2) = -1808.$$

Einsetzen der so gewonnenen Wertepaare in die obere Gleichung liefert nun das Gleichungssystem

$$\begin{array}{rcrcrcrcr} 1 & = & & & & & & & g(4,6) \\ -79 & = & -8g(4,3) & + & 4g(4,4) & - & 2g(4,5) & + & g(4,6) \\ -16 & = & -8g(4,3) & + & 16g(4,4) & - & 32g(4,5) & + & 64g(4,6) \\ -1808 & = & -216g(4,3) & + & 144g(4,4) & - & 96g(4,5) & + & 64g(4,6) \end{array}$$

Dessen eindeutige Lösung erhält man schließlich mit den üblichen Methoden (z. B. dem Gaußschen Algorithmus):

$$g(4,3) = 16, \quad g(4,4) = 15, \quad g(4,5) = 6, \quad g(4,6) = 1.$$

9.2.15

Nach diesem ersten Einstieg in die Eigenschaften von Zufallsgraphen wollen wir dieses Thema vorübergehend verlassen. Wir werden es bald wieder aufgreifen, um dann Verfahren zur Berechnung wie auch Abschätzungen für die Netzzuverlässigkeit zu erhalten.
Der Vollständigkeit halber soll noch aufgezeigt werden, wie z. B. das Polynom $f_3 = 3p^2 - 2p^3$ durch Untersuchung Boolescher Ausdrücke gewonnen werden kann:

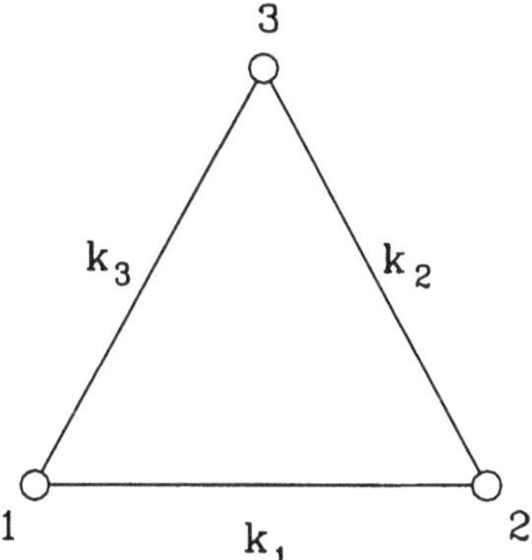

Wie im vorigen Abschnitt stehe die Boolesche Variable "k_i" für die Aussage "Kante k_i ist intakt". Es ist dann

$$f_3 = P\{(k_1 \wedge k_2) \vee (k_1 \wedge k_3) \vee (k_2 \wedge k_3)\}.$$

Die zugehörige kanonische DNF (siehe Anhang) lautet

$$(k_1 \wedge k_2 \wedge k_3) \vee (k_1' \wedge k_2 \wedge k_3) \vee (k_1 \wedge k_2' \wedge k_3) \vee (k_1 \wedge k_2 \wedge k_3'),$$

folglich gilt

$$f_3 = p^3 + 3p^2\,(1-p) = 3p^2 - 2p^3.$$

Beispielaufgabe 9.2

Man bestimme den Koeffizienten $g(5,4)$.

Lösung

Eine Möglichkeit wäre es, alle Koeffizienten $g(5,b)$ mit $4 \leq b \leq 10$ gemäß der Vorgehensweise in 9.2.14 mit einem linearen Gleichungssystem zu bestimmen. Die Frage nach $g(5,4)$ läßt sich jedoch schneller beantworten: da $g(5,4)$ die Anzahl der Gerüste des K_5 angibt, gilt nach 6.2.1

$$g(5,4) = 5^3 = 125.$$

9.3 Zuverlässigkeitsmaße und -polynome

9.3.1

Wir gehen in diesem Abschnitt stets von einem ungerichteten Graphen $G = (E, K)$ auf der Eckenmenge $E = \{1, 2, ..., n\}$ aus, der nicht als vollständig (bzw. vollvermascht) vorausgesetzt wird. G soll die Grundstruktur eines Kommunikationsnetzes darstellen.
Es wird angenommen, daß nur Kanten (und keine Ecken) ausfallen können. Für jede Kante $k \in K$ ist dies zu einem beliebigen Zeitpunkt mit einer festen Wahrscheinlichkeit $1 - p(k)$ der Fall, und die Ausfälle verschiedener Kanten seien voneinander unabhängig.
Bei den folgenden Zuverlässigkeitsuntersuchungen wird davon ausgegangen, daß die Funktionsfähigkeit des Netzes nur von der aktuellen Topologie (d. h. welche Kanten gerade intakt sind und welche nicht) abhängt. Als Zuverlässigkeit wird also die Wahrscheinlichkeit definiert, daß sich der Graph in einem funktionsfähigen Zustand befindet.

9.3.2

Formaler kommt man zu folgendem Begriffsaufbau:

Eine beliebige Kantenmenge $S \subseteq K$ heißt ein *Zustand.* Nun sei eine Menge von Zuständen $\mathcal{F}(G) \subseteq \mathbf{P}(K)$ ausgezeichnet, die genau die *funktionsfähigen Zustände* enthält.
Als *Zuverlässigkeit* $z(G)$ bezeichnen wir die Wahrscheinlichkeit, daß sich der Graph in einem funktionsfähigen Zustand befindet; $z(G)$ ist natürlich von $\mathcal{F}(G)$ abhängig.

9.3.3

Beispiel

Der im folgenden Diagramm dargestellte Graph sei gegeben:

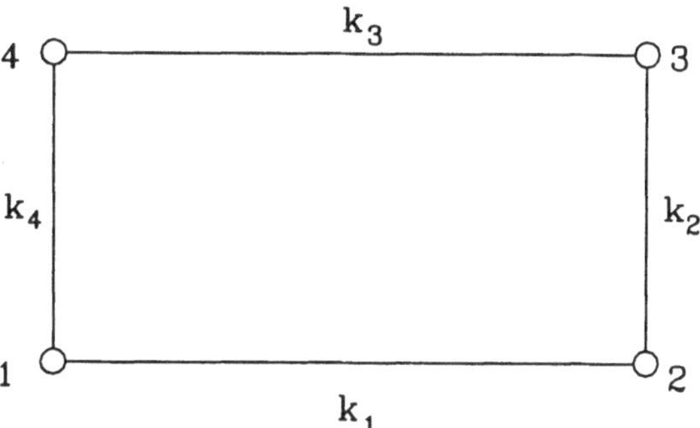

Es sei $p(k_i) = p = 0,99$ für jede Kante k_i.
Im ersten Fall sei $\mathcal{F}_1(G) = \{\{k_1, k_2, k_3, k_4\}\}$. Das Netz ist also nur dann funktionsfähig, wenn alle Kanten intakt sind. In der Anwendung mag sich dies aus der Forderung ergeben haben, daß sich alle Stationen gegenseitig unter Zuhilfenahme höchstens einer Zwischenstation erreichen können. Es ergibt sich

$$\begin{aligned} z(G) &= P\{k_1 \wedge k_2 \wedge k_3 \wedge k_4\} \\ &= 0,99^4 \approx 0,960596. \end{aligned}$$

Im zweiten Fall sei

$$\begin{aligned} \mathcal{F}_2(G) &= \{\{k_1, k_2, k_3, k_4\}, \{k_1, k_2, k_3\}, \\ &\quad \{k_1, k_2, k_4\}, \{k_1, k_3, k_4\}, \{k_2, k_3, k_4\}\}. \end{aligned}$$

Funktionsfähigkeit korrespondiert hier zu dem Zusammenhang des Graphen. Für die Zuverlässigkeit folgt

$$z(G) = 0,99^4 + 4 \cdot 0,99^3 \cdot 0,01 \approx 0,999408.$$

9.3.4

Schon in 9.1.3 wurde darauf hingewiesen, daß die Zuverlässigkeit auch von dem im Netz angewendeten Routing (und in der Realität selbstverständlich von weiteren Protokollfestlegungen) abhängt. Die Beispiele in 9.3.3 zeigen, daß uns dies durch den Begriff der funktionsfähigen Zustände nicht verloren gegangen ist; bei der Auswahl der Menge $\mathcal{F}(G)$ kann das Routing mit berücksichtigt werden.

9.3.5

Wie wir gesehen haben, ist es eine naheliegende Möglichkeit, die funktionsfähigen Zustände mit den zusammenhängenden Graphen zu identifizieren, d. h.

$\mathcal{F}(G)$ als diejenigen Kantenmengen von G zu wählen, die zu einem zusammenhängenden Teilgraphen führen. Die Zuverlässigkeit $z(G)$ korrespondiert dann zur Wahrscheinlichkeit, daß je zwei Knoten miteinander kommunizieren können, wobei alle Wege erlaubt sind; dieses spezielle Maß wird im folgenden mit $z_v(G)$ für *volle Zuverlässigkeit* bezeichnet.
Zu einem anderen Maß kommt man, wenn nur die Forderung aufgestellt wird, daß zwei bestimmte Ecken s, t des Graphen (auf beliebigen Wegen) kommunizieren können sollen: Die *s, t-Zuverlässigkeit* $z_{s,t}(G)$ ist dann die Wahrscheinlichkeit, daß die Ecken s und t in derselben Zusammenhangskomponente des Graphen liegen.

9.3.6

Beispiel

Wir betrachten wieder den Graphen aus 9.3.3 und fragen nach $z_{1,4}(G)$. Offenbar gilt

$$\begin{aligned} z_{1,4}(G) &= P\{k_4 \vee (k_1 \wedge k_2 \wedge k_3)\} \\ &= P\{k_4 \vee (k_1 \wedge k_2 \wedge k_3 \wedge k_4')\} \\ &= 0,99 + 0,99^3 \cdot 0,01 \\ &= 0,999703. \end{aligned}$$

9.3.7

Ein weiteres Zuverlässigkeitsmaß ergibt sich, wenn mehr als zwei Ecken $e_1, e_2, e_3, \ldots, e_t$ vorgegeben werden und das Ziel darin besteht, die gegenseitige Erreichbarkeit dieser Stationen sicherzustellen. Dieses Maß werden wir jedoch nicht weiter betrachten.
Wir wollen auch noch einmal darauf hinweisen, daß unser allgemeiner Ansatz über $\mathcal{F}(G)$ mit der Definition von $z(G)$ u.a. auch auf Netze anwendbar ist, in denen (wie im Beispiel 9.1.4) mit Routing-Plänen gearbeitet wird.

9.3.8

Beispiel

Wir betrachten wieder den folgenden Graphen mit Routing-Plan:

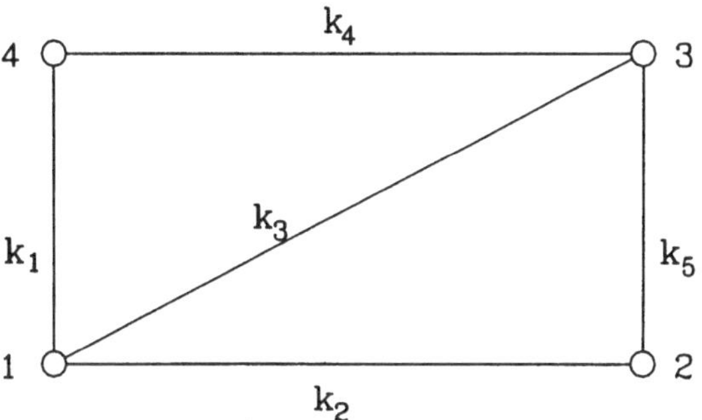

von\ nach	1	2	3	4
1	-	2;3	3;2	4;3
2	1;3	-	3;1	1;3
3	1;2	2;1	-	4;1
4	1;3	1;3	3;1	-

Soll in dem Netz jede Station zu jeder anderen Nachrichten senden können, so gilt für die funktionsfähigen Zustände

$$\begin{aligned}\mathcal{F}(G) &= \{K, K-\{k_1\}, K-\{k_2\}, K-\{k_3\}, \\ &\quad K-\{k_4\}, K-\{k_5\}, K-\{k_1,k_2\}, K-\{k_4,k_5\}, \\ &\quad K-\{k_1,k_5\}, K-\{k_2,k_4\}\}\,.\end{aligned}$$

Sind die Kantenwahrscheinlichkeiten einheitlich gleich p, so hat man

$$\begin{aligned}z(G) &= p^5+5p^4(1-p)+4p^3(1-p)^2 \\ &= 4p^3-3p^4,\end{aligned}$$

für $p = 0,99$

$$z(G) \approx 0,999408.$$

9.3.9

Es sei ein beliebiger (zusammenhängender) Graph $G = (E, K)$ auf der Eckenmenge $E = \{1, ..., n\}$ gegeben, $\mathcal{F} \subseteq \mathbf{P}(K)$ sei die Menge der funktionsfähigen Zustände. Es wird angenommen, daß es eine einheitliche Wahrscheinlichkeit $p (0 \leq p \leq 1)$ für die Funktionfähigkeit der einzelnen Kanten gibt, die Ereignisse "Kante k ist intakt" (für $k \in K$) seien voneinander unabhängig. Wir werden im folgenden stets von dieser Grundsituation ausgehen. Die Annahme einer einheitlichen Wahrscheinlichkeit p stellt zwar eine Einschränkung

dar, jedoch können damit die Zusammenhänge zwischen Graphenstruktur und Zuverlässigkeit klarer herausgearbeitet werden.
Die Zuverlässigkeit $z(G)$ ist die Wahrscheinlichkeit, daß G sich in einem Zustand aus $\mathcal{F}$ befindet. $z(G)$ ist eine Funktion von p.
Wir machen die folgende

Beobachtung:

$z(G)$ ist ein Polynom in p.

Beweis:

Es sei $G_{\mathcal{F}} = \{(E, \tilde{K}) \mid \tilde{K} \in \mathcal{F}\}$ die Menge der funktionsfähigen Teilgraphen von G. Offenbar gilt (vgl. 9.2.4)

$$\begin{aligned} z(G) &= P\{G_{\mathcal{F}}\} \\ &= \sum_{T \in G_{\mathcal{F}}} P\{T\}. \end{aligned}$$

Da jede einzelne Wahrscheinlichkeit $P\{T\}$ ein Polynom in p ist (s. 9.2.2), gilt dies auch für $z(G)$.

9.3.10

Beispiele

Wir schauen wieder die in 9.3.3 und 9.3.8 betrachteten Graphen an.

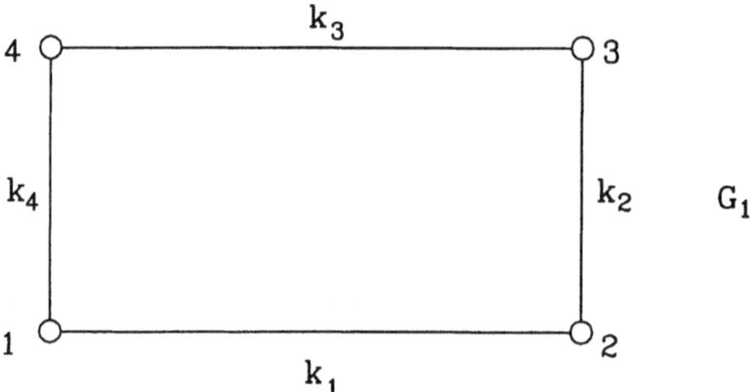

Soll G_1 nur funktionsfähig sein, wenn *alle* Kanten intakt sind (also $\mathcal{F}(G_1) = \{\{k_1, k_2, k_3, k_4\}\}$), so ergibt sich $z(G_1) = p^4$.

Soll Funktionsfähigkeit zum Zusammenhang korrespondieren, so erhält man (s. auch 9.3.3)

$$z(G_1) = z_v(G_1) = 4p^3 - 3p^4.$$

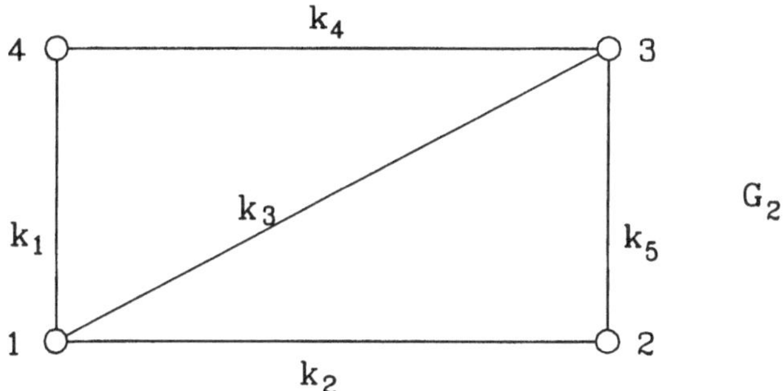

Da es in G_2 acht Teilgraphen mit drei Kanten, fünf Teilgraphen mit vier Kanten und einen Teilgraphen mit fünf Kanten gibt, die zusammenhängend sind, führt die Forderung des Zusammenhangs bei G_2 zu

$$\begin{aligned} z(G_2) = z_v(G_2) &= 8p^3(1-p)^2 + 5p^4(1-p) + p^5 \\ &= 8p^3 - 11p^4 + 4p^5. \end{aligned}$$

Der in 9.3.8 verwendete Routing-Plan ergab

$$z(G_2) = 4p^3 - 3p^4.$$

9.3.11

Das Polynom $z(G)$ wird *Zuverlässigkeitspolynom* des Graphen G genannt. Das Polynom hängt von den als funktionsfähig definierten Zuständen ab, wie auch in den gezeigten Beispielen deutlich wird. In der Literatur wird dieser Bezug auf die Menge $\mathcal{F} \subseteq \mathbf{P}(K)$ mitunter nicht deutlich herausgestellt und implizit angenommen, daß die funktionsfähigen Zustände genau den zusammenhängenden Teilgraphen entsprechen – m.a.W. wird (in unserer Terminologie) nur $z_v(G)$ betrachtet.

9.3.12

Wir wollen an dieser Stelle noch einmal die beiden Methoden herausstellen, die wir bisher für die effektive Bestimmung des Polynoms $z(G)$ bei gegebenem Graphen G (und gegebener Menge $\mathcal{F}$ funktionsfähiger Zustände) zur Verfügung haben.

Die erste Methode könnte man die *Boolesche Methode* nennen: für jede Kante $k \in K$ wird die Aussage "k ist intakt" durch den Booleschen Ausdruck "k" repräsentiert, und es wird ein zusammengesetzter Boolescher Ausdruck aufgestellt, dessen Gültigkeit genau der Aussage entspricht, daß man sich in einem funktionsfähigen Zustand befindet. Anschließend muß dieser Boolesche Ausdruck in eine DNF umgewandelt werden, um $z(G)$ direkt berechnen zu können. Wir haben diese Methode in einigen Beispielen angewendet.
Der andere Zugang ist die *Teilgraph-Zählmethode:* er greift auf die in 9.3.9 dargestellte Beziehung

$$z(G) = \sum_{T \in G_{\mathcal{F}}} P\{T\}$$

zurück, wobei $G_{\mathcal{F}}$ die Menge der funktionsfähigen Teilgraphen ist. Hat ein $T \in G_{\mathcal{F}}$ i viele Kanten, so gilt (mit $| K |= m$)

$$P\{T\} = p^i(1-p)^{m-i}.$$

Damit hat man insgesamt

$$z(G) = \sum_{i=0}^{m} F_i p^i \cdot (1-p)^{m-i},$$

wenn mit F_i die Anzahl funktionsfähiger Teilgraphen mit i vielen Kanten bezeichnet ist. Es gilt also, die Zahlen F_i zu bestimmen.
Die Brücke zwischen den beiden Methoden stellt folgende Beobachtung her: Ist $f(k_1, ..., k_m)$ der Boolesche Ausdruck, der die Funktionsfähigkeit des Netzes beschreibt, so entsprechen die einzelnen Konjunktionen in der kanonischen DNF genau den funktionsfähigen Kantenmengen (also den Elementen von $\mathcal{F}$). Beide Methoden unterscheiden sich daher nicht in ihrem Aufwand.

9.3.13

Beispiel

Wir schauen noch einmal auf den Graphen G_2 aus 9.3.10, der auf Zusammenhang überprüft werden soll. Wie in 9.3.10 gesagt, gilt $F_3 = 8$, $F_4 = 5$ und $F_5 = 1$, also

$$z_v(G_2) = 8p^3(1-p)^2 + 5p^4(1-p) + p^5.$$

Ein Boolescher Ausdruck, der den Zusammenhang beschreibt, ist z. B.

$$\begin{aligned} f(k_1, ..., k_5) &= (k_3 \wedge (k_1 \vee k_4) \wedge (k_2 \vee k_5)) \\ &\quad \vee (k_3' \wedge ((k_1 \wedge k_2 \wedge k_4) \vee (k_1 \wedge k_2 \wedge k_5) \\ &\quad \vee (k_1 \wedge k_4 \wedge k_5) \vee (k_2 \wedge k_4 \wedge k_5))) \end{aligned}$$

Zu diesem Ausdruck kommt man durch folgende Überlegung: Man unterscheidet zunächst danach, ob k_3 intakt ist oder nicht; im ersten Fall muß noch jeweils k_1 oder k_4 bzw. k_2 oder k_5 intakt sein; im zweiten Fall müssen mindestens drei der restlichen Kanten intakt sein.
Die zu f gehörende kanonische DNF hat die folgenden 14 "Summanden", die genau den 14 zusammenhängenden Teilgraphen von G_2 entsprechen:

Boolescher Ausdruck	zugehöriger funktionsfähiger Teilgraph
$k_1 \wedge k_2 \wedge k_3' \wedge k_4 \wedge k_5'$	
$k_1 \wedge k_2' \wedge k_3' \wedge k_4 \wedge k_5$	
$k_1' \wedge k_2 \wedge k_3' \wedge k_4 \wedge k_5$	
$k_1 \wedge k_2 \wedge k_3' \wedge k_4' \wedge k_5$	
$k_1 \wedge k_2 \wedge k_3 \wedge k_4' \wedge k_5'$	
$k_1' \wedge k_2' \wedge k_3 \wedge k_4 \wedge k_5$	
$k_1' \wedge k_2 \wedge k_3 \wedge k_4 \wedge k_5'$	
$k_1 \wedge k_2' \wedge k_3 \wedge k_4' \wedge k_5$	
$k_1' \wedge k_2 \wedge k_3 \wedge k_4 \wedge k_5$	
$k_1 \wedge k_2' \wedge k_3 \wedge k_4 \wedge k_5$	
$k_1 \wedge k_2 \wedge k_3' \wedge k_4 \wedge k_5$	
$k_1 \wedge k_2 \wedge k_3 \wedge k_4' \wedge k_5$	
$k_1 \wedge k_2 \wedge k_3 \wedge k_4 \wedge k_5'$	
$k_1 \wedge k_2 \wedge k_3 \wedge k_4 \wedge k_5$	

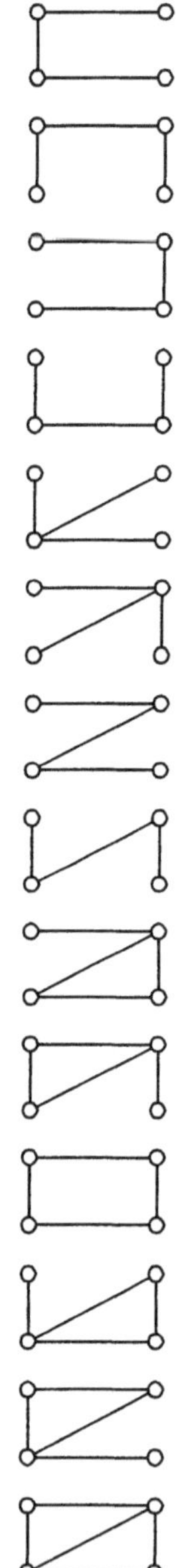

9.3.14

Die "Boolesche Methode" läßt sich an einer *Graphenzerlegungsmethode* nachspielen. Das Verfahren leuchtet unmittelbar ein und wird anhand des Beispiels vorgeführt.
Grundidee ist, schrittweise durch Identifizierung von Ecken bzw. Streichen von Kanten kleinere Graphen zu konstruieren, die sich aus der Annahme ergeben, daß eine bestimmte Kante mit Sicherheit intakt bzw. nicht intakt ist. (In den Zwischenschritten können sich Multigraphen ergeben.)

$$\begin{aligned} z_v(\quad) &= p \cdot z_v(\quad) + (1-p) \cdot z_v(\quad) \\ &= p \cdot (2p - p^2)^2 + (1-p) \cdot (4p^3 - 3p^4) \\ &= 8p^3 - 11p^4 + 4p^5 \end{aligned}$$

Sämtliche geschilderten Methoden zur Bestimmung des Polynoms haben den Nachteil, keine guten (d. h. effizienten) Algorithmen zu liefern.
Freilich kann in Einzelfällen (z. B. aufgrund irgendwelcher Symmetrien in der Problemstellung) die eine oder andere Methode schnell zum Ziel führen, jedoch sind für den allgemeinen Fall bei jeder Methode nur exponentielle Algorithmen bekannt.
Im nächsten Abschnitt werden wir auf die Schwierigkeit der Bestimmung der Koeffizienten F_i noch einmal im Sinne der Komplexitätstheorie eingehen.

9.3.15

Wir wollen einen weiteren Begriff einführen, der das weitere Vorgehen erleichtert. Gegeben seien wieder G und $\mathcal{F}$ wie in 9.3.9.
$T \subseteq K$ heißt *kritische Kantenmenge* , wenn das Komplement $K - T$ nicht funktionsfähig ist, d. h. wenn $K - T \notin \mathcal{F}$ gilt. Anschaulich bedeutet das: T ist kritisch, wenn der Ausfall von T zu einem nicht funktionsfähigen Zustand führt.
Man beachte: Korrespondiert Funktionsfähigkeit zum Zusammenhang, so ist eine Kantenmenge kritisch, wenn durch ihr Entfernen der Graph in mindestens zwei Zusammenhangskomponenten zerfällt. Dies zeigt einen Zusammenhang zu dem Begriff eines Schnitts auf (s. 1.3.4). Die Begriffe sind jedoch nicht identisch.

9.3.16

Beispiel

Es sei wieder der folgende Graph gegeben, Funktionsfähigkeit korrespondiere zum Zusammenhang:

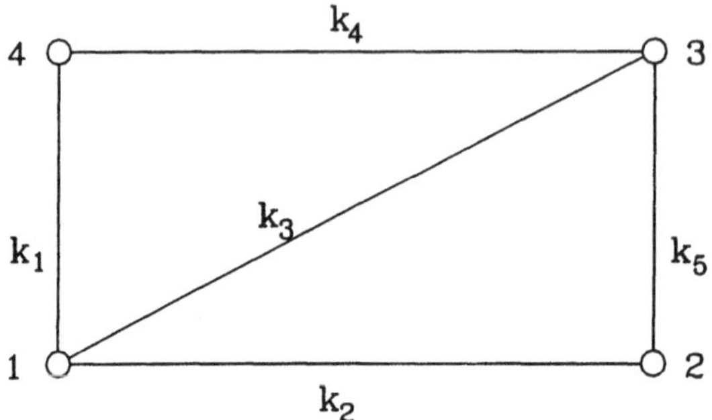

Funktionfähig sind z. B. $\{k_1, k_2, k_3\}$ oder $\{k_1, k_2, k_4, k_5\}$,
kritisch z. B. $\{k_1, k_2, k_3\}$ oder $\{k_1, k_4\}$.

9.3.17

Aufgrund der Definition von funktionsfähig und kritisch folgt unmittelbar:

Ist $S \subseteq K$ eine beliebige Kantenmenge, so ist

entweder S funktionsfähig
oder $K - S$ kritisch.

Ist mit $C_j (0 \leq j \leq m)$ die Anzahl der kritische Kantenmengen mit j vielen Kanten bezeichnet, so ergibt obige Aussage die Formel

$$F_i + C_{m-i} = \binom{m}{i} \qquad \text{für } 0 \leq i \leq m.$$

Daraus folgt nun der

Satz

$$z(G) = 1 - \sum_{j=0}^{m} C_j p^{m-j} (1-p)^j$$

Beweis:

Man hat

$$\begin{aligned} z(G) &= \sum_{i=0}^{m} F_i p^i (1-p)^{m-i} \\ &= \sum_{i=0}^{m} (\tbinom{m}{i} - C_{m-i}) p^i (1-p)^{m-i} \\ &= \sum_{j=0}^{m} (\tbinom{m}{j} - C_j) p^{m-j} (1-p)^j, \end{aligned}$$

und wegen

$$\sum_{j=0}^{m} \binom{m}{j} p^{m-j} (1-p)^j = 1$$

folgt die Behauptung.

Man kann die behauptete Formel allerdings auch direkt einsehen, wenn man berücksichtigt, daß $1 - z(G)$ die Wahrscheinlichkeit ist, daß mindestens eine kritische Menge nicht intakt ist.

Beispielaufgabe 9.3

Zeigen Sie: Korrespondieren die funktionsfähigen Zustände zu zusammenhängenden Teilgraphen, und wird einem (zusammenhängenden) Graphen $G = (E, K)$ eine Kante hinzugefügt, die bisher nicht zu K gehörte, so ist der neue Graph G' zuverlässiger als G.

Lösung

G besitze n viele Knoten. Wird mit $F_i(G)$ bzw. $F_i(G')$ die jeweilige Anzahl funktionsfähiger Zustände mit i vielen Kanten bezeichnet (vgl. 9.3.15), so gilt offenbar

$$F_i(G') \geq F_i(G)$$

für alle i, denn ein funktionsfähiger Zustand in G ist dies stets auch in G'. Dies zeigt

$$z_v(G') \geq z_v(G).$$

Es gilt sogar

$$z_v(G') > z_v(G),$$

denn es ist z. B.

$$F_{(n-1)}(G') > F_{(n-1)}(G) :$$

ein beliebiges Gerüst von G', welches die "neue" Kante enthält, ist nämlich funktionsfähig in G', jedoch gibt es keine Entsprechung in G.

9.4 Zur Komplexität des Zuverlässigkeitsproblems

9.4.1

In diesem Abschnitt wird stets von folgender Situation ausgegangen: Es ist ein ungerichteter Graph $G = (E, K)$ mit einer Menge $\mathcal{F} \subseteq \mathbf{P}(K)$ funktionsfähiger Zustände gegeben. Jede Kante $k \in K$ ist mit einer einheitlichen Wahrscheinlichkeit p verfügbar.
Es geht um das Problem, die Zuverlässigkeit $z(G)$ als Polynom in der Variablen p effizient zu bestimmen.

9.4.2

An dieser Stelle ist eine Präzisierung des Zieles nötig, das Zuverlässigkeitspolynom "effizient zu bestimmen". Wir müssen hier zunächst an die Ausführungen zur Komplexität von Algorithmen in Kapitel 3 erinnern. Grundsätzlich ist man stets auf der Suche nach Algorithmen mit einer polynomialen Komplexität relativ zur Größe des gegebenen Problems; als Problemgröße wählen wir wieder stets die Eckenanzahl des Graphen.
Die Problematik verkompliziert sich nun dadurch, daß zusätzlich eine Menge $\mathcal{F} \subseteq \mathbf{P}(K)$ als "Input" in den gesuchten Algorithmus zur Bestimmung von $z(G)$ eingeht. Für die Frage nach der Komplexität spielt es natürlich auch eine Rolle, in welcher Form die Menge $\mathcal{F}$ gegeben ist, ob also z. B. $\mathcal{F}$ als Menge in Worten beschrieben ist oder etwa die Elemente von $\mathcal{F}$ in einer jederzeit greifbaren Liste abgespeichert sind.

9.4.3

Beispiel

Der folgende Graph G sei gegeben.

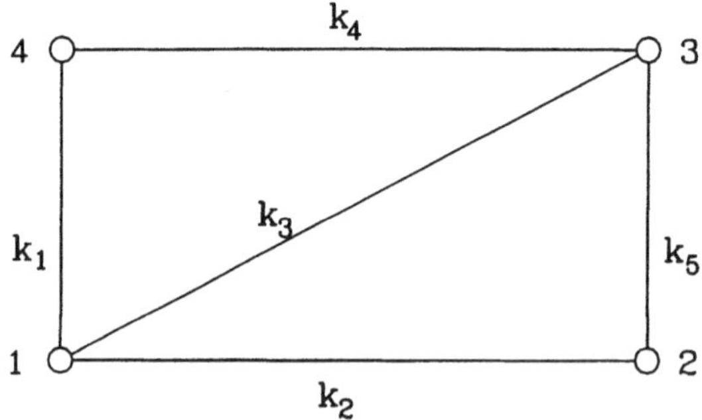

Die Menge $\mathcal{F}$ kann angegeben werden

- durch die explizite Auflistung
  $\mathcal{F} = \{\{k_1, ..., k_5\}, \{k_1, k_2, k_3, k_4\}, ...\}$ oder

- durch die Aussage "$\mathcal{F}$ korrespondiere zu den zusammenhängenden Teilgraphen".

Ein Verfahren zur Bestimmung von $z(G)$ kann im ersten Fall die Koeffizienten F_i in der Darstellung

$$z(G) = \sum_{i=0}^{m} F_i \cdot p^i \cdot (1-p)^{m-i} \qquad \text{(vgl. 9.3.15)}$$

sofort ablesen, im zweiten Fall ist dies nicht möglich.

9.4.4

Wir werden im folgenden stets die Situation vorliegen haben, daß es zu gegebenem $\mathcal{F}$ einen polynomialen *Erkennungsalgorithmus* für $\mathcal{F}$ gibt – also einen Algorithmus, der zu gegebener Kantenmenge $M \subseteq K$ feststellt, ob $M \in \mathcal{F}$ gilt oder nicht.
Man beachte, daß dies tatsächlich der Fall ist, wenn $\mathcal{F}$ zum Zusammenhang korrespondiert, denn es ist leicht zu testen, ob ein Graph zusammenhängend ist.
Man beachte aber auch: dies bedeutet *nicht*, daß es algorithmisch leicht ist, eine spezifische Auflistung der Elemente von $\mathcal{F}$ zu erstellen, denn es gibt schließlich exponentiell viele Kandidaten als Elemente von $\mathcal{F}$!

9.4.5

In dem vorliegenden Abschnitt beschränken wir uns auf die folgenden zwei Fälle:

i) $\mathcal{F}$ korrespondiert zu den zusammenhängenden Teilgraphen von G. Wir sprechen dann vom *vollen Zuverlässigkeitsproblem.*

ii) Es sind Ecken s und t des Graphen ausgezeichnet, und $\mathcal{F}$ korrespondiert zu denjenigen Teilgraphen von G, in denen s und t in derselben Zusammenhangskomponente liegen. Hier sprechen wir vom *s,t-Zuverlässigkeitsproblem.*

Es geht also in i) um die Bestimmung von $zv(G)$ und in ii) um die von $z_{s,t}(G)$ (vgl. 9.3.5).

9.4.6

Wie bereits mehrfach dargelegt, gilt für das Polynom $z(G)$ stets die Darstellung

$$z(G) = \sum_{i=0}^{m} F_i \cdot p^i \cdot (1-p)^{m-i} ,$$

wobei F_i die Anzahl der i-elementigen Elemente von $\mathcal{F}$ ist. Hat man ein effizientes Verfahren, die Zahlen $F_0, F_1, ..., F_m$ zu berechnen, so kann das Polynom $z(G)$ effizient bestimmt und für jedes konkrete p_0 der Wert $z(p_0)$ berechnet werden. Zur Vereinfachung der Sprechweise wollen wir im folgenden das Problem der Bestimmung der Zuverlässigkeitskoeffizienten $F_0, F_1, ..., F_m$ mit $ZUV - K$ bezeichnen.
Es ist aber auch vorstellbar, daß man einen (effizienten) Algorithmus hat, der für jeden beliebigen Wert p_0 $(0 \leq p_0 \leq 1)$ den Funktionswert $z(G)(p_0)$ liefert, ohne daß dieser Algorithmus den "Umweg" der Bestimmung der obigen Koeffizienten F_i nimmt. Das Problem des Findens eines solchen Algorithmus bezeichnen wir mit *ZUV*.

9.4.7

Bevor wir als nächstes zeigen, daß die Probleme *ZUV-K* und *ZUV* (im algorithmischen Sinne) äquivalent sind, ist eine grundsätzliche Bemerkung zum verschiedenen Charakter dieser Problemstellungen angebracht.
Die Formulierung der Problemstellung *ZUV-K* hat den Vorteil, daß es sich bei der Bestimmung der Zahlen $F_0, F_1, ..., F_m$ um ein kombinatorisches Problem handelt, bei dem der Parameter p keine Rolle mehr spielt. Der Nachteil ist dabei allerdings, daß die Koeffizienten F_i nicht unmittelbar eine Aussage über die Werte $z(G)(p_0)$ treffen. Dies gilt umso mehr, als sich die Zuverlässigkeitspolynome verschiedener Graphen auch "kreuzen" können.

9.4.8

Beispiel (vgl. [COL])

Die folgenden Graphen G_1 und G_2 seien gegeben, es werde $z_v(G)$ untersucht.

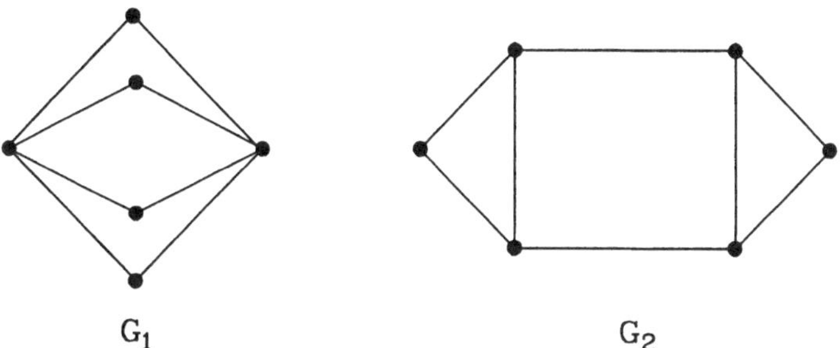

Beide Graphen haben 6 Ecken und 8 Kanten. Die Koeffizienten F_i sind in folgender Übersicht zusammengestellt:

	G_1	G_2
F_0	0	0
F_1	0	0
F_2	0	0
F_3	0	0
F_4	0	0
F_5	32	30
F_6	24	25
F_7	8	8
F_8	1	1

Den Koeffizienten F_i ist nicht sofort anzusehen, welcher Graph "zuverlässiger" ist. Tatsächlich kreuzen sich die Funktionen $z_v\ (G_1)(p)$ und $z_v(G_2)(p)$ bei $p = \frac{2}{3}$: für $p < \frac{2}{3}$ ist G_1 zuverlässiger, für $p > \frac{2}{3}$ dagegen G_2.

9.4.9

Es werden nun einige Bemerkungen zu den Begriffen *Reduzierbarkeit* und *Äquivalenz* von Problemen eingefügt.

Man sagt, ein Problem A sei auf ein Problem B *reduzierbar*, wenn folgendes gilt: Hat man einen polynomialen Algorithmus, der das Problem B löst, so kann man daraus einen polynomialen Algorithmus zum Lösen von A ableiten. Auf eine formale Definition soll an dieser Stelle verzichtet werden. Der (die) interessierte Leser(in) findet dies in jedem Informatik-Lehrbuch, das sich mit Fragen der Komplexität von Algorithmen befaßt (siehe z. B. das Standardwerk [GAR]).

9.4.10

Beispiel

In Kapitel 3 (siehe 3.3.3) wurde das Problem der *minimalen Knotenüberdeckung* betrachtet: in einem gegebenen Graphen $G = (E, K)$ ist eine Menge $U \subseteq E$ mit möglichst wenigen Ecken zu finden derart, daß von jeder Kante aus K mindestens eine der beiden Ecken zu U gehört.
Beim Problem der *maximalen unabhängigen Knotenmenge* geht es darum, eine Menge $M \subseteq E$ mit möglichst vielen Ecken zu finden derart, daß keine Kante aus K zwei Ecken von M verbindet.

Behauptung

Das Problem der maximalen unabhängigen Knotenmenge ist auf das Problem der minimalen Knotenüberdeckung reduzierbar.

Beweis:

Es sei $\mathcal{A}$ ein polynomialer Algorithmus, der in einem beliebigen Graphen eine minimale Knotenüberdeckung findet. Es wird nun ein polynomialer Algorithmus $\mathcal{B}$ angegeben, der – unter Verwendung von $\mathcal{A}$ - eine maximale unabhängige Knotenmenge in einem Graphen bestimmt.

Algorithmus $\mathcal{B}$ geht folgendermaßen vor:

Ein Graph $G = (E, K)$ sei gegeben. Mit Algorithmus $\mathcal{A}$ wird zunächst eine minimale Knotenüberdeckung U_0 ermittelt. Sodann wird das Komplement $M_0 = E \setminus U_0$ gebildet. Da offenbar eine Teilmenge $X \subseteq E$ genau dann eine Knotenüberdeckung ist, wenn $E \setminus X$ eine unabhängige Menge ist, muß M_0 eine maximale unabhängige Menge sein.
Da der Algorithmus $\mathcal{B}$ nur aus einmaligem Aufruf von $\mathcal{A}$ und der Komplementbildung besteht, ist $\mathcal{B}$ ebenfalls polynomial.

9.4.11

Probleme A und B werden *äquivalent* genannt, wenn sowohl A auf B als auch B auf A reduzierbar ist.
Es ist hier wichtig anzumerken, daß Reduzierbarkeit (und Äquivalenz) nur eine Aussage über das Verhältnis zweier Probleme zueinander ist und nichts über die Existenz polynomialer Algorithmen aussagt – "A ist reduzierbar auf B" bedeutet nur: *wenn* es einen solchen Algorithmus für B gibt, so auch für A.

Aus obigem Beweis wird sofort klar, daß die Probleme der minimalen Knotenüberdeckung bzw. der maximalen unabhängigen Knotenmenge sogar äquivalent sind. Polynomiale Algorithmen zu ihrer Lösung sind jedoch nicht bekannt.

9.4.12

Wie in Kapitel 3 angemerkt (siehe 3.3.7), ist das Problem der minimalen Knotenüberdeckung (und damit auch das der maximalen unabhängigen Knotenmenge) *NP-vollständig*. Dies bedeutet im wesentlichen, daß dafür bisher keine polynomialen Algorithmen gefunden wurden und es auch als unwahrscheinlich gilt, daß solche überhaupt existieren.
Bei der Untersuchung des Schwierigkeitsgrades eines Problems A wird oft in folgender Weise vorgegangen: Zunächst versucht man, einen polynomialen Algorithmus zu finden oder zu zeigen, daß kein solcher existiert - letzteres gelingt äußerst selten. Gelingt beides nicht, so versucht man, ein als NP-vollständig bekanntes Problem B auf A zu reduzieren. Wenn dies funktioniert, so weiß man, daß A mindestens so schwierig ist wie ein NP-vollständiges Problem, und es ist dann gerechtfertigt, nach guten approximativen Algorithmen zu suchen. Wir werden ebenfalls in dieser Weise vorgehen.

9.4.13

Zunächst beweisen wir jedoch den folgenden

Satz

Die Probleme *ZUV* und *ZUV-K* sind äquivalent.

Beweis:

Es wurde bereits oben (in 9.4.6) argumentiert, daß das Problem *ZUV* auf das Problem *ZUV-K* reduzierbar ist.
Für die Umkehrung sei nun angenommen, man habe einen polynomialen Algorithmus $\mathcal{A}$ zur Lösung des Problems *ZUV*. Die folgende Vorgehensweise liefert dann einen polynomialen Algorithmus $\mathcal{B}$ zur Bestimmung der Koeffizienten $F_0, F_1, ..., F_m$: Man wählt zunächst $m+1$ verschiedene reelle Zahlen $p_0, p_1, ..., p_m$. Durch $(m+1)$ -fache Anwendung des Algorithmus $\mathcal{A}$ können die Werte $z(G)(p_t)$ $(0 \leq t \leq m)$ berechnet werden. Für jedes t gilt nun die Gleichung

$$\sum_{i=0}^{m} F_i\, p_t^i\, (1-p_t)^{m-i} = z(G)(p_t) ,$$

in der die Potenzen von p_t bzw. $(1-p_t)$ berechnet werden können, so daß daraus eine lineare Gleichung mit den Unbekannten $F_0, F_1, ..., F_m$ wird. Ingsgesamt hat man nun ein lineares Gleichungssystem aus $m+1$ vielen Gleichungen und mit $m+1$ vielen Unbekannten, welches mit dem Gaußschen Algorithmus eindeutig gelöst werden kann. Da der Gaußsche Algorithmus ebenfalls polynomial (in m) ist, bleibt auch der so beschriebene Algorithmus $\mathcal{B}$ polynomial.

9.4.14

Der soeben bewiesene Satz rechtfertigt, daß wir im folgenden das Problem *ZUV-K* – also die Bestimmung von $F_0, F_1, ..., F_m$ – als *das* Zuverlässigkeitsproblem ansehen.
Der Einfachheit halber wird *dieses* Problem im weiteren mit *ZUV* bezeichnet. Soll spezifiziert werden, ob es sich um das volle Zuverlässigkeitsproblem oder um das s,t-Zuverlässigkeitsproblem handelt, so werden die Bezeichnungen ZUV_v bzw. $ZUV_{s,t}$ verwendet.
Bevor wir Aussagen über die Komplexität des Problems *ZUV* ableiten, ist eine ergänzende Bemerkung zum Thema NP–Vollständigkeit angebracht. In der Komplexitätstheorie wird der Begriff der NP–Vollständigkeit nur auf *Entscheidungsprobleme* angewendet. Ein Entscheidungsproblem bildet z. B. die Frage: "Gibt es in dem Graphen G eine Knotenüberdeckung aus n_0 vielen Knoten?" Die Frage "Wieviele Knotenüberdeckungen aus n_0 vielen Knoten hat der Graph G ?" ist ein *Zählproblem*. Für Zählprobleme gibt es eigene Begriffe, obschon natürlich Zusammenhänge zwischen "Entscheidungsversion" und "Zählversion" eines Problems bestehen.
Da wir den Begriff der NP–Vollständigkeit ohnehin nicht formal eingeführt haben, werden wir im folgenden so verfahren: unabhängig davon, ob es sich um Entscheidungs- oder Zählversion eines Problems handelt, werden wir von einem *schwierigen Problem* sprechen, wenn damit gesagt werden soll, daß zur Lösung bisher kein polynomialer Algorithmus gefunden wurde. Diese Terminologie beinhaltet die Korrektheit der folgenden Schlußweise: ist Problem A als schwierig erkannt und auf B reduzierbar, so ist auch B schwierig.

9.4.15

In 9.4.10 war von dem Problem der maximalen unabhängigen Knotenmenge die Rede. Das Problem der *bipartiten unabhängigen Menge*, welches wir mit *BUM* abkürzen, lautet folgendermaßen: Man bestimme für einen gegebenen bipartiten Graphen G die Anzahl der unabhängigen Knotenmengen.
Der Literatur (s. z. B. [COL]) entnehmen wir, daß auch das *BUM-Problem* NP-vollständig, also schwierig ist. Um uns dem Zuverlässigkeitsproblem anzunähern, betrachten wir nun noch das Problem *s,t-TRENNUNG*: Man bestimme für einen gegebenen (ausnahmsweise!) Multigraphen G mit aus-

gezeichneten Knoten s und t die Anzahl der s,t-trennenden Kantenmengen minimaler Elementeanzahl.
Hierbei ist eine s,t-trennende Kantenmenge im Sinne von Abschnitt 7.4 zu verstehen: es ist eine Kantenmenge $S \subseteq K$, so daß nach Herausnahme der Kanten von S die Koten s und t in verschiedenen Zusammenhangskomponenten liegen.
Für einen zusammenhängenden Graphen G sprechen wir allgemein von einer *trennenden Kantenmenge*, wenn nach deren Herausnahme aus dem Graphen dieser in mindestens zwei Zusammenhangskomponenten zerfällt. Bei gegebenen Knoten s und t ist also eine trennende Kantenmenge S dann eine s,t-trennende Kantenmenge, wenn s und t nach der Herausnahme von S in verschiedenen Komponenten liegen.
Man beachte: Die trennenden Kantenmengen sind identisch mit den kritischen Kantenmengen des vollen Zuverlässigkeitsproblems. Die s,t-trennenden Kantenmengen sind die kritischen Kantenmengen des s,t-Zuverlässigkeitsproblems.

9.4.16

Beispiel

Der im folgenden Diagramm dargestellte Multigraph sei gegeben.

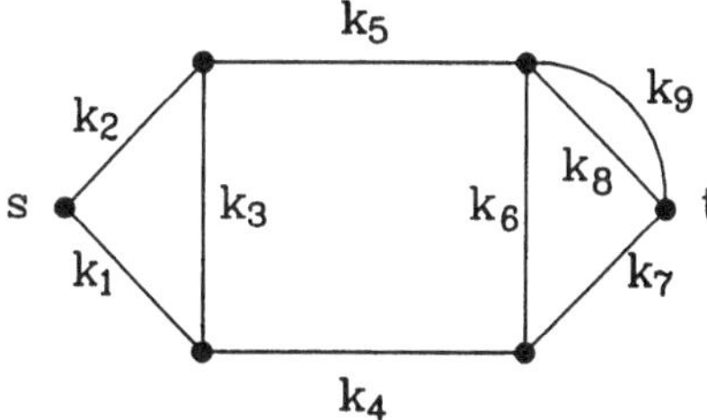

Die minimale Kardinalität einer s,t-trennenden Kantenmenge ist hier 2. Allgemein läßt sich diese kleinstmögliche Elementeanzahl mit dem Algorithmus von Ford und Fulkerson ermitteln. Die *Anzahl* der zweielementigen s und t trennenden Kantenmengen (also die Lösung des Problems s,t-*TRENNUNG*) ist hier 2, denn es sind dies nur die Mengen $S_1 = \{k_1, k_2\}$ und $S_2 = \{k_4, k_5\}$.

9.4.17

Satz

Das *BUM-Problem* ist auf das Problem s,t-*TRENNUNG* reduzierbar.

Beweis:

Es sei wieder vorausgesetzt, daß ein polynomialer Algorithmus $\mathcal{B}$ zur Lösung von *s,t-TRENNUNG* existiert. Der Algorithmus $\mathcal{A}$ geht dann folgendermaßen vor:
Zu gegebenem bipartiten Graphen $G = (E \cup F, K)$ wird zunächst ein Multigraph $H = (\tilde{E}, \tilde{K})$ konstruiert. Die Knotenmenge $\tilde{E}$ von H besteht aus $E \cup F$ und zwei zusätzlichen Knoten s und t. Die Kantenmenge $\tilde{K}$ enthält die Menge K. Zusätzliche Kanten werden nach folgender Regel eingeführt: hat $e \in E$ in G den Grad α , so werden α viele parallele Kanten zwischen s und e gezogen; entsprechendes gilt für $f \in F$ und t. Zur Verdeutlichung ist hier ein Beispiel dargestellt:

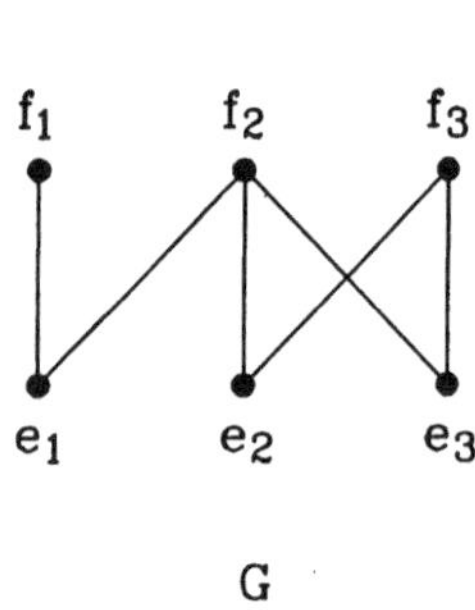

G

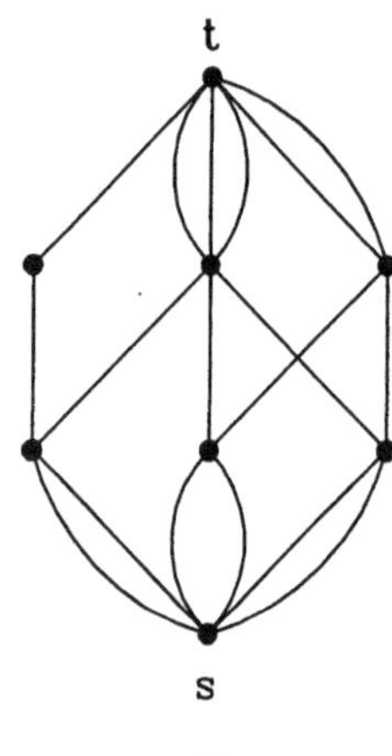

H

Aufgrund der Konstruktion enthält jede s,t-trennende Kantenmenge mindestens $| K |$ viele Kanten, und es gibt auch Mengen mit dieser Elementeanzahl - z. B. die ursprüngliche Menge K. Wir zeigen nun, daß die s,t-trennenden Kantenmengen mit $| K |$ vielen Kanten in H eindeutig den unabhängigen Knotenmengen in G entsprechen.

Dazu sind zwei Vorüberlegungen nötig:

Erstens:

Gibt es zwischen s und e (oder zwischen t und f) $\alpha > 1$ viele Kanten, so muß eine minimale trennende Kantenmenge entweder keine oder alle diese Kanten enthalten.

Zweitens:

Enthält eine minimale s,t-trennende Menge eine Kante zwischen s und e und eine zwischen t und f, so kann ef keine Kante in G sein – andernfalls ergäbe sich nämlich eine s,t-trennende Menge mit mindestens einer Kante weniger, wenn man die Kanten zwischen s und e und die von t nach f aus dieser Menge entfernte und ersetzte durch alle Kanten von G, die bei e oder f enden.
Die eindeutige Beziehung zwischen den minimalen s,t-trennenden Kantenmengen in H und den unabhängigen Knotenmengen in G läßt sich nun folgendermaßen beschreiben: Ausgehend von der minimalen s,t-trennenden Mengen, die gleich der Menge K der Kanten von G ist (und der unabhängigen Knotenmenge ϕ entspricht), werden für eine unabhängige Teilmenge von $E \cup F$ die in Ecken dieser Teilmenge endenden Kanten durch die von den Knoten dieser Teilmenge zu s bzw. t führenden Kanten ersetzt. Die obigen Vorüberlegungen dienen dem Nachweis, daß man auf diese Weise alle minimalen s,t-trennenden Kantenmengen bekommt.
Wir kommen nun zu unserem Algorithmus $\mathcal{A}$ zurück. Nachdem H konstruiert ist, wird darauf Algorithmus $\mathcal{B}$ angewendet, um die Anzahl der minimalen s,t-trennenden Kantenmengen in H zu ermitteln. Nach den obigen Überlegungen hat man damit auch die Anzahl der unabhängigen Knotenmengen in G.

9.4.18

Aus obigem Satz erhalten wir die

Folgerung

Das Problem $ZUV_{s,t}$ ist schwierig.

Beweis:

Es wird gezeigt, daß *s,t-TRENNUNG* auf $ZUV_{s,t}$ reduzierbar ist. Könnte man nämlich $ZUV_{s,t}$ polynomial lösen, d. h. die Koeffizienten $F_0, F_1, ..., F_m$ mit polynomialem Aufwand berechnen, so hätte man auch die Zahlen

$$C_j = \binom{m}{j} - F_{m-j} \quad (0 \leq j \leq m)$$

zur Verfügung. Das erste $C_j \neq 0$ in der Folge $C_0, C_1, ..., C_m$ ist aber genau die Anzahl der minimalen s,t-trennenden Kantenmengen.

9.4.19

Abschließend wenden wir uns nun der Komplexität des Problems ZUV_v zu.

Satz

ZUV_v ist schwierig.

Beweis:

Es wird auch hier gezeigt, daß s,t-*TRENNUNG* auf ZUV_v reduzierbar ist. Angenommen, man hätte einen polynomialen Algorithmus $\mathcal{A}$ zur Lösung von ZUV_v. Es ergäbe sich dann der im folgenden beschriebene polynomiale Algorithmus $\mathcal{B}$ zur Lösung von $s, t-$ *TRENNUNG*. Gegeben sei ein Graph $G = (E, K)$ mit ausgezeichneten Ecken s und t. Es sei α die minimale Elementeanzahl einer s, t-trennenden Kantenmenge. Wie oben angemerkt, kann α mit Hilfe von Netzflüssen mit polynomialem Aufwand berechnet werden. Wir betrachten nun in G alle trennenden Kantenmengen (nicht nur die s, t-trennenden) aus α vielen Kanten. Anwendung des Algorithmus $\mathcal{A}$ auf G liefert uns u. a. die Anzahl $a\alpha(G)$ dieser Kantenmengen.
Um die uns interessierende Anzahl von s, t-trennenden Mengen aus α vielen Kanten zu bekommen, müssen wir von $a\alpha(G)$ die Anzahl derjenigen Mengen abziehen, die s und t nicht trennen.
Um die letztgenannte Anzahl zu bestimmen, bilden wir aus G den Graphen H durch Identifizierung der Ecken s und t. Ein s und t nicht trennende Kantenmenge von G bleibt dann auch in H eine trennende Menge; umgekehrt ist auch jede solche Menge von H eine trennende Menge von G, die s und t nicht trennt. Wir können den Algorithmus $\mathcal{A}$ nochmals anwenden, um die Anzahl $a\alpha(H)$ aller trennenden Mengen in H mit α vielen Kanten zu bestimmen. $a\alpha(G) - a\,\alpha(H)$ ist nun die gesuchte Anzahl.

9.4.20

Die Ergebnisse dieses Abschnitts deuten darauf hin, daß man mit hoher Wahrscheinlichkeit keine guten (also "schnellen") Algorithmen zur Lösung der betrachteten Zuverlässigkeitsprobleme finden wird. Wir werden uns daher im nächsten Abschnitt damit beschäftigen, möglichst gute (und leicht berechenbare) Abschätzungen für die Koeffizienten F_i bzw. C_i zu finden. Wie gezeigt werden wird, gibt es in dieser Richtung eine Reihe interessanter Ergebnisse.

Beispielaufgabe 9.4

Erläutern Sie, wieso es gerechtfertigt ist, das Zuverlässigkeitsproblem als das Problem der Bestimmung der Koeffizienten $F_0, F_1, ..., F_m$ anzusehen.

Lösung

Für ein Zuverlässigkeitsproblem mit der Menge $\mathcal{F} \subseteq \mathbf{P}(K)$ funktionsfähiger Zustände hat das Zuverlässigkeitspolynom als Funktion der Kantenwahrscheinlichkeit stets die Form

$$z(G) = \sum_{i=0}^{m} F_i \cdot p^i (1-p)^{m-i} ,$$

wobei F_i die Anzahl funktionsfähiger Zustände mit i vielen Kanten ist. Gelingt es, diese Koeffizienten effizient zu bestimmen, so ist es gerechtfertigt, das Zuverlässigkeitsproblem als gelöst zu betrachten. Hat man umgekehrt ein Verfahren, zu beliebigem p_0 den Wert $z(G)(p_0)$ effizient zu errechnen, so können damit auch leicht die Koeffizienten F_i bestimmt werden.

9.5 Abschätzungen für das Zuverlässigkeitspolynom

9.5.1

Wir gehen wieder von der Darstellung

$$z(G) = \sum_{i=0}^{m} F_i \cdot p^i \cdot (1-p)^{m-i}$$

aus. Dabei ist G ein Graph mit n Ecken und m Kanten, F_i die Anzahl der i–elementigen funktionsfähigen Kantenmengen.
Um möglichst allgemeingültige Ergebnisse zu bekommen, machen wir in diesem Abschnitt keine Voraussetzungen darüber, welche Zuverlässigkeitsprobleme betrachtet werden (d. h. welche Menge $\mathcal{F}$ ausgewählt wird) - Einschränkungen werden nur dort gemacht, wo sie für die betreffende Argumentation benötigt werden.

9.5.2

$z(G)$ läßt sich auch darstellen als

$$1 - \sum_{j=0}^{m} C_j \cdot (1-p)^j \cdot p^{m-j} ,$$

wobei C_j die Anzahl der j-elementigen kritischen Kantenmengen ist (vgl. 9.4.17). Es gilt der Zusammenhang

$$F_i + C_{m-i} = \binom{m}{i} \quad \text{für jedes } i.$$

Eine dritte Darstellung, die oft verwendet wird und auch unseren weiteren Untersuchungen zugrundliegen soll, ergibt sich durch Einführung der Koeffizienten R_i: für $0 \leq i \leq m$ sei R_i die Anzahl derjenigen i-elementigen Kantenmengen, deren Komplemente funktionsfähig sind. M. a. W.

ist $R_i = F_{m-i}$, und es gilt

$$z(G) = \sum_{i=0}^{m} R_i \cdot (1-p)^i \cdot p^{m-i}.$$

(Die Bezeichnung "R_i" soll "Restmenge" suggerieren.)

9.5.3

Beispiel

Es sei wieder der folgende Graph G zugrundegelegt, Funktionsfähigkeit korrespondiere zum Zusammenhang:

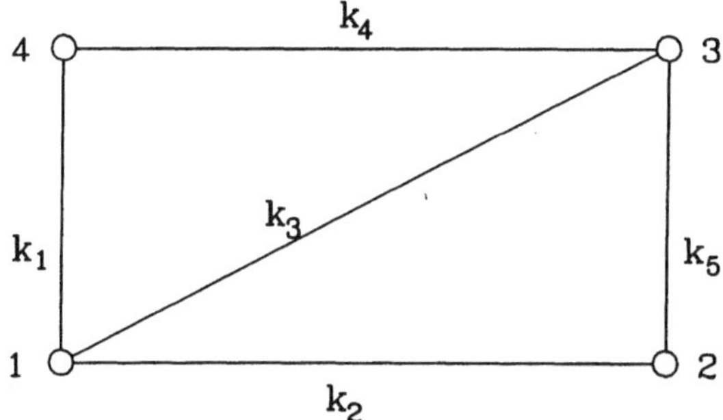

Man hat

$$F_0 = F_1 = F_2 = 0 \ , \ F_3 = 8 \ , \ F_4 = 5 \ , \ F_5 = 1.$$

Dies führt zu

$$z(G) = 8p^3(1-p)^2 + 5p^4(1-p) + p^5 .$$

Weiter gilt

$$C_0 = C_1 = 0 \ , \ C_2 = 2 \ , \ C_3 = 10 \ , \ C_4 = 5 \ , \ C_5 = 1.$$

Dies ergibt

$$z(G) = 1 - 2(1-p)^2p^3 - 10(1-p)^3p^2 - 5(1-p)^4p - (1-p)^5.$$

Schließlich ist

$$R_0 = 1\ ,\ R_1 = 5\ ,\ R_2 = 8\ ,\ R_3 = R_4 = R_5 = 0,$$

was zu derselben Darstellung wie der ersten führt:

$$z(G) \;=\; p^5 \;+\; 5\,(1-p)p^4 \;+\; 8\,(1-p)^2\,p^3.$$

9.5.4

Die folgenden Parameter l und c spielen für die weiteren Überlegungen eine zentrale Rolle:

l sei die minimale Größe einer funktionsfähigen Kantenmenge;

c sei die minimale Größe einer kritischen Kantenmenge.

Im obigen Beispiel 9.5.3 ist offenbar $l = 3$ und $c = 2$.

Aus der Definition folgt sofort $F_i = 0$ für $i < l$ (und damit $R_j = 0$ für $j > m - l$) , ferner $C_i = 0$ für $i < c$.

Da eine i-elementige Kantenmenge mit $i < c$ nicht kritisch sein kann, folgt außerdem

$$\begin{aligned} R_i &= \tbinom{m}{i} \quad \text{für} \quad i < c \\ \text{bzw.}\quad F_j &= \tbinom{m}{j} \quad \text{für} \quad j > m - c. \end{aligned}$$

9.5.5

In den Abschätzungen für $z(G)$, die hier dargestellt werden sollen, werden die Zahlen $R_c (= F_{m-c} = \binom{m}{c} - C_c)$ und $R_{m-l} (= F_l = \binom{m}{l} - C_{m-l})$ benötigt. Somit ist die Frage von Interesse, ob l, c, R_c und R_{m-l} leicht bestimmt werden können. Die Antwort hängt selbstverständlich davon ab, welches Zuverlässigkeitsproblem untersucht wird.

9.5.6

Betrachten wir zunächst das volle Zuverlässigkeitsproblem, bei dem $\mathcal{F}$ gerade alle zusammenhängenden Teilgraphen des gegebenen Graphen G enthält. Offensichtlich ist hier $l = n - 1$, denn die kleinsten zusammenhängenden Teilgraphen sind die Gerüste. F_l ist folglich die Anzahl der Gerüste des Graphen G. Wie wir gesehen haben (vgl. 6.2.1), kann diese Anzahl mit n exponentiell

wachsen. Jedoch gibt es gute (polynomiale) Algorithmen, um diese Anzahl zu ermitteln; ein Verfahren ist in Anhang G beschrieben.
Für die Bestimmung von c und R_c ist es nützlich, zunächst das s,t-Zuverlässigkeitsproblem zu betrachten.

9.5.7

Beim s,t-Zuverlässigkeitsproblem ist offenbar l die Länge eines kürzesten Weges von s nach t, F_l also die Anzahl der Wege dieser Länge.
Wir wissen bereits aus Kapitel 6, daß l leicht bestimmt werden kann. Zur Berechnung von F_l erweist es sich als sinnvoll, zunächst allgemein Kantenfolgen zuzulassen. Dazu bezeichnen wir für eine beliebige Ecke x und $0 \leq i \leq m$ mit

$$K(x,i)$$

die Anzahl der Kantenfolgen aus i vielen Kanten, die bei Knoten s beginnen und bei x enden. (Zur Erinnerung: im Gegensatz zu Wegen dürfen bei Kantenfolgen die einzelnen Kanten mehrfach vorkommen.)
Bezeichnet $N(x)$ die Menge der zu x benachbarten Knoten, so gilt offenbar für $i > 0$ stets

$$K(x,i) = \sum_{y \in N(x)} K(y, i-1).$$

Diese Gleichung hat als Konsequenz, daß der folgende (polynomiale) Algorithmus alle Werte $K(x,i)$ mit $x \in E$ und $0 \leq i \leq m$ bestimmt:

```
begin
   Setze K(s,0) := 1
   und K(x,0) := 0  für jede Ecke x ∈ E  mit x ≠ s;
     for i = 1,...,m do
       for x ∈ E do
          setze K(x,i) := Σ_{y∈N(x)} K(y,i-1);
end
```

Da nun aber jede Kantenfolge der Länge l von s nach t ein Weg (also auch ein kürzester Weg) sein muß, ist $K(t,l) = F_l$, m.a.W. kann F_l mit dem obigen Algorithmus bestimmt werden.
Eine kritische Kantenmenge im Sinne der s,t-Zuverlässigkeit entspricht offenbar genau einer s und t trennenden Kantenmenge, wie sie in Abschnitt 7.4 eingeführt wurde. Die minimale Größe c einer solchen Menge kann also mit dem Algorithmus von Ford und Fulkerson bestimmt werden.
Es gibt jedoch kein gutes Verfahren, $R_c (= \binom{m}{c} - C_c)$ zu bestimmen. Hier gibt es wieder das Ergebnis (vgl. [PRO]), daß es sich um ein NP-vollständiges Problem handelt - der Beweis soll an dieser Stelle nicht geführt werden.

9.5.8

Nun kehren wir noch einmal zum vollen Zuverlässigkeitsproblem zurück.
Um die minimale Größe c einer kritischen Kantenmenge zu bestimmen, kann man nun für jede Auswahl von s und t das zugehörige c_{st} wie in 9.5.7 gezeigt bestimmen, das kleinste aller so erhaltenen c_{st} $(s, t \in E)$ ist das gesuchte c. Der Aufwand dieses Vorgehens bleibt polynomial.
Es gibt auch ein effizientes Verfahren, C_c bzw. R_c zu bestimmen (vgl. [BAL]). Da es sich hierbei jedoch um einen recht komplizierten Algorithmus handelt, wollen wir auf eine genaue Beschreibung verzichten.

9.5.9

Wir wollen nun zwei Abschätzungen für das Polynom $z(G)$ ansteuern, wobei die zweite Abschätzung stets genauer ist als die erste. Für die erste Abschätzung sind keinerlei Voraussetzungen über die Art des betrachteten Zuverlässigkeitsproblems (also die Wahl der Menge $\mathcal{F}$) nötig.

Da $R_i = \binom{m}{i}$ für $i < c$ und $R_j = 0$ für $j > m - l$ ist, hat man

$$z(G) = \sum_{i=0}^{c-1} \binom{m}{i} \cdot (1-p)^i \cdot p^{m-i} + \sum_{j=c}^{m-l} R_j \cdot (1-p)^j \cdot p^{m-j}.$$

Zur Vereinfachung der Schreibweise setzen wir im folgenden

$$\begin{aligned} S = & \sum_{i=0}^{c-1} \binom{m}{i} \cdot (1-p)^i \cdot p^{m-i} + R_c \cdot (1-p)^c \cdot p^{m-c} + \\ & R_{m-l} \cdot (1-p)^{m-l} \cdot p^l , \end{aligned}$$

so daß also gilt

$$z(G) = S + \sum_{j=c+1}^{m-l-1} R_j \cdot (1-p)^j \cdot p^{m-j}.$$

9.5.10

Die erste Abschätzung bekommen wir nun, indem wir mit der Ungleichungskette $0 \leq R_j \leq \binom{m}{j}$ in die obige Gleichung gehen:

Satz

Es gilt stets die folgende *einfache Abschätzung für das Zuverlässigkeitspolynom*:

$$S \leq z(G) \leq S + \sum_{j=c+1}^{m-l-1} \binom{m}{j} \cdot (1-p)^j \cdot p^{m-j}.$$

Ein Beweis dieses Satzes erübrigt sich. Die Abschätzung ist eine leichte Abwandlung einer von Van Slyke und Frank angegebenen Fassung (vgl. [VAN]). Man beachte, daß eine Anwendung dieser Abschätzung die Verfügbarkeit der Zahlen c, R_c, l und $F_l (= R_{m-l})$ voraussetzt.

9.5.11

Beispiel

Wir betrachten wieder das Beispiel aus 9.5.3 mit $z(G) = 8p^3(1-p)^2 + 5p^4(1-p) + p^5$. Wegen $c = 2$ und $l = 3$ ist hier $z(G) = S$, und die obige Abschätzung hat keine weitere Aussagekraft. Ein interessanteres (etwas größeres) Beispiel wird im Anschluß an die Herleitung der zweiten Abschätzung angesehen.

9.5.12

Für das folgende müssen wir voraussetzen, daß das Hinzufügen von Kanten zu einem funktionsfähigen Zustand stets wieder einen funktionsfähigen Zustand ergibt, daß m. a. W. aus $X \in \mathcal{F}$ und $X \subseteq Y$ stets $Y \in \mathcal{F}$ folgt.
Es sei $\mathcal{F}' := \{K \backslash X | X \in \mathcal{F}\}$ die Menge der Komplemente der funktionsfähigen Zustände. Aufgrund der Definition der Koeffizienten R_i gilt also

$$R_i = |\{X \in \mathcal{F}' \mid |X| = i\}|.$$

Die oben gemachte Voraussetzung an $\mathcal{F}$ bedeutet für $\mathcal{F}'$, daß das Mengensystem $\mathcal{F}'$ *erblich* ist, d. h. es gilt:

$$X \in \mathcal{F}', Y \subseteq X \Rightarrow Y \in \mathcal{F}'.$$

Wir müssen an dieser Stelle anmerken, daß die hier eingeführte Voraussetzung an $\mathcal{F}$ bzw. $\mathcal{F}'$ bei allen von uns bisher betrachteten Zuverlässigkeitsproblemen erfüllt ist.

9.5.13

Beispiel

Gegeben sei wieder der folgende Graph:

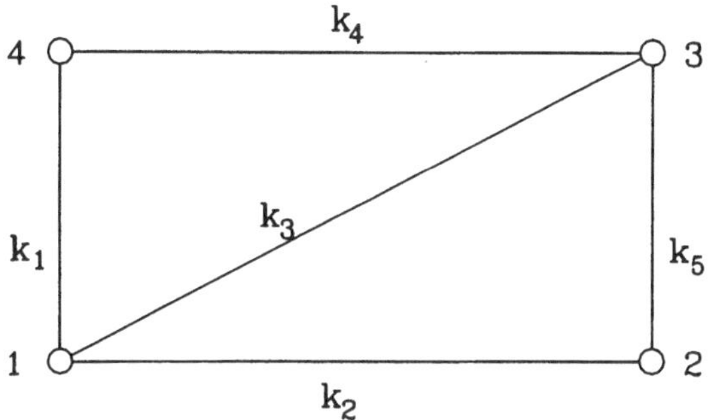

Wir stellen uns auf dieser Struktur ein Paketnetz vor, in dem das Routing nach folgender Regel funktioniert: Knoten X schickt ein für Knoten Y bestimmtes Paket direkt an Y, wenn eine Kante zwischen X und Y verfügbar ist; ansonsten schickt X das Paket stets an denjenigen unter seinen verfügbaren Nachbarn, dessen Name durch die kleinste Zahl gegeben ist.
Nun gilt: sollen die funktionsfähigen Zustände das Senden eines Pakets von 2 nach 4 erlauben, so gilt

$$\{k_4, k_5\} \in \mathcal{F}, \text{ aber } \{k_2, k_4, k_5\} \notin \mathcal{F}.$$

Man beachte: in der Praxis würde ein vernünftiges Netzprotokoll dafür sorgen, daß Knoten 2 Kenntnis davon erhält, wenn Knoten 1 (der über k_2 von 2 aus erreichbar ist) nicht zu 4 "weiterrouten" kann, und 2 würde deshalb k_2 dann doch nicht als verfügbar (für Ziel 4) ansehen.

9.5.14

Es wird nun ein allgemeiner kombinatorischer Satz über Mengensysteme gezeigt, der auf die von uns betrachteten $\mathcal{F}$ bzw. $\mathcal{F}'$ unmittelbar angewendet werden kann. Der Satz wurde im Jahre 1928 von E. Sperner veröffentlicht (siehe [SPE]).

Satz von Sperner

Es sei K eine Menge mit m Elementen, $\mathcal{D} \subseteq \mathbf{P}(K)$ sei ein erbliches Mengensystem. Für $0 \leq i \leq m$ sei $R_i := |\{X \in \mathcal{D} \mid |X| = i\}|$ die Anzahl der i-elementigen Elemente von $\mathcal{D}$. Dann gilt

$$R_{i-1} \geq \frac{i}{m-i+1} R_i \quad \text{für jedes } 1 \leq i \leq m.$$

Beweis:

Die Menge $\{X \in \mathcal{D} \mid |X| = i\}$ sei mit $\mathcal{D}_i$ bezeichnet. Für $i \geq 1$ bilden wir nun iR_i viele (nicht notwendig verschiedene) Elemente von $\mathcal{D}_{i-1}$, indem wir für jedes $S \in \mathcal{D}_i$ jeweils jedes Element aus S herausnehmen - wegen der Erblichkeit muß jede so resultierende $(i-1)$ -elementige Menge Element von $\mathcal{D}_{i-1}$ sein. Umgekehrt kann jedes $T \in \mathcal{D}_{i-1}$ höchstens auf $(m-i+1)$ viele Weisen so aus einem Element $S \in \mathcal{D}_i$ entstehen - jeweils einmal für jedes nicht zu T gehörende Element. Damit folgt die Ungleichung $iR_i \leq (m-i+1)R_{i-1}$.

9.5.15

Der soeben bewiesene Satz kann auf die uns interessierenden Koeffizienten R_i sofort angewendet werden, als Mengensystem $\mathcal{D}$ wird hier die Menge $\mathcal{F}'$ der Komplemente funktionsfähiger Zustände gewählt.
Der Satz liefert bei gegebenem R_i eine untere Schranke für R_{i-1} bzw. bei gegebenem R_{i-1} eine obere Schranke für R_i.
Es ist interessant zu bemerken, daß die Ungleichung

$$R_{i-1} \geq \frac{i}{m-i+1} R_i ,$$

wie man leicht nachrechnet, zu der folgenden Ungleichung äquivalent ist:

$$\frac{R_{i-1}}{\binom{m}{i-1}} \geq \frac{R_i}{\binom{m}{i}}$$

Dies ist wegen $F_j = R_{m-j}$ und $\binom{m}{m-j} = \binom{m}{j}$ wiederum gleichbedeutend mit

$$\frac{F_j}{\binom{m}{j}} \geq \frac{F_{j-1}}{\binom{m}{j-1}} .$$

Die letzte Ungleichung läßt sich so interpretieren: für wachsendes j wächst der Anteil der funktionsfähigen j–elementigen Kantenmengen an allen j - elementigen Kantenmengen.

9.5.16

Als Konsequenz der Ungleichungen hat man nun, daß in den von uns betrachteten Zuverlässigkeitsproblemen stets gilt

$$\frac{\binom{m}{i}}{\binom{m}{m-l}} R_{m-l} \leq R_i \leq \frac{\binom{m}{i}}{\binom{m}{c}} R_c \text{ für } c < i < m-l .$$

Diese Ungleichungskette nutzen wir aus, um eine verbesserte Abschätzung für das Zuverlässigkeitspolynom zu bekommen:

Satz

Es gilt stets:

$$S + \sum_{i=c+1}^{m-l-1} \frac{\binom{m}{i}}{\binom{m}{m-l}} R_{m-l}(1-p)^i p^{m-i} \leq z(G)$$

$$z(G) \leq S + \sum_{i=c+1}^{m-l-1} \frac{\binom{m}{i}}{\binom{m}{c}} R_c(1-p)^i p^{m-i}$$

Wegen des oben bewiesenen Satzes und der anschließenden Anmerkungen erübrigt sich ein Beweis. Nach [COL] ist diese auf dem Satz von Sperner basierende Abschätzung zum ersten mal in [BAU] angegeben worden. Wir werden im folgenden von den *Sperner-Schranken* sprechen.

9.5.17

Beispiel

Wir betrachten den folgenden Graphen G:

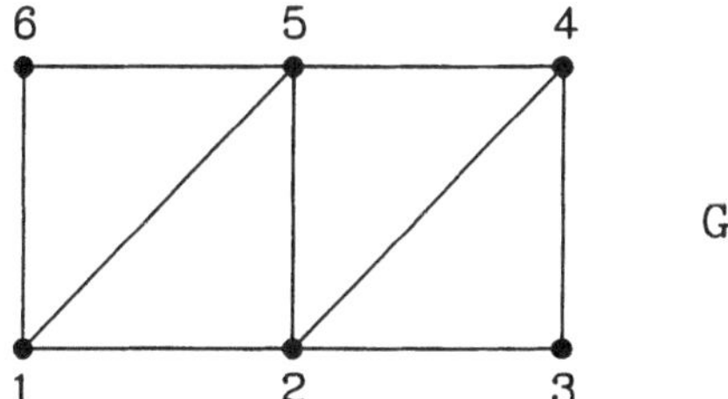

Es ist $n = 6$ und $m = 9$. Abgeschätzt werden soll das Polynom $z(G)$ für das volle Zuverlässigkeitsproblem.

Zunächst ist leicht zu sehen, daß $c = 2$ und $l = 5$ gilt. Durch kombinatorisches Zählen oder Anwendung des im Anhang *H* dargestellten Rechenprogramms ermittelt man:

$$\begin{aligned} F_5 &= R_4 = 55 \\ F_6 &= R_3 = 65 \\ F_7 &= R_2 = 34 \\ F_8 &= R_1 = 9 \\ F_9 &= R_0 = 1 \end{aligned}$$

Das exakte Polynom lautet also

$$\begin{aligned} z(G) &= p^9 + 9\,(1-p)\,p^2 + 34\,(1-p)^2\,p^7 \\ &\quad + 65(1-p)^3\,p^6 + 55\,(1-p)^4\,p^5 \\ &= S + 65\,(1-p)^3\,p^6. \end{aligned}$$

Für die einfachen Schranken (E_u = untere, E_0 = obere Schranke) ergibt sich hier

$$E_u = S \text{ und } E_0 = S + 84(1-p)^3 p^6.$$

Die Sperner-Schranken liefern die bessere Abschätzung

$$S_u = S + 36\tfrac{2}{3}\,(1-p)^3\,p^6 \text{ und } S_0 = S + 79\tfrac{1}{3}\,(1-p)^3\,p^6\ .$$

In der folgenden Tabelle sind für zwei Werte von p die entsprechenden Größen eingetragen:

p	E_u	S_u	$z(G)$	S_0	E_0
0,9	0,940710	0,960196	0,975253	0,982871	0,985351
0,99	0,999734	0,999768	0,999795	0,999809	0,999813

9.5.18

Beispiel

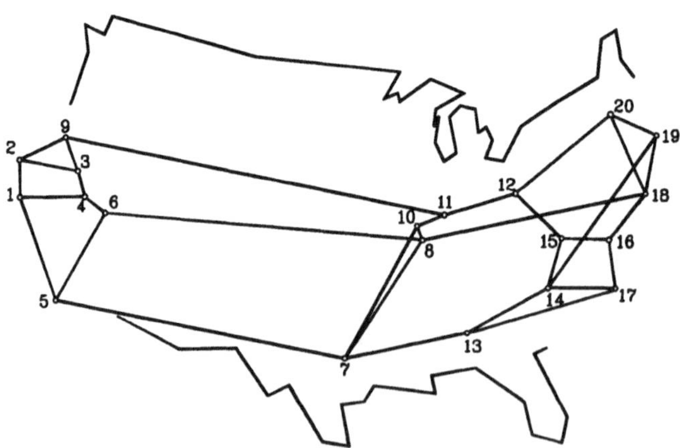

In dem Diagramm ist das sogenannte "Red Arpa" dargestellt. Es handelt sich dabei um ein "Skelett" der 1979er Version des ARPANET, das uns bereits an

früherer Stelle begegnet ist. Dieses "Skelett" wird auch in [COL] betrachtet. Es ist $n = 20$ und $m = 32$. Wir wollen auch hier $z(G)$ für das volle Zuverlässigkeitsproblem untersuchen.
Selbstverständlich ist $l = n - 1 = 19$. Auch $c = 3$ ist durch Betrachten des Diagramms leicht zu sehen, jedoch muß man $C_c = 20$ schon mit Hilfe eines Rechenprogramms ermitteln. Gleiches gilt für $F_l = R_{m-l} = 10122705$.
In der folgenden Tabelle ist eine Übersicht der relevanten R_i gegeben, und zwar sind außer den exakten Koeffizienten R_i aus $z(G)$ auch die entsprechenden Werte angegeben, die sich für die Abschätzungen ergeben. Die exakten Werte wurden mit dem in Anhang H aufgelisteten PASCAL-Programm auf einem 486er PC ermittelt, die Laufzeit betrug ca. einen Monat. Die Werte für die Abschätzungen können (wie in 9.5.10 und 9.5.16 angegeben) leicht mit einem Taschenrechner ermittelt werden.

R_i	E_u	S_u	$z(G)$	S_0	E_0
R_0	1	1	1	1	1
R_1	32	32	32	32	32
R_2	496	496	496	496	496
R_3	4940	4940	4940	4940	4940
R_4	0	1048	35342	35815	35960
R_5	0	5868	192196	200564	201376
R_6	0	26407	819228	902538	906192
R_7	0	98083	2778207	3352284	3365856
R_8	0	306510	7517243	10475888	10518300
R_9	0	817361	16079317	27935700	28048800
R_{10}	0	1879931	26517778	64252110	64512240
R_{11}	0	3759862	32039959	128504220	129024480
R_{12}	0	6579758	25500420	224882385	225792840
R_{13}	10122705	10122705	10122705	10122705	10122705

Die zweite Tabelle gibt für $p = 0,9$ und $p = 0,99$ die Werte von $z(G)$ und die der entsprechenden Schranken an:

p	E_u	S_u	$z(G)$	S_0	E_0
0,9	0,599364	0,611012	0,976683	0,997441	0,999053
0,99	0,999698	0,999706	0,999980	0,999984	0,999985

9.5.19

Beispiel

Auf dem Graphen $G = K_5$ mit $n = 5$ und $m = 10$ sei der dargestellte Routing-Plan mit jeweils zwei Einträgen gegeben:

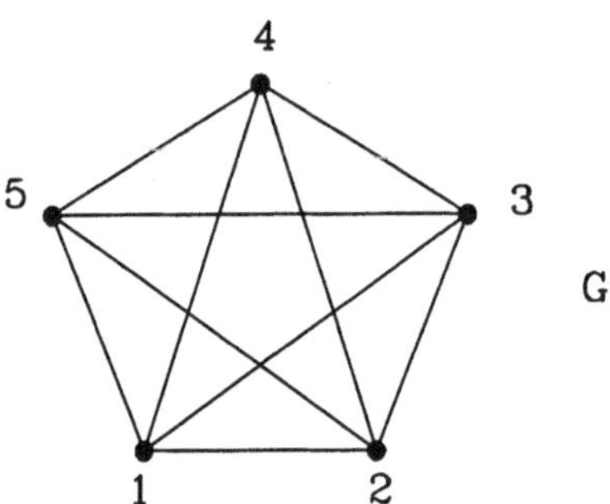

	1	2	3	4	5
1	–	2; 5	3; 2	4; 5	5; 2
2	1; 3	–	3; 1	4; 3	5; 1
3	1; 2	2; 4	–	4; 2	5; 4
4	1; 5	2; 3	3; 5	–	5; 3
5	1; 4	2; 1	3; 4	4; 1	–

Bei genauerem Hinsehen erkennt man eine Rotationssymetrie hinsichtlich der Nachbarn zweiter Priorität. Z. B. benutzen sich für Zielpunkt 1 die Punkte 2 und 3 und die Punkte 4 und 5 gegenseitig als zweite Wahl, für Ziel 2 lauten die Paarungen $1 - 5$ und $3 - 4$ usw.
Wie in früheren Beispielen soll hier ein Zustand funktionsfähig sein, wenn er das Senden einer Nachricht von einem beliebigen Sender zu einem beliebigen Empfänger erlaubt.
Wie beim Routing im ZGS Nr. 7 (vgl. Abschnitt 8.6) soll davon ausgegangen werden, daß aufgrund der Netzprotokolle existierende zulässige Wege auch gefunden werden. Der in Beispiel 9.5.13 aufgezeigte Effekt ist also ausgeschlossen, und die Menge $\mathcal{F}'$ ist ein erbliches Mengensystem. M. a. W. sind die Sperner-Schranken anwendbar.
Die relevanten Parameter sind hier $c = 2$ und $l = 5$, weiter ergeben sich $C_c = 15$ und $F_l = R_{m-l} = 1$.

Die erste Tabelle zeigt zunächst wieder die relevanten R_i :

R_i	E_u	S_u	$z(G)$	S_0	E_0
R_0	1	1	1	1	1
R_1	10	10	10	10	10
R_2	30	30	30	30	30
R_3	0	10/21	30	80	120
R_4	0	5/6	10	140	210
R_5	1	1	1	1	1

Die zweite Tabelle gibt für $p = 0,9$ und $p = 0,99$ die Werte von $z(G)$ und die der entsprechenden Schranken an:

p	E_u	S_u	$z(G)$	S_0	E_0
0,9	0,865245	0,865517	0,880125	0,910949	0,933801
0,99	0,998502	0,998502	0,998530	0,998578	0,998616

9.5.20

Beim Aufstellen der einfachen sowie der Sperner–Schranken sind wir unausgesprochen davon ausgegangen, daß $c \leq m-l$ gilt. Jedoch kann auch der Fall $c > m-l$ in diese Schranken mit einbezogen werden, wie folgende Überlegung zeigt:

Hilfssatz

Ist $c > m - l$, so gilt

$$\begin{aligned} c &= m-l+1 \qquad \text{und} \\ F_l &= R_{m-l} = \tbinom{m}{l}. \end{aligned}$$

Beweis:

Laut Definition von c muß jede $(m-c+1)$ -elementige Menge funktionsfähig sein, also gilt $m-c+1 \geq l$ und folglich im Falle $c > m-l$ bzw. $c \geq m-l+1$ die Gleichheit $m-c+1 = l$. Weiter ist jede l-elementige Menge funktionsfähig, d. h.

$$F_l = \binom{m}{l}.$$

Konsequenz dieser Überlegung ist: wenn $c > m - l$ bzw. $c = m - l + 1$ gilt, so fallen alle oben aufgeführten Schranken mit

$$z(G) = \sum_{i=0}^{c-1} \binom{m}{i} \cdot (1-p)^{m-i} \cdot p^i + R_c \cdot (1-p)^c \cdot p^{m-c}$$

zusammen.

9.5.21

Es ist noch einmal eine Bemerkung zur Relevanz der oben hergeleiteten Abschätzungen angebracht.
Besonders im Beispiel 9.5.18 wurde deutlich, daß die NP-Vollständigkeit des vollen Zuverlässigkeitsproblems sich schon bei recht "kleinen" Graphen in einem großen Rechenaufwand zur Bestimmung des exakten Polynoms $z(G)$ niederschlägt. Die von uns betrachteten Abschätzungen sind allerdings nur dann von praktischem Wert, wenn die Bestimmung von c, R_c, l und R_{m-l} und R_{m-l} (algorithmisch) einfach ist. Wie oben angemerkt, ist diese Situation beim vollen Zuverlässigkeitsproblem gegeben.
Die in den Abschätzungen verwendeten Binomialkoeffizienten können rekursiv effizient berechnet werden (Stichwort: "Pascalsches Dreieck").

9.5.22

Es gibt eine Reihe von Abschätzungen für die Koeffizienten R_i, die den Sperner-Schranken überlegen sind. Am bekanntesten sind die *Kruskal-Katona-Schranken* und die *Ball-Provan-Schranken*. Die Herleitung dieser Schranken würde allerdings den Rahmen des vorliegenden Buches sprengen, da hierzu tiefere Ergebnisse aus Kombinatorik und Algebra verwendet werden müssen. Interessierte Leser seien auch hier auf das Buch [COL] verwiesen.

9.5.23

Es gibt eine Reihe weiterer Abschätzungen für den Wert $z(G)(p)$ (nicht für das ganze Polynom $z(G)$), die Voraussetzungen über den Bereich der betrachteten Werte für p machen. Ist z. B. p nahe bei 0, so ist

$$F_{n-1} \cdot p^{n-1} \cdot (1-p)^{m-n+1}$$

(für das volle Zuverlässigkeitsproblem) eine gute Näherung für $z(G)(p)$. Der Term stellt die Wahrscheinlichkeit dar, daß genau die Kanten eines Gerüsts (und keine anderen) intakt sind; jeder weitere Summand, der zur Berechnung des exakten $z(G)(p)$ dazukäme, ist um mindestens einen Faktor p kleiner.

Ist p nahe bei 1 (wie bei den von uns betrachteten Anwendungen), so gilt

$$z(G) \approx 1 - C_c \cdot (1-p)^c \cdot p^{m-c} .$$

Dies wurde zuerst in [KEL] beobachtet. Eine ähnliche Abschätzung werden wir im nächsten Abschnitt genauer betrachen. Die Begründung für die Abschätzung ist: für die Nicht–Funktionsfähigkeit müssen die Kanten einer kritischen Menge ausfallen; die den Faktor $(1-p)^{c+1}$ enthaltenden Terme werden weggelassen.

Beispielaufgabe 9.5

Erläutern Sie, unter welchen Voraussetzungen die Sperner-Schranken zur Abschätzung des Zuverlässigkeitspolynoms anwendbar sind.

Lösung

Um die Sperner-Schranken anwenden zu können, muß die Menge $\mathcal{F}$ der funktionsfähigen Zustände folgende Eigenschaft haben: jede Obermenge eines Elements von $\mathcal{F}$ gehört wieder zu $\mathcal{F}$ – anders gesagt: das Hinzufügen von Kanten zu einem funktionsfähigen Zustand kann nie zu Nicht–Funktionsfähigkeit führen. Äquivalent dazu ist auch die folgende Aussage: die Komplemente der Elemente von $\mathcal{F}$ (als Teilmengen der Kantenmenge K) bilden ein erbliches Mengensystem.

9.6 Routing und Zuverlässigkeit

9.6.1

Auf den Zusammenhang von Routing und Zuverlässigkeit wurde bereits mehrfach eingegangen. Sind die Netzprotokolle so ausgelegt, daß periodisch stets die günstigsten Wege zwischen den Knoten errechnet werden (wie z. B. beim ARPANET), so ist die Zuverlässigkeit im wesentlichen (d. h. bis auf durch die Protokolle gegebene Zeitbedingungen) durch den Zusammenhang des Netzes gegeben.
Anders verhält es sich, wenn mit Routing-Tabellen gearbeitet wird. Wie an mehreren Beispielen aufgezeigt wurde, hat das Design dieser Tabellen einen direkten Einfluß auf die Zuverlässigkeit.
Es ist auch stets das Bestreben, unter der Annahme eines homogenen Verkehrsaufkommens seitens der Netzknoten eine möglichst gleichmäßige Auslastung der Knoten und Kanten des Netzes zu erreichen. Dabei liegt es auf

der Hand, daß es nicht immer einfach sein wird, diese verschiedenen Ziele in einen akzeptablen Kompromiß zu bringen.
Zur Verdeutlichung des Problemkreises wollen wir einige Beispiele betrachten.

9.6.2

Beispiel

Es sei das vollvermaschte Netz mit 5 Knoten (K_5) gegeben.

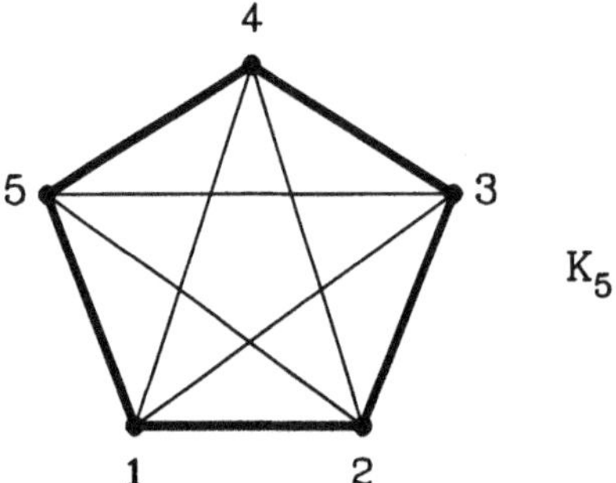

Im ersten Fall werde folgendermaßen "geroutet": Knoten i sendet eine für j bestimmte Nachricht auf der direkten Kante ij; ist diese Kante nicht verfügbar, so kann i nicht mit j kommunizieren, d. h. es sind keine Ersatzwege vorgesehen. Für das Zuverlässigkeitspolynom gilt hier offensichtlich

$$z(G) = p^{10}.$$

Nun betrachten wir eine zweite Routing-Variante: Knoten i sendet eine für j bestimmte Nachricht stets längs einer in obigem Diagramm fett gezeichneten Kante, und zwar an den im Uhrzeigersinn gelegenen Nachbarn. M. a. W. wird nur ein "Ring" von Kanten ausgenutzt: 4 schickt alle Nachrichten an 3, 3 an 2 usw. Man hat hier

$$z(G) = p^5,$$

also eine größere Zuverlässigkeit als in dem ersten Routing. Nachteil ist natürlich die hohe Belastung der Kanten des Rings, während die übrigen Kanten nicht genutzt werden; die "Querkanten" brauchten gar nicht zu existieren – es kommt hier die Problematik der Netzwerksynthese mit hinein, die im nächsten Abschnitt ausführlicher untersucht wird. Ein weiterer Nachteil ergibt sich durch die längeren Wege, also die erhöhte Nachrichtenlaufzeit.

9.6.3

Beispiel

Es sei das vollvermaschte Netz mit 4 Knoten (K_4) gegeben.

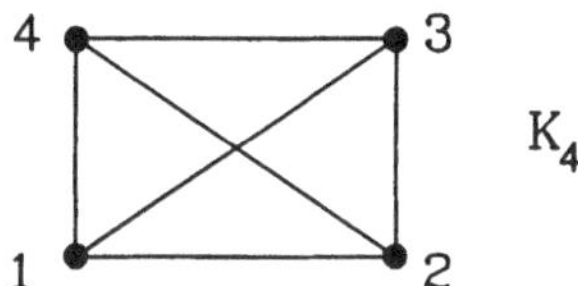

Jeder Knoten soll die Möglichkeit haben, per Broadcasting (vgl. 8.4.4) Routing-Informationen im Netz zu verteilen. Dabei soll jeweils längs der Kanten eines Gerüsts geroutet werden. Es wird nicht mit Flooding gearbeitet, d. h. ein eine Nachricht initiierender Knoten muß individuell für jeden anderen eine Meldung erzeugen.

Man kann nun z. B. einheitlich das folgende Gerüst auswählen:

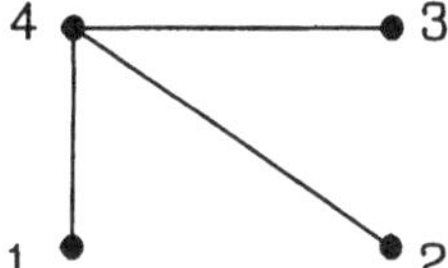

Eine von 1 initiierte Nachricht führt hier zu 5 Meldungen im Netz, eine von 4 initiierte zu drei Meldungen.

Im Vergleich dazu sei dieses Gerüst ausgewählt:

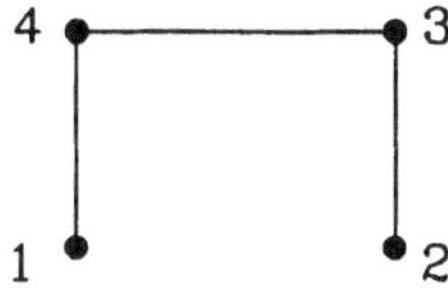

Hier führt eine von 1 initiierte Nachricht zu 6 Meldungen, eine von 4 initiierte zu 4 Meldungen.
Hinsichtlich der Anzahl erzeugter Meldungen ist das erste Gerüst also günstiger, ebenso bezüglich der entstehenden Weglängen. Interessierte Leser seien an dieser Stelle auf [HU] verwiesen, wo die Problematik der Bestimmung eines solchen optimalen Gerüsts in beliebigen Graphen zuerst betrachtet wurde.
Man könnte hier auch jedem einzelnen Knoten ein individuelles Gerüst zuordnen, in dem die zu einer von ihm erzeugten Nachricht gehörenden Meldungen

geroutet werden. (Das Routing ist dann nicht mehr rein zielorientiert.) Bei der Auswahl einer solchen Kollektion von Gerüsten verkompliziert sich natürlich wieder die Bestimmung der Netzzuverlässigkeit.

9.6.4

Beispiel

Das im folgenden Diagramm dargestellte Netz sei gegeben.

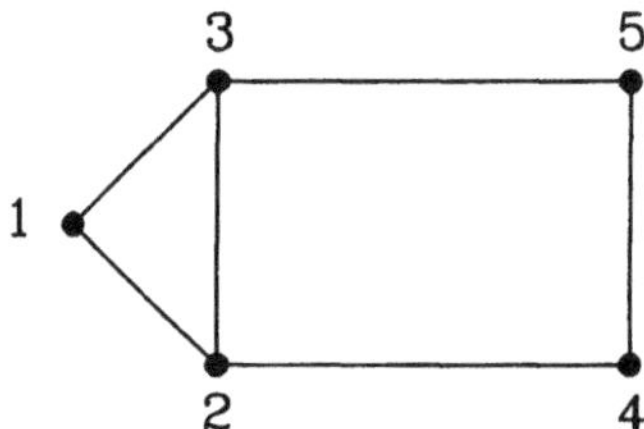

Es soll nach dem Prinzip geroutet werden, daß für jede Kommunikationsrichtung $i \rightarrow j$ (wo i, j verschiedene Knoten sind) eine eindeutige Route $R(i \rightarrow j)$ festgelegt wird. So könnte z. B.

$$R(1 \rightarrow 4) = 1 \rightarrow 2 \rightarrow 4$$

sein. In unserem Beispiel sind also $5 \cdot 4 = 20$ solcher Routen festzulegen.

Je nach Festlegung der Menge dieser Routen

$$\mathcal{R} = \{R(i \rightarrow j) | i \neq j\}$$

können Knoten verschieden oft als Zwischenknoten in Routen auftreten. Ist $L(x)$ – die Last des Knotens x – die Anzahl der Routen aus $\mathcal{R}$, in denen x als Zwischenknoten fungiert, so ist es (auch im Sinne kurzer Wege) klar, daß das Maximum der $L(x)$ (gebildet über alle Knoten x) möglichst klein sein soll. Man ist also interessiert, $\mathcal{R}$ so festzulegen, daß

$$max\{L(x) \mid x \text{ Knoten}\}$$

minimal wird. Der resultierende Minimalwert wird "node forwarding index" genannt (siehe [MAN]).
Für unser Beispiel erhält man z. B. ein optimales $\mathcal{R}$ (mit node forwarding index 2), wenn $\mathcal{R}$ folgendermaßen gewählt wird:

für benachbarte i, j sei stets $R(i \to j) = i \to j$; weiter sei:

$$\begin{aligned}
R\,(1 \to 4) &= 1 \to 2 \to 4 \\
R\,(1 \to 5) &= 1 \to 3 \to 5 \\
R\,(2 \to 5) &= 2 \to 4 \to 5 \\
R\,(3 \to 4) &= 3 \to 5 \to 4 \\
R\,(4 \to 1) &= 4 \to 2 \to 1 \\
R\,(4 \to 3) &= 4 \to 5 \to 3 \\
R\,(5 \to 1) &= 5 \to 3 \to 1 \\
R\,(5 \to 2) &= 5 \to 4 \to 2
\end{aligned}$$

Die aktuellere Literatur beschäftigt sich vor allem damit, zu gegebener Knotenanzahl n ein Netz mit möglichst kleinem node forwarding index zu finden (s. z. B. [MAN]). Interessant wäre es auch hier, den Zusammenhang zur Netzzuverlässigkeit zu untersuchen.

9.6.5

Beispiel

Es sei wieder das vollvermaschte Netz mit 4 Knoten (K_4) gegeben.

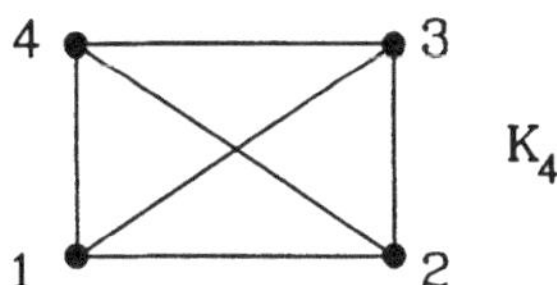

Es werden zwei verschiedene Routing-Pläne mit jeweils $\pi = 2$ Einträgen betrachtet (vgl. Abschnitt 8.6), die resultierenden Netze bezeichnen wir mit $\mathcal{N}_1$ und $\mathcal{N}_2$.

$\mathcal{N}_1$ hat folgenden Routing-Plan:

von/nach	1	2	3	4
1	–	2; 3	3; 2	4; 2
2	1; 3	–	3; 1	4; 1
3	1; 2	2; 1	–	4; 1
4	1; 2	2; 1	3; 1	–

Zu $\mathcal{N}_2$ gehört dieser Routing-Plan:

von/nach	1	2	3	4
1	–	2; 3	3; 4	4; 2
2	1; 3	–	3; 4	4; 1
3	1; 2	2; 4	–	4; 1
4	1; 2	2; 3	3; 1	–

Wie man sieht, handelt es sich bei $\mathcal{N}_1$ um SP-Routing mit Präferenz. $\mathcal{N}_2$ hat eine gewisse Symmetrie: die "Knotenrotation" $1 \rightarrow 2 \rightarrow 3 \rightarrow 4 \rightarrow 1$ läßt den Routing-Plan invariant. Für die Zuverlässigkeitspolynome erhält man hier:

$$\begin{aligned} z(\mathcal{N}_1) &= p^3 + 4p^4 - 5p^5 + p^6 \\ z(\mathcal{N}_2) &= 3p^4 - 2p^6 \end{aligned}$$

Dies läßt sich folgendermaßen einsehen. Bei beiden Netzen sind alle fünfelementigen Kantenmengen funktionsfähig. Für $\mathcal{N}_1$ sind die hier dargestellten Teilgraphen mit vier Kanten funktionsfähig:

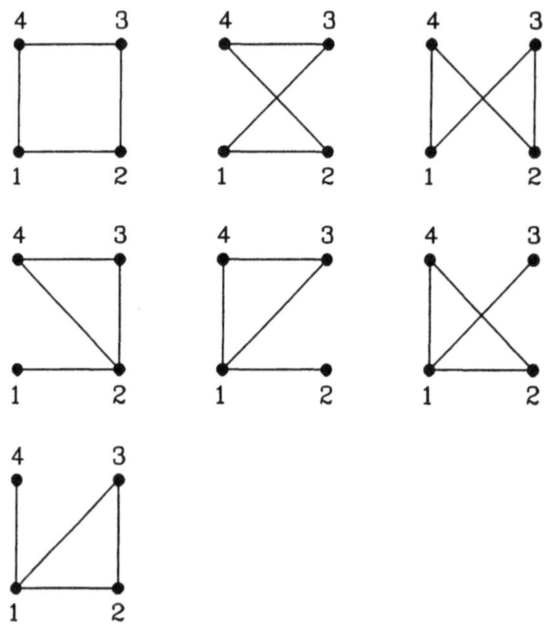

Ferner gehört bei $\mathcal{N}_1$ folgendes Gerüst zu einem funktionsfähigen Zustand:

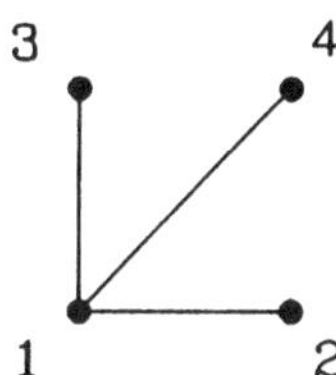

Dies ergibt insgesamt

$$\begin{aligned} z(\mathcal{N}_1) &= p^6 + 6p^5(1-p) + 7p^4(1-p)^2 + p^3(1-p)^3 \\ &= p^3 + 4p^4 - 5p^5 + p^6. \end{aligned}$$

Das Netz $\mathcal{N}_2$ hat einige weniger funktionsfähige Zustände und ist somit weniger zuverlässig: Nur die ersten drei der obigen vierelementigen Kantenmengen sind funktionsfähig, und es gibt kein funktionsfähiges Gerüst. Dies führt zu

$$\begin{aligned} z(\mathcal{N}_2) &= p^6 + 6p^5(1-p) + 3p^4(1-p)^2 \\ &= 3p^4 - 2p^6. \end{aligned}$$

Obwohl zuverlässiger als $\mathcal{N}_2$, hat $\mathcal{N}_1$ den offensichtlichen Nachteil einer ungleichmäßigen Auslastung, die desto mehr zum Tragen kommt, je größer die Kantenausfallwahrscheinlichkeit $q = 1 - p$ ist.

9.6.6

In der Literatur findet man auch Untersuchungen zum Verhältnis von Routing und Zuverlässigkeit, bei denen Überlegungen zu den Kommunikationsprotokollen sehr stark einbezogen sind. Als Beispiele seien [AWE] und [GAF] genannt. In [AWE] geht es um den Entwurf absolut zuverlässiger Broadcast-Protokolle für Netze mit veränderlicher Topologie. In [GAF] werden verteilte Algorithmen vorgeschlagen, die die einzelnen Knoten befähigen, ohne Kenntnis der aktuellen gesamten Netztopologie Nachrichten auf kreisfreien Routen an eine zentrale Station zu versenden.

Wir wollen diese Art von Untersuchungen hier nicht weiter verfolgen. Für den Rest dieses Abschnitts soll es vielmehr darum gehen, einige erste Ergebnisse zum Zusammenhang von Routing und Zuverlässigkeit für Netze mit Routing-Plänen herauszuarbeiten. Das zuletzt betrachtete Beispiel 9.6.5 weist dabei grob in die einzuschlagende Richtung. Die Ergebnisse sind sämtlich der Untersuchung [POG1] entnommen, einige wurden in [POG2] veröffentlicht.

9.6.7

Im folgenden werden zu Graphen G Routing-Pläne C mit jeweils zwei Einträgen (also mit $\pi = 2$, vgl. Abschnitt 8.6) betrachtet. Da für einen Graphen mehrere Routing-Pläne möglich sind, sprechen wir bei gegebenem G und C auch hier (wie bereits in Beispiel 9.6.5) von einem *Netz* $\mathcal{N} = (G, C)$. Das zugehörige Zuverlässigkeitspolynom wird dementsprechend mit

$$z(\mathcal{N}) \text{ bzw. } z(\mathcal{N})(p)$$

bezeichnet. Wie bisher soll dabei eine Kantenmenge funktionsfähig sein, wenn sie (im Falle daß jede ihrer Kanten intakt ist) die Kommunikation von jedem Ursprungs- zu jedem Zielknoten erlaubt.
Wir gehen auch wieder von den Grundannahmen bezüglich der Netzprotokolle aus, wie sie in 8.6.12 – abgeleitet von der Situation beim Zeichengabesystem Nr. 7 – dargestellt wurden. Insbesondere müssen bei einem kreisfreien Routing-Plan gerichtete Kreise auf einer Kante nicht ausgeschlossen werden, da das Pendeln von Nachrichten auf einer Kante von den Protokollen verhindert wird.

9.6.8

Wir erinnern an die in 9.5.4 eingeführten Parameter l und c: für ein gegebenes Netz $\mathcal{N} = (G, C)$ sei

l die minimale Größe einer funktionsfähigen Kantenmenge,

c die minimale Größe einer kritischen Kantenmenge.

Die in Abschnitt 9.5 hergeleiteten Abschätzungen für das Zuverlässigkeitspolynom basieren auf der Kenntnis von $l, c, R_{m-l} = F_l$ und $R_c = \binom{m}{c} - C_c$.

9.6.9

Es ist unmittelbar klar, daß aufgrund unserer generellen Voraussetzung von jeweils zwei Einträgen in den Routing-Plänen für ein Netz $\mathcal{N} = (G, C)$ stets $c = 2$ gilt. Dies liegt daran, daß bei Ausfall von nur einer Kante das Netz stets funktionsfähig bleibt, andererseits aber die beiden Kanten, die einem Knoten für ein Ziel zur Verfügung stehen, immer eine kritische Menge bilden.

9.6.10

Wie üblich, nennen wir eine Kantenmenge $T \subseteq K$ eine *minimale kritische Menge*, wenn T eine kritische Menge ist, dies jedoch für keine echte Teilmenge von T gilt.

Eine kritische Menge $T \subseteq K$ mit c vielen Elementen muß selbstverständlich minimal sein. Jedoch kann umgekehrt ein minimale kritische Menge aus mehr als c vielen Kanten bestehen.

9.6.11

Beispiel

Gegeben sei $G = K_5$ mit Routing-Plan C.

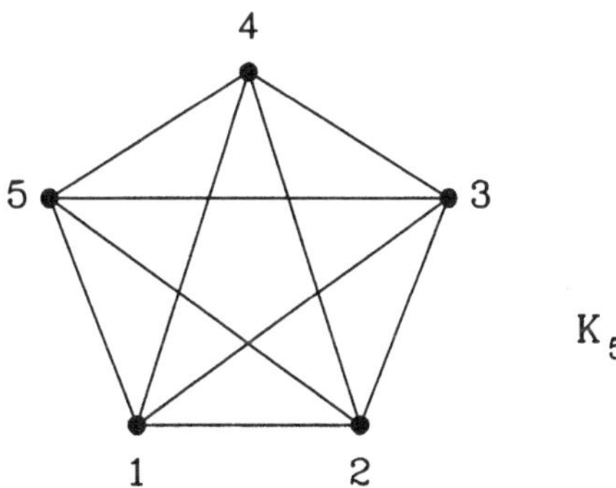

K_5

von/nach	1	2	3	4	5
1	–	2; 3	3; 2	4; 2	5; 2
2	1; 3	–	3; 1	4; 1	5; 3
3	1; 2	2; 1	–	4; 1	5; 4
4	1; 2	2; 1	3; 1	–	5; 2
5	1; 2	2; 1	3; 1	4; 1	–

C

Es handelt sich um SP-Routing mit Präferenz, wobei jedoch in den Knoten 2,3 und 4 die Zweiteinträge für Ziel 5 so geändert wurden, daß in $G(\to 5)$ ein Kreis $2 \to 3 \to 4 \to 2$ entsteht. Dies führt dazu, daß die Kantenmenge $\{25, 35, 45\}$ kritisch ist; sie ist – wie leicht nachzuprüfen – sogar minimal, denn bei Ausfall von nur 2 dieser 3 Kanten bleibt das Netz funktionsfähig.

9.6.12

Interessanterweise kann nachgewiesen werden, daß unter der Voraussetzung der Kreisfreiheit jede minimale kritische Menge aus 2 Kanten besteht.

Satz

In einem beliebigen Netz $\mathcal{N} = (G, C)$ mit kreisfreiem Routing-Plan C (mit jeweils $\pi = 2$ Einträgen) besteht jede minimale kritische Menge aus zwei Kanten. Genauer gilt: ist $T = \{k_1, k_2\}$ eine minimale kritische Menge, so gibt es einen Knoten y und eine Orientierung $k_1 = z_1v_1$ und $k_2 = z_2v_2$ der Kanten von T sowie Knoten $z_1 = u_1, u_2, ..., u_r = z_2 (r \geq 1)$, so daß in dem Graphen $G(\rightarrow y)$ der in folgendem Diagramm dargestellte Teilgraph enthalten ist (wobei für $r \geq 2$ gelten kann $v_1 = v_2$):

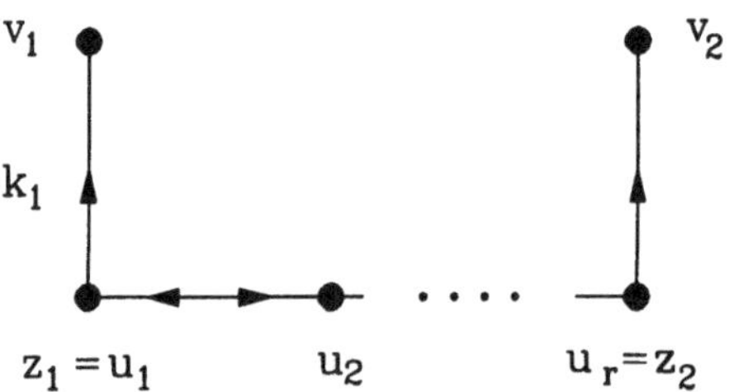

Beweis:

Es sei T ein minimale kritische Menge. x und y seien Knoten derart, daß der Ausfall von T das Versenden von Nachrichten von x nach y unmöglich macht. Wir setzen voraus, daß innerhalb des gerichteten Graphen $G(\rightarrow y)$ der Knoten x unter den Knoten mit dieser Eigenschaft ein solcher ist, für den der gerichtete Abstand von x nach y minimal ist. Mindestens einer der beiden Nachfolger von x in $G(\rightarrow y)$, sagen wir u, hat einen kleineren gerichteten Abstand zu y. Daraus folgt $xu \in T$. v sei der zweite Nachfolger von x in $G(\rightarrow y)$. Ist $xv \in T$, so folgt wegen der Minimalität von T sofort $T = \{xu, xv\}$, und die Aussage des Satzes trifft zu (mit $r = 1$).
Es sei nun $xv \notin T$ angenommen, w_1 und w_2 seien die Nachfolger von v in $G(\rightarrow y)$. Aufgrund der Kreisfreiheit, und da jeder gerichtete Weg von v nach y auf die minimale Menge T treffen muß, folgt o. B. d. A. $w_1 = x$. Gilt nun $vw_2 \in T$, so ist der Beweis erbracht mit $T = \{xu, vw_2\}$ (und $r = 2$). Andernfalls liefert die Iteration dieser Argumentationskette (mit w_2 anstelle v usw.) den angestrebten Schluß nach endlich vielen Schritten.

9.6.13

Ein entsprechender Satz ist nicht mehr gültig, wenn für die Anzahl der möglichen Einträge gilt $\pi \geq 3$. Im folgenden Diagramm ist ein möglicher kreisfreier Digraph $G(\rightarrow 7)$ für G mit Knoten $\{1, 2, ..., 7\}$ dargestellt, wobei jeder von 7 verschiedene Knoten 2 oder 3 Nachfolger besitzt:

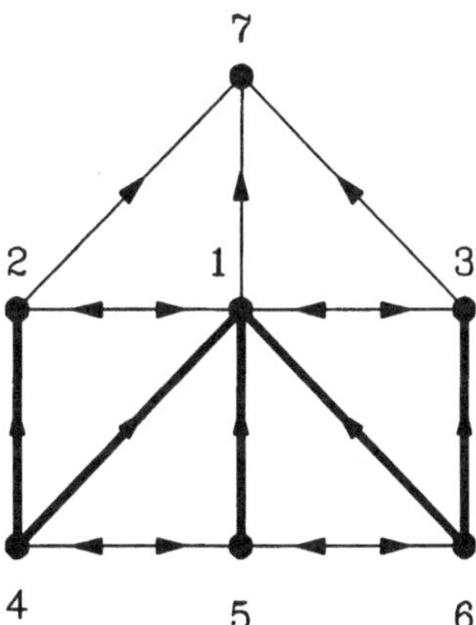

Die fünf fett herausgehobenen Kanten bilden einen minimale kritische Menge T_5, denn der Routing-Plan läßt sich auch für die übrigen Zielknoten so vervollständigen, daß bei Ausfall einer echten Teilmenge von T_5 immer noch jede Kommunikation möglich ist. Auf der anderen Seite ist selbstverständlich, da es in $G(\rightarrow 7)$ Knoten mit nur 2 Nachfolgern gibt, wieder $c = 2$.

9.6.14

Wie oben bereits festgestellt, gilt in dem von uns vorwiegend betrachteten Fall $\pi = 2$ stets $c = 2$. Der Satz besagt, daß im Falle der Kreisfreiheit die Anzahl C_2 der zweielementigen kritischen Kantenmenge auch gleichzeitig die Anzahl *aller* minimalen kritischen Kantenmengen ist.
Die Zahl C_2 kann mit polynomialem Aufwand bestimmt werden: besitzt G m viele Kanten, so muß jede der $\binom{m}{2}$ vielen zweielementigen Kantenmengen daraufhin überprüft werden, ob bei Ausfall dieser beiden Kanten immer noch in jedem Digraphen $G(\rightarrow x)$ ein gerichteter Weg von einem beliebigen $y \neq x$ nach x intakt ist oder nicht.

9.6.15

Beispiel

Wir schauen noch einmal auf die Netze $\mathcal{N}_1$ und $\mathcal{N}_2$ aus Beispiel 9.6.5.

Für $\mathcal{N}_1$ ist $F_4 = 7$, folglich $C_2 = \binom{6}{2} - F_4 = 8$.

Da für N_2 gilt $F_4 = 3$, hat man hier $C_2 = 12$.

9.6.16

Um die in Abschnitt 9.5 angeführten Abschätzungen für das Zuverlässigkeitspolynom auf beliebige Netze $\mathcal{N} = (G, C)$ (mit $\pi = 2$) anwenden zu können, bedürfte es eines guten Algorithmus (wie üblich gemessen an der Knotenanzahl von G), auch die Parameter l und F_l zu bestimmen. Ein solcher Algorithmus wurde jedoch unserer Wissens bisher nicht gefunden. Vielmehr vermuten wir, daß schon die Bestimmung von l, also der kleinstmöglichen Elementeanzahl einer funktionsfähigen Kantenmenge, ein NP-vollständiges Problem bildet.

9.6.17

Wir greifen zunächst auf die obere Abschätzung für das Polynom $z(\mathcal{N})$ zurück, die in 9.5.23 angesprochen wurde und für nahe bei 1 gelegene Kantenwahrscheinlichkeit p eine recht gute Näherung für $z(\mathcal{N})(p)$ darstellt:

$$z(\mathcal{N})(p) \leq 1 - C_2 \cdot q^2 \cdot p^{m-2} =: \hat{z}(\mathcal{N})(p).$$

Dabei ist m die Anzahl der Kanten des Graphen und wie üblich $q = 1 - p$.

9.6.18

Da wir jedoch in diesem Abschnitt nicht nur an guten Abschätzungen interessiert sind, sondern vor allem Erkenntnisse über den Einfluß des Designs von Routing-Plänen auf die Zuverlässigkeit gewinnen wollen, erweist sich die nähere Betrachtung einer der obigen Näherung sehr ähnlichen unteren Abschätzung als sinnvoll:

Satz

Für beliebiges p gilt

$$\check{z}(\mathcal{N})(p) := 1 - C_2 \cdot q^2 \leq z(\mathcal{N})(p).$$

Beweis:

Es seien $T_1, T_2, \ldots, T_{C_2}$ die (zweielementigen) minimalen kritischen Kantenmengen. E_i bezeichne das Ereignis "Beide Kanten von T_i fallen aus". Es gilt $P\{E_i\} = q^2$. Ferner ist

$$1 - z(\mathcal{N})(p) = P\{E_1 \vee E_2 \vee \ldots \vee E_{c_2}\}.$$

Das Prinzip der Inklusion-Exklusion (vgl. Anhang F) liefert sofort die obige Ungleichung.

9.6.19

Beispiel

In Fortsetzung von 9.6.5 und 9.6.15 betrachten wir nochmals das Netz $\mathcal{N}_1$. Es gilt für jedes p $(0 \leq p \leq 1)$ und $q = 1 - p$:

$$\check{z}(\mathcal{N}_1) \leq z(\mathcal{N}_1) \leq \hat{z}(\mathcal{N}_1)$$

$$\text{mit}\quad \begin{aligned} \check{z}(\mathcal{N}_1) &= 1 - 8q^2, \\ z(\mathcal{N}_1) &= p^3 + 4p^4 - 5p^5 + p^6, \\ \hat{z}(\mathcal{N}_1) &= 1 - 8q^2p^4. \end{aligned}$$

Zum Vergleich sind für $p = 0,9$, und $p = 0,99$ und $p = 0,9999$ jeweils die drei Werte zusammengestellt. Zur Heraushebung der Unterschiede wird hier mit 12stelliger Genauigkeit gearbeitet.

p	$\check{z}$	z	$\hat{z}$
0,9	0,92	0,932391	0,947512
0,99	0,9992	0,999213	0,999232
0,9999	0,99999992	0,999999920013	0,99999992

9.6.20

Wie man an dem obigen Beispiel sieht, ist die einfache untere Abschätzung $\check{z}$ für nahe an 1 gelegenes p bereits eine gute Näherung für z.
Es ist leicht möglich, zur Güte der Näherung genauere Aussagen zu machen. Dazu seien für ein Netz $\mathcal{N}$ zunächst einige Bezeichnungen eingeführt. $\mathcal{T}$ sei die Menge der minimalen kritischen Mengen. Da jedes $T \in \mathcal{T}$ aus zwei Kanten besteht, ist für $T, T' \in \mathcal{T}$ stets $T \cup T'$ 3- oder 4-elementig.

Es sei

$$\mathcal{D} := \{\{T,T'\} \mid \mid T \cup T' \mid = 3\} \text{ und}$$

$$\mathcal{V} := \{\{T,T'\} \mid \mid T \cup T' \mid = 4\}.$$

Aufgrund der in Anhang F gemachten Anmerkungen über das Prinzip der Inklusion-Exklusion folgt nun

$$\check{z} = 1 - C_2q^2 \leq z \leq 1 - C_2q^2 + \mid \mathcal{D} \mid q^3 + \mid \mathcal{V} \mid q^4,$$

wobei selbstverständlich $\mid \mathcal{D} \mid + \mid \mathcal{V} \mid = \binom{C_2}{2}$ ist.

Mit der noch etwas gröberen oberen Abschätzung

$$1 - C_2 q^2 + \binom{C_2}{2} q^3$$

läßt sich nun für gegebene Knotenanzahl n angeben, wie nahe q an 0 liegen muß, damit $\check{z}$ mit einer vorgegebenen Genauigkeit mit z übereinstimmt. Auf die Darstellung der genauen Rechenschritte wird hier verzichtet.

9.6.21

Wir wollen unser Augenmerk vielmehr auf den Ausdruck

$$\tilde{z} = 1 - C_2 q^2 + \mid \mathcal{D} \mid q^3$$

richten, welcher zwar nicht mehr allgemein als obere Schranke für z nachgewiesen werden kann, jedoch für kleines q eine noch bessere Abschätzung für z als $\check{z}$ darstellt.

9.6.22

Beispiel

Wir betrachten den Graphen K_5 mit dem Routing-Plan, der bereits in 9.5.19 von uns behandelt wurde. Das resultierende Netz bezeichnen wir mit $\mathcal{N}_3$.

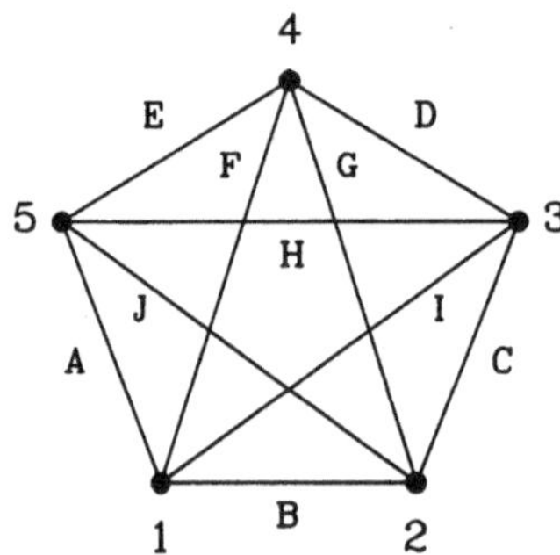

	1	2	3	4	5
1	–	2; 5	3; 2	4; 5	5; 2
2	1; 3	–	3; 1	4; 3	5; 1
3	1; 2	2; 4	–	4; 2	5; 4
4	1; 5	2; 3	3; 5	–	5; 5
5	1; 4	2; 1	3; 4	4; 1	–

Wie in 9.5.19 dargestellt, lautet das exakte Polynom

$$z(\mathcal{N}_3) = p^{10}+10p^9(1-p)+30p^8(1-p)^2+30p^7(1-p)^3+10p^6(1-p)^4+p^5(1-p)^5,$$

eine andere Darstellung ist

$$z(\mathcal{N}_3) = 5p^9 - 10p^8 + 5p^6 + p^5.$$

Mit $C_2 = 15$ hat man

$$\check{z} = 1 - 15q^2.$$

Die 15 minimalen Schnitte sind $\{B,C\}$, $\{C,I\}$, $\{B,I\}$, $\{A,E\}$, $\{E,F\}$, $\{A,F\}$, $\{A,B\}$, $\{A,J\}$, $\{B,J\}$, $\{C,D\}$, $\{D,G\}$, $\{C,G\}$, $\{D,E\}$, $\{E,H\}$, $\{D,H\}$.

Man stellt fest, daß von den $\binom{15}{2} = 105$ möglichen Paaren minimaler Schnitte 35 eine gemeinsame Kante haben, also $|\,\mathcal{D}\,| = 35$, $|\,\mathcal{V}\,| = 80$ und

$$\tilde{z} = 1 - 15q^2 + 35q^3.$$

Für $p = 0,9999$ ergeben sich (mit 12stelliger Genauigkeit) die Werte

$$\check{z} = 0,999999850000,$$
$$z = 0,999999850030,$$
$$\tilde{z} = 0,999999850035.$$

Wir gehen in diesem Beispiel noch einen Schritt weiter. Das Prinzip der Inklusion-Exklusion legt nahe, von $\tilde{z}$ den Term

$$t \cdot q^3,$$

abzuziehen, wobei t die Anzahl der Dreiermengen minimaler Schnitte ist, deren Vereinigungsmenge nur drei Kanten enthält. Hier ist $t = 5$, denn diese Dreiermengen sind

$$\{\{B,C\},\{C,I\}\{B,I\}\},$$
$$\{\{A,E\},\{E,F\}\{A,F\}\},$$
$$\{\{A,B\},\{B,J\}\{A,J\}\},$$
$$\{\{C,D\},\{D,G\}\{C,G\}\},$$
$$\{\{D,E\},\{E,H\}\{D,H\}\}.$$

Man erhält so die Näherung

$$1 - 15q^2 + 30q^3,$$

die für $p = 0,9999$ (auf 12 Stellen) in der Tat mit dem exakten z übereinstimmt.

9.6.23

Beispiel

SP-Routing mit Präferenz bedeutet auf K_5, daß folgender Routing-Plan gegeben ist:

	1	2	3	4	5
1	–	2;3	3;2	4;2	5;2
2	1;3	–	3;1	4;1	5;1
3	1;2	2;1	–	4;1	5;1
4	1;2	2;1	3;1	–	5;1
5	1;2	2;1	3;1	4;1	–

Für das so gegebene Netz $\mathcal{N}_4$ gilt interessanterweise wie für $\mathcal{N}_3$ (s. voriges Beispiel) ebenfalls

$$C_2 = 15,$$

jedoch hat man hier $\mid \mathcal{D} \mid= 38$.

Unter der Prämisse, die Netze nach den Funktionen

$$\tilde{z} = 1 - C_2 q^2 + \mid \mathcal{D} \mid q^3$$

zu beurteilen, ist somit $\mathcal{N}_4$ zuverlässiger als $\mathcal{N}_3$.

Tatsächlich gilt für das exakte Polynom

$$z(\mathcal{N}_4) = p^4 + 4p^6 - p^7 - 6p^8 + 3p^9,$$

für $p = 0,999$ ergibt sich damit $z = 0,999999850035$.

9.6.24

In den beiden vorausgegangenen Beispielen zeigt sich eine Tendenz, die sich in folgender Aussage zusammenfassen läßt: sind auf einem Graphen zwei Netze gegeben mit gleicher Anzahl minimaler kritischer Mengen, so ist dasjenige Netz zuverlässiger, bei dem es häufiger der Fall ist, daß ein Paar minimaler kritischer Mengen eine Kante gemeinsam hat.

9.6.25

Die höhere Zuverlässigkeit von $\mathcal{N}_4$ gegenüber $\mathcal{N}_3$ geht einher mit einer ungleichmäßigen Auslastung der Knoten und Kanten. Es soll nun versucht werden, diesen Zusammenhang etwas genauer unter die Lupe zu nehmen.
Zunächst wird folgende Bezeichnung eingeführt. Für ein Netz $\mathcal{N} = (G, C)$ mit $G = (E, K)$ und $\mid K \mid= m$ sei für $k \in K$ c_k die Anzahl der minimalen kritischen Kantenmengen T mit $k \in T$.

Hilfssatz

Es gelten stets die folgenden Beziehungen:

a) $C_2 = \sum\limits_{k \in K} \frac{c_k}{2}$

b) $\mid \mathcal{D} \mid= \sum\limits_{k \in K} \binom{c_k}{2}$

c) $C_2 \geq m$

Beweis:

a) Da jede minimale kritische Menge aus 2 Kanten besteht, muß für die Anzahl C_2 der minimalen kritischen Mengen gelten $2C_2 = \sum\limits_{k \in K} c_k$.

b) Offenbar ist jede Kante k auf genau $\binom{c_k}{2}$ Weisen als gemeinsame Kante in zwei minimalen kritischen Mengen enthalten.

c) Da eine Kante stets in mindestens 2 minimalen kritischen Mengen enthalten ist, folgt $2C_2 \geq 2m$ bzw. $C_2 \geq m$.

9.6.26

Die Aussage c) des obigen Hilfssatzes hat eine überraschende Konsequenz hinsichtlich eines Vergleichs der Graphen R_n ("Ring" mit n Knoten und $m =$

n vielen Kanten) und K_n (vollständiger Graph mit n Knoten und $m = \binom{n}{2}$ vielen Kanten):
Auf R_n gibt es offenbar nur einen möglichen Routing-Plan (bis auf die Wahl der Prioritäten), für diesen gilt

$$C_2 = \binom{n}{2}.$$

Andererseits muß nun aber für *jeden* Routing-Plan auf dem Graphen K_n gelten

$$C_2 \geq m = \binom{n}{2}.$$

Unter der Prämisse, daß

$$1 - C_2 q^2$$

eine gute Näherung für die Zuverlässigkeit ist, bedeutet dies: ein auf K_n basierendes Netz kann nicht zuverlässiger sein als das Netz auf R_n. (Bei dieser Aussage ist das Ausmaß der Kantenbelastungen allerdings ausgeklammert.) Selbstverständlich kann es zuverlässigere Netze auf Graphen geben, die "zwischen" R_n und K_n liegen. Solche Graphen aufzuspüren, ist ein typisches Problem der Netzwerksynthese. Diese Thematik ist Inhalt des nächsten Abschnitts.

9.6.27

Wir kommen nun auf den Vergleich der oben behandelten Netze $\mathcal{N}_3$ und $\mathcal{N}_4$ zurück, indem wir die Gleichungen a) und b) des Hilfssatzes ausnutzen. Es wird gezeigt, daß für konstantes $C_2 = \sum\limits_{k \in K} \frac{c_k}{2}$ die Varianz der Zahlen $c_k (k \in K)$ zur Größe von

$$|\mathcal{D}| = \sum_{k \in K} \binom{c_k}{2}$$

positiv korreliert ist.

Hilfssatz

Für ein Netz $\mathcal{N} = (G, C)$ gilt:

i) Der Mittelwert der $c_k (k \in K)$ ist $\bar{c} = \frac{2C_2}{m}$.

ii) Für die Standardabweichung σ von diesem Mittelwert gilt

$$\sigma^2 = \bar{c} - \bar{c}^2 + \frac{2\,|\,\mathcal{D}\,|}{m}.$$

Beweis:

i) ergibt sich sofort aus der Definition des Mittelwerts.

Zu ii): Zunächst ist

$$\sigma^2 = \frac{\sum\limits_{k \in K} (c_k - \bar{c})^2}{m}.$$

Daraus ergibt sich

$$\begin{aligned} m\sigma^2 &= \sum_{k \in K} \left(c_k^2 - 2c_k\bar{c} + \bar{c}^2\right) \\ &= \sum_{k \in K} \left(c_k^2 - \tfrac{4C_2c_k}{m} + \tfrac{4C_2^2}{m^2}\right) \\ &= \tfrac{4C_2^2}{m} + \sum_{k \in K} \left(c_k^2 - c_k\right) + \sum_{k \in K} \left(c_k - \tfrac{4C_2c_k}{m}\right) \\ &= m\bar{c}^2 + 2 \mid \mathcal{D} \mid + 2C_2 \left(1 - \tfrac{4C_2}{m}\right) \\ &= m\bar{c}^2 + 2 \mid \mathcal{D} \mid + m\bar{c} - 2m\bar{c}^2 \end{aligned}$$

und damit die Behauptung.

9.6.28

Aus dem Hilfssatz folgt: hat man (wie im Falle von $\mathcal{N}_3$ und $\mathcal{N}_4$) zwei Routing-Pläne auf demselben Graphen mit identischen C_2 (und $\bar{c}$), so ist das Netz mit einer größeren Varianz der Zahlen $c_k (k \in K)$ zuverlässiger. Andererseits hat diese größere Varianz auch eine höhere Unterschiedlichkeit der Kantenbelastungen zur Folge. Diese zuletzt gemachte Aussage wollen wir jedoch nicht formalisieren und die Ausführungen an dieser Stelle abbrechen. Wir kommen hier in einen Bereich, in dem viele weitere interessante Fragestellungen bisher nicht weiter verfolgt wurden.

Beispielaufgabe 9.6

Es sei $\mathcal{N}$ ein Netz auf einem Graphen mit n Knoten, t eine natürliche Zahl. Zeigen Sie: Ist $q = 1 - p \leq \left(128 \cdot n^{-8} \cdot 10^{-t}\right)^{\frac{1}{3}}$, so gilt

$$z(\mathcal{N})(p) - \check{z}(\mathcal{N})(p) < 10^{-t}.$$

Lösung

In 9.6.20 ergab sich die Beziehung

$$z(\mathcal{N})(p) - \check{z}(\mathcal{N})(p) \leq \binom{C_2}{2} q^3.$$

Nun ist $C_2 \leq \binom{m}{2}$ und $m \leq \binom{n}{2}$, also $C_2 \leq \binom{\binom{n}{2}}{2} < \frac{n^4}{8}$ und $\binom{C_2}{2} < \frac{n^8}{128}$.

Damit folgt

$$z(\mathcal{N})(p) - \check{z}(\mathcal{N})(p) < \frac{n^8}{128} \cdot 128 \cdot n^{-8} \cdot 10^{-t} = 10^{-t}.$$

9.7 Synthese extremaler Netze

9.7.1

Bisher wurde das Problem betrachtet, zu vorgegebener Graphenstruktur und darauf definiertem Netz für ein Zuverlässigkeitsmaß das zugehörige Zuverlässkeitspolynom zu bestimmen. Erwies sich dieses Problem als algorithmisch zu schwierig, so wurde das Augenmerk auf möglichst gute und leicht berechenbare Abschätzungen gerichtet.
Nur gelegentlich kam am Rande der Aspekt der Netzsynthese ins Spiel. Darunter soll die Frage verstanden werden, unter gewissen Randbedingungen (z. B. gegebener Anzahl von Knoten) einen Graphen zu finden, der hinsichtlich eines gegebenen Kriteriums extremal ist.
Wir wollen hier nur das Problem betrachten, optimale Graphen in bezug auf die volle Zuverlässigkeit zu finden. Funktionsfähige Kantenmengen mögen also in diesem gesamten Abschnitt den zusammenhängenden Teilgraphen entsprechen.

9.7.2

Eine mögliche Fragestellung ist nun die folgende.

Es sei $\mathcal{G}(n, m)$ die Klasse aller zusammenhängenden Graphen mit n Ecken und m Kanten. $G_{opt} \in \mathcal{G}(n, m)$ heißt *optimal*, wenn G_{opt} für jede Kantenwahrscheinlichkeit $p (0 \leq p \leq 1)$ zuverlässiger ist als jeder andere Graph in $\mathcal{G}(n, m)$, wenn also gilt: für alle $G \in \mathcal{G}(n, m)$ und $p \in [0, 1]$ gilt

$$z(G_{opt})(p) \geq z(G)(p).$$

Problem

Man finde zu gegebenen n und m einen optimalen Graphen in $\mathcal{G}(n,m)$.

9.7.3

Dieses Problem ist bisher nicht allgemein befriedigend gelöst. Einen tieferen Einstieg in die Thematik kann man sich verschaffen durch das Studium z. B. der Arbeiten [BAU], [BOE1] oder (recht aktuell) [BOE2] , auch [MIN] bietet eine gute Übersicht. Gemeinsam ist allen diesen Untersuchungen der rein kombinatorisch graphentheoretische Ansatz, wie er auch von uns hier verfolgt wird.
Der Vollständigkeit halber soll erwähnt werden, daß es auch Untersuchungen zur Netzsynthese gibt, die sich der Problematik aus der Richtung des Operations Research nähern und Kantenkapazitäten, Verzögerungszeiten usw. mit einbeziehen. Die Lösungswege bedienen sich dann eher der "klassischen" mathematischen Optimierung. Eine aktuellere Arbeit aus diesem Bereich ist z. B. [BOF].

9.7.4

Bei obiger Problemstellung ist zu beachten: Zu festem $p_0 \in [0,1]$ muß es selbstverständlich einen Graphen aus $\mathcal{G}(n,m)$ geben, der *für dieses* p_0 optimal ist, jedoch ist die Existenz eines G_{opt} im obigen Sinne (also simultan für alle p) keineswegs klar. Man halte sich dazu vor Augen, daß sich die Polynome zweier Graphen "kreuzen" können (vgl. 9.4.8)!

9.7.5

Um uns dem Problem noch einen Schritt weiter anzunähern, erinnern wir uns zunächst an die Abschätzung

$$z(G)(p) \approx 1 - C_c \cdot (1-p)^c \cdot p^{m-c},$$

die für sehr nahe an 1 gelegenes p gültig ist (vgl. 9.5.23). Dadurch wird es nahegelegt, nach solchen Graphen zu suchen, für die c möglichst groß ist (dies macht $(1-p)^c \cdot p^{m-c}$ klein) und dann – nachdem c festliegt – C_c zu minimieren. Statt nach einem Graphen G_{opt} im Sinne von 9.7.2 zu suchen, kann man nun das bescheidenere Ziel verfolgen, einen Graphen aus $\mathcal{G}(n,m)$ zu finden, der unter den Graphen aus dieser Klasse, die c maximieren, C_c minimiert. Einen solchen Graphen wollen wir $c - C_c$-*optimal* nennen.

9.7.6

Einige der oben zitierten Arbeiten beschäftigen sich mit dem Aufspüren $c-C_c$-optimaler Graphen (für gegebene n und m). Für die erzielten Teilergebnisse ist ein immenser kombinatorischer Aufwand notwendig, umfassend hat man das Problem nicht gelöst.
Wir wollen hier nur die beiden einfachsten Fälle für m in Relation zu n betrachten.
Ist $m = n - 1$, so ist $\mathcal{G}(n, n-1)$ die Klasse aller Bäume mit n Knoten. Alle diese Bäume haben das Zuverlässigkeitspolynom $z(G)(p) = p^{n-1}$ und sind somit optimal sowie $c - C_c$-optimal.

Für $m = n$ gilt folgender

Satz

Der (bis auf Isomorphie) einzige $c - C_c$-optimale Graph in $\mathcal{G}(n, n)$ ist der Ring R_n.

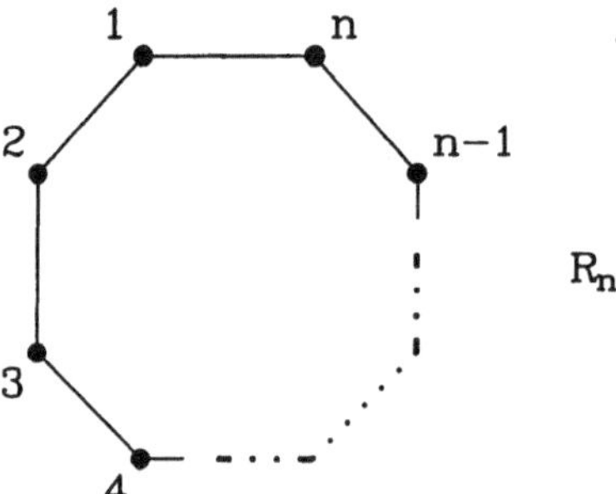

Beweis:

Zunächst überlegt man sich, daß ein Graph $G \in \mathcal{G}(n, n)$ niemals eine minimale kritische Kantenmenge aus drei oder mehr Kanten enthalten kann: wäre nämlich $S = \{k_1, k_2, k_3\}$ eine dreielementige kritische Kantenmenge, so wäre $\{k_1, k_2\}$ nicht kritisch, d. h. bei Entfernen dieser beiden Kanten bliebe ein zusammenhängender Graph mit $n-2$ vielen Kanten übrig, was nicht möglich ist.
Man weiß nun insbesondere, daß jeder Knoten nur einen oder zwei Nachbarn hat. In einem $c - C_c$-optimalen Graphen muß folglich jede Ecke den Grad 2 haben. Es ist aber leicht zu sehen, daß R_n der einzige zusammenhängende Graph mit n Knoten ist, in dem jeder Knoten den Grad 2 hat.

9.7.7

Für den nächsten Fall $m = n + 1$ werden die Verhältnisse bereits erheblich komplizierter. Als Beispiel wollen wir den Graphen $K_{2,3}$ angeben, der $c - C_2$–optimal in der Klasse $\mathcal{G}(5,6)$ ist (mit $c = 2$ und $C_c = 3$):

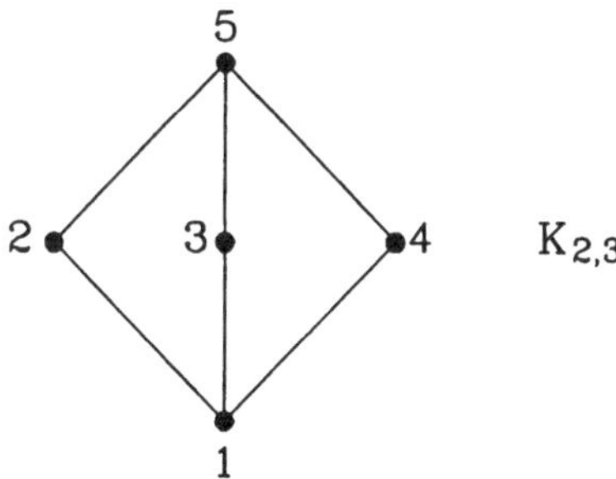

Auf eine genaue Untersuchung des Falles $m = n + 1$ wollen wir jedoch verzichten, wir verweisen auf die bereits zitierte Literatur.

9.7.8

Zum Abschluß gehen wir das Problem der Netzsynthese noch einmal anders an. Dabei benutzen wir den Begriff *Kantenzusammenhangszahl* für die minimale Größe c einer kritischen Kantenmenge in einem Graphen G.
Es wird die folgende Frage gestellt: gegeben seien natürliche Zahlen n und c (mit $c \leq \binom{n}{2}$). Welcher Graph mit n vielen Knoten und Kantenzusammenhangszahl c ist am unzuverlässigsten?
Es liegt auf der Hand, daß die Zuverlässigkeit eines solchen gesuchten Graphen eine untere Schranke für die Zuverlässigkeit jedes anderen Graphen mit diesen Parametern darstellt.

9.7.9

Es muß allerdings auch hier der Bereich der Kantenwahrscheinlichkeiten p eingeschränkt werden, um die anvisierten Ergebisse zu erhalten, und zwar nehmen wir nun p als sehr klein an.

Bereits in 9.5.23 wurde erwähnt, daß dann der Ausdruck

$$F_{n-1} \cdot p^{n-1} \cdot (1-p)^{m-n+1}$$

eine gute Näherung für $z(G)(p)$ ist. (Dabei bezeichnet m die Anzahl der Kanten und F_{n-1} die der Gerüste von G.)

Um die Zuverlässigkeit zu minimieren, hat es demnach Sinn, nach dem – bei gegebenem n und c – Graphen mit dem kleinstmöglichen Parameter F_{n-1} zu fragen.

9.7.10

Bei der folgenden Betrachtung werden statt Graphen allgemeiner Multigraphen betrachtet, d. h. zwischen zwei Knoten sind mehrere "parallele" Kanten möglich.
Mit $R_{n,s}$ (für natürliche Zahlen n und s mit $n \geq 2$) bezeichnen wir den (n, s)-*Ring*, der aus dem Ring R_n dadurch entsteht, daß jede Kante durch s parallele Kanten ersetzt wird.

Im folgenden Bild sind z. B. $R_{2,2}$ und R_5 dargestellt:

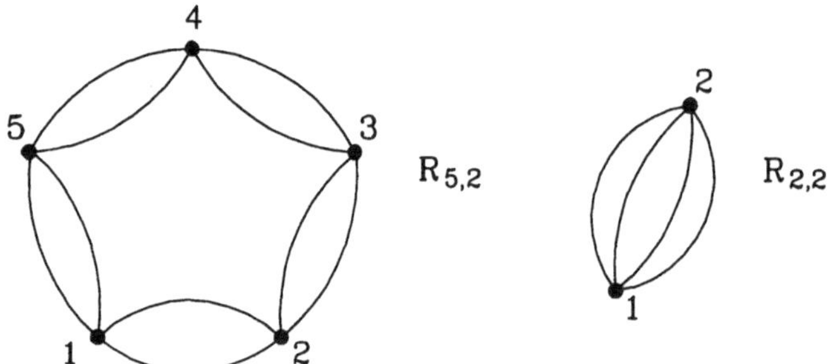

In dem Sonderfall $n = 2$ verbindet man die beiden Knoten durch $2s$ viele Kanten (vgl. $R_{2,2}$ im Diagramm). $R_{n,s}$ hat so für alle $n \geq 2$ $n \cdot s$ viele Kanten und Kantenzsammenhangszahl $2s$. Unter allen Multigraphen (Graphen eingeschlossen) ist $R_{n,s}$ hinsichtlich der Anzahl seiner Gerüste extremal.

9.7.11

Satz

Sei $G = (E, K)$ ein Multigraph mit $n \geq 2$ vielen Knoten und Kantenzusammenhangszahl $c = 2s$. Dann hat G mindestens $n \cdot s^{n-1}$ viele Gerüste; diese Abschätzung ist genau dann exakt, wenn G isomorph zu $R_{n,s}$ ist.

Beweis:

Es wird Induktion über die Anzahl n der Knoten geführt. Für $n = 2$ ist die Aussage des Satzes offensichtlich. Angenommen, der Satz sei richtig für alle Multigraphen mit weniger als n vielen Knoten. Ein Multigraph mit n Knoten und $c = 2s$ sei gegeben. Für jede Kante k ist die Anzahl der Gerüste, die k enthalten, gleich der Anzahl der Gerüste von $G \cdot k$. (Mit $G \cdot k$ ist der Multigraph bezeichnet, der entsteht, wenn die Endknoten von k zu einem Knoten zusammengefaßt und k sowie alle zu k parallele Kanten gestrichen werden.) Da $G \cdot k$ $n-1$ Knoten besitzt und die Kantenzusammenhangszahl mindestens $2s$ ist, folgt nach Induktionsvoraussetzung

$$b(k) \geq (n-1) \cdot s^{n-2},$$

wenn $b(k)$ die Anzahl der k enthaltenden Gerüste von G bezeichnet.

Mit der Summe

$$\sum_{k \in K} b(k)$$

zählt man nun jedes Gerüst von G genau $(n-1)$ mal, mithin hat G mindestens

$$|K| \cdot s^{n-2}$$

viele Gerüste. Da aber für G gilt $c = 2s$, folgt $|K| \geq n \cdot s$ (denn jeder Knoten muß mindestens $2s$ viele Nachbarn haben), und die gewünschte Ungleichung folgt.
Damit G genau $n \cdot s^{n-1}$ viele Gerüste besitzt, muß G auch genau $n \cdot s$ viele Kanten besitzen, $|K| = n \cdot s$, und für jedes $k \in K$ muß $G \cdot k$ $(n-1) \cdot s$ viele Kanten haben. Folglich müssen die Kanten von G aus n "Parallelbündeln" von jeweils s Kanten bestehen, was zusammen mit der Bedingung $c = 2s$ nur im Falle $G \cong R_{n,s}$ erfüllt ist.

9.7.12

Folgerung

Sei $G = (E, K)$ ein Graph mit $|E| = n, |K| = m$ und gerader Kantenzusammenhangszahl $c = 2s$. Dann gilt für das Zuverlässigkeitspolynom $z(G)$ die Ungleichung

$$z(G)(p) \geq n \cdot s^{n-1} \cdot p^{n-1} \cdot (1-p)^{n-n+1}.$$

Im allgemeinen muß die rechte Seite der Ungleichung keine gute Näherung für $z(G)(p)$ sein. Dies ist jedoch der Fall, wenn die Anzahl der Gerüste von G nicht wesentlich größer als $n \cdot s^{n-1}$ und p nahe bei 0 ist.

Beispielaufgabe 9.7

Erläutern Sie, warum es sinnvoll ist, nach $c - C_c$–optimalen Graphen in der Klasse $\mathcal{G}(n, m)$ zu suchen.

Lösung

Ist die Kantenausfallwahrscheinlichkeit $q = 1 - p$ sehr klein (z. B. ist 10^{-4} oder kleiner nicht unrealistisch), so wird in der Näherung

$$z(G)(p) \approx 1 - C_c \cdot q^c \cdot p^{m-c}$$

bei nicht zu großen Graphen (und damit auch beschränktem C_c) die Größe von $C_c \cdot q^c \cdot p^{m-c}$ vor allem von der Größe von c bestimmt. Dies rechtfertigt das Ziel, ein möglichst großes c anzustreben und dann für dieses c die Zahl C_c zu minimieren.

Aufgabe 9.1

Gegeben sei der vollständige Graph $G = K_5$ mit 5 Ecken. Jede Kante von G habe eine Wahrscheinlichkeit von $p = \frac{1}{2}$ für ihre Funktionsfähigkeit. Bestimmen Sie die Wahrscheinlichkeit, daß G zusammenhängend ist.

Aufgabe 9.2

Auf dem Graphen $G = K_4$ sei der folgende kreisfreie Routing-Plan C mit jeweils zwei Einträgen gegeben:

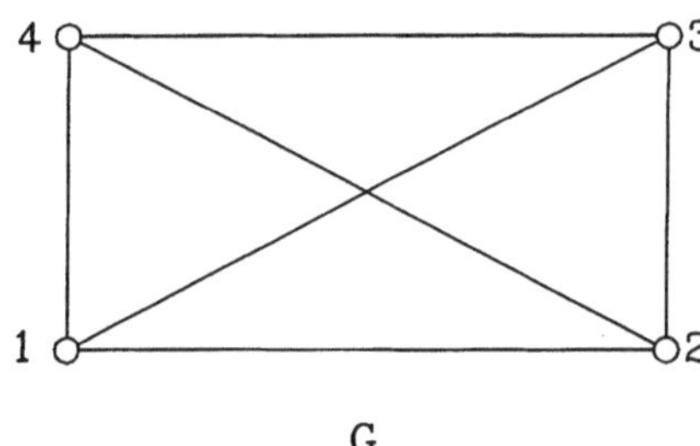

G

	1	2	3	4
1	–	2; 3	3; 2	4; 2
2	1; 3	–	3; 1	4; 1
3	1; 2	2; 1	–	4; 1
4	1; 2	2; 1	3; 1	–

C

Die funktionsfähigen Zustände seien dadurch gekennzeichnet, daß jeder Knoten an jeden anderen Nachrichten versenden kann. Bestimmen Sie das Zuverlässigkeitspolynom.

Aufgabe 9.3

Die beiden folgenden Graphen G_1 und G_2 mit jeweils 5 Ecken und 7 Kanten seien gegeben. Vergleichen Sie G_1 und G_2 hinsichtlich ihrer Zuverlässigkeit, wenn die Funktionsfähigkeit durch den Zusammenhang der Graphen gegeben ist.

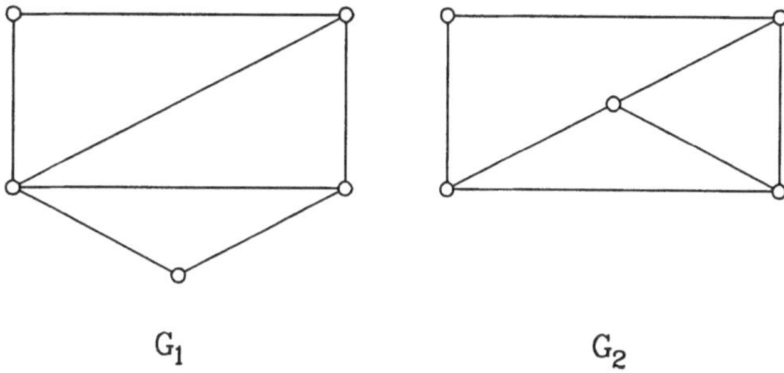

Aufgabe 9.4

Man bestimme mit der in Anhang G beschriebenen Determinantenmethode die Anzahl der Gerüste des vollständigen Graphen K_6 mit 6 Ecken und 15 Kanten.

Aufgabe 9.5

Gegeben sei der folgenden Graph:

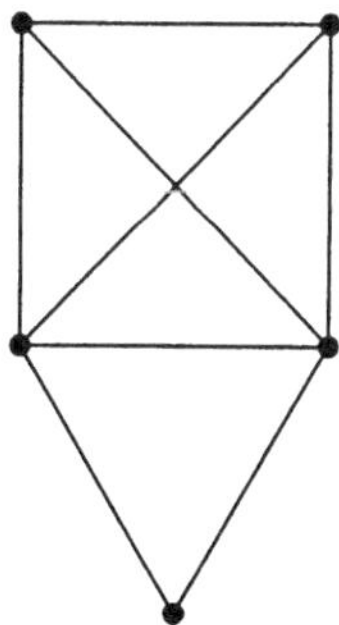

Ermitteln Sie die einfachen und die Spernerschen Schranken für das Zuverlässigkeitspolynom.

Aufgabe 9.6

Für ein Mengensystem $\mathcal{M} \subseteq \mathbf{P}(M)$ über einer Menge M bezeichnen wir eine Menge $T \subseteq M$ als *Transversale*, wenn T mit jeder Menge aus M höchstens ein Element gemeinsam hat. Das *Problem der maximalen Transversalen* besteht darin, zu gegebenem M eine Transversale mit möglichst vielen Elementen zu finden. Zeigen Sie: Das Problem der minimalen Knotenüberdeckung ist auf das Problem der maximalen Transversalen reduzierbar.

Aufgabe 9.7

Der *Durchmesser* $diam(G)$ eines Graphen $G = (E, K)$ ist der maximale Abstand $max\{|a, b||a, b \in E\}$ zwischen zwei Ecken von G.
Gegeben sei der vollständige Graph K_7 mit 7 Ecken und 21 Kanten.

a) Bestimmen Sie ein Gerüst mit möglichst kleinem Durchmesser.

b) Zeigen Sie: Es gibt genau 7 Gerüste mit dem minimalen Durchmesser wie in a).

Aufgabe 9.8

a) Es seien ein Graph $G = (E, K)$ und ein kreisloser Routing-Plan C (mit $\pi = 2$ Einträgen) gegeben.
Zeigen Sie: Für die Anzahl C_2 der minimalen kritischen Kantenmengen gilt stets

$$C_2 \geq \sum_{x \in E} \lceil \frac{\gamma(x)}{2} \rceil .$$

(Dabei bezeichnet wie üblich $\gamma(x)$ den Grad der Ecke x und $\lceil a \rceil$ die kleinste natürliche Zahl l mit $l \geq a$.)

b) Gegeben sei der vollständige Graph K_4.
Zeigen Sie: SP-Routing mit Präferenz (vgl. 9.6.5) führt zu einem Routing-Plan, der optimal ist bezüglich der Approximation

$$\check{z} = 1 - C_2 \cdot q^2$$

für das Zuverlässigkeitspolynom.

Aufgabe 9.9

Für den Graphen K_5 sei der folgende Routing Plan gegeben:

	1	2	3	4	5
1	–	2; 3	3; 2	4; 5	5; 4
2	1; 3	–	3; 1	4; 5	5; 4
3	1; 2	2; 1	–	4; 5	5; 4
4	1; 5	2; 3	3; 2	–	5; 1
5	1; 4	2; 3	3; 2	4; 1	–

Bestimmen Sie die Anzahl der minimalen kritischen Kantenmengen. Interpretieren Sie das Ergebnis.

10. Einige graphentheoretische Aspekte des VLSI-Layout

10.1 Programmierbare Logikfelder (PLA)

10.1.1

Für die Implementierung logischer Funktionen mit mehreren Ausgängen haben sich *Programmierbare Logikfelder* als ein effektives Mittel erwiesen. Im Englischen spricht man von *Programmable Logic Arrays* - von dort wollen wir für das Weitere die Abkürzung *PLA* übernehmen.

Das folgende Bild zeigt die allgemeine Struktur eines PLA:

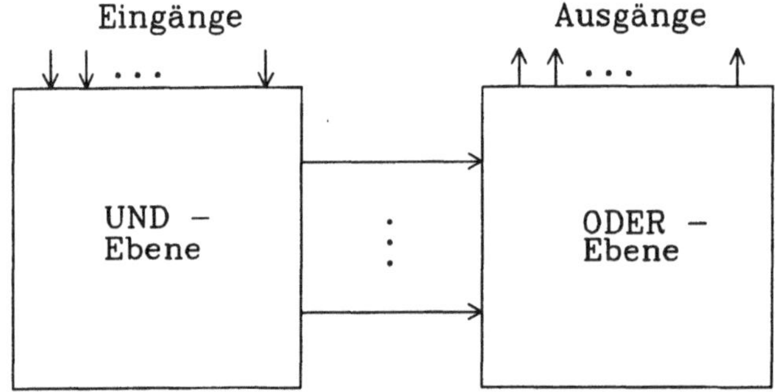

Es sollen mehrere Boolesche Ausdrücke, die in disjunktiver Normalform vorgegeben sind, realisiert werden. Die zugrundeliegenden Variablen und ihre Komplemente liegen in obigem Bild an den Eingängen; sie laufen vertikal durch eine Matrix von Schaltelementen, die die *UND-Ebene* bilden. Die UND-Ebene erzeugt Signale als logische Kombination gewisser Eingänge, und diese Signale fungieren dann als Eingänge für eine zweite Matrix, die *ODER-Ebene*. Die Ausgänge der ODER-Ebene sind dann die gewünschten Booleschen Funktionen der Eingänge in der Summe - von - Produkten - Form.

10.1.2

Beispiel

Die beiden Booleschen Funktionen

$f_1 = x_1\,x_3 + x_1'\,x_3' + x_4 + x_2'$

$f_2 = x_3'\,x_4' + x_3\,x_4$

in den Variablen x_1, x_2, x_3, x_4 und ihren Komplementen sind zu realisieren.[1] Ein entsprechendes PLA sieht folgendermaßen aus:

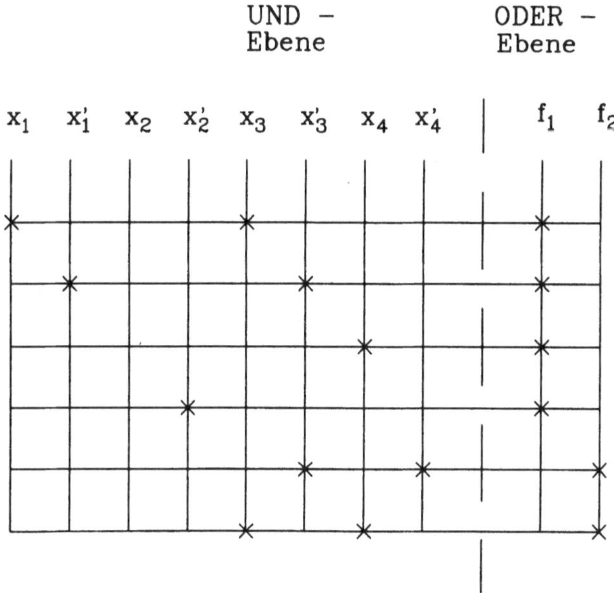

Ein Kreuz in der UND-Ebene repräsentiert das Vorhandsein des entsprechenden Inputs in einem Produktterm. Ein Kreuz in der ODER-Ebene bedeutet das Auftreten des betreffenden Produktterms als Summand in einem Output.

1 Wir schreiben "+" für ODER (bzw. $\vee$) und "." für UND (bzw. $\wedge$). Wie üblich gehe Punkt- vor Strichsetzung - so können viele Klammern und i.d.R. auch das Zeichen "." weggelassen werden.

10.1.3

PLAs sind im wesentlichen eine programmierbare Struktur einer Kombination zweier *ROMs* (Read Only Memory). Die PLA-Schaltung wird zur Codierung oder Decodierung logischer Signale gebraucht.
PLAs werden häufig für Mikrocontroller verwendet. Sie können sowohl in bipolarer als auch in *MOS*-Technologie (Metal Oxide Silicon) implementiert werden. Für unsere weiteren Betrachtungen ist dies jedoch irrelevant.
Vielmehr geht es hier um das Problem, bei der physikalischen Umsetzung auf einen Chip möglichst Silikonfläche zu sparen mit dem weiteren Vorteil geringerer Laufzeit. Die Möglichkeit solcher Einsparungen ergibt sich dadurch, daß (wie in obigem Beispiel) i.d.R. jede Zeile oder Spalte der beiden Ebenen relativ wenige Kreuze aufweist. Dies ermöglicht nämlich die sogenannte *Faltung* von Zeilen bzw. Spalten: z. B. kann eine Spalte in zwei Teile aufgeteilt werden, so daß zwei elektrische Eingangs- oder Ausgangssignale sich diese Spalte teilen. Natürlich dürfen die elektrischen Verbindungen der beiden Signale in dieser Spalte nicht vermischt werden, sondern müssen vielmehr auf verschiedenen Seiten eines physikalischen "Schnitts" sich befinden, der diese Spalte an irgendeiner Stelle durchtrennt.

10.1.4

Wir greifen das obige Beispiel 10.1.2. wieder auf. Nach einer Umordnung der Zeilen kann man durch Spaltenfaltung z. B. zu folgendem Bild kommen:

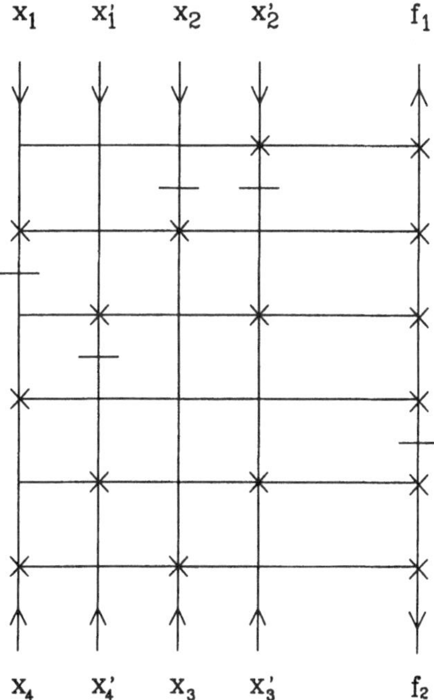

Hier ist sowohl in der UND- als auch der ODER-Ebene eine Faltung von Spalten durchgeführt worden.

10.1.5

Wir werden uns im folgenden auf das in obigem Beispiel illustrierte Falten von Spalten konzentrieren. Es lassen sich hieran die grundlegenden Ideen und Algorithmen aufzeigen, die von (rechnerunterstützten) Werkzeugen für das *PLA-Falten* zu verwenden sind. Für die Anwendung sind allerdings weitere Arten des Faltens (z. B. von Zeilen) von Bedeutung.
Die im Weiteren behandelte mathematische Problemstellung des *optimalen PLA-Faltens* ist der Phase des *topologischen Entwurfs* eines PLA zuzuordnen. Dies ist die mittlere von insgesamt drei Phasen: davor liegt die Phase des *funktionalen Entwurfs* (also der Formulierung der Booleschen Ausdrücke, die realisert werden sollen), dahinter die des *physikalischen Entwurfs*.
Diese Phasen sind nicht als strenge zeitliche Abfolge zu sehen. Es kann z. B. durchaus sinnvoll sein, aufgrund der Zwischenergebnisse des topologischen Entwurfs noch einmal zu Phase 1 zurückzugehen und - zwecks weiterer Optimierung - die Darstellung der Booleschen Output-Funktionen als Summen von Produkten zu ändern.

10.1.6

Es ist üblich, ein PLA statt durch ein Bild wie in 10.1.2. durch seine sogenannte *PLA-Matrix* zu beschreiben. Für dieses Beispiel sieht die Matrix wie folgt aus:

1	0	0	0	1	0	0	0	|	1	0
0	1	0	0	0	1	0	0	|	1	0
0	0	0	0	0	0	1	0	|	1	0
0	0	0	1	0	0	0	0	|	1	0
0	0	0	0	0	1	0	1	|	0	1
0	0	0	0	1	0	1	0	|	0	1

Wie man sieht, wird das Vorhandensein eines Kreuzes in der alten Darstellungsform hier durch eine "1" wiedergegeben.

10.1.7

Obwohl wir uns im folgenden auf das Falten von Spalten konzentrieren werden, soll im folgenden Bild eine ODER-UND-ODER-Zeilenfaltung gezeigt werden (für das betrachtete Beispiel):

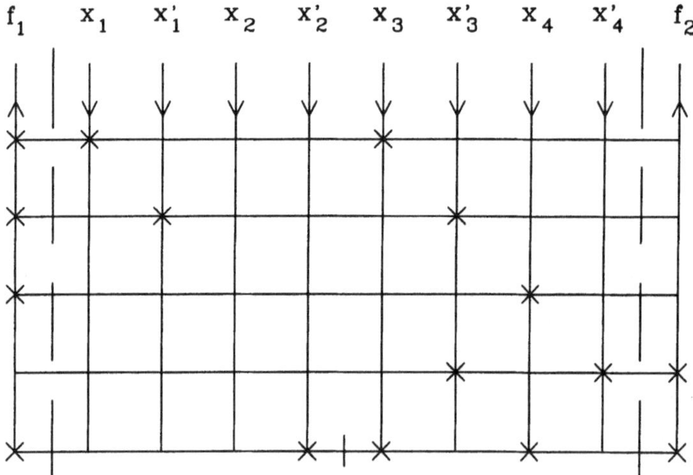

10.1.8

In einem gegebenen PLA (bzw. bei gegebener PLA-Matrix) können offensichtlich zwei beliebig herausgegriffene Spalten i.a. nicht gefaltet werden. Eine notwendige Bedingung ist, daß die beiden Spalten ***disjunkt*** sind in dem Sinne, daß in keiner Zeile beide ein Kreuzchen (bzw. eine "1") besitzen.
Es ist auch möglich, daß das Falten zweier Spalten zu einer Situation führt, in der zwei weitere Spalten, die vorher gefaltet werden konnten, nun nicht mehr gefaltet werden können. Der Grund dafür ist, daß eine Spaltenfaltung unter Umständen eine gewisse Zeilenumordnung bedingt und daß verschiedene solcher Umordnungen möglicherweise nicht miteinander vereinbart werden können. Dieses Problem bildet den eigentlichen Ausgangspunkt für die nun folgenden mathematischen Betrachtungen.

10.1.9

Beispiel

Eine PLA-Matrix aus vier Zeilen enthalte die folgenden vier Spalten:

$$\begin{matrix} 1 & 0 & 1 & 0 \\ 1 & 0 & 0 & 1 \\ 0 & 1 & 0 & 1 \\ 0 & 1 & 1 & 0 \end{matrix}$$

Behält man die Reihenfolge der Zeilen bei, so lassen sich die ersten beiden Spalten falten, Spalten 3 und 4 jedoch nicht. Letztere lassen sich nur falten, wenn man z. B. die Zeilen 2 und 4 vertauscht - dann sind aber Spalten 1 und 2 nicht faltbar.

10.1.10

Wir wollen die vorliegende Problemstellung nun in der Sprache der Graphentheorie ausdrücken. Dabei beschränken wir uns der Einfachheit halber auf die Faltung von Eingangsspalten, d. h. also von Spalten der UND-Ebene. Im folgenden repräsentiert somit eine PLA-Matrix auch stets nur die UND-Ebene.
Eine PLA-Matrix M sei gegeben. Der *Durchschnittsgraph* $G = (E, K)$ von M ist folgermaßen definiert:
die Eckenmenge E besteht aus den Spalten von M; zwei Ecken s und t (also Spalten von M) sind durch eine Kante verbunden, wenn sie nicht disjunkt sind - d. h. wenn es eine Zeile gibt, in der beide Spalten eine "1" haben.

10.1.11

Wir betrachten noch einmal den relevanten Teil des PLA aus 10.1.2:

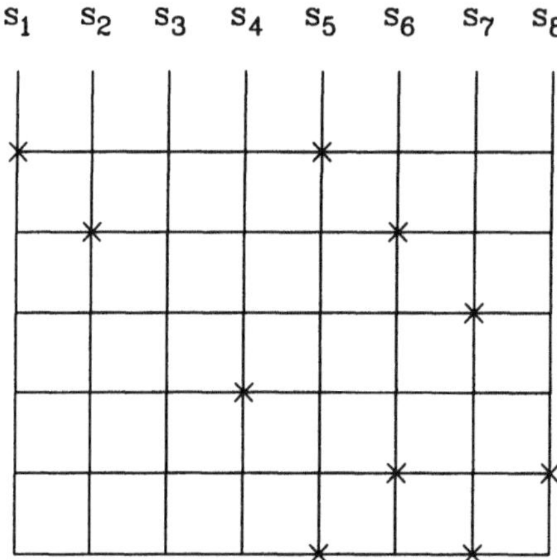

Die PLA-Matrix aus 10.1.6 mit Spalten s_1, s_2,...,s_8 ist

$$M = \begin{pmatrix} 1 & 0 & 0 & 0 & 1 & 0 & 0 & 0 \\ 0 & 1 & 0 & 0 & 0 & 1 & 0 & 0 \\ 0 & 0 & 0 & 0 & 0 & 0 & 1 & 0 \\ 0 & 0 & 0 & 1 & 0 & 0 & 0 & 0 \\ 0 & 0 & 0 & 0 & 0 & 1 & 0 & 1 \\ 0 & 0 & 0 & 0 & 1 & 0 & 1 & 0 \end{pmatrix}$$

Der zugehörige Durchschnittsgraph sieht so aus:

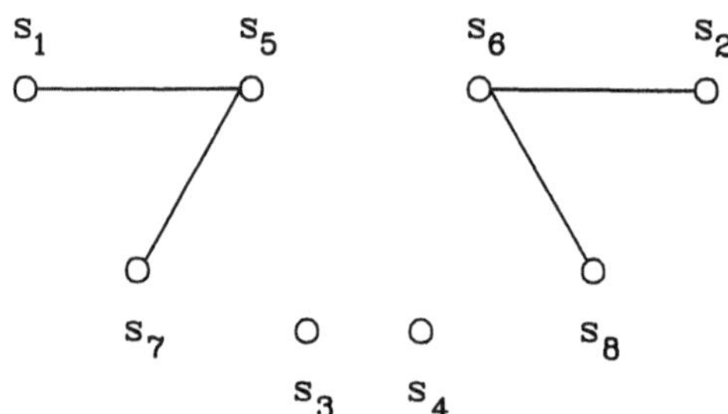

In dieses Diagramm tragen wir nun die in 10.1.4 gewählte Spaltenfaltung ein. Dazu wird eine gerichtete Kante von s_i nach s_j gezogen, wenn s_i "unter" s_j gefaltet wird. Der resultierende "gemischte" Graph (mit gerichteten und ungerichteten Kanten) ist hier dargestellt, daneben die entsprechende PLA-Darstellung:

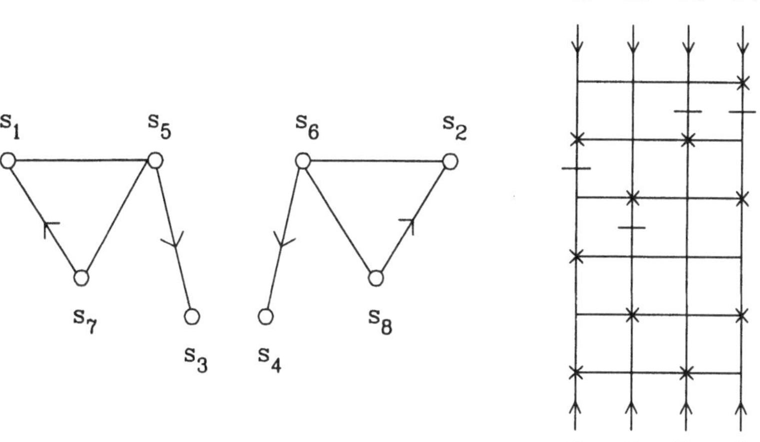

10.1.12

Es ist offensichtlich, daß zwei Spalten nur dann gefaltet werden können, wenn sie im Durchschnittsgraphen nicht durch eine Kante verbunden sind. *Wenn* aber Spalte s_i unter Spalte s_j gefaltet wird, so hat dies zur Konsequenz, daß alle Zeilen, in denen s_i den Eintrag "1" hat, unter sämtlichen in diesem Sinne zu s_j gehörenden Zeilen angeordnet sind.
Im Beispiel 10.1.9 wurde aufgezeigt, wie die Faltung zweier Spalten eine andere Faltung unmöglich machen kann. Das Optimierungsziel ist es natürlich, im Durchschnittsgraphen möglichst viele Paare nicht benachbarter Ecken durch eine gerichtete Kante so zu verbinden, daß sich die dadurch gegebenen Faltungen simultan (d. h. mit einer gemeinsamen Umordnung der Zeilen) durchführen lassen.

10.1.13

Dieses Optimierungsziel soll nun rein graphentheoretisch formuliert werden. Dazu müssen einige weitere Begriffe eingeführt werden.
Es sei $G = (E, K)$ ein beliebiger ungerichteter Graph. Eine Menge A von Eckenpaaren $(e, f) \in E \times E$ heißt ein *Matching*, wenn die folgenden beiden Bedingungen gelten:

i) ist $(e, f) \in A$, dann gilt $ef \notin K$;

ii) aus $(e, f), (e', f') \in A$ folgt $|\{e, f, e', f'\}| = 4$.

In Worten bedeutet dies: A besteht aus gerichteten Kanten, die sich paarweise nicht berühren und nur solche Ecken miteinander verbinden, die bezüglich K nicht benachbart sind.

An dieser Stelle sind zwei Anmerkungen nötig:

1.) Wir haben hier den englischen Begriff des "Matching" übernommen, um ihn von den in Abschnitt 7.5 verwendeten dazu verwandten Begriffen "Korrespondenz" und "Paarung" abzusetzen.

2.) Zur leichteren Unterscheidung verwenden wir die Notation ef für eine ungerichtete Kante zwischen den Ecken e und f und (e, f) für eine gerichtete Kante von e nach f.

10.1.14

Es sei nun $G = (E, K)$ der Durchschnittsgraph der PLA-Matrix eines PLA. Wir nennen nun ein Matching A ***implementierbar***, wenn die Spalten der PLA-Matrix (also die Ecken des Graphen) so gefaltet werden können, daß für $(e, f) \in A$ stets Spalte e unter Spalte f gefaltet wird. Als unser Optimierungsziel können wir folglich jetzt den Wunsch formulieren, ein implementierbares Matching maximaler Größe zu finden.
Es soll nun herausgearbeitet werden, wie man dem gemischten Graphen $\mathcal{G} = (E, K, A)$ möglichst leicht ansehen kann, ob A implementierbar ist. Dazu ist eine weitere Begriffsbildung nötig.
Eine Folge von Ecken $W = (e_1, e_2, ..., e_{2t})(t \geq 2)$ in einem gemischten Graphen $\mathcal{G} = (E, K, A)$ heißt *alternierender Weg*, wenn die Paare aufeinanderfolgender Ecken abwechselnd in K und A sind:

$(e_{2j-1}, e_{2j}) \in A$ für $j = 1, 2, ..., t$ und

$e_{2j}e_{2j+1} \in K$ für $j = 1, 2, ..., t - 1$.

Gilt außerdem noch $e_{2t}e_1 \in K$, so nennen wir $W = (e_1, e_2, ..., e_{2t}, e_1)$ einen *alternierenden Kreis.*

10.1.15

Wir sind nun in der Lage, die angestrebte graphentheoretische Charakterisierung zu formulieren:

Satz

Es sei $G = (E, K)$ der Durchschnittsgraph der PLA-Matrix eines PLA, A sei ein Matching. A ist genau dann implementierbar, wenn der gemischte Graph $\mathcal{G} = (E, K, A)$ keinen alternierenden Kreis enthält.

10.1.16

Bevor wir zum Beweis dieses Satzes kommen, ist es günstig, die von einem Matching induzierte Relation auf den Zeilen der PLA-Matrix genauer anzusehen.
Es seien also, wie in den Voraussetzungen des Satzes, $G = (E, K)$ und ein Matching A gegeben. Für eine Spalte e der gegebenen Matrix sei $Z(e)$ die Menge derjenigen Zeilen, die in dieser Spalte den Eintrag 1 besitzen.
Auf der Menge aller Zeilen der Matrix führen wir nun eine "kleiner-Relation" ein durch die Festlegung:

$$z_1 < z_2,$$

falls es Spalten $e_1, e_2 \in E$ gibt mit

$$z_1 \in Z(e_1), z_2 \in Z(e_2) \text{ und } (e_1, e_2) \in A.$$

Die Interpretation ist folgende: die Relation beschreibt, welche Zeilen bei einer Implementierung von A (sofern eine solche existiert) auf jeden Fall unterhalb welcher anderen Zeilen angeordnet werden müssen. Entscheidend ist nun, daß man der Relation $<$ ansehen kann, ob A implementierbar ist.
Dazu fahren wir mit folgender Überlegung fort. Hat man in obiger Relation $z_1 < z_2$ und $z_2 < z_3$, so muß nicht unbedingt $z_1 < z_3$ sein, obwohl natürlich bei einer Implementierung von A dann auch z_1 unter z_3 liegen muß. Es macht also Sinn, die *transitive Hülle* der Relation $<$ zu betrachten:

$$z <_t z',$$

falls Zeilen $z_1, z_2, ..., z_p$ existieren mit

$$z = z_1 < z_2 < ... < z_{p-1} < z_p = z'.$$

Führt die transitive Hülle auf eine Relation der Form $z <_t z$, so kann selbstverständlich A nicht implementierbar sein.

Entsteht umgekehrt keine Relation der Form $z <_t z$, so ist $<_t$ eine *Ordnungsrelation* auf der Menge der Zeilen. Die Zeilen können dann so linear untereinander angeordnet werden, daß $<_t$ respektiert ist. Offenbar läßt diese Zeilenanordnung dann auch eine Implementierung von A zu.

Wir fassen zusammen:

A ist genau dann implementierbar, wenn keine Relation der Form $z <_t z$ gilt.

10.1.17

Beweis des Satzes 10.1.15

Wir setzen zunächst voraus, daß A implementierbar ist. Ferner nehmen wir an, daß $\mathcal{G}$ einen alternierenden Kreis $W = (e_1, e_2, ..., e_{2t}, e_1)$ enthält. Aus diesen Annahmen wird nun ein Widerspruch abgeleitet.
Die Implementierbarkeit von A bedeutet, daß die Zeilen der PLA-Matrix so angeordnet werden können, daß für $(e, f) \in A$ stets Spalte e unter Spalte f gefaltet werden kann. Eine solche lineare Anordnung der Zeilen sei nun gegeben.
Für Zeilen z_1, z_2 schreiben wir $z_1 \prec z_2$, wenn Zeile z_1 in dieser Anordnung unter Zeile z_2 liegt. Sind X und Y Mengen von Zeilen, so soll $X \prec Y$ bedeuten, daß für alle $x \in X$ und $y \in Y$ gilt $x \prec y$.
Wegen $(e_1, e_2) \in A$ gilt nun zunächst $Z(e_1) \prec Z(e_2)$. $e_2e_3 \in K$ bedeutet $Z(e_2) \cap Z(e_3) \neq \emptyset$; $z \in Z(e_2) \cap Z(e_3)$ sei eine beliebige zu $Z(e_2)$ und $Z(e_3)$ gehörende Zeile. Da nun $Z(e_1) \prec z, z \in Z(e_3)$ und $Z(e_3) \prec Z(e_4)$ gilt, folgt insbesondere $Z(e_1) \prec Z(e_4)$.
Entsprechend kann nun weiter argumentiert werden, um schließlich $Z(e_1) \prec Z(e_{2t})$ zu erhalten. Dies bedeutet, daß jede Zeile von $Z(e_1)$ unter jeder von $Z(e_{2t})$ liegt. Dies widerspricht jedoch $e_{2t}e_1 \in K$, wonach $Z(e_1) \cap Z(e_{2t}) \neq \emptyset$ ist.
Zum Beweis der umgekehrten Richtung setzen wir nun voraus, daß $\mathcal{G}$ keinen alternierenden Kreis enthält. Weiter sei A als nicht implementierbar angenommen. Mit dem in 10.1.16 eingeführten Bezeichnungen bedeutet dies, daß für eine Zeile z der PLA-Matrix gilt $z <_t z$. Es müssen also Zeilen $z_1, z_2, ..., z_n$ existieren mit

$$z = z_1 < \ldots < z_n = z.$$

Also gibt es Spalten $e_1, e_2, e'_2, e_3, e'_3, \ldots, e'_{n-1}, e_n$ mit

$z \in Z(e_1), z_2 \in Z(e_2)$ und $(e_1, e_2) \in A$,

$z_{n-1} \in Z(e'_{n-1}), z \in Z(e_n)$ und $(e'_{n-1}, e_n) \in A$,

sowie $z_i \in Z(e'_i)$, $z_{i+1} \in Z(e_{i+1})$ und $(e'_i, e_{i+1}) \in A$

für $2 \leq i \leq n-2$.

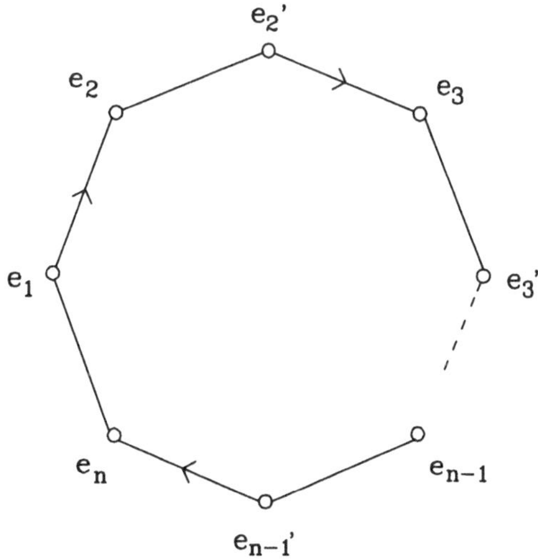

Es gilt also $(e_1, e_2) \in A$ sowie $(e'_i, e_{i+1}) \in A$ für alle $2 \leq i \leq n-1$ (s. das Diagramm). Weiter ist für jedes $2 \leq i \leq n-1$ $z_i \in Z(e_i)$ und $z_i \in Z(e'_i)$, also $e_i e'_i \in K$. Schließlich hat man $z \in Z(e_1) \cap Z(e_n)$ und damit $e_1 e_n \in K$. Im Widerspruch zur Voraussetzung ist also ein alternierender Kreis konstruiert worden.

Damit ist der Satz bewiesen.

10.1.18

Es sollen nun noch zwei spezielle Arten der Faltung hervorgehoben werden.

Zu einem gegebenen PLA (bzw. einer gegebenen PLA-Matrix) heißt eine Faltung *Blockfaltung*, wenn es nicht vorkommt, daß (im Durchschnittsgraphen) benachbarte Spalten so mit zwei anderen Spalten gefaltet werden, daß die eine zur oberen und die andere zur unteren Spalte wird. Für den zugehörigen gemischten Graphen $\mathcal{G} = (E, K, A)$ bedeutet dies offenbar, daß es keinen alternierenden Weg der Form $e_1 e_2 e_3 e_4$ mit $(e_1, e_2) \in A$, $e_2 e_3 \in K$ und $(e_3, e_4) \in A$ gibt.

Falls die Eingänge des PLA von vornherein den beiden Seiten des Layout zugeordnet sind, spricht man von *beschränktem* oder *bipartitem Falten.* In diesem Fall ist also eine Partition der (Eingangs-)Spalten in zwei Mengen S_1, S_2 vorgegeben, und eine Spalte aus $S_1(S_2)$ darf nur als obere (untere) Spalte einer Faltung enden.

10.1.19

Beispiel

Ausgegangen wird von folgender PLA-Matrix:

	s_1	s_2	s_3	s_4	s_5	s_6	s_7	s_8	s_9	s_{10}
z_1	1	0	0	0	0	1	0	0	0	0
z_2	1	0	1	0	1	0	0	0	0	0
z_3	0	0	0	0	0	1	1	0	1	0
z_4	0	0	0	0	1	0	1	0	0	1
z_5	0	1	0	0	0	0	0	1	0	1
z_6	0	0	0	1	0	0	0	1	0	0

Eine optimale Faltung sieht (in Matrix - ähnlicher Notation) so aus:

s_1	s_3	s_6	s_5	s_2
1	0	1	0	0
$\underline{1}$	$\underline{1}$	0	1	0
1	1	$\underline{1}$	0	0
1	0	1	$\underline{1}$	0
0	0	1	1	$\underline{1}$
0	0	0	1	1
s_7	s_9	s_{10}	s_8	s_4

Eine optimale Blockfaltung ist in folgendem Bild dargestellt:

s_1	s_3	s_6	s_9	s_5	s_7
1	0	1	0	0	0
1	1	0	0	1	0
$\underline{0}$	$\underline{0}$	$\underline{1}$	$\underline{1}$	0	1
0	0	0	1	1	1
1	0	1	1	0	0
0	1	1	0	0	0
s_2	s_4	s_8	s_{10}		

Schließlich ist für die Spaltenpartition $S_1 = \{s_1, s_3, s_5, s_7, s_9\}$ und $S_2 = \{s_2, s_4, s_6, s_8, s_{10}\}$ die folgende bipartite Faltung optimal (hier ist eine Zeilenvertauschung nötig):

	s_1	s_3	s_5	s_7	s_9
z_2	1	$\underline{1}$	1	0	0
z_1	1	1	0	0	0
z_3	$\underline{0}$	1	0	1	$\underline{1}$
z_4	0	0	$\underline{1}$	$\underline{1}$	1
z_5	1	0	0	1	1
z_6	0	0	1	1	0
	s_2	s_6	s_4	s_8	s_{10}

10.1.20

In der Zusammenfassung haben wir es mit den folgenden diskreten Optimierungsproblemen zu tun:

Gegeben sei ein ungerichteter Graph $G = (E, K)$. (In der Anwendung ergibt sich G als Durchschnittsgraph der PLA-Matrix eines PLA). Das *Faltungsproblem* besteht darin, ein Matching A aus möglichst vielen gerichteten Kanten zu finden derart, daß der gemischte Graph $\mathcal{G} = (E, K, A)$ keinen alternierenden Kreis enthält.[2)]

2 Der Einfachheit halber verwenden wir im folgenden die Sprechweise "maximales implementierbares Matching" oder "maximale Faltung" auch ohne Bezug zu einer gegebenen PLA-Matrix.

Beim *Blockfaltungsproblem* ist ein möglichst großes A zu finden, so daß $\mathcal{G} = (E, K, A)$ sogar keinen alternierenden Weg der Länge 3 (mit ungerichteter mittlerer Kante) enthält.
Beim *bipartiten Faltungsproblem* geht man von einem bipartiten $G = (E_1 \cup E_2, K)$ aus und sucht nach einem (möglichst großen) Matching, welches nur aus Kanten der Form (e, f) mit $e \in E_1$ und $f \in E_2$ besteht und zu keinem alternierenden Kreis in G führt.
Schließlich geht es beim *bipartiten Blockfaltungsproblem* darum, durch Hinzufügen eines möglichst großen A keinen alternierenden Weg der Länge 3 (mit ungerichteter mittlerer Kante) zu erhalten.
Der nächste Abschnitt beschäftigt sich mit den Möglichkeiten und Grenzen bisher bekannter Graphenalgorithmen zur Lösung dieser Probleme.

Beispielaufgabe 10.1

Erläutern Sie den Begriff des implementierbaren Matchings für einen beliebigen ungerichteten Graphen $G = (E, K)$.

Lösung

Ein ungerichteter Graph $G = (E, K)$ sei gegeben. Ein Matching A ist eine Menge gerichteter Kanten zwischen Ecken aus E, die sich paarweise nicht berühren und nur solche Ecken miteinander verbinden, die bezüglich K nicht benachbart sind.
Ein solches Matching heißt implementierbar, wenn der gemischte Graph $\mathcal{G} = (E, K, A)$ keinen alternierenden Kreis enthält. Ist G der Durchschnittsgraph einer PLA-Matrix, so bedeutet die Implementierbarkeit von A, daß die Spalten der Matrix (die den Ecken des Graphen entsprechen) so gefaltet werden können, daß für $(e, f) \in A$ stets Spalte e unter Spalte f gefaltet wird.

10.2 Alternierende Kreise in gemischten Graphen

10.2.1

Zunächst wollen wir die in 10.1.20 zusammengestellten Optimierungsprobleme noch einmal in eine andere Form überführen. Dies dient insbesondere der Einschätzung des algorithmischen Schwierigkeitsgrades.
Die folgende Definition wird benötigt: Eine *Dreiecksclique* von Größe f ist ein bipartiter Graph mit $2f$ vielen Ecken, nämlich oberen Ecken $u_1, u_2, \ldots, u_f$

und unteren Ecken $v_1, v_2, \ldots, v_f$, wobei eine Ecke u_i (für $1 \leq i \leq f$) immer genau mit $v_1, v_2, \ldots, v_i$ verbunden ist.
Als Beispiel ist hier eine Dreiecksclique von Größe 5 dargestellt:

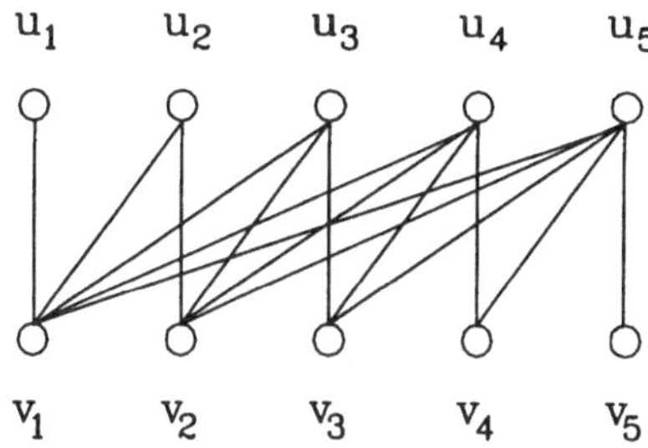

Schließlich bezeichnen wir den *Komplementgraphen* eines Graphen G mit G_c. Ist G der Durchschnittsgraph einer Matrix M, so ist G_c der *Verträglichkeitsgraph*: zwei Ecken (also Spalten von M) sind verbunden, wenn sie disjunkt sind, es also keine Zeile in M gibt, in denen die beiden Spalten gemeinsam eine "1" als Eintrag haben.

10.2.2

Satz

Sei $G = (E, K)$ ein ungerichteter Graph. Das Faltungsproblem ist äquivalent dazu, im Komplementgraphen G_c eine möglichst große Dreiecksclique als Teilgraphen zu finden.

Beweis:

Wir zeigen, daß ein implementierbares Matching A in G aus f vielen gerichteten Kanten zu einer Dreiecksclique der Größe f in G_c führt - und umgekehrt. Damit bedeutet die Maximierung des einen (bezüglich f) natürlich auch die Maximierung des anderen.
Es sei also zuerst A ein implementierbares Matching in G bestehend aus f vielen gerichteten Kanten. Der gemischte Graph $\mathcal{G} = (E, K, A)$ enthält keinen alternierenden Kreis. Wir möchten nun die Kanten von A bzw. deren Endecken so numerieren, daß gilt $A = \{(v_1, u_1), (v_2, u_2), \ldots, (v_f, u_f)\}$ und $u_i v_j \in K$ höchstens im Falle $i < j$ richtig ist. Dazu betrachten wir auf der Menge A die folgende Ordnungsrelation $<$: es sei $a < b$ für $a, b \in A$, falls es in $\mathcal{G}$ einen alternierenden Weg gibt, der mit Kante a beginnt und mit Kante b endet. Eine beliebige lineare Erweiterung dieser Ordnungsrelation liefert nun eine Numerierung $a_1, \ldots, a_f$ der Elemente von A und (mit $a_i = (v_i, u_i)$) damit die gewünschte Darstellung $A = \{(v_1, u_1), (v_2, u_2), \ldots, (v_f, u_f)\}$. Würde nun

für ein Paar $i > j$ die Kante $u_i v_j$ in K existieren, so müßte (in der oberen definierten Ordnungsrelation) $a_i < a_j$ gelten, und man hätte einen Widerspuch.
All dies bedeutet, daß die Ecken u_i und v_i $(1 \leq i \leq f)$ zusammen in G_c eine Dreiecksclique der Größe f bilden, welche nun einen Teilgraphen von G_c darstellt. (Man beachte: es muß sich hier nicht um einen Untergraphen handeln.)
Zum Beweis der umgekehrten Richtung sei nun eine Dreiecksclique mit Ecken $u_1, u_2, \ldots, u_f$ und $v_1, v_2, \ldots, v_f$ im Komplementgraphen G_c von G gegeben. Wir wählen

$$A = \{(v_1, u_1), \ldots, (v_f, u_f)\}$$

und behaupten, daß A in G ein implementierbares Matching ist.
Dies ist jedoch klar, denn ein alternierender Kreis in $\mathcal{G} = (E, K, A)$ müßte auf jeden Fall mindestens eine Kante $u_i v_j \in K$ mit $i > j$ enthalten, was im Widerspruch zur Eigenschaft der Dreiecksclique in G_c stünde.

10.2.3

Beispiel

Als Graph G sei der "Weg" aus 5 Punkten gegeben:

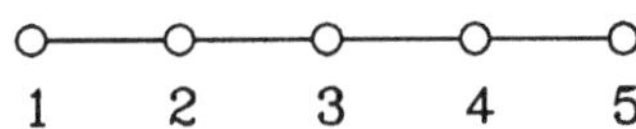

Der Komplementgraph G_c sieht offenbar folgendermaßen aus:

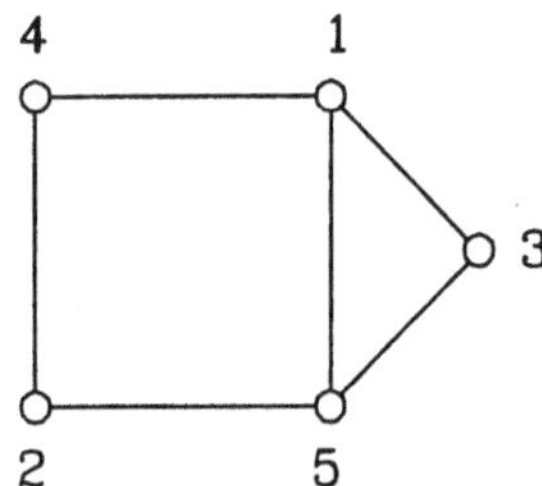

$A = \{(4, 2), (5, 1)\}$ bildet z. B. ein implementierbares Matching in G, denn der resultierende gemischte Graph enthält keinen alternierenden Kreis:

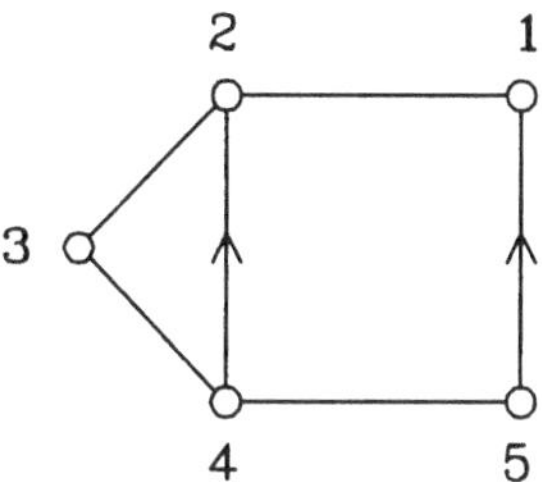

Eine Numerierung mit den gewünschten Eigenschaften ist im folgenden Bild dargestellt:

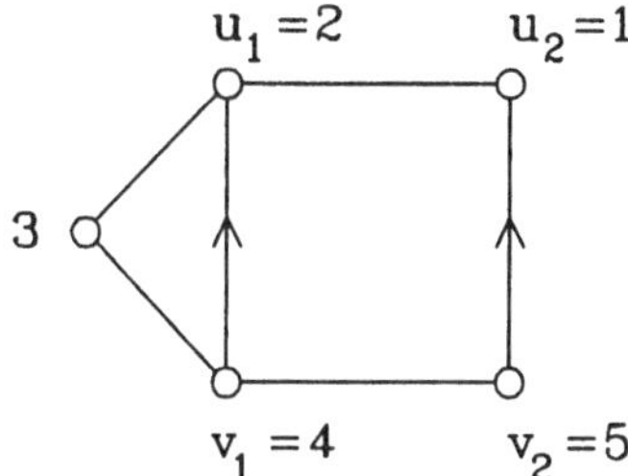

Innerhalb von G_c hat man:

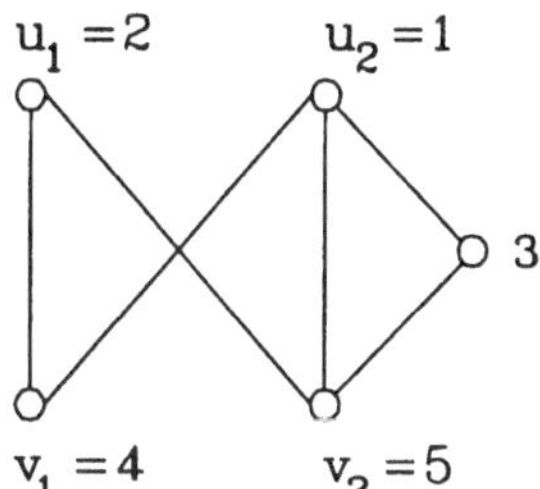

Wie man sieht, bilden u_1, u_2 mit v_1, v_2 eine Dreiecksclique der Größe 2 (für die außerdem noch $u_1 v_2$ eine Kante ist).

10.2.4

Auch das Blockfaltungsproblem sowie das entsprechende bipartite Problem können - analog zu Satz 10.2.2 - über Teilgraphen des Komplementgraphen charakterisiert werden. Diese Charakterisierungen wollen wir der Vollständigkeit halber ebenfalls darlegen, auf die Beweise jedoch verzichten. Wir erinnern an den Begriff eines ***vollständigen bipartiten*** Graphen $K_{f,f}$ (vgl. 2.1.8): dieser besteht aus zwei Eckenmengen E_1 und E_2 mit jeweils f vielen Elementen, wobei jede Ecke aus E_1 mit jeder aus E_2 verbunden ist. Als Beispiel ist in folgendem Diagramm $K_{4,4}$ dargestellt:

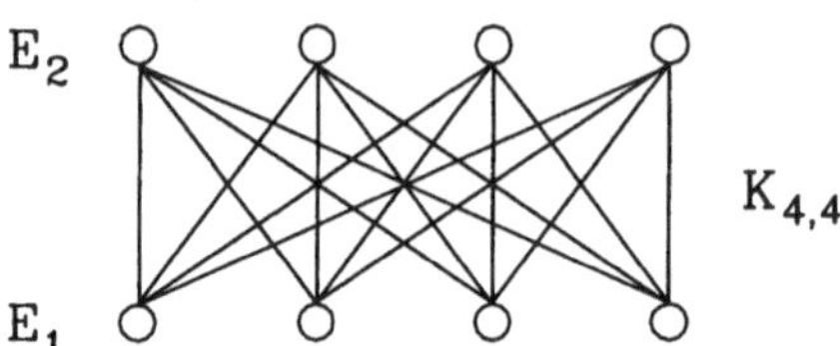

10.2.5

Ohne Beweis merken wir an:

1.) Sei $G = (E, K)$ ein ungerichteter Graph. Das Blockfaltungsproblem ist äquivalent dazu, im Komplementgraphen G_c einen möglichst großen vollständig bipartiten Graphen $K_{f,f}$ als Teilgraphen zu finden.
2.) Sei $G = (E_1 \cup E_2, K)$ ein bipartiter Graph. Das bipartite Blockfaltungsproblem ist äquivalent dazu, im bipartiten Komplementgraphen G_{bc} einen möglichst großen vollständig bipartiten Graphen $K_{f,f}$ als Teilgraphen zu finden.

Der Begriff "bipartiter Komplementgraph G_{bc}" ist dabei so zu verstehen: es werden genau diejenigen Knoten $e \in E_1$ und $f \in E_2$ miteinander verbunden, die in G nicht verbunden sind. G_{bc} ist also auch wieder bipartit. (Man beachte: im Unterschied dazu müssen in G_c auch die Ecken von E_1 bzw. E_2 untereinander verbunden werden!)

10.2.6

Die obige Charakterisierung des bipartiten Blockfaltungsproblems hat nun den Vorteil, daß aus ihr unmittelbare Rückschlüsse auf den Schwierigkeitsgrad des Problems möglich sind. Aus [GAR] übernehmen wir, daß das Problem, in einem bipartiten Graphen einen möglichst großen vollständig bipartiten Graphen als Teilgraphen zu finden, NP-vollständig ist. (Zur Terminologie verweisen wir zurück auf 3.2.10 und auf 9.4).

Folgerung

Das bipartite Blockfaltungsproblem ist NP-vollständig.

10.2.7

Man kann aus diesem Ergebnis nun auch die NP-Vollständigkeit der anderen Probleme bis zum (allgemeinen) Faltungsproblem ableiten. Wir wollen dem jedoch nicht im einzelnen weiter nachgehen. Fazit ist jedenfalls, daß die betrachteten Probleme keine einfachen Algorithmen zu ihrer Lösung erhoffen lassen und es durchaus einen Sinn macht, nach (nicht unbedingt optimalen) Näherungslösungen zu suchen oder aber nach Lösungen für nur spezielle Klassen von zugrundeliegenden Graphen. Der Rest dieses Abschnitts beschäftigt sich mit diesen Fragen, und zwar stets in bezug auf das bipartite Faltungsproblem.

Im folgenden wird immer von einem bipartiten Graphen $G = (U \cup V, K)$ ausgegangen.

Gesucht ist eine möglichst große Faltung A, also eine Menge disjunkter gerichteter Kanten von Knoten aus V nach Knoten aus U, so daß der gemischte Graph $\mathcal{G} = (U \cup V, K, A)$ keinen alternierenden Kreis enthält.
Zunächst werden einige Überlegungen zu der Frage angestellt, wie maximale Faltungen mit Ecken von kleinem Grad "umgehen". Zur Erinnerung: der Grad $\gamma(e)$ einer Ecke e ist die Anzahl der zu e benachbarten Ecken.

10.2.8

Lemma

Ist $u^\circ \in U$ eine Ecke von Grad 0, so existiert eine maximale Faltung A mit einer Kante $(v, u^\circ) \in A$.

Beweis:

Es sei A eine maximale Faltung, die u° nicht faltet, d. h. es existiert kein v mit $(v, u^\circ) \in A$. Dann muß jedes $v \in V$ mit einem $u \in U$ gefaltet sein, denn andernfalls könnte man ein noch nicht gefaltetes v wählen und (v, u°) zu A hinzufügen im Widerspruch zu dessen Maximalität. Man kann nun ein beliebiges $v' \in V$ wählen und das Paar $(v', u') \in A$ gegen das Paar (v', u°) austauschen - Resultat ist wieder eine maximale Faltung mit der gewünschten Eigenschaft.

10.2.9

Der nachfolgende Satz besagt, daß unter den obigen Bedingungen zusätzlich eine Auswahl hinsichtlich des Partners von u° bei der Faltung möglich ist.

Satz

Ist $u^\circ \in U$ eine Ecke vom Grad 0 und $u^1 \in U$ von Grad 1, und ist v_1 der eindeutige Nachbar von u^1, so existiert eine maximale Faltung A mit $(v_1, u^\circ) \in A$.

Beweis:

Wegen obigem Lemma können wir für ein maximales A o.b.d.A. voraussetzen, daß u° gefaltet ist, d. h. ein $v_a \in V$ mit $(v_a, u^\circ) \in A$ existiert (siehe Bild). Im gegebenen Graphen kann weder u° zu v_1

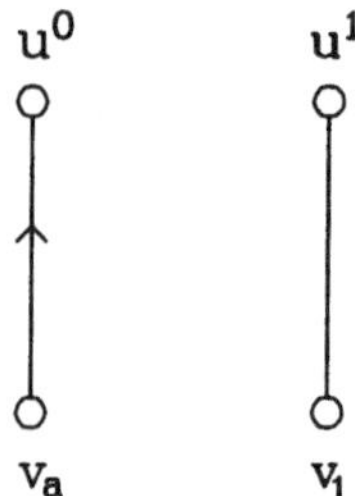

noch u^1 zu v_a benachbart sein. Ist v_1 nicht gefaltet, so kann einfach die Kante $(v_a, u^\circ) \in A$ entfernt und dafür (v_1, u°) hinzugenommen werden, und man hat ein neues A mit der gewünschten Eigenschaft.

Es sei also v_1 mit u_b gefaltet. Zwei Fälle müssen nun unterschieden werden:

i) u^1 ist mit einem v_b gefaltet.

ii) u^1 ist nicht gefaltet.

Fall i):

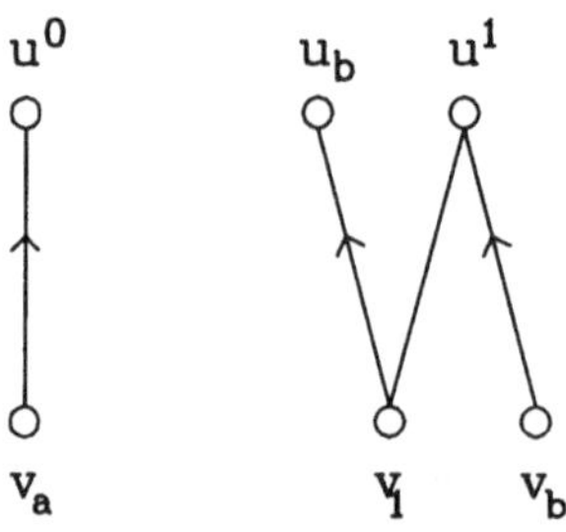

u_b und v_b können im ursprünglichen Graphen nicht benachbart sein, denn man hätte dann einen alternierenden Kreis. Wir nehmen nun die drei gerichteten Kanten (v_a, u°), (v_1, u_b) und (v_b, u^1) aus A heraus und ersetzen sie durch die Kanten $(v_a, u^1), (v_1, u^\circ)$ und (v_b, u_b):

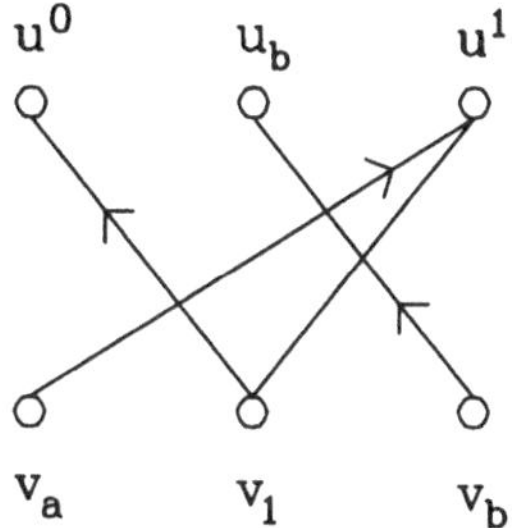

Die Behauptung ist, daß die neu entstandenen Menge A', die das gewünschte (v_1, u°) enthält, wieder eine maximale Faltung ist. Es ist also nachzuweisen, daß kein alternierender Kreis neu entstanden sein kann. Da u° in G von Grad 0 ist, kann ein solcher alternierender Kreis auf keinen Fall die Kante (v_1, u^0) enthalten; dann kann er aber auch nicht (v_a, u^1) enthalten, da u^1 in G nur zu v_1 verbunden ist und man damit wieder bei (v_1, u°) landete. Schließlich kann auch die Kante (v_b, u_b) nicht in einem alternierenden Kreis liegen, denn man hätte dann im ursprünglichen A bereits einen solchen unter Verwendung des Weges $v_b \to u_1 - v_1 \to u_b$ haben müssen.

Fall ii): Hier ersetzen wir einfach die Elemente (v_a, u°) und (v_1, u_b) aus A durch (v_1, u°) und (v_a, u^1). Resultat ist offenbar eine maximale Faltung mit den gewünschten Eigenschaften.

Damit ist der Satz bewiesen.

10.2.10

Als nächstes wird nun eine Aussage abgeleitet für den Fall, daß keine isolierte Ecke in U existiert:

Satz

U enthalte keine Ecke von Grad 0. Gibt es in U eine Ecke u^1 von Grad 1, und ist v_1 der Nachbar von u^1, so gibt es eine maximale Faltung, die v_1 *nicht* faltet.

Beweis:

Wir überlegen uns zuerst, daß es bei jeder Faltung (auch bei einer maximalen) stets eine ungefaltete Ecke $v \in V$ geben muß, wenn jede Ecke in U mindestens Grad 1 hat: wäre nämlich jedes $v \in V$ gefaltet, so könnte man von einem beliebigen v_1 ausgehend zuerst $(v_1, u_1) \in A$ nehmen, dann zu einem Nachbarn v_2 von u_1 übergehen, wieder $(v_2, u_2) \in A$ nehmen usw....

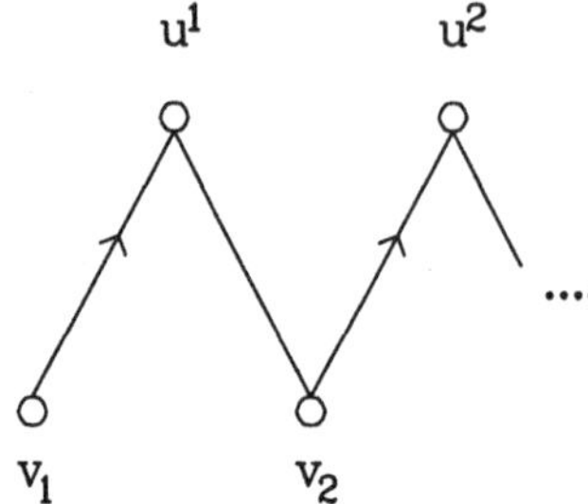

Irgendwann müßte ein neues v_{i+1} gleich einem bereits zuvor betrachteten v_j sein, und es wäre ein alternierender Kreis konstruiert.
Nun seien also u^1 und v_1 wie in der Voraussetzung des Satzes gewählt. A sei eine maximale Faltung, die v_1 mit u_b faltet. v_a sei ungefaltet.

Es können wieder zwei Fälle auftreten:

i) u^1 ist mit einem v_b gefaltet.

ii) u^1 ist ungefaltet.

Fall i):

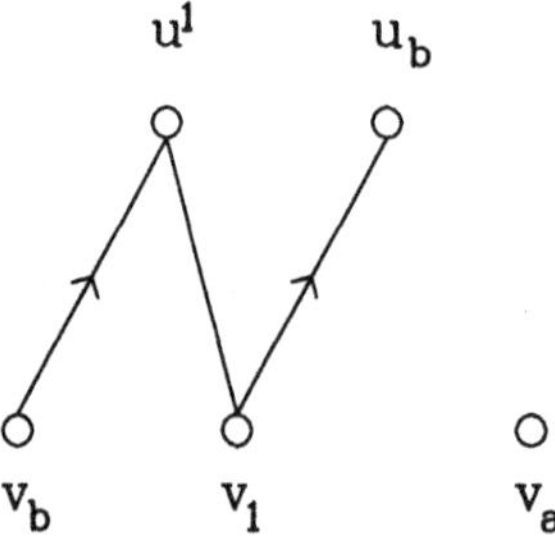

u^1 und v_a sind in G nicht benachbart. Auch können u_b und v_b nicht benachbart sein, sonst gäbe es einen alternierenden Kreis. Wir entfernen nun (v_b, u^1) und (v_1, u_b) aus A und nehmen stattdessen (v_a, u^1) und (v_b, u_b) hinzu:

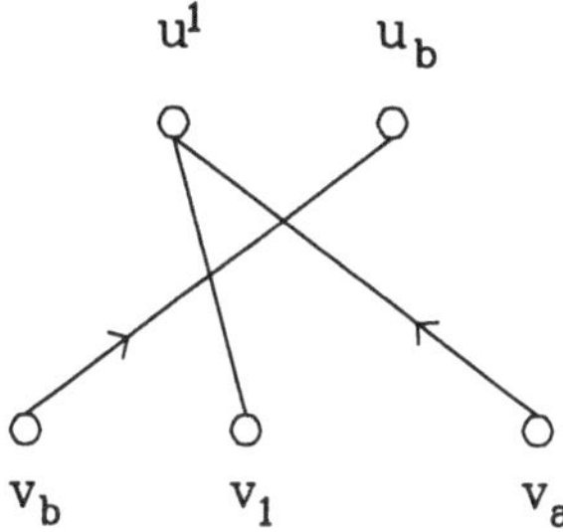

Genau wie im Beweis des vorigen Satzes folgt wieder, daß auch die neu entstandene Menge A' keinen alternierenden Kreis enthält und mithin eine Faltung ist.

Fall ii): In diesem Fall kann einfach die Kante (v_1, u_b) durch (v_a, u^1) ersetzt werden.

Damit ist der Satz bewiesen.

10.2.11

Die Sätze 10.2.9 und 10.2.10 können nun als Konstruktionsvorschriften für maximale Faltungen aufgefaßt werden.

Gegeben sei nach wie vor ein bipartiter Graph $G = (U \cup V, K)$.

1.) In U existiere eine Ecke u^0 von Grad 0 sowie eine Ecke u^1 mit einzigem Nachbarn v_1.
Der erste Satz besagt: Entnimmt man dem Graphen G die Ecken u^0 und v_1, und ist A' eine maximale Faltung in diesem verkleinerten Graphen G', so ist

$$A = A' \cup \{(v_1, u^0)\}$$

eine maximale Faltung in G.

2.) In U existiere keine Ecke von Grad 0, jedoch eine Ecke u^1 von Grad 1 mit eindeutigem Nachbarn v_1.
Der zweite Satz besagt: Entsteht G' aus G durch Wegnahme der Ecke v_1, so ist jede maximale Faltung in G' auch maximale Faltung in G.

Mit anderen Worten: ist für einen bipartiten Graphen G sichergestellt, daß er sukzsessiv durch Anwendung der beiden Prinzipien 1.) und 2.) (und der dazu dualen Prinzipien) vollständig auf einen Graphen $\tilde{G} = (\tilde{U} \cup \tilde{V}, \tilde{K})$ ohne Kan-

ten reduziert werden kann, so kann für diesen Graphen leicht eine maximale Faltung konstruiert werden.
Eine maximale Faltung für $\tilde{G}$ entsteht dabei natürlich durch beliebige Bildung möglichst vieler disjunkter Paare der Form (v, u) mit $v \in \tilde{V}$ und $u \in \tilde{U}$.

10.2.12

Beispiel

Gegeben sei der folgende bipartite Graph:

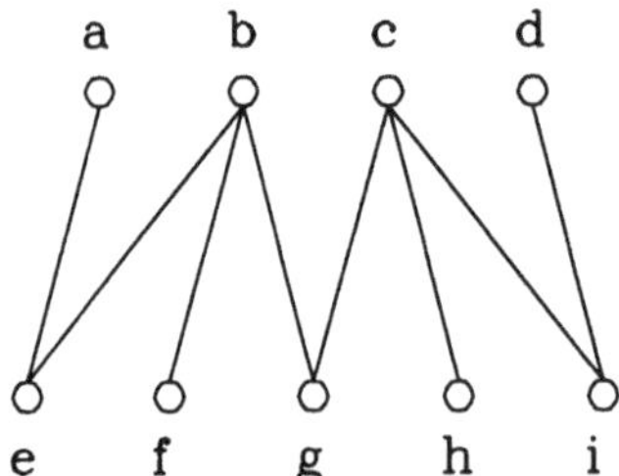

U = {a,b,c,d}

V = {e,f,g,h,i}

U enthält keine Ecke von Grad 0, d hat Grad 1 mit eindeutigem Nachbarn i. Nach Prinzip 2.) kann stattdessen dieser Graph betrachtet werden:

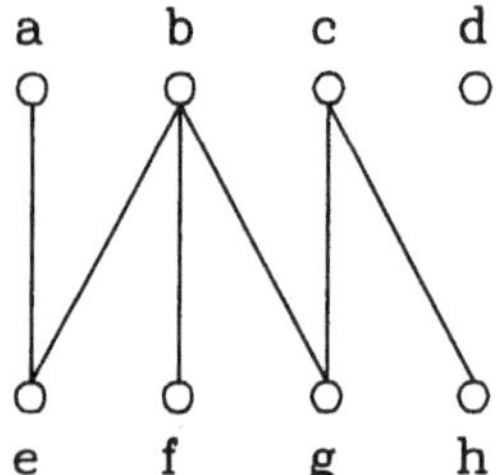

Nach Prinzip 1.) kann e mit d gefaltet und sozusagen "zur Seite gelegt" werden:

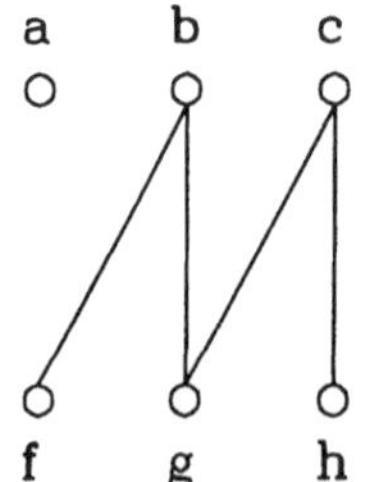

∈A

Das zu 2.) duale Prinzip führt nun zu:

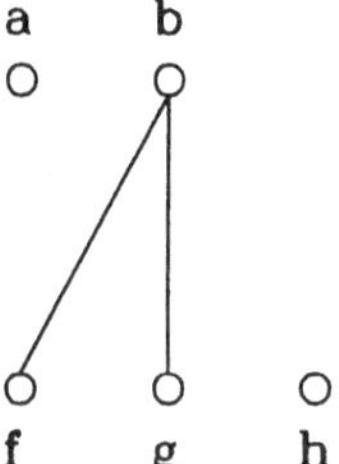

Das zu 1.) duale Prinzip ergibt jetzt z. B. $(h,b) \in A$, und mit $(g,a) \in A$ kann das Verfahren abgebrochen werden. Die gefundene maximale Faltung ist also $A = \{(e,d),(h,b),(g,a)\}$.

10.2.13

Es stellt sich nun die Frage, für welche Graphen mit der soeben skizzierten Methode eine maximale Faltung konstruiert werden kann. Um diesen Graphen einen Namen zu geben, sagen wir, sie seien Grad 1 - zerlegbar:
Ein bipartiter Graph $G = (U \cup V, K)$ heißt *Grad 1 - zerlegbar*, wenn es eine Folge von Teilgraphen $G = G_1, G_2, \ldots, G_t$ gibt mit folgenden Eigenschaften:

a.) G_t besteht nur aus isolierten Knoten;

b.) G_{i+1} entsteht aus G_i, indem

- entweder aus G_i eine Ecke $u^0 \in U_i$ von Grad 0 sowie der Nachbar v_1 einer Ecke $u^1 \in U_i$ von Grad 1 weggelassen werden

- oder in U_i keine Ecke von Grad 0 existiert und aus G_i der Nachbar v_1 einer Ecke $u^1 \in U_i$ von Grad 1 weggelassen wird

- oder ein zu diesen beiden Fällen dualer Fall vorliegt (d. h. Vertauschung von U und V).

10.2.14

Es stellt sich nun heraus, daß wir mit dieser Begriffsbildung immerhin eine große Klasse von Graphen erfaßt haben:

Satz

Jeder Wald (und insbesondere jeder Baum) ist Grad 1 - zerlegbar.

Beweis:

Ein Wald G ist stets bipartit, $G = (U \cup V, K)$. G braucht keine Ecken von Grad 0 zu haben, jedoch existieren dann (sofern G mindestens zwei Knoten besitzt) mindestens zwei Knoten von Grad 1. Damit ist klar, daß G auf jeden Fall im obigen Sinne reduziert werden kann. Da der übrigbleibende Graph wieder ein Wald ist, folgt mit Induktion, daß G vollständig Grad 1 - zerlegbar ist.

10.2.15

Für die Wälder, insbesondere die Bäume ist es uns gelungen, ein leichtes Verfahren für die Konstruktion einer maximalen Faltung anzugeben. Es gibt weitere Ergebnisse für spezielle Arten von Graphen, jedoch wollen wir diesen Weg hier nicht weiter verfolgen.
Wir wenden uns zum Schluß der folgenden Frage zu: Falls über den bipartiten Graphen $G = (U \cup V, K)$ keine weiteren strukturellen Informationen vorliegen - wie falsch kann es denn dann sein, eine Ecke u^0 von Grad 0 mit irgendeiner Ecke $v_a \in V$ zu falten, u^0 und v_a aus G zu entfernen und für den Restgraphen eine maximale Faltung zu suchen? Eine Antwort gibt der folgende Satz:

Satz

Sei $G = (U \cup V, K)$ ein bipartiter Graph mit einer Ecke $u^0 \in U$ vom Grad 0, $v_a \in V$ sei beliebig. G_r sei der Restgraph $G - \{u^0, v_a\}$. Sind $a(G_r)$ bzw. $a(G)$ die Größen maximaler Faltungen in G_r bzw. G, so gilt

$$a(G_r) + 1 \geq a(G) - 1.$$

Beweis:

Nach Lemma 10.2.8 gibt es eine maximale Faltung A in G mit $(v_b, u^0) \in A$ für ein $v_b \in V$. In A kann nun v_a gefaltet sein oder nicht.
Fall i): v_a ist in A gefaltet mit u_c. Wir betrachten den Graphen $G'' = G - \{u^0, u_c, v_a, v_b\}$. Es ist $a(G) - 2 \leq a(G'')$. Da G'' Untergraph von G_r ist,

gilt außerdem $a(G'') \leq a(G_r)$. Aus diesen Ungleichungen folgt sofort das Gewünschte.
Fall ii): v_a ist in A nicht gefaltet. Wir betrachten die Faltung A', die aus A dadurch entsteht, daß wir (v_b, u^0) durch (v_a, u^0) ersetzen. Offenbar ist $| A' |=| A |$. Da A' nun die Vereinigung von (v_a, u^0) mit einer Faltung in G_r ist, folgt $a(G_r) + 1 =| A' |= a(G)$.

Damit der Beweis erbracht.

10.2.16

Als Fazit aus dem soeben gezeigten Satz läßt sich formulieren: Wenn die isolierte Ecke u^0 beliebig gefaltet wird und dann der Rest des Graphen in optimaler Weise, so hat man im Endeffekt entweder eine optimale Faltung geschaffen oder aber diese nur um eine Kante verfehlt.
Der abschließende Satz besagt: läßt man irgendeine Ecke weg und faltet den Rest des Graphen optimal, so hat man entweder eine maximale Faltung oder diese um eine Kante verfehlt.

Satz

Sei $G = (U \cup V, K)$ ein bipartiter Graph und $v_a \in V$ eine Ecke.

Sei $G_r = G - \{v_a\}$. Dann gilt

$$a(G_r) \geq a(G) - 1.$$

Beweis:

Sei A eine maximale Faltung in G. Ist v_a in A ungefaltet, so folgt $a(G_r) = a(G)$. Sei also $(v_a, u_a) \in A, G'' = G - \{u_a, v_a\}$. Dann gilt $a(G'') \geq a(G) - 1$. Andererseits ist jedoch $a(G_r) \geq a(G'')$, woraus die gewünschte Ungleichung folgt.

Beispielaufgabe 10.2

Erläutern Sie die Beziehungen zwischen den Begriffen bipartiter Graph, Wald und Grad 1 - zerlegbar Graph.

Lösung

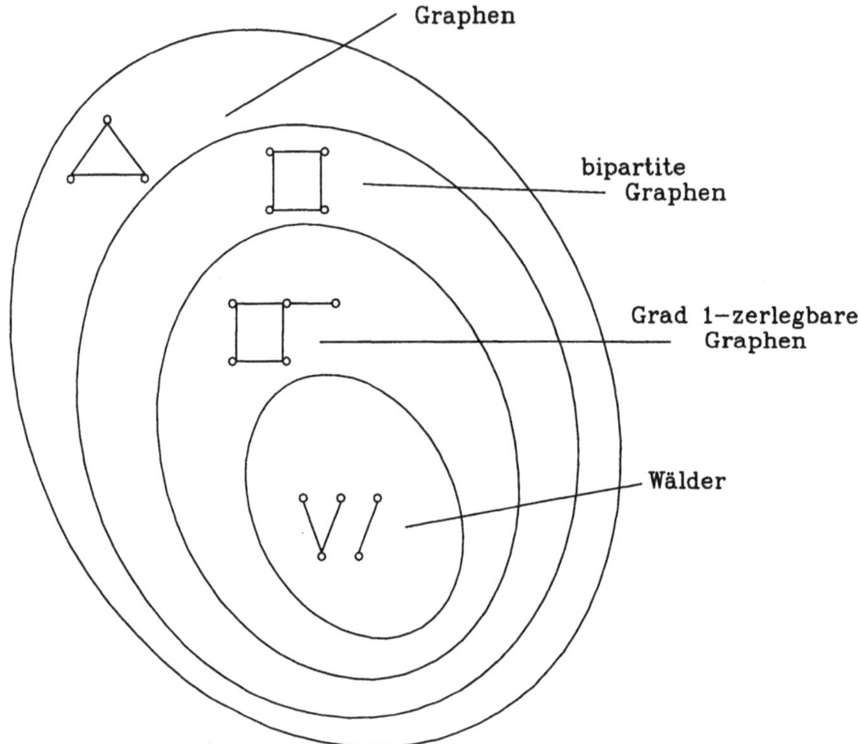

Die Beziehungen zwischen den genannten Graphenklassen sind im obigen Diagramm dargestellt. Zur Abgrenzung ist in jeden Bereich ein Beispielgraph eingezeichnet.

10.3 Das Matrix-Permutationsproblem

10.3.1

Gegeben sei eine 0-1-Matrix M mit m Zeilen und n Spalten. M wird *Netz-Gatter-Matrix* genannt. Die Interpretation ist folgendermaßen: m viele Gatter sind die elektronischen Grundbausteine, die in verschiedener Weise untereinander verbunden werden sollen. Eine solche Verbindung heißt Netz. Jede Spalte von M entspricht einem Netz: die Gatter (Zeilen), bei denen der Matrixeintrag 1 ist, sollen miteinander verbunden werden.

Für diese Verbindungen wird in der Matrix in der entsprechenden Spalte der Teil von der ersten bis zur letzten 1 reserviert. Um dies möglichst ökonomisch zu tun, läßt man Vertauschungen der Zeilen (Gatter) zu: für eine Permutation π der Gatter ist die *erweiterte Netz-Gatter-Matrix* $M_\pi = (\bar{m}_{ij})$ gegeben durch

$$\bar{m}_{ij} \quad := \quad \begin{cases} 1, \text{ falls Gatter } G_r \text{ und } G_s \text{ mit } \pi(r) \leq i \leq \pi(s) \\ \text{und } m_{rj} = m_{sj} = 1 \text{ existieren,} \\ 0 \text{ sonst.} \end{cases}$$

Weiter wird nun zugelassen, daß verschiedene Netze der erweiterten Matrix in die gleiche Spalte (jetzt: *Bahn*) plaziert werden dürfen, falls sie kein Gatter gemeinsam haben. Eine Zuordnung der erweiterten Spalten zu Bahnen, die dies berücksichtigt, heißt *zulässige Bahnzuordnung*. Das Ergebnis einer Netzpermutation und einer zulässigen Bahnzuordnung wird *Layout* genannt. Ein *optimales Layout* ist durch die minimal mögliche Anzahl benötigter Bahnen charakterisiert.

10.3.2

Rein mathematisch können wir das *Matrix-Permutationsproblem* MPP nun folgendermaßen formulieren:

Gegeben sei eine 0-1-Matrix M.

Gesucht ist eine Permutation der Zeilen von M und eine Zuordnung der erweiterten Spalten zu Bahnen derart, daß die Anzahl notwendiger Bahnen möglichst klein ist.

10.3.3

Beispiel

Die Netz-Gatter-Matrix

$$M \quad = \quad \begin{pmatrix} 1 & 1 & 0 & 0 & 0 & 1 \\ 1 & 0 & 1 & 0 & 0 & 0 \\ 0 & 1 & 0 & 1 & 1 & 0 \\ 0 & 0 & 1 & 1 & 0 & 0 \end{pmatrix}$$

aus 4 Gattern und 6 Netzen sei gegeben. Die Spalten entsprechen Netzen $N_1, ..., N_6$ und die Zeilen Gattern $G_1, ..., G_4$. Ist π die Permutation, die nur

G_3 und G_4 vertauscht, so ergibt sich

$$M_\pi = \begin{pmatrix} 1 & 1 & 0 & 0 & 0 & 1 \\ 1 & * & 1 & 0 & 0 & 0 \\ 0 & * & 1 & 1 & 0 & 0 \\ 0 & 1 & 0 & 1 & 1 & 0 \end{pmatrix}.$$

Das Zeichen * steht jeweils für eine 1, die durch die Art der "Reservierung" von Platz in M (im Sinne der Definition in 10.3.1) neu hinzugekommen ist. Eine zulässige Bahnzuordnung mit drei Bahnen ist in folgendem Diagramm dargestellt:

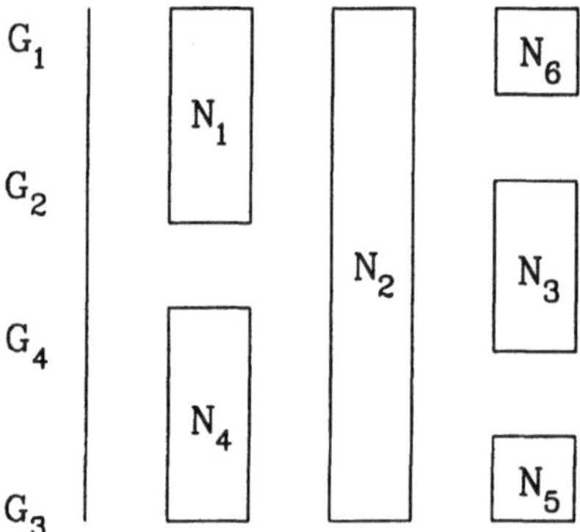

10.3.4

Die minimal mögliche Anzahl von Bahnen wird mit $t(M)$ bezeichnet. Ein optimales Layout hat also $t(M)$ viele Bahnen.
Wie wir sehen, stellt das Matrix-Permutationsproblem eine Verallgemeinerung der Situation dar, wie sie beim in Abschnitt 10.1 behandelten PLA-Falten vorliegt: während hier keine Einschränkung bezüglich der Anzahl der Netze gemacht wird, die sich eine Bahn teilen können, dürfen beim PLA-Falten nur zwei Spalten zu einer zusammengefaßt werden.
Auch das Matrix-Permutationsproblem hat eine direkte Entsprechung zu einem Chip-Layout-Problem: beim *gate matrix layout* [3)] geht es darum, große Transistor-Schaltkreise in CMOS-Technologie zu entwerfen. Man stellt sich zunächst die Transistoren, die ein gemeinsames Eingangs- oder Ausgangs-

3 Wir verzichten auf eine Übersetzung, da sich hierfür kein deutscher Begriff etabliert hat.

oder internes Signal nutzen, in einer Zeile angeordnet vor. Verbindungen zwischen Transistoren werden vertikal (in Spalten) hergestellt. Die Minimierung der Anzahl nötiger Spalten führt genau auf das Matrix-Permutationsproblem.

Beispielaufgabe 10.3

Erläutern Sie den Zusammenhang zwischen dem Matrix-Permutationsproblem und dem Problem des PLA-Faltens.

Lösung

Beim Matrix-Permutationsproblem versucht man, die Zeilen einer 0-1-Matrix so zu permutieren, daß bei einem Layout (also einer zulässigen Zuordnung der erweiterten Spalten zu Bahnen) möglichst wenige Bahnen nötig sind. Beim PLA-Falten besteht die zusätzliche Nebenbedingung, daß nur zwei Spalten derselben Bahn zugeordnet werden dürfen.

10.4 Färbungen, Cliquen und Intervallgraphen

10.4.1

Bevor wir ein zum Problem (MPP) äquivalentes graphentheoretisches Problem formulieren können, müssen wir zur Vorbereitung zwei Konzepte einführen: die Definition eines *Intervallgraphen* und der *Färbung eines Graphen.*

10.4.2

Es sei $G = (E, K)$ ein Graph und p eine natürliche Zahl. Eine Abbildung $f : E \longrightarrow \{1, 2, \ldots, p\}$ von der Eckenmenge des Graphen in die Menge der Zahlen zwischen 1 und p heißt *Färbung*, wenn je zwei adjazenten Ecken verschiedene Bilder zugeordnet werden, d. h. aus $ij \in K$ folgt $f(i) \neq f(j)$.

10.4.3

Beispiel

Die Diagramme zeigen für einen Graphen G jeweils eine Färbung mit 3 bzw. 4 Farben.

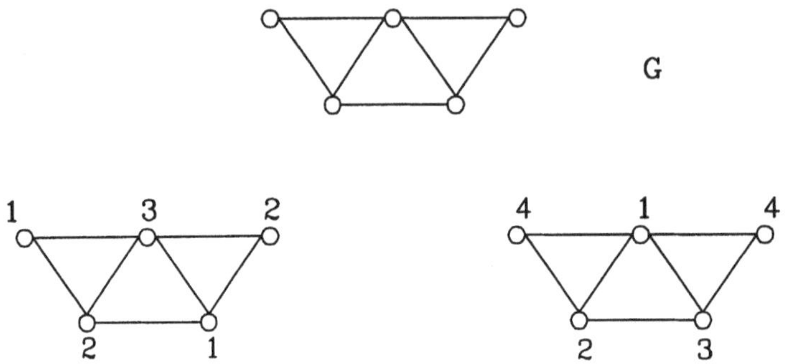

10.4.4

Der Einfachheit halber sind in der obigen Definition die Zahlen von 1 bis p als "Farben" bezeichnet worden, obwohl es sicher suggestiver wäre, irgendwelche Symbole $F_1, \ldots, F_p$ zu wählen — mathematisch ist dies kein Unterschied.
Es ist leicht einzusehen, daß der Graph des obigen Beispiels keine Färbung mit nur $p = 2$ zuläßt. Als *Färbungsproblem* bezeichnen wir das Problem, zu einem beliebigen Graphen $G = (E, K)$ das kleinste p zu ermitteln, für das G eine Färbung mit p Farben besitzt.
Versteht man unter der *chromatischen Zahl* $\chi(G)$ eines Graphen G
$\chi(G) := min\{p \mid G \text{ist mit} p \text{Farben färbbar}\}$, so besteht das Färbungsproblem also in der Ermittlung von $\chi(G)$.

10.4.5

Die Terminologie "Farben", "Färbungsproblem", "chromatische Zahl" etc. geht auf den historischen Ursprung des Problems zurück. Wie bereits im Vorwort erwähnt, stellte Guthrie im Jahre 1852 die Vermutung auf, daß sich jede (in der endlichen Zeichenebene gezeichnete) Landkarte mit nur vier Farben so einfärben läßt, daß aneinander grenzende Länder stets verschiedene Farben tragen. Wenig später wurde das Problem in die Sprache der Graphentheorie übersetzt. Die *Vierfarbenvermutung* lautet: Für jeden endlichen planaren Graphen gilt $\chi(G) \leq 4$.
Das Vierfarbenproblem war für die Entwicklung der Graphentheorie von zentraler Bedeutung. Erst im Jahre 1976 konnten Appel und Haken die Richtigkeit der Vierfarbenvermutung nachweisen. Wie auch schon erwähnt, beruht der Beweis unter anderem auf der rechnerunterstützten Unterscheidung mehrerer tausend zu betrachtender Einzelfälle.

10.4.6

Es stellt sich natürlich die Frage, wie (algorithmisch) schwierig im allgemeinen die Bestimmung der chromatischen Zahl ist. Da für einen vollständigen Graphen K_n offensichtlich gilt $\chi(K_n) = n$, kann es keine allgemeine obere Schranke (wie im Falle der Planarität) geben. Wir wollen diesen Gedanken noch einen Schritt weiter verfolgen.

10.4.7

Sei G ein Graph, U ein Untergraph von G. Ist U selbst vollständiger Graph, so nennt man U auch eine *Clique* in G. Die *Cliquenzahl* $\omega(G)$ ist die Größe einer möglichst großen Clique in G, also
$\omega(G) := max\{q \mid G \text{ enthält einen zu } K_q \text{ isomorphen Untergraphen}\}$.

Satz

Für einen beliebigen Graphen $G = (E, K)$ gilt: $\chi(G) \geq \omega(G)$.

Beweis:

Es sei $f : E \longrightarrow \{1, \ldots, p\}$ eine Färbung von G und U eine Clique in G mit $U \cong K_q$. Da die Ecken von U sämtlich mit verschiedenen Farben gefärbt sein müssen, folgt $p \geq q$. Diese Ungleichung gilt insbesondere für das minimal mögliche p und das maximal mögliche q.

10.4.8

Es stellt sich heraus, daß i. a. $\chi(G) > \omega(G)$ ist und es für die Bestimmung weder des einen noch des anderen einen guten Algorithmus gibt: in beiden Fällen hat man es mit NP-vollständigen Problemen zu tun, wie hier ohne Beweis angemerkt sein soll (vgl. etwa [GAR]).
Das folgende Diagramm zeigt ein Beispiel eines Graphen G mit $\chi(G) = 4$ und $\omega(G) = 3$:

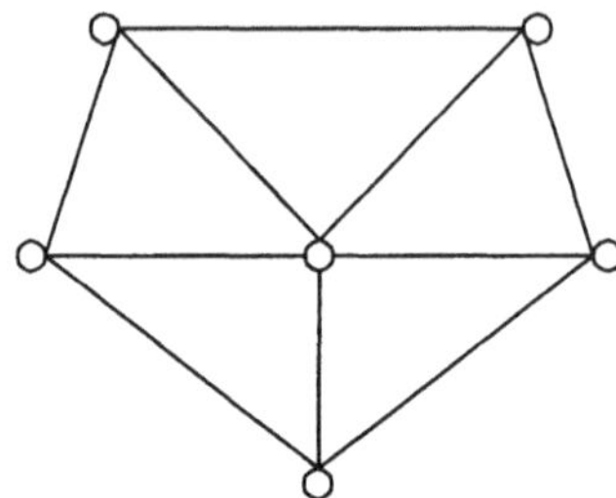

Für den Graphen aus 10.4.3 ist offenbar $\chi(G) = \omega(G) = 3$.

10.4.9

Gegeben seien Intervalle $I_1, \ldots, I_n$ reeller Zahlen, also $I_j \subseteq IR$ für alle j. Es ist für das Weitere keine Beschränkung der Allgemeinheit, wenn die Intervalle als halboffen vorausgesetzt werden: $I_j = [a_j, b_j)$ für $1 \leq j \leq n$.
Ausgehend von diesen Intervallen können wird den folgenden Graphen konstruieren: die Intervalle bilden die Ecken; I_i und I_j werden durch eine Kante verbunden, wenn die Intervalle sich überschneiden, d. h. $I_i \cap I_j \neq \emptyset$ gilt. Der Einfachheit halber wählt man $E = \{1, \ldots, n\}$ als Eckenmenge, wobei also $ij \in K$ eine Kante ist, wenn $I_i \cap I_j \neq \emptyset$ gilt.

10.4.10

Beispiel

Gegeben seien die Intervalle $I_1 = [1,4), I_2 = [2,5), I_3 = [3,6), I_4 = [4,7), I_5 = [5,8)$. Die Konstruktion ergibt den Graphen aus 10.2.3:

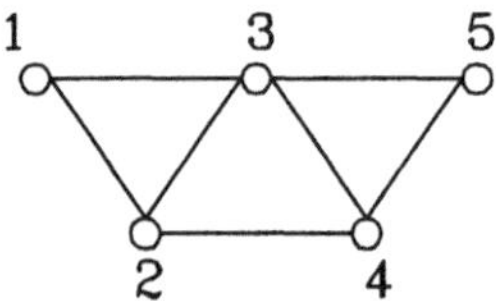

$I_1 = [1,5), I_2 = [2,6), I_3 = [3,7), I_4 = [5,9), I_5 = [6,10)$ ergeben denselben Graphen.

10.4.11

Der wie oben konstruierte Graph heißt der (aus den Intervallen $I_1, \ldots, I_n$ abgeleitete) *Intervallgraph.* Ein beliebiger, abstrakt gegebener Graph $G = (E, K)$ mit $\mid E \mid = n$ wird dementsprechend ein Intervallgraph genannt, wenn Intervalle $I_1, \ldots, I_n$ existieren, so daß deren abgeleiteter Graph isomorph zu G ist. Eine solche *Intervalldarstellung* für G ist natürlich nicht eindeutig; es ist immer leicht, andere Intervalle anzugeben, die zu demselben Graphen führen (siehe oben).

10.4.12

Wie immer stellt sich hier sofort die Frage, ob denn *jeder* Graph Intervallgraph sei. Dies ist nicht der Fall, wie z. B. folgender Graph zeigt:

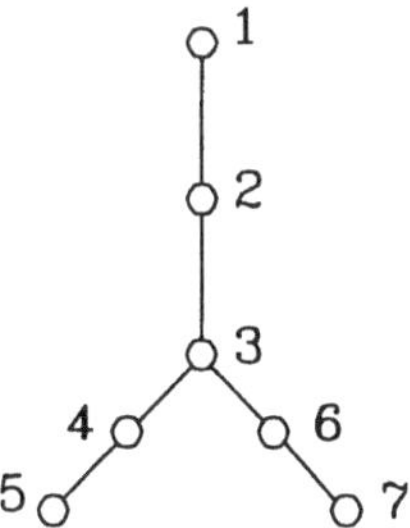

Dieser Graph ist kein Intervallgraph, wie man folgendermaßen sehen kann. Angenommen, es existierte eine Intervalldarstellung $I_1, I_2, \ldots, I_7$. Die Intervalle I_2, I_4 und I_6 überschneiden sich jeweils nicht. O. B. d. A. liege I_2 links von I_4 und dies links von I_6. (Mit "links" ist die Darstellung auf der reellen Achse gemeint.) Da I_3 aber alle diese 3 Intervalle schneidet, muß I_3 das mittlere Intervall I_4 enthalten : $I_4 \subseteq I_3$. Weiter muß nun I_5 das Intervall I_4 schneiden, nicht jedoch I_3, und das ist ein Widerspruch zu $I_4 \subseteq I_3$. Mithin war die Annahme falsch, daß eine solche Intervalldarstellung existiert.

10.4.13

Eine Eigenschaft von Intervallgraphen, die an späterer Stelle eine Rolle spielt, wird im folgenden Satz beschrieben:

Satz

Ist G ein beliebiger Intervallgraph, so enthält G keinen zu dem Kreis C_4 isomorphen Untergraphen.

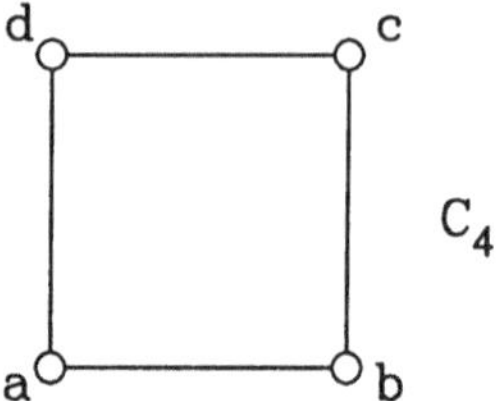

Beweis:

$I_1, \ldots, I_n$ sei eine Intervalldarstellung von G. Angenommen, G enthalte eine isomorphe Kopie von G. Dies bedeutet, daß man Intervalle I_a, I_b, I_c, I_d hat mit $I_a \cap I_b \neq \emptyset, I_b \cap I_c \neq \emptyset, I_c \cap I_d \neq \emptyset, I_d \cap I_a \neq \emptyset$, aber $I_a \cap I_c = \emptyset$ und $I_b \cap I_d = \emptyset$. Dies ist jedoch unmöglich, wie man folgendermaßen einsieht:
Wegen $I_a \cap I_c = \emptyset$ kann man o. B. d. A. voraussetzen, daß I_a ganz links vo I_c liegt (s. Skizze). Das Intervall $I_b = [l_b, r_b)$

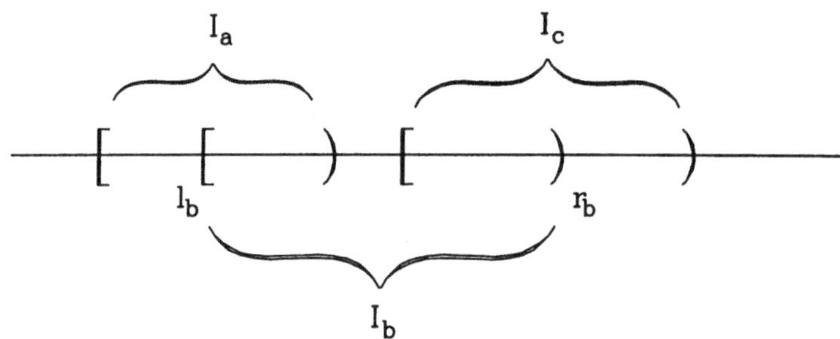

schneidet sowohl I_a als auch I_c, ferner liegt wegen $I_b \cap I_d = \emptyset$ das Intervall I_d rechts von r_b oder links von l_b. Dies ist nicht verträglich damit, daß auch I_d sowohl I_a als auch I_c schneidet.

10.4.14

Man kann die Intervallgraphen innerhalb der Klasse aller Graphen in verschiedener Weise abstrakt charakterisieren. Wir wollen eine dieser Charakterisierungen darstellen, da sie an späterer Stelle verwendet wird. Zuvor sind zwei Anmerkungen nötig.
Wichtig anzumerken ist zunächst, daß bei der Darstellung durch Intervalle statt des "Zahlenstrahls" $I\!R$ auch eine *endliche geordnete Menge* (die genügend groß ist) genommen werden kann. Beispielsweise kann der Graph aus 10.4.10 auch mittels der endlichen geordneten Menge $N_9 = \{1, 2, \ldots, 9\}$ durch die abgeschlossenen Intervalle $I_1 = [1, 4], I_2 = [2, 5], I_3 = [3, 6], I_4 = [5, 8]$ und

$I_5 = [6, 9]$ dargestellt werden. Es macht sogar nichts aus, auch einelementige Intervalle der Form $[i, i]$ zuzulassen.
Zweite Anmerkung: Wie bei analogen Begriffsbildungen bezeichnen wir auch hier eine Clique U in einem Graphen G als *maximal*, wenn G keine Clique enthält, die U umfaßt. (G kann also durchaus Cliquen mit mehr Ecken als U enthalten.)

10.4.15

Wir kommen nun zu der angekündigten Charakterisierung.

Satz

Ein Graph $G = (E, K)$ ist genau dann ein Intervallgraph, wenn seine maximalen Cliquen so numeriert (linear geordnet) werden können, daß für jede Ecke $e \in E$ die e enthaltenden maximalen Cliquen in dieser Anordnung unmittelbar aufeinanderfolgen.

Zum besseren Verständnis könnte man die Bedingung auch so formulieren: Es gibt eine Numerierung $U_1, U_2, \ldots, U_t$ der maximalen Cliquen, so daß für jede Ecke $e \in E$ die e enthaltenden Cliquen ein Intervall in der endlichen Ordnung $U_1 < U_2 < \ldots < U_t$ bilden.

Beweis:

Ist G ein Intervallgraph, so gibt es den Ecken $e \in E$ zugeordnete Intervalle I_e (o. B. d. A. in der Menge der reellen Zahlen). Ist U eine maximale Clique in G, so ist $I_e \cap I_f \neq \emptyset$ für je zwei Knoten $e, f \in U$. Damit folgt auch $\bigcap_{e \in U} I_e \neq \emptyset$. Für jede maximale Clique U wird nun eine reelle Zahl $\kappa(U) \in \bigcap_{e \in U} I_e$ so gewählt, daß alle diese Zahlen verschieden sind. Die gesuchte Ordnung der Cliquen wird nun über diese Zahlen definiert: es wird $U < V$ gesetzt, falls für die assozierten reellen Zahlen gilt $\kappa(U) < \kappa(V)$. Ist nun g irgendeine Ecke des Graphen und W eine maximale Clique, so gilt offenbar $g \in W$ genau dann, wenn $\kappa(W) \in I_g$ ist. Daraus folgt, daß die g enthaltenden maximalen Cliquen in der soeben definierten Anordnung unmittelbar aufeinanderfolgen.
Nun setzen wir umgekehrt voraus, daß es eine Anordnung der maximalen Cliquen mit der gewünschten Eigenschaft gibt. Die Eigenschaft beinhaltet offensichtlich, daß man dann in der linear geordneten Menge der maximalen Cliquen eine Intervalldarstellung des Graphen G hat: jeder Ecke wird die Menge derjenigen Cliquen zugeordnet, die sie enthalten. Damit ist der Satz bewiesen.

10.4.16

Intervallgraphen finden in verschiedenen Wissenschaftsbereichen Anwendung, bei denen es um Überschneidungen zeitlicher oder anderer linearer Abfolgen geht. Wir wollen nun auf Intervallgraphen in Zusammenhang des Matrix-Permutationsproblem eingehen.
Wir betrachten also ein MPP mit Netz-Gatter-Matrix M. Wir erinnern an die Begriffsbildung des *Durchschnittsgraphen* aus 10.1.10: die Eckenmenge E besteht aus den Spalten von M; zwei solche Ecken s und t sind durch eine Kante verbunden, wenn es eine Zeile gibt, in der s und t eine " 1" als Eintrag haben.
Der so entstandene Graph $G = (E, K)$ heißt auch *Netzadjazenzgraph* oder *Unverträglichkeitsgraph*, denn seine Kanten ij drücken ja aus, daß die Gatter i und j in einem zulässigen Layout niemals derselben Bahn zugeordnet werden können.

10.4.17

Beispiel

Es sei die folgende Netz-Gatter-Matrix gegeben:

	N_1	N_2	N_3	N_4	N_5
G_1	1	1	0	0	0
G_2	1	0	1	0	0
G_3	0	1	0	1	1
G_4	0	0	1	1	0

Der Unverträglichkeitsgraph hat dann folgendes Diagramm:

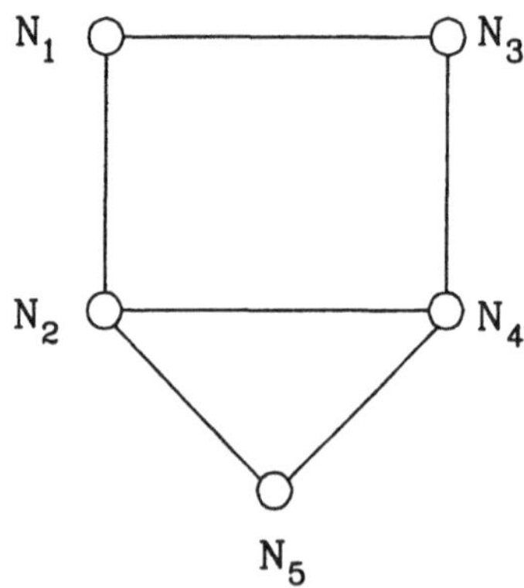

Man beachte, daß dieser Graph aufgrund von 10.4.13 kein Intervallgraph ist.

10.4.18

Es wird nun aufgezeigt, wie ein Unverträglichkeitsgraph in für das Problem relevanter Weise zu einem Intervallgraphen führt.
Ist π irgendeine Zeilenpermutation von M, so wird durch die zugeordnete erweiterte Matrix M_π auf der endlichen Ordnung $G_{i_1} < \ldots < G_{i_m}$ eine Menge von Intervallen definiert. Dadurch erhält man einen Intervallgraphen $H = (E, \tilde{K})$, der den Unverträglichkeitsgraphen G von M (als Teilgraphen) enthält: es ist $K \subseteq \tilde{K}$, d. h. die Kantenmenge ist erweitert worden. Ein zulässiges Layout für M_π (also eine Zuordnung von Bahnen) entspricht nun offensichtlich einer Färbung von H, wobei die Bahnen den Farbklassen entsprechen.
Durch diese Argumentation ist gezeigt, daß jedes zulässige Layout für M zur Färbung eines G enthaltenden Intervallgraphen führt. Wir zeigen, daß auch die Umkehrung dieser Aussage gilt:

Lemma

Es sei G der Unverträglichkeitsgraph einer Netz-Gatter-Matrix M. H sei ein G erweiternder Intervallgraph. Dann gibt es eine Anordnung $G_{i_1}, \ldots, G_{i_m}$ der Gatter von M derart, daß jede Färbung von H einer Bahnzuordnung des zugehörigen M_π entspricht.

Beweis:

Die Voraussetzung, daß ein G erweiternder Graph H gegeben ist, bedeutet: man hat den Netzen $N_1, \ldots, N_n$ von M Intervalle $I_1, \ldots, I_n$ zugeordnet, so daß stets $I_i \cap I_j \neq \emptyset$ gilt, wenn N_i und N_j ein Gatter G_k gemeinsam haben. Das Ziel ist es nun, die Gatter (Zeilen von M) so anzuordnen, daß die durch M_π gegebenen Intervalle (der endlichen geordneten Menge $G_{i_1} < \ldots < G_{i_m}$) eine andere Intervalldarstellung von H liefern. Die mit gleicher Farbe versehenen Intervalle bei irgendeiner Färbung können dann sämtlich einer Bahn zugeordnet werden.
Die gesuchte Anordnung der Gatter ergibt sich folgendermaßen: Man setzt zuerst $G_r < G_s$, wenn Netze $N_i \neq N_j$ existieren mit $m_{ri} = m_{sj}$, so daß das zugeordnete Intervall I_i vollständig links von I_j liegt. Diese Definition muß noch keine vollständige Anordnung der Netze ergeben. Es kann irgendeine Anordnung $G_{i_1}, \ldots, G_{i_m}$ gewählt werden, die die obige Relation "$<$" erweitert.

10.4.19

Beispiel

Wir gehen wieder von der Matrix M aus 10.4.17 aus. Die folgenden Diagramme stellen zwei verschiedene den Unverträglichkeitsgraphen erweiternde Intervallgraphen dar:

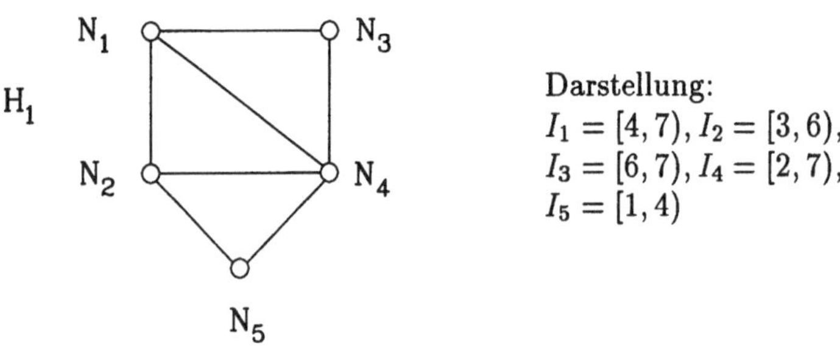

Darstellung:
$I_1 = [4,7), I_2 = [3,6)$,
$I_3 = [6,7), I_4 = [2,7)$,
$I_5 = [1,4)$

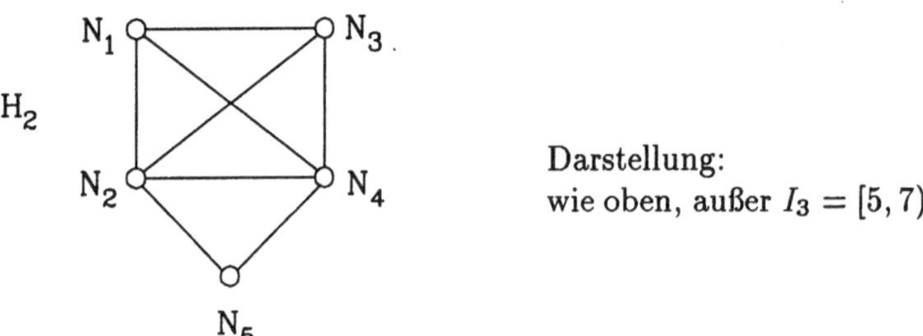

Darstellung:
wie oben, außer $I_3 = [5,7)$

In der Darstellung des ersten Intervallgraphen H_1 liegt I_5 links von I_1 und I_3 sowie I_2 links von I_3. Dies führt zu den Realationen $G_3 < G_1, G_2, G_4$ und $G_1 < G_2, G_4$, im Bild:

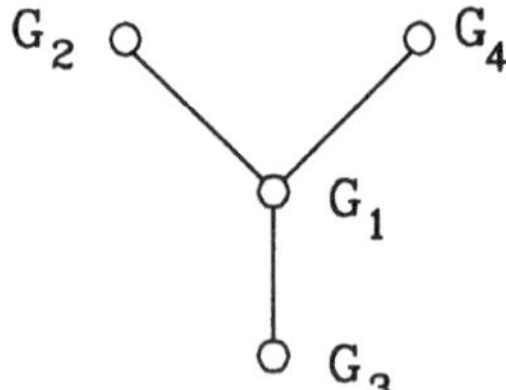

Eine Erweiterung ist die Anordnung $G_3 < G_1 < G_2 < G_4$. Bei der Darstellung von H_2 liegt I_2 nicht links von I_3, man erhält nur:

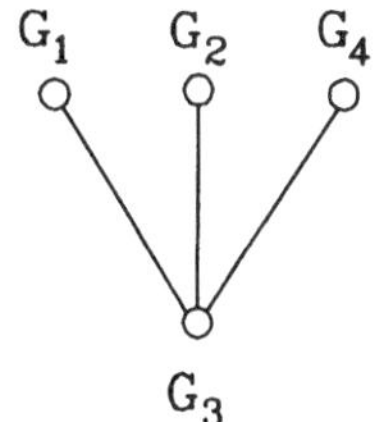

Eine Erweiterung ist z. B. $G_3 < G_4 < G_2 < G_1$.

H_1 kann mit 3, H_2 nur mit 4 Farben gefärbt werden:

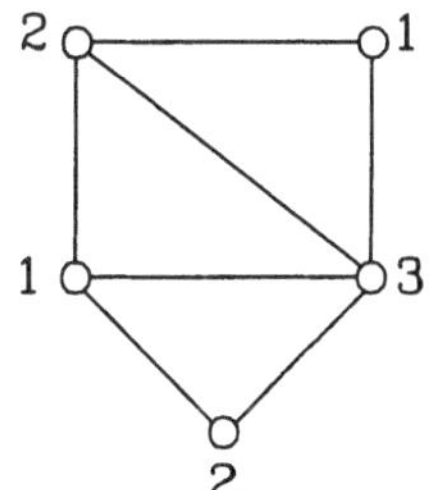

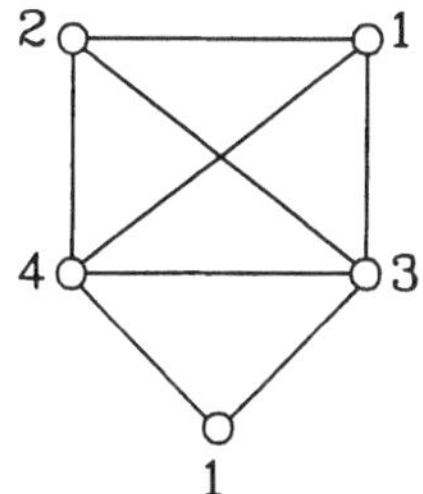

Die zugehörigen Layouts sind:

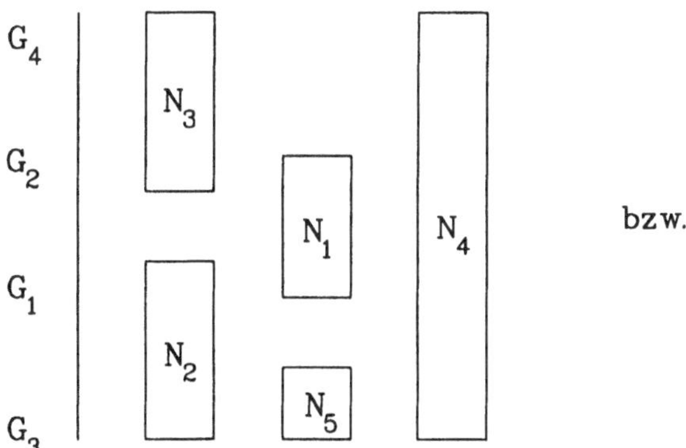

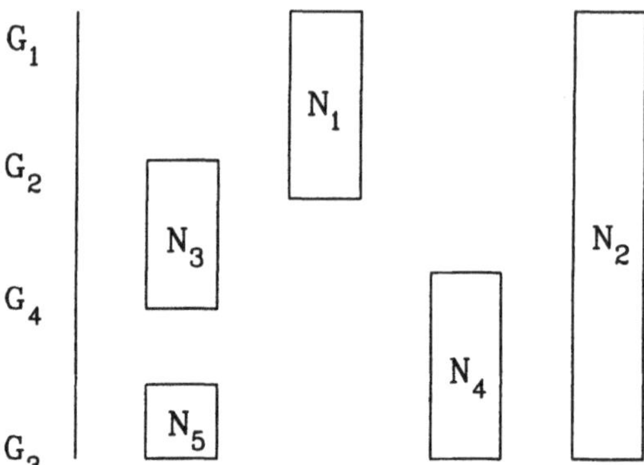

Man beachte, daß das erste Layout optimal ist und das zweite sofort "per Hand" durch Zusammenlegung von Spalte 2 und 3 verbessert werden kann.

10.4.20

Aufgrund der obigen Ausführungen können wir das folgende Fazit ziehen:

Satz

Die kleinstmögliche Anzahl von Bahnen in einem zulässigen Layout für eine Netz-Gatter-Matrix M entspricht der kleinsten chromatischen Zahl einer Erweiterung des Unverträglichkeitsgraphen G von M zu einem Intervallgraphen H, d. h. $t(M) = min\{\chi(H) \mid H \text{ ist ein Intervallgraph mit } K(G) \subseteq K(H)\}$.

10.4.21

Mit diesem Satz macht es Sinn, für einen beliebigen Graphen G zu setzen

$$t(G) = min\{\chi(H) \mid H \text{ ist ein Intervallgraph mit } K(G) \subseteq K(H)\}.$$

Wir wollen uns nun der Frage zuwenden, wie die chromatische Zahl eines Intervallgraphen bestimmt werden kann. Es sei dazu ein Graph $G = (E, K)$ mit $\mid E \mid = n$ und eine Intervalldarstellung $I_1, \ldots, I_n$ gegeben. Für jedes Intervall I_j sei i_j die kleinste in I_j enthaltene Zahl (also der " linke Rand" von I_j). Diese Zahlen denken wir uns geordnet: $i_{j_1} \leq \ldots \leq i_{j_n}$.
Ausgehend von der "Farbenmenge" $\{1, \ldots, n\}$ werden nun die Ecken des Graphen mit möglichst wenigen Farben nach folgendem Algorithmus gefärbt. (Es sei $E = \{e_1, \ldots, e_n\}$, wobei e_i dem Intervall I_i entspricht).

begin
Setze $f(e_{j_1}) := 1$;
for $k = 2$ to n *do*
begin
sei $L := \{1 \leq l \leq k \mid i_{j_k} \in I_{j_l}\}$;
setze $F := \{f(e_{j_l}) \mid l \in L\}$;
definiere $f(e_{j_k}) := min\{\{1, \ldots, n\} \backslash F\}$;
end
end

Die Idee dieses Algorithmus ist die folgende: Die linken Intervallgrenzen werden von links nach rechts abgesucht. Wenn der Absuchprozeß bei einem solchen Punkt anlangt, so wird den zugehörigen Intervallen (bzw. Ecken des Graphen — dies können mehrere sein) nacheinander die kleinste Farbe aus der Menge $\{1, \ldots, n\}$ zugeordnet, welche noch keinem diesen Punkt enthaltenden Intervall zugeordnet wurde.

10.4.22

Offenbar liefert der obige Algorithmus eine optimale Färbung (also mit möglichst wenigen Farben) eines Intervallgraphen. Andererseits ist klar, daß die Anzahl der auf diese Weise benötigten Farben gerade die Maximalanzahl sich in einem Punkt schneidender Intervalle ist. Letzteres ist die Cliquenzahl $\omega(G)$.

Folgerung

Für einen Intervallgraphen G gilt stets: $\chi(G) = \omega(G)$. Der oben beschriebene Algorithmus liefert eine optimale Färbung.

10.4.23

Beispiel

Der Graph H_1 aus 10.4.19 mit der Intervalldarstellung $I_1 = [4,7), I_2 = [3,6), I_3 = [6,7), I_4 = [2,7)$ und $I_5 = [1,4)$ sei gegeben. Für die linken Intervallgrenzen gilt $i_5 < i_4 < i_2 < i_1 < i_3$. Im ersten Algorithmusschritt wird der Ecke e_5 bzw. dem Intervall I_5 die Farbe 1 zugeordnet.
Da $i_4 \in I_5$ ist, muß für I_4 die Farbe 2 verwendet werden. Ebenso bekommt wegen $i_2 \in I_4, I_5$ das Intervall I_2 die Farbe 3. Für i_1 gilt dann $i_1 \notin I_5$, mithin wird I_1 wieder mit 1 gefärbt. Für i_3 gilt schließlich $i_3 \in I_1, I_4$ (mit den Farben 1 und 2), I_3 bekommt also Farbe 3. Die resultierende Färbung sieht mithin folgendermaßen aus:

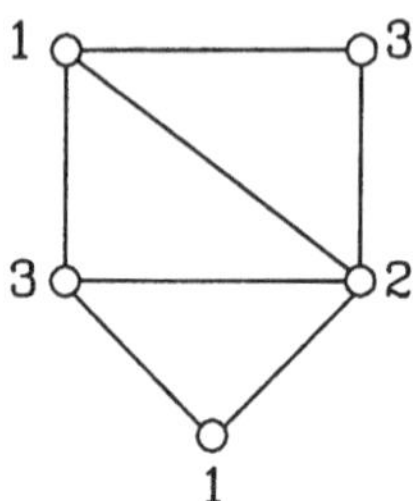

10.4.24

Wir haben nun gesehen, daß es algorithmisch einfach ist, die chromatische Zahl eines Intervallgraphen zu bestimmen. Wir haben allerdings kein Verfahren zur Verfügung, welches den im Sinne von Satz 10.4.20 "besten" Intervallgraphen auf einfache Weise bestimmt. Ein guter Algorithmus für dieses Problem ist auch nicht zu erhoffen: da das MPP eine Verallgemeinerung des Faltungsproblems und letzteres NP-vollständig ist, ist wegen Satz 10.4.20 zu erwarten, daß auch die Suche des "besten" Intervallgraphen auf ein NP-vollständiges Problem führt. Daß dies tatsächlich so ist, wurde zuerst in [KAS] nachgewiesen.
Im nächsten Abschnitt wird angedeutet, daß das Problem algorithmisch einfach ist, wenn man sich bei den zugrundeliegenden Graphen auf die Klasse der Bäume beschränkt. Dies ist eine Erweiterung des in 10.2.14 erhaltenen Resultats für das PLA-Falten.

Beispielaufgabe 10.4

Skizzieren Sie die Relevanz von Intervallgraphen für das Matrix-Permutationsproblem.

Lösung

In einer erweiterten Netz-Gatter-Matrix bestimmt jede Spalte ein Intervall in der geordneten Menge der Zeilen. Auf diese Weise hat man eine Intervalldarstellung des Durchschnittsgraphen der erweiterten Matrix. Da die chromatische Zahl dieses Intervallgraphen gerade der minimal möglichen Anzahl von Bahnen in einem Layout entspricht, geht es also darum, die "beste" Zeilenpermutation bzw. den entsprechenden Intervallgraphen mit kleinstmöglicher chromatischer Zahl zu finden.

10.5 Zur Säuberung von Bäumen

10.5.1

Es erweist sich für unsere Zwecke als günstig, das Matrix-Permutationsproblem auf eine weitere Weise umzuformulieren. Das folgende *Säuberungsspiel* wurde in [KIR] zuerst eingeführt.
Ein Graph $G = (E, K)$ sei gegeben. Die Kanten von G repräsentieren ein System von Röhren, die durch ein Gas verseucht (kontaminiert) sind. Das Ziel der Säuberung ist es, alle Kanten von dem Gas zu säubern. Das Spiel besteht nun in einer Folge von Zügen, wobei in jedem Zug Wächter auf eine oder mehrere Ecken des Graphen gesetzt werden, die keinen Wächter tragen, oder Wächter von einigen bewachten Ecken abgezogen werden.
Eine Kante wird gereinigt, wenn ihre Endecken gleichzeitig einen Wächter tragen. Eine gereinigte Kante kann allerdings wieder verseucht werden — nämlich dann, wenn zu einem späteren Zeitpunkt ein Weg von dieser Kante zu einer noch verseuchten Kante existiert, ohne daß ein Wächter auf irgendeiner Ecke innerhalb dieses Weges sitzt.
Eine Säuberung heißt *optimal*, wenn die maximale Anzahl zu irgendeinem Zeitpunkt benutzter Wächter möglichst klein ist. Diese optimale Zahl nennen wird die *Säuberungszahl* $s(G)$ des Graphen G.

10.5.2

Beispiel

Gegeben sei der Graph aus 10.4.17:

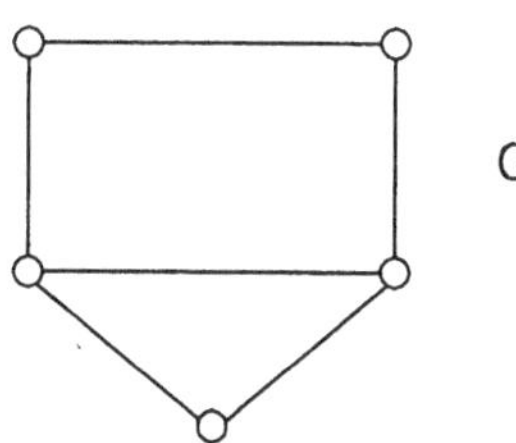

Fünf Wächter reichen offenbar aus: besetzt man im ersten Zug jede Ecke mit einem Wächter, so ist der Graph sofort gesäubert. Geht es auch mit weniger Wächtern? Auf jeden Fall nicht mit zweien: besetzt man im ersten Zug zwei benachbarte Ecken, so wird diese Kante danach sofort wieder verseucht usw..

Die nun dargestellte Zugfolge zeigt, daß man mit drei Wächtern auskommt (also $s(G) = 3$ gilt); gesäuberte Kanten sind fett gezeichnet.

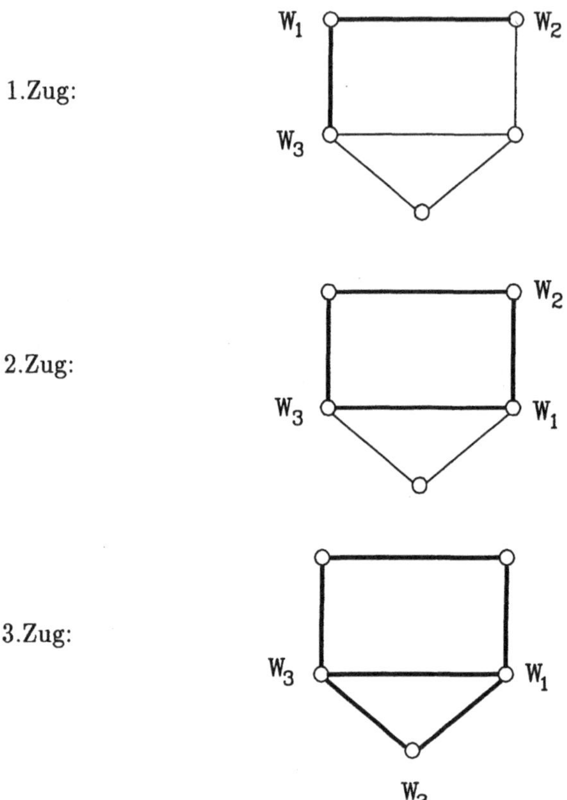

10.5.3

In [KIR] ist gezeigt, daß stets eine optimale Säuberung existiert, die niemals eine bereits gesäuberte Kante wieder verseucht. Wir sprechen bei einer solchen Säuberung von einer *Säuberung ohne Rekontaminierung.* Überraschenderweise folgt damit:

Satz

Für einen beliebigen Graphen G ist $s(G) = t(G)$, wobei wie bisher gilt $t(G) = min\ \{\chi(H) | H$ ist ein Intervallgraph mit $K(G) \subseteq K(H)\}$.

Beweis:

Es sei $G = (E, K)$ ein beliebiger Graph und $H = (E, K')$ ein G erweiternder Intervallgraph (d. h. $K \subseteq K'$). Wir zeigen, daß G mit $\omega(H)$ vielen Wächtern gesäubert werden kann, woraus mit 10.4.21 und 10.4.22 folgt $s(G) \leq t(G)$. $U_1, U_2, \ldots, U_t$ sei eine Anordnung der maximalen Cliquen von H im Sinne von 10.4.15, die größte dieser Cliquen besteht aus $\omega(H)$ vielen Ecken. Wir behaupten nun: mit $\omega(H)$ vielen Wächtern kann G gesäubert werden, indem nacheinander die Ecken von U_1, U_2 usw. mit Wächtern besetzt werden. (In jedem Zug werden also die Wächter von $U_i - U_{i+1}$ abgezogen und — möglicherweise unter Hinzunahme weiterer Wächter — auf die Ecken in $U_{i+1} - U_i$ plaziert.) Bei dieser Vorgehensweise wird niemals eine zuvor gesäuberte Kante erneut verseucht. Nehmen wir das Gegenteil an: dann gibt es eine Situation (i -ter Zug), in der zum ersten Mal eine Kante k wieder verseucht wird. Wir haben also folgendes Bild:

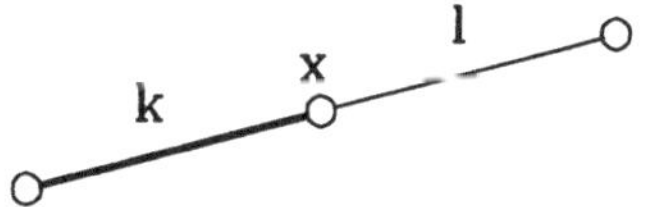

Dabei ist die Kante l bisher in keinem Zug gesäubert worden, und x trägt derzeit keinen Wächter. Aufgrund der Eigenschaften der Cliquen U_j und der Vorgehensweise bei der Säuberung wird x (da es zuvor einen Wächter beherbergt haben muß) in Zukunft keinen Wächter mehr tragen. Dies widerspricht aber der Tatsache, daß die Kante l zu einer Clique U_j mit $j > i$ gehören muß, denn sie war in keiner der bisherigen Cliquen enthalten. Damit ist nun $s(G) \leq t(G)$ bewiesen.
Für die umgekehrte Richtung stellen wir uns eine optimale Säuberung ohne Rekontaminierung vor. Jeder Ecke e von G ordnen wir nun das Intervall $[i, j]$ zu, wobei i (j) den ersten (letzten) Zug bezeichnet, nach dessen Ausführung e einen Wächter trägt. [4] Da jede Kante gesäubert wird, überschneiden sich die ihren Endecken zugeordneten Intervalle. Daher induziert diese Intervalldarstellung einen Intervallgraphen $H = (E, K')$ mit $K \subseteq K'$. Die Anzahl benutzter Wächter ist offenbar mindestens die maximale Anzahl sich paarweiser überschneidender Intervalle, also $\omega(H)$. Somit folgt $s(G) \geq t(G)$, und der Satz ist bewiesen.

4 Man beachte, daß wir hier auch $i = j$ und somit ein einelementiges Intervall $[i, i]$ zulassen.

10.5.4

Was kann man über die Säuberungszahl eines Baumes aussagen? Aufgrund des obigen Satzes ($s(G) = t(G)$) ist diese Frage unmittelbar relevant für das Matrix-Permutationsproblem. Von der Anschauung her leuchtet ein, daß es bei der Säuberung eines Baumes leichter fällt, eine erneute Verseuchung mit Kanten zu vermeiden, wenn man Teilbäume durch einen Wächter " absperrt".

10.5.5

Beispiele

Wir betrachten zuerst den folgenden Baum B_1:

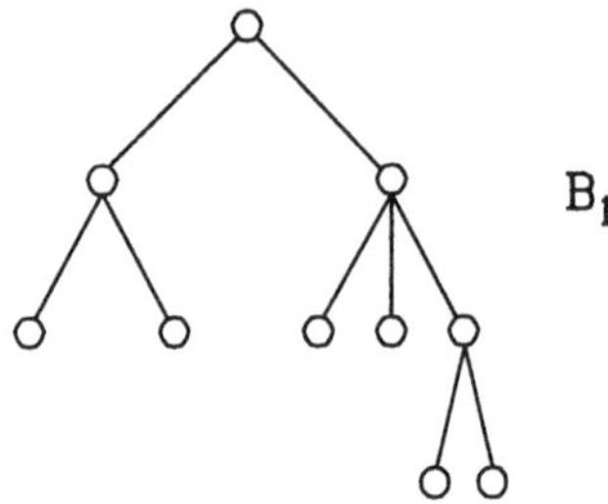

B_1 kann mit zwei Wächtern gesäubert werden, wie in der dargestellten Diagrammfolge angedeutet ist:

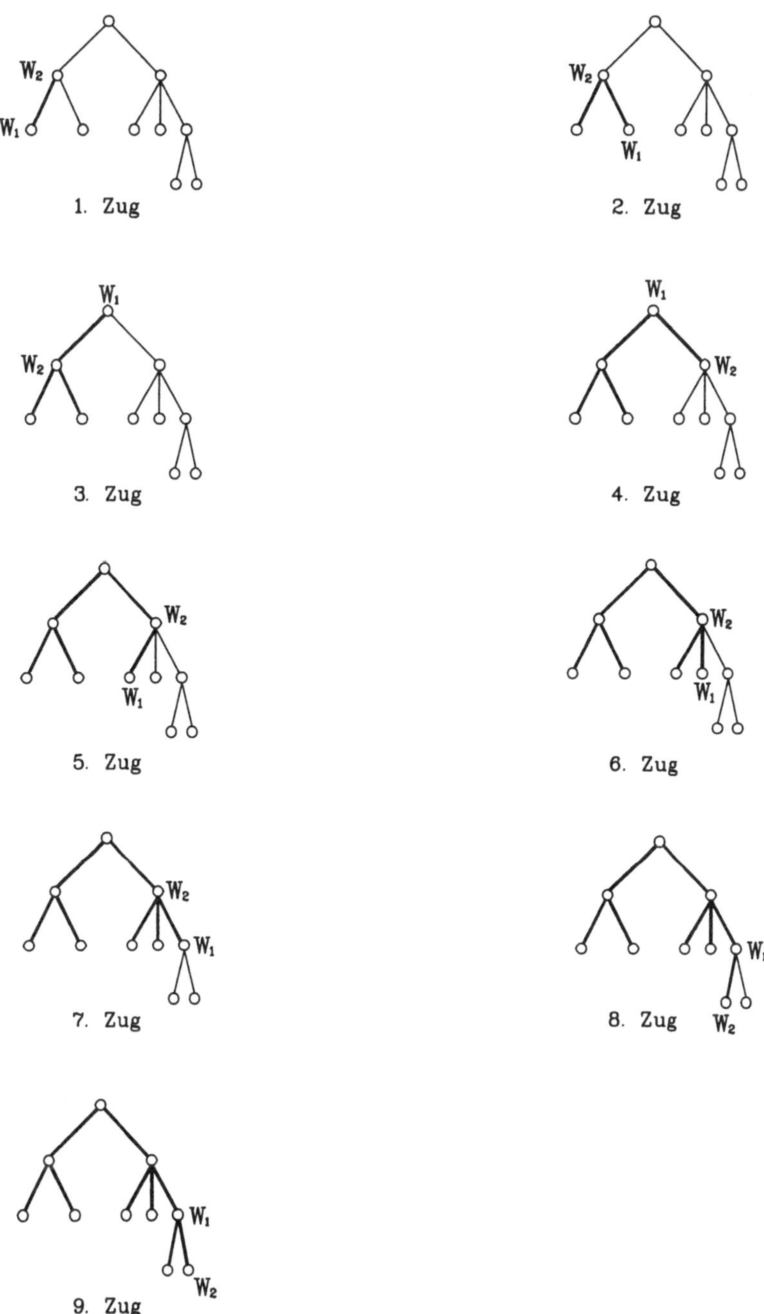

Im Unterschied dazu kann der folgende Baum B_2, der zusätzlich die Ecken a und b enthält, nicht mit zwei Wächtern gesäubert werden:

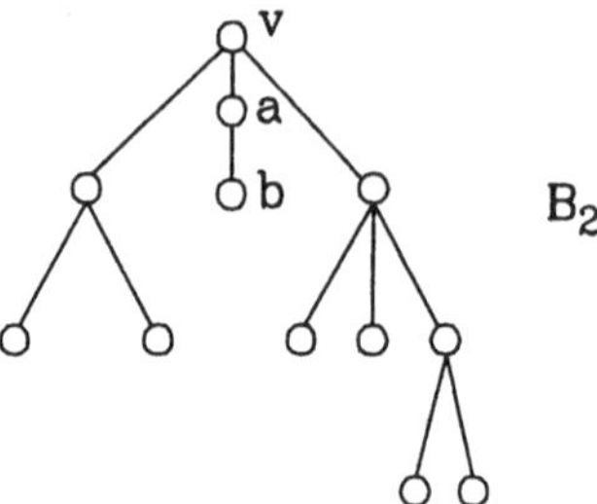

Eine Erklärung dafür liefert der nächste Satz.

10.5.6

Satz

Der Graph G enthalte eine Ecke v von Grad 3 derart, daß bei Herausnehmen von v G in drei Zusammenhangskomponenten G_1, G_2, G_3 mit $s(G_1) = s(G_2) = s(G_3) = t$ zerfällt. Dann gilt $s(G) = t + 1$.

Man beachte: B_2 in 10.5.5 erfüllt die Bedingungen des Satzes, und es folgt $s(B_2) = 3$.

Beweis:

Es ist leicht zu sehen, daß $t + 1$ viele Wächter zur Säuberung von G ausreichen. g_1, g_2 und g_3 seien die den G_i entsprechenden Nachbarn von v. Zuerst wird die Kante vg_1 gesäubert, dann ein Wächter auf g_1 plaziert und G_1 mit den restlichen t Wächtern gesäubert. Anschließend wird vg_2 gesäubert, ein Wächter auf g_2 plaziert usw.. Auf diese Weise säubern die $t + 1$ Wächter ganz G ohne Rekontamination.
Angenommen, t viele Wächter würden für ganz G auch schon ausreichen. Bei einer Säuberung müßte es dann einen Zeitpunkt geben, in dem (o. B. d. A.) G_1 bereits gesäubert wurde, sich alle Wächter z. Zt. in G_2 aufhalten und bisher kein Wächter in G_3 gewesen ist. Nun kann aber G_1 von G_3 (über v) wieder verseucht werden.
Damit ist $s(G) = t + 1$ gezeigt.

10.5.7

Der obige Satz gilt allgemein, kann aber für Bäume besonders gut ausgenutzt werden.
Unter einem *ternären Baum* verstehen wird einen Baum B mit den folgenden Eingenschaften:

a) Es gibt genau eine Ecke w (die Wurzel) von Grad 3.

b) Jede Ecke $x \neq w$ hat Grad 1 oder 4.

In einem ***vollständig ternären Baum*** sind alle Wege von w zu den Endecken gleich lang.

Die folgenden Bilder zeigen ternäre Bäume T_1 und T_2, wobei nur T_2 vollständig ist:

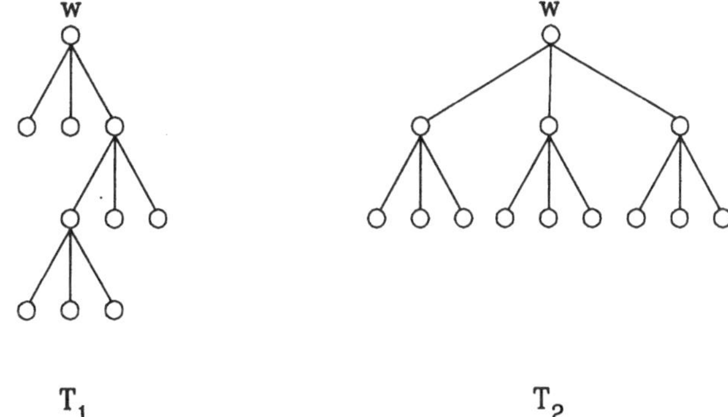

Die *Höhe* $h(T)$ des vollständig ternären Baumes T ist die Anzahl der Kanten in einem Weg von w zu einer Endecke. Mit Satz 10.5.6 erhalten wir:

Folgerung

Für einen vollständig ternären Baum T gilt $s(T) = h(T) + 1$.

10.5.8

Allgemein hat man keine einfache Formel, die für einen beliebigen Baum die Säuberungszahl angibt. Satz 10.5.6 kann jedoch ausgenutzt werden, um einen effektiven (also polynomialen) Algorithmus zur Bestimmung von $s(B)$ (und damit von $t(B)$) für einen Baum B zu entwerfen. Grundidee dieses Algorithmus ist es, eine Reduktion im Sinne von Satz 10.5.6 zu versuchen bzw. eine Korrektur vorzunehmen, wenn die gerade betrachtete Ecke v nicht den Grad 3 hat. An der präzisen Formulierung interessierte Leser seien auf [MÖH] verwiesen.

Beispielaufgabe 10.5

Ein beliebiger Graph sei gegeben, ferner eine Säuberung ohne Rekontaminierung, bei der in jedem Zug jeder eingesetzte Wächter (zusammen mit einem weiteren) mindestens eine Kante säubert. Zeigen Sie: Ist nach irgendeinem Zug s eine beliebige schon einmal besetzte und t eine bisher noch nicht besetzte Ecke, so bilden die derzeit von einem Wächter besetzten Ecken eine s und t trennende Eckenmenge.

Lösung

Eine Eckenmenge M ist nach Definition eine s,t-trennende Eckenmenge, wenn jeder Weg von s nach t durch eine Ecke aus M verläuft. Nach dem i-ten Zug sei also s eine schon einmal besetzte und t eine bisher nicht besetzte Ecke. Wir setzen voraus, es gibt einen Weg von s nach t, der keine derzeit von einem Wächter besetzte Ecke enthält. k sei eine mit s inzidente bereits gesäuberte Kante, k' sei irgendeine mit t inzidente Kante. Offenbar wird nun k von k' rekontaminiert, und dies ist ein Widerspruch.

Aufgabe 10.1

Die folgende Matrix M sei gegeben.

$$M = \begin{pmatrix} 0 & 1 & 1 & 0 & 0 & 0 & 1 \\ 1 & 1 & 0 & 0 & 0 & 1 & 0 \\ 1 & 0 & 1 & 1 & 0 & 0 & 0 \\ 1 & 0 & 0 & 1 & 0 & 0 & 0 \\ 0 & 0 & 0 & 0 & 1 & 1 & 1 \end{pmatrix}$$

a) Zeichnen Sie den Durchschnittsgraphen.
b) Bestimmen Sie ein maximales implementierbares Matching.

Aufgabe 10.2

Der folgende bipartite Graph $G = (E_1 \cup E_2, K)$ sei gegeben:

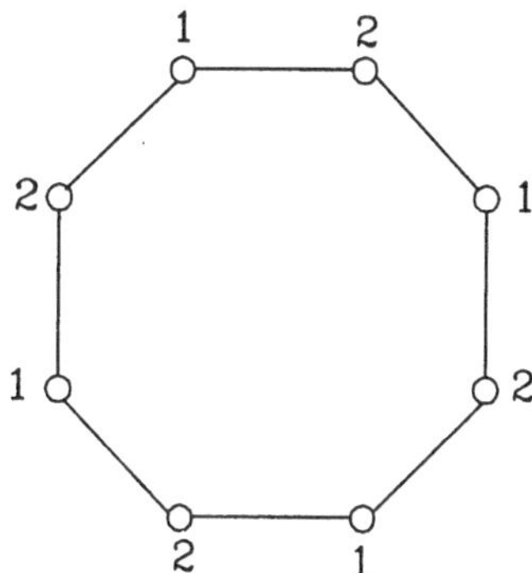

Die Bezeichnungen der Ecken geben an, zu welcher der Mengen E_1 bzw. E_2 die betreffende Ecke gehört.

a) Bestimmen Sie eine maximale (bipartite) Blockfaltung.

b) Zeichnen Sie ein Diagramm des bipartiten Komplementgraphen G_{bc}.

c) Ermitteln Sie in G_{bc} einen möglichst großen Teilgraphen der Form $K_{f,f}$.

Aufgabe 10.3

Gegeben sei der im folgenden Diagramm dargestellte Graph G:

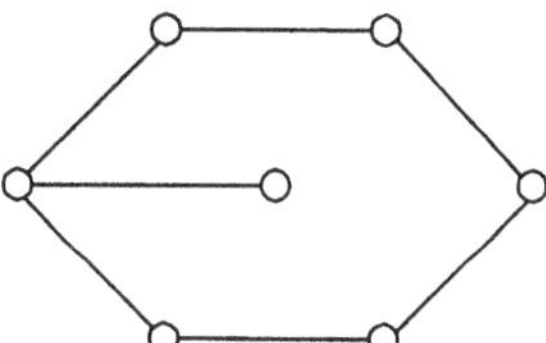

a) Zeigen Sie: G ist Grad 1-zerlegbar.

b) Konstruieren Sie nach dem in 10.2.11 beschriebenen Verfahren ein maximales implementierbares Matching.

Aufgabe 10.4

Zeigen Sie: Ein ungerichteter Graph $G = (E, K)$ mit mindestens einer Kante hat genau dann die chromatische Zahl 2, wenn G bipartit ist.

Aufgabe 10.5

An einer Schule mit Kurssystem sollen die folgenden Kurse $A, B, ..., H$ täglich zu den angegebenen Zeiten abgehalten werden:

$A:$	$8^{00} - 9^{30}$	$B:$	$9^{00} - 10^{00}$
$C:$	$8^{30} - 9^{00}$	$D:$	$8^{30} - 10^{00}$
$E:$	$9^{30} - 10^{30}$	$F:$	$10^{00} - 11^{00}$
$G:$	$10^{00} - 11^{00}$	$H:$	$10^{30} - 11^{30}$

a) Wieviele Klassenräume benötigt man, wenn jedem Kurs stets ein Raum allein zur Verfügung stehen soll?
b) Lösen Sie das Problem durch die Bestimmung der chromatischen Zahl eines geeigneten Intervallgraphen.

Aufgabe 10.6

a) Bestimmen Sie die Säuberungszahl des folgenden Baumes:

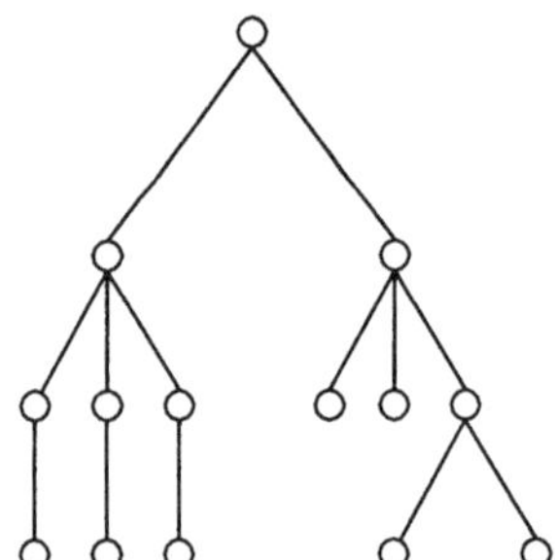

b) Bestimmen Sie die Säuberungszahl n des folgenden Graphen G:

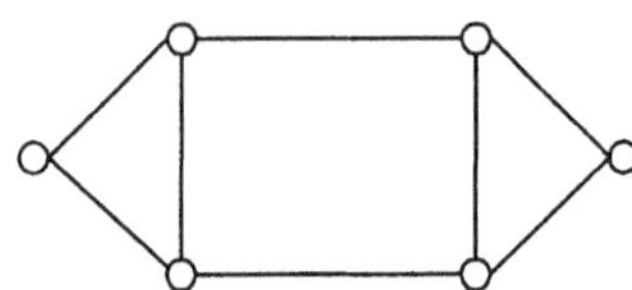

Konstruieren Sie daraus einen G enthaltenden n-färbbaren Intervallgraphen.

A Verwendete Begriffe und Symbole aus der Mengenlehre

Eine *Menge* M kann durch eine Eigenschaft oder - falls sie nur endlich viele Elemente hat - durch die Aufzählung ihrer Elemente beschrieben werden: z. B. ist $M = \{1,3,5,7,9\}$ identisch mit $M = \{x | x \text{ ist eine ungerade natürliche Zahl}, x < 10\}$.

$x \in M$ steht für "x ist *Element* der Menge M".

$M \subseteq N$ steht für "M ist *Teilmenge* von N", d. h. für jedes x mit $x \in M$ gilt auch $x \in N$.

$M \subset N$ bedeutet "M ist *echte Teilmenge* von N", also $M \subseteq N$ und $M \neq N$.

Die *leere Menge*, d. h. die Menge ohne Elemente, wird mit dem Symbol $\emptyset$ bezeichnet.

Für Mengen M und N wird gesetzt

$$M \cap N = \{x | x \in M \text{ und } x \in N\},$$
$$M \cup N = \{x | x \in M \text{ oder } x \in N\},$$

$M \cap N$ heißt *Durchschnitt*,

$M \cup N$ *Vereinigung* von M und N.

Ist $M \cap N = \emptyset$, so heißen M und N *disjunkt*, $M \cup N$ die *disjunkte Vereinigung* von M und N.

Allgemein ist für eine beliebige nicht-leere Indexmenge I, falls für jedes $i \in I$ eine Menge M_i gegeben ist,

$$\bigcap_{i \in I} M_i = \{x | \text{für alle } i \in I \text{ ist } x \in M_i\}$$

und

$$\bigcup_{i \in I} M_i = \{x | \text{es gibt ein } i \in I \text{ mit } x \in M_i\}.$$

Für Mengen M und N ist die *Mengendifferenz* von M und N

$$M \backslash N = \{x | x \in M \text{ und } x \notin N\}.$$

Ist $N \subseteq M$, so heißt $M \backslash N$ auch das *Komplement* von N in M und wird mit $\overline{N}_M$ oder, falls die übergreifende Menge nicht benannt werden muß, einfach mit $\overline{N}$ bezeichnet. $\mathbf{P}(M)$, die *Potenzmenge* von M, ist die Menge aller Teilmengen von M.

Ist n eine natürliche Zahl, und sind $M_1, M_2, \ldots, M_n$ Mengen, dann heißt die Menge

$$X_{i=1}^{n} M_i = \{(x_1, x_2, \ldots, x_n) | \textit{für alle } 1 \leq i \leq n \textit{ ist } x_i \in M_i\}$$

das *n-fache kartesische Produkt* der M_i für $i = 1$ bis n.

Für $n = 1$ wird unter $X_{i=1}^{n} M_i$ einfach die Menge M_1 verstanden.

Für $n = 2$ schreibt man statt $X_{i=1}^{n} M_i$ einfacher $M_1 \times M_2$.

Sind alle M_i gleich einer Menge M, so wird $X_{i=1}^{n} M_i$ mit M^n bezeichnet.

Die Elemente von $X_{i=1}^{n} M_i$ heißen (*geordnete*) *n-Tupel*, im Falle $n = 3$ auch *Tripel*.

Ein beliebiges Element von $\bigcup_{i \in N} M^i$ wird auch als (endliche) *Folge* von Elementen aus M bezeichnet.

Sind M und N Mengen, so wird eine Teilmenge $R \subseteq M \times N$ auch eine *Relation* zwischen M und N genannt.

R ist eine *eindeutige Relation* oder *Funktion*, wenn für $m \in M$ und $n, n' \in N$ aus $(m, n) \in R$ und $(m, n') \in R$ stets $n = n'$ folgt.

Gilt für eine eindeutige Relation $R \subseteq M \times N$, daß zu jedem $m \in M$ ein (wegen Eindeutigkeit dann genau ein) $n \in N$ mit $(m, n) \in R$ existiert, so heißt R *Abbildung* von M in N (oder: von M nach N).
Für Abbildungen werden meist kleine lateinische oder aber griechische Buchstaben als Namen verwendet, z. B. f (statt R). Auch schreibt man statt $f \subseteq M \times N$ üblicherweise $f : M \to N$ oder $M \xrightarrow{f} N$, um herauszuheben, daß durch f jedem $m \in M$ (genau) ein $n \in N$ zugeordnet wird, dieses Element von N wird auch mit $f(n)$ bezeichnet. Ist $f : M \to N$ eine Abbildung und $\tilde{M} \subseteq M$ eine Teilmenge von M, so wird die *Einschränkung* von f auf $\tilde{M}$ mit $f/\tilde{M}$ bezeichnet, d. h. man hat die Abbildung $f/\tilde{M} : \tilde{M} \to N$.
Eine Abbildung $f : M \to N$ heißt *injektiv*, wenn aus $m_1 \neq m_2$ in M stets $f(m_1) \neq f(m_2)$ in N folgt. f ist *surjektiv*, falls es zu jedem $n \in N$ (mindestens)

ein $m \in M$ gibt mit $f(m) = n$. Schließlich heißt f *bijektiv*, wenn f injektiv und surjektiv ist.

Für eine Relation $R \subseteq M \times M$ auf einer Menge M schreibt man statt $(x, y) \in R$ auch xRy.

Man definiert:

1. R ist *reflexiv* auf M, wenn für alle $x \in M$ gilt xRx.
2. R ist *symmetrisch* auf M, wenn aus xRy stets yRx folgt.
3. R ist *transitiv* auf M, wenn aus xRy und yRz stets xRz folgt.
4. R ist *Äquivalenzrelation* auf M, wenn R reflexiv, symmetrisch und transitiv auf M ist.

Eine Äquivalenzrelation gibt Anlaß zu einer disjunkten Zerlegung der Menge M in die *R-Äquivalenzklassen*. Innerhalb einer solchen Klasse stehen je zwei Elemente in der Relation R, und umgekehrt gehören zwei in der Relation stehende Elemente von M stets zur selben Klasse.

B Erläuterung der verwendeten Begriffe aus der Linearen Algebra

Eine Menge F, in der man in der üblichen Weise addieren, subtrahieren, multiplizieren und dividieren kann, wird *Körper* genannt. Dabei geht man bei der axiomatischen Definition eines Körpers zunächst nur von den Operationen $+$ und $\cdot$ aus sowie zwei besonderen Elementen 0 und 1. (Ein Körper hat also stets mindestens zwei Elemente.)
Die Axiome sind die folgenden.

Für die Addition gilt:

A1. Assoziativgesetz:	$a + (b + c) = (a + b) + c$ für alle $a, b, c \in F$;
A2. Kommutativgesetz:	$\mathrm{a} + \mathrm{b} = \mathrm{b} + \mathrm{a}$ für alle $a, b \in F$;
A3. 0 als neutrales Element:	$a + 0 = a$ für alle $a \in F$;
A4. Existenz inverser Elemente:	Zu jedem $a \in F$ existiert ein $b \in F$ mit $a + b = 0$.

Für die Multiplikation gilt:

M1. Assoziativgesetz:	$a \cdot (b \cdot c) = (a \cdot b) \cdot c$ für alle $a, b, c \in F$;
M2. Kommutativgesetz:	$a \cdot b = b \cdot a$ für alle $a, b \in F$;
M3. 1 als neutrales Element:	$a \cdot 1 = a$ für alle $a \in F$;
M4. Existenz inverser Elemente:	Zu jedem $a \in F, a \neq 0$, existiert ein $b \in F$ mit $a \cdot b = 1$.

Für die Addition und Multiplikation gilt das

D. Distributivgesetz: $(a+b)\cdot c = (a\cdot c) + (b\cdot c)$
für alle $a, b, c \in F$.

In Anwendungen hat man es meist mit dem *Körper* $\mathbb{R}$ der reellen Zahlen zu tun. Für dieses Buch ist auch der *Körper* $\mathbb{F}_2$ von besonderer Wichtigkeit: es handelt sich um die Menge $\mathbb{F}_2 = \{0, 1\}$ mit der in den folgenden Tafeln beschriebenen Addition und Multiplikation. Man beachte die Besonderheit $1+1=0$.

+	0	1
0	0	1
1	1	0

·	0	1
0	0	0
1	0	1

Es sei F ein beliebiger Körper. Ein *Vektorraum* über F besteht aus einer Menge V (den Vektoren) mit einem besonderen Element *0* und folgenden Eigenschaften: In V ist eine Addition + für Vektoren erklärt, so daß dafür $A1$ bis $A4$ (mit *0* als neutralem Element) gelten. Ferner ist eine sogenannte *skalare Multiplikation* von Vektoren mit Körperelementen definiert, für die gilt:

V1. Distributivgesetze: $(\alpha+\beta)\cdot a = (\alpha\cdot a) + (\beta\cdot a)$ und
$\alpha\cdot(a+b) = (\alpha\cdot a) + (\alpha\cdot b)$
für alle $a, b \in V$ und $\alpha, \beta \in F$;

V2. Assoziativgesetz: $\alpha\cdot(\beta\cdot a) = (\alpha\cdot\beta)\cdot a$
für alle $a \in V$ und $\alpha, \beta \in F$;

V3. Multiplikation mit $1 \in F$: $1\cdot a = a$
für alle $a \in V$.

In dem soeben beschriebenen Sinne wird die Potenzmenge $\mathbf{P}(\mathrm{M})$ einer beliebigen Menge M zu einem Vektorraum über $\mathbb{F}_2$ (mit $\emptyset$ als Nullelement), wenn man + als die *symmetrische Differenz* definiert, d. h. für $A, B \in \mathbf{P}(M)$ setzt

$$A + B := (A \cup B)\backslash(A \cap B).$$

Es gilt dann immer $A + A = \emptyset$. Für die skalare Multiplikation mit den Elementen $\mathbb{F}_2$ setzt man $0\cdot A = \emptyset$ und $1\cdot A = A$.
Ist V ein Vektorraum über einem Körper F, so ist $U \subseteq V$ ein *Untervektorraum* von V, wenn U unter den algebraischen Operationen abgeschlossen ist, d. h. wenn aus $u, v \in U$ und $\lambda \in F$ stets $u + v \in U$ und $\lambda\cdot u \in U$ folgt.

In einer Potenzmenge $\mathbf{P}(M)$ bilden z. B. alle Teilmengen von M mit gerader Elementeanzahl einen Untervektorraum, denn haben $A, B \in \mathbf{P}(M)$ eine gerade Anzahl von Elementen, so gilt dies auch für $A + B$.
Gilt in einem Vektorraum V über dem Körper F die Beziehung
$v = \alpha_1 \cdot v_1 + \ldots + \alpha_n \cdot v_n$ mit $v, v_1, \ldots, v_n \in V$ und $\alpha_1, \ldots, \alpha_n \in F$, so heißt v eine *Linearkombination* von $v_1, \ldots, v_n$.
Elemente $v_1, \ldots, v_n$ eines Vektorraums V bilden eine *Basis* von V, wenn $v_1, \ldots, v_n$ *linear unabhängig* sind (d. h. kein v_i läßt sich als Linearkombination anderer v_j erhalten) und wenn jedes Element $v \in V$ sich als Linearkombination gewisser v_j darstellen läßt.
Ist V Vektorraum über $\mathbb{F}_2$ und hat eine Basis von n Elementen, so gibt es insgesamt 2^n viele Elemente (Vektoren) in V.
Für eine n-elementige Menge $M = \{m_1, \ldots, m_n\}$ bilden z. B. die einelementigen Teilmengen $v_1 = \{m_1\}, \ldots, v_n = \{m_n\}$ eine Basis des Vektorraums $\mathbf{P}(M)$.
Ein Vektorraum kann viele Basen haben, jedoch ist die Anzahl der Vektoren in einer Basis eindeutig und heißt *Dimension* des Vektorraums.
In einem Vektorraum V (über F) kann auch eine Multiplikation zwischen Vektoren mit einem Körperelement als Ergebnis definiert werden, man spricht dann von einem *Skalarprodukt*. In dem Vektorraum F^n der n-tupel über dem Körper F setzt man z. B. üblicherweise für Vektoren $u, v \in F^n$

$$(u_1, \ldots, u_n) \cdot (v_1, \ldots, v_n) := u_1 \cdot v_1 + \ldots + u_n \cdot v_n,$$

wobei die rechtsstehenden Multiplikationen und Additionen in F auszuführen sind. Solche Skalarprodukte haben Eigenschaften, wie man sie vom dreidimensionalen reellen Raum kennt (z. B. gilt $u \cdot v = v \cdot u$ und $u \cdot (v + w) = u \cdot v + u \cdot w$).[1] Auf die präzise (axiomatische) Definition eines Skalarprodukts soll hier verzichtet werden.
Setzt man in dem Vektorraum $\mathbf{P}(M)$ (über $\mathbb{F}_2$) für $A, B \in \mathbf{P}(M)$

$$A \cdot B := \begin{cases} 0, & \text{falls } |A \cap B| \text{ gerade ist,} \\ 1, & \text{falls } |A \cap B| \text{ ungerade ist,} \end{cases}$$

so hat die so definierte Multiplikation von Vektoren (mit Werten in $\mathbb{F}_2$) ebenfalls die Eigenschaften eines Skalarprodukts.
Die Analogie wird aus folgendem klarer: hat man in $\mathbf{P}(M)$ die Basis $v_i = \{m_i\}$ (s.o.) gewählt, und haben A und B die Darstellungen $A = a_1 \cdot v_1 + \ldots + a_n \cdot$

1 Es sollte beachtet werden, daß für verschiedene Additionen bzw. Multiplikationen stets die gleichen Zeichen + und · verwendet werden; z. B. hat man bei dem Vektorraum $\mathbf{P}(M)$ über $\mathbb{F}_2$ die Multiplikation in $\mathbb{F}_2$, die Multiplikation von Vektoren mit Körperelementen und die Skalarmultiplikation zweier Vektoren.

v_n, $B = b_1 \cdot v_1 + \ldots + b_n \cdot v_n$ $(a_i, b_i \in \mathbb{F}_2)$, so ist die obige Definition der Skalarmultiplikation gleichbedeutend mit

$$A \cdot B = a_1 \cdot b_1 + \ldots + a_n \cdot b_n,$$

wobei die rechtsstehenden Multiplikationen und Additionen in $\mathbb{F}_2$ auszuführen sind.
Vektoren u, v in einem Vektorraum V, in dem ein Skalarprodukt definiert ist, heißen *orthogonal* oder *zueinander senkrecht* (in Zeichen $u \perp v$), wenn $u \cdot v = 0$ gilt. Untervektorräume $U_1, U_2 \subseteq V$ sind orthogonal ($U_1 \perp U_2$), wenn für beliebige $u_1 \in U_1$ und $u_2 \in U_2$ stets $u_1 \perp u_2$ ist.
V und W seien Verktorräume über dem Körper F. Eine Abbildung

$$f : V \to W$$

heißt *linear*, wenn für alle $u, v \in V$ und $\alpha \in F$ gilt

$$f(u + v) = f(u) + f(v)$$

$$f(\alpha \cdot u) = \alpha \cdot f(u).$$

(Dabei sind die Operationen in V und W mit den gleichen Symbolen bezeichnet.)

Ferner setzt man

$$\begin{aligned} \mathit{Kern}\, f : &= \{a \in V | f(a) = 0\}, \\ \mathit{Bild}\, f : &= \{b \in W | \text{ es gibt ein } a \in V \text{ mit } f(a) = b\}. \end{aligned}$$

Es ist *Kern* f ein Untervektorraum von V und *Bild* f ein Untervektorraum von W.

C Erläuterung der verwendeten Begriffe aus der Theorie der Matrizen

Eine $(n \times m)$-*Matrix über einem Körper F* besteht aus $n \cdot m$ vielen Elementen des Körpers F, die in einem rechteckigen Schema mit n Zeilen und m Spalten angeordnet sind. Um die einzelnen Einträge in der Matrix A benennen zu können, ist die Schreibweise

$$A = (a_{ij})$$

üblich, wobei in der doppelten *Indizierung* i die Zeilen und j die Spalten durchläuft. a_{ij} bezeichnet also den Eintrag der Matrix in Zeile i und Spalte j, im Bild:

$$A = \begin{pmatrix} a_{11} & a_{12} & \dots & a_{1m} \\ a_{21} & a_{22} & \dots & a_{2m} \\ \vdots & \vdots & & \vdots \\ a_{n1} & a_{n2} & \dots & a_{nm} \end{pmatrix}$$

Für Matrizen sind gewisse Rechenoperationen erklärt, die ihrerseits gewissen Rechenregeln genügen. Die Eigenschaften von Matrizen und des Rechnens mit ihnen werden in der Linearen Algebra nutzbringend angewandt, z. B. beim Lösen linearer Gleichungssysteme.

Die *Multiplikation von Matrizen* ist folgendermaßen definiert. Gegeben seien eine $(n \times m)$-Matrix A und eine $(m \times p)$-Matrix B (über F). Das *Produkt* $C = A \cdot B$ der Matrizen A und B ist die $(n \times p)$-Matrix (c_{ij}) mit

$$c_{ij} = \sum_{k=1}^{m} a_{ik} \cdot b_{kj} \qquad (1 \leq i \leq n, 1 \leq j \leq p).$$

Anschaulich gesprochen werden die j-te Spalte von B und die i-te Zeile von A "übereinandergelegt" (beide bestehen aus m Elementen von F), die in Paaren gruppierten Zahlen jeweils multipliziert und die Ergebnisse aufsummiert, wobei diese Rechnung im Körper F ausgeführt wird.
Sind drei Matrizen A, B, C gegeben und (aufgrund der Zeilen- und Spaltenanzahlen) $A \cdot B$ und $B \cdot C$ ausführbar, so sind auch $(A \cdot B) \cdot C$ und $A \cdot (B \cdot C)$ erklärt, und es gilt das *Assoziativgesetz*

$$A \cdot (B \cdot C) = (A \cdot B) \cdot C.$$

Eine *quadratische Matrix* hat die gleiche Zeilen- wie Spaltenanzahl. Eine quadratische Matrix A kann mit sich selbst multipliziert werden, man erhält $A \cdot A$, $(A \cdot A) \cdot A$ u.s.w.. Da wegen des Assoziativgesetzes die Klammerung (also die Reihenfolge der Einzelmultiplikationen) keine Rolle spielt, macht es Sinn, einfach von A^2, A^3, allgemein von der n-ten *Potenz* A^n von A zu sprechen.
Die Zeilen bzw. Spalten einer $(n \times m)$-Matrix A können als Vektoren des Vektorraums F^m bzw. F^n aufgefaßt werden. Die maximale Anzahl linear unabhängiger Zeilen von A heißt *Zeilenrang* von A, die maximale Anzahl linear unabhängiger Spalten *Spaltenrang* von A. Trivialerweise kann der Zeilenrang höchstens n und der Spaltenrang höchstens m sein. Ein wichtiger Satz besagt nun, daß der Zeilenrang einer Matrix stets *gleich* ihrem Spaltenrang ist. Diese Zahl wird einfach *Rang* genannt. Man schreibt $rg(A)$ für den Rang der Matrix A oder $rg_F(A)$, wenn der Bezug zum Körper F herausgestellt werden soll.
Zu beachten ist, daß die Bestimmung des Rangs einer Matrix zu verschiedenen Ergebnissen führen kann, wenn man verschiedene Körper zugrundelegt. Beispielsweise kann die folgende Matrix A, die als Einträge nur 0 oder 1 hat, sowohl als Matrix über dem zweielementigen Körper $\mathbb{F}_2$ als auch als Matrix über dem Körper $\mathbb{R}$ der reellen Zahlen aufgefaßt werden:

$$A = \begin{pmatrix} 1 & 0 & 1 \\ 1 & 1 & 0 \\ 0 & 1 & 1 \end{pmatrix}$$

Es gilt $rg_{\mathbb{R}}(A) = 3$, aber $rg_2(A) = 2$. (Der Rang über $\mathbb{F}_2$ wird der Einfachheit halber mit rg_2 bezeichnet.)
Die *Transponierte* einer Matrix A wird mit A^t bezeichnet. Sie wird durch Vertauschung der Zeilen mit den Spalten aus A erhalten. A^t ist also eine $(m \times n)$-Matrix, wenn A eine $(n \times m)$-Matrix ist. Aufgrund des oben Gesagten ist klar, daß

$$rg_F(A) = rg_F(A^t)$$

gilt.

Die *Determinante* einer Matrix A, $det(A)$, ist ein Element von F, welches einer beliebigen quadratischen Matrix zugeordnet wird. Genauer kann man die Determinante für beliebige $(n \times n)$-Matrizen z. B. auf folgende Weise induktiv definieren:

- ist $n = 1$, so ist $det(A) = a_{11}$;
- ist $n > 1$, so ist $det(A) = \sum_{j=1}^{n} (-1)^{j+1} \cdot a_{1j} \cdot det(A_{1j})$,
  wobei A_{1j} die $((n-1) \times (n-1))$-Matrix ist, die aus A durch Streichen der ersten Zeile und der j-ten Spalte entsteht. (Eigentlich muß man auch hier $det_F(A)$ schreiben.)

Es sind zwei Bemerkungen nötig:

1. Meist wird die Determinante in der Literatur auf andere Weise definiert, wozu aber als Vorbereitung mehr theoretischer Hintergrund nötig ist. Die obige, als Definition verwendete Gleichung muß dann als Satz bewiesen werden.
2. Bei der obigen Formel sagt man, man habe $det(A)$ "nach der ersten Zeile entwickelt". Es kann gezeigt werden, daß Entwicklung nach jeder anderen Zeile (oder Spalte) genauso - mit der nötigen Abwandlung der Formel - möglich ist.

Eine $(n \times n)$-Matrix A (über F) heißt *regulär*, wenn $rg_F(A) = n$ ist,andernfalls ist sie *singulär*. Eine wichtige Eigenschaft der Determinante ist es, daß mit ihrer Hilfe die Regularität einer quadratischen Matrix getestet werden kann: A ist genau dann regulär, wenn $det(A) \neq 0$ gilt.
A sei eine $(n \times m)$-Matrix über F, x ein Element des Vektorraums F^m (also ein m-tupel $(x_1, \ldots, x_m)$ mit $x_i \in F$). Faßt man x als $(m \times 1)$-Matrix auf, so ergibt das Produkt $A \cdot x$ eine $(n \times 1)$-Matrix bzw. einen Vektor y aus F^n, im Bild:

$$\begin{pmatrix} a_{11} & a_{12} & \cdots & a_{1m} \\ a_{21} & a_{22} & \cdots & a_{2m} \\ \vdots & \vdots & & \vdots \\ a_{n1} & a_{n2} & \cdots & a_{nm} \end{pmatrix} \begin{pmatrix} x_1 \\ x_2 \\ \vdots \\ x_m \end{pmatrix} = \begin{pmatrix} y_1 \\ y_2 \\ \vdots \\ y_n \end{pmatrix}$$

Man hat also eine Abbildung $f : F^m \to F^n$ durch $f(x) = A \cdot x$ definiert. Es ist leicht nachzurechnen, daß diese Abbildung stets linear ist.
Umgekehrt läßt sich sogar zeigen, daß jede lineare Abbildung von F^m nach F^n auf diese Weise (also durch die Wahl einer geeigneten Matrix) beschrieben werden kann.

D Pascal-Programme zu den Algorithmen von Dijkstra und von Kruskal

Im folgenden werden für die Algorithmen von Dijkstra und von Kruskal ablauffähige Pascal-Programme vorgestellt. Die Art der gemachten Einschränkungen (z. B. auf maximal 100 Ecken des Graphen) kann natürlich je nach benutztem Rechner verschieden sein.
Die Programme erheben nicht den Anspruch, besonders gute Umsetzungen der Algorithmen zu sein. Im Programmieren geübte Leser werden ermuntert, bessere Lösungen zu entwerfen.

```
PROGRAM dijkstra(input, output);

{ Konstantendeklarationen }

CONST
  anz_ecke = 100;
  anz_kante = 100;
  infinity = 2147483647;


TYPE
  t_ecke = 1..anz_ecke;
  t_matrix = ARRAY[1.. anz_ecke,1..anz_ecke] of real;
  t_nodelist = ARRAY[1.. anz_ecke] of t_ecke;

VAR laenge      : real;
  e, s, t, ende : t_ecke;
  a             : t_matrix;
  path          : t_nodelist;

PROCEDURE init;

VAR i,j       : integer;

BEGIN
  writeln;
  writeln;
  write('Bitte die Anzahl der Ecken eingeben : ' ) ;
  readln(e);
```

```
  writeln;
  writeln('Bitte die Inzidenzmatrix zeilenweise eingeben : ');

  FOR i:=1 TO e DO
  BEGIN
    writeln;
    FOR j:=1 TO e DO
      read(a[i,j]);
  END;

  writeln;
  write('Bitte den Startpunkt eingeben : ');
  readln(t);

  writeln;
  write('Bitte den Endpunkt eingeben : ');
  readln(s);

END; { init }

PROCEDURE shortestpath;

{ Diese Prozedur findet den kuerzesten Weg von s nach t }
{ in der Matrix A und gibt ihn in PATH zurueck          }


TYPE lab  = (perm,tent); { is label permanent or tentative ? }
NodeLabel = RECORD
              predecessor : t_ecke;
              length      : real;
              labl        : lab;
            END;


GraphState = ARRAY[1..anz_ecke] OF NodeLabel;
VAR state : GraphState;
    i, k  : t_ecke;
    min   : real;

BEGIN

  FOR i := 1 TO e do
    WITH state[i] DO
    BEGIN
      predecessor := 0;
      length      := infinity;
      labl        := tent;
    END;
```

```
state[t].length := 0;
state[t].labl   := perm;
k := t; { k ist die Anfangsecke }

  repeat { Gibt es einen besseren Weg von k aus ? }
    FOR i:=1 TO e DO
    BEGIN
      IF ( a[k,i] <> 0) AND (state[i].labl = tent) then
        IF state[k].length + a[k,i] < state[i].length then
        BEGIN
          state[i].predecessor := k;
          state[i].length := state[k].length + a[k,i];
        END;
    END;

  { Finden der unbenutzten Ecke mit der kuerzesten

    min := lnfinity;
    k := 0;
    FOR i:=1 TO e DO
    BEGIN
      IF (state[i].labl = tent) AND ( state[i].length < min)
      THEN BEGIN
        min := state[i].length;
        k := i;
      END;
    END;
    state[k].labl := perm;
  UNTIL k = s;


  { Kopieren des Weges in den Ausgabevektor }

  k := s;
  i := 0;

  laenge : = state[k].length;

  REPEAT
    i := i + 1;
    path[i] := k;
    k : = state[k].predecessor;
  UNTIL k = 0;

  ende := i;

END; { shortestpath }
```

```
PROCEDURE ausgabe;

VAR i : integer;

BEGIN

  writeln;
  writeln;
  writeln('Der kuerzeste Weg von Ecke ',t:3,
          ' nach Ecke ',s:3,' lautet folgendermassen :');
  FOR i:=1 TO ende DO
    write(path[ende+1-i]:3,' ');
  writeln;
  writeln('Die Laenge des Weges ist : ',laenge:10);

END; { ausgabe }

BEGIN

init;
shortestpath;

ausgabe;

END. { dijkstra }
```

```
PROGRAM kruskal(input, output);

{ Konstantendeklarationen }

CONST anz_kante = 100;
      anz_ecke  = 100;
      anz_komp  = 100;
      anz_k_min = 99;


{ Typdeklarationen

TYPE t_e          = -1..anz_ecke;
     t_k          = 0..anz_kante;
     t_komp       = 1..anz komp;
     t_fehler     = 0..3;
     t_zaehler    = 0..anz_k_min;
     t_grenze     = 1..anz_k_min;
     t_bewertung = ARRAY[t_grenze] of real;
     t_kante_bew = ARRAY[t_k] of real;
```

```
    t_inzidenz  = ARRAY[t_e,1..2] of integer;
    t_komp_verz = ARRAY[t_grenze] of integer;
    t_geruest   = ARRAY[t_grenze,1..2] of integer;

VAR

e           : t_e;           { Ecke }
k           : t_k;           { Kante }
bewertet    : boolean;       { Graph bewertet ? }
Kante_bew   : t_kante_bew;   { Kantenbewertung  }

inzidenz    : t_inzidenz;
geruest     : t_geruest;
bewertung   : t_bewertung;   { Ausgabevektor    }
komp_verz   :  t_komp_verz;  { Verzeichnis der  }
                             { Komponenten      }
fehler      : t_fehler;      { Fehlercode       }
zaehler     : t_zaehler;


PROCEDURE error(fehler: t_fehler);

{ Diese Prozedur wertet den Fehlercode aus, und gibt eine  }
{ entsprechende Fehlermeldung aus. Je nach Fehler wird die }
{ Verarbeitung abgebrochen                                 }

BEGIN

  CASE fehler OF
    1 : writeln('Es sind keine Ecken angegeben worden !!');
    2 : BEGIN
          writeln('Bitte J oder N fuer die Anfrage nach ',
                  'der Bewertung des Graphen angeben.');
          writeln('Bitte erneute Eingabe.');
        END;
  END;

END; { ERROR }

PROCEDURE init(VAR e        : t_e;
               VAR k        : t k;
               VAR bewertet : boolean;
               VAR kante_bew : t_kante_bew;
               VAR inzidenz : t_inzidenz;
               VAR fehler   : t_fehler);

{ Diese Prozedur liset alle Daten ein, die fuer den Algorithmus }
{ relevant sind. Zudem werden alle Variablen initialisiert.     }
```

```
VAR entscheid : char;
    i         : integer;
    flag      : boolean;

BEGIN

  FOR i:=1 TO anz_kante DO
    kante_bew[i] = 1;

  writeln;
  write('Bitte die Anzahl der Ecken angeben: ');
  readln(e);
  IF ( e = 0 )
    THEN fehler := 1
    ELSE IF ( e > 0 )
    THEN BEGIN
      writeln;
      write('Bitte die Anzahl der Kanten angeben: ');
      readln(k);

      writeln;
      writeln;
      writeln('Ist der Graph bewertet ?');
      write('Bitte J oder N angeben: ');
      readln(entscheid);

      CASE entscheid OF

       'J','j' : bewertet := TRUE;
       'N','n' : bewertet := FALSE;
        OTHERWISE
          fehler := 2;
      END;


      { Initialisieren des Komponentenverzeichnisses }

      IF ( fehler = 0 ) THEN
      BEGIN
        FOR i := 1 TO anz_k_min DO
          komp_verz[i] :- i;

        FOR i := 1 TO K DO
        BEGIN
          IF bewertet THEN
          BEGIN
            writeln;
```

```
            write('Bitte die Bewertung der naechsten ',
                  'Kante angeben : ');

            readln(kante_bew[I]);
          END;

          { Einlesen der inzidenten Ecken }

          writeln;
          writeln('Bitte die inzidenten Eckpunkte angeben : ');
          readln(inzidenz [I,1],inzidenz[I,2]);
        END; { FOR i:= 1 ... }
      END; { IF fehler = 0 }
    END; { THEN BEGIN }
END; { INIT }


PROCEDURE sort(VAR kante_bew :t_kante_bew;
               VAR inzidenz : t_inzidenz;
                   k        : t_k);

{ Diese Prozedur sortiert den Graphen nach aufsteigender }
{ Kantenbewertung                                        }

VAR i,l,ll : integer;
    j,jj   : t_k;
    min,kk : real:


BEGIN
  FOR i := 1 TO (k-1) DO
  BEGIN
    min := 214748364;
    FOR j := i TO k DO
    BEGIN
      IF ( kante_bew[j] - min < 0 )
      THEN BEGIN
        jj  := j;
        min := kante_bew[j];
      END;
    END;

    kk             := kante_bew[i];
    kante_bew[i]   := kante_bew[jj];
    kante_bew[jj]  := kk;
    FOR l := 1 TO 2 DO
    BEGIN
      ll             := inzidenz[i,l];
```

```
      inzidenz[I,L]  := inzidenz[jj,l];
      inzidenz[jj,l] := ll;

    END;{ FOR l := ...}
  END; { FOR i := ...}
END; { BEGIN }


PROCEDURE algorithmus( k               : t_k;
                       e               : t_e;
                       kante_bew       : t_kante_bew;
                       inzidenz        : t_inzidenz;
                       VAR komp_verz   : t_komp_verz;
                       VAR geruest     : t_geruest;
                       VAR bewertung   : t_bewertung);

{ Diese Prozedur ist der Kern des Algorithmus. Sie nimmt immer }
{ dann die naechste Kante zum Geruest hinzu, wenn sie mit den  }
{ bisher gewaehlten keinen Kreis bildet.                       }

VAR kk,ll,l,m : t_zaehler;
    i,j       : integer;

BEGIN
  zaehler := 0;

  FOR i := 1 TO anz_k_min DO
    bewertung[i] = 0;

  FOR i := 1 TO k DO
  BEGIN
    i := inzidenz[i,1];
    m := inzidenz[i,2];
    IF (komp_verz[m] - komp_verz[l] <> 0 )
    THEN BEGIN
      zaehler := zaehler + 1;
      kk := komp_verz[l];
      ll := komp_verz[m];
      geruest[zaehler,1] := m;
      geruest[zaehler,2] := l;
      bewertung[zaehler] := kante_bew[i];
      FOR j := 1 TO e DO
      BEGIN
       IF ( komp_verz[j] - kk = 0)
       THEN komp_verz[j] := ll;
      END;
    END; { THEN BEGIN }
  END; { I-SCHLEIFE }
```

```
END; { ALGORITHMUS }


PROCEDURE ausgabe( VAR komp_verz : : t_komp_verz;
                       geruest     : t_geruest;
                       bewertung   : t_bewertung;
                       e           : t_e);

VAR hilf             : t_komp_verz;
ia,js,is,z,i,nr,j : integer;
summe             : real;

BEGIN
  writeln;
  writeln('Komponenten');
  is := 0;
  FOR i := 1 TO e DO
  BEGIN
    IF (komp_verz[i] <> 0 )
    THEN BEGIN
      ia := komp_verz[i];
      js := 0;
      FOR j := 1 TO e DO
      BEGIN
        IF ( komp_verz[j] - ia = 0
        THEN BEGIN
          js            := js + 1;
          hilf[js]      := j;
          komp_verz[j] := 0;
        END;
      END; { FOR j

      is := is + 1;
      writeln;
      writeln(is,'-te',' ' );
      writeln;

      FOR z := 1 TO js DO
      write('              ',hilf[z]:3,' ')

    END; { IF komp_verz ... }
  END; { FOR i :=

  writeln;
  writeln;
  writeln('Geruest');
  writeln;
  nr := e - is;
```

```
  FOR i := 1 TO nr DO
  BEGIN
    write( 'Kante(',geruest[i,1]:3,' ',geruest[i,2]:3,');
    writeln(' mit der Kantenbewertung : ',bewertung[i]:10:6);
  END;

  { Berechnung der Summe der Kantenbewertungen des Minimalgeruestes }

  summe := 0;
  FOR i := 1 TO anz_k_min DO
    summe := summe + bewertung[i];

  writeln;
  writeln('Die Summe der Kantenbewertungen des Minimalgeruestes',
          ' lautet: ',summe:10:6);
END; { AUSGABE }
```

E Pascal-Programm zum Algorithmus von Ford und Fulkerson

Im folgenden wird für den Algorithmus von Ford und Fulkerson ein ablauffähiges Pascal-Programm vorgestellt.
Als Einschränkung soll hier der gegebene Digraph nicht mehr als 50 Ecken haben. Die Eingabe des mit der Kantenbewertung c (Kapazität) versehenen Digraphen erfolgt durch die bewertete Adjazenzmatrix: an der j-ten Stelle der i-ten Zeile wird $c(ij)$ eingetragen, falls es eine gerichtete Kante ij von Ecke i zu Ecke j gibt, ansonsten der Wert 0.
Der Leser sollte sich davon überzeugen, daß es sich hier nicht um eine Implementierung des Algorithmus von Edmonds und Karp handelt.

```
PROGRAM ford_fulkerson(input, output);

{ Dieses Programm berechnet einen maximalen Fluss bzw. einen Schnitt  }
{ minimaler Kapazitaet in einem Netzwerk.                             }
{ Die grundlegende Idee des Algorithmus von Ford und Fulkerson ist    }
{ es, von q ausgehend schrittweise diejenigen Ecken zu markieren,     }
{ zu denen es von q aus einen zunehmenden Weg gibt. Wird s mar-       }
{ kiert, so kann der vorliegende Fluss vergroessert werden.           }

CONST
  anz_ecken = 50;
  unendlich = 2147483647;

VAR
  i, g       : integer;      { Zaehlervariable }
  e          : 1..anz_ecken; { Anzahl der Ecken des Netzes }
  q          : integer;      { Quelle }
  s          : integer;      { Senke }
  fluss      : integer;      { aktueller Fluss }
  ecke       : 1..anz_ecken; { Ecke, von der aus weitere Wege gesucht }
                             { werden }

  wert1      : integer; { Vergleichswert fuer die Suche des Minimums: }
                        { Hier: Kapazitaet - Fluss einer Kante        }
  wert2      : integer; { Vergleichswert fuer die Suche des Minimums: }
                        { Hier: moegliche Flussvergroesserung bis zur }
                        { Vorgaengerecke }
  minimum    : integer; { Kleinerer Wert von wert1 und wert2 }
```

```
  { Die Markierung soll fuer jede Ecke ein 3-Tupel sein. In der erst- }
  { en Komponente steht der Vorgaenger der Ecke, in der zweiten Kompo-}
  { nente gibt es drei Moeglichkeiten:                                }
  {      0 : Initialwert                                              }
  {      1 : positiver Fluss, also in Laufrichtung                    }
  {      2 : negativer Fluss, also in Umkehrrichtung                  }
  {                                                                   }
  { In der dritten Komponente steht der Wert, um den der Fluss bis zur}
  { betreffenden Ecke verbessert werden kann                          }

  markierung : ARRAY[1..anz_ecken,1..3] of integer;

 { Das Netzwerk, das in der 1. Komponente die Kapazitaet der Kante    }
 { und in der 2. Komponente den Fluss enthaelt }

  netz     : ARRAY[1..anz_ecken,1..anz_ecken,1..2] of integer;
  u        : ARRAY[1..anz_ecken] of integer; { gibt an, welche der    }
                                             { markierten Ecken bereits}
                                             { abgesucht wurden       }
  d        : ARRAY[1..anz_ecken] of integer; { moegliche Flussverbes-  }
                                             { serung bis zur Vorgaen- }
                                             { gerecke                }
  abbruch : BOOLEAN; { Abbruchbedingung fuer die Suche nach Wegen }


PROCEDURE initialisierung;

VAR
   i, j : integer;

BEGIN { initialisierung }

  e     := 0;
  q     := 0;
  s     := 0;
  fluss := 0;

  FOR i:=1 TO anz_ecken DO
  BEGIN
    u[i]              := 0;
    d[i]              := unendlich;
    markierung[i,1] := 0;
    markierung[i,2] := 0;
    markierung[i,3] := unendlich;
  END;

  write('Bitte die Anzahl der Ecken eingeben: ');
```

```
  readln(e);

  FOR i:=1 TO e DO
  BEGIN
    writeln('Bitte die ',i:2,' -te Zeile der bewerteten Netzmatrix
                 eingeben: ');
    writeln;
    FOR j:=1 TO e DO
    BEGIN
      netz[i,j,2] := 0;
      read(netz[i,j,1]);
    END;
  END;

  writeln;
  writeln;
  write('Bitte die Quelle eingeben: ');
  readln(q);

  writeln;
  writeln;
  write('Bitte die Senke eingeben: ');
  readln(s);

  { Die Quelle q wird mit (-1,0,unendlich) markiert }

  markierung[q,1] := -1; { Quelle hat keinen Vorgaenger }
  markierung[q,2] := 2;
  markierung[q,3] := unendlich;

END;  { initialisierung }

PROCEDURE wahl_markierte_n_abgesuche_ecke;

VAR
   i        : integer;
   gefunden : BOOLEAN;

BEGIN
  gefunden := FALSE;
  i        := 1;
  REPEAT

    { Ist die Ecke markiert, aber noch nicht abgesucht }

    IF (markierung[i,1] <> 0) AND (u[i] = 0) THEN
    BEGIN
      ecke     := i;
```

```
      gefunden := TRUE;
    END
    ELSE i := i + 1;
  UNTIL gefunden;
END;

PROCEDURE markiere(zu_markierende_ecke : integer;
                   vorgaenger          : integer;
                   flussrichtung       : integer;
                   differenz           : integer);

BEGIN
  markierung[zu_markierende_ecke,1] := vorgaenger;
  markierung[zu_markierende_ecke,2] := flussrichtung;
  markierung[zu_markierende_ecke,3] := differenz;
END;


PROCEDURE absuchen_der_vorwaertskanten;

VAR
  g :integer;

BEGIN

  { Untersuche alle Kanten, die von der Ecke ECKE weggehen, unter der }
  { Bedingung, dass die adjazente Ecke noch nicht markiert ist und    }
  { der Fluss auf dieser Kante noch verbessert werden kann, d.h. er   }
  { ist bisher kleiner als die Kapazitaet der Kante                   }

  FOR g:=1 TO e DO
  BEGIN
    { Alle zu ecke adjazenten Ecken, nicht die Ecke ecke selbst }
    IF (g <> ecke) AND (netz[ecke,g,1] > 0) THEN
    BEGIN
      { Fuer Ecke g ist noch kein Vorgaenger eingetragen und der bis- }
      { Fluss auf der Kante [ecke,g] ist kleiner als deren Kapazitaet }

      IF (markierung[g,1] = 0)
         AND (netz[ecke,g,2] < netz[ecke,g,1]) THEN
      BEGIN
        wert1 := netz[ecke,g,1] - netz[ecke,g,2];
        wert2 := markierung[ecke,3];
        IF wert1 < wert2 THEN minimum := wert1
                         ELSE minimum := wert2;
        d[g] := minimum;
        markiere(g,ecke,1,d[g]);
      END;
```

```
    END; { if g <> ecke }
  END;{ Durchsuche alle Kanten }

END; { positiven_fluss_suchen }

PROCEDURE absuchen_der_rueckwaertskanten;

VAR
   g :integer;

BEGIN

 { Untersuche alle Kanten, die zu der Ecke ECKE hinfuehren, unter der }
 { Bedingung, dass die adjazente Ecke noch nicht markiert ist und der }
 { bisherige Fluss auf dieser Kante groesser Null ist.                }

  FOR g:=1 TO e DO
  BEGIN
    { Alle zu ecke adjazenten Ecken, nicht die Ecke ecke selbst }
    IF (g <> ecke) AND (netz[g,ecke,1] > 0) THEN
    BEGIN
     { Fuer Ecke g ist noch kein Vorgaenger eingetragen und der Fluss }
     { der Kante [g,ecke] ist groesser Null                           }

      IF (markierung[g,1] = 0)
         AND (netz[g,ecke,2] > 0) THEN
      BEGIN
        wert1 := netz[g,ecke,2];
        wert2 := markierung[ecke,3];
        IF wert1 < wert2 THEN minimum := wert1
                         ELSE minimum := wert2;
        d[g] := minimum;
        markiere(g,ecke,2,d[g]);
      END;
    END; { Kante noch nicht markiert + der Fluss < Kapazitaet der Kante }
  END; { alle Ecken fuer den negativen Fluss durchsuchen }
END; { negativen_fluss_suchen }

PROCEDURE fluss_vergroessern;

VAR
   g, i : integer;

BEGIN
  ecke := s;
  WHILE ecke <> q DO
  BEGIN
    g := markierung[ecke,1];
```

```
    IF markierung[ecke,2] = 1
       THEN  netz[g,ecke,2] := netz[g,ecke,2] + markierung[s,3]
       ELSE  netz[ecke,g,2] := netz[ecke,g,2] - markierung[s,3];

    ecke := g;
  END; { while }

  fluss := fluss + markierung[s,3];


  { Alle Markierungen loeschen, ausser der von q und Zuruecksetzen }
  { der Arrays u und d                                             }

  FOR i:=1 TO e DO
  BEGIN
    IF i <> q THEN
    BEGIN
      markierung[i,1] := 0;
      markierung[i,2] := 0;
      markierung[i,3] := unendlich;
    END;
    u[i] := 0;
    d[i] := unendlich;
  END;
END;


PROCEDURE ausgabe;

VAR
   i, j : integer;

BEGIN
  writeln;
  writeln('Eingegebenes Netz: ');
  writeln;
  FOR i:=1 TO e DO
  BEGIN
    writeln;
    FOR j:=1 TO e DO
    BEGIN
      write(netz[i,j,1]:4,' ');
    END;
  END;

  writeln;
  writeln;
  writeln('Der maximale Fluss lautet: ',fluss:4);
```

```
  writeln;

  writeln('Flussmatrix: ');
  writeln;
  FOR i:=1 TO e DO
  BEGIN
    writeln;
    FOR j:=1 TO e DO
    BEGIN
      write(netz[i,j,2]:4,' ');
    END;
  END;

END; { Ausgabe }

BEGIN { HP }

  initialisierung;

  REPEAT
    wahl_markierte_n_abgesuche_ecke;
    absuchen_der_vorwaertskanten;
    absuchen_der_rueckwaertskanten;

    { Ecke ECKE als bereits abgesucht markieren }

    u[ecke] := 1;

    { Ist die Senke markiert? }

    IF markierung[s,3] <> unendlich THEN fluss_vergroessern;

    { Abbruchbedingung fuer die Repeat-Schleife. Abbruch wird generell }
    { zuerst auf TRUE gesetzt. Die Schleife soll abbrechen, wenn fuer  }
    { alle markierten Ecken u[e] =1 ist, d.h. bereits abgesucht.       }

    abbruch := TRUE;
    i       := 0;
    REPEAT
      i := i + 1;
      IF (markierung[i,1] <> 0) AND (u[i] = 0) THEN abbruch := FALSE;
    UNTIL (i = e) OR (NOT abbruch);

  UNTIL abbruch;

  ausgabe;

END.  { HP }
```

F Boolesche Ausdrücke

Boolesche Ausdrücke und ihre Umformung

Gegeben seien *Boolesche Variablen* $x_1, ..., x_n$, die die Werte 1 (für "wahr") und 0 (für "falsch") annehmen können. Ein *Boolescher Ausdruck* ist irgendein Ausdruck, den man aus diesen Variablen sowie den Konstanten 0 und 1 mit Hilfe der Verknüpfungen

$$\begin{array}{ll} \wedge & \text{(und)} \\ \vee & \text{(oder)} \\ ' & \text{(nicht)} \end{array}$$

und unter Verwendung von Klammern "in sinnvoller Weise" bilden kann. (Auf eine exakte (induktive) Definition wird hier verzichtet.)
Boolesche Ausdrücke sind z. B. $x_1 \vee x_2$, $x_1' \wedge (x_2 \vee (x_3 \wedge x_1)')'$, $x_1 \vee 0$; kein Boolescher Ausdruck, da nicht sinnvoll, ist etwa $x_1(\wedge x_2 \vee' x_3$. Um zu verdeutlichen, daß ein Boolescher Ausdruck f von den Variablen $x_1, ..., x_n$ abhängt, schreiben wir auch $f(x_1, ..., x_n)$.
Setzt man für die Variablen x_i jeweils 0 oder 1 ein, so nimmt auch f einen dieser beiden Werte an; dabei arbeiten die elementaren Verknüpfungen $\wedge, \vee$ und $'$ so, wie in den folgenden Tafeln dargestellt:

$\wedge$	0	1
0	0	0
1	0	1

$\vee$	0	1
0	0	1
1	1	1

$'$	0	1
	1	0

Ist z. B. $f(x_1, x_2, x_3) = x_1 \wedge (x_2 \vee x_3')$, so gibt es acht mögliche *Variablenbelegungen* $\alpha \in \{0,1\}^3$, deren Einsetzen in f jeweils den Wert f^α (der 0 oder 1 ist) liefert. Für $\alpha = (1,0,1)$ ergibt sich hier z. B. $f^\alpha = 1 \wedge (0 \vee 1') = 0$. Allgemein wird für $f(x_1, ..., x_n)$ die Menge aller $\alpha \in \{0,1\}^n$ mit $f^\alpha = 1$ als der *Träger* von f (kurz: $T(f)$) bezeichnet.
Um den Träger von $f(x_1, x_2, x_3) = x_1 \wedge (x_2 \vee x_3')$ systematisch zu ermitteln, kann man eine *Wahrheitstafel* für f aufstellen, in der man alle möglichen α und die zugehörigen f^α einträgt. Die Spalten 2 und 3 haben hier nur Hilfsfunktion:

$\alpha = (x_1, x_2, x_3)$	x_3'	$x_2 \vee x_3'$	f^α
0 0 0	1	1	0
0 0 1	0	0	0
0 1 0	1	1	0
0 1 1	0	1	0
1 0 0	1	1	1
1 0 1	0	0	0
1 1 0	1	1	1
1 1 1	0	1	1

Man liest ab, daß in diesem Beispiel gilt

$$T(f) = \{(1,0,0),(1,1,0),(1,1,1)\}.$$

Der Aufwand zur Ermittlung des Trägers mittels einer Wahrheitstafel steigt offenbar exponentiell mit der Anzahl n der vorkommenden Variablen. Jedoch muß jeder andere Algorithmus, der die Träger Boolescher Ausdrücke berechnet und niederschreibt, ebenfalls exponentiell sein, weil es 2^n viele mögliche Elemente des gesuchten Trägers gibt.
Verschiedene Boolesche Ausdrücke $f(x_1, ..., x_n)$ und $g(x_1, ..., x_n)$ können *äquivalent* sein in dem Sinne, daß jede Variablenbelegung für f und g dasselbe Resultat liefert: $f^\alpha = g^\alpha$ für alle $\alpha \in \{0,1\}^n$; wir schreiben dann $f \equiv g$.

Es gilt z. B.

$$\begin{aligned} x_1 \wedge (x_2 \vee x_3) &\equiv (x_1 \wedge x_2) \vee (x_1 \wedge x_3) \ , \\ x_1 \vee 0 &\equiv x_1 \ , \\ x_2''' &\equiv x_2' \ . \end{aligned}$$

Man kann beweisen, da zwei Boolesche Ausdrücke genau dann äquivalent sind, wenn sie sich durch Anwendung der folgenden Regeln ineinander überführen lassen. Diese Regeln stellen die *Axiome der Booleschen Algebra* dar:

$$
\begin{array}{rclrcl}
x \vee x & \equiv & x & x \wedge x & \equiv & x \\
x \vee y & \equiv & y \vee x & x \wedge y & \equiv & y \wedge x \\
x \vee (y \vee z) & \equiv & (x \vee y) \vee z & x \wedge (y \wedge z) & \equiv & (x \wedge y) \wedge z \\
x \vee (x \wedge y) & \equiv & x & x \wedge (x \vee y) & \equiv & x \\
x \vee (y \wedge z) & \equiv & (x \vee y) \wedge (x \vee z) & x \wedge (y \vee z) & \equiv & (x \wedge y) \vee (x \wedge z) \\
x \vee 0 & \equiv & x & x \wedge 1 & \equiv & x \\
x \vee 1 & \equiv & 1 & x \wedge 0 & \equiv & 0 \\
x \vee x' & \equiv & 1 & x \wedge x' & \equiv & 0
\end{array}
$$

Besonders wichtig für das Rechnen mit Booleschen Ausdrücken sind noch die *de Morganschen Regeln*

$$(x \vee y)' \equiv x' \wedge y' \qquad\qquad (x \wedge y)' \equiv x' \vee y'$$

sowie die *Regel für die doppelte Verneinung*

$$x'' \equiv x \,,$$

die sämtlich aus obigen Axiomen ableitbar sind.
Oft besteht der Wunsch, alle vorkommenden Booleschen Ausdrücke in äquivalente Ausdrücke einer einheitlichen und besonders einfachen Form umzuwandeln. Eine herausragende Stellung nehmen hier die *Disjunktiven Normalformen* (DNF) ein. Ein Boolescher Ausdruck ist eine DNF, wenn er aus einer Disjunktion ($\vee$ -Verknüpfung) von Konjunktionen ($\wedge$-Verknüpfungen) von (eventuell komplementierten) Variablen besteht.

DNF sind zum Beispiel

$$(x_1 \wedge x_2 \wedge x_3') \vee (x_2 \wedge x_5),$$
$$(x_1 \wedge x_2) \vee (x_1 \wedge x_2'), (x_1 \wedge x_2) \vee x_3,$$

jedoch ist

$$x_1 \wedge (x_2 \vee (x_3 \wedge x_4))$$

oder

$$(x_1 \wedge x_2'') \vee x_3$$

keine DNF.

Eine DNF heißt *DDNF* (für disjunkte DNF), wenn die einzelnen Konjunktionen paarweise disjunkt sind (d. h. ihre $\wedge$-Verknüpfung 0 ergibt). Z. B. ist die DNF $(x_1 \wedge x_2) \vee (x_1 \wedge x_2')$ eine DDNF, denn $(x_1 \wedge x_2) \wedge (x_1 \wedge x_2') \equiv 0$.

Von besonderer Bedeutung ist noch die jedem Booleschen Ausdruck eindeutig zugehörige *kanonische DNF* – dies ist eine DDNF, in der in jeder Konjunktion alle Variablen $x_1, \ldots, x_n$ (eventuell komplementiert) vorkommen.
Es sei der Boolesche Ausdruck $f(x_1, x_2, x_3) = (x_1 \wedge x_2'') \vee x_3$ gegeben. Eine dazu äquivalente DNF ist $(x_1 \wedge x_2) \vee x_3$, eine andere (die sogar DDNF ist) $(x_1 \wedge x_2 \wedge x_3') \vee x_3$. Die zugehörige kanonische DNF lautet
$(x_1 \wedge x_2 \wedge x_3') \vee (x_1 \wedge x_2 \wedge x_3) \vee (x_1' \wedge x_2 \wedge x_3) \vee (x_1 \wedge x_2' \wedge x_3) \vee (x_1' \wedge x_2' \wedge x_3)$.
Die kanonische DNF läßt sich über den Träger ermitteln. Zu $\alpha \in \{0,1\}^n$ sei

$$k^\alpha := x_1^{\alpha(1)} \wedge \ldots \wedge x_n^{\alpha(n)},$$

wobei $x_i^1 = x_i$ und $x_i^0 = x_i'$ vereinbart sein soll.

Damit gilt:

Satz

Für einen beliebigen Booleschen Ausdruck $f(x_1, \ldots, x_n)$ ist

$$\bigvee_{\alpha \in T(f)} k^\alpha$$

die zugehörige kanonische DNF.

Es leuchtet sofort ein, daß man jeden Booleschen Ausdruck mit Hilfe der oben aufgeführten Axiome – insbesondere sind Distributivgesetze, de Morgansche Regeln und Regel für die doppelte Verneinung interessant – in eine zu ihm äquivalente DNF umwandeln kann. Ein Algorithmus zur Berechnung der kanonischen DNF wird in jedem Falle exonentiell sein. In Anwendungen ist man allerdings oft an einer DDNF interessiert, die – im Gegensatz zur kanonischen DNF – auch noch möglichst kurz sein sollte.
In diesem Zusammenhang ist auch das folgende Komplexitätsresultat von Interesse (vgl. [GAR]): Das Entscheidungsproblem, ob bei gegebenen Variablen $x_1, \ldots, x_n$, Teilmenge $A \subseteq \{0,1\}^n$ von Variablenbelegungen und natürlicher Zahl $k > 0$ es eine DNF aus höchstens k vielen Konjunktionen und mit A als Träger gibt, ist NP- vollständig.
Literaturempfehlungen zu dieser Thematik sind [GUM] und [WEG].

Boolesche Ausdrücke und Wahrscheinlichkeiten

Es seien unabhängige Ereignisse $E_1, \ldots, E_n$ eines Wahrscheinlichkeitsraumes mit bekannten Wahrscheinlichkeiten $P\{E_i\}$ $(1 \leq i \leq n)$ gegeben. Bildet man aus den E_i durch Anwendungen der logischen Operationen "und", "oder" und

"nicht" ein neues Ereignis E, so läßt sich dies auch so auffassen: man hat in einen Booleschen Ausdruck $f(x_1, ..., x_n)$ für die Variablen x_i die Ereignisse E_i eingesetzt, um $E = f(E_1, ..., E_n)$ zu erhalten.
Es stellt sich nun die Frage, wie man $P\{E\}$ bzw. $P\{f(E_1, ..., E_n)\}$ berechnen kann. Diese Frage hat im Prinzip eine einfache Antwort, die in den folgenden beiden Gesetzen der Wahrscheinlichkeit begründet ist:

I. Für sich gegenseitig ausschließende Ereignisse $F_1, ..., F_k$ gilt stets

$$P\{F_1 \vee ... \vee F_k\} = \sum_{i=1}^{k} P\{F_i\}.$$

II. Für unabhängige Ereignisse $F_1, ...F_k$ gilt stets

$$P\{F_1 \wedge ... \wedge F_k\} = \prod_{i=1}^{k} P\{F_i\}.$$

Daraus wird klar, da man $P\{f(E_1, ..., E_n)\}$ über eine zu f äquivalente DDNF unmittelbar berechnen kann.
Als Beispiel seien unabhängige Ereignisse E_1, E_2, E_3 gegeben mit bekannten Wahrscheinlichkeiten $P\{E_i\} = p_i$. Soll $P\{E\}$ für das Ereignis $E = (E_1 \wedge E_2) \vee E_3$ bestimmt werden, so betrachtet man zunächst den Booleschen Ausdruck $f = (x_1 \wedge x_2) \vee x_3$. Eine zu f äquivalente DDNF ist, wie oben angemerkt,

$$(x_1 \wedge x_2 \wedge x_3') \vee x_3.$$

Also gilt $P\ \{E\} = p_1 p_2 (1 - p_3) + p_3$.
Die soeben skizzierte Methode zur Bestimmung von $P\{E\}$ birgt, wie bereits gesagt, das Problem in sich, die kanonische DNF zu bestimmen, was i.a. sehr aufwendig ist. Mitunter gibt man sich jedoch mit Abschätzungen für $P\{E\}$ zufrieden. Ein typischer Fall für eine solche Abschätzung ist folgender:
Gegeben seien (nicht als unabhängig vorausgesetzte) Ereignisse $E_1, ..., E_n$, es sei E das Ereignis $E_1 \vee ... \vee E_n$. Die *Siebformel* (auch als *Prinzip der Inklusion - Exklusion* bekannt) besagt:

$$\begin{aligned} P\{E_1 \vee ... \vee E_n\} &= \sum_i P\{E_i\} - \sum_{i,j} P\{E_i \wedge E_j\} \\ &+ \sum_{i,j,k} P\{E_i \wedge E_j \wedge E_k\} - ... \\ &+ (-1)^{n+1}\ P\{E_1 \wedge ... \wedge E_n\} \end{aligned}$$

Man beachte, daß $n = 2$ die bekannte Formel

$$P\{E_1 \vee E_2\} = P\{E_1\} + P\{E_2\} - P\{E_1 \wedge E_2\}$$

liefert.
Ist es nun bei einem konkreten Problem so, daß die Wahrscheinlichkeiten der UND-Verknüpfungen ab einer gewissen Anzahl beteiligter E_i verschwindend klein werden, so kann der ab diesem Summenzeichen "abgeschnittene" Ausdruck u.U. als Schätzwert für $P\{E\}$ verwendet werden.
Ist also z. B. für alle i, j, k $P\{E_i \wedge E_j \wedge E_k\}$ sehr klein, so gilt (unter geeigneten Bedingungen)

$$P\{E_1 \vee ... \vee E_n\} \approx \sum_i P\{E_i\} - \sum_{i,j} P\{E_i \wedge E_j\}.$$

Genauer gesagt: die Abweichung dieses Schätzwertes vom korrekten Wert $P\ \{E_1 \vee ... \vee E_n\}$ kann höchstens so groß sein wie der erste weggelassene Summand, welches hier

$$\sum_{i,j,k} P\{E_i \wedge E_j \wedge E_k\}$$

ist.

Boolesche Ausdrücke, Funktions- und Fehlerbäume

In der technischen Zuverlässigkeitstheorie ist es üblich, den die Funktionsfähigkeit eines Systems darstellenden Booleschen Ausdruck mit Hilfe von *Blockschaltbildern*, *Funktions-* oder *Fehlerbäumen* darzustellen. Diese Begriffe sollen an einem Beispiel illustriert werden. An einer genaueren Darstellung interessierte Leser werden auf [SCH1] oder [SCH2] verwiesen.

Es wird wieder das folgende Netz betrachtet:

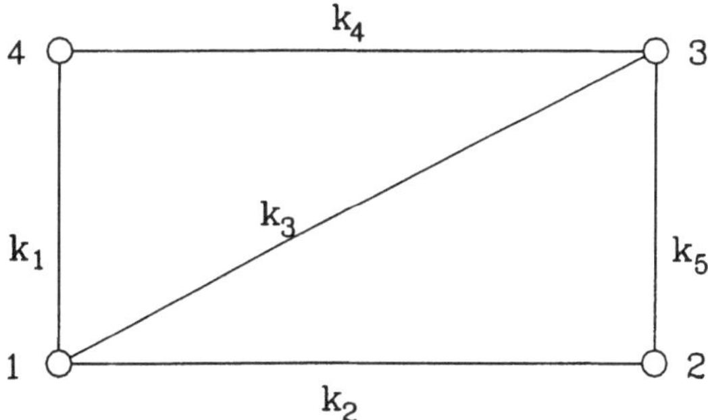

Die Kanten k_i sind die ausfallgefährdeten Systemkomponenten. Die Funktionsfähigkeit des Systems sei gegeben dadurch, daß die Stationen 1 und 4 längs irgendeines Weges miteinander kommunizieren können.
Das die Funktionsfähigkeit charakterisierende Blockschaltbild sieht folgendermaßen aus:

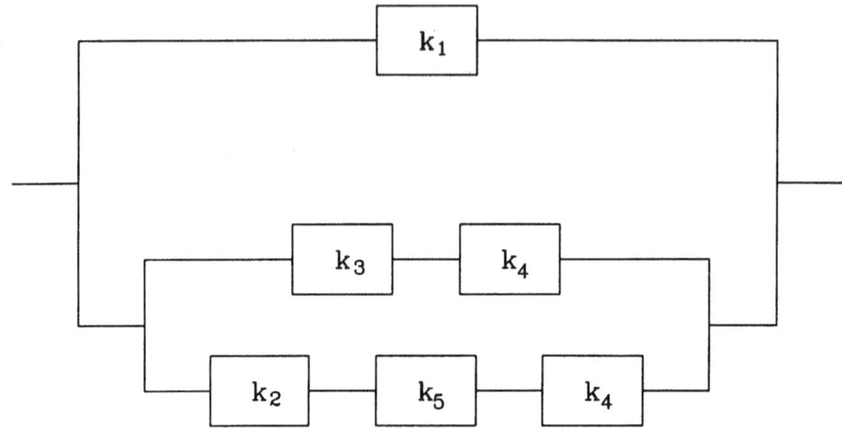

Mit der üblichen Vereinbarung, daß die UND- und ODER-Schaltungen durch die Diagramme

dargestellt werden, hat man dazu folgenden Funktionsbaum:

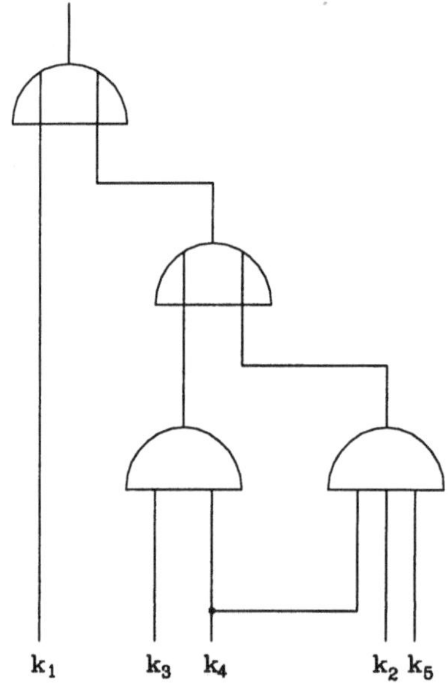

Als Fehlerbaum ergibt sich entsprechend:

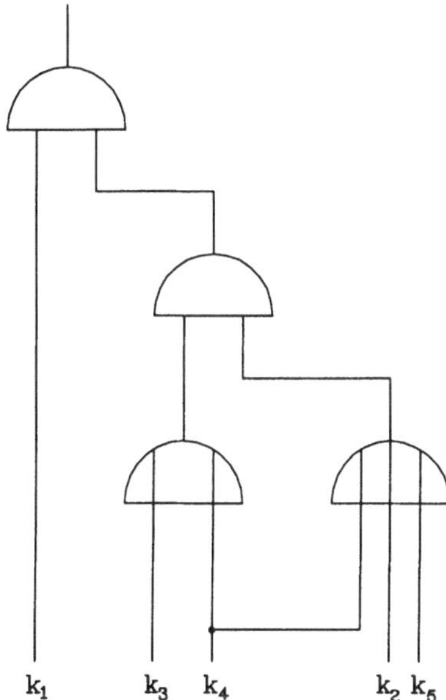

Zur Bestimmung der interessierenden Wahrscheinlichkeiten gibt es in der Zuverlässigkeitstheorie eigene Methoden, die an diesen graphischen Darstellungen orientiert sind, inhaltlich jedoch den oben geschilderten Methoden entsprechen.

G Gerüste eines Graphen

In Kapitel 6 hatten wir gezeigt, daß ein vollständiger Graph mit n Ecken n^{n-2} viele verschiedene Gerüste enthält. Für beliebige Graphen $G = (E, K))$ mit n Ecken und m Kanten gibt es keine geschlossene Formel für die Anzahl der Gerüste, jedoch läßt sich diese Anzahl mit dem folgenden Verfahren leicht bestimmen.

Die Ecken von G seien durchnumeriert, $E = \{e_1, ..., e_n\}$. Es wird nun die negative Adjazenzmatrix gebildet (Kapitel 2), auf der Hauptdiagonalen werden zusätzlich die Eckengrade eingetragen (vgl. Kapitel 1). Für die resultierende Matrix $M = (m_{ij})$ gilt also

$$m_{ij} = \begin{cases} \gamma(e_i) & , \; falls \quad i = j \\ -1 & , \; falls \quad ij \in K \\ 0 & , \; sonst. \end{cases}$$

Durch Streichen der letzten Zeile und Spalte von M ergibt sich eine Matrix M'. Es gilt nun: die Determinante von M', $\det(M')$, ist die Anzahl der Gerüste von G.

Dieser Zusammenhang ist bereits im Jahre 1847 von G. Kirchhoff entdeckt worden (siehe [KIR]). In [BRO] wurde die Aussage formal aufgestellt und bewiesen.

Beispiel

Wir betrachten wieder den folgenden Graphen G :

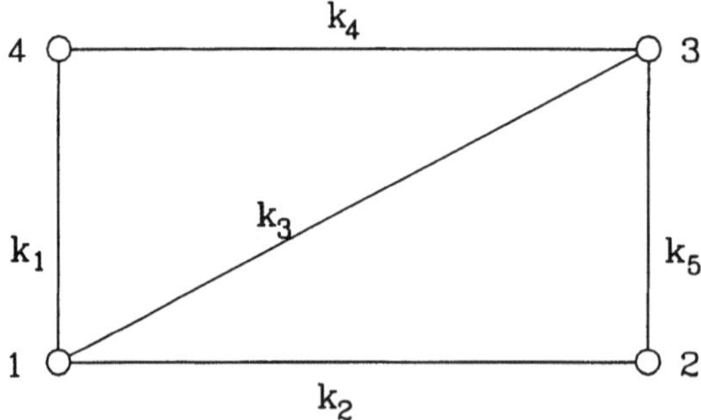

Es wurde bereits an früherer Stelle festgestellt, daß G 8 Gerüste besitzt. Die Gerüste sind hier dargestellt:

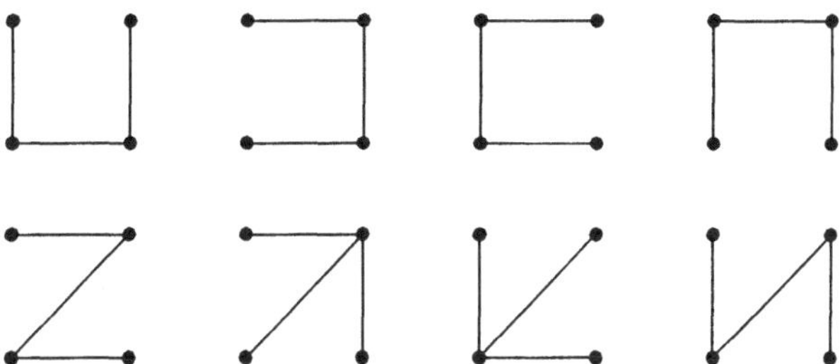

Für die Matrix M ergibt sich

$$M = \begin{pmatrix} 3 & -1 & -1 & -1 \\ -1 & 2 & -1 & 0 \\ -1 & -1 & 3 & -1 \\ -1 & 0 & -1 & 2 \end{pmatrix},$$

also ist

$$M' = \begin{pmatrix} 3 & -1 & -1 \\ -1 & 2 & -1 \\ -1 & -1 & 3 \end{pmatrix}.$$

Wie man leicht nachrechnet, gilt tatsächlich $det(M') = 8$.

Das soeben beschriebene Verfahren zur Ermittlung der Anzahl der Gerüste benötigt nur polynomialen Aufwand, denn Determinanten können effizient berechnet werden. Für die Aufzählung der Gerüste selbst kann es keinen polynomialen Algorithmus geben, da die mögliche Anzahl mit n exponentiell wächst. Wir wollen ein Verfahren beschreiben, das die Gerüste auf elegante Weise bestimmt. Das Verfahren stammt von M. Piekarski (vgl. [PIE]) und ist auch in [DöR] dargestellt.
Es werden auch die Kanten durchnumeriert, $K = \{k_1, ..., k_m\}$, und es wird die Inzidenzmatrix I gebildet. Um die weitere Darstellung des Verfahrens zu veranschaulichen, wollen wir die Schritte immer gleich anhand des obigen Beispielgraphen vollziehen. Hier ergibt sich bisher

$$I = \begin{pmatrix} 1 & 1 & 1 & 0 & 0 \\ 0 & 1 & 0 & 0 & 1 \\ 0 & 0 & 1 & 1 & 1 \\ 1 & 0 & 0 & 1 & 0 \end{pmatrix}.$$

Zu den Zeilen von I (außer der letzten) werden jetzt Matrizen $D_1, ..., D_{n-1}$ gebildet; D_i ist die Matrix der Basisvektoren, deren Summe gerade die $i-te$ Zeile von I ergibt.

In unserem Beispiel erhalten wir

$$D_1 = \begin{pmatrix} 1 & 0 & 0 & 0 & 0 \\ 0 & 1 & 0 & 0 & 0 \\ 0 & 0 & 1 & 0 & 0 \end{pmatrix}, \qquad D_2 = \begin{pmatrix} 0 & 1 & 0 & 0 & 0 \\ 0 & 0 & 0 & 0 & 1 \end{pmatrix},$$

$$D_3 = \begin{pmatrix} 0 & 0 & 1 & 0 & 0 \\ 0 & 0 & 0 & 1 & 0 \\ 0 & 0 & 0 & 0 & 1 \end{pmatrix}.$$

Nun wird zunächst aus D_1 und D_2 eine neue Matrix $D_{1,2}$ gebildet, indem jede Zeile von D_1 zu jeder Zeile von D_2 addiert und das Ergebnis als Zeile von $D_{1,2}$ genommen wird; $D_{1,2}$ wird noch "reduziert", indem diejenigen Zeilen gestrichen werden, die weniger als zwei Einsen enthalten oder in gerader Anzahl auftreten. Entsprechend wird danach D_3 zu $D_{1,2}$ "addiert" usw., bis alle $D_i (1 \leq i \leq n-1)$ abgearbeitet sind. Die Zeilen von $D_{1,2,...,n-1}$, gelesen als Kantenmengen, korrespondieren dann zu den Gerüsten von G.

Für das Beispiel ergibt sich

$$D_{1,2} = \begin{pmatrix} 1 & 1 & 0 & 0 & 0 \\ 1 & 0 & 0 & 0 & 1 \\ \cancel{0} & \cancel{0} & \cancel{0} & \cancel{0} & \cancel{0} \\ 0 & 1 & 0 & 0 & 1 \\ 0 & 1 & 1 & 0 & 0 \\ 0 & 0 & 1 & 0 & 1 \end{pmatrix} \begin{matrix} \leftarrow \text{1. Zeile } D_1 + \text{1. Zeile } D_2 \\ \\ \cdot \\ \cdot \\ \cdot \\ \\ \end{matrix}$$

bzw. nach Reduktion

$$D_{1,2} = \begin{pmatrix} 1 & 1 & 0 & 0 & 0 \\ 1 & 0 & 0 & 0 & 1 \\ 0 & 1 & 0 & 0 & 1 \\ 0 & 1 & 1 & 0 & 0 \\ 0 & 0 & 1 & 0 & 1 \end{pmatrix}.$$

Hinzuaddieren von D_3 führt zu

$$D_{1,2,3} = \begin{pmatrix} 1 & 1 & 1 & 0 & 0 \\ 1 & 1 & 0 & 1 & 0 \\ 1 & 1 & 0 & 0 & 1 \\ 1 & 0 & 1 & 0 & 1 \\ 1 & 0 & 0 & 1 & 1 \\ \cancel{1} & \cancel{0} & \cancel{0} & \cancel{0} & \cancel{0} \\ \cancel{0} & \cancel{1} & \cancel{1} & \cancel{0} & \cancel{1} \\ 0 & 1 & 0 & 1 & 1 \\ \cancel{0} & \cancel{1} & \cancel{0} & \cancel{0} & \cancel{0} \\ \cancel{0} & \cancel{1} & \cancel{0} & \cancel{0} & \cancel{0} \\ 0 & 1 & 1 & 1 & 0 \\ \cancel{0} & \cancel{1} & \cancel{1} & \cancel{0} & \cancel{1} \\ \cancel{0} & \cancel{0} & \cancel{0} & \cancel{0} & \cancel{1} \\ 0 & 0 & 1 & 1 & 1 \\ \cancel{0} & \cancel{0} & \cancel{1} & \cancel{0} & \cancel{0} \end{pmatrix}$$

bzw. nach Reduktion

$$D_{1,2,3} = \begin{pmatrix} 1 & 1 & 1 & 0 & 0 \\ 1 & 1 & 0 & 1 & 0 \\ 1 & 1 & 0 & 0 & 1 \\ 1 & 0 & 1 & 0 & 0 \\ 1 & 0 & 0 & 1 & 1 \\ 0 & 1 & 0 & 1 & 1 \\ 0 & 1 & 1 & 1 & 0 \\ 0 & 0 & 1 & 1 & 1 \end{pmatrix}.$$

Die acht Zeilen dieser Matrix ergeben genau die acht oben dargestellten Gerüste.
Der entscheidende Schritt beim Beweis der Korrektheit dieses Verfahrens besteht darin, die folgende Aussage zu zeigen: jede Zeile in $D_{1,2,\ldots,n-1}$, die einem nicht kreislosen Teilgraphen entspricht, tritt in gerader Anzahl auf.

H Ein Pascal-Programm zur Berechnung des Zuverlässigkeitspolynoms

Eckenzahl n und Kantenzahl m (die hier auf 6 und 15 stehen) müssen zu Anfang neu eingetragen werden. Sodann müssen nach Programmstart die Kanten eingegeben werden.
Der prinzipielle Programmablauf ist dann folgendermaßen: Es werden die Teilmengen der Menge aller Kanten abgesucht. Hat eine Teilmenge mindestens $n-1$ viele Elemente, so wird geprüft, ob der zugehörige Teilgraph zusammenhängend ist. Im positiven Falle wird ein Zähler erhöht, wobei für jede mögliche Kantenzahl i $(n-1 \leq i \leq m)$ ein solcher Zähler geführt wird. Zum Schluß stehen also die Werte F_i in diesen Zählern.

```
program graphzuv;

uses crt,tkbtestu;

const
     n = 6;
     m = 9;
     l = m-n+2;


type
    paare = record
            x: byte;
            y: byte;
            end;
var
   kanten : array[1..m] of paare;
   i,i2,i3,i4,l1      : longint;
   za     : array[1..l] of longint;
   a,b,msk     : longint;
   anz,t_i     : byte;
   x     :  array[1..m] of byte;
   t     :  array[1..n] of byte;
   st,lt    : byte;
   zus_fl,clr_kante_fl,noeintr_fl,loesch_fl,keinzu_fl: boolean;
begin
  clrscr;
  a := 1;
  b := 1;
```

```
for i := 1 to (n-1) do
  a := 2*a;
a:=a-1;
for i := 1 to m do
  b:= 2*b;
b:=b-1;


for i := 1 to l do
  za[i] := 0;
for i := 1 to m do
begin
  write(i,'. Kante (x y) : ');
  read(kanten[i].x);
  gotoxy(25,wherey-1);
  readln(kanten[i].y);
end;


laufzeit;
for i := a to b do
begin
  for lt := 1 to m do
    x[lt] := 0;
  anz:=0;
  msk := 1;
  st := 1;
  lt := 1;
  while msk <= (b+1)/2 do
  begin
    if (msk and i) <> 0 then
    begin
      inc(anz);
      x[lt] := st;
      inc(lt);
    end;
    msk := 2*msk;
    inc(st);
  end;
  zus_fl := false;
  noeintr_fl := false;
  if anz >= (n-1) then
  begin
    for i2 := 1 to n do
      t[i2] := 0;
    t[1] := kanten[x[1]].x;
    t[2] := kanten[x[1]].y;
    x[1] := 0;
```

```
t_i := 2;
loesch_fl := true;
while loesch_fl do
begin
  loesch_fl := false;
  for i2 := 2 to m do
  begin
    if x[i2] <> 0 then
    begin
      for i3 := 1 to t_i do
      begin
        clr_kante_fl := false;
        if x[i2] <> 0 then
        begin
          if (t[i3] = kanten[x[i2]].x) then
          begin
            clr_kante_fl := true;
            noeintr_fl := false;
            for i4 := 1 to t_i do
              if t[i4] = kanten[x[i2]].y then
            noeintr_fl := true;
            if not(noeintr_fl) then
            begin
              inc(t_i);
              t[t_i] := kanten[x[i2]].y;
            end;
          end
          else
          begin
            if (t[i3] = kanten[x[i2]].y) then
            begin
              clr_kante_fl := true;
              keinzu_fl := false;
              for l1 := 1 to t_i do
              begin
                if t[l1] = kanten[x[i2]].x then
                  keinzu_fl := true;
              end;
              if not keinzu_fl then
              begin
                inc(t_i);
                t[t_i] := kanten[x[i2]].x;
              end;
            end;
          end;
        end;
        if clr_kante_fl then
        begin
```

```
              x[i2] := 0;
              loesch_fl := true;
            end;
          end;
        end;
      end;
    end;
    if t_i = n then
      zus_fl := true;
  end;
  if zus_fl then
    inc(za[anz+2-n]);
end;
i3 := 0;
i2 := 0;
clrscr;
for i := 1 to l do
begin
  inc(i3);
  if i3 > 25 then
  begin
    i2 := i2 + 20;
    gotoxy(1,i2);
  end;
  writeln(' ',i+n-2,' K: ',za[i]);
end;
laufzeit;
readln;
end.
```

I Lösungen zu den Aufgaben

Lösung 1.1

Es wird die Kette von Implikationen i) $\rightarrow$ ii) $\rightarrow$ iii) $\rightarrow$ i) gezeigt. i) $\rightarrow$ ii): Ein Baum ist als zusammenhängender Graph ohne Kreise definiert. Es sei also P ein Baum und $k = \{e, f\}$ eine Kante, die keine Endkante ist. Wäre k keine Brücke, so müßte in $P \backslash k$ ein Weg zwischen e und f existieren, mit k zusammen ergäbe sich dann in P ein Kreis. Also muß k eine Brücke sein.

ii) $\rightarrow$ iii): Da P als zusammenhängend vorausgesetzt ist, muß nur gezeigt werden, daß zwei Ecken a und b niemals durch zwei verschiedene Wege in P verbindbar sind. Wäre dies aber für zwei Ecken a und b der Fall, so wäre jede Kante auf einem dieser Wege, die nicht zu dem anderen Weg gehört, weder Endkante noch Brücke.

iii) $\rightarrow$ i): Es folgt sofort, daß P zusammenhängend ist. Würde P einen Kreis enthalten, so würden Ecken a und b existieren, die durch mehrere Wege verbindbar wären.

Lösung 1.2

ii) und iii) ergeben zusammen die Definition eines Baumes. Sind i) und iii) erfüllt, so ist nach Satz 1.2.26 G ein Baum. Nun seien für G i) und ii) erfüllt. Nach ii) ist G ein Wald. G habe k Komponenten . Mit 1.2.25 folgt, daß für die Anzahl der Kanten von G gelten muß $m = n - k$. Mit i) hat man schließlich $k = 1$, d. h. G ist zusammenhängend.

Lösung 1.3

e und f seien beliebige Ecken von G. Zu zeigen ist, daß e und f in G durch einen Weg verbunden werden können. $N_e \subseteq E$ bezeichnet die Menge der Nachbarecken von e, $N_f \subseteq E$ entsprechend die Nachbarn von f. Nach Voraussetzung haben sowohl N_e als auch N_f mindestens $\frac{n-1}{2}$ viele Elemente. Für $N'_e = N_e \cup \{e\}$ und $N'_f = N_f \cup \{f\}$ gilt dann

$$|N'_e| \geq \frac{n-1}{2} + 1 = \frac{n+1}{2}, \quad |N'_f| \geq \frac{n+1}{2}.$$

Also können N'_e und N'_f nicht disjunkt sein, denn dann hätte $N'_e \cup N'_f$ mindestens $\frac{n+1}{2} + \frac{n+1}{2} = n+1$ viele Elemente. Dies bedeutet aber, daß die Menge $N'_e \cup N'_f$ einen zusammenhängenden Untergraphen von G aufspannt, e und f sind also verbindbar.

Lösung 2.1

M habe k Zusammenhangskomponenten, $B_1, \ldots, B_k$ seien die Bäume, die den Wald B bilden. $z_1, \ldots, z_{n-k}$ seien die Zweige (bezüglich B) und $S_1, \ldots, S_{n-k}$ die zugehörigen fundamentalen Schnitte. Es ist zu zeigen, daß $S_1, \ldots, S_{n-k}$ eine Basis des Vektorraums $\mathbf{S}^*$ bilden. Da jeder der Zweige z_i nur zu S_i und keinem der übrigen S_j gehört, kann keiner der Schnitte S_i als Summe der restlichen S_j dargestellt werden, die Schnitte $S_1, \ldots, S_{n-k}$ sind folglich linear unabhängig. Es bleibt zu zeigen, daß jeder Schnitt $S \in \mathbf{S}$ Summe einiger dieser Schnitte S_i $(1 \leq i \leq n-k)$ ist. Sei also $S \in S$ beliebig, und $z_{i_1}, \ldots, z_{i_r}$ seien diejenigen unter den Zweigen $z_1, \ldots, z_{n-k}$, die zu S gehören. Wir behaupten, daß $S = S_{i_1} + \ldots + S_{i_r}$ gilt. Da nämlich S und $S_{i_1} + \ldots + S_{i_r}$ genau die gleichen Zweige enthalten, enthält $S' = S + (S_{i_1} + \ldots + S_{i_r})$ überhaupt keine Zweige. Wegen $S' \in \mathbf{S}^*$ folgt jetzt $S' = \emptyset$ und damit die Behauptung.

Lösung 2.2

In dem folgenden Diagramm ist ein Teilgraph des Petersen-Graphen dargestellt, der zu $K_{3,3}$ homöomorph ist. Nach dem Satz von Kuratowski kann der Petersen-Graph damit nicht planar sein.

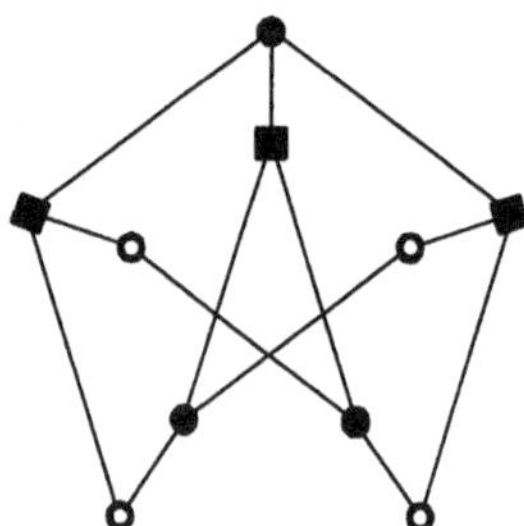

Lösung 2.3

M habe k viele Komponenten. Es kann vorausgesetzt werden, daß I die in 2.2.10 beschriebene Gestalt hat. Es gilt dann

$$rg_2(I) = rg_2(I(M_1)) + \ldots + rg_2(I(M_k)).$$

Nach 2.2.18 gilt $rg_2(I(M_j)) = \rho(M_j)$ für jede der Komponenten M_j, d. h. es folgt

$$\begin{aligned} rg_2(I) &= \rho(M_1) + \ldots + \rho(M_k) \\ &= \rho(M). \end{aligned}$$

Lösung 3.1

a)

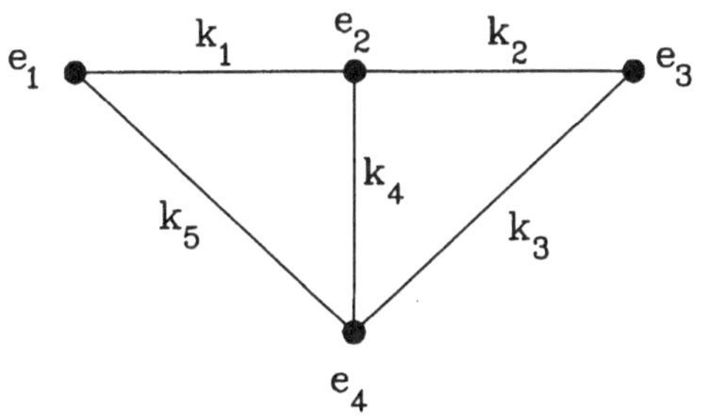

Die Elemente von C sind $C_1 = \{k_1, k_4, k_5\}$, $C_2 = \{k_2, k_3, k_4\}$, $C_3 = \{k_1, k_2, k_3, k_5\}$. Damit ergibt sich

$$C(G) = \begin{pmatrix} 1 & 0 & 0 & 1 & 1 \\ 0 & 1 & 1 & 1 & 0 \\ 1 & 1 & 1 & 0 & 1 \end{pmatrix}$$

b)

$$I(G) = \begin{pmatrix} 1 & 0 & 0 & 0 & 1 \\ 1 & 1 & 0 & 1 & 0 \\ 0 & 1 & 1 & 0 & 0 \\ 0 & 0 & 1 & 1 & 1 \end{pmatrix}$$

Damit erhält man:

$$I \cdot C^t = \begin{pmatrix} 1 & 0 & 0 & 0 & 1 \\ 1 & 1 & 0 & 1 & 0 \\ 0 & 1 & 1 & 0 & 0 \\ 0 & 0 & 1 & 1 & 1 \end{pmatrix} \cdot \begin{pmatrix} 1 & 0 & 1 \\ 0 & 1 & 1 \\ 0 & 1 & 1 \\ 1 & 1 & 0 \\ 1 & 0 & 1 \end{pmatrix}$$

$$= \begin{pmatrix} 0 & 0 & 0 \\ 0 & 0 & 0 \\ 0 & 0 & 0 \\ 0 & 0 & 0 \end{pmatrix}$$

Lösung 3.2

Gegeben seien reelle Zahlen $a_1, \ldots, a_n$. Es wird die kleinste dieser Zahlen herausgesucht.

```
begin
   m := a_1;
   i := 1;
   while i < n do
   begin
     i := i + 1;
     if a_i < m
       then m := a_i;
   end
end
```

Da die while-Schleife $(n-1)$-mal durchlaufen wird und in ihr ein Vergleich und höchstens eine Zuweisung vorgenommen werden, handelt es sich um einen Algorithmus der Komplexität $O(n)$.

Lösung 3.3

Es sei $X \subseteq E$ eine Knotenüberdeckung in G, ferner seien $\{e,f\} \in E\backslash X$. Es folgt sofort $\{e,f\} \in \overline{K}$ bzw. $\{e,f\} \notin K$, denn wäre $\{e,f\} \in K$, so müßte $e \in X$ oder $f \in X$ sein. Umgekehrt sei nun für $X \subseteq E$ vorausgesetzt, daß $E\backslash X$ in $\overline{G}$ ein Simplex als Untergraphen bildet, ferner sei $k \in K$ mit $k = \{e,f\}$. Zu zeigen ist, daß $e \in X$ oder $f \in X$ ist. Wären aber $e, f \in E\backslash X$, so müßte gelten $\{e,f\} \in \overline{K}$ bzw. $\{e,f\} \notin K$ im Widerspruch zur Voraussetzung.

Lösung 4.1

Die vier Zusammenhangskomponenten sind in dem folgenden Bild angedeutet

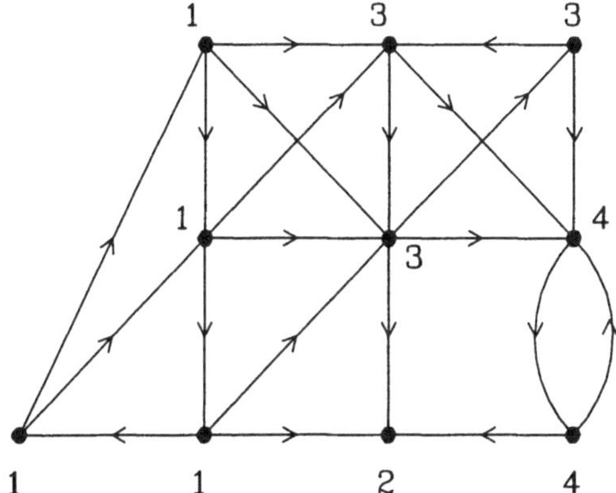

Wie man sieht, haben die zwischen zwei Komponenten laufenden Bögen stets die gleiche Richtung.

Lösung 4.2

Wir wählen das hier dargestellte Gerüst:

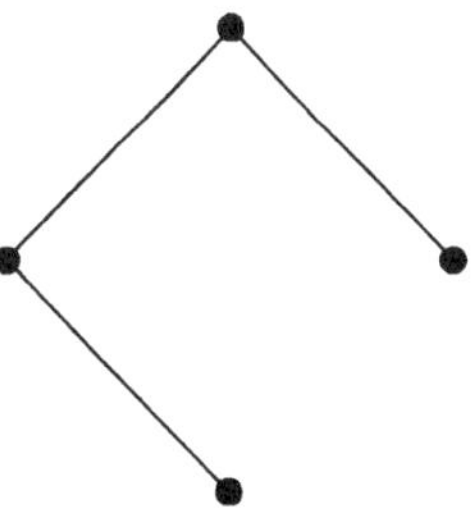

Dies führt zu den folgenden (mit einer Orientierung versehenen) fundamentalen Schnitten:

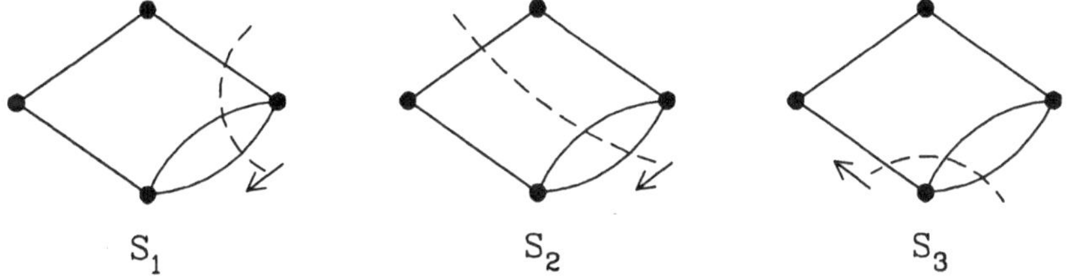

Durch Linearkombinationen ergeben sich zusätzlich die Schnitte:

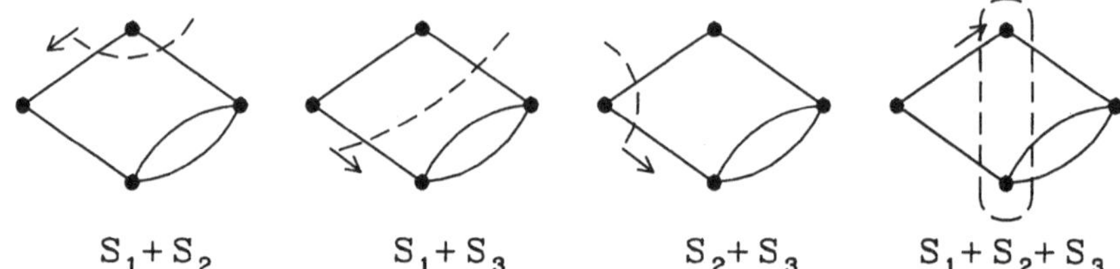

Damit hat man als Schnitt-Bogen-Matrix:

$$S = \begin{pmatrix} 0 & -1 & 0 & -1 & -1 \\ -1 & 0 & 0 & -1 & -1 \\ 0 & 0 & 1 & 1 & 1 \\ -1 & 1 & 0 & 0 & 0 \\ 0 & 1 & -1 & 0 & 0 \\ 1 & 0 & -1 & 0 & 0 \\ 1 & -1 & -1 & -1 & -1 \end{pmatrix}$$

Die Bewertungen f_{S_1}, f_{S_2} und f_{S_3} bilden eine Basis des Vektorraums $\mathbf{S}(\mathrm{I\!R})$:

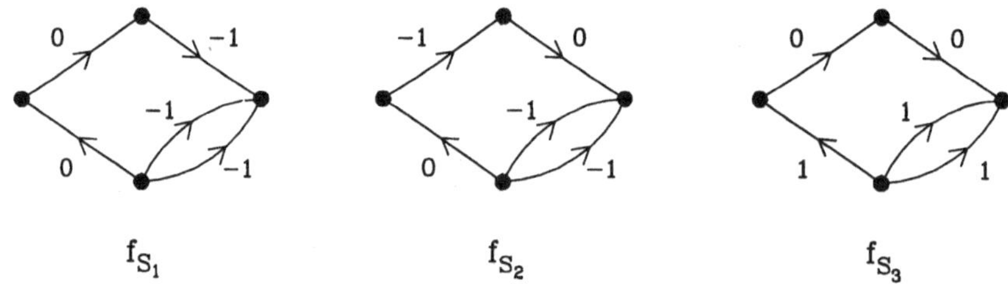

Lösung 5.1

Die einfachste Argumentation ist die folgende: Da $\vec{G}$ (bzw. G) ein Baum ist, gilt $\mu(G) = 0$, d. h. der Vektorraum $C(W)$ hat (nach 5.2.18) die Dimension Null und besteht nur aus dem Nullvektor.

Lösung 6.1

Es ergeben sich die folgenden Matrizen:

$$D_0 = \begin{pmatrix} 0 & 0 & 3 & \infty & 4 \\ \infty & 0 & 1 & 3 & \infty \\ \infty & \infty & 0 & 1 & \infty \\ \infty & \infty & \infty & 0 & 1 \\ \infty & 0 & \infty & \infty & 0 \end{pmatrix}$$

$$D_1 = D_0$$

$$D_2 = \begin{pmatrix} 0 & 0 & 1 & 3 & 4 \\ \infty & 0 & 1 & 3 & \infty \\ \infty & \infty & 0 & 1 & \infty \\ \infty & \infty & \infty & 0 & 1 \\ \infty & 0 & 1 & 3 & 0 \end{pmatrix}$$

$$D_3 = \begin{pmatrix} 0 & 0 & 1 & 2 & 4 \\ \infty & 0 & 1 & 2 & \infty \\ \infty & \infty & 0 & 1 & \infty \\ \infty & \infty & \infty & 0 & 1 \\ \infty & 0 & 1 & 2 & 0 \end{pmatrix}$$

$$D_4 = \begin{pmatrix} 0 & 0 & 1 & 2 & 3 \\ \infty & 0 & 1 & 2 & 3 \\ \infty & \infty & 0 & 1 & 2 \\ \infty & \infty & \infty & 0 & 1 \\ \infty & 0 & 1 & 2 & 0 \end{pmatrix}$$

$$D_5 = \begin{pmatrix} 0 & 0 & 1 & 2 & 3 \\ \infty & 0 & 1 & 2 & 3 \\ \infty & 2 & 0 & 1 & 2 \\ \infty & 1 & 2 & 0 & 1 \\ \infty & 0 & 1 & 2 & 0 \end{pmatrix}$$

Aus D_5 können nun die Abstände abgelesen werden.

Lösung 6.2

Die zu Anfang definierten d-Werte bezeichnen wir mit $d_1(e)$, die in der $(k-1)$-ten Iteration der repeat-Schleife definierten d-Werte mit $d_k(e)$. Mit Induktion wird jetzt zunächst überlegt, daß $d_k(e)$ die Länge eines kürzesten Weges von s nach e ist, der höchstens k Kanten enthält. Für $k = 1$ ist dies offensichtlich. Es gelte nun die Induktionsvoraussetzung, daß für ein beliebiges festes $k \geq 1$ $d_k(e)$ für jede Ecke e die Länge eines kürzesten Weges von s nach e mit höchstens k Kanten ist. Die Ecke e sei jetzt ebenfalls fest gewählt. Nach der Definition des Algorithmus folgt nun, daß entweder $d_{k+1}(e) = d_k(e)$ ist oder es eine Vorgängerecke f von e gibt mit $d_{k+1}(e) = d_k(f) + w(fe) < d_k(e)$. ($f$ sei so gewählt, daß $d_k(f) + w(fe)$ minimal wird.) Da nun $d_k(f)$ nach Induktionsvoraussetzung die Länge eines kürzesten Weges mit höchstens k vielen Kanten von s nach f ist, folgt daraus, daß $d_{k+1}(e)$ die Länge eines kürzesten Weges von s nach e mit höchstens $k+1$ vielen Kanten sein muß. Damit ist die Behauptung über die Werte $d_k(e)$ gezeigt.
Da (G, w) keine negativen Kreise enthält, kann ein kürzester Weg höchstens $|E| - 1$ viele Kanten enthalten. Somit muß die until-Bedingung in der repeat-Schleife spätestens bei $k = |E| - 1$ erfüllt sein. Es sind dann die kürzesten Abstände bestimmt, und man hat eine Komplexität von $O(|E|^3)$.

Lösung 6.3

Angenommen, G enthält zwei minimale Gerüste $B_1 = (E, K_1)$ und $B_2 = (E, K_2)$. Wir können die Kanten von B_1 und B_2 ohne Beschränkung der Allgemeinheit so numerieren, daß folgende Bedingungen erfüllt sind:

$$K_1 = \{k_1, \ldots, k_{i-1}, k_i, \ldots, k_{n-1}\},$$

$$K_2 = \{k_1, \ldots, k_{i-1}, k_i', \ldots, k_{n-1}'\}$$

mit

$$1 \leq i \leq n-1,$$

$$w(k_1) < \ldots < w(k_n - 1)$$

und

$$w(k_1) < \ldots < w(k_i) < w(k_i') < \ldots < w(k_{n-1}').$$

Fügen wir nun k_i zu B_2 hinzu, so erhalten wir den Kreis $C_{B_2}(k_i)$. Nach Satz 6.2.9 gilt

$$w(k_i) \geq w(k) \text{ für jede Kante } k \text{ in } C_{B_2}(k_i).$$

Da die Gewichte alle verschieden sind, müssen die Kanten $k \neq k_i$ in $C_{B_2}(k_i)$ unter den ersten Kanten $k_1, \ldots, k_{i-1}$ von B_2 sein. Da diese Kanten auch zu B_1 gehören, enthält B_1 den ganzen Kreis $C_{B_2}(k_i)$, und dies ist ein Widerspruch. Damit ist der Beweis erbracht.

Lösung 7.1

Ein maximaler Fluß kann mit dem Algorithmus von Edmonds und Karp bestimmt werden. Ausgehend vom Null-Fluß f_0 ergibt sich zuerst der zunehmende Weg $q \to f \to s$, auf dem der Fluß um zwei Einheiten erhöht werden kann:

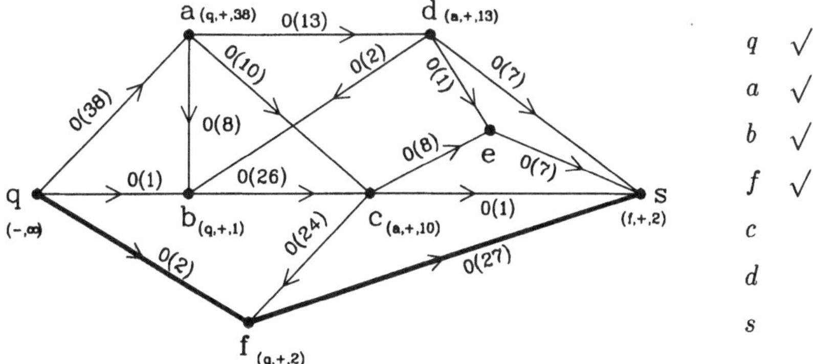

Nach der Flußvergrößerung hat man also folgendes Bild mit Fluß f_1:

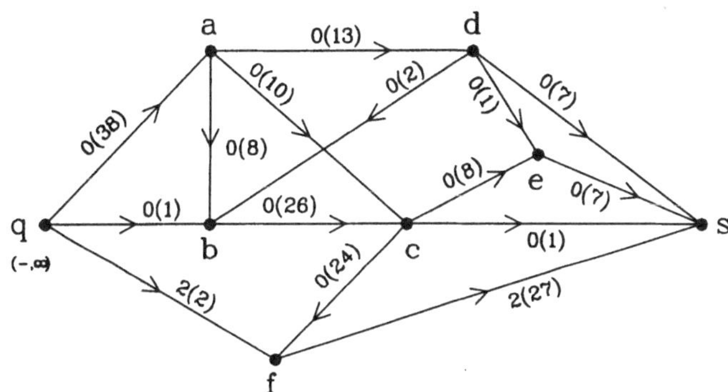

Wir wollen nun in der Lösung einige Schritte überspringen. Nach acht Flußvergrößerungen ergibt sich der in dem folgenden Diagramm dargestellte Fluß f_8. (Dabei sind stets, falls eine Wahl zu treffen war, die Nachbarecken einer abgesuchten Ecke in alphabetischer Reihenfolge markiert worden.)

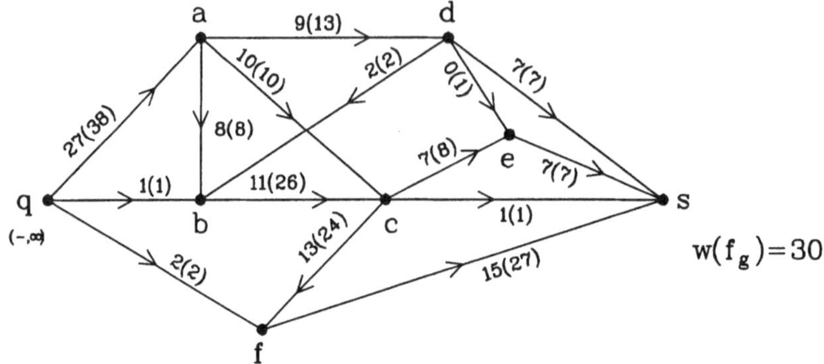

Ein weiterer Schritt des Algorithmus führt zu den folgenden Markierungen und dem herausgehobenen zunehmenden Weg:

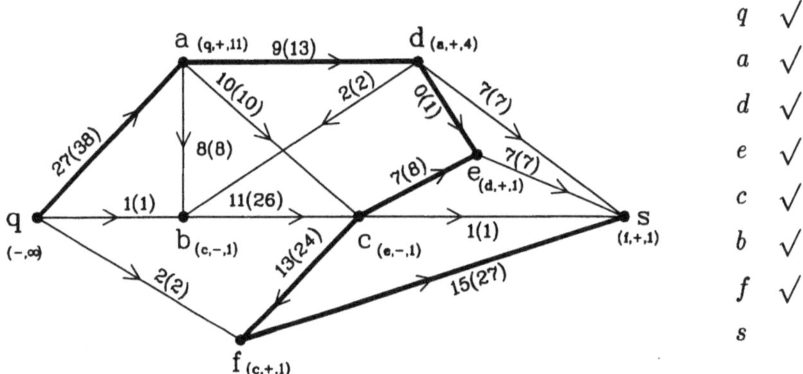

Nach der Flußvergrößerung hat man f_9 mit $w(f_9) = 31$. Im nächsten Schritt stoppt der Algorithmus. Das folgende Bild zeigt den maximalen Fluß f_9 und die Markierungen aus dem letzten Algorithmusschritt, der resultierende minimale Schnitt kann ebenfalls abgelesen werden.

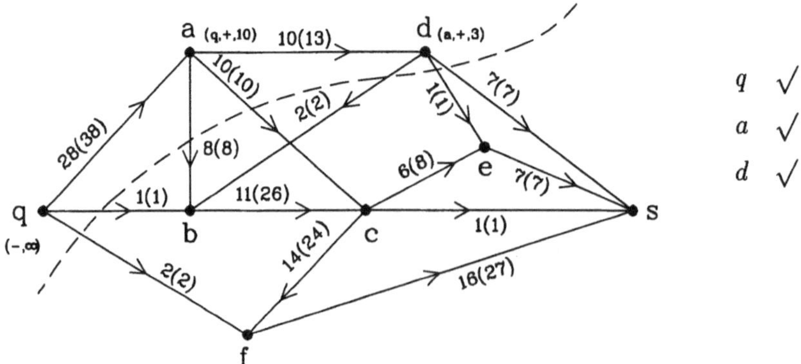

Lösung 7.2

a) Je nach Absuchreihenfolge der bereits markierten Ecken, für die beim Algorithmus von Ford und Fulkerson eine gewisse Freiheit besteht, kommt man verschieden schnell zu dem (hier eindeutigen) maximalen Fluß. Sucht man z. B. im ersten Schritt in der Reihenfolge q, a, b, e, f ab, so ergeben sich die folgenden Markierungen mit herausgehobenem zunehmendem Weg:

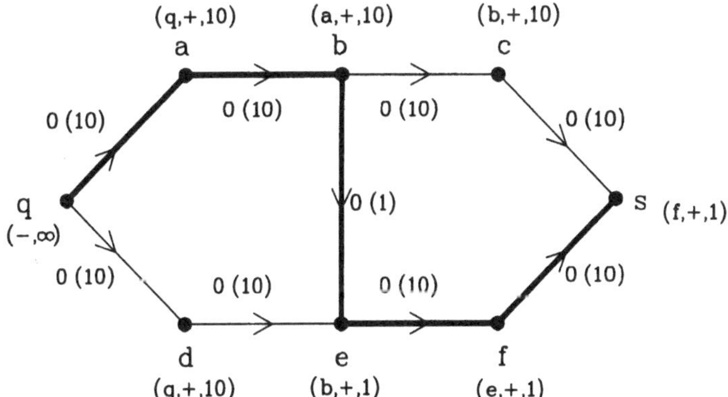

Beim nächsten Schritt ist folgendes Bild möglich:

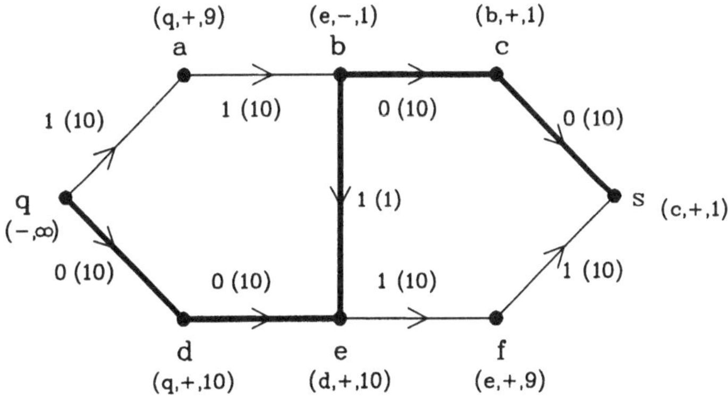

Indem man in dieser Weise fortfährt, kommt man erst nach 20 Flußvergrößerungen zum maximalen Fluß, der hier dargestellt ist:

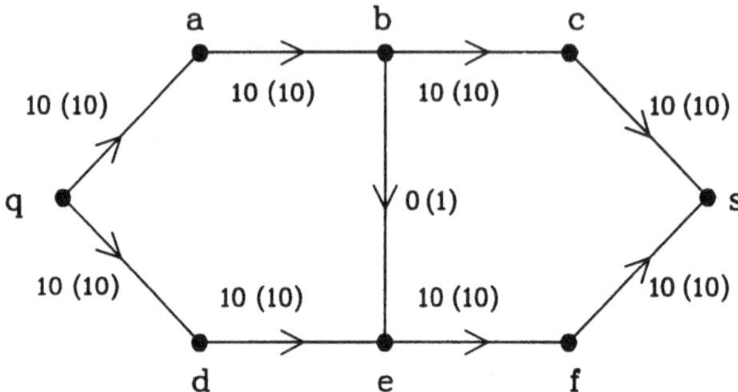

Mit dem Algorithmus von Edmonds und Karp bekommt man diesen Fluß schon nach zwei Flußvergrößerungen.

b) Verallgemeinert man das obige Beispiel dahingehend, daß man die Kantenkapazität 10 durch irgendeine natürliche Zahl p ersetzt, so zeigen die Überlegungen aus a), daß der Algorithmus von Ford und Fulkerson bei ungeschickter Vorgehensweise $2p$ viele Flußvergrößerungen bis zur Ermittlung des maximalen Flusses braucht. Die Komplexität ist also von den Kapazitätswerten abhängig und kann folglich, da letztere beliebig groß sein können, nicht durch ein Polynom in der Anzahl n der Ecken des Digraphen abgeschätzt werden.

Lösung 7.3

Die Aussage, daß G p-fach zusammenhängend ist, bedeutet: man muß mindestens p Ecken aus G entfernen, damit der Rest des Graphen nicht zusammenhängend ist. Wenn je zwei Ecken in G durch mindestens p viele eckendisjunkte Wege verbunden sind, ist dies offenbar erfüllt.
Nun sei umgekehrt G als p-fach zusammenhängend vorausgesetzt, q und s seien Ecken in G. Jede q und s trennende Eckenmenge muß mindestens p viele Ecken enthalten. Setzt man q und s als nicht-benachbart voraus, so gibt es nach dem Satz von Menger (für ungerichtete Graphen) mindestens p viele eckendisjunkte Wege von q nach s. Es bleibt der Fall zu betrachten, daß q und s benachbart sind. G' sei der Graph, der durch Entfernen der Kante $\{q,s\}$ entsteht. G' ist $(p-1)$-fach zusammenhängend, und da q und s in G' nicht benachbart sind, kann man wie oben auf die Existenz von $p-1$ vielen eckendisjunkten Wegen von q nach s in G' (und damit auch in G) schließen. Zusammen mit der Kante $\{q,s\}$ hat man in G p viele Wege.

Lösung 7.4

$G = (E_1 \cup E_2, K)$ sei ein regulärer bipartiter Graph, $\gamma \geq 1$ sei der allen Ecken gemeinsame Grad. $A \subseteq E_1$ sei eine beliebige Teilmenge, wir setzen $a := |A|$.

Es gibt genau $a\gamma$ viele Kanten der Form ef mit $e \in A$ und $f \in E_2$. Da jede Ecke von E_2 auf genau γ vielen Kanten liegt, müssen die $a\gamma$ vielen Endecken in E_2 dieser $a\gamma$ vielen Kanten mindestens a verschiedene Ecken enthalten, was $|\Phi(A)| \geq |A|$ bedeutet. Mit dem Satz von Hall kann nun geschlossen werden, daß G eine vollständige Korrespondenz besitzt.

Lösung 7.5

Man kann das Problem so lösen, wie in Abschnitt 7.6 beschrieben. Es ist dann zuerst irgendein zulässiger Fluß f_0 zu finden, davon ausgehend kann mit dem Algorithmus von Ford und Fulkerson (d. h. durch zunehmende Wege) ein maximaler zulässiger Fluß bestimmt werden.
Man kann sich jedoch auch die Lösung der Aufgabe 6.1 zunutze machen, wo der folgende maximale Fluß für das dort gegebene Fluß-Netz gefunden wurde:

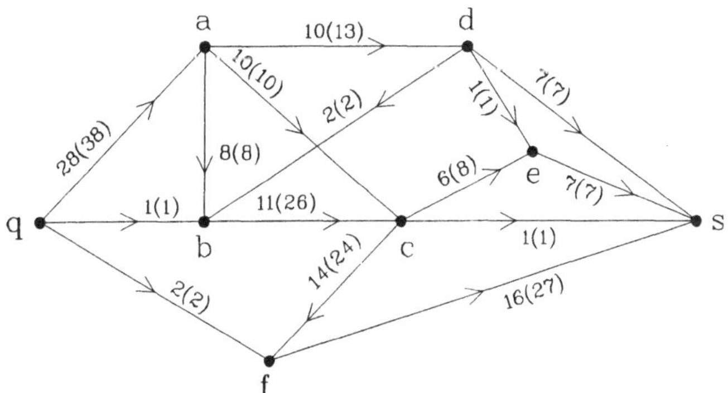

Bei der vorliegenden Aufgabe handelt es sich um denselben Digraphen, die obere Kapazität ist nur auf der gerichteten Kante db von 2 auf 4 geändert. Wegen der nun auch gegebenen unteren Kapazitäten ist der obige Fluß nicht zulässig. Man sieht jedoch sofort, daß auf dem Weg $q \to a \to d \to b \to c \to f \to s$ der Fluß um 2 erhöht werden kann, Resultat ist der folgende zulässige Fluß:

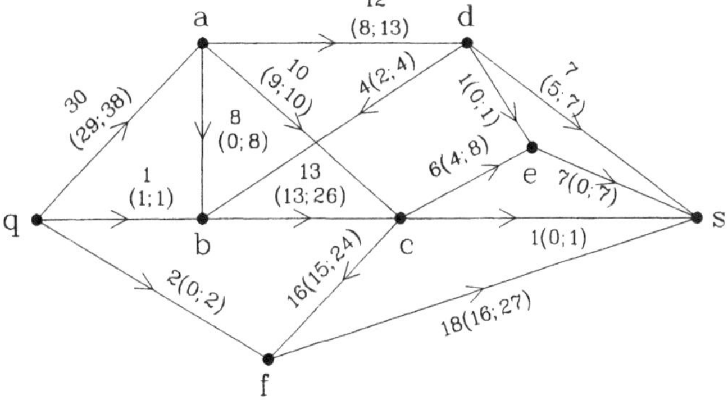

Da der Fluß auf allen die Menge $Q = \{q, a, d\}$ verlassenden Kanten die obere Kapazitätsgrenze erreicht, muß dieser Fluß maximal sein.

Lösung 7.6

Wir wählen zwei n-elementige Mengen $Q = \{q_1, \ldots, q_n\}$ und $S = \{s_1, \ldots, s_n\}$ und zwei weitere Elemente q und s, auf der Eckenmenge $E := Q \cup S \cup \{q, s\}$ definieren wir einen Digraphen G. Die Kantenmenge K besteht aus allen qx, allen xy und allen ys (mit $x \in Q$ und $y \in S$), jeder Kante $k \in K$ wird die Kapazität $c(k) = 1$ zugeordnet. Für das Fluß-Netz (G, c, q, s) definieren wir noch eine Kostenfunktion durch $\gamma(q, x) := \gamma(y, s) := 0$ und $\gamma(q_i, s_j) := a_{ij}$, wobei wie üblich a_{ij} den Eintrag in der i-ten Zeile und j-ten Spalte der Matrix A bezeichnet. Nun entsprechen die ganzzahligen Flüsse vom Wert n mit minimalen Kosten genau den Lösungen des Zuordnungsproblems für die gegebene Matrix A.

Lösung 8.1

Die Nachricht kommt nur dann nach 11 msec bei F an, wenn einer der kürzesten Wege

$$\begin{array}{ccccccc} A & \to & B & \to & D & \to & F \\ A & \to & B & \to & E & \to & F \\ A & \to & C & \to & D & \to & F \\ A & \to & C & \to & E & \to & F \end{array}$$

genommen wird.
Jeder dieser Wege tritt mit einer Wahrscheinlichkeit von

$$\frac{1}{2} \cdot \frac{1}{3} \cdot \frac{1}{3} = \frac{1}{18}$$

auf, mithin beträgt die gefragte Wahrscheinlichkeit $\frac{4}{18}$ bzw. $\frac{2}{9}$.

Lösung 8.2

Zunächst versendet B vier Meldungen (mit Zählerwert 1) an seine vier Nachbarn. Danach entstehen folgende Meldungen mit Zählerwert 2:

$$\begin{array}{ccc} A & \to & C \\ C & \to & A, D, E \\ D & \to & C, F \\ E & \to & C, F \end{array}$$

Dies ergibt in der Summe 12 Meldungen.

Lösung 8.3

a) In den folgenden Diagrammen ist die Entwicklung in den ersten drei Zeittakten dargestellt, wobei o.B.d.A. A im ersten Takt den Nachbarn B als Zwischenknoten nutzt. Die Verkehrsbelastung einer Kante ist durch die Anzahl der Pfeile angedeutet. Im folgenden wechseln sich stets die im 2. und 3. Zeittakt vorliegenden Situationen ab.

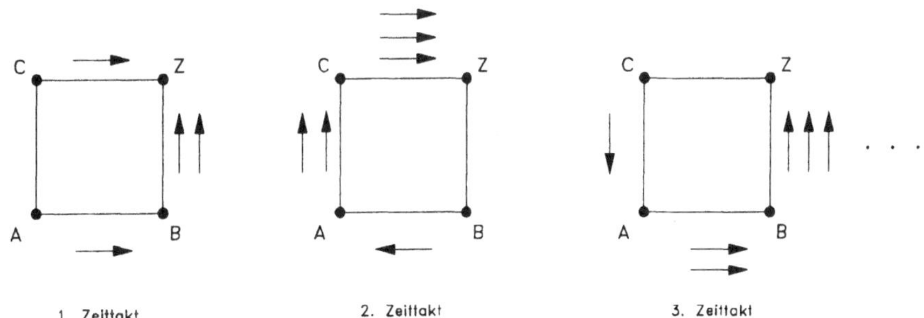

b) Mit einem Biasfaktor von $\alpha = 1$ ergibt sich ein Oszillieren zwischen den beiden folgenden Mustern:

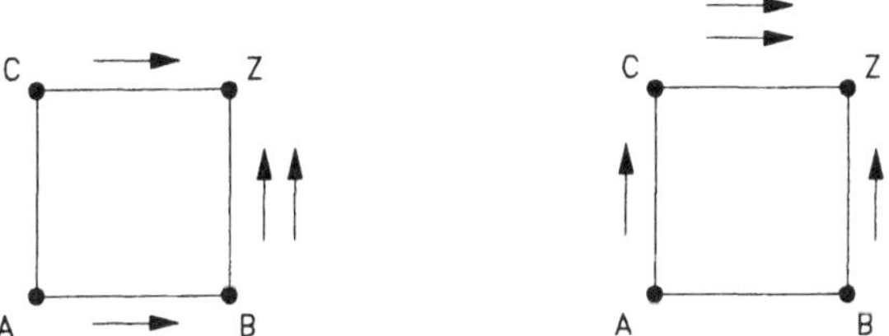

c) Eine Erhöhung des Biasfaktors würde hier keine weitere Verbesserung bewirken. Der Grund liegt in der Symmetrie des gegebenen Graphen. Abhilfe schaffen könnte hier die Einführung verschiedener "Grundlasten" α_k für die einzelnen Kanten k, um die Symmetrie auf diese Weise zu brechen.

Lösung 8.4

Wir setzten o.B.d.A. voraus, daß jeder Knoten von A zuletzt eine Nachricht mit Folgenummer 1 erhalten (und diese abgespeichert) hat. Ferner sei zunächst vorausgesetzt, daß die Laufzeiten auf den Kanten sehr groß sind gegenüber den Verarbeitungenszeiten in den Knoten.

A sendet Meldungen (mit Folgenummer 2) an B und C. Daraufhin schickt

- B entsprechende Meldungen an C, D und E,
- C Meldungen an B und E.

Schließlich sendet

- D eine Meldung an E,
- E ein Meldung an B oder C (abhängig von der Reihenfolge der Verarbeitung der erhaltenen Meldungen von C. bzw. B).

Insgesamt ergeben sich so 9 Meldungen.

Ohne die obige Voraussetzung über Lauf- und Verarbeitungszeiten mag es z. B. möglich sein, daß B eine Meldung von C erhält, bevor die Meldung von A in B eintrifft. In diesem Falle würde B nur Meldungen an D und E schicken, jedoch keine an C.

Lösung 8.5

Zwei beliebige Knoten x und k ($x \neq k$) seien gegeben. Zu zeigen ist: in $G(\rightarrow k)$ gilt entweder $x \rightarrow k$, oder aber es existieren Zwischenknoten $x_1, x_2, \ldots, x_t$ ($t \geq 1$) mit

$$x \rightarrow x_1 \rightarrow x_2 \rightarrow \ldots x_t \rightarrow k .$$

Angenommen, es ist nicht bereits $x \rightarrow k$, denn in diesem Fall muß nichts gezeigt werden. Da den Knoten x in $G(\rightarrow k)$ mindestens zwei gerichtete Kanten verlassen, kann ein x_1 mit $x \rightarrow x_1$ gewählt werden. x_2 sei nun ein Nachfolger von x_1 in $G(\rightarrow k)$, der nicht gleich x ist. Entsprechend kann eine Folge

$$x \rightarrow x_1 \rightarrow x_2 \rightarrow \ldots x_{i-1} \rightarrow x_i \rightarrow x_{i+1} \ldots$$

konstruiert werden derart, daß stets (falls $x_i \neq k$ ist) x_{i+1} als Nachfolger von x_i mit $x_{i+1} \neq x_{i-1}$ gewählt wird. Da $G(\rightarrow k)$ nur endlich viele Knoten enthält, aber auch kein gerichteter Kreis entstehen kann, bleibt nur die Möglichkeit, daß die Folge abbricht, indem einmal $x_{i+1} = k$ wird. Damit ist der Beweis erbracht.

Lösung 8.6

Zunächst ist es hilfreich, sich z. B. $G(\rightarrow 1)$ zu veranschaulichen:

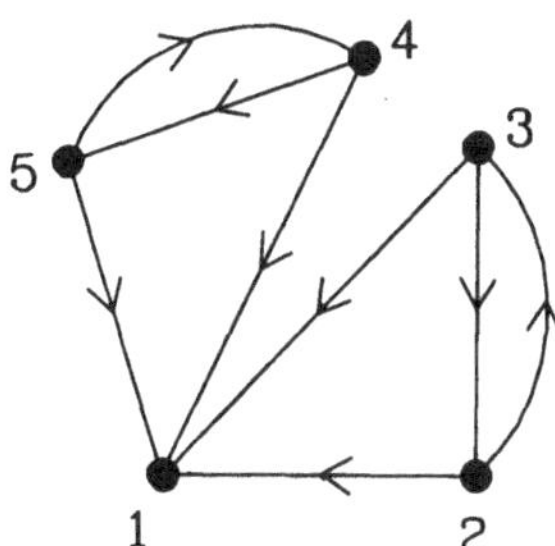

An dem Routing-Plan liest man ab, daß die Digraphen $G(\to 2)$, $G(\to 3)$ usw. durch "Rotation" aus obigem Bild entstehen. Daran sieht man sofort, daß in keinem der $G(\to k)$ ein gerichteter Kreis mit mehr als zwei Kanten existiert, mithin ist C kreisfrei.
C ist nicht bidirektional: fallen z. B. die Kanten 15 und 25 aus, so kann zwar Knoten 5 noch Nachrichten an 1 versenden (über $5 \to 4 \to 1$), jedoch 1 keine an 5.
Da bei diesem Routing-Plan stets der Erstweg aus einer direkten Kante besteht und es genau einen Zweitweg gibt, welcher zwei Kanten hat, wird immer unter den physikalisch noch möglichen Wegen ein möglichst kurzer ausgewählt.

Lösung 8.7

$G(\to 1)$ sieht folgendermaßen aus:

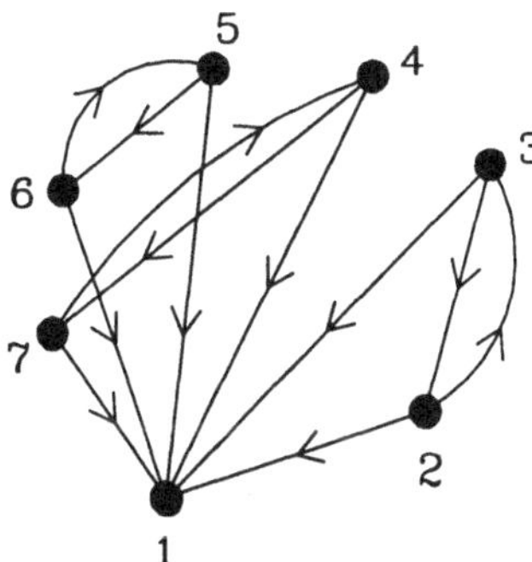

Der Routing-Plan ist hier so aufgebaut, daß z. B. die aus den Knoten 1,5 und 6 bestehende "Zelle" auch in $G(\to 5)$ und $G(\to 6)$ entsprechend genutzt wird. Mathematisch verbirgt sich dahinter eine Überdeckung der Kantenmenge durch 7 Dreiecke ("Zellen"), die für das Routing verwendet werden. Aus dieser Struktur ergibt sich sofort, daß C sowohl kreisfrei als auch bidirektional ist und daß stets möglichst kurze Wege gewählt werden.

Lösung 9.1

Gefragt ist nach dem Wert von f_5, wenn $p = \frac{1}{2}$ eingesetzt wird (s. 9.2.9). Mit der in 9.2.11 abgeleiteten rekursiven Formel hat man

$$f_5 = 1 - \binom{4}{0} f_1 \left(\frac{1}{2}\right)^4 - \binom{4}{1} f_2 \left(\frac{1}{2}\right)^6 - \binom{4}{2} f_3 \left(\frac{1}{2}\right)^6 - \binom{4}{3} f_4 \left(\frac{1}{2}\right)^4,$$

wobei f_1, f_2, f_3 und f_4 aus 9.2.12 übernommen werden können.
Es ergibt sich:

$$\begin{aligned} f_1 &= 1 \\ f_2 &= 0,5 \\ f_3 &= 0,5 \\ f_4 &= 0,59375 \end{aligned}$$

Mit obiger Formel erhält man daraus $f_5 = 0,7109375$.

Lösung 9.2

Das gesuchte Polynom hat die Form

$$z(G) = F_3 p^3 (1-p)^3 + F_4 p^4 (1-p)^2 + F_5 p^5 (1-p) + F_6 p^6 ,$$

denn es ist $F_0 = F_1 = F_2 = 0$, da eine funktionsfähige Kantenmenge notwendigerweise einen zusammenhängenden Teilgraphen aufspannen muß.

Offensichtlich ist $F_6 = 1$. Auch $F_5 = 6$ ist leicht zu sehen, denn je 5 der 6 Kanten reichen (wegen der jeweils 2 Einträge und der Kreisfreiheit) für die Funktionsfähigkeit aus.

Zur Bestimmung von F_4 greifen wir auf die Beziehung

$$F_4 = 15 - C_2$$

zurück (s. 9.3.17); es genügt also, die Anzahl C_2 der zweielementigen kritischen Kantenmengen zu bestimmen.

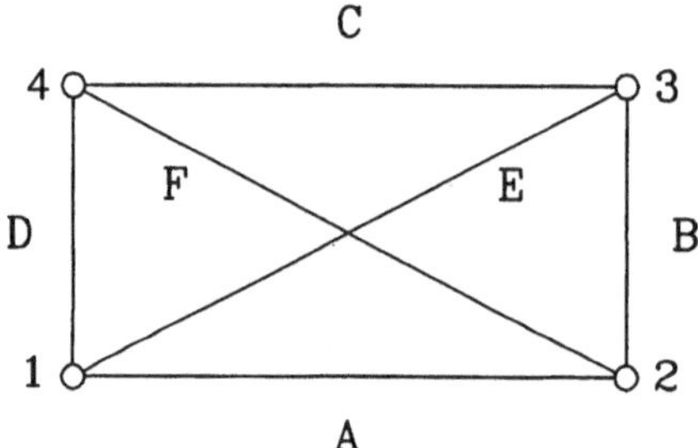

Wie man anhand des Routing-Plans nachprüft, sind dies die Mengen

$\{A,B\},\{A,D\},\{A,E\},\{A,F\},\{B,E\},\{C,D\},\{D,F\}$, und $\{C,E\}$; jede der übrigen 7 zweielementigen Kantenmengen (z. B. $\{A,C\}$ oder $\{B,D\}$) ist nicht kritisch, d. h. ihr Ausfall stört nicht die Funktionsfähigkeit des Netzes. Es folgt also $F_4 = 7$.
Da es sich bei dem vorliegenden Routing-Plan um SP-Routing mit Präferenz handelt (vgl. 8.6.22), sieht man schließlich leicht, daß $\{A,D,E\}$ die einzige dreielementige funktionsfähige Kantenmenge ist, d. h. es gilt $F_3 = 1$.

Im Ergebnis lautet das gesuchte Polynom

$$\begin{aligned} z(G) &= p^3(1-p)^3 + 7p^4(1-p)^2 + 6p^5(1-p) + p^6 \\ &= p^3 + 4p^4 - 5p^5 + p^6. \end{aligned}$$

Lösung 9.3

Wir bestimmen die Koeffizienten F_4, F_5, F_6 und F_7 für G_1 bzw. F_4', F_5', F_6' und F_7' für G_2.

Offenbar gilt $F_7 = F_7' = 1$ und, da keiner der beiden Graphen eine Ecke mit nur einer inzidenten Kante enthält, $F_6 = F_6' = 7$.
Die beiden Ecken von G_1 von Grad 2 indzieren 2 zweielementige kritische Kantenmengen. Da keine weiteren zweielementigen kritischen Kantenmengen existieren, gilt $C_2 = 2$ und damit

$$F_5 = \binom{7}{2} - 2 = 19.$$

Mit analoger Argumentation folgt $F_5' = 20$.

Auch bei der Bestimmung von F_4 bzw. F_4' ist es etwas günstiger, die kritischen dreielementigen Kantenmengen zu betrachten. Man findet $C_3 = 14$ und $C_3' = 11$, woraus sich (wegen $\binom{7}{4} = 35$)

$$\begin{aligned} & F_4 = 21 \\ \textit{und} \quad & F_4' = 24 \end{aligned}$$

ergibt.

Insgesamt hat man somit $F_i' \geq F_i$ für alle i mit $F_5' > F_5$ und $F_4' > F_4$. Daraus folgt, daß (sogar für jede Kantenwahrscheinlichkeit p) G_2 zuverlässiger ist als G_1:

$$z(G_2)(p) \;>\; z(G_1)(p)$$

Lösung 9.4

Es wird zunächst die negative Adjazenzmatrix aufgestellt, in der Hauptdiagonalen werden zusätzlich die Eckengrade eingetragen. Streichen der letzten Zeile und Spalte führt schließlich zu der Matrix M':

$$M' = \begin{pmatrix} 5 & -1 & -1 & -1 & -1 \\ -1 & 5 & -1 & -1 & -1 \\ -1 & -1 & 5 & -1 & -1 \\ -1 & -1 & -1 & 5 & -1 \\ -1 & -1 & -1 & -1 & 5 \end{pmatrix}$$

Die gesuchte Anzahl der Gerüste ist gleich $det(M')$.

Zur Berechnung von $det(M')$ wird die Matrix auf Diagonalgestalt gebracht. Man erhält:

$$\begin{vmatrix} 5 & -1 & -1 & -1 & -1 \\ -1 & 5 & -1 & -1 & -1 \\ -1 & -1 & 5 & -1 & -1 \\ -1 & -1 & -1 & 5 & -1 \\ -1 & -1 & -1 & -1 & 5 \end{vmatrix}$$

$$= \frac{1}{5 \cdot 5 \cdot 5 \cdot 5} \begin{vmatrix} 5 & -1 & -1 & -1 & -1 \\ 0 & 24 & -6 & -6 & -6 \\ 0 & -6 & 24 & -6 & -6 \\ 0 & -6 & -6 & 24 & -6 \\ 0 & -6 & -6 & -6 & 24 \end{vmatrix}$$

$$= \frac{1}{4^3 \cdot 5^4} \begin{vmatrix} 5 & -1 & -1 & -1 & -1 \\ 0 & 24 & -6 & -6 & -6 \\ 0 & 0 & 90 & -30 & -30 \\ 0 & 0 & -30 & 90 & -30 \\ 0 & 0 & -30 & -30 & 90 \end{vmatrix}$$

$$= \frac{1}{3^2 \cdot 4^3 \cdot 5^4} \begin{vmatrix} 5 & -1 & -1 & -1 & -1 \\ 0 & 24 & -6 & -6 & -6 \\ 0 & 0 & 90 & -30 & -30 \\ 0 & 0 & 0 & 240 & -120 \\ 0 & 0 & 0 & -120 & 240 \end{vmatrix}$$

$$= \frac{1}{2 \cdot 3^2 \cdot 4^3 \cdot 5^4} \begin{vmatrix} 5 & -1 & -1 & -1 & -1 \\ 0 & 24 & -6 & -6 & -6 \\ 0 & 0 & 90 & -30 & -30 \\ 0 & 0 & 0 & 240 & -120 \\ 0 & 0 & 0 & 0 & 360 \end{vmatrix}$$

$$= \frac{1}{2 \cdot 3^2 \cdot 4^3 \cdot 5^4} \cdot 5 \cdot 24 \cdot 90 \cdot 240 \cdot 360$$
$$= 1296.$$

Der Graph K_6 besitzt also 1296 Gerüste. Dies entspricht dem erwarteten Ergebnis, denn nach dem Satz von Cayley ist für K_6 die Anzahl der Gerüste gleich 6^4.

Lösung 9.5

Es ist also $n = 5$ (also $l = 4$) und $m = 8$. Weiter gilt offenbar $c = 2$, denn die beiden zu Ecke 1 inzidenten Kanten bilden eine kritische Menge.

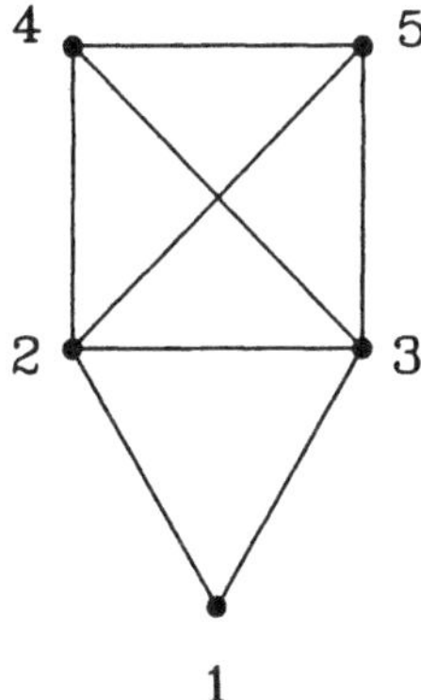

Da keine weitere zweielementige kritische Menge existiert, ist $C_2 = 1$ und damit

$$R_2 = F_6 = \binom{8}{2} - 1 = 27.$$

$R_{m-l} = R_4 (= F_4)$ ist die Anzahl der Gerüste und wird durch Aufstellen der Matrix M' (wie in Anhang G beschrieben) ermittelt:

$$M' = \begin{pmatrix} 2 & -1 & -1 & 0 \\ -1 & 4 & -1 & -1 \\ -1 & -1 & 4 & -1 \\ 0 & -1 & -1 & 3 \end{pmatrix}$$

Man errechnet $R_4 = det(M') = 40$, und damit ergibt sich

$$S = p^8 + 8p^7(1-p) + 27p^6(1-p)^2 + 40p^4(1-p)^4.$$

Wegen $\binom{8}{3} = 56$ lauten die einfachen Schranken

$$S \leq z(G) \leq S + 56p^5(1-p)^3.$$

Die Sperner-Schranken ergeben

$$S + \frac{\binom{8}{3}}{\binom{8}{4}} 40p^5(1-p)^3 \leq z(G) \leq S + \frac{\binom{8}{3}}{\binom{8}{2}} 27p^5(1-p)^3$$

bzw.

$$S + 32p^5(1-p)^3 \leq z(G) \leq S + 54p^5(1-p)^3.$$

Lösung 9.6

Ein beliebiger Graph $G = (E, K)$ sei gegeben. Wir bilden folgendes Mengensystem: Als Grundmenge M wird die Knotenmenge E gewählt. $\mathcal{M}$ besteht aus allen zweielementigen Teilmengen von E, die durch die Kanten des Graphen gegeben sind. Ist nun T eine maximale Transversale dieses Mengensystems, so ist offenbar $M - T$ bzw. $E - T$ eine minimale Knotenüberdeckung von G. Mit einem polynomialen Algorithmus zur Lösung des Problems der maximalen Transversalen hätte man somit auch einen solchen für das Problem der minimalen Knotenüberdeckung.

Lösung 9.7

a) In einem Gerüst B von K_7 muß es offenbar Ecken geben, die nicht durch eine Kante verbunden sind, folglich gilt auf jeden Fall $diam(B) \geq 2$.
Für das folgende Gerüst B_1 ist $diam(B_1) = 2$:

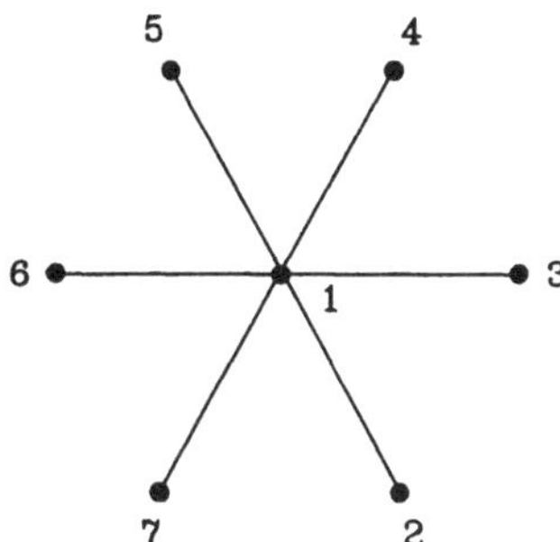

b) Wir behaupten, daß die Gerüste $B_1, B_2, ..., B_7$ die einzigen Gerüste von K_7 mir Durchmesser 2 sind; dabei ist mit B_i das Gerüst bezeichnet, welches isomorph zu B_1 ist mit der Ecke i als "Zentrum".
Es sei B ein beliebiges Gerüst von K_7 mit $diam(B) = 2$. e, f seien Ecken, die in B Abstand 2 haben; x sei eine Ecke, die mit e und mit f verbunden ist. Weder e noch f können außer x weitere Nachbarn haben, denn dies würde entweder der Vorausssetzung $diam(B) = 2$ oder der Tatsache widersprechen, daß B keinen Kreis enthält. Also kann nur x weitere Nachbarn haben. Aus dieser Überlegung folgt nun unmittelbar, daß x das "Zentrum" dieses Gerüsts ist und alle anderen Ecken nur mit x verbunden sind.

Lösung 9.8

a) Sei x eine beliebige Ecke. Zu jeder zu x inzidenten Kante $e = xy$ gibt es eine weitere Kante $f = xz$ derart, daß $\{e, f\}$ eine minimale kritische Kantenmenge ist: f sei in $G(\rightarrow y)$ die zweite die Ecke x verlassende Kante. Also gibt es mindestens $\lceil \frac{\gamma(x)}{2} \rceil$ viele minimale kritische Mengen, deren zwei Kanten die Ecke x gemeinsam haben.
Da für verschiedene Auswahlen von x alles sich so ergebenden minimalen kritischen Mengen verschieden sind, folgt die Ungleichung.

b) Da in K_4 alle Ecken den Grad 3 haben, folgt aus a): jeder Routing-Plan für K_4 erfüllt

$$C_2 \geq \cdot \lceil \frac{3}{2} \rceil = 8.$$

Da für SP-Routing mit Präferenz nach 9.6.15 gilt $C_2 = 8$, kann es für K_4 keinen Routing-Plan mit weniger kritischen Mengen geben, mithin ist der Routing-Plan optimal bezüglich $\check{z}$.

Lösung 9.9

Der Routing-Plan hat folgende Eigenschaften:

Die Ecken 1,2 und 3 sowie die Ecken 1,4 und 5 bilden "dreieckige Zellen" in dem Sinne, daß eine Ecke jeweils die Kanten zu den beiden anderen Ecken als Erst- und Zweitweg für Ziele innerhalb der Zelle nutzt.
Die führt zu den minimalen kritischen Kantenmengen

$$\{12,13\},\{12,23\},\{13,23\}$$

und

$$\{14,15\},\{14,45\},\{15,45\}.$$

Weiter gilt:
Die Ecken 2 und 3 nutzen jeweils für Ziel 4 die Kante zu Ecke 5 als zweite Priorität und entsprechend für Ziel 5. In analoger Weise nutzen 4 und 5 ihre Kanten nach 2 und 3.
Dies führt zu den vier minimalen kritischen Kantenmengen

$$\{24,25\},\{34,35\}$$

und

$$\{42,43\},\{52,53\}.$$

Weitere minimale kritische Kantenmengen existieren nicht, es gilt also $C_2 = 10$. Da K_5 10 Kanten besitzt und folglich für jeden Routing-Plan $C_2 \geq 10$ gelten muß, hat der gegebene Routing-Plan die kleinstmögliche Anzahl minimaler kritischer Kantenmengen.

Lösung 10.1

a) Bezeichnen wir die Spalten von M (bzw. Ecken des Durchschnittsgraphen) mit den Zahlen von 1 bis 7, so sieht der gesuchte Graph folgendermaßen aus:

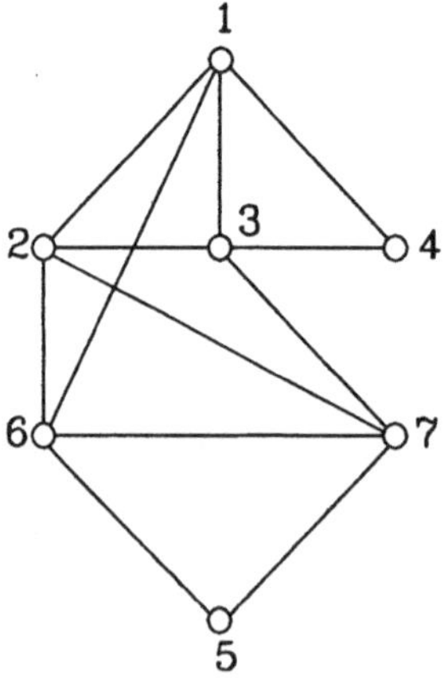

b) Im folgenden Bild ist ein implementierbares Matching eingezeichnet:

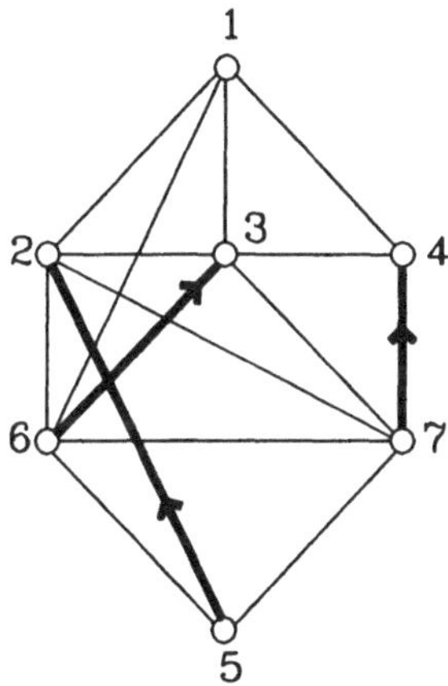

Dieses Matching ist maximal: Da der Graph 7 Ecken besitzt, kann es kein Matching mit vier gerichteten Kanten geben.

Lösung 10.2

a) Eine maximale bipartite Blockfaltung ist im folgenden Bild dargestellt:

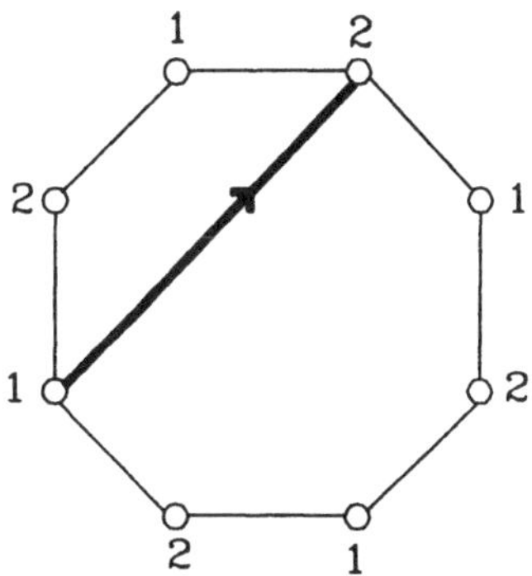

Es kann also nur ein Paar von Ecken gefaltet werden, denn es gelingt nicht, eine weitere gerichtete Kante von einer Ecke aus E_1 zu einer aus E_2 hinzuzufügen, ohne einen alternierenden Weg der Länge 3 mit ungerichteter mittlerer Kante zu erhalten.

b) Zunächst stellen wir G im Diagramm anders dar:

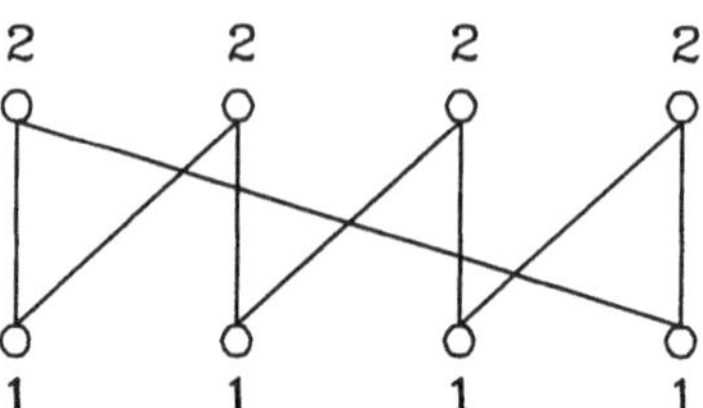

G_{bc} sieht somit folgendermaßen aus:

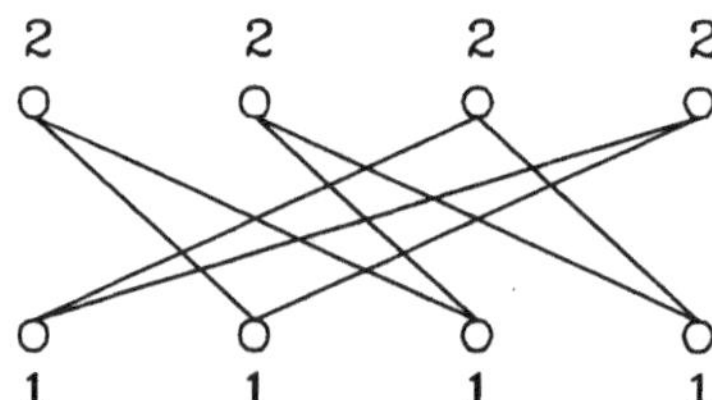

c) G_{bc} enthält offenbar keinen Teilgraphen der Form $K_{2,2}$, sondern höchstens zu $K_{1,1}$ isomorphe Teilgraphen. Damit folgt nochmals, daß es keine bipartite Blockfaltung mit mehr als einer gerichteten Kante gibt.

Lösung 10.3

a) In den folgenden Diagrammen ist eine Zerlegung des Graphen im Sinne der Definition der Grad 1-Zerlegbarkeit dargestellt:

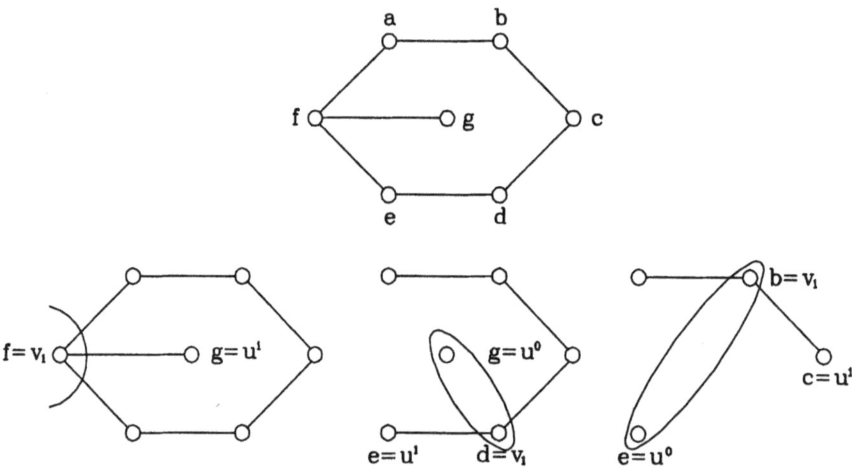

b) Die Zerlegung zeigt, daß die gerichteten Kanten (d, g) und (b, e) ein maximales implementierbares Matching bilden.

Lösung 10.4

Ist $\chi(G) = 2$, so gibt es eine Färbung $f :\to \{1, 2\}$ (d. h. mit $f(i) \neq f(j)$ für jede Kante $ij \in K$). Es sei für $t = 1$ bzw. 2 E_t die Menge der mit t gefärbten Ecken, also $E_1 = f^{-1}(1)$ und $E_2 = f^{-1}(2)$. $E_1 \cup E_2$ ist dann offenbar eine Darstellung von G als bipartiter Graph.
Die Umkehrung ist ebenfalls leicht zu sehen: Ist G bipartit vermöge einer Darstellung $E = E_1 \cup E_2$, so ergibt Färbung der Ecken in E_t mit der "Farbe" t eine zulässige Färbung mit zwei Farben. Da G eine Kante besitzt und somit nicht mit einer Farbe gefärbt werden kann, folgt $\chi(G) = 2$.

Lösung 10.5

a) und b):

Die angegebenen Zeitintervalle definieren den folgenden Intervallgraphen mit den Kursen $A, B, ..., H$ als Ecken:

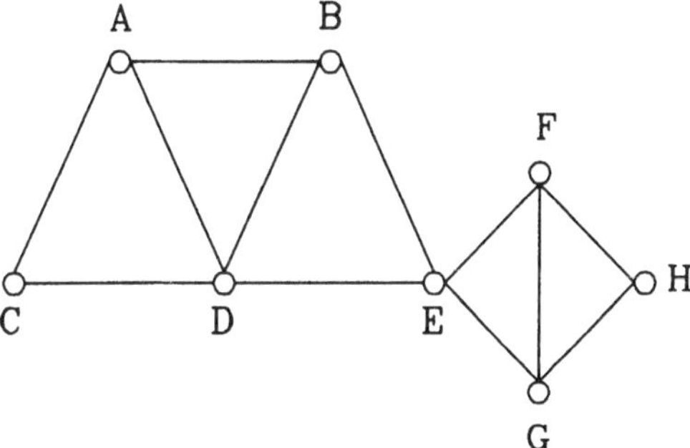

Dieser Graph kann mit drei Farben gefärbt werden:

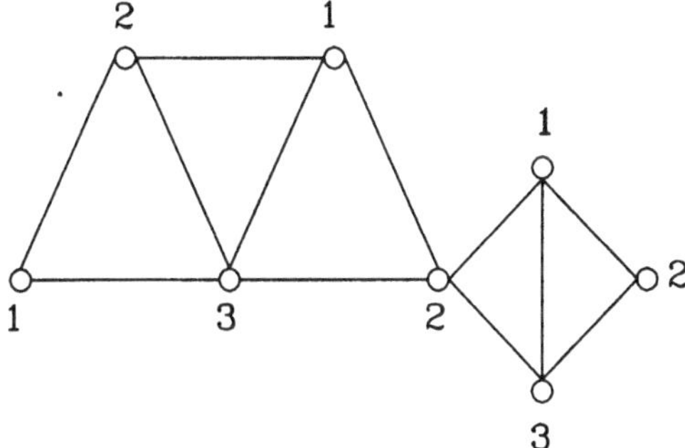

Es genügen also drei Klassenräume, denn die Ecken mit gleicher Farbe können demselben Raum zugeordnet werden.

Lösung 10.6

a)

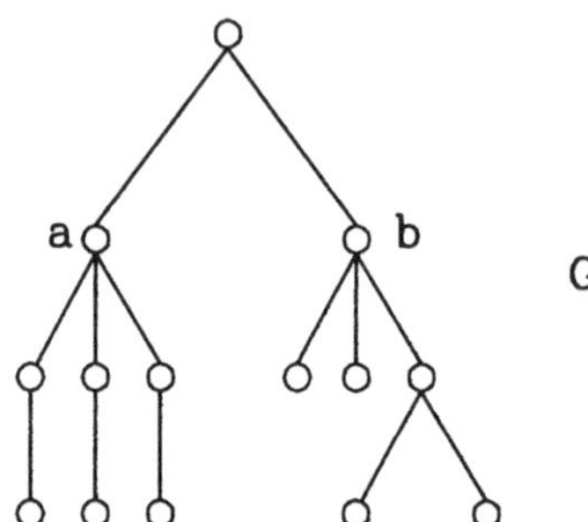

Bei Herausnahme der Ecke v zerfällt G in die Komponenten G_1 und G_2. Anwendung des Satzes 10.5.6 auf G_1 (mit der Ecke a anstelle von v) ergibt $s(G_1) = 3$. Analoges Vorgehen wie in Beispiel 10.5.5 ergibt sofort $s(G_2) = 2$. Daraus folgt insgesamt $s(G) = 3$: Man kann zuerst G_1 mit drei Wächtern säubern, wobei a permanent besetzt bleibt. Dann säubert man die Kanten av und bv. Nun wird ein Wächter fest auf b plaziert, und mit den übrigen beiden kann G_2 gesäubert werden.

b)

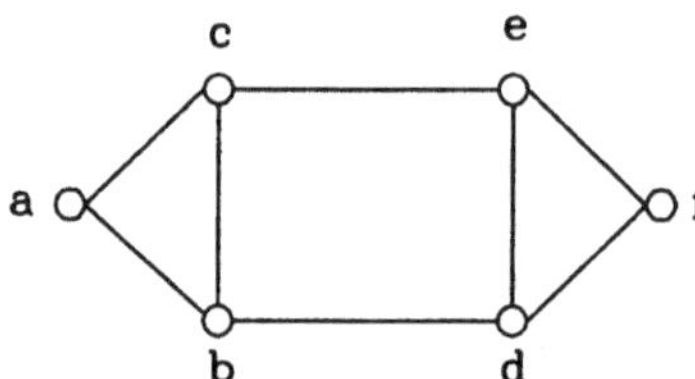

Der Graph kann folgendermaßen mit drei Wächtern gesäubert werden (ohne Rekontaminierung):

1. Zug - Wächter auf a,b,c
2. Zug - Wächter auf b,c,d
3. Zug - Wächter auf c,d,e
4. Zug - Wächter auf d,e,f

Den Ecken werden also folgende Intervalle zugeordnet (siehe Beweis von 10.5.3):

$$a \to [1,1] \qquad b \to [1,2]$$
$$c \to [1,3] \qquad d \to [2,4]$$
$$e \to [3,4] \qquad f \to [4,4]$$

Dies ergibt den folgenden 3-färbbaren Intervallgraphen:

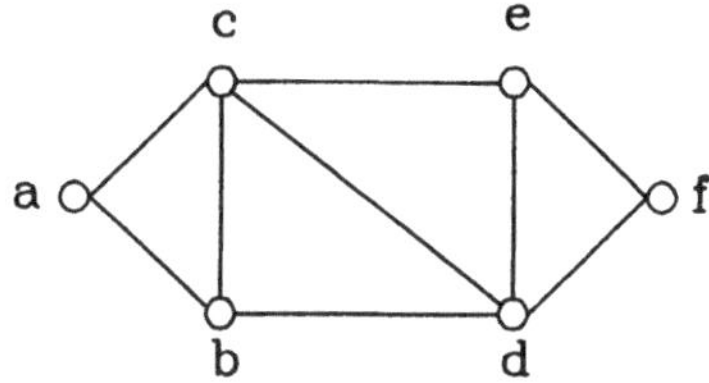

Literaturverzeichnis Kapitel 1-7

[BUS] Busacker, R.G.; Saaty, T.L.
Endliche Graphen und Netzwerke
Oldenbourg, 1968

[CHA] Chan, S. P.
Introductory topological analysis of el. networks
Holt, Rinehart and Winston, 1969

[CHE] Chen, W.K.
Applied graph theory
North Holland, 1971

[DEO] Deo, N.
Graph theory with applications to engineering and computer science
Prentice Hall, 1974

[FOR] Ford, L.R.; Fulkerson, D.R.
Flows in networks
Princeton University Press, 1962

[GAR] Garey, M.R.; Johnson, D.S.
Computers and Intractability
W.H. Freeman, 1979

[GOU] Gould, R.
Graph theory
Benjamin/Cummings, 1988

[HAR] Harary, F.
Graph theory
Adison-Wesley, 1969

[JUN] Jungnickel, D.
Graphen, Netzwerke und Algorithmen
B.I., 1987

[KOE] König, D.
Theorie der endlichen und unendlichen Graphen
Chelsea, 1950

[MAY] Mayeda, W.
Graph theory
Wiley, 1972

[ORE 1] Ore, O.
Theory of graphs
Am. Math. Soc., Coll. Pub., 1962

[ORE 2] Ore, O.
Graphs and their uses
Random House, 1963

[PAP] Papadimitriou, C.H.; Steiglitz, K.
Combinatorial Optimization
Prentice-Hall, 1982

[REA] Read, E.
Graph theory and computing
Academic Press, 1972

[SES] Seshu, S.; Reed, M.
Linear graphs and electrical networks
Addison Wesley, 1961

[SWA] Swamy, M.N.S.; Thularisaman, K.
Graphs, networks and algorithms
Wiley Interscience, 1981

[WIL] Wilson, R.J.
Introduction to graph theory
Academic Press, 1972

Literaturverzeichnis Kapitel 8

[BER] Bertsekas, D.; Gallager, R.
Data networks
Prentice-Hall, 1987

[BEY] Berry, L.
Graph Theoretic Models for Multicast Communications
Computer Networks and ISDN Systems 20 (1990),95-99

[CCI] Signalling network functions and messages.
CCITT Recommendation Q. 704
Melbourne, 1988

[DAV1] Davies, D. W.; Barber, D.L.A.; Price, W. L.; Solomonides, C. M.
Computer networks and their protocols
John Wiley & Sons, 1979

[DAV2] Davies, D. W.; Barber, D.L.A.
Communication networks für computers
John Wiley & Sons, 1973

[GAF] Gafni, E.M. ; Bertsekas, D.P.
Asymptotic optimality of shortest path routing
IEEE Trans. Inf. Theory, (1983)

[KLE] Klein, W.
Design and validation of routing plans for a large-scale common-channel signalling network
Proc. Int. Conf. on Communication Systems (Singapore 1988), 397-401

[LIE] Liebl, F.
Routing-Algorithmen für paketvermittelnde Datennetze - Ein Beitrag zur Systematik
ntz Archiv Bd.9 (1987), 317-325

[POG1] Poguntke, W.
Graph problems related to common channel signalling
In: Proceedings on Twente Workshop
on Graphs and Combinatorial Optimization, 1989,
Universiteit Twente

[POG2] Poguntke, W.
On the design of communication networks
using restricted message routing
Proceedings of the IEEE Int. Conf.
on Communications, Genf 1993, 681-685

[SCH] Schwartz, M.
Telecommunication networks
Addison-Wesley, 1987

Literaturverzeichnis Kapitel 9

[AWE] Awerbuch, B; Even, S.
Reliable broadcast protocols in unreliable networks
Networks 16 (1986), 381-396

[BAL] Ball, M. O.; Provan, J. S.
Bounds on the reliability polynomial for shellable independence systems
SIAM J. on Alg. and Disc. Methods 3 (1982), 166-181

[BAU] Bauer, D.; Boesch, F.; Suffel, C.; Tindell, R.
Combinatorial optimization problems in the analysis and design of probabilistic networks
Networks 15 (1985), 257-271

[BOE1] Boesch, F. T.
On unreliability polynomials and graph connectivity in reliable network synthesis
Journal of Graph Theory 10 (1986), 339-352

[BOE2] Boesch, F. T.; Satyanarayana, A.; Suffel, C. L.
Least reliable networks and the reliability domination
IEEE Trans. on Comm. 38 (1990), 2004-2009

[BOF] Boffey, T. B.
Computer network design problems
Preprint, University of Liverpool, 1991

[BOL] Bollobas, B.
Random graphs
Academic Press, 1985

[BRO] Brooks, R. L.; Smith, C. A. B.; Stone, H. G.; Tutte, W. T.
The dissection of rectangles into squares
Duke Math. Journal 7 (1940), 312-340
Oxford University Press, 1987

[COL] Colbourn, C. J.
The combinatorics of network reliability
Oxford University Press, 1987

[DÖR] Dörfler, W.; Mühlbacher, J.
Graphentheorie für Informatiker
de Gruyter, 1973

[FEL] Feller, W.
An introduction to probability theory and its applications
Wiley, 1987

[FRA] Frank, H.; Frisch, I. T.
Communication, transmission, and transportation networks
Addison-Wesley, 1971

[GAF] Gafni, E. M.; Bertsekas, D. P.
Distributed algorithms for generating loop-free routes in networks with frequently changing topology
IEEE Trans. on Comm. 29 (1981), 11-18

[GAR] Garey, M. R. ; Johnson, D. S.
Computers and intractability
W. H. Freeman, 1979

[GUM] Gumm, H.-P.; Poguntke, W.
Boolsche Algebra
BI - HTB, 1981

[HU] Hu, T. C.
Optimum communication spanning trees
SIAM J. Comput. 3 (1974), 188-195

[KEL] Kel'mans, A. K.
Some problems of network reliability analysis
Automation and Remote Control 26 (1965), 564-573

[KIR] Kirchhoff, G.
Über die Auflösung der Gleichungen, auf welche man bei der Untersuchung der Verteilung galvanischer Ströme geführt wird
Ann. Phys. Chem. 72 (1847), 497-508

[LOM] Lomonosov, M. V.; Poleskii, V. P.
Lower bound of network reliability
Problems of Information Transmission 8 (1972), 118-123

[MAN] Manoussakis, J.; Tuza, Z.
Optimal routings in communication networks with
linearly bounded capacity
Rapport de Recherche No. 597, Universite de Paris-Sud, 1990

[MIN] Minoux, M.
Network synethesis and optimum network
design problems
Networks 19 (1989), 313-360

[PAP] Papoulis, A.
Probability, random variables, and stochastic processes
McGraw-Hill, 1984

[PIE] Piekarski, M.
Listing of all possible trees of a linear graph
IEEE Trans. Circuit Theory 12 (1965), 124-125

[POG1] Poguntke, W.
Static routing tables with multiple entries: a graph-theoretic study
FernUniversität Hagen, 1990.

[POG2] Poguntke, W.
On the design of communication networks
using restricted message routing
Proceedings of the IEEE Int. Conf.
on Communications, Genf 1993, 681-685

[PRO] Provan, J. S.; Ball, M. O.
The complexity of counting cuts and of computing
the probability that a graph is connected
SIAM J. on Computing 12 (1983), 777-788

[SCH1] Schneeweis, W. G.
Boolean functions with engineering applications
and computer programs
Springer, 1989

[SCH2] Schneeweis, W. G.
Fehlertolerierende Rechensysteme
FernUniversität Hagen, Kurs Nr. 1750

[SPE] Sperner, E.
Ein Satz über Untermengen einer endlichen Menge
Mathematische Zeitschrift 27 (1928), 544-548

[VAN] Van Slyke, R. M.; Frank, H.
Network reliability analysis: part I
Networks 1 (1972), 279-290

[WEG] Wegener, I.
The complexity of Boolean functions
Wiley, 1987

Literaturverzeichnis Kapitel 10

[GAR] Garey, M.R.; Johnson, D.S.
Computers and intractability
W.H. Freeman, 1979

[GOL] Golumbic, M.C.
Algorithmic graph theory and perfect graphs
Academic Press, 1980

[HAC] Hachtel, G.D.; Newton, A.R.; Sangiovanni - Vincentelli, A.L.
An Algorithm for Optimal PLA Folding
IEEE Trans. CAD of Int. Circuits and Systems (1982) 63-77

[HU] Hu, T.C.; Kuo, Y.S.
Graph Folding and Programmable Logic Array
Networks 17 (1987) 19-37

[KAS] Kashiwabara, T.; Fujisawa, T.
NP-completeness of the problem of finding a minimum-clique-number interval graph containing a given graph as a subgraph
Proc. 1979 Intern. Symp. on Circuits and Systems, pp. 657-660

[KIR] Kirousis, L.M.; Papadimitriou, C.H.
Searching and pebbling
Theoret. Comp. Science 47 (1986), 205-218

[LEN] Lengauer, T.
Combinatorial algorithms for integrated circuit layout
Wiley, 1990

[MÖH] Möhring, R.H.
Graph problems related to gate matrix layout and PLA folding
in: G. Timhofer et al. (eds.), Computational Graph Theory, Computing Supplement 7, Springer Verlag Wien, 1990, p. 16-51

Sachregister